北京金山办公软件股份有限公司官方推荐

WPS Office 2016 从入门到精通

布克科技
文静
胡文凯
夏红
·编著

北京金山办公软件股份有限公司·审校

人民邮电出版社
北京

图书在版编目（C I P）数据

WPS Office 2016从入门到精通 / 布克科技等编著
. -- 北京 : 人民邮电出版社, 2018.7(2018.11重印)
ISBN 978-7-115-48352-2

Ⅰ. ①W… Ⅱ. ①布… Ⅲ. ①办公自动化－应用软件
Ⅳ. ①TP317.1

中国版本图书馆CIP数据核字(2018)第085830号

内 容 提 要

本书主要介绍 WPS Office 2016 在现代办公自动化中的应用，重点介绍其三大功能模块 WPS 文字 2016、WPS 表格 2016 及 WPS 演示 2016 的基本操作要领和使用技巧。书中安排丰富的综合实例，以巩固所学知识和提高所学技能。

本书图文并茂、内容丰富、重点突出、通俗易懂，适合广大需要快速掌握办公自动化技术的人员自学使用，也可以供各大专院校和电脑培训机构作为教材使用。通过对本书的学习，读者可以从零开始，在短期内学会 WPS Office 2016 的相关操作和技能。

◆ 编　　著　布克科技　文　静　胡文凯　夏　红
审　　校　北京金山办公软件股份有限公司
责任编辑　李永涛
责任印制　马振武

◆ 人民邮电出版社出版发行　　北京市丰台区成寿寺路 11 号
邮编　100164　　电子邮件　315@ptpress.com.cn
网址　http://www.ptpress.com.cn
固安县铭成印刷有限公司印刷

◆ 开本：787×1092　1/16
印张：23.75
字数：590 千字　　　　2018 年 7 月第 1 版
印数：4 001－5 000 册　　　　2018 年 11 月河北第 3 次印刷

定价：59.80 元

读者服务热线：(010)81055410　印装质量热线：(010)81055316
反盗版热线：(010)81055315
广告经营许可证：京东工商广登字 20170147 号

序

这个世界没有天生的王者，都是经历从无到有，从有到优的过程，没有人能跨越。

蒸汽革命，机械代替了人力；电力革命，初步实现了电气化时代；新能源与信息技术革命，造就了机械化、自动化和新的信息技术。科技在不断进步，时代在不断变迁，人类依然在追求人生意义的道路上奔走，持续学习就是实现自我价值的必由之路。每一次微小的积累，都可能成为改变你人生意义的拐点。

从校园步入职场，从课桌到工位，空间的转变背后也是人生旅程的转折。作为初入职场的新人，不仅需要清晰了解工作的内容，更需要掌握科学的工作方式。信息科技时代，如何选择和使用办公软件，是新职场人开启职业生涯成长的第一步。随着 AI、大数据等技术的发展，经过 30 多年的迭代与更新，现代办公软件不仅是一个生产效率工具，更是工作生活中不可或缺的一部分。想在职场中快速站稳脚跟，提升职场竞争力，除了需要培养良好的职场学习习惯，在“学中做，做中学”，更要充分利用办公软件所提供的丰富内容，巧妙地借助更智能化的办公工具及服务提升效率。

本书深谙学习之道，将办公软件基础性学习变得生动易学，远近缓急繁简有度。通过办公软件培训技能学习，可以更好地指引你如何构建良好的职场生活方式，合理安排时间。同时兼顾新人及有专业性需求人群，有效帮助你快速从办公入门级选手进阶到办公高手，快速建立职场信心，节约更多时间，投入到更有创造力的工作中去。

在此，感谢每一位支持 WPS 的用户，欢迎加入 WPS 大家庭，我们一直和你们在一起。

同时，特别感谢每一位读者自我努力，怀着勇气、坚韧和信心，持之以恒地学习，保持对事物的新鲜感。相信当你掌握更多技能，知行合一，便可以自由应对更多的挑战，让你的人生因你而不同。

葛柯　北京金山办公软件股份有限公司 CEO

内容和特点

目前，以计算机为中心的办公自动化系统已逐步渗透到社会各行各业中，从根本上改变了传统的工作方式，给人们带来了全新的办公、管理理念。因此，熟悉和掌握办公自动化相关知识及办公自动化软件的操作，已是当前技能化人才培养的一个重要课题。本书介绍了当前主流的 WPS Office 办公软件的功能和使用技巧，主要内容如下。

- 第 1 章：介绍使用 WPS 文字 2016 创建和编辑文档的一般方法。
- 第 2 章：介绍使用 WPS 文字 2016 创建图表的一般方法。
- 第 3 章：通过综合实例介绍 WPS 文字 2016 的使用技巧。
- 第 4 章：介绍使用 WPS 表格 2016 创建电子表格的基本方法。
- 第 5 章：介绍使用 WPS 表格 2016 创建公式、函数与图表的方法。
- 第 6 章：介绍使用 WPS 表格 2016 创建图形和数据管理的方法。
- 第 7 章：通过综合实例介绍 WPS 表格 2016 的使用技巧。
- 第 8 章：介绍使用 WPS 演示 2016 创建演示文稿的基本方法和技巧。
- 第 9 章：通过综合实例介绍 WPS 演示 2016 的使用技巧。

本书层次清晰，精选操作性强的知识点，通过操作案例引导读者逐步学会重要的操作方法和操作技巧，读者在学会一个知识点后即可上机操作演练。在编写过程中，作者总结并吸收了市场上同类图书的优点，并在此基础上优化了写作思路，以尽最大努力为读者编写出一本简洁、实用的好书。

读者对象

本书主要供计算机新手使用，也可以作为中老年人、上班一族及各级青少年学生学习计算机的参考用书，还可以作为各类计算机培训学校或职业技术学校的授课教材，特别适合于需要在短时间内快速掌握计算机办公自动化技术的读者使用。

配套资源及用法

本书配套资源可以通过扫描右侧二维码的方式进行下载，资源主要分为以下两部分。

一、素材文件

本书所有案例用到的素材文件都收录在“\素材\第×章”文件夹下，读者可以先打开这些文件，然后按照步骤提示进行操作。

二、动画文件

本书中的部分重点案例都按照操作步骤录制成了动画文件，并收录在“\视频\第×章”文件夹下。一般情况下，读者只要双击某个动画文件即可观看，也可以使用暴风影音等播放器打开文件。

参与本书编写工作的还有沈精虎、黄业清、宋一兵、谭雪松、冯辉、计晓明、董彩霞、滕玲、管振起等。由于作者水平有限，书中难免存在疏漏之处，敬请批评指正。

布克科技

2018 年 3 月

目　录

第 1 章　使用 WPS 文字 2016 创建和编辑文档......1
1.1　WPS 文字 2016 概述......1
1.1.1　WPS 文字 2016 的主要用途......1
1.1.2　WPS 文字 2016 的工作界面......3
1.2　文档的基本操作......7
1.2.1　新建文档......7
1.2.2　保存文档......8
1.2.3　打开和关闭文档......10
1.3　输入文本......11
1.3.1　定位文本输入位置......11
1.3.2　输入普通文本......11
1.3.3　选中文本......12
1.3.4　输入符号......14
1.3.5　插入公式......15
1.4　编辑文本......16
1.4.1　插入、改写和删除文本......16
1.4.2　移动和复制文本......18
1.4.3　查找与替换文本......22
1.4.4　撤销和恢复操作......25
1.5　设置文本格式......25
1.5.1　设置字体格式......25
1.5.2　设置段落格式......29
1.5.3　设置文本边框和底纹......32
1.6　其他常用设置......34
1.6.1　设置项目符号、编号和多级列表......34
1.6.2　设置页面格式......38
1.6.3　插入分隔符......43
1.6.4　使用样式与模板......44
1.7　打印文档......46
1.7.1　设置打印参数......47
1.7.2　打印预览......47

1.7.3 打印文档 48
1.8 小结 49
1.9 习题 49

第 2 章 使用 WPS 文字 2016 制作图表和图文混排 50

2.1 在文档中添加图形对象 50
2.1.1 在文档中插入图形 50
2.1.2 编辑图形 54
2.1.3 添加文本框 63
2.1.4 绘制图形 64
2.1.5 编辑图形 69
2.2 在文档中插入表格 71
2.2.1 插入表格 71
2.2.2 输入和编辑表格内容 72
2.2.3 表格的数据管理 82
2.3 小结 84
2.4 习题 84

第 3 章 WPS 文字 2016 综合应用 85

3.1 制作办公文档——公司组织结构图 85
3.2 制作办公文档——成绩单 89
3.3 制作办公文档——课程表 96
3.4 制作办公文档——个人简历 102
3.5 制作办公文档——活动宣传单 108
3.6 制作办公文档——奖状 113
3.7 小结 119
3.8 习题 119

第 4 章 WPS 表格 2016 基础应用 120

4.1 WPS 表格 2016 的设计环境 120
4.1.1 WPS 表格 2016 的主要用途 120
4.1.2 WPS 表格 2016 的工作界面 121
4.1.3 单元格 125
4.1.4 工作表与工作簿 126
4.1.5 工作簿的基本操作 127
4.1.6 工作表的基本操作 130
4.2 选取单元格、行和列 133

4.2.1 选择单个单元格......133
4.2.2 选择连续的单元格区域......135
4.2.3 选择不连续的单元格区域......136
4.2.4 选择工作表中的全部单元格......136
4.2.5 选择行......137
4.2.6 选择列......137
4.3 在单元格中输入数据......138
4.3.1 输入文本......138
4.3.2 输入数值......138
4.3.3 输入日期和时间......139
4.3.4 输入序列数据......141
4.3.5 输入特殊数据......143
4.3.6 使用下拉列表输入数据......145
4.3.7 指定数据的有效范围......146
4.4 编辑单元格......148
4.4.1 移动单元格......148
4.4.2 复制单元格......149
4.4.3 插入单元格......151
4.4.4 删除单元格和清除单元格内容......153
4.4.5 合并与拆分单元格......155
4.5 查找和替换数据......157
4.5.1 查找数据......157
4.5.2 替换数据......158
4.6 为单元格添加批注......158
4.6.1 添加批注......158
4.6.2 复制批注......159
4.6.3 查看批注......160
4.6.4 隐藏批注......160
4.6.5 删除批注......161
4.7 设置数据格式......161
4.7.1 设置文本格式......161
4.7.2 设置数字格式......163
4.8 设置数据对齐方式......164
4.8.1 设置水平对齐方式......165
4.8.2 设置垂直对齐方式......166
4.8.3 设置文字排列方向......166
4.8.4 设置文本换行......167
4.9 设置单元格格式......168
4.9.1 设置行高和列宽......168
4.9.2 设置单元格边框样式......169

4.9.3 设置单元格背景颜色和背景图案......170
4.9.4 使用条件格式显示单元格中的内容......172
4.9.5 使用样式美化表格......173
4.10 小结......175
4.11 习题......175

第 5 章 使用 WPS 表格 2016 创建公式、函数与图表......176

5.1 使用公式......176
5.1.1 输入和编辑公式......176
5.1.2 使用运算符......180
5.1.3 运算次序......182
5.1.4 单元格引用......182
5.2 使用表格函数......186
5.2.1 函数的结构和类型......186
5.2.2 函数的输入......187
5.2.3 常用函数的使用......189
5.2.4 错误信息提示......202
5.3 创建图表......203
5.3.1 图表的组成......203
5.3.2 图表的类型......203
5.3.3 创建图表......205
5.3.4 编辑图表......206
5.3.5 美化图表......210
5.4 小结......214
5.5 习题......214

第 6 章 使用 WPS 表格 2016 创建图形和数据管理......215

6.1 创建图形......215
6.1.1 绘制线条......215
6.1.2 绘制基本图形......216
6.1.3 编辑图形......218
6.1.4 在工作表中插入图形......222
6.2 导入和创建数据......224
6.2.1 导入外部文本文件......224
6.2.2 使用记录单......226
6.3 数据排序......227
6.3.1 排序的定义和优先级......227
6.3.2 单列数据的排序......228

6.3.3 多列数据的排序......229
6.3.4 按行排序......231
6.3.5 自定义排序......232
6.4 数据筛选......233
6.4.1 自动筛选......233
6.4.2 自定义筛选......236
6.5 数据分级显示......238
6.5.1 分类汇总......238
6.5.2 数据的分级显示......239
6.5.3 数据组合......240
6.6 创建数据透视表......241
6.6.1 数据透视表的创建方法......241
6.6.2 编辑数据透视表......244
6.7 创建数据透视图......247
6.7.1 数据透视图的创建方法......247
6.7.2 编辑数据透视图......248
6.8 小结......250
6.9 习题......251

第 7 章 WPS 表格 2016 实战综合应用......252

7.1 制作电子图表——中国奥运之路......252
7.2 制作电子图表——员工薪资表......257
7.3 制作电子图表——图书销售情况统计表......271
7.4 制作电子图表——员工请假表......276
7.5 小结......285
7.6 习题......285

第 8 章 使用 WPS 演示 2016 创建和编辑演示文稿......286

8.1 WPS 演示 2016 概述......286
8.1.1 WPS 演示 2016 的主要用途......286
8.1.2 WPS 演示 2016 的工作界面......287
8.1.3 新建演示文稿......288
8.1.4 幻灯片的基本操作......289
8.1.5 WPS 演示 2016 的视图方式......291
8.2 制作文本幻灯片......294
8.2.1 输入文本......295
8.2.2 编辑文本......298
8.2.3 设置文本......300

8.3 制作图表幻灯片......303
8.3.1 插入图片和艺术字......303
8.3.2 编辑图片......304
8.3.3 在演示文稿中绘制图形......306
8.3.4 在幻灯片中插入表格......308
8.4 设计幻灯片......310
8.4.1 使用模板......310
8.4.2 设置演示文稿的背景和配色方案......314
8.4.3 设置演示文稿的页面......316
8.4.4 编辑母版......316
8.4.5 添加幻灯片动画......319
8.5 在幻灯片中插入声音、视频和超链接......323
8.5.1 在幻灯片中插入声音......323
8.5.2 在幻灯片中插入视频......324
8.5.3 在幻灯片中插入超链接......325
8.6 播放幻灯片......326
8.6.1 定义播放方式......326
8.6.2 设置放映参数......327
8.6.3 排练计时......328
8.7 小结......328
8.8 习题......328

第 9 章 WPS 演示 2016 综合应用......329

9.1 制作演示文稿——项目策划方案......329
9.2 制作演示文稿——企业文化培训......337
9.3 制作演示文稿——旅游景点介绍......343
9.4 制作演示文稿——云计算简介......351
9.5 制作演示文稿——福星一号飞船简介......360
9.6 小结......367
9.7 习题......368

第1章　使用 WPS 文字 2016 创建和编辑文档

【学习目标】

- 明确 WPS 文字 2016 的基本工作环境。
- 熟悉 WPS 文字 2016 的常用操作。
- 掌握 WPS 文字 2016 的常用文本输入方法。
- 掌握 WPS 文字 2016 的常用文本编辑方法。
- 掌握 WPS 文字 2016 中打印文档的方法。

WPS 文字是目前应用最广泛的 WPS Office 系列组件中的办公软件之一，主要用来进行文字处理，可用于文字编辑、图文排版。随着办公自动化技术的广泛应用，使用 WPS 文字创建和编辑文档已成为办公人员的一项必备技能，本章将介绍使用 WPS 文字创建和编辑文档的基本方法。

1.1　WPS 文字 2016 概述

WPS 是 Word Processing System（文字处理系统）的简称，WPS 文字是 WPS Office 的重要组件之一，集编辑与打印为一体，具有丰富的全屏幕编辑功能，主要用于编排文档，如商业信函、论文、图书及长篇报告等。

1.1.1　WPS 文字 2016 的主要用途

WPS 文字 2016 在电脑办公方面的主要应用如下。

(1)　文字处理。

使用 WPS 文字 2016 不仅可以输入和编辑文本，还可以通过设置文本的字体、段落、边框等来美化文本。图 1-1 所示为使用 WPS 文字 2016 制作的图书稿件。

(2)　表格制作。

使用 WPS 文字 2016 可以制作各种表格文档，还可以对表格进行各种形式的美化或将表格转换为图表。图 1-2 所示为使用 WPS 文字 2016 制作的表格。

(3)　图形制作。

使用 WPS 文字 2016 可以通过插入图片、文本框、艺术字及图表等制作出各种图文并茂的办公文档。图 1-3 所示为使用 WPS 文字 2016 制作的游戏流程图。

第 1 章 认识办公自动化

【学习目标】

- 了解办公自动化的特点和功能。
- 了解办公自动化的技术结构。
- 了解办公自动化的建设和发展。

办公自动化（Office Automation，OA）是将现代化办公和计算机网络功能结合起来的一种新型的办公方式，是当前新技术革命中的一个技术应用领域。在当今信息社会，一个企业办公自动化的程度也是衡量其现代化管理程度的标准。

图1-1　制作的图书稿件

人员晋升、调岗核定表

年　　月　　日

姓名	教育状况					考核成绩	晋升（调岗）前			晋升（调岗）后			核定		备注
	学历	专业	毕业时间	职称	职业资格		职务等级	月薪（元）	聘任日期	职务等级	月薪（元）	晋升日期	职务等级	月薪（元）	

部门主管意见	行政人事部意见	所属副总经理意见	总经理意见
签字： 年　月　日	签字： 年　月　日	签字： 年　月　日	签字： 年　月　日

图1-2　制作的表格

(4)　长文档编辑。

WPS 文字 2016 可以对长文档进行有效的编辑和管理，如在文档中设置页眉、页脚，插入页码，编辑目录、索引和批注等。图 1-4 所示是为使用长文档功能制作的图书目录。

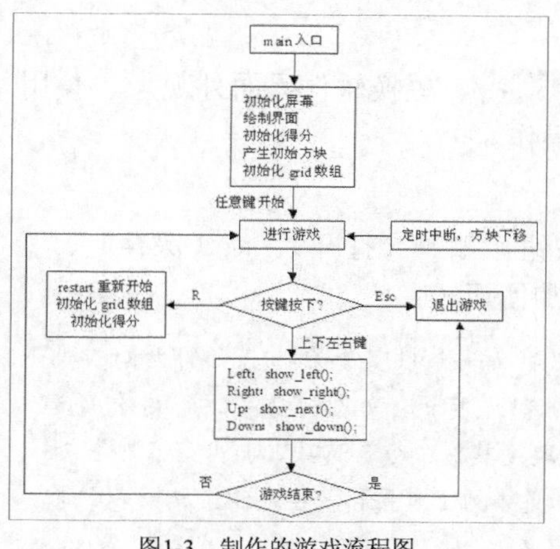

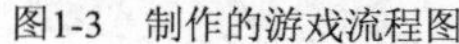

图1-3 制作的游戏流程图

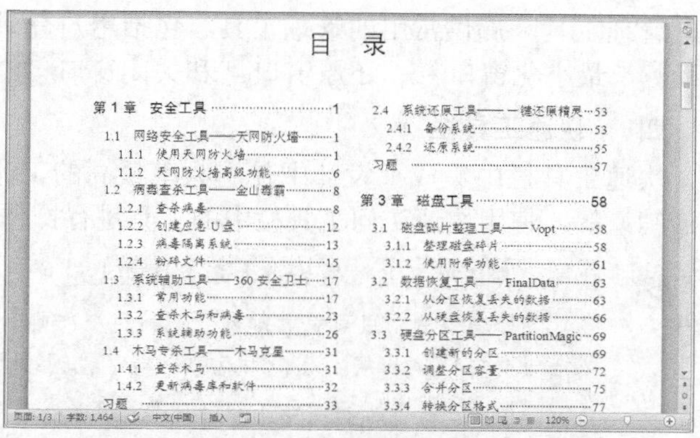

目 录

第 1 章 安全工具 ……1
1.1 网络安全工具——天网防火墙 ……1
1.1.1 使用天网防火墙 ……1
1.1.2 天网防火墙高级功能 ……6
1.2 病毒查杀工具——金山毒霸 ……8
1.2.1 查杀病毒 ……8
1.2.2 创建应急 U 盘 ……12
1.2.3 病毒隔离系统 ……13
1.2.4 粉碎文件 ……15
1.3 系统辅助工具——360 安全卫士 ……17
1.3.1 常用功能 ……17
1.3.2 查杀木马和病毒 ……23
1.3.3 系统辅助功能 ……26
1.4 木马专杀工具——木马克星 ……31
1.4.1 查杀木马 ……31
1.4.2 更新病毒库和软件 ……32
习题 ……33
2.4 系统还原工具——一键还原精灵 ……53
2.4.1 备份系统 ……53
2.4.2 还原系统 ……55
习题 ……57
第 3 章 磁盘工具 ……58
3.1 磁盘碎片整理工具——Vopt ……58
3.1.1 整理磁盘碎片 ……58
3.1.2 使用附带功能 ……61
3.2 数据恢复工具——FinalData ……63
3.2.1 从分区恢复丢失的数据 ……63
3.2.2 从硬盘恢复丢失的数据 ……66
3.3 硬盘分区工具——PartitionMagic ……69
3.3.1 创建新的分区 ……69
3.3.2 调整分区容量 ……72
3.3.3 合并分区 ……75
3.3.4 转换分区格式 ……77

图1-4 使用长文档功能制作的图书目录

1.1.2 WPS 文字 2016 的工作界面

WPS 文字 2016 的工作界面主要由系统菜单、快速工具栏、标题栏、设计功能区、图文编辑区、任务窗格、信息和状态栏等要素组成，如图 1-5 所示。

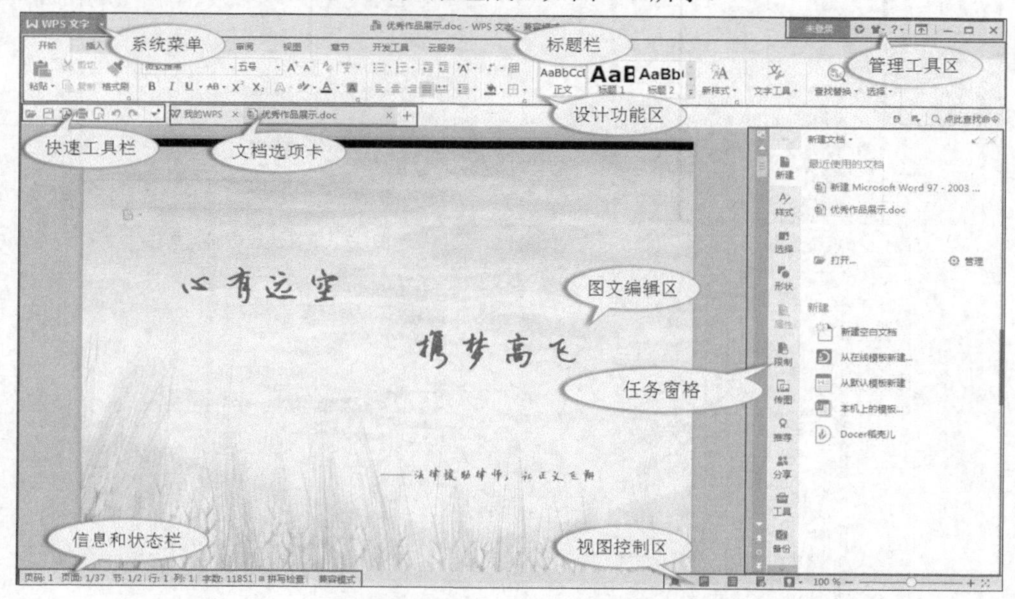

图1-5 WPS 文字 2016 的工作界面

一、 系统菜单

单击左上角的 WPS 文字 图标，可以展开【文件】菜单执行常用的文件操作，如【新建】【打开】【保存】及【打印】等。单击 WPS 文字 图标右侧的 按钮，可以展开更多的系统菜单，以方便习惯使用菜单进行操作的用户，如图 1-6 所示。

二、 标题栏

标题栏用来显示当前激活文档的标题（文件名）。如果当前窗口为最大化模式，则不显示标题栏，单击窗口右上角的 按钮后显示标题栏（此时右上角显示为 按钮）。

三、 管理工具区

管理工具区提供常用的管理工具，包括用户登录 未登录 、更换软件界面外观、使用帮助、最小化窗口、还原窗口和关闭窗口等操作。

四、 快速工具栏

快速工具栏中集成了设计中使用频率最高的工具按钮，如（打开）、（保存）、（撤销）等，使用快速访问工具栏中的工具进行操作更加便捷。

快速工具栏中工具按钮的种类和数量可由用户定制，单击工具栏右侧的按钮打开下拉列表，选择其中的项目可将其加入到工具栏中，此时前面有标记，如图 1-7 所示，再次单击该项目又可以将其从工具栏中移除。在下拉列表中选取【其他命令】选项，打开【选项】对话框，按照图 1-8 所示操作，即可在快速工具栏中添加更多的工具按钮。在右侧工具列表中选中工具，单击按钮或按钮可以调整工具按钮的顺序。

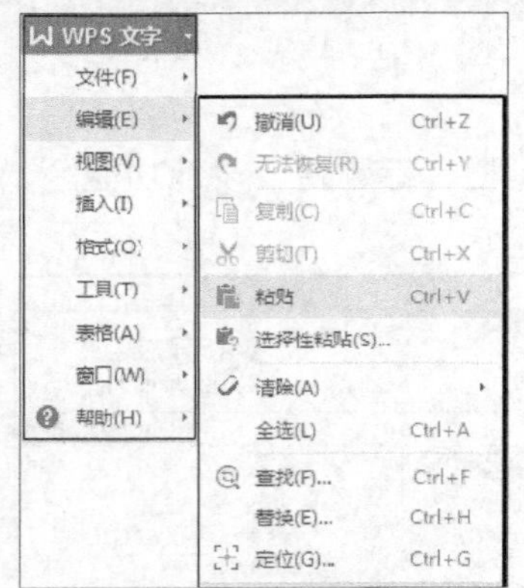

图1-6 系统菜单

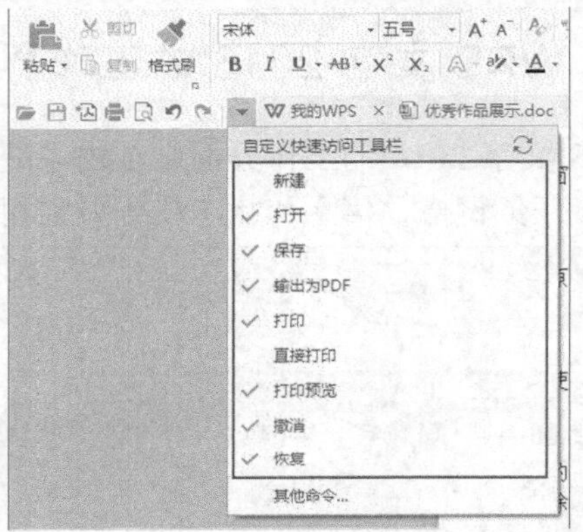

图1-7 定义快速访问工具栏

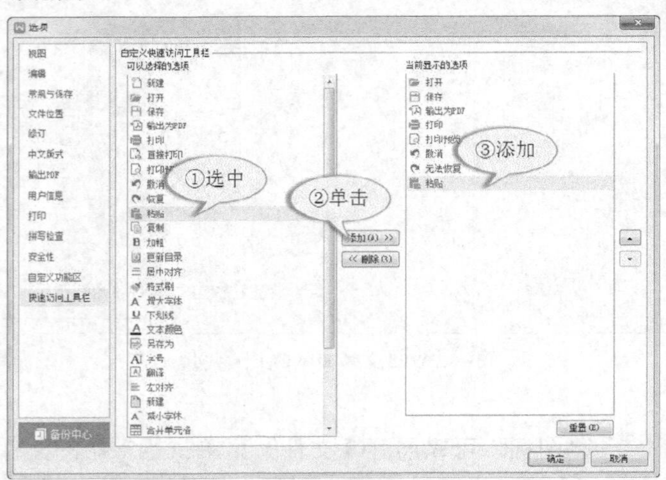

图1-8 【选项】对话框

五、 文档选项卡

WPS 文字 2016 可以同时打开多个文档，这些文档都被整合在同一个工作环境中，单击任意文档选项卡（其上显示文档名称）即可将其激活，使之处于可编辑状态。单击右侧的×按钮可以关闭该文档。单击+按钮则可以新建一个空白文档。

要点提示 当单击界面右上角的 × 按钮关闭软件时，将关闭所有打开的文档，如果有还未保存的文档，则系统将弹出提示对话框提醒用户保存文档。

六、 功能区

功能区是 WPS 文字 2016 的一个控制中心，它将各种重要功能分类集中在一起，取代了早期版本中冗长的菜单项和繁杂的工具栏。功能区由选项卡、工具组和工具按钮 3 部分组成，如图 1-9 所示。

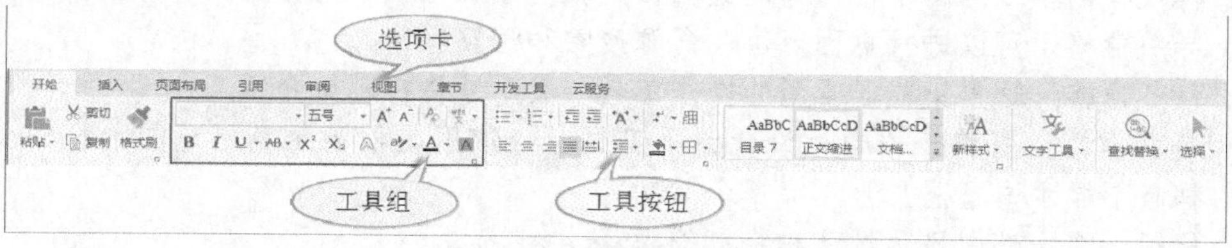

图1-9 功能区的组成

- 选项卡：功能区顶部有一组选项卡，每个选项卡代表一个可执行的核心任务。例如，常用的命令按钮都集中在【开始】选项卡上，如【复制】【粘贴】和【剪切】等。
- 工具组：选项卡中将执行特定任务所需要的工具按照一定的排列方式组织在一起，并且一直处于显示状态，如【开始】选项卡中的【字体】【段落】等工具组。
- 工具按钮：工具组中显示的命令按钮通常是最常用的工具，单击这些按钮可以方便快捷地完成特定的操作。

要点提示 工具组中的按钮旁边还带有不同符号：例如，单击 A 右侧的 按钮可以弹出设计面板，利用它设置详细参数，如图 1-10 所示。单击 ⊞ 右侧的 按钮可以弹出选项面板，其中包含了一组同类选项，如图 1-11 所示。工具组右下角的 按钮为【功能扩展】按钮，单击可以打开相关对话框，设置更多选项，图 1-12 所示为单击【段落】工具组下方的 按钮后弹出的【段落】对话框。

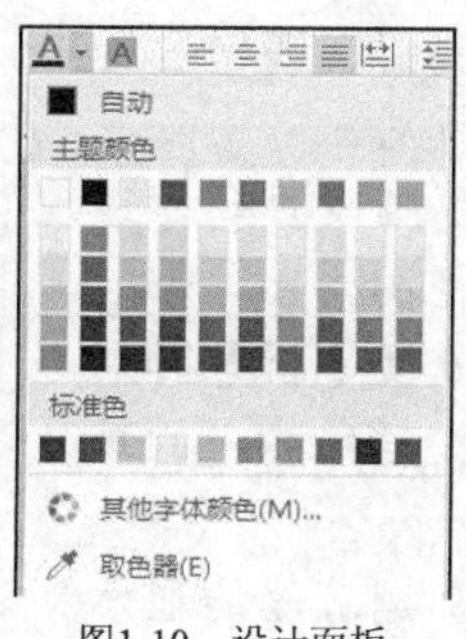

图1-10 设计面板

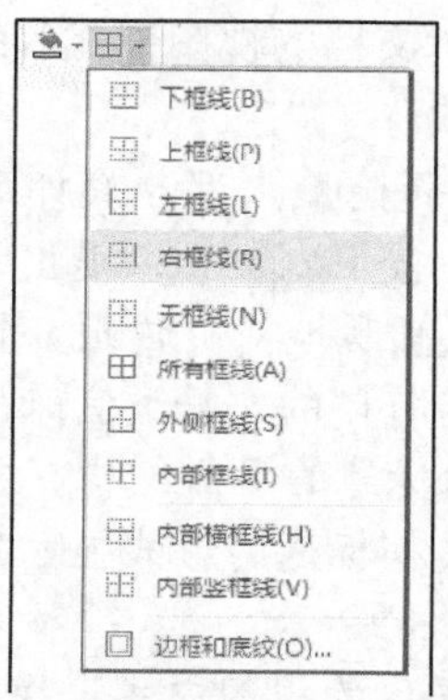

图1-11 选项面板

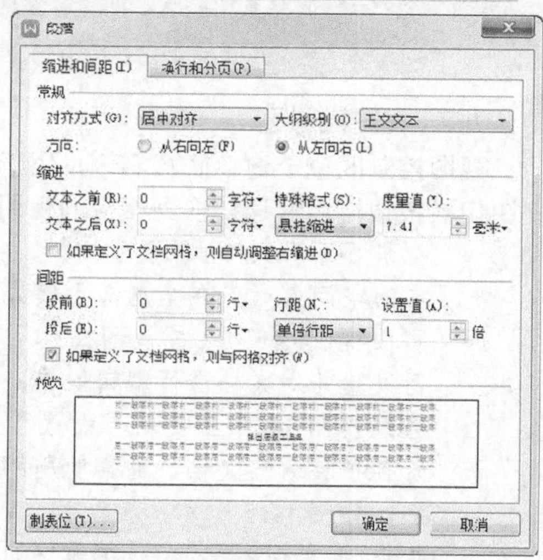

图1-12 【段落】对话框

七、 图文编辑区

图文编辑区是文字编辑的主要场所，在这里可以编辑文字、插入图形和绘制表格等。当编辑区不能完全显示时，可以滑动右侧和底部的滚动条来定位显示区域。

> 要点提示　在【视图】选项卡的【显示】工具组中有【标尺】【标记】【网格线】【表格虚框】【任务窗格】和【导航窗格】6 个复选项，可以在编辑区增加图 1-13 所示的要素。

- 标尺和网格线：用于精确确定文档在纸张（或屏幕）中的位置。
- 导航窗格：可以进行页面定位、资源搜索和浏览操作。
- 任务窗格：这里集成了常用的操作工具，其用法将在稍后介绍。
- 表格虚框：当将表格边框设置为不可见时，使用虚框显示表格范围，打印文档时不显示该虚框。
- 标记：在文档中显示批注和修订等内容。

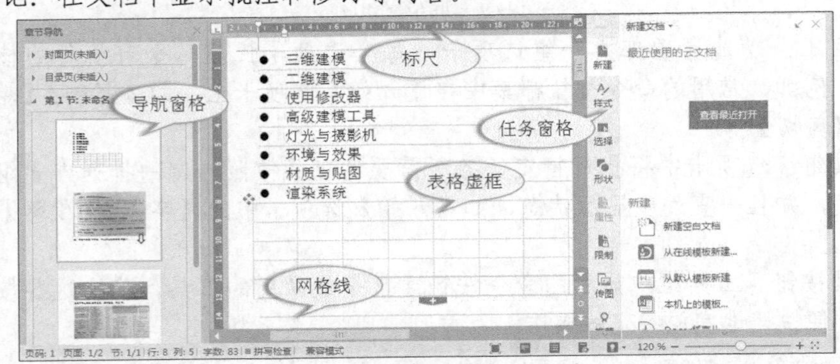

图1-13　图文编辑区的要素

八、 信息和状态栏

信息和状态栏位于窗口底端左侧，用于显示当前页面中的相关信息。例如，当前的页码，当前鼠标光标所在的行、列及文档字数等信息。

> 要点提示　在状态栏的任意区域单击鼠标右键，在弹出的快捷菜单中选取相应的命令，这样可以实现自定义信息和状态栏操作，如图 1-14 所示。

九、 视图控制区

视图控制区位于窗口底端右侧，用于显示文档的视图模式和缩放比例等内容。单击以下视图切换按钮可以快速切换到相应的视图模式。

- 全屏显示：全屏显示文档，此时将隐藏大部分设计工具，使图文编辑区所占的空间最大。在全屏显示模式下，按 Esc 键可以退出该显示模式。
- 页面视图：在该视图模式下可以直观地对页边距、页眉、页脚及页码等进行设置并对文档进行编辑操作。需要打印的文档适宜采用页面视图。
- 大纲视图：主要用于设置和显示标题的层级结构，并可以方便地折叠和展开各种层级的文档，通常使用缩进文档标题的形式显示标题在文档结构中的级别，如图 1-15 所示。
- Web 版式视图：是编辑网页时采用的视图方式，模拟 Web 浏览器的显示方式，无论正文如何排列，都将自动折叠行以适应窗口大小。

- 模式选择 ：可以选择【护眼模式】（此时设计界面底纹将设置为绿色）和【夜间模式】（适当调低显示亮度）两种模式来保护视力。
- 显示比例：拖动显示比例滑块或单击 - 和 + 按钮来调节显示比例。

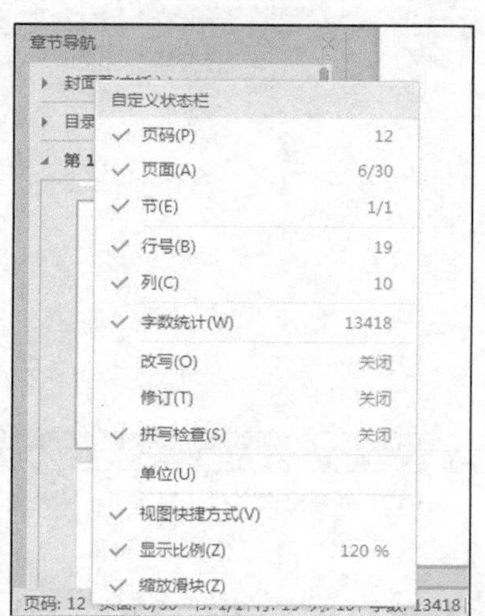

图1-14　自定义信息和状态栏

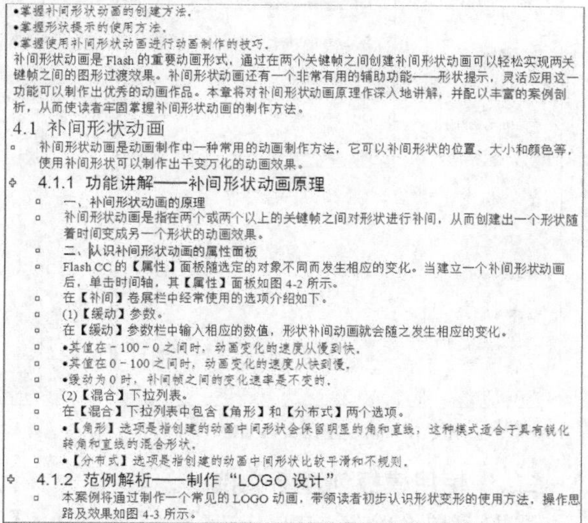

图1-15　大纲视图

单击显示比例百分数可以弹出【显示比例】菜单，利用该菜单可以精确地设置显示比例值。单击右侧的 按钮可获得最佳显示比例，将内容显示为最佳状态。

十、 任务窗格

WPS 的任务窗格提供了新建文档、样式和格式、形状和素材、选择窗格及 WPS 公司自身提供的一些便捷操作，所以对于办公人员来说是非常重要的一个工具。

1.2 文档的基本操作

文档是所有文本的载体，在熟练掌握 WPS 文字 2016 的用法之前，必须明确常用的文档操作，如新建文档、保存文档及查看文档等。

1.2.1 新建文档

在进行文字处理前，可以使用以下两种方法之一新建文档。

一、 新建空白文档

可以使用以下方法创建一个不包含内容的空白文档。

(1) 启动 WPS 文字 2016，在系统菜单中选取【新建】/【新建】命令，可以创建一个空白文档，如图 1-16 所示。

(2) 单击文档选项卡右侧的 + 按钮，新建一个空白文档，如图 1-17 所示。

(3) 按 Ctrl+N 组合键可以快速新建一个空白文档。

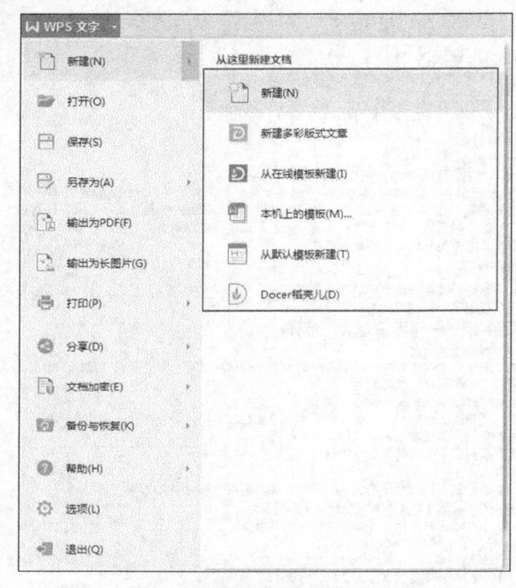

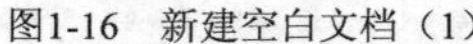
图1-16　新建空白文档（1）

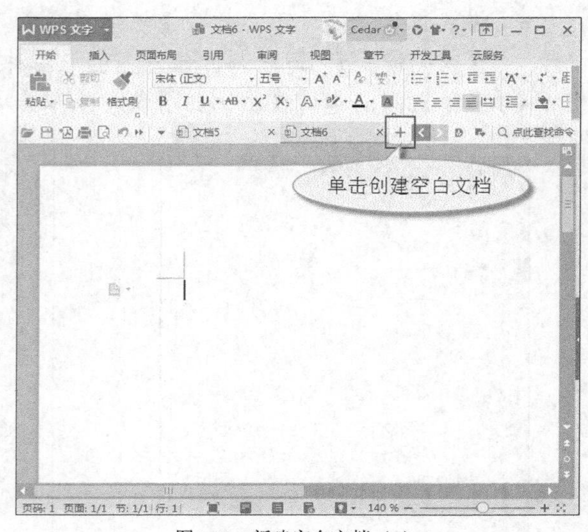

图1-17　新建空白文档（2）

二、　使用模板创建新文档

选取菜单命令【WPS 文字】/【新建】/【本机上的模板】，打开【模板】对话框，在【日常生活】选项卡中选中【笔记】选项，如图 1-18 所示，创建一个笔记文档，如图 1-19 所示。

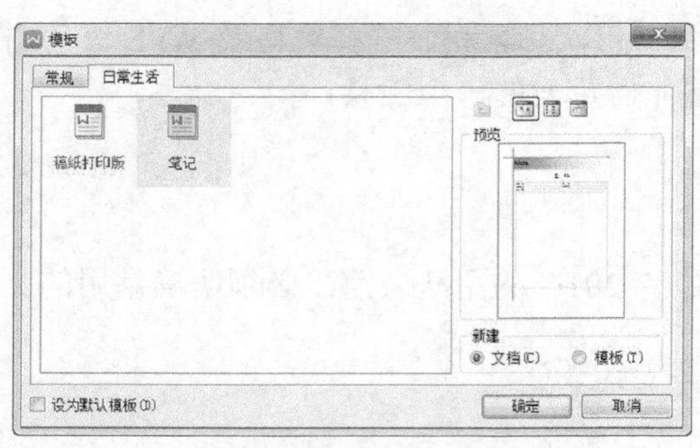

图1-18　【模板】对话框

图1-19　笔记文档

> **要点提示** 在图 1-18 中选中【设为默认模板】复选项后，执行图 1-16 中的【新建】/【从默认模板新建】命令，即可使用该模板创建一个文档。

1.2.2 保存文档

创建文档后，用户可以先对其进行保存，以免数据丢失。

一、　首次保存文档

新建文档后，在快速工具栏中单击按钮，打开【另存为】对话框，首先选取文件的保存位置，然后指定文件名（扩展名为.wps），最后单击 保存(S) 按钮保存文档，如图 1-20

所示。

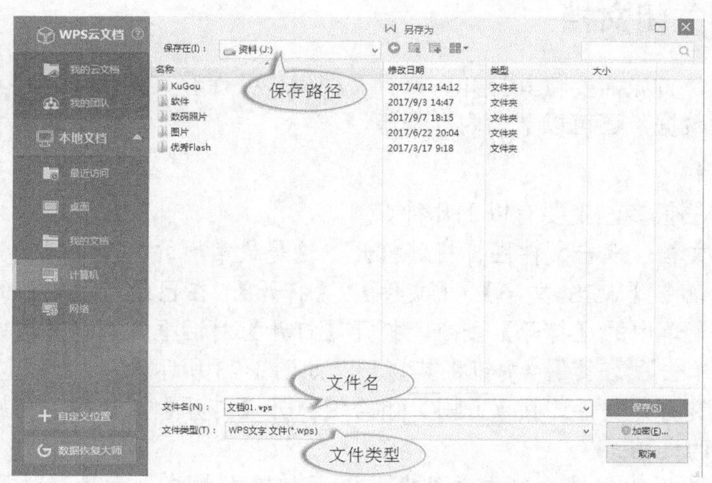

图1-20 【另存为】对话框

要点提示 保存文件时，在【文件类型】下拉列表中可以选择将文件保存为其他格式，如保存为 Microsoft Word 能识别的“.docx”格式。执行系统菜单中的【另存为】命令，也可以选择要保存的文件格式，如图 1-21 所示。

二、 加密保存文档

在图 1-20 中单击 加密(E)... 按钮，打开【文档加密】窗口，在左侧列表中选中【密码加密】选项，然后依次设置【打开权限】密码（打开该文档时使用的密码）和【编辑权限】密码（编辑该文档时使用的密码），如图 1-22 所示。此后，在打开和编辑该文档时需要输入密码。

三、 保存已有文档

对于已经保存过的文档，既可以将其保存在原来的位置，也可以将其另存在别的位置。如果希望保存在原有位置，就在快速工具栏中单击 （保存）按钮。

如果要将其保存到别的位置，可以按照图 1-21 所示打开【另存为】对话框，重新设置文件的保存位置和名称后单击 保存(S) 按钮，保存文档。

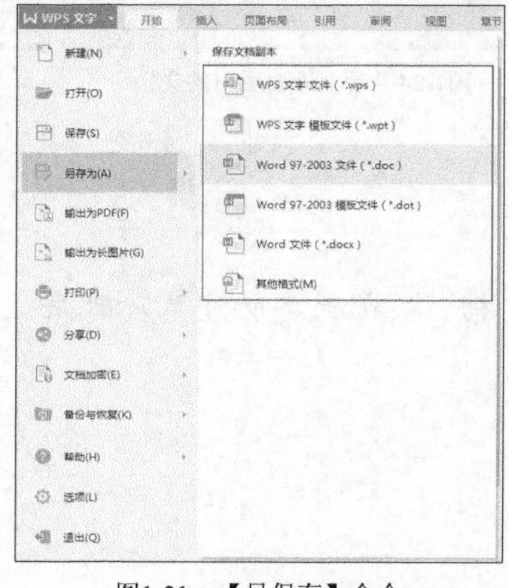

图1-21 【另保存】命令

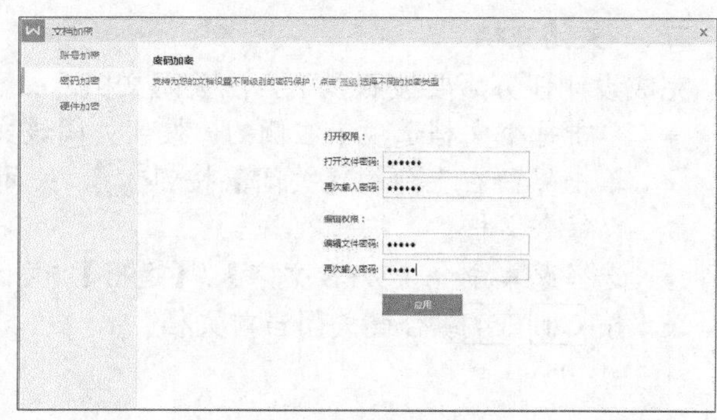

图1-22 【文档加密】窗口

1.2.3 打开和关闭文档

在操作文档前，首先需要将其打开。执行文档操作并保存文档后，应将其关闭，这样不但可以有效地保护数据，还可以节约内存资源。

一、 打开文档

打开文档的方法很多，主要有以下几种。

- 双击打开文档：双击文件图标将其打开，这是最常用的打开方式。
- 使用菜单命令【WPS 文字】/【文件】/【打开】：在已经启动软件的情况下，执行系统菜单中的【打开】命令，打开【打开】对话框，浏览并选中要打开的文件后，单击 打开(O) 按钮将其打开，如图 1-23 所示。
- 使用快捷键打开文件：按 Ctrl+O 组合键打开【打开】对话框，利用该对话框打开指定的文档。
- 打开最近使用的文档：单击系统菜单，通常其右侧将显示【最近所用】的所有文档，如图 1-24 所示，从中选取需要打开的文件。

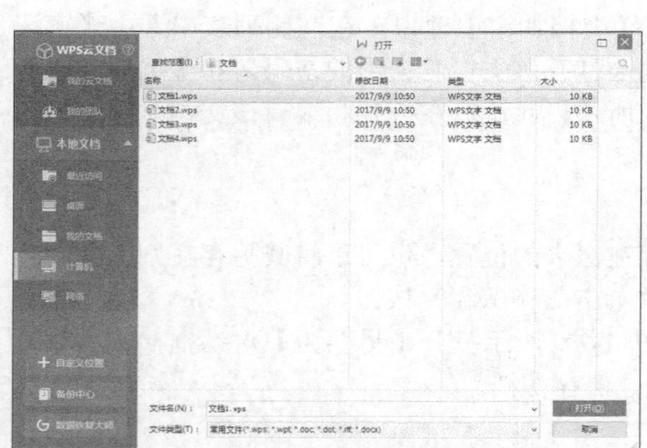

图1-23　【打开】对话框

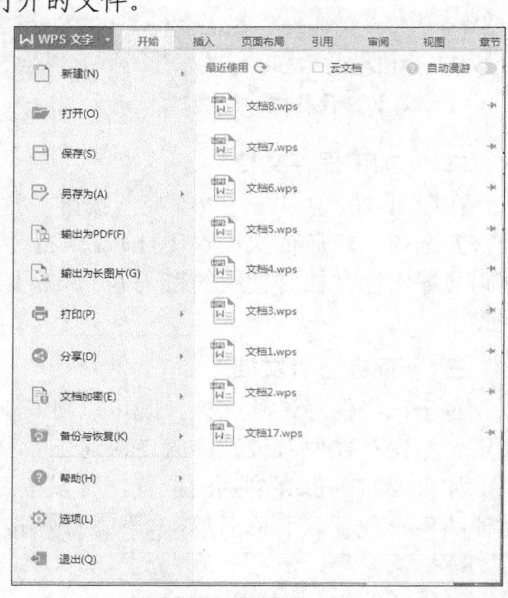

图1-24　显示最近所用的文档

二、 关闭文档

完成设计任务后要按照以下方法关闭文档。

- 单击每个文档选项卡右侧的 × 按钮关闭该文档。
- 单击界面右上角的【关闭】按钮 ×，关闭所有文档。关闭时务必注意及时保存每个文档。
- 选择菜单命令【WPS 文字】/【退出】，关闭文档。
- 按 Ctrl+F4 组合键关闭当前文档。

1.3 输入文本

在创建文档后，接下来的重要工作就是向文档中输入相关的文本内容，然后根据需要对文本进行编辑、修改和格式化。

1.3.1 定位文本输入位置

在打开文档后，编辑区中会显示一个闪烁的竖条光标“｜”，用户输入的文本就定位在鼠标光标指示的位置。通过调整定位该鼠标光标的位置，就可在文档中的任意位置输入文本。

使用鼠标可以方便灵活地在文档中定位光标：将鼠标光标移动到需要插入文字的位置后单击鼠标左键即可。此外，使用键盘上的按键也可以定位鼠标光标位置，如表 1-1 所示。

表 1-1　使用键盘按键控制光标位置

按键及其组合	操作	按键及其组合	操作
向上箭头键↑	鼠标光标向上移动一行	End 键	鼠标光标移至当前行尾
向下箭头键↓	鼠标光标向下移动一行	Ctrl+Home	鼠标光标移至文档开头
向左箭头键←	鼠标光标向左移动一个字符	Ctrl+End	鼠标光标移至文档结尾
向右箭头键→	鼠标光标向右移动一个字符	Ctrl+向左箭头键←	鼠标光标左移一个字或一个单词
Page Up 键	向上翻页	Ctrl+向右箭头键→	鼠标光标右移一个字或一个单词
Page Down 键	向下翻页	Ctrl+向上箭头键↑	鼠标光标移动到上一个段首
Home 键	鼠标光标移至当前行首	Ctrl+向下箭头键↓	鼠标光标移动到下一个段首

1.3.2 输入普通文本

在定位文本的插入位置后，就可以输入文本了。普通文本包括中文字符、英文字符、字母和数字等，是文档中数量最多的元素。

【操作要点】

1. 新建一个空白文档。
2. 根据个人习惯选择一种中文输入法。
3. 在编辑区第 2 行中部双击鼠标左键，在此处定位文本的插入位置，如图 1-25 所示。
4. 输入中文文本“公司 2017 年工作总结”。
5. 将鼠标光标移动到文字“公司”前单击鼠标左键定位。
6. 切换到英文输入法，接着输入英文“Apron”，结果如图 1-26 所示。

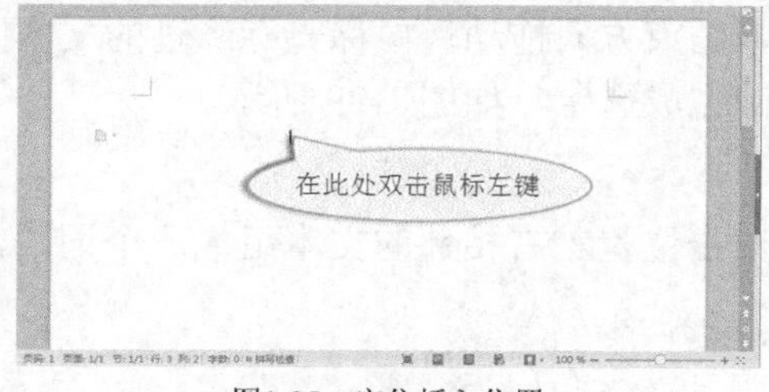

图1-25　定位插入位置

图1-26　输入文本

要点提示　在文档中，除了显示文字和数字等主要信息外，还可以显示一些辅助符号，如图 1-27 所示。其中：“↵”为段落标记（又叫硬回车），显示在一个段落的尾部；“→”为制表符，是在按下 Tab 键时留下的标记；这些符号在打印文档时并不打印输出。如果不希望在文档中显示该符号，可以在系统菜单中选择【选项】命令，打开【选项】对话框，按照图 1-28 所示设置参数。

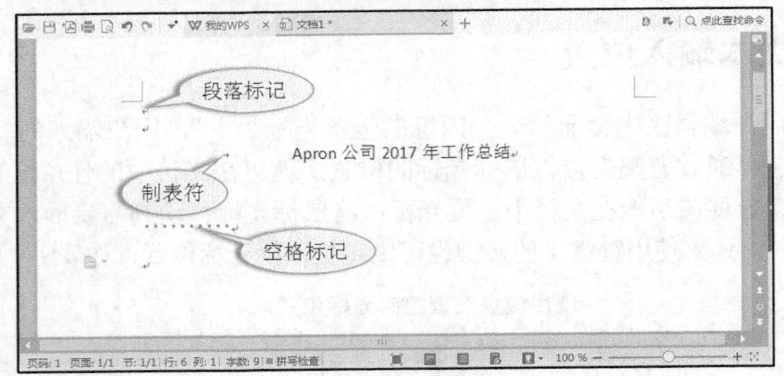

图1-27　显示辅助符号

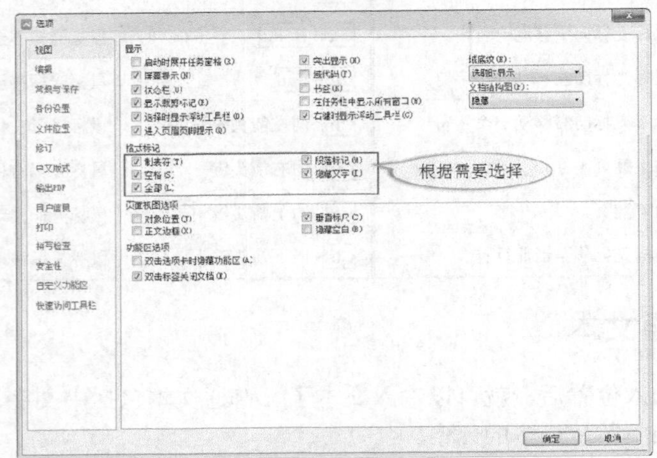

图1-28　【选项】对话框

1.3.3　选中文本

在编辑区中输入文本后，通常还需要对其进行各种编辑操作，而编辑操作的基础是首先选定编辑的文本对象。此时，用户可以根据需要选定单个词组、整行、整列或多行多列。

一、　拖动选择

在当前选定文本的起始位置按住鼠标左键向文本结束方向拖动，鼠标光标经过的文本区域会高亮显示，表示这些文本被选中，释放鼠标左键完成选定，如图 1-29 所示。

二、　选择词语

使用鼠标光标在选定的文本上双击，可以选中双击位置左右相邻的文本组成一个词语，如图 1-30 所示。

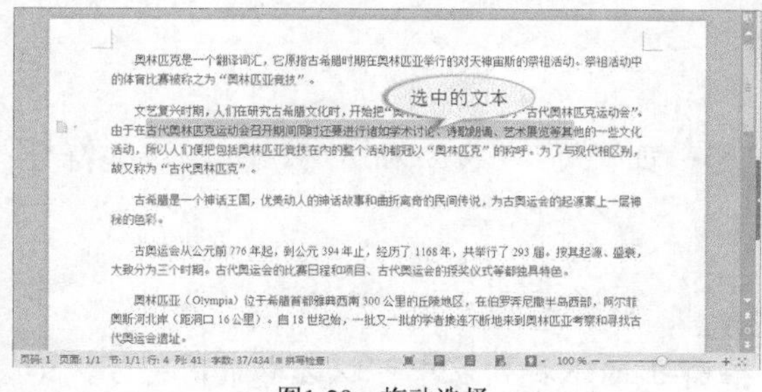

图1-29　拖动选择

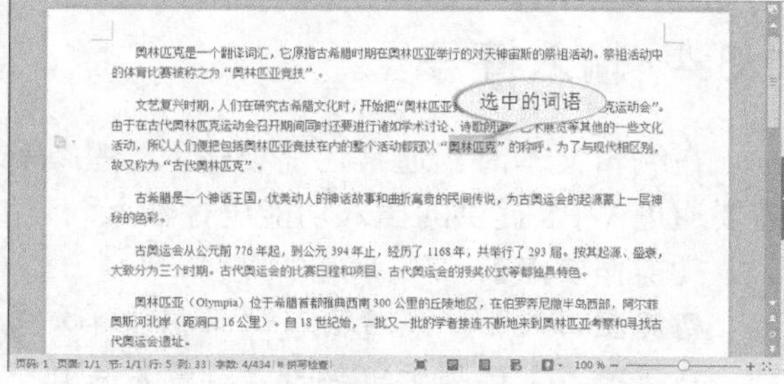

图1-30　选择词语

三、　选择整行

如果要一次性选中一整行文本，可以将鼠标光标移动到文本左侧，待其变为箭头形状时，单击鼠标左键即可选中整行，如图 1-31 所示。

四、　选择整段

将鼠标光标移动到段落内的任意文本处，然后连续单击鼠标左键 3 次，即可选中该文本所在的整个段落，如图 1-32 所示。

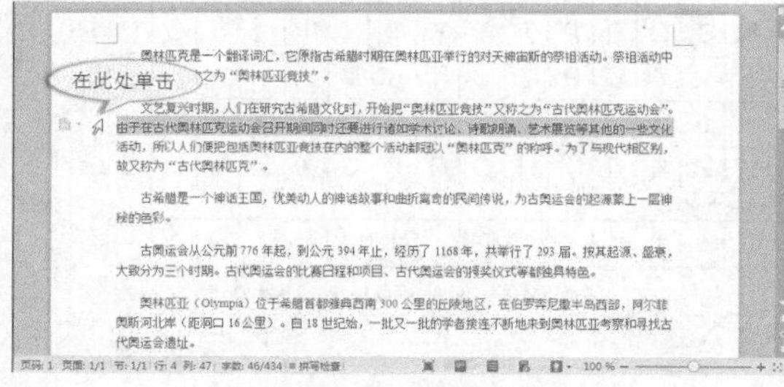

图1-31　选中整行

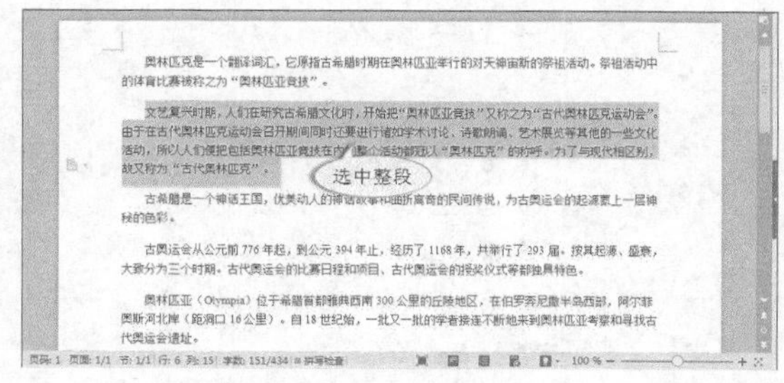

图1-32　选中整段

五、　使用组合键选择连续区域文本

在文本选定区的开始位置单击鼠标左键，按住 Shift 键，按照表 1-1 所示结合键盘上的箭头键、Home 键和 End 键可以选中任意区域的文档。例如，同时按 Shift 键和 Ctrl+End 键可以选中当前光标到文档末尾的连续区域，如图 1-33 所示。

六、　选择不连续区域的文本

按住 Ctrl 键双击或拖动选择需要的文本，可以选取不连续区域的文本，如图 1-34 所示。

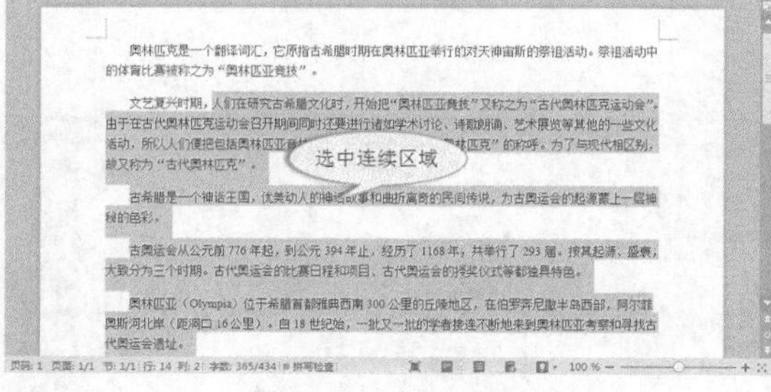

图1-33　选中连续区域

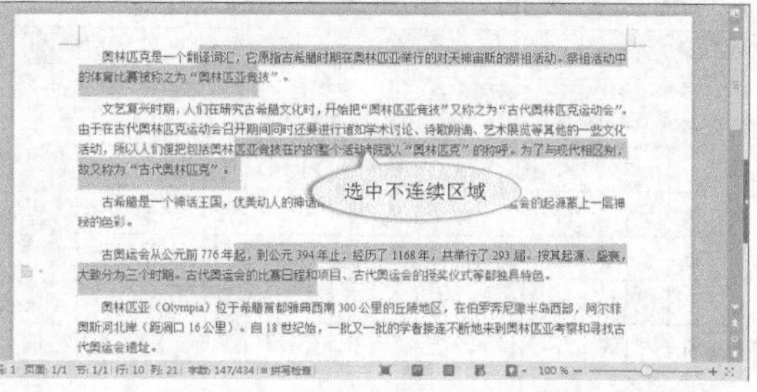

图1-34　选中非连续区域

按 Ctrl+A 键，可以选中整篇文档（包括该文档所有页的内容）。将鼠标光标移到页面文字左侧，待其形状变为指向右上方的箭头时，单击鼠标左键一次选中整行，连续单击两次，选中整段，连续单击 3 次，可选中整篇文档。

1.3.4 输入符号

在编辑文本时，通常还需要输入一些特殊符号，如“√”“&”和“%”等，这些符号需要通过 WPS 提供的插入功能进行输入。

【操作要点】

1. 新建空白文档，然后输入“面积计算公式:”。
2. 在【插入】选项卡中单击【符号】按钮，在弹出的下拉列表中可以选取常用符号，如图 1-35 所示。
3. 选取【其他符号】选项，打开【符号】对话框，进入【符号】选项卡，在【子集】下拉列表中选择【基本希腊语】选项，选中符号“ϕ”后，单击插入(I)按钮插入字符，如图 1-36 所示。

图1-35 选取符号工具

图1-36 插入符号“ϕ”

4. 在符号“ϕ”后输入“=”。
5. 按照上述方法再次打开【符号】对话框，选中符号“π”将其插入到文本中，如图 1-37 所示。
6. 输入文本“R2”。
7. 选中数字 2，在其上单击鼠标右键，在弹出的快捷菜单中选取【字体】命令，如图 1-38 所示，打开【字体】对话框，选择【上标】复选项，如图 1-39 所示。

最后创建的文本如图 1-40 所示。

图1-37 插入符号“π”

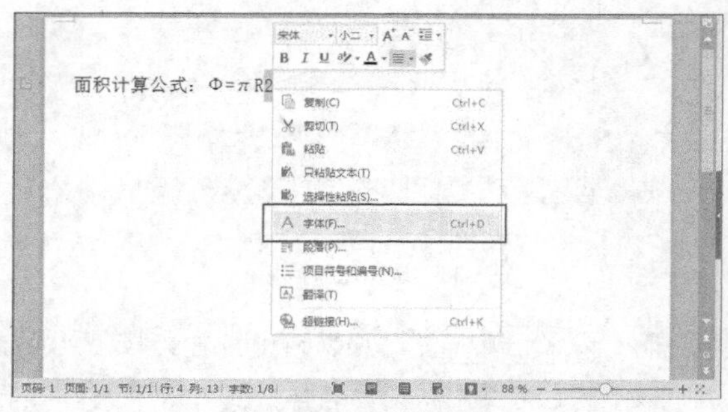

图1-38 打开快捷菜单

图1-39 设置上标

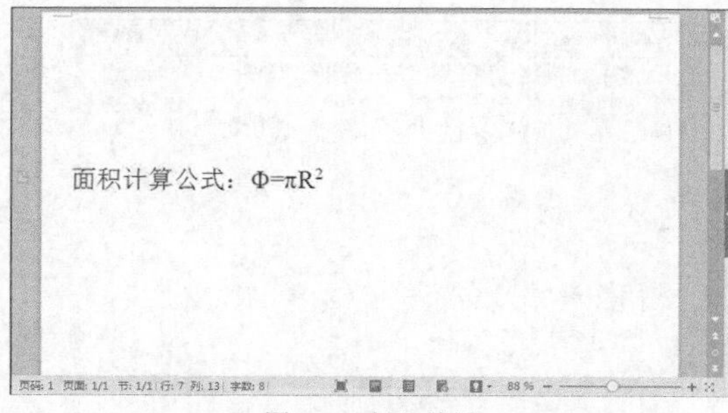

图1-40 插入结果

在插入符号时，为了提高工作效率，可以将常用的符号加入到符号栏中。方法为：在图 1-37 所示的【符号】对话框中选中要加入的符号，然后单击左下角的 插入到符号栏(Y) 按钮即可将其加入到符号栏中。下次使用时只需单击 符号 按钮，在下拉列表中选取该符号即可，如图 1-41 所示。

图1-41 插入符号到符号栏

1.3.5 插入公式

在撰写学术报告或工程计算领域的文档时，有时需要在文档中插入公式。使用 WPS 文字 2016 不但可以插入系统内置公式，还可以自行编辑公式。

【操作要点】

1. 将光标定位到要插入公式的位置。
2. 在【插入】选项卡中单击 按钮，如图 1-42 所示。

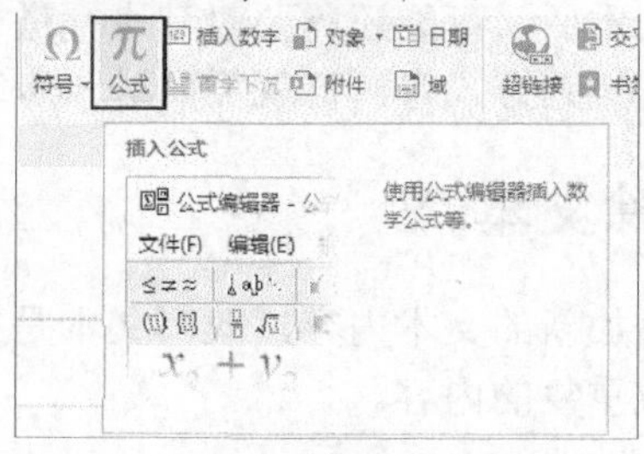

图1-42 插入公式

3. 打开【公式编辑器】窗口，如图 1-43 所示。
4. 借助公式工具栏中的工具编辑以下公式，如图 1-44 所示。

$$x=\frac{-b\pm\sqrt{b^2-4ac}}{2b}$$

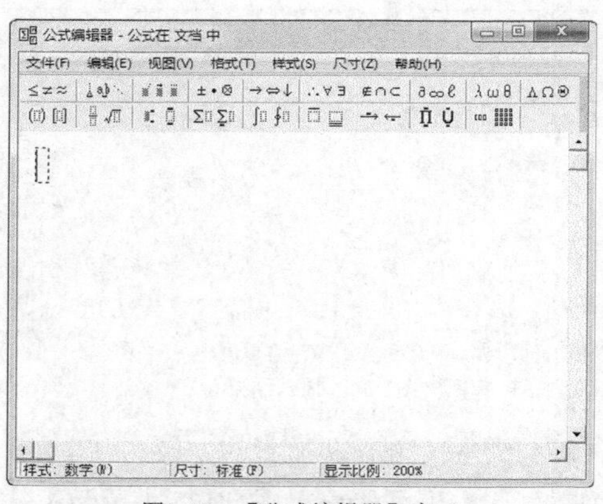

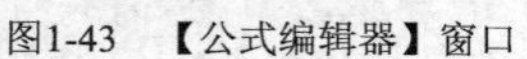

图1-43　【公式编辑器】窗口

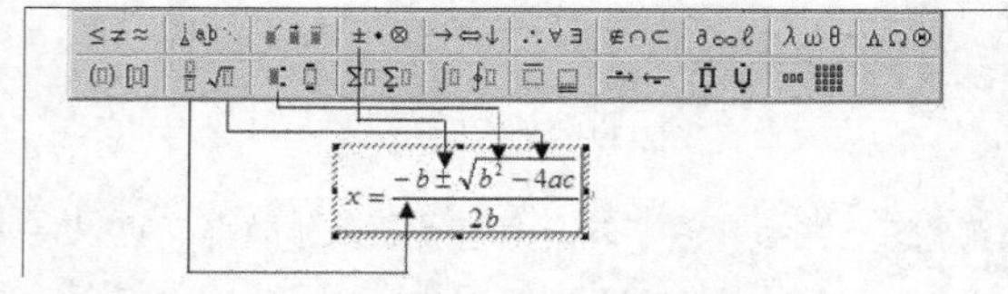

图1-44　公式编辑环境

5. 编辑完成的公式编辑器如图 1-45 所示。单击【公式编辑器】窗口右上角的 按钮退出公式编辑器，可以在文档中查看刚编辑的公式，如图 1-46 所示。

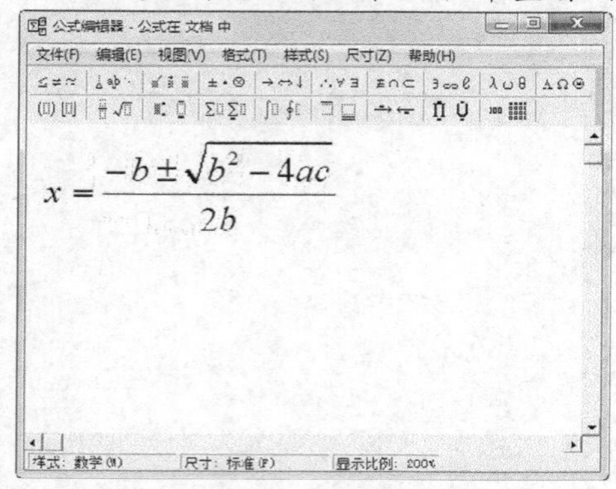

图1-45　公式编辑器

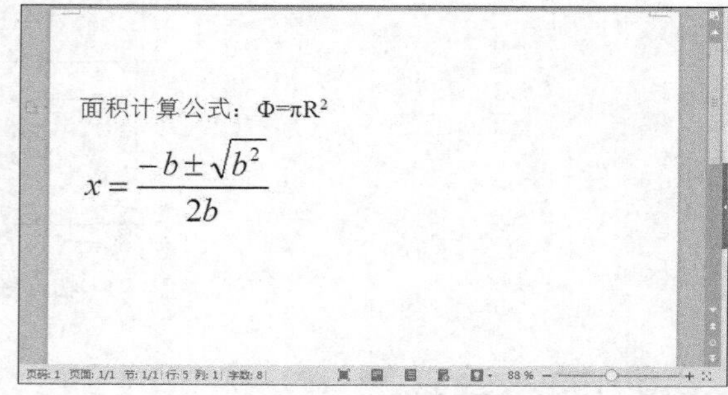

图1-46　编辑完成的公式

6. 如果需要修改或重新编辑公式，直接双击该公式重新打开【公式编辑器】窗口进行编辑即可。

1.4 编辑文本

使用前面介绍的方法输入文本后，可能还需要对其进行进一步调整和修改。例如，改正其中的错误，调整文本的格式和排列方式等，这就需要进一步编辑文本。

1.4.1 插入、改写和删除文本

插入文本是指在选定位置增加新的文本内容，改写文本是指使用输入的内容替换选定的内容，删除文本是指删除多余或重复的内容。

【操作要点】

1. 打开素材文件“素材\第 1 章\案例 1.wps”。
2. 将光标定位到第 1 行第 2 个“高原”后，如图 1-47 所示。
3. 按 Backspace 键删除本文“原”，再次按 Backspace 键删除本文“高”，结果如图 1-48 所示。

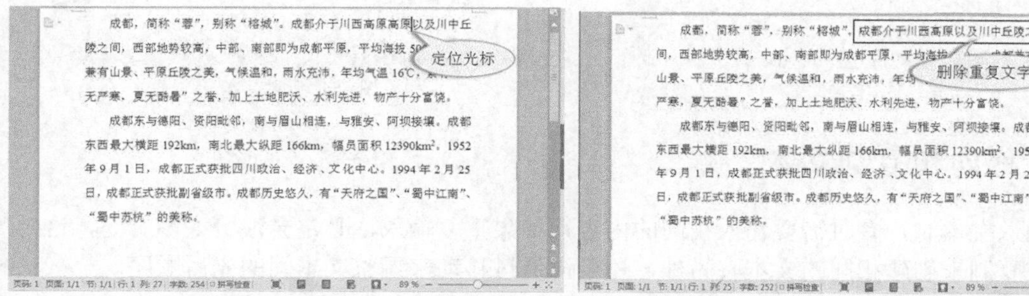

图1-47　定位光标　　图1-48　删除重复文字

4. 将光标定位到第 3 行“平原”后，如图 1-49 所示。
5. 输入文本“和”，结果如图 1-50 所示。

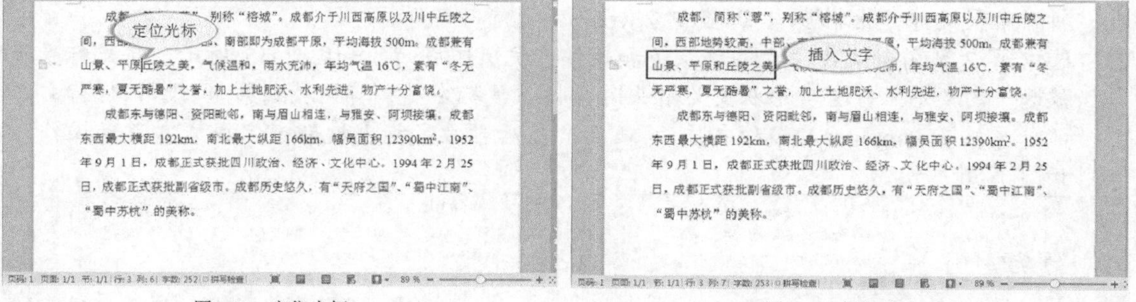

图1-49　定位光标　　图1-50　插入文本

6. 在界面底部的信息和状态栏上单击鼠标右键，在弹出的菜单中选择【改写】命令，如图 1-51 所示。在状态栏底部将增加【改写】复选项，将其单击选中，此时光标将变大并且闪烁，如图 1-52 所示。

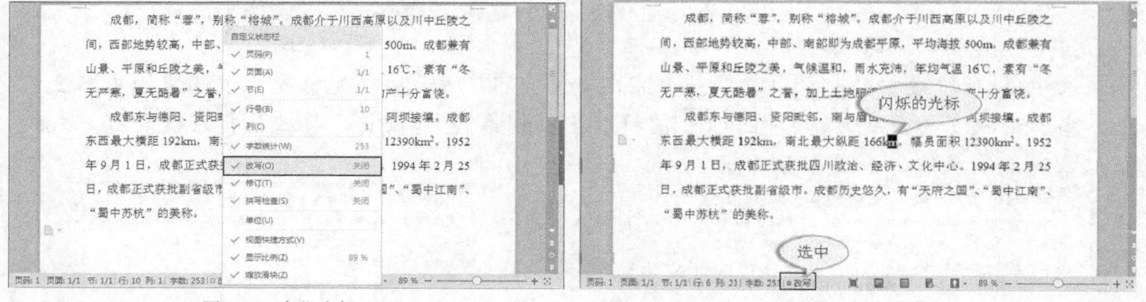

图1-51　定位光标　　图1-52　插入文本

7. 将光标定位到第 4 行“水”的字，该文字将闪烁，然后输入“交通便利”，新输入的文字将替换原来的“水利先进”，如图 1-53 所示。最后在状态栏中取消选中【改写】复选项，退出改写模式。
8. 选中倒数第 3 行的“正式”二字，按 Delete 键将其删除，结果如图 1-54 所示。

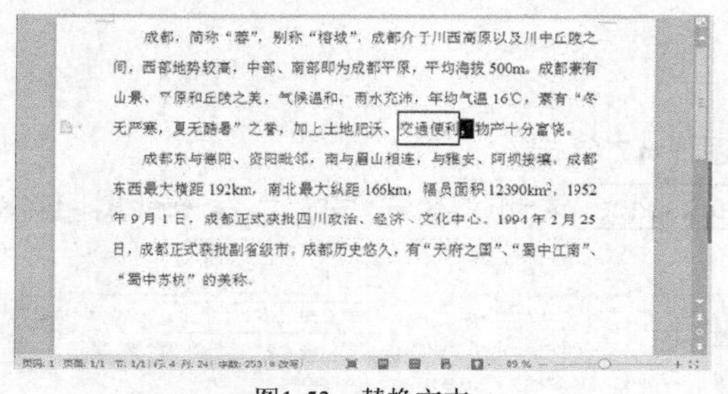

图1-53　替换文本

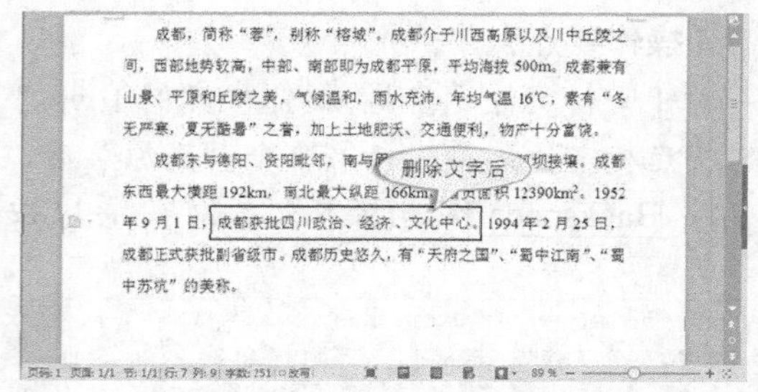

图1-54　删除文本

1.4.2　移动和复制文本

在输入文本时，有时需要输入相同的内容，如果重复输入，必定会浪费太多时间，这时可以通过复制来创建相同的文本。另外，还可以通过移动来调整文本间的先后顺序。

一、　通过拖动光标复制或移动文本

如果要复制或移动的目标位置间隔较近，并且在同一页中，可用鼠标操作。

【操作要点】

1. 打开素材文件“素材\第 1 章\案例 2.wps”。
2. 选中第 2 段首的文字“由硬件系统和软件系统所组成。”，如图 1-55 所示。将光标置于被选中的文本上，当其形状变为箭头时，按住鼠标左键将其拖放到第 1 段第 1 行文本“计算机（computer）俗称电脑，”之后，然后释放鼠标左键即可完成文本移动操作，如图 1-56 所示。

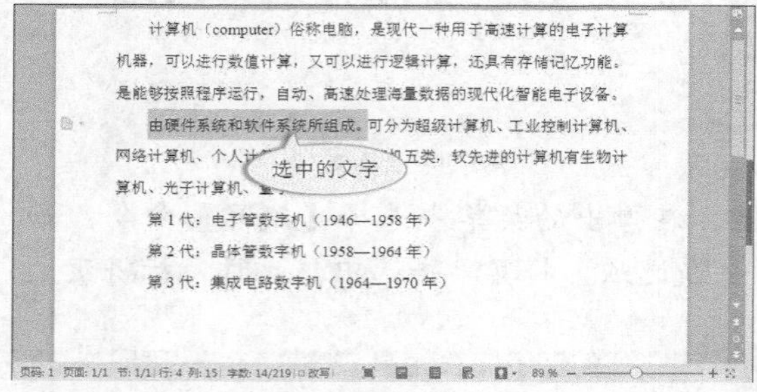

图1-55　选取文本（1）

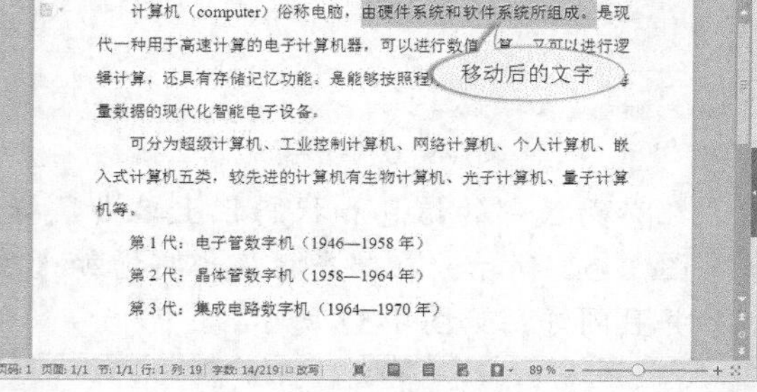

图1-56　移动文本

3. 选中第 1 段段首的“计算机”3 个字，如图 1-57 所示。将光标置于被选中的文本上，当其形状变为箭头时，按住 Ctrl 键将其拖放到第 2 段段首，释放鼠标左键即可完成文本的复制操作，如图 1-58 所示。

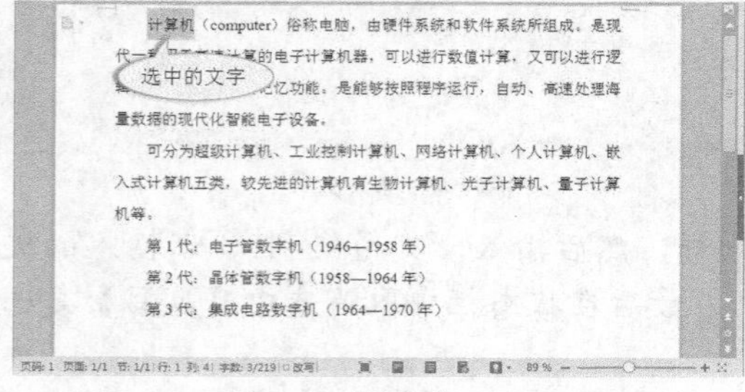

图1-57　选取文本（2）

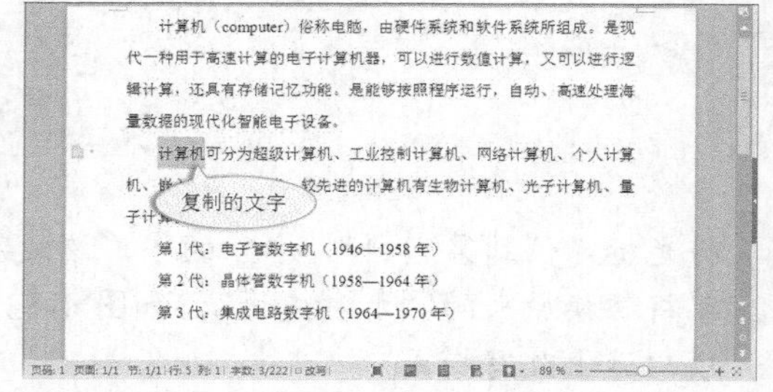

图1-58　复制文本（1）

4. 使用同样的方法复制最后一行文本“第 3 代：集成电路数字机（1964—1970 年）”，结果如图 1-59 所示。
5. 修改步骤 4 复制的文本内容，结果如图 1-60 所示。
6. 单击快速工具栏中的按钮，保存复制结果。

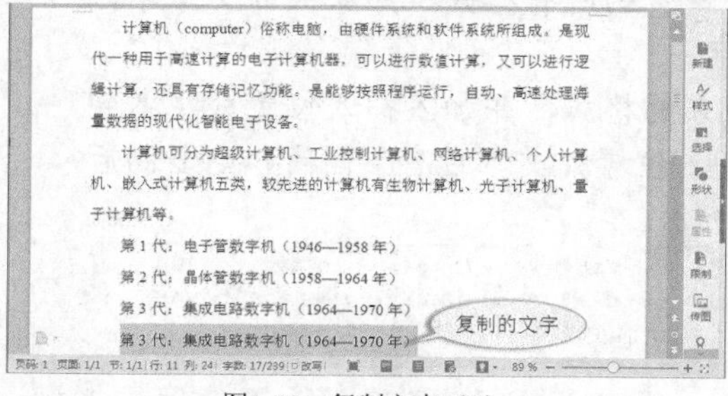

图1-59　复制文本（2）

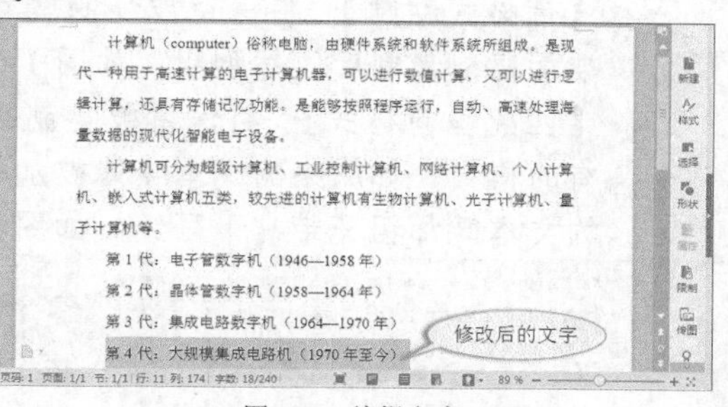

图1-60　编辑文本

在移动文本时，光标将变为形状；在复制文本时，光标将变为形状。

二、　通过按钮复制或剪切文本

使用【开始】选项卡中【剪贴板】工具组上的按钮可以快速复制和剪切文本，并且文本复制和剪切的操作位置不受限制，还可以在多个文档间复制文本。

【操作要点】

1. 打开素材文件“素材\第 1 章\案例 3.wps”。
2. 按照图 1-61 所示选中文本。
3. 在【开始】选项卡的【剪贴板】工具组中单击【复制】按钮，如图 1-62 所示。

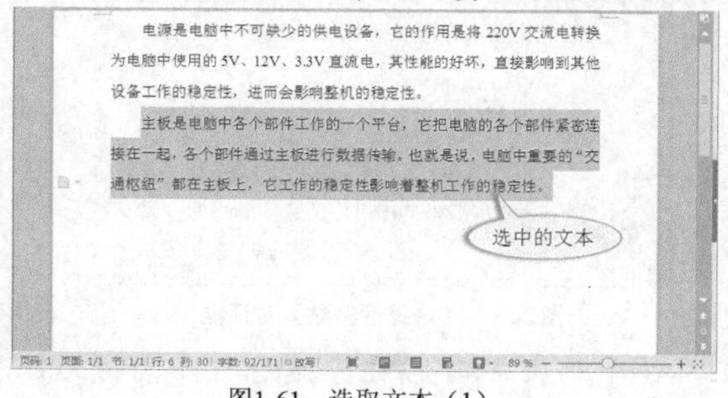

图1-61　选取文本（1）

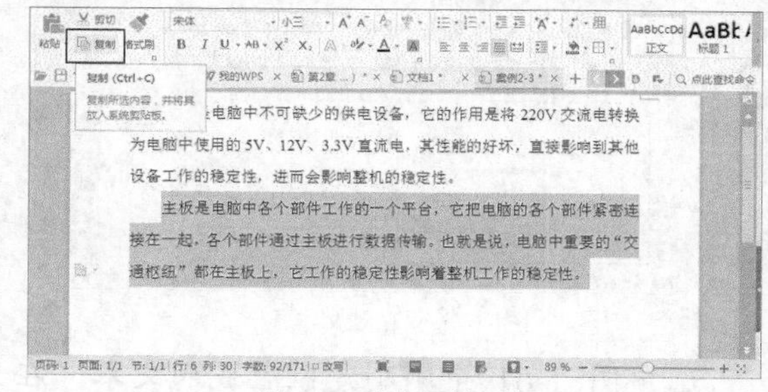

图1-62　选取复制工具

4. 将光标定位下一段段首，然后在【开始】选项卡的【剪贴板】工具组中单击【粘贴】按钮，如图 1-63 所示，在文档后粘贴文本，结果如图 1-64 所示。

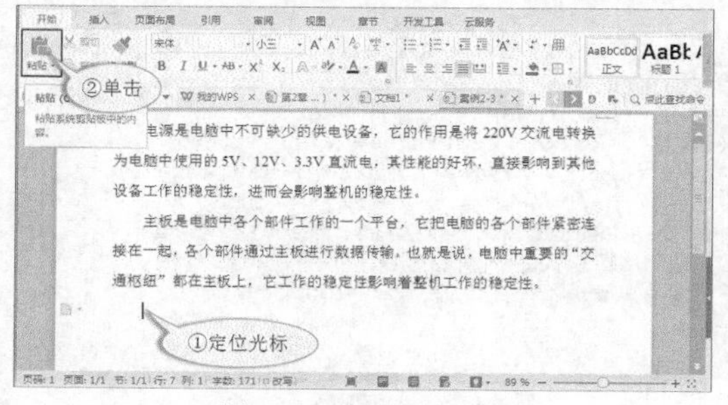

图1-63　选取文本（2）

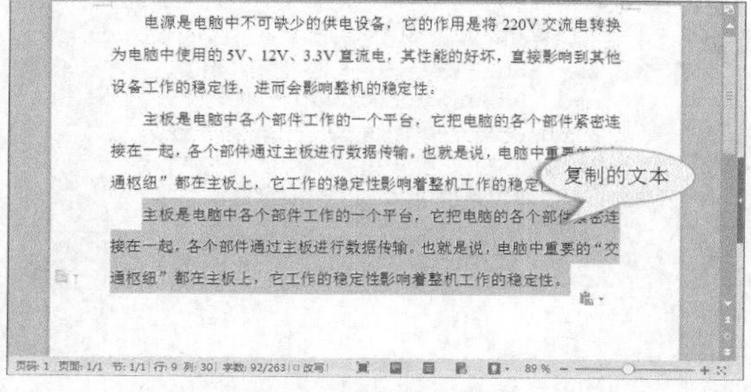

图1-64　选取粘贴工具

将文本粘贴在指定位置后，在文本末尾会出现一个图标，单击右侧的下拉按钮会弹出 4 个选项，用于指定文本的粘贴形式。单击界面左上角【粘贴】按钮下方的下拉按钮，也有类似选项，介绍如下。

- 【带格式粘贴】：将保留被复制文本原来设置的所有格式，如原来的文本字体被加粗，复制后依然加粗，如图 1-65 所示。
- 【匹配当前格式】：将保留被复制文本原来的格式，并加入插入位置处文本带有的格式，如原来的文本字体被加粗，插入位置处文本带有下画线，则复制后的文本既加粗又带有下画线，如图 1-66 所示。

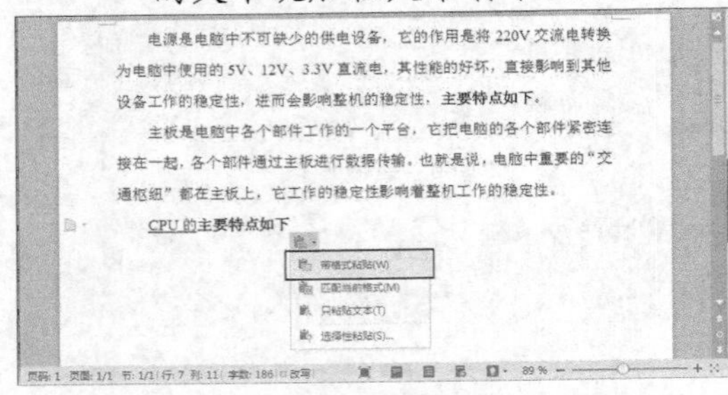

图1-65　带格式粘贴

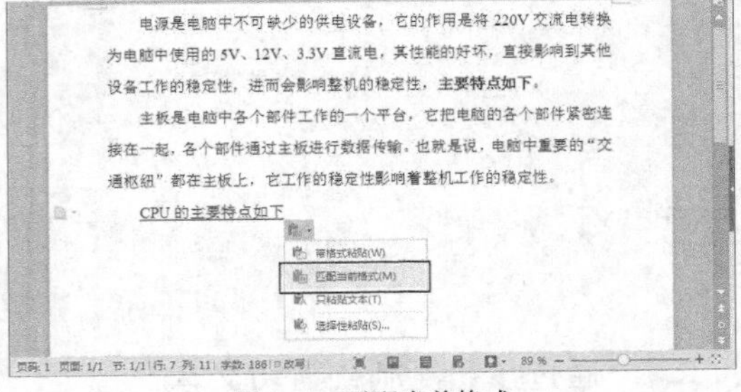

图1-66　匹配当前格式

- 【只粘贴文本】：只复制文本，去掉文本原来的所有格式，如图 1-67 所示。
- 【选择性粘贴】：打开【选择性粘贴】对话框，设置要粘贴的内容，如图 1-68 所示。

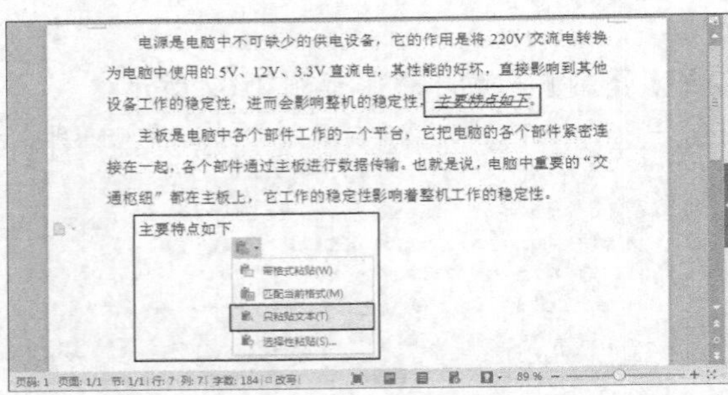

图1-67　只粘贴文本

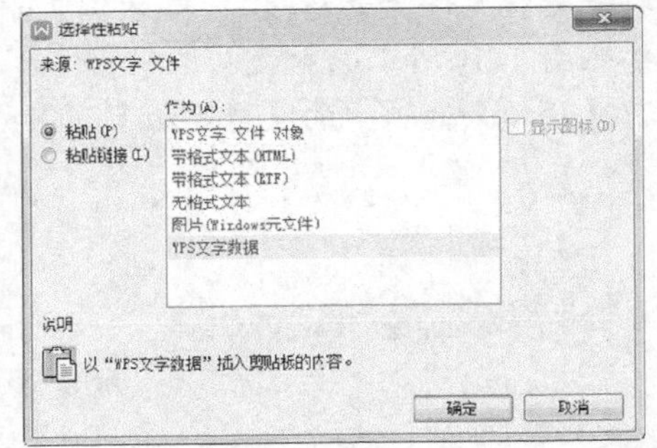

图1-68　【选择性粘贴】对话框

5. 选中图 1-64 中刚刚复制生成的文本，在工具组中单击剪切按钮，然后打开素材文件“素材\第 1 章\案例 4.wps”，将光标定位在图 1-69 所示的位置。
6. 在【开始】选项卡的【剪贴板】工具组中单击【粘贴】按钮粘贴文本，结果如图 1-70 所示。

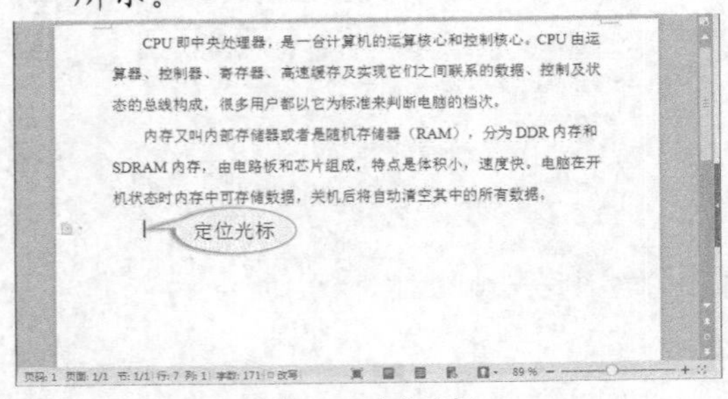

图1-69　定位光标

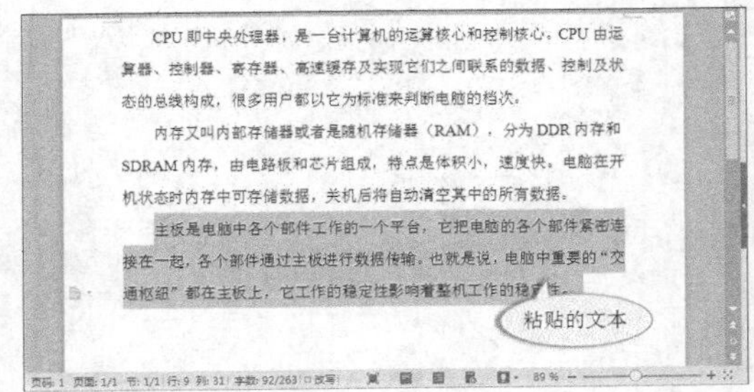

图1-70　复制文本

7. 在文档“案例 3.wps”中选中前两段文字，如图 1-71 所示，将其复制到文档“案例 4.wps”中，结果如图 1-72 所示。

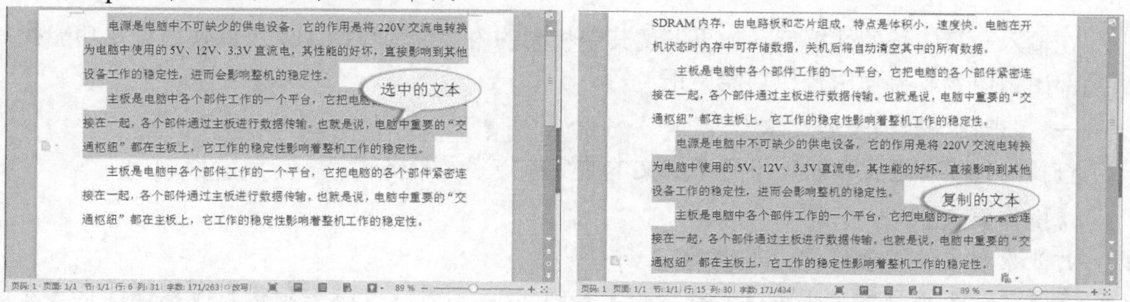

图1-71　选取文本（3）　　图1-72　复制结果

三、 使用快捷键复制或移动文本

通过快捷键移动和复制文本更加方便和快捷。

【操作要点】

1. 选取需要移动或复制的文本。
2. 按Ctrl+C组合键（用于复制操作）或按Ctrl+X组合键（用于剪切操作）。
3. 选择文本插入的目标位置。
4. 按Ctrl+V组合键粘贴文本。

四、 通过右键快捷菜单复制和移动文本

通过右键快捷菜单可以复制和移动文本。

【操作要点】

1. 选取需要移动或复制的文本。
2. 在其上单击鼠标右键，在弹出的快捷菜单中选取【复制】或【剪切】命令。
3. 选择文本插入的目标位置。
4. 在其上单击鼠标右键，在弹出的快捷菜单中选取【粘贴】命令粘贴文本。

要点提示　单击界面左上角【粘贴】按钮下方的下拉按钮，选择【设置默认粘贴】选项，打开图 1-73 所示的【选项】对话框，利用该对话框可以设置各种情况下复制和移动操作采用的默认设置。

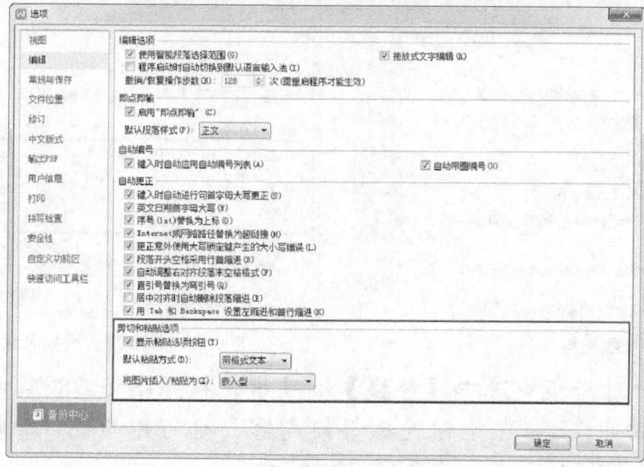

图1-73　【选项】对话框

1.4.3 查找与替换文本

在输入一篇较长的文档后，如果发现其中相同的内容全部输错，就可以使用查找功能找出全部出错内容，再使用替换功能更正。

一、　查找与替换普通文本

查找与替换普通文本时，不用考虑文本的字体与字号等格式。

【操作要点】

1. 打开素材文件“素材\第 1 章\案例 5.wps”。
2. 在【开始】选项卡中单击【查找替换】按钮，打开【查找和替换】对话框，在【查找内容】文本框中输入“CPU”如图 1-74 所示，然后单击 突出显示查找内容(R) 按钮，在弹出的下拉列表中选取【全部突出显示】选项，文档会自动选中全部查找结果，如图 1-75 所示。

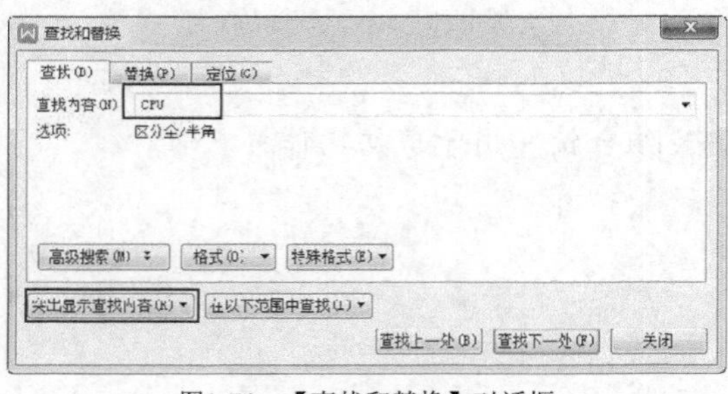

图1-74　【查找和替换】对话框

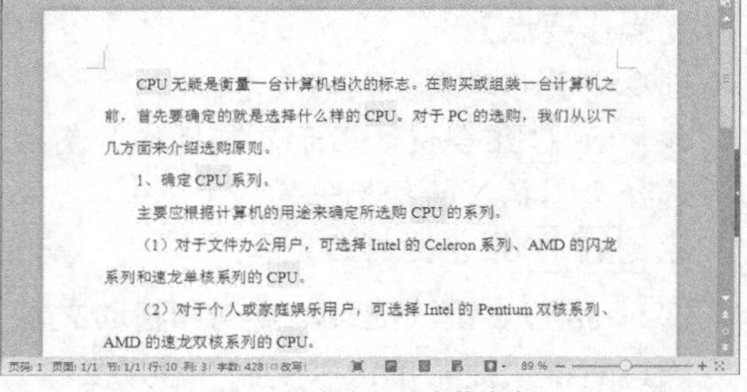

图1-75　突出显示查找内容

3. 单击 突出显示查找内容(R) 按钮，在弹出的下拉列表中选取【清除突出显示】选项，再单击 查找上一处(B) 或 查找下一处(F) 按钮从光标所在位置依次向前或向后搜索内容。查找到的结果将会用深色背景显示，如图 1-76 所示。
4. 在【查找和替换】对话框中单击 高级搜索(L) 按钮，可以设置更多的高级搜索选项，如图 1-77 所示。

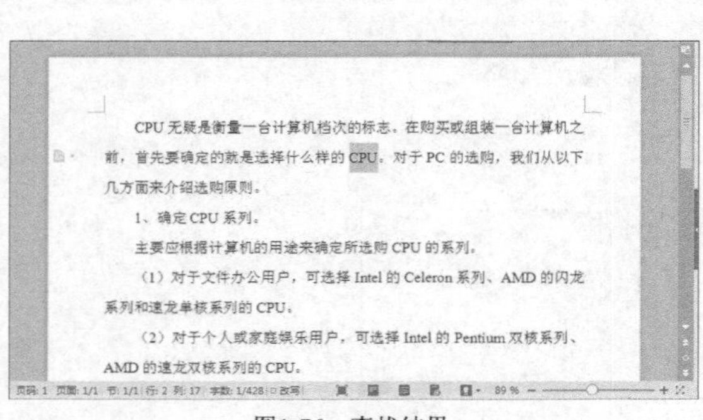

图1-76　查找结果

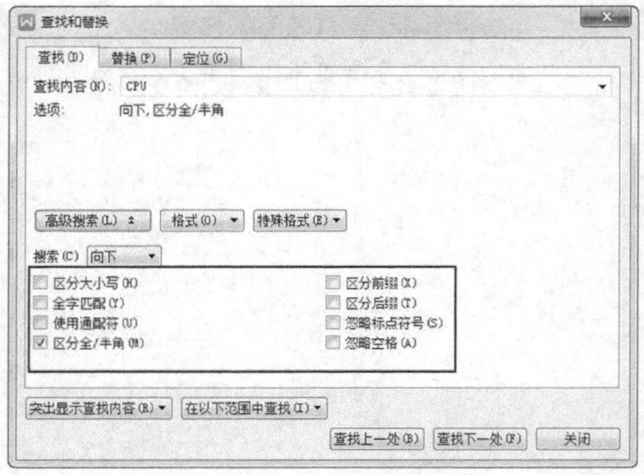

图1-77　设置高级搜索选项

5. 在【查找和替换】对话框中选中【替换】选项卡，按照图 1-78 所示输入查找和替换内容，既可以依次单击 替换(R) 按钮逐次替换内容，也可以单击 全部替换(A) 按钮替换全部内容，完成后将显示替换的总数，如图 1-79 所示。

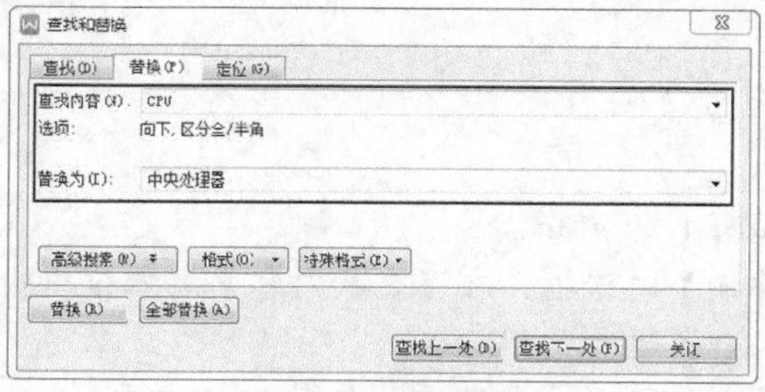
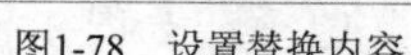

图1-78　设置替换内容

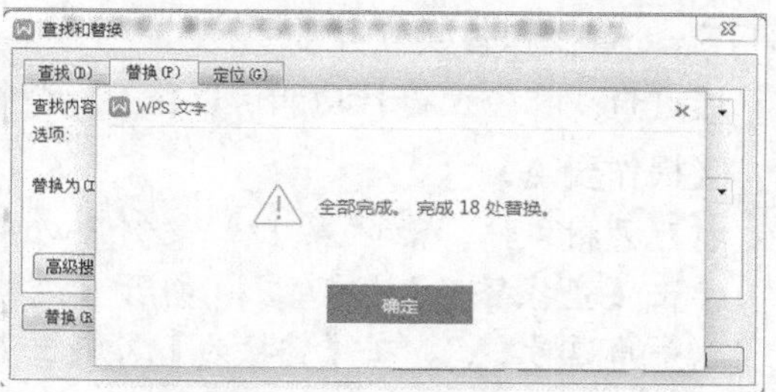

图1-79　替换结果

二、 查找与替换具有格式的文本

使用这种方法可以查找同一文档中具有不同格式的文本。

【操作要点】

1. 打开素材文件“素材\第 1 章\案例 6.wps”，如图 1-80 所示。
2. 单击【查找替换】按钮，打开【查找和替换】对话框，单击格式(O)按钮，在弹出的下拉列表中选取【字体】选项，打开【查找字体】对话框，按照图 1-81 所示设置字体、字形和字号，然后单击确定按钮。

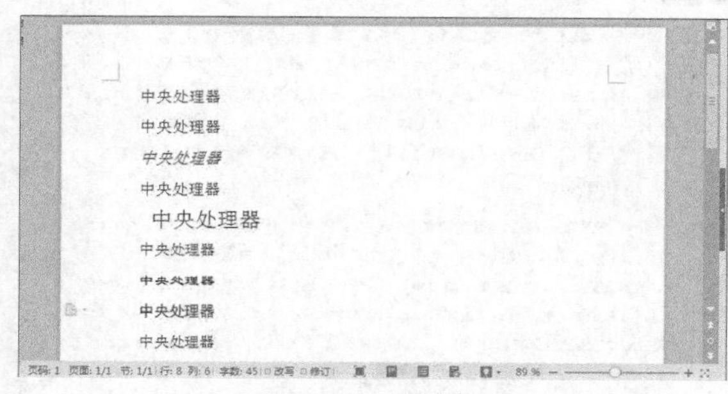

图1-80　打开的文档

图1-81　【查找字体】对话框

3. 在【查找内容】文本框中输入“中央处理器”。
4. 单击查找下一处(F)按钮可以发现，仅仅能查找到符合设置条件的文本，如图 1-82 所示。

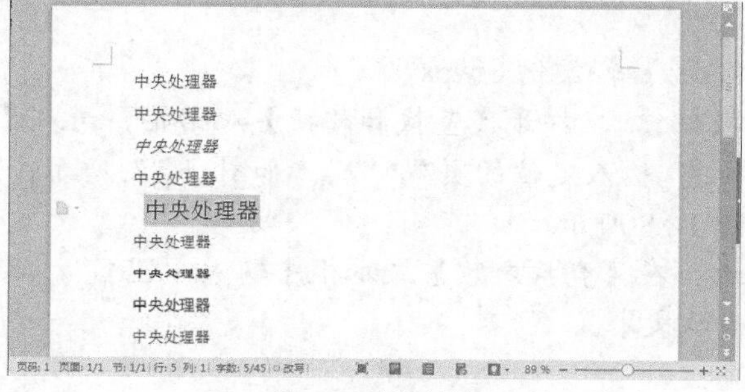

图1-82　查找结果

三、 查找和替换符号

通过查找和替换符号功能可以替换一些特殊符号。

【操作要点】

1. 打开素材文件“素材\第 1 章\案例 7.wps”，如图 1-83 所示。
2. 单击【查找替换】按钮（查找替换），打开【查找和替换】对话框，在【查找内容】文本框中输入半角逗号“,”，在【替换为】文本框中输入全角逗号“，”。
3. 单击（高级搜索(L)）按钮将对话框展开，选中【区分全/半角】复选项，如图 1-84 所示。

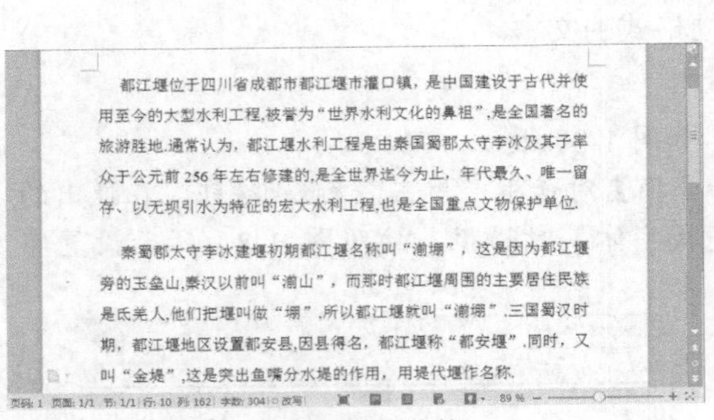

都江堰位于四川省成都市都江堰市灌口镇，是中国建设于古代并使用至今的大型水利工程,被誉为“世界水利文化的鼻祖”,是全国著名的旅游胜地.通常认为，都江堰水利工程是由秦国蜀郡太守李冰及其子率众于公元前 256 年左右修建的,是全世界迄今为止，年代最久、唯一留存、以无坝引水为特征的宏大水利工程,也是全国重点文物保护单位.
秦蜀郡太守李冰建堰初期都江堰名称叫“湔堋”，这是因为都江堰旁的玉垒山,秦汉以前叫“湔山”，而那时都江堰周围的主要居住民族是氐羌人,他们把堰叫做“堋”,所以都江堰就叫“湔堋”.三国蜀汉时期，都江堰地区设置都安县,因县得名，都江堰称“都安堰”.同时，又叫“金堤”,这是突出鱼嘴分水堤的作用，用堤代堰作名称.

图1-83　打开的文档

查找和替换
查找(D)
替换(P)
定位(G)
查找内容(N):
选项
区分全/半角
替换为(I):
高级搜索(L)
格式(O)
特殊格式(E)
搜索(C)
全部
区分大小写(H)
全字匹配(Y)
使用通配符(U)
区分全/半角(M)
区分前缀(X)
区分后缀(T)
忽略标点符号(S)
忽略空格(A)
替换(R)
全部替换(A)
查找上一处(B)
查找下一处(F)
关闭

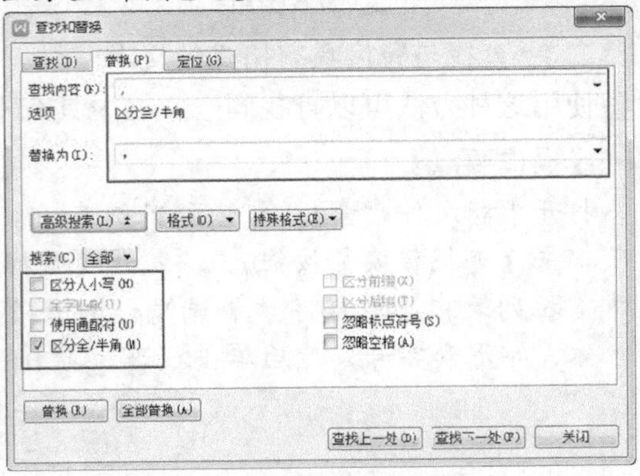

图1-84　【查找和替换】对话框

4. 单击（全部替换(A)）按钮替换文中的全部半角逗号，结果如图 1-85 所示。
5. 使用同样的方法将文中的半角句号替换为全角，结果如图 1-86 所示。

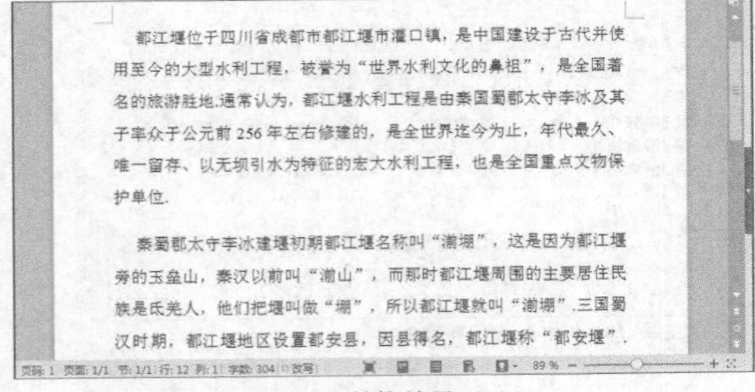

都江堰位于四川省成都市都江堰市灌口镇，是中国建设于古代并使用至今的大型水利工程，被誉为“世界水利文化的鼻祖”，是全国著名的旅游胜地.通常认为，都江堰水利工程是由秦国蜀郡太守李冰及其子率众于公元前 256 年左右修建的，是全世界迄今为止，年代最久、唯一留存、以无坝引水为特征的宏大水利工程，也是全国重点文物保护单位.
秦蜀郡太守李冰建堰初期都江堰名称叫“湔堋”，这是因为都江堰旁的玉垒山，秦汉以前叫“湔山”，而那时都江堰周围的主要居住民族是氐羌人，他们把堰叫做“堋”，所以都江堰就叫“湔堋”.三国蜀汉时期，都江堰地区设置都安县，因县得名，都江堰称“都安堰”.

图1-85　替换结果（1）

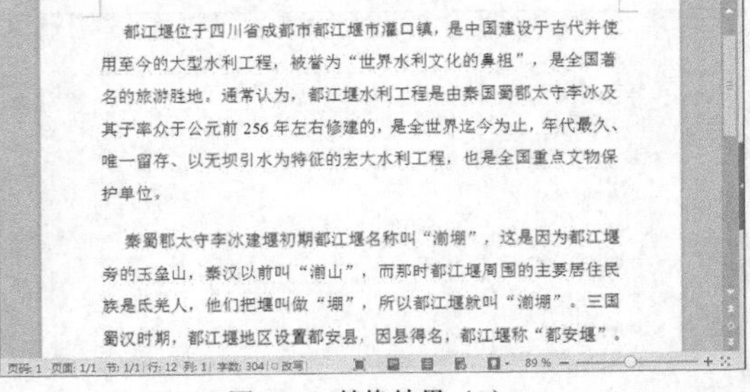

都江堰位于四川省成都市都江堰市灌口镇，是中国建设于古代并使用至今的大型水利工程，被誉为“世界水利文化的鼻祖”，是全国著名的旅游胜地。通常认为，都江堰水利工程是由秦国蜀郡太守李冰及其子率众于公元前 256 年左右修建的，是全世界迄今为止，年代最久、唯一留存、以无坝引水为特征的宏大水利工程，也是全国重点文物保护单位。
秦蜀郡太守李冰建堰初期都江堰名称叫“湔堋”，这是因为都江堰旁的玉垒山，秦汉以前叫“湔山”，而那时都江堰周围的主要居住民族是氐羌人，他们把堰叫做“堋”，所以都江堰就叫“湔堋”。三国蜀汉时期，都江堰地区设置都安县，因县得名，都江堰称“都安堰”。

图1-86　替换结果（2）

四、 定位查找和替换文本

使用定位查找和替换功能可以在某一范围内进行查找和替换。

【操作要点】

1. 打开素材文件“素材\第 1 章\案例 8.wps”。
2. 单击【查找替换】按钮（查找替换），打开【查找和替换】对话框，进入【定位】选项卡，选取【定位目标】为【页】，输入定位的页码“2”，如图 1-87 所示，然后单击（定位(T)）按钮转到第 2 页，如图 1-88 所示。
3. 进入【查找】选项卡，在【查找内容】文本框中输入“CPU”，单击（查找下一处(F)）按钮后，即可从第 2 页开始查找文本。

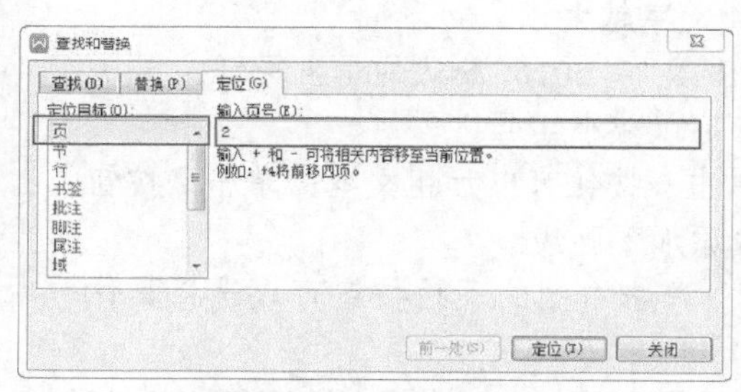

图1-87　【查找和替换】对话框

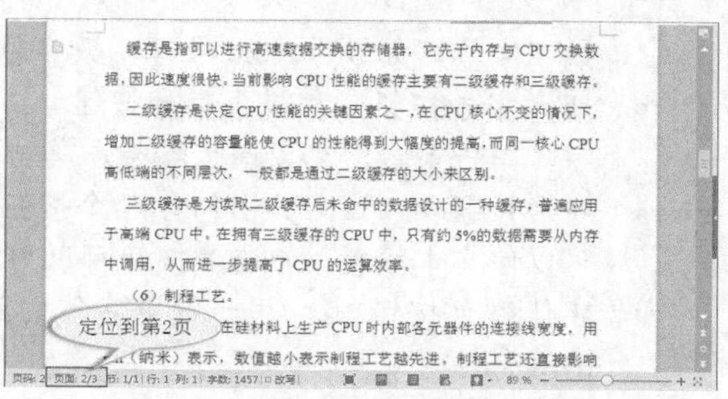
缓存是指可以进行高速数据交换的存储器，它先于内存与CPU交换数据，因此速度很快。当前影响CPU性能的缓存主要有二级缓存和三级缓存。

二级缓存是决定CPU性能的关键因素之一，在CPU核心不变的情况下，增加二级缓存的容量能使CPU的性能得到大幅度的提高，而同一核心CPU高低端的不同层次，一般都是通过二级缓存的大小来区别。

三级缓存是为读取二级缓存后未命中的数据设计的一种缓存，普通应用于高端CPU中，在拥有三级缓存的CPU中，只有约5%的数据需要从内存中调用，从而进一步提高了CPU的运算效率。

（6）制程工艺。

定位到第2页　在硅材料上生产CPU时内部各元器件的连接线宽度，用（纳米）表示，数值越小表示制程工艺越先进，制程工艺还直接影响

图1-88　定位到特定页码

1.4.4　撤销和恢复操作

WPS 文字 2016 具有自动记忆功能，会记录下用户操作的每一个步骤，如果不小心进行了错误操作，可以通过撤销功能来纠正错误，还可以使用恢复功能来恢复被撤销的操作。

一、　撤销操作

单击快速工具栏中的按钮，可以撤销最后一步进行的操作。连续单击此按钮可以依次撤销此前的操作。

二、　恢复操作

恢复操作是撤销操作的逆操作，只有进行撤销操作后才能进行恢复操作，与撤销不同的是，用户只能逐步恢复所撤销的操作，不能同时恢复多步操作。单击快速工具栏中的按钮即可恢复上一步撤销的操作，连续单击可以依次恢复此前的操作。

1.5　设置文本格式

在文档中输入文本后，其格式往往并不能让用户满意，文档看起来也不美观。这时可以进一步为文本设置字体、字号、段落格式、边框和底纹等，以达到突出重点和美化文档的目的，使之更加符合人们的日常阅读习惯。

1.5.1　设置字体格式

WPS 文字 2016 中默认的中文字体为“宋体”，英文字体为“Times New Roman”，字号为“五号”，颜色为“黑色”，在具体编辑中，用户可以根据需要重设这些参数。

一、　使用浮动工具栏设置

选中文本后，系统将在文本旁的适当位置显示一个半透明的工具栏，我们称之为浮动工具栏，如图 1-89 所示。当光标接近浮动工具栏时，其显示将正常化，在其中可以快速设置字体、字形、字号、对齐方式及颜色等参数。

浮动工具栏中各要素的含义如下。

- 字体下拉列表 宋体(标题)：从下拉列表中选择字体，通过设置不同字体效果来改变字符的外观形状，常用的字体有黑体、宋体、楷体及隶书等。
- 字号下拉列表 小三：从下拉列表中选择字号，通过设置不同字号来改变字符的大小，中文最大的是初号，最小的是八号，号数越大，文字越小；西文采用

数字字号，如 5 号、20 号等，数字越大，文字越大。

- 增大字号按钮和减小字号按钮：WPS 文字 2016 默认的是五号（5 号）字，单击前者，可以增大字号，单击后者可以减小字号。
- 字形按钮：其中包含 3 个按钮，单击按钮可以加粗文本，单击按钮可以使文本倾斜，单击按钮可以为文本添加下画线。
- 字体颜色按钮：用于设置字体的颜色。单击右侧的下拉按钮可以选择具体的颜色。
- 突出显示按钮：用于设置文本的底纹（背景）颜色。单击右侧的下拉按钮可以选择具体的颜色。
- 格式刷：用于将选定文本的格式复制到别的文本。

其余按钮用于段落设置，将后续再介绍。以上设置的示例效果如图 1-90 所示。

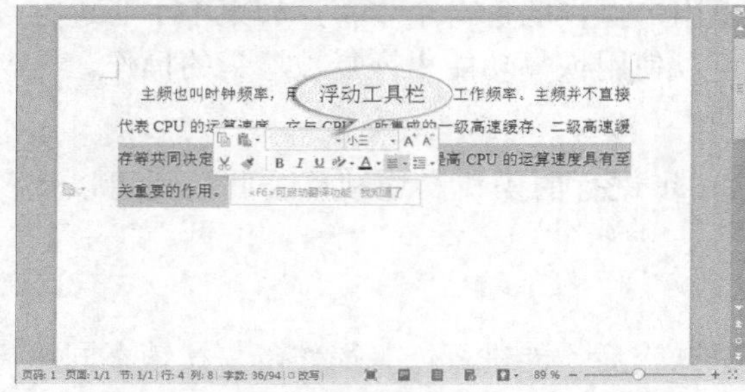

图1-89　显示浮动工具栏

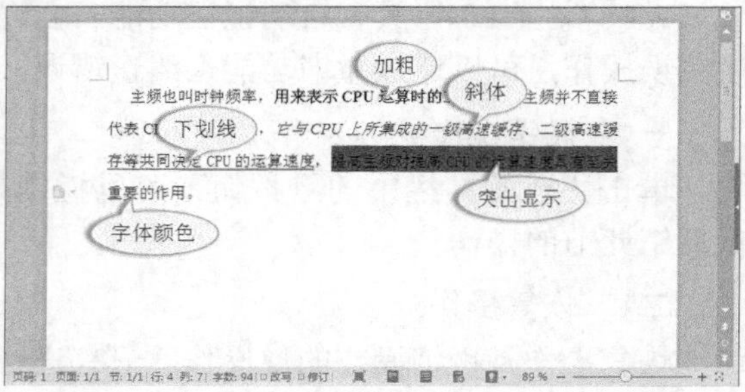

图1-90　文本格式示例

二、 使用【字体】工具组设置

【开始】选项卡的【字体】工具组提供了更加丰富的工具来设置文字格式，如图 1-91 所示。其中大部分工具的用法与浮动工具栏相似。

与浮动工具栏相比，【字体】工具组特有的工具介绍如下。

- 按钮：用于在文字上增加删除线或着重号。
- 按钮：设置上标。
- 按钮：设置下标。
- 按钮：创建字符底纹。
- 按钮：可以为选定文字加注拼音。
- 按钮：更改文字的大小写。
- 按钮：创建带圈的文字。
- 按钮：创建带框的文字。
- 按钮：清除文字上的所以格式。

以上设置的示例效果如图 1-92 所示。

三、 使用【字体】对话框设置

如果用户希望为文本设置复杂多样的字体效果，就可以在【开始】选项卡中单击【字体】工具组右下角的按钮，打开【字体】对话框。

- 【字体】选项卡：用于设置字体、字形、字号、颜色及空心字、阴文、阴影等特殊效果，如图 1-93 所示。
- 【字符间距】选项卡：用于调整各字符的间距，如图 1-94 所示。

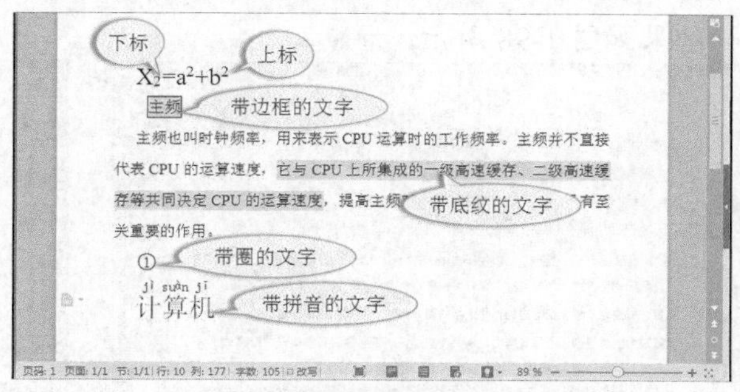

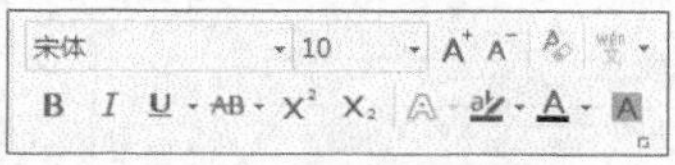

图1-91 【字体】工具组

图1-92 文本格式示例

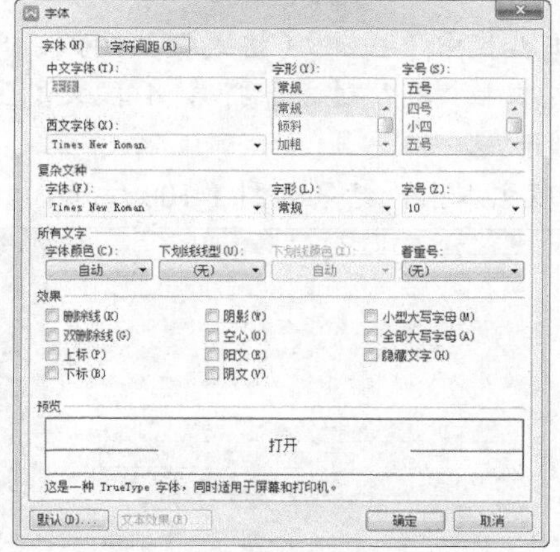

图1-93 设置字体

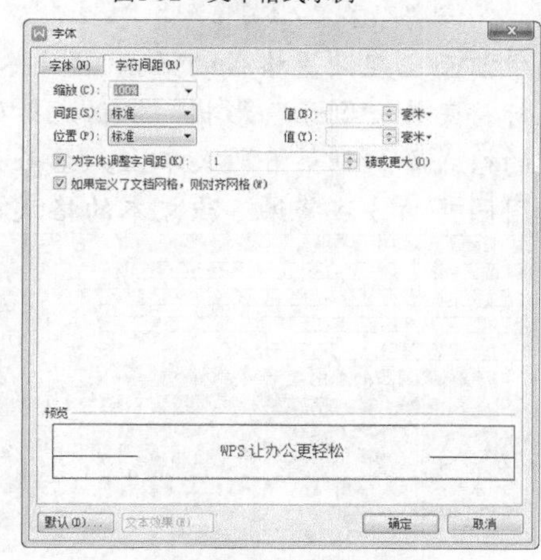

图1-94 设置字符间距

【操作要点】

1. 打开素材文件“素材\第 1 章\案例 9.wps”。
2. 选中第 1 行文本，在自动弹出的浮动工具栏中单击【字号】下拉列表，将字号设置为“小三”、字体为“黑体”、颜色为红色，居中对齐，结果如图 1-95 所示。
3. 选中第 2 行文本，使用浮动工具栏设置字体为“仿宋”，为文本添加“加粗”效果，然后添加下画线，结果如图 1-96 所示。

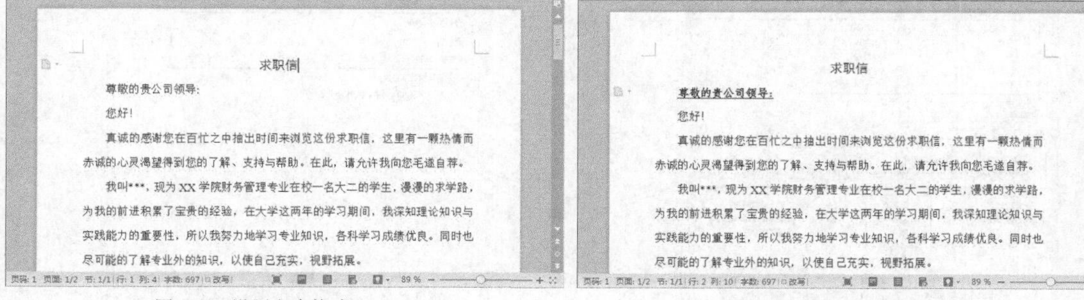

图1-95 设置文本格式（1）　　图1-96 设置文本格式（2）

4. 选中第 4 段文本，在【开始】选项卡的【字体】工具组中将这段文字字体设置为“楷体”、颜色为蓝色，单击 A 按钮为文本添加底纹，结果如图 1-97 所示。
5. 选中第 5 段文本，在【开始】选项卡的【字体】工具组中将这段文字字体设置为“新宋体”，颜色为绿色，单击 A 按钮（在 文 按钮所在的工具组中）为文本添加边框，

结果如图 1-98 所示。

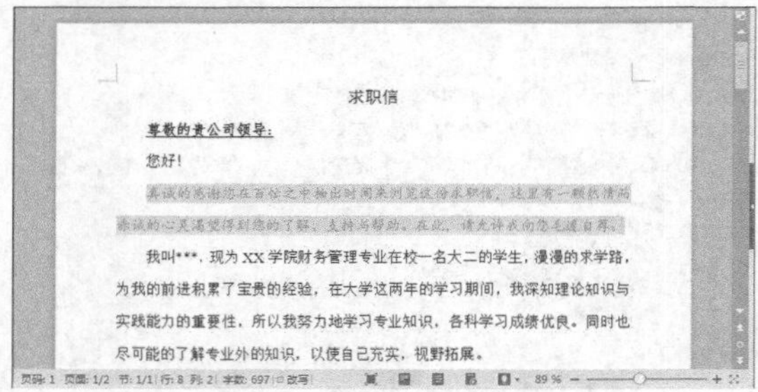
求职信

尊敬的贵公司领导:

您好!

我叫***，现为 XX 学院财务管理专业在校一名大二的学生，漫漫的求学路，为我的前进积累了宝贵的经验，在大学这两年的学习期间，我深知理论知识与实践能力的重要性，所以我努力地学习专业知识，各科学习成绩优良。同时也尽可能的了解专业外的知识，以使自己充实，视野拓展。

图1-97　设置文本格式（3）

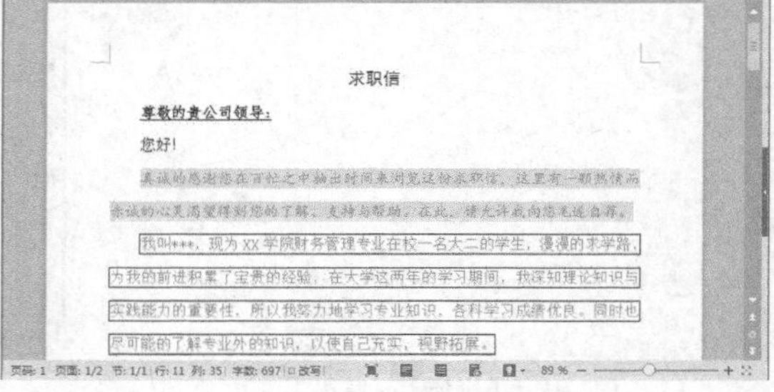
求职信

尊敬的贵公司领导:

您好!

我叫***，现为 XX 学院财务管理专业在校一名大二的学生，漫漫的求学路，为我的前进积累了宝贵的经验，在大学这两年的学习期间，我深知理论知识与实践能力的重要性，所以我努力地学习专业知识，各科学习成绩优良。同时也尽可能的了解专业外的知识，以使自己充实，视野拓展。

图1-98　设置文本格式（4）

6. 选中前面已经设置格式的第 4 段文本，在浮动工具栏中单击 （格式刷）按钮，此后光标将变为“刷子”形状，拖动光标从第 6 段文本上“刷”过，即将第 4 段文本上设置的格式添加到第 6 段文本上，结果如图 1-99 所示。
7. 使用同样的方法将第 5 段文本的格式添加到第 7 段文本上，结果如图 1-100 所示。

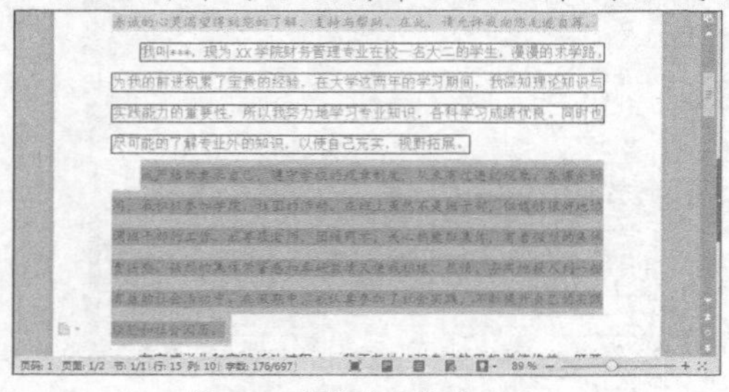

图1-99　设置文本格式（5）

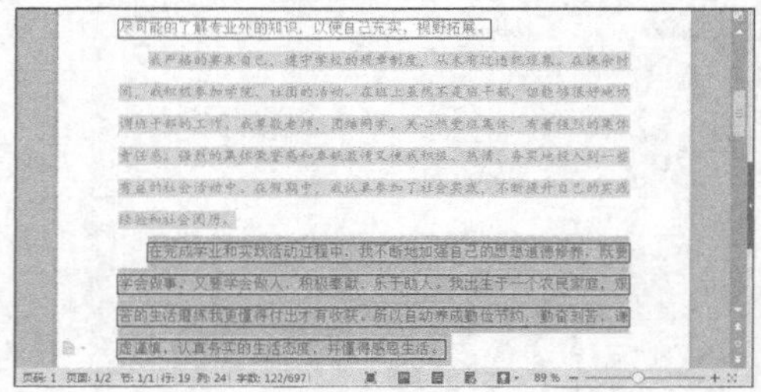

图1-100　设置文本格式（6）

要点提示　双击 按钮即可使其一直保持可使用状态，这时可以多次使用，对多处文本进行格式“复制”，再次单击该按钮即可停止使用。

8. 选中第八段文本，在【开始】选项卡中单击【字体】工具组右下角的 按钮，打开【字体】对话框，按照图 1-101 所示设置字体，按照图 1-102 所示设置文本间隔，完成设置后的效果如图 1-103 所示。

图1-101　设置字体

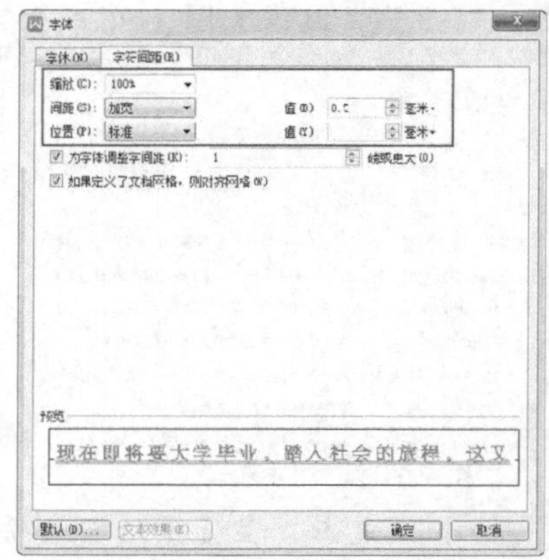

图1-102　设置字符间距

9. 选中全部文本，在【开始】选项卡中单击【字体】工具组中的 按钮，清除前面设置的所有文本格式，结果如图 1-104 所示。

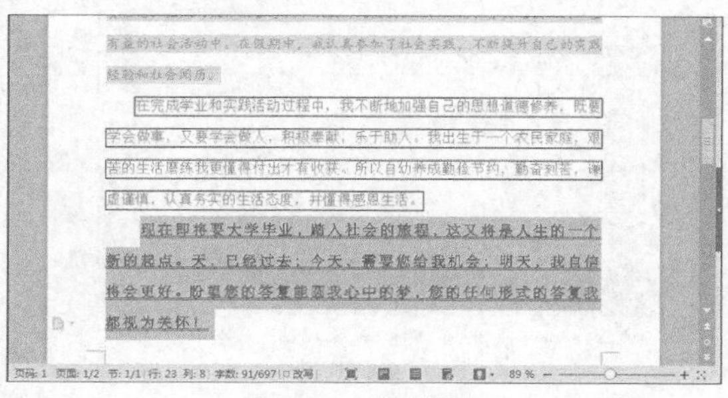

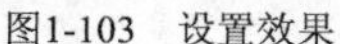
图1-103　设置效果

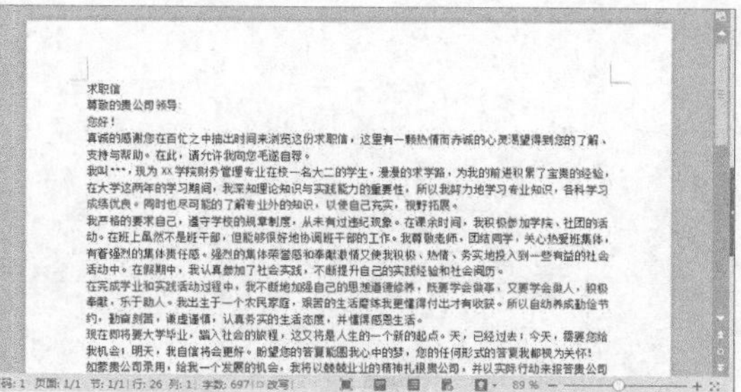

图1-104　清除格式

1.5.2　设置段落格式

设置段落格式后，文档的结构更加清晰，层次更加分明。通常情况下，WPS 文字 2016 默认的文本对齐方式是两端对齐。用户可以根据设计需要设置行间距、段间距等参数。

一、　使用浮动工具栏设置

选中文本后，系统打开浮动工具栏，利用此工具栏除了可以设置字形、字号、对齐方式及颜色文本格式参数外，还有以下 3 个按钮用于设置段落格式。

- 文本对齐方式按钮：单击该按钮可以在文本居中对齐与左对齐之间切换。
- 设置行间距：单击该按钮，从弹出的行间距数值列表中选取需要的行距。

二、　通过【段落】工具组设置

在【开始】选项卡的【段落】工具组中提供了更加丰富的工具来设置段落格式，如图 1-105 所示，其中常用的工具如下。

- 按钮：单击该按钮，可以使段落与页面左边距对齐。
- 按钮：单击该按钮，可以使段落居中对齐。
- 按钮：单击该按钮，可以使段落与页面右边距对齐。
- 按钮：单击该按钮，使文本左右两端同时对齐，并自动调整字符间的间距。
- 按钮：单击该按钮，使段落同时与左边距和右边距对齐，对齐时自动调整字符间的间距。
- 按钮：单击该按钮，设置行间距大小。
- 按钮：设置项目符号，创建项目列表。
- 按钮：创建编号列表。
- 按钮：减少文本缩进量。
- 按钮：增大文本缩进量。
- 按钮：对所选内容设置文字版式。
- 按钮：显示或隐藏文档中的段落标记和段落布局按钮。
- 按钮：打开【制表位】对话框，设置文本的键入位置。
- 按钮：设置文本底纹的颜色。
- 按钮：为选取的文字设置边框。

以上设置的示例效果如图 1-106 所示。

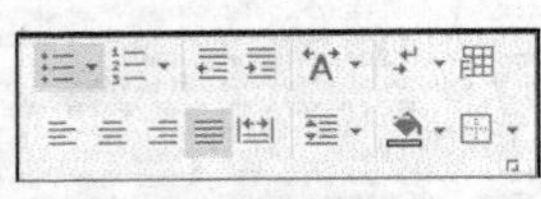

图1-105　【段落】工具组

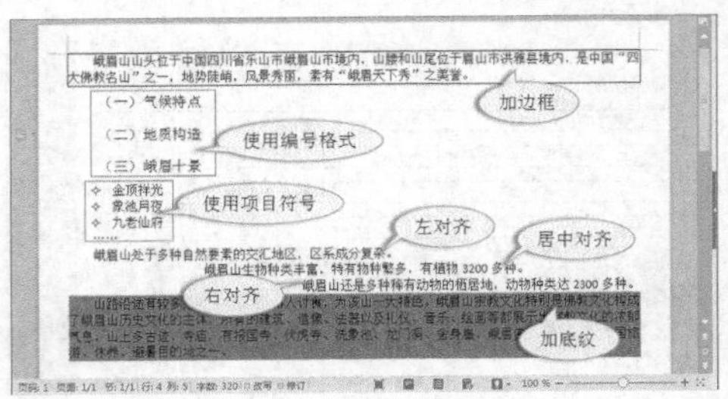

图1-106　段落效果

三、 通过【段落】对话框设置

如果希望精确设置段落格式，可以在【开始】选项卡中单击【段落】工具组右下角的按钮，打开【段落】对话框。

- 【缩进和间距】选项卡：可对段落的对齐方式、左右边距缩进量及段落间距等进行设置，如图 1-107 所示。
- 【换行和分页】选项卡：可对分页、行号及断字等进行设置，如图 1-108 所示。

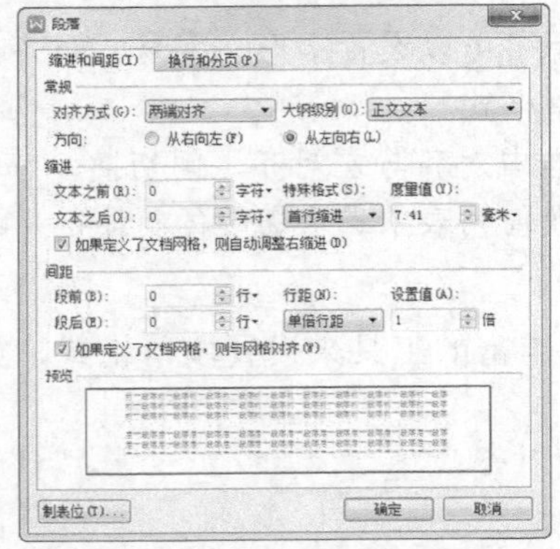

图1-107　【缩进和间距】选项卡

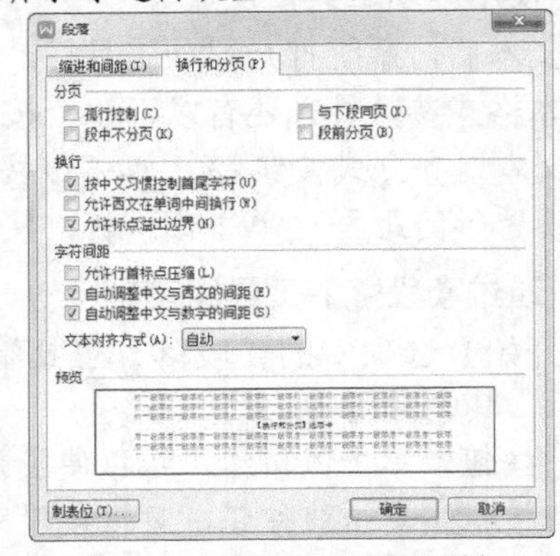

图1-108　【换行和分页】选项卡

【操作要点】

1. 打开素材文件"素材\第 1 章\案例 10.wps"。
2. 选中标题文本，设置字体为"黑体"、字号为"小三"，在浮动工具栏中单击按钮使标题文本居中，结果如图 1-109 所示。
3. 选中第 1 段正文，在【开始】选项卡的【段落】工具组中依次单击、、和按钮调整文本对其方式，对比其区别，两端对齐（）的效果如图 1-110 所示。

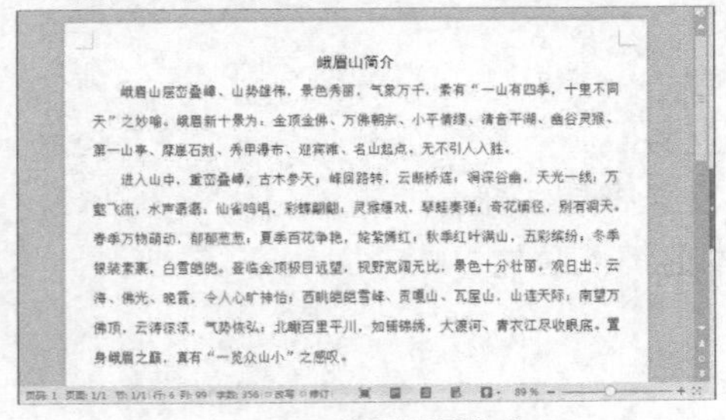

图1-109　设置标题格式

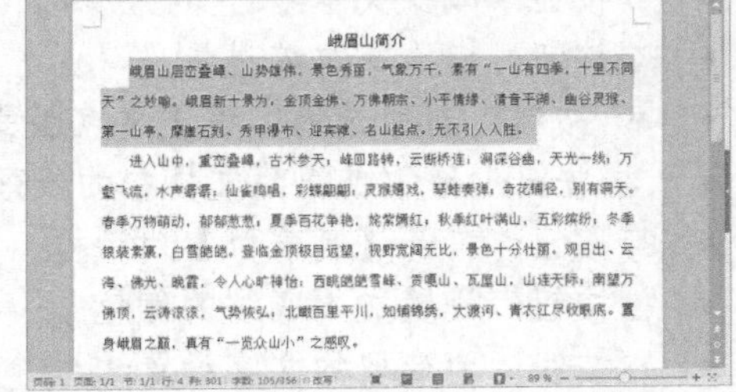

图1-110　设置文本两端对齐

4. 单击按钮，可以看到最后一行间距增大，该行文字两端与段落文本对齐，如图 1-111 所示，然后单击按钮恢复到初始设置。

5. 单击按钮，将行距设置为“3.0”，效果如图 1-112 所示，然后将行距恢复到 2.0 的初始设置。

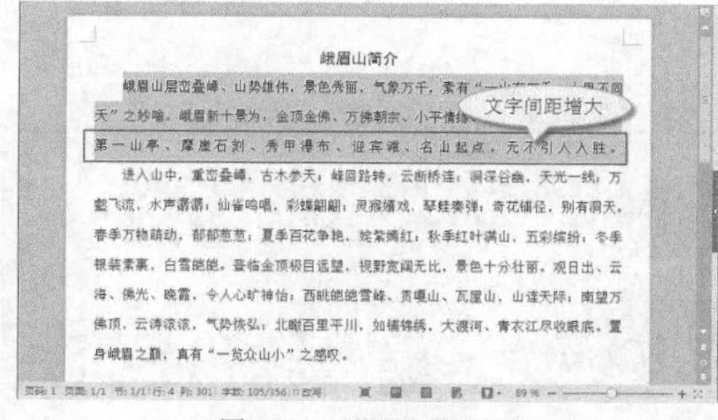

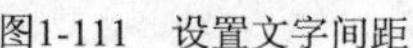
图1-111　设置文字间距

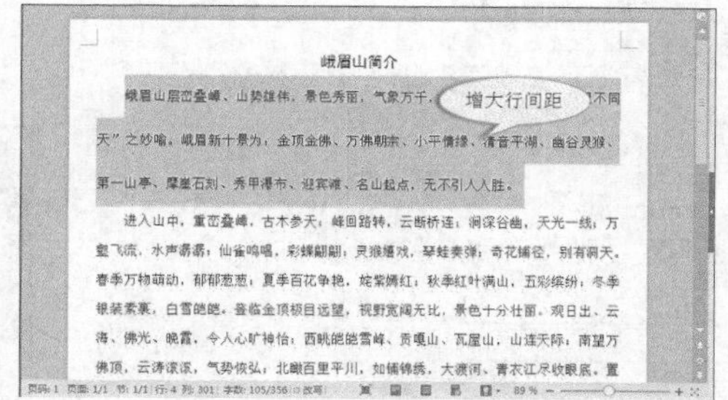

图1-112　设置行距

6. 选中第 2 段正文，在【开始】选项卡中单击按钮两次，使文本向右缩进，结果如图 1-113 所示。单击按钮两次，恢复到原来的设置。
7. 选中全部文字，在【开始】选项卡的【段落】工具组中单击按钮右侧的下拉按钮，在弹出的颜色面板中选取一种颜色（如黄色）为文字设置底纹，如图 1-114 所示。单击按钮撤销设置。

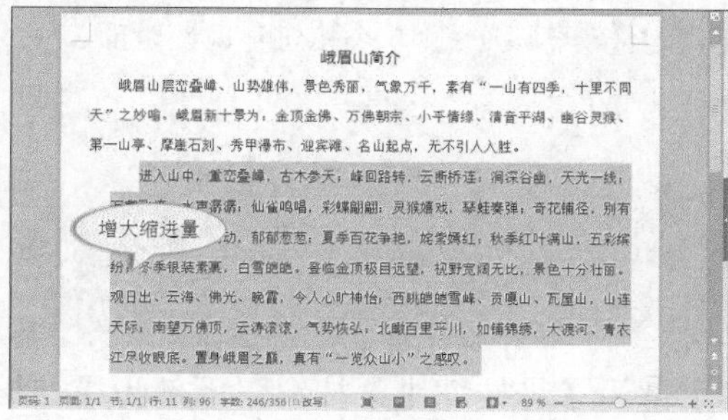

图1-113　设置文本缩进

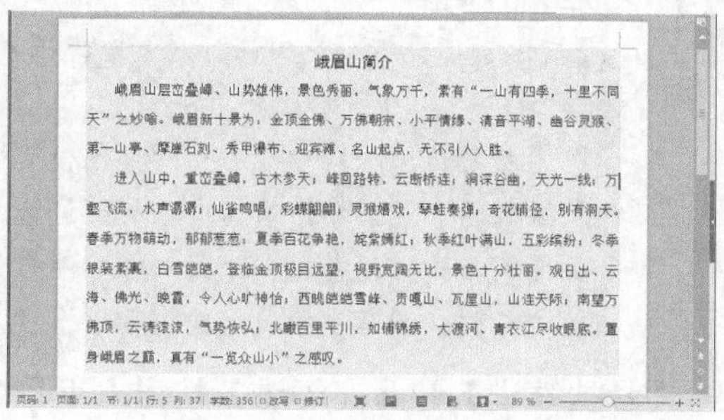
图1-114　设置底纹

8. 选中两段正文，在【开始】选项卡中单击【段落】工具组右下角的按钮，打开【段落】对话框，进入【缩进和间距】选项卡，设置段前间距为“1”行（每段文字开始有一行的行距），如图 1-115 所示，结果如图 1-116 所示。单击按钮撤销设置。

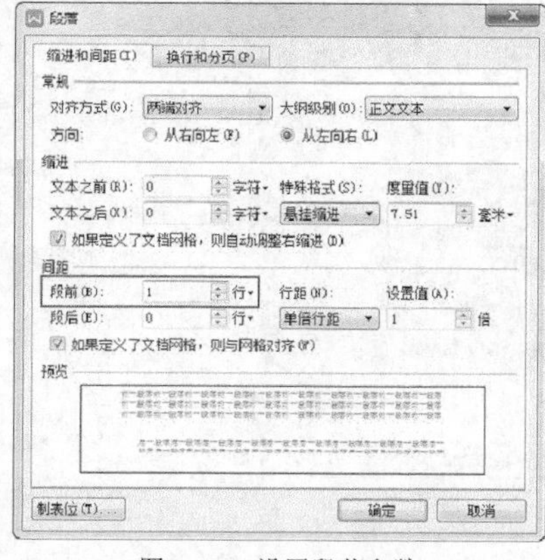

图1-115　设置段落参数

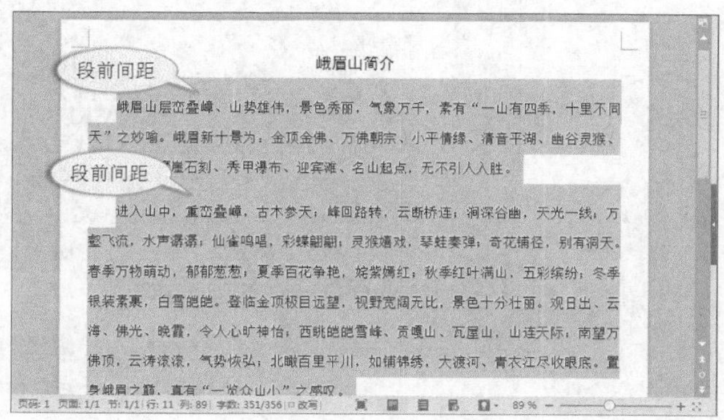

图1-116　设置段前间距

9. 选中两段正文，在【开始】选项卡中单击【段落】工具组右下角的按钮，打开【段落】对话框，进入【缩进和间距】选项卡，设置段后间距为“1”行（每段文字开始有一行的行距），如图 1-117 所示，结果如图 1-118 所示。单击↶按钮撤销设置。

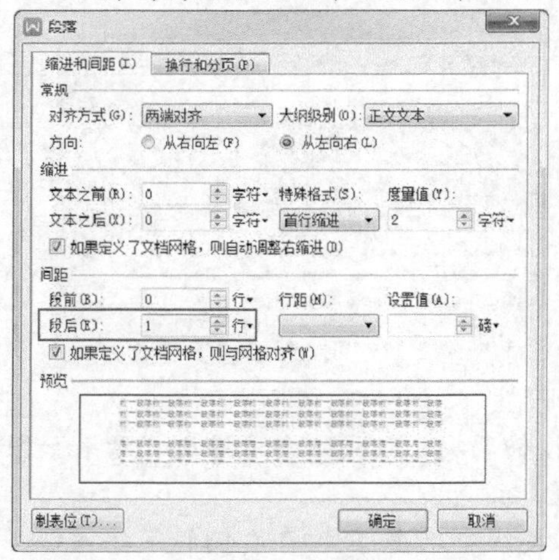

图1-117　设置段落参数

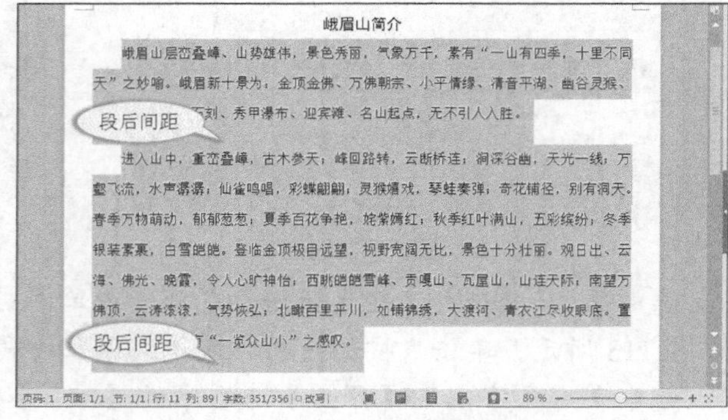

图1-118　设置段后间距

使用光标拖动水平标尺上的按钮可以简便地设置段落缩进。使用前首先在【视图】选项卡的【显示】工具组中选中【标尺】复选项，打开标尺，拖动标尺上的 4 个按钮可以设置段落格式，如图 1-119 所示，其用法如下。

① 悬挂缩进：段落中除首行外其他行的缩进量。

② 左缩进：段落中所有行向左的缩进量。

③ 首行缩进：段落中第 1 行向左的缩进量。

④ 右缩进：段落中所有行向右的缩进量。

【悬挂缩进】和【左缩进】按钮上下重叠，其上部为【悬挂缩进】按钮，下部为【左缩进】按钮。拖动【左缩进】按钮时段落中所有行都同时缩进相同量，包括首行；而拖动【悬挂缩进】按钮时段落中除首行外的其他行都同时缩进相同量，首行保持不动。

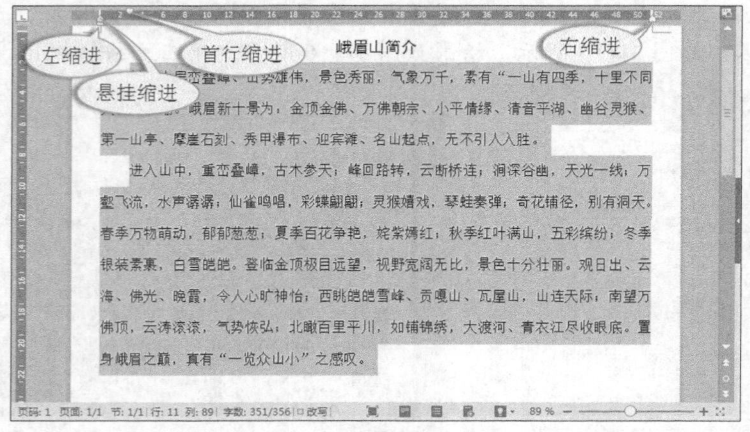

图1-119　使用标尺

1.5.3　设置文本边框和底纹

在制作一些有特殊用途的 WPS 文字 2016 文档（如广告单、请柬和会议记录）时，为了增加文档的生动感和突出重点，可以为其设置边框和底纹。

【操作要点】

1. 打开素材文件“素材\第 1 章\案例 11.wps”。
2. 选中标题文本“实验室管理员职责”，设置字体为“方正舒体”、字号为“三号”、字体颜色为黄色、底纹颜色为蓝色、文本居中对齐。
3. 在【开始】选项卡的【字体】工具组单击田按钮，为文本添加边框，结果如图 1-120 所示。
4. 按照图 1-121 所示选中文本。

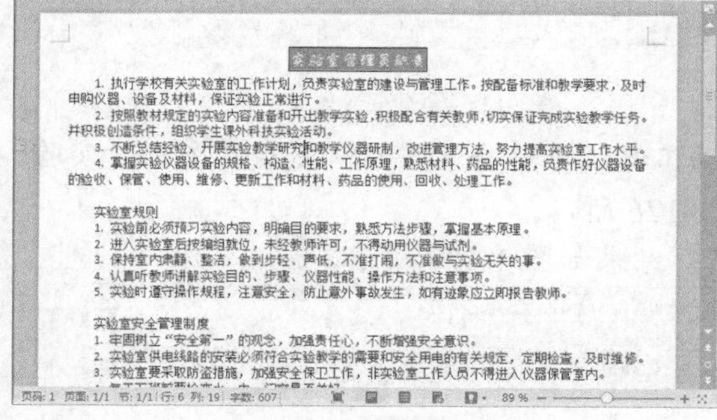

图1-120　设置标题格式

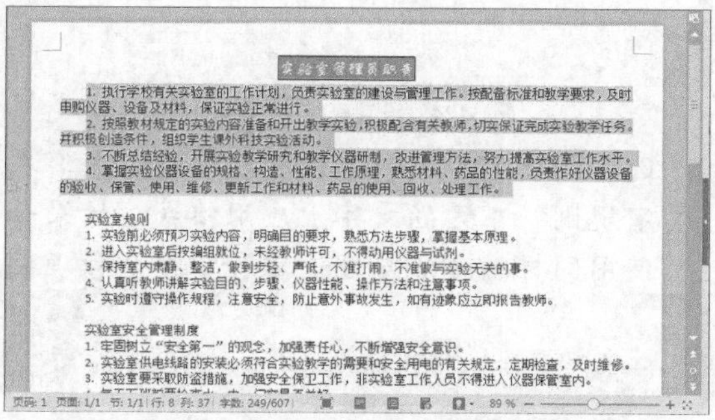

图1-121　选中文本

5. 在【开始】选项卡的【段落】工具组中单击田右侧的下拉按钮，在弹出的下拉列表中选取【边框和底纹】选项，打开【边框和底纹】对话框，进入【边框】选项卡。
6. 按照图 1-122 所示设置参数，然后单击确定按钮，结果如图 1-123 所示。

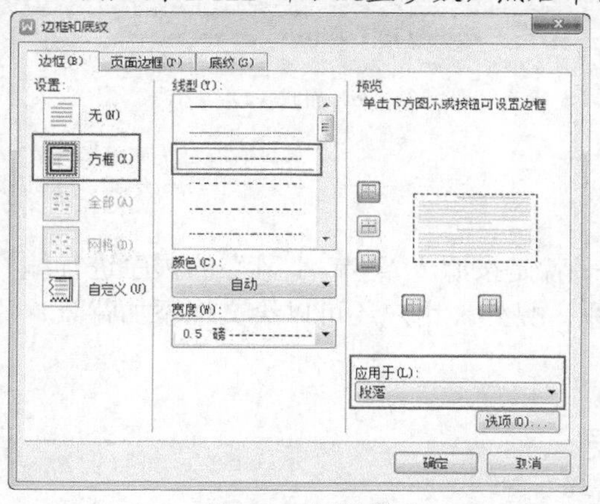

图1-122　创建边框

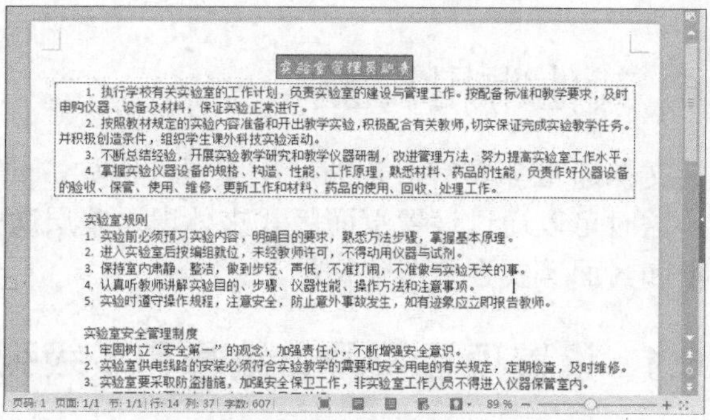

图1-123　创建边框效果

7. 再次选中图 1-122 所示的文本并打开【边框和底纹】对话框，进入【底纹】选项卡。
8. 按照图 1-124 所示设置参数，选取一种填充颜色和图案颜色，设置【样式】参数为 10%，然后单击确定按钮，结果如图 1-125 所示。
9. 选中图 1-125 中的标题栏，在浮动工具栏中单击按钮，然后在文本“实验室规则”上应用格式。

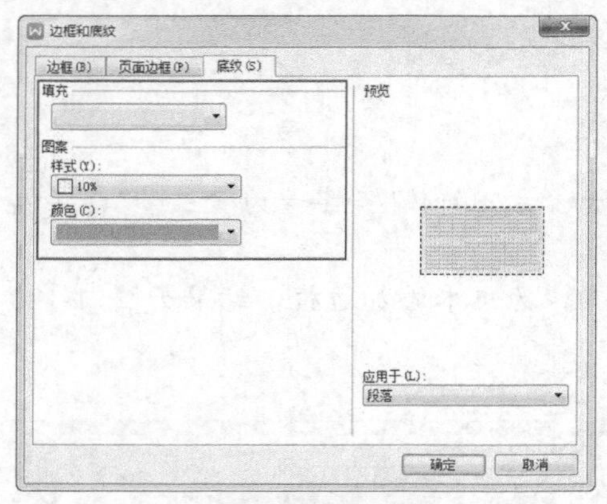

图1-124　设置底纹

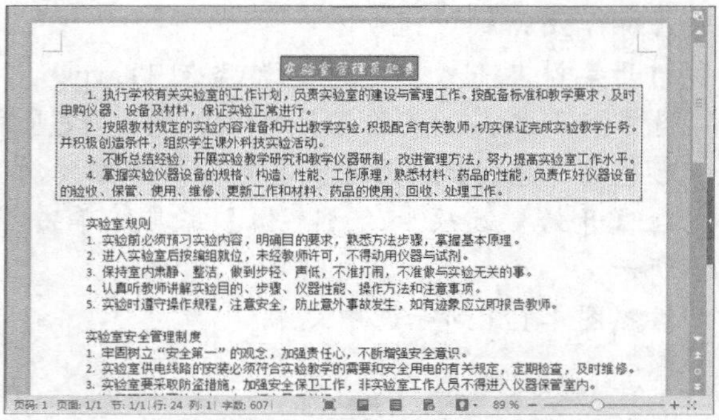

图1-125　创建底纹效果

10. 选中图 1-125 中带边框和底纹的文本，在浮动工具栏中单击 按钮，然后在文本“实验室规则”下方的文字上应用格式，结果如图 1-126 所示。
11. 使用同样的方法处理“实验室安全管理制度”，结果如图 1-127 所示。

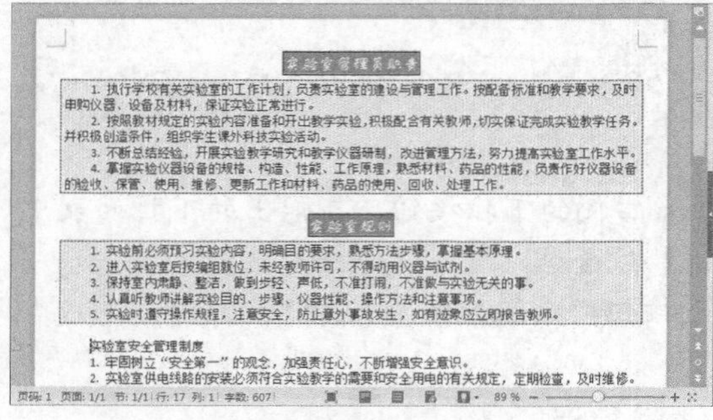

图1-126　应用格式（1）

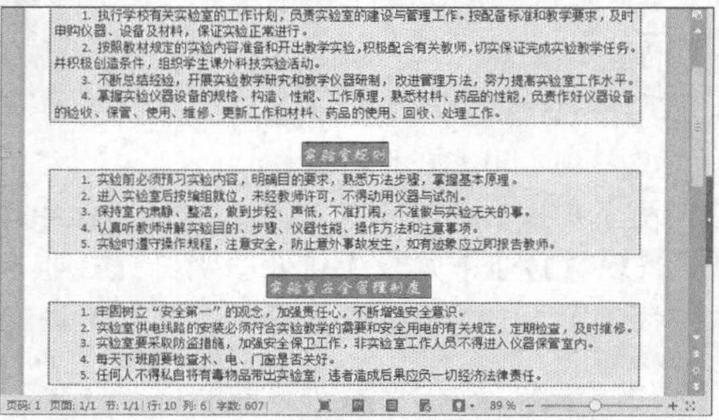

图1-127　应用格式（2）

1.6 其他常用设置

文档通常都具有一定的层次关系，例如，一本书就是按照“章-节-小节”的顺序进行编排，这时可以通过设置页面版式来体现这些层次关系。另外，用户还可以给文档添加背景、边框和封面等要素来美化文档。

1.6.1 设置项目符号、编号和多级列表

当文档较长时，通过设置项目符号、编号和多级列表可以使文档的内容重点突出、层次分明、条理清晰，并且方便读者阅读和理解。

一、 设置项目符号

项目符号用于罗列一组同级数据，使之呈现出清晰整齐的排列。

【操作要点】

1. 打开素材文件“素材\第 1 章\案例 12.wps”。
2. 在第 4 行“泰山幽区”中任意位置定位光标。
3. 在【开始】选项卡的【段落】工具组中单击 按钮添加项目符号，如图 1-128 所示。

要点提示 如果希望添加其他形状的符号，可以单击☰按钮右侧的下拉按钮，从弹出的下拉列表中选择其他符号。

4. 在添加的项目符号（小黑点）上单击鼠标右键，在弹出的快捷菜单中选择【增加缩进量】命令，如图 1-129 所示，将项目符号向内缩进，结果如图 1-130 所示。

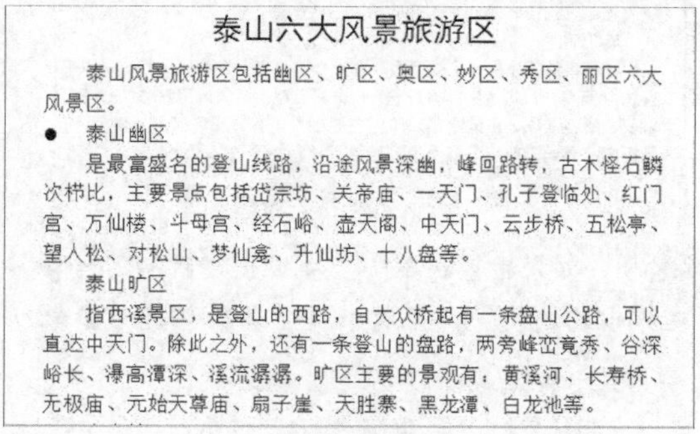

泰山六大风景旅游区

泰山风景旅游区包括幽区、旷区、奥区、妙区、秀区、丽区六大风景区。

● 泰山幽区

是最富盛名的登山线路，沿途风景深幽，峰回路转，古木怪石鳞次栉比，主要景点包括岱宗坊、关帝庙、一天门、孔子登临处、红门宫、万仙楼、斗母宫、经石峪、壶天阁、中天门、云步桥、五松亭、望人松、对松山、梦仙龛、升仙坊、十八盘等。

泰山旷区

指西溪景区，是登山的西路，自大众桥起有一条盘山公路，可以直达中天门。除此之外，还有一条登山的盘路，两旁峰峦竟秀、谷深峪长、瀑高潭深、溪流潺潺。旷区主要的景观有：黄溪河、长寿桥、无极庙、元始天尊庙、扇子崖、天胜寨、黑龙潭、白龙池等。

图1-128 添加项目符号（1）

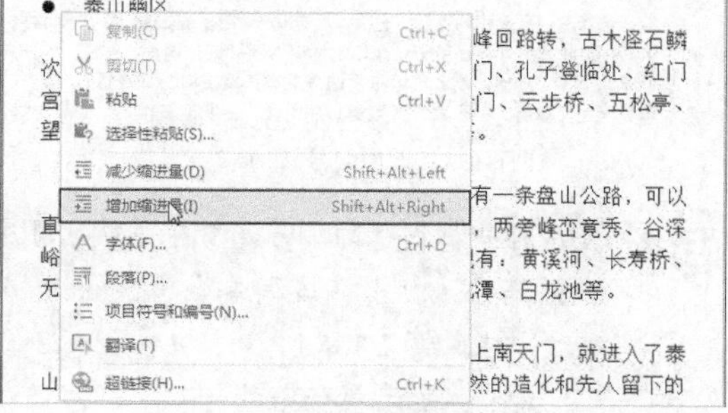

图1-129 增加缩进量

5. 在【开始】选项卡的【剪贴板】工具组连续两次单击（格式刷）按钮。
6. 在“泰山旷区”等其余 5 个标题上单击鼠标左键，为其添加同样的项目符号，结果如图 1-131 所示。
7. 再次单击按钮，停用格式刷工具。

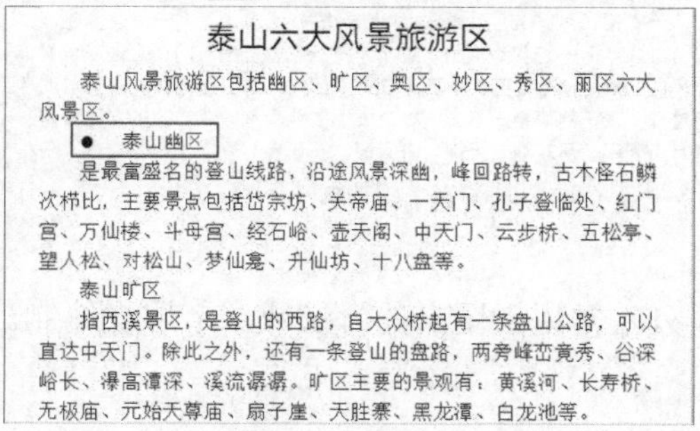

泰山六大风景旅游区

泰山风景旅游区包括幽区、旷区、奥区、妙区、秀区、丽区六大风景区。

● 泰山幽区

是最富盛名的登山线路，沿途风景深幽，峰回路转，古木怪石鳞次栉比，主要景点包括岱宗坊、关帝庙、一天门、孔子登临处、红门宫、万仙楼、斗母宫、经石峪、壶天阁、中天门、云步桥、五松亭、望人松、对松山、梦仙龛、升仙坊、十八盘等。

泰山旷区

指西溪景区，是登山的西路，自大众桥起有一条盘山公路，可以直达中天门。除此之外，还有一条登山的盘路，两旁峰峦竟秀、谷深峪长、瀑高潭深、溪流潺潺。旷区主要的景观有：黄溪河、长寿桥、无极庙、元始天尊庙、扇子崖、天胜寨、黑龙潭、白龙池等。

图1-130 项目符号内缩进

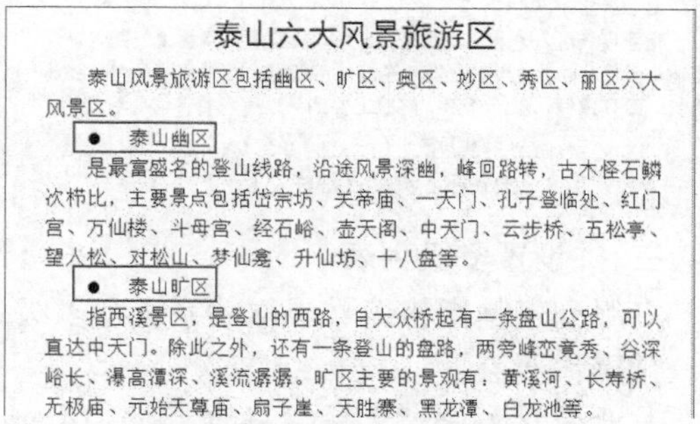

泰山六大风景旅游区

泰山风景旅游区包括幽区、旷区、奥区、妙区、秀区、丽区六大风景区。

● 泰山幽区

是最富盛名的登山线路，沿途风景深幽，峰回路转，古木怪石鳞次栉比，主要景点包括岱宗坊、关帝庙、一天门、孔子登临处、红门宫、万仙楼、斗母宫、经石峪、壶天阁、中天门、云步桥、五松亭、望人松、对松山、梦仙龛、升仙坊、十八盘等。

● 泰山旷区

指西溪景区，是登山的西路，自大众桥起有一条盘山公路，可以直达中天门。除此之外，还有一条登山的盘路，两旁峰峦竟秀、谷深峪长、瀑高潭深、溪流潺潺。旷区主要的景观有：黄溪河、长寿桥、无极庙、元始天尊庙、扇子崖、天胜寨、黑龙潭、白龙池等。

图1-131 添加项目符号（2）

二、 设置编号

通过设置编号，可以将文本以编号的形式顺序列出。

【操作要点】

1. 打开素材文件“素材\第 1 章\案例 13.wps”。
2. 在第 4 行“泰山幽区”中的任意位置定位光标。
3. 在【开始】选项卡的【段落】工具组中单击按钮，添加编号，结果如图 1-132 所示。如果希望添加其他形式的编号，可以单击右侧的下拉按钮，从弹出的下拉列表中选择。图 1-133 所示是修改为大写编号的结果。
4. 在【开始】选项卡的【剪贴板】工具组连续两次单击按钮，然后在“泰山旷区”等其余 5 个标题上单击鼠标左键，为其添加同样的项目符号，结果如图 1-134 所示。
5. 单击按钮，停用该工具。

泰山六大风景旅游区

泰山风景旅游区包括幽区、旷区、奥区、妙区、秀区、丽区六大风景区。

1. 泰山幽区

是最富盛名的登山线路，沿途风景深幽，峰回路转，古木怪石鳞次栉比，主要景点包括岱宗坊、关帝庙、一天门、孔子登临处、红门宫、万仙楼、斗母宫、经石峪、壶天阁、中天门、云步桥、五松亭、望人松、对松山、梦仙龛、升仙坊、十八盘等。

泰山旷区

指西溪景区，是登山的西路，自大众桥起有一条盘山公路，可以直达中天门。除此之外，还有一条登山的盘路，两旁峰峦竟秀、谷深峪长、瀑高潭深、溪流潺潺。旷区主要的景观有：黄溪河、长寿桥、无极庙、元始天尊庙、扇子崖、天胜寨、黑龙潭、白龙池等。

图1-132　添加编号（1）

泰山六大风景旅游区

泰山风景旅游区包括幽区、旷区、奥区、妙区、秀区、丽区六大风景区。

一、泰山幽区

是最富盛名的登山线路，沿途风景深幽，峰回路转，古木怪石鳞次栉比，主要景点包括岱宗坊、关帝庙、一天门、孔子登临处、红门宫、万仙楼、斗母宫、经石峪、壶天阁、中天门、云步桥、五松亭、望人松、对松山、梦仙龛、升仙坊、十八盘等。

泰山旷区

指西溪景区，是登山的西路，自大众桥起有一条盘山公路，可以直达中天门。除此之外，还有一条登山的盘路，两旁峰峦竟秀、谷深峪长、瀑高潭深、溪流潺潺。旷区主要的景观有：黄溪河、长寿桥、无极庙、元始天尊庙、扇子崖、天胜寨、黑龙潭、白龙池等。

图1-133　添加编号（2）

要点提示 使用格式刷创建的编号通常按照数字顺序连续编号，如果希望在某一个项目上重新从“一”开始编号，可以在该编号上单击鼠标右键，在弹出的快捷菜单中选取【重新开始编号】命令，结果如图 1-135 所示。

泰山六大风景旅游区

泰山风景旅游区包括幽区、旷区、奥区、妙区、秀区、丽区六大风景区。

一、泰山幽区

是最富盛名的登山线路，沿途风景深幽，峰回路转，古木怪石鳞次栉比，主要景点包括岱宗坊、关帝庙、一天门、孔子登临处、红门宫、万仙楼、斗母宫、经石峪、壶天阁、中天门、云步桥、五松亭、望人松、对松山、梦仙龛、升仙坊、十八盘等。

二、泰山旷区

指西溪景区，是登山的西路，自大众桥起有一条盘山公路，可以直达中天门。除此之外，还有一条登山的盘路，两旁峰峦竟秀、谷深峪长、瀑高潭深、溪流潺潺。旷区主要的景观有：黄溪河、长寿桥、无极庙、元始天尊庙、扇子崖、天胜寨、黑龙潭、白龙池等。

图1-134　添加编号（3）

是最富盛名的登山线路，沿途风景深幽，峰回路转，古木怪石鳞次栉比，主要景点包括岱宗坊、关帝庙、一天门、孔子登临处、红门宫、万仙楼、斗母宫、经石峪、壶天阁、中天门、云步桥、五松亭、望人松、对松山、梦仙龛、升仙坊、十八盘等。

二、泰山旷区

指西溪景区，是登山的西路，自大众桥起有一条盘山公路，可以直达中天门。除此之外，还有一条登山的盘路，两旁峰峦竟秀、谷深峪长、瀑高潭深、溪流潺潺。旷区主要的景观有：黄溪河、长寿桥、无极庙、元始天尊庙、扇子崖、天胜寨、黑龙潭、白龙池等。

一、泰山妙区　重新开始编号

泰山幽区一路拾级而上。过了十八盘，登上南天门，就进入了泰山妙区，即岱顶游览区。除了深切的感受大自然的造化和先人留下的遗迹外，真正的体会一下：一览众山小的伟大气魄。妙区的主要景观有：南天门、月观峰、天街、白云洞、孔子庙、碧霞祠、唐摩崖、玉

图1-135　添加编号（4）

三、　设置多级列表

多级列表是指将编号层次关系进行多级缩进排列，常用于图书的目录或章节层次编制。

【操作要点】

1. 打开素材文件“素材\第 1 章\案例 14.wps”。
2. 选中全部正文内容。
3. 在选定文本上单击鼠标右键，在弹出的快捷菜单中选择【项目符号和编号】命令，打开【项目符号和编号】对话框，切换到【多级编号】选项卡，选取图 1-136 所示的列表样式，然后单击 确定 按钮，结果如图 1-137 所示。

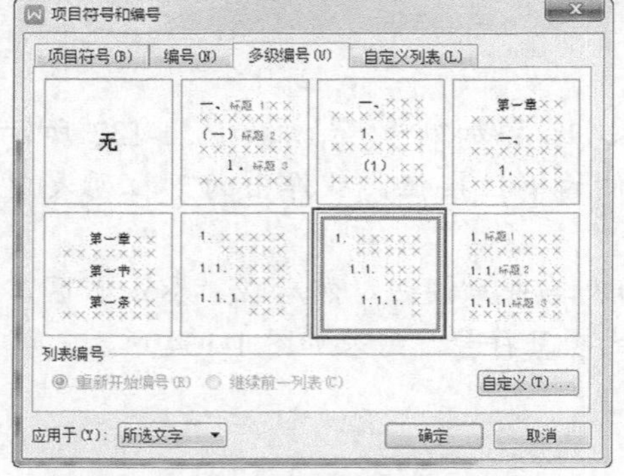

图1-136　【项目符号和编号】对话框

1. 工程概况
2. 现场条件
3. 施工现场拆迁及平整情况。
4. 施工用水、电：单位自行解决 。
5. 场内外道路：已具备施工条件。
6. 资格要求
7. 资质条件：具有城市工程专业承包三级资质；
8. 项目负责人资格：具有二级注册建造师资质；
9. 财务要求：财务状况良好；

图1-137　创建多级列表

4. 目前的列表均为同一等级，还需要进一步设置层级。选中“2. 现场条件”对应的文本行，在其上单击鼠标右键，在弹出的快捷菜单中选取【增加缩进量】命令，如图 1-138 所示，将其降为 1.1 层级，结果如图 1-139 所示。

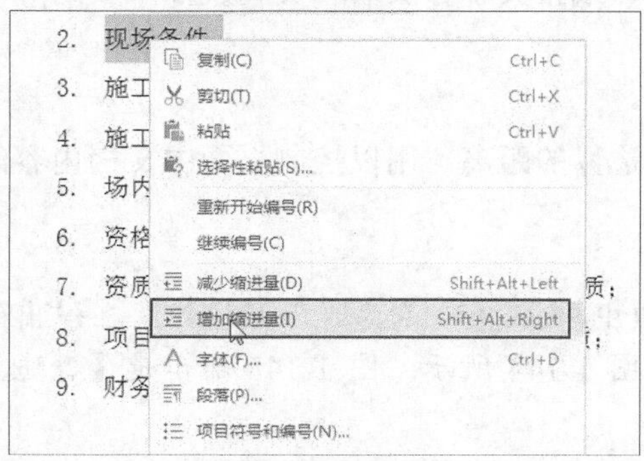

图1-138 设置层级（1）

1. 工程概况
    1.1. 现场条件
2. 施工现场拆迁及平整情况。
3. 施工用水、电：单位自行解决 。
4. 场内外道路：已具备施工条件。
5. 资格要求
6. 资质条件：具有城市工程专业承包三级资质；
7. 项目负责人资格：具有二级注册建造师资质；
8. 财务要求：财务状况良好；

图1-139 1.1 层级效果图

5. 选中图 1-140 所示的 3 行内容，在其上单击鼠标右键，在弹出的快捷菜单中选取【增加缩进量】命令，再次在其上单击鼠标右键，在弹出的快捷菜单中选取【增加缩进量】命令，将其降为 1.1.1 及其以下的层级，结果如图 1-141 所示。

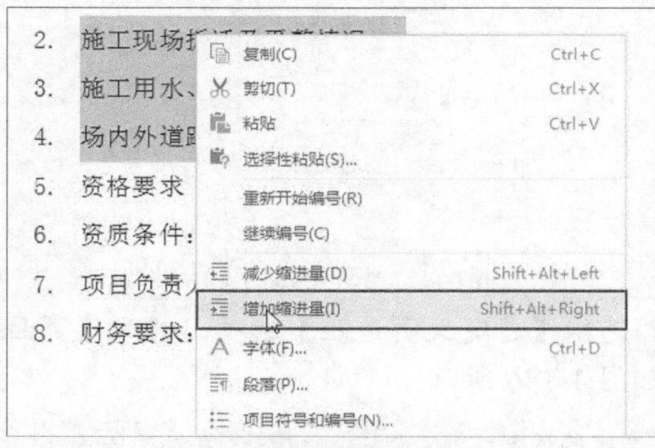

图1-140 设置层级（2）

1. 工程概况
    1.1. 现场条件
        1.1.1. 施工现场拆迁及平整情况。
        1.1.2. 施工用水、电：单位自行解决。
        1.1.3. 场内外道路：已具备施工条件。
2. 资格要求
3. 资质条件：具有城市工程专业承包三级资质；
4. 项目负责人资格：具有二级注册建造师资质；
5. 财务要求：财务状况良好；

图1-141 1.1.1 层级效果图

6. 使用类似方法依次调整其余内容层级，结果如图 1-142 和图 1-143 所示。

1. 工程概况
    1.1. 现场条件
        1.1.1. 施工现场拆迁及平整情况。
        1.1.2. 施工用水、电：单位自行解决。
        1.1.3. 场内外道路：已具备施工条件。
    1.2. 资格要求
2. 资质条件：具有城市工程专业承包三级资质；
3. 项目负责人资格：具有二级注册建造师资质；
4. 财务要求：财务状况良好；

图1-142 调整其余层级

1. 工程概况
    1.1. 现场条件
        1.1.1. 施工现场拆迁及平整情况。
        1.1.2. 施工用水、电：单位自行解决。
        1.1.3. 场内外道路：已具备施工条件。
    1.2. 资格要求
        1.2.1. 资质条件：具有城市工程专业承包三级资质；
        1.2.2. 项目负责人资格：具有二级注册建造师资质；
        1.2.3. 财务要求：财务状况良好；

图1-143 层级效果图

如果要提升选定内容的层级，则可以在选定文本上单击鼠标右键，在弹出的快捷菜单中选取【减少缩进量】命令。

1.6.2　设置页面格式

通过设置页面格式可以设置页边距、文字方向、纸张大小、页眉和页脚及插入页码等内容，使文档既美观又内容丰富。

一、　设置页边距

页边距是指页面中文字与页面上、下、左、右边界的距离，用以控制页面中文档内容的长度和宽度。

【操作要点】

1. 在【页面布局】选项卡的【页面设置】工具组中单击 （页边距）按钮，在弹出的下拉列表中可以选取系统预设的几种页面，如图 1-144 所示。图 1-145 所示是【普通】页边距的应用示例。

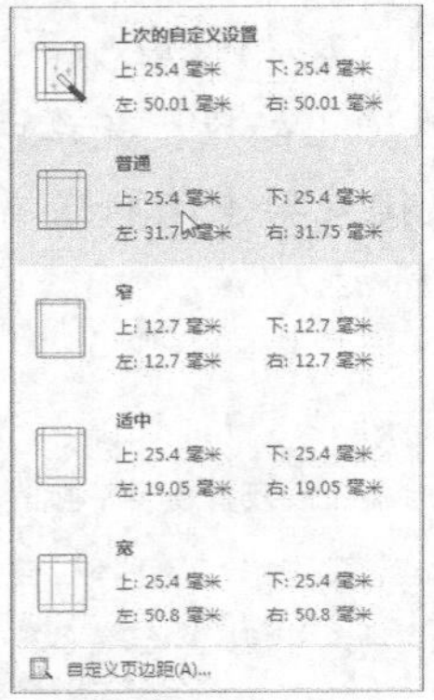

图1-144　设置页边距

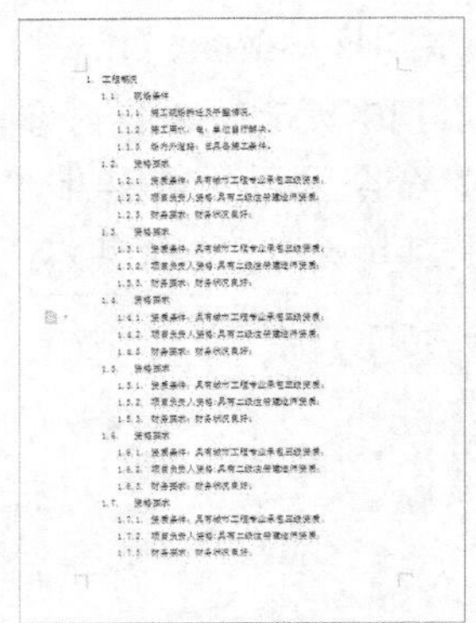

图1-145　普通页边距示例

2. 如果希望自定义页边距，可以在图 1-144 底部选取【自定义页边距】选项，打开【页面设置】对话框，利用该对话框设置页边距，如图 1-146 所示。

页边距是文本到页边界的距离，即页面边线到文字的距离。用户可以通过改变页边距的大小来调整每页内部的可打印区域中文档内容的多少。对于需要装订的文本，应在页面上预留出用于装订的空白位置。在【装订线宽】栏中设置装订区域的宽度，在【装订线位置】下拉列表中设置将装订位置布局在页面的上、下、左、右哪个位置，如图 1-147 所示。

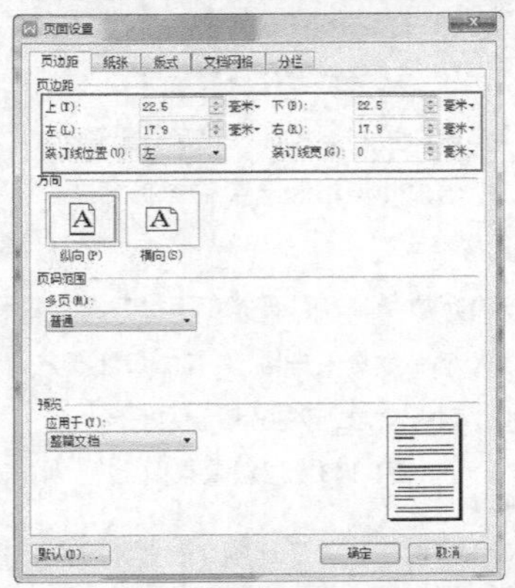

图1-146　【页面设置】对话框

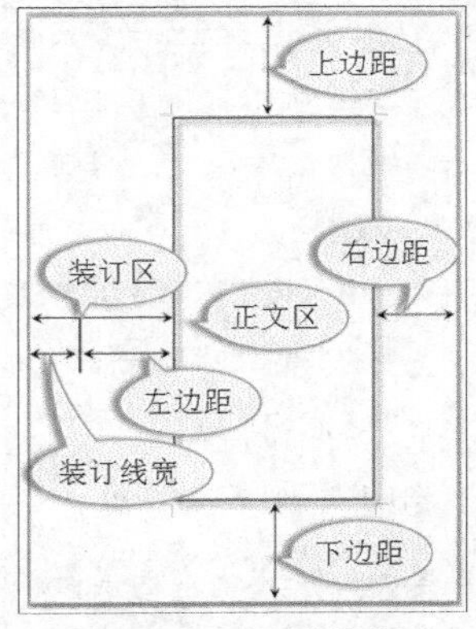

图1-147　页面的构成

二、 设置纸张大小和方向

按照以下操作设置纸张大小和方向。

【操作要点】

1. 在【开始】选项卡的【页面布局】工具组中单击 （纸张大小）按钮，在弹出的下拉列表中可以选取系统预设的几种纸张，如图 1-148 所示。图 1-149 所示是 32 开页面示例。

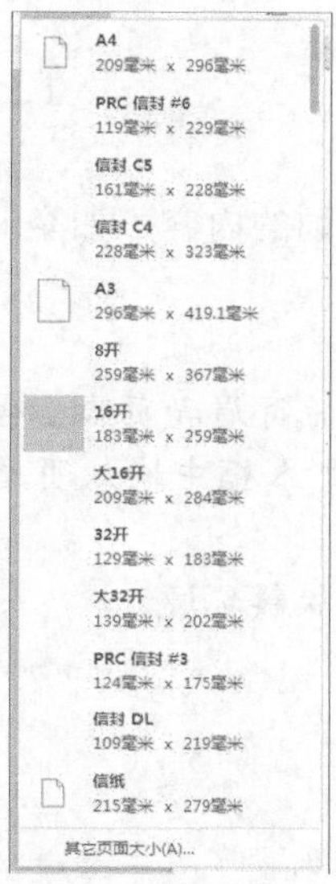

图1-148 设置纸张大小

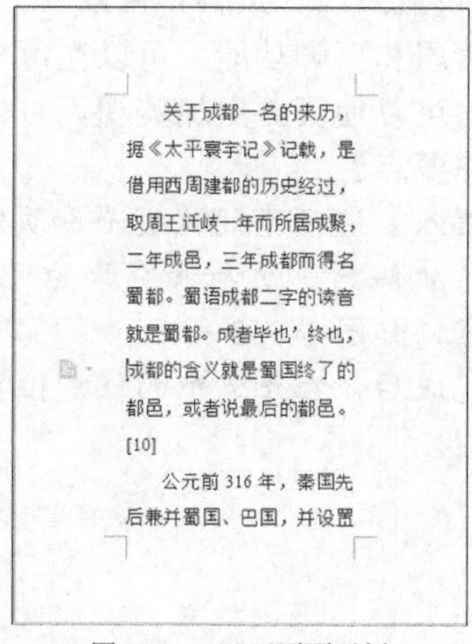

图1-149 32 开页面示例

2. 如果希望自定义纸张大小，可以在图 1-148 所示的下拉列表中选取【其它页面大小】选项，打开【页面设置】对话框，利用该对话框设置纸张大小，如图 1-150 所示，设置效果如图 1-151 所示。

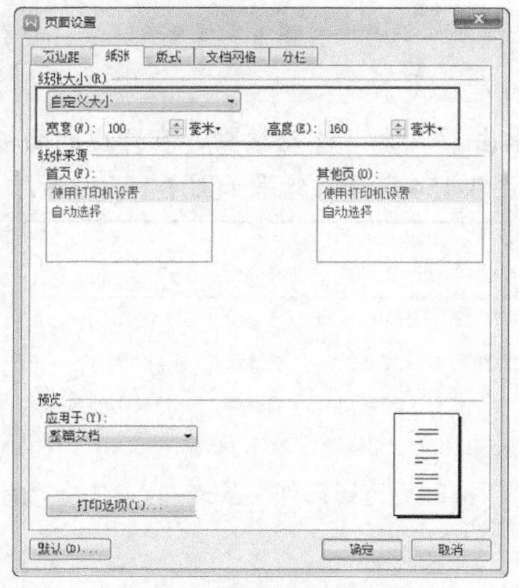

图1-150 【页面设置】对话框

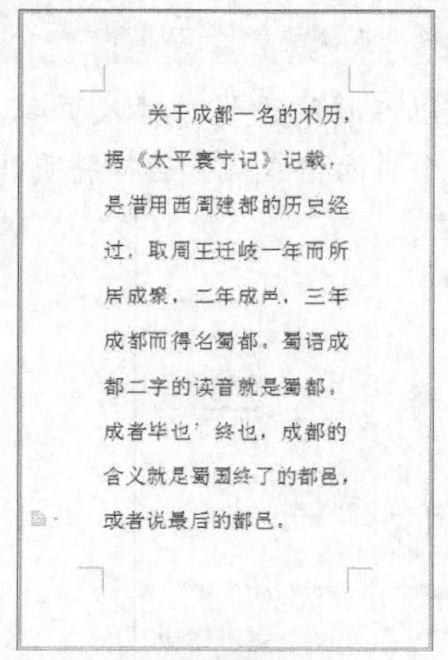

图1-151 自定义页面大小

3. 在【开始】选项卡的【页面布局】工具组中单击 （纸张方向）按钮，在弹出的下拉列表中选取【横向】选项，即可得到横向页面，如图 1-152 所示。

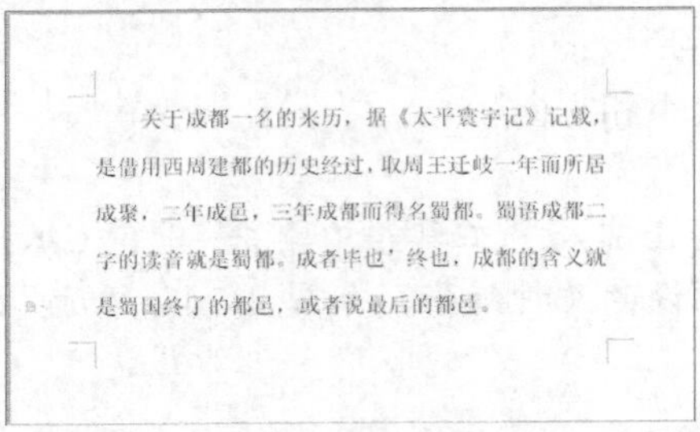

关于成都一名的来历，据《太平寰宇记》记载，
是借用西周建都的历史经过，取周王迁岐一年而所居
成聚，二年成邑，三年成都而得名蜀都。蜀语成都二
字的读音就是蜀都。成者毕也’终也，成都的含义就
是蜀国终了的都邑，或者说最后的都邑。

图1-152　设置横向页面

三、　设置页眉、页脚和背景

使用页眉和页脚功能，可以在每个页面顶部和底部添加相同的内容，如企业标记、标题及页码等，可以使页面更加美观。

【操作要点】

1.　在【插入】选项卡的【页眉和页脚】工具组中单击（页眉和页脚）按钮，此时正文被禁止编辑，页眉和页脚为可编辑状态，用户可以在文本框中输入页眉和页脚的相关内容，如图 1-153 所示。

2.　设置完成后，在正文中的任意位置双击鼠标左键返回正文编辑环境。

成都
关于成都一名的来历，据《太平寰宇记》记载，
是借用西周建都的历史经过，取周王迁岐一年而所居
成聚，二年成邑，三年成都而得名蜀都。蜀语成都二
字的读音就是蜀都。成者毕也’终也，成都的含义就
是蜀国终了的都邑，或者说最后的都邑。
中国旅游城市简介

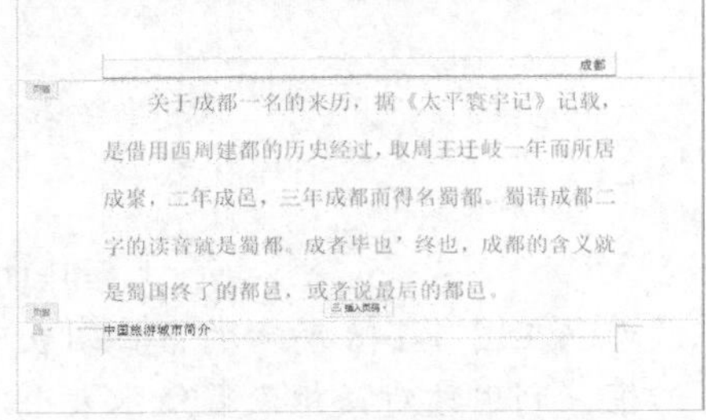

图1-153　编辑页眉和页脚

要点提示　在页眉和页脚位置双击鼠标左键，即可进入页眉和页脚编辑模式，编辑完成后在正文区中双击鼠标左键返回正文编辑。

3.　通常可以在页脚设置时插入页码，激活页脚后，单击插入页码浮动按钮，在弹出的面板中选取一个页面格式，如选择将页码设置在右侧，如图 1-154 所示，结果如图 1-155 所示。

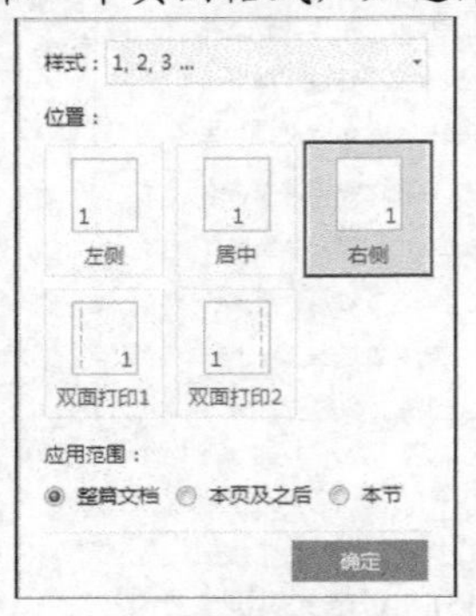

样式：1, 2, 3 ...
位置：
左侧
居中
右侧
双面打印1
双面打印2
应用范围：
整篇文档
本页及之后
本节
确定

图1-154　设置页码

成都
页眉
关于成都一名的来历，据《太平寰宇记》记载，
是借用西周建都的历史经过，取周王迁岐一年而所居
成聚，二年成邑，三年成都而得名蜀都。蜀语成都二
字的读音就是蜀都。成者毕也’终也，成都的含义就
页脚
重新编号
页码设置
删除页码
中国旅游城市简介

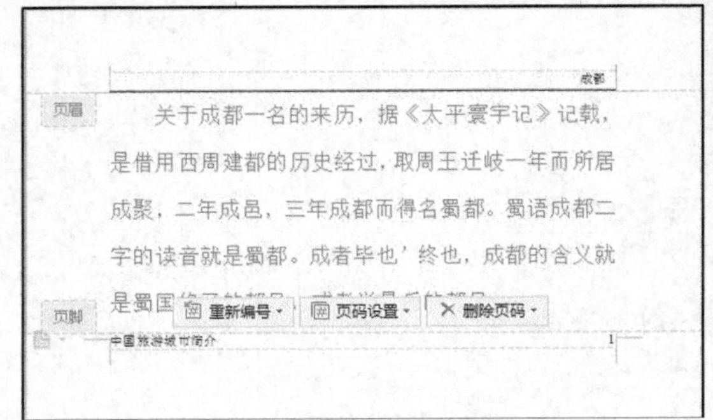

图1-155　创建页码

4.　在【页面布局】选项卡中单击（背景）按钮，从弹出的下拉列表中为页面选择一种橙色背景，如图 1-156 所示，效果如图 1-157 所示。

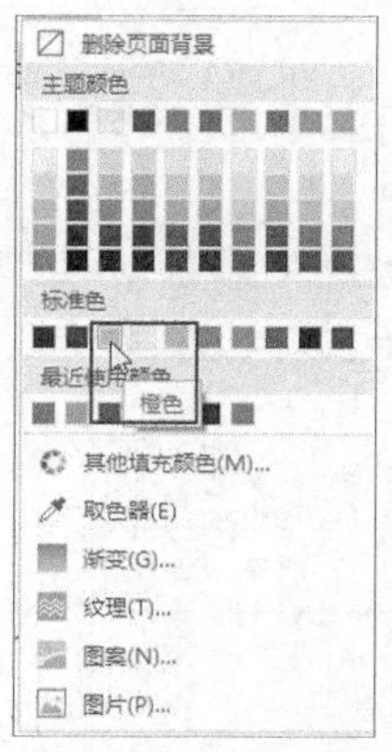

图1-156 选择背景颜色

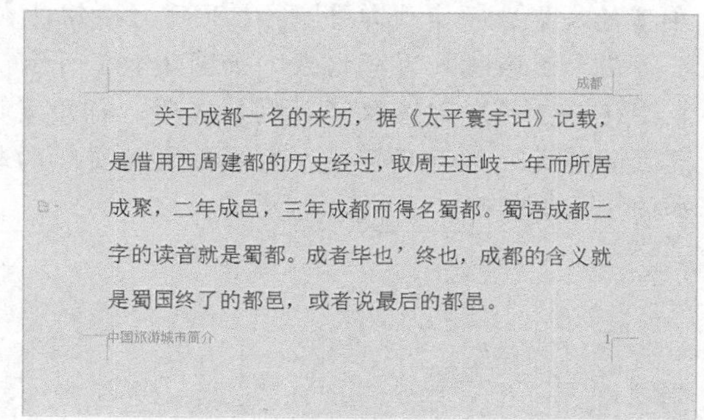

图1-157 背景设置效果图

5. 在【页面布局】选项卡中单击 (背景)按钮，从弹出的下拉列表中选取【纹理】选项，打开【填充效果】对话框，选取一种纹理，如图 1-158 所示，结果如图 1-159 所示。

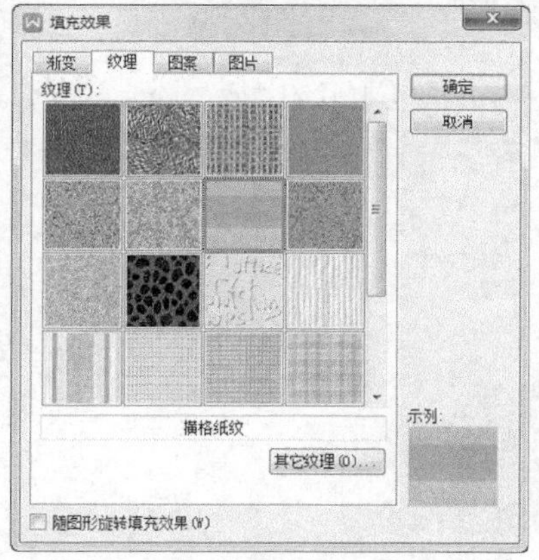

图1-158 【填充效果】对话框

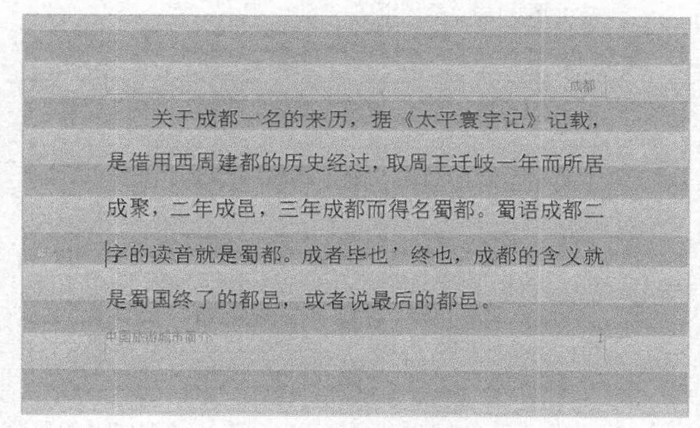

图1-159 纹理设置效果图

6. 在【页面布局】选项卡中单击 (背景)按钮，从弹出的下拉列表中选取【图片】选项，打开【填充效果】对话框，单击 选择图片(L)... 按钮导入一张背景图片，如图 1-160 所示，结果如图 1-161 所示。

图1-160 设置背景图片

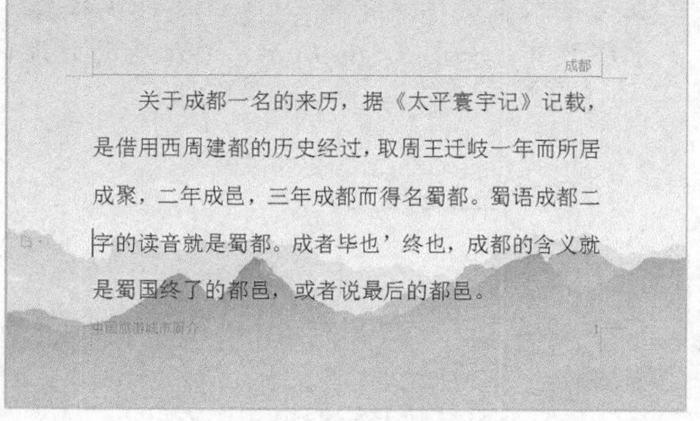

图1-161 背景图片设置效果图

四、 设置页码

除了在设置页眉与页脚时设置页码外，还可以按照以下方法设置页码。

【操作要点】

1. 在【插入】选项卡中单击 (页码)按钮,在弹出的下拉列表中可以选取系统预设的在页眉和页脚插入页码格式,如图 1-162 所示。
2. 在图 1-162 的底部选取【页码】选项,打开【页码】对话框,利用该对话框可以详细设置页面格式,如页码样式、页码位置及页码的起始编号等,如图 1-163 所示,设计结果如图 1-164 所示。

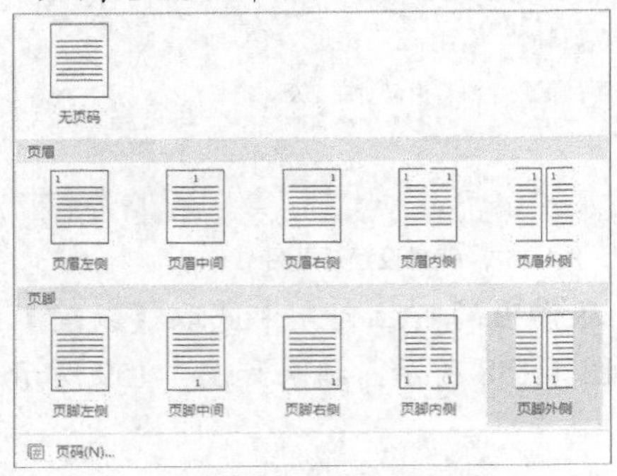

图1-162　插入页码

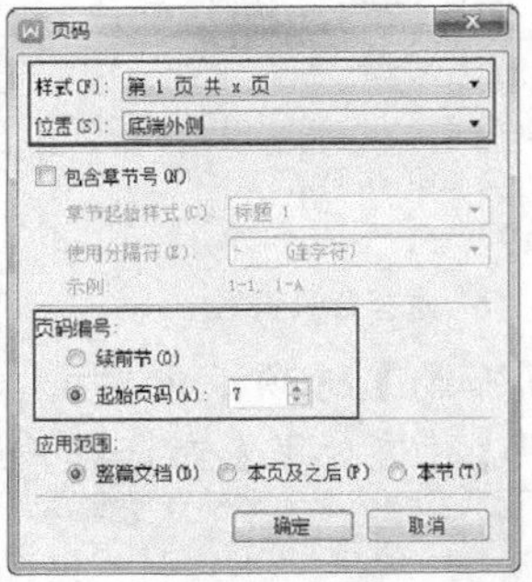

图1-163　【页码】对话框

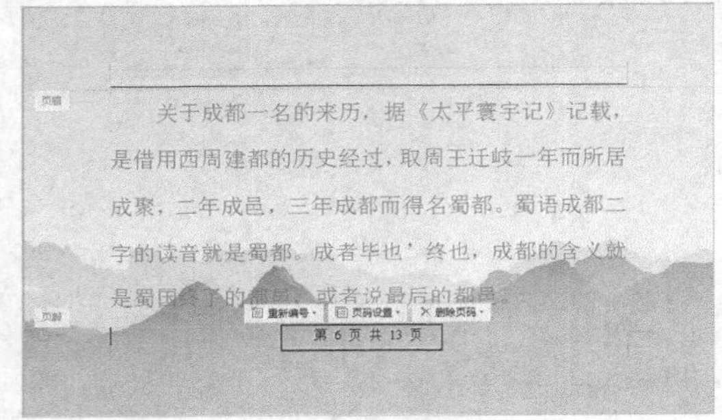

图1-164　页码设置

五、设置水印

水印是在文档中添加的一种特殊背景图案,通常用于在文档中添加特殊信息。

【操作要点】

1. 在【插入】选项卡中单击 (水印)按钮,在弹出的下拉列表中可以选取系统预设的水印效果,如图 1-165 所示,添加后的效果如图 1-166 所示。

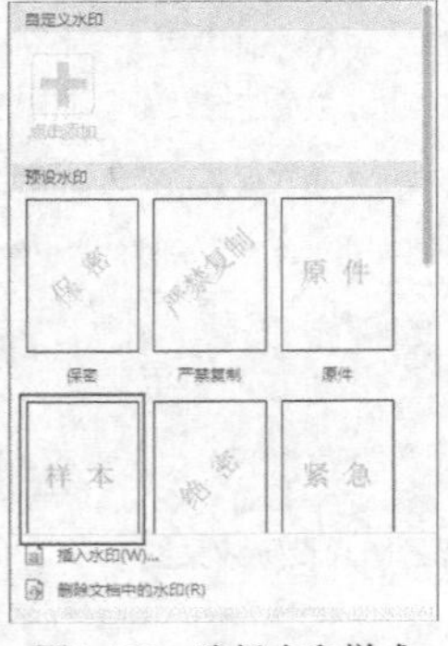

图1-165　选择水印样式

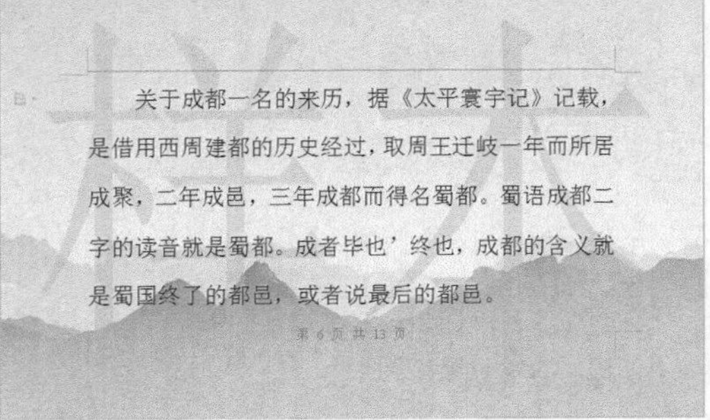

图1-166　添加水印效果

2. 在图 1-165 顶部单击 （单击添加）按钮，弹出【水印】对话框，按照图 1-167 所示自定义水印，效果如图 1-168 所示。

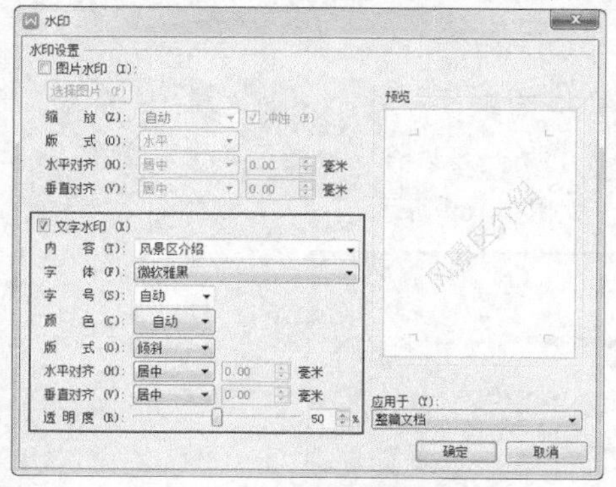

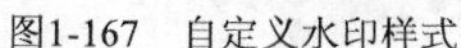
图1-167　自定义水印样式

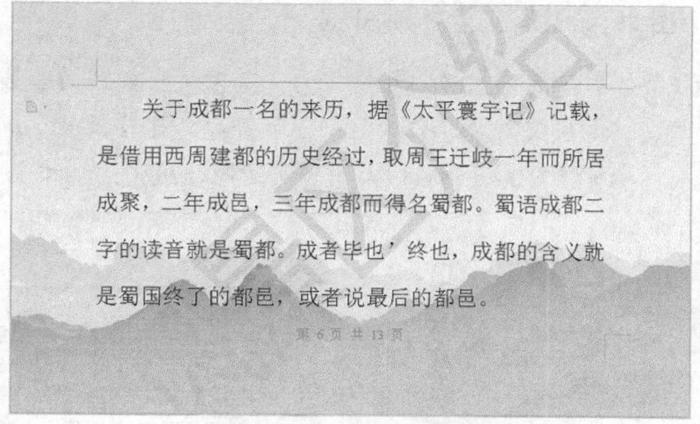

图1-168　自定义水印效果

1.6.3 插入分隔符

通常 WPS 文字 2016 在输完一页文本内容后会自动分页。在创建一些特殊文档时，用户可以根据需要插入分节符和分页符，以便灵活对文档进行分节和分页。

一、 设置分页符

设置分页符是一种人工强制分页的方法。

【操作要点】

1. 将鼠标光标定位到需要从此分页的段落段首。
2. 在【页面布局】选项卡的【页面设置】工具组中单击分隔符按钮，在弹出的下拉列表中选取【分页符】选项。
3. 鼠标光标定位位置以下的内容将自动移动到下一页，分页成功。

> **要点提示** 还有一种分页的简便方法：将鼠标光标定位到需要从此分页的段落段首，然后按 Ctrl+Enter 组合键。

二、 设置分节符

分节排版主要用于一篇文档中各章节之间有所区别的情况，如页边距、页眉与页脚及纸张大小不同等。这样可以设计出许多具有特殊风格的版式，如在一张纵向排列的文档中插入一张横向排列的表格。

【操作要点】

1. 将鼠标光标定位到要分节的位置。
2. 在【页面布局】选项卡的【页面设置】工具组中单击分隔符按钮，在弹出的下拉列表中选取【下一页分节符】选项，分节符后的那一节将从下一页开始。
3. 在【页面布局】选项卡的【页面设置】工具组中单击分隔符按钮，在弹出的下拉列表中选取【连续分节符】选项，分节符后的那一节承接分节符前一节开始。
4. 在【页面布局】选项卡的【页面设置】工具组中单击分隔符按钮，在弹出的下拉列表中选取【偶数页分节符】选项，分节符后的那一节从下一个偶数页开始，对于一般的图书，就是从左手页开始。

5. 在【页面布局】选项卡的【页面设置】工具组中单击 分隔符 按钮，在弹出的下拉列表中选取【奇数页分节符】选项，分节符后的那一节从下一个奇数页开始，对于一般的图书，就是从右手页开始。

要点提示　如果要将文档的几段作为一节来处理，就必须插入两个分节符：一个在这些段之前，一个在这些段之后。插入两个分节符后，这些段就自成一节了，用户可以将鼠标光标移到该节中，单独对其进行排版，设置页边距、纸张大小和方向等，如图 1-169 所示。

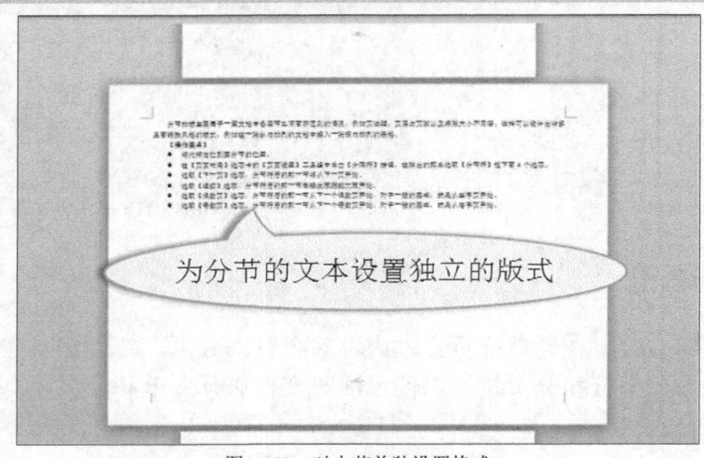

图1-169　对小节单独设置格式

1.6.4　使用样式与模板

样式是字符格式（字体、字号与字形等）与段落格式（段落对齐、缩进、项目编号等）的一种综合设置。使用模板可以快速创建具有特殊格式的文档。

一、　使用样式

WPS 文字 2016 提供了多种样式供用户使用。

【操作要点】

1. 打开素材文件“素材\第 1 章\案例 15.wps”，如图 1-170 所示。
2. 选中标题文本“第 3 章　磁盘工具”，在【开始】选项卡的【样式】工具列表中选取【标题 1】，如图 1-171 所示。

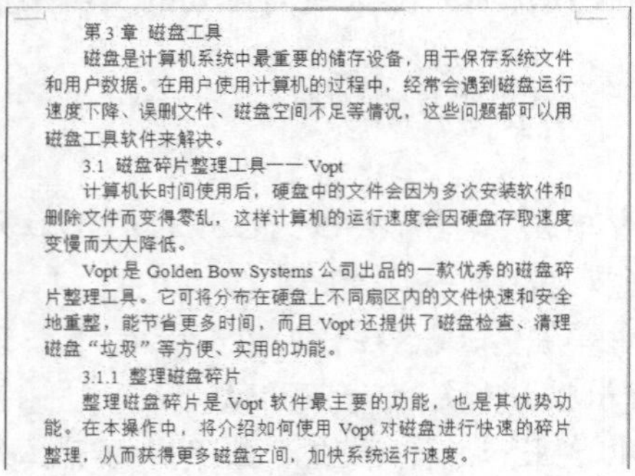

第 3 章　磁盘工具

磁盘是计算机系统中最重要的储存设备，用于保存系统文件和用户数据。在用户使用计算机的过程中，经常会遇到磁盘运行速度下降、误删文件、磁盘空间不足等情况，这些问题都可以用磁盘工具软件来解决。

3.1　磁盘碎片整理工具—— Vopt

计算机长时间使用后，硬盘中的文件会因为多次安装软件和删除文件而变得零乱，这样计算机的运行速度会因硬盘存取速度变慢而大大降低。

Vopt 是 Golden Bow Systems 公司出品的一款优秀的磁盘碎片整理工具。它可将分布在硬盘上不同扇区内的文件快速和安全地重整，能节省更多时间，而且 Vopt 还提供了磁盘检查、清理磁盘“垃圾”等方便、实用的功能。

3.1.1　整理磁盘碎片

整理磁盘碎片是 Vopt 软件最主要的功能，也是其优势功能。在本操作中，将介绍如何使用 Vopt 对磁盘进行快速的碎片整理，从而获得更多磁盘空间，加快系统运行速度。

图1-170　打开的文件

图1-171　设置 1 级标题

3. 选中文本“3.1　磁盘碎片整理工具——Vopt”，在【样式】工具组中选取【标题 2】，结果如图 1-172 所示。

设置样式后，通常会自动编号，可以删除原来编制的“第 1 章”“3.1”等内容。

4. 选中文本“3.1.1 整理磁盘碎片”，在【开始】选项卡的【样式】工具组中选取【标题 3】，结果如图 1-173 所示。

第 3 章　磁盘工具

磁盘是计算机系统中最重要的储存设备，用于保存系统文件和用户数据。在用户使用计算机的过程中，经常会遇到磁盘运行速度下降、误删文件、磁盘空间不足等情况，这些问题都可以用磁盘工具软件来解决。

3.1　磁盘碎片整理工具——Vopt

计算机长时间使用后，硬盘中的文件会因为多次安装软件和删除文件而变得零乱，这样计算机的运行速度会因硬盘存取速度变慢而大大降低。

Vopt 是 Golden Bow Systems 公司出品的一款优秀的磁盘碎片整理工具。它可将分布在硬盘上不同扇区内的文件快速和安全地重整，能节省更多时间，而且 Vopt 还提供了磁盘检查、清理

图1-172　设置 2 级标题

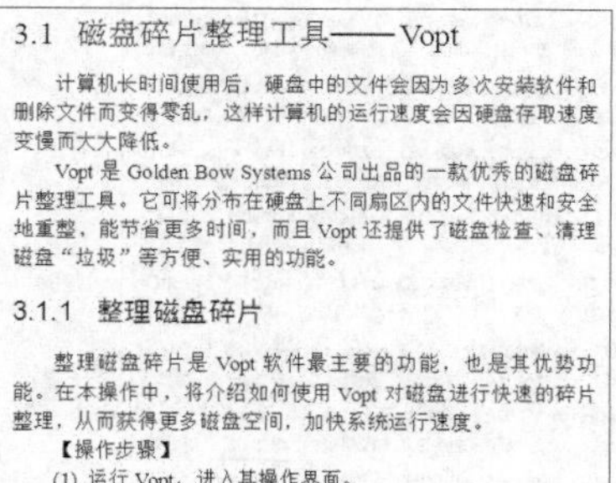

3.1　磁盘碎片整理工具——Vopt

计算机长时间使用后，硬盘中的文件会因为多次安装软件和删除文件而变得零乱，这样计算机的运行速度会因硬盘存取速度变慢而大大降低。

Vopt 是 Golden Bow Systems 公司出品的一款优秀的磁盘碎片整理工具。它可将分布在硬盘上不同扇区内的文件快速和安全地重整，能节省更多时间，而且 Vopt 还提供了磁盘检查、清理磁盘“垃圾”等方便、实用的功能。

3.1.1　整理磁盘碎片

整理磁盘碎片是 Vopt 软件最主要的功能，也是其优势功能。在本操作中，将介绍如何使用 Vopt 对磁盘进行快速的碎片整理，从而获得更多磁盘空间，加快系统运行速度。

【操作步骤】

(1) 运行 Vopt，进入其操作界面。

图1-173　设置 3 级标题

创建样式后，在【视图】选项卡中单击 （文档结构图）按钮，打开文档结构图，可方便查看文档结构，单击任意层次即可在正文中跳转到相应位置，以方便进行编辑操作，如图 1-174 所示。

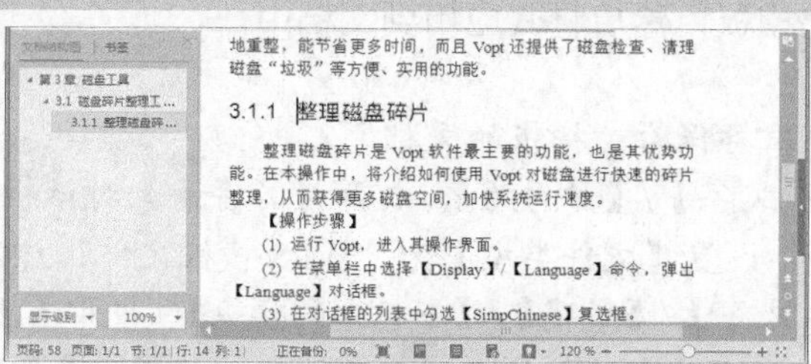

图1-174　显示文档结构图

5. 在【开始】选项卡中单击 A （新样式）按钮，打开【新建样式】对话框，输入样式名称，如图 1-175 所示。

6. 在对话框底部单击 格式(O) 按钮，在弹出的下拉列表中选择【字体】选项，打开【字体】对话框，按照图 1-176 所示设置字体，然后单击 确定 按钮。

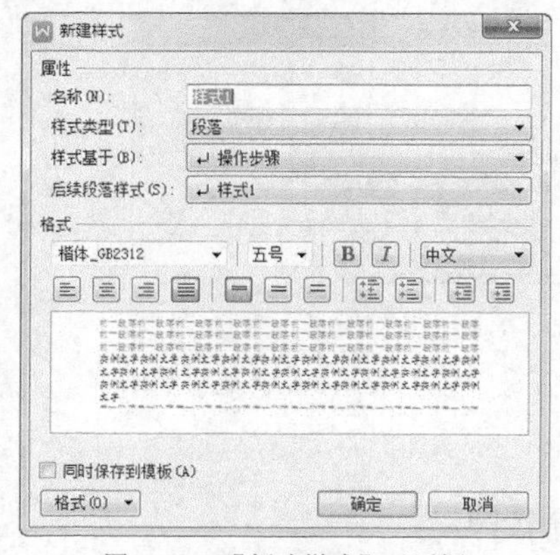

图1-175　【新建样式】对话框

图1-176　设置字体

7. 在【开始】选项卡中展开【样式】列表，可以看到新建的样式，如图 1-177 所示。
8. 选中需要设置样式的文字，然后选取新建样式应用于该样式，结果如图 1-178 所示。

样式

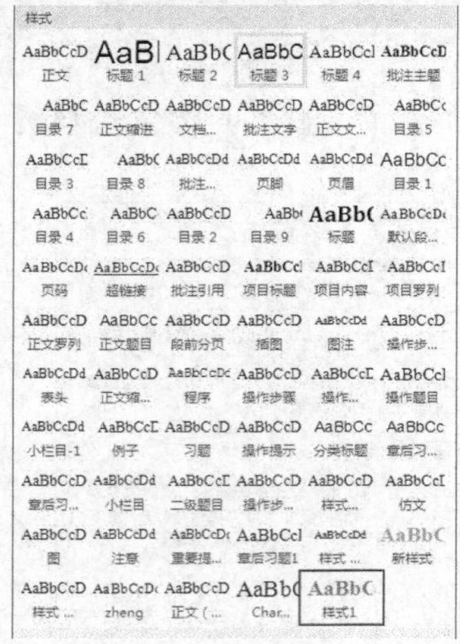

图1-177 【样式】列表

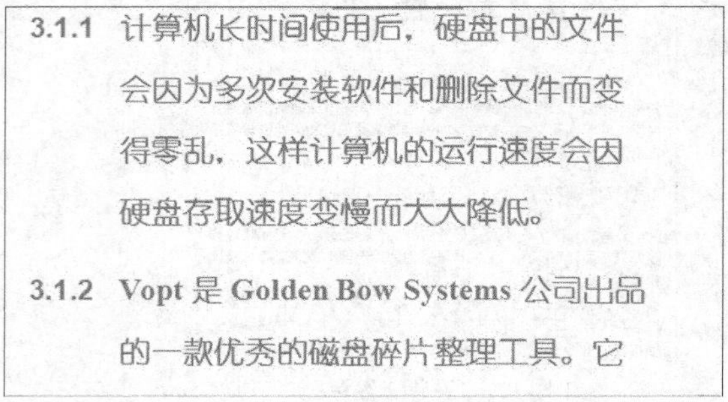

3.1.1 计算机长时间使用后，硬盘中的文件会因为多次安装软件和删除文件而变得零乱，这样计算机的运行速度会因硬盘存取速度变慢而大大降低。
3.1.2 Vopt 是 Golden Bow Systems 公司出品的一款优秀的磁盘碎片整理工具。它

图1-178 应用自定义样式

二、 使用模板

使用 WPS 文字 2016 自带的模板可以快速创建具有特殊格式的文档，用户也可以直接使用 WPS 文字 2016 新建模板，然后将其应用到文档中。

【操作要点】

1. 打开设置了格式并且准备保存为模板的文档。
2. 选取菜单命令【WPS 文字】/【另存为】，打开【另存为】对话框，指定模板保存路径，然后设置模板文件名，设置【文件类型】为“WPS 模板文件”，然后单击 保存(S) 按钮。
3. 选取菜单命令【WPS 文字】/【新建】/【本机上的模板】，打开【模板】对话框，在这里可以看到刚刚保存的模板，如图 1-179 所示，双击该模板即可使用新建模板创建文档了。

模板
常规
日常生活
我的模板
空文档
预览
无法预览。
新建
文档(C)
模板(T)
设为默认模板(N)
确定
取消

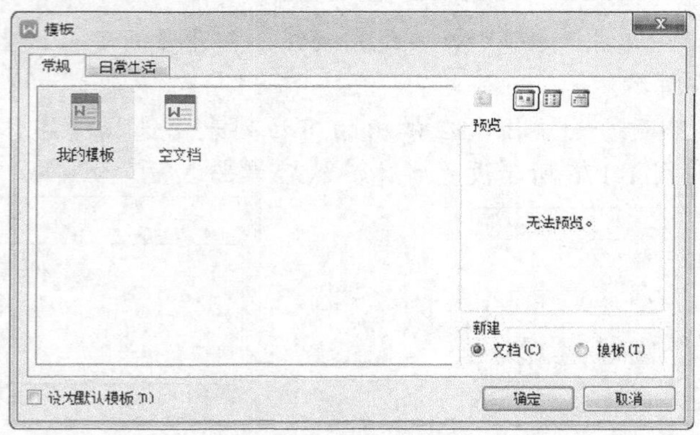

图1-179 【模板】对话框

1.7 打印文档

制作好文档后，一般都需要将其打印成文稿，以便传阅。

1.7.1 设置打印参数

一般的电脑能连接多台打印机，由于不同打印机的打印纸张及打印参数都可能不一样，所以打印前需要设置具体的打印参数。

【操作要点】

1. 打开要打印的文档。
2. 选取菜单命令【WPS 文字】/【打印】/【打印】，打开图 1-180 所示的【打印】对话框。

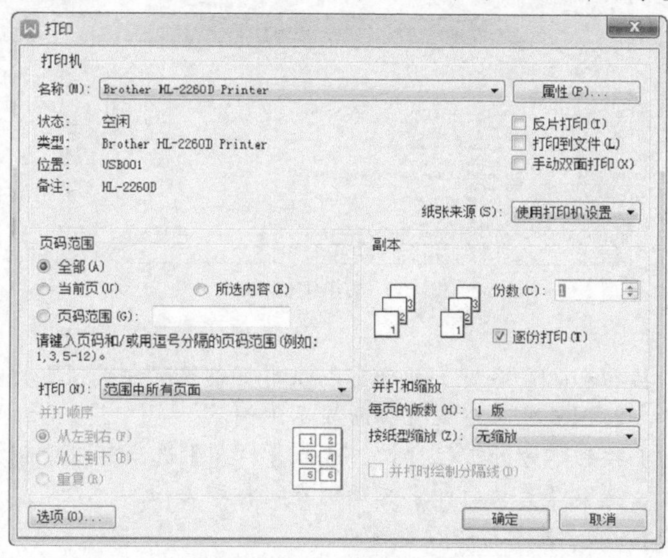

图1-180 【打印】对话框

3. 在【打印机】分组框的【名称】下拉列表中选择要使用的打印机。
4. 在【页码范围】分组框中设置打印的页码范围。
   - 【全部】：打印整篇文档。
   - 【当前页】：打印当前激活的页面，即鼠标指针定位的页面。
   - 【页码范围】：在其后的文本框中输入页码范围。例如："2、3-7、8-10" 表示打印第 2 页、第 3 页到第 7 页、第 8 页到第 10 页。

要点提示 选中【逐份打印】复选项后，当打印的文档超过 1 页时，先打印完第 1 份文档的全部页面后再打印第 2 份文档，否则将先把所有文档的第 1 页打印完后再打印所有文档的第 2 页。

5. 选中【反片打印】复选项，可以实现双面打印；选取【手动双面打印】复选项，则在打印完一面后需要根据提示手动换纸。

1.7.2 打印预览

设置完打印参数后，打印前可以通过打印预览来查看文档打印的效果是否符合要求，如果对预览效果不满意可以重新设置。选取菜单命令【WPS 文字】/【打印】/【打印预览】，打开预览页面，如图 1-181 所示。

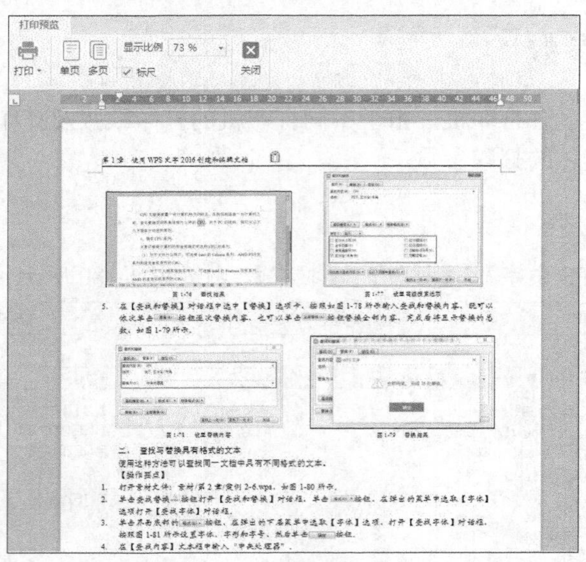

图1-181　打印预览窗口

【操作要点】

1. 单击（单页）按钮和（多页）按钮可以以单页或多页方式预览打印页面。
2. 在【显示比例】下拉列表中可以设置页面显示比例。
3. 单击（打印）按钮下方的下拉按钮，选取【打印】选项可以重新打开【打印】对话框进行参数设置，选取【直接打印】选项则直接打印文档。
4. 单击（关闭）按钮，关闭打印预览窗口。

1.7.3　打印文档

预览打印效果并对结果满意后就可进行文档打印了。

【操作要点】

1. 在快速工具栏中单击（打印）按钮，打开【打印】对话框，完成设置后单击确定按钮即可开始打印文档。
2. 此时系统状态栏（桌面右下角）会出现打印状态图标，双击该图标，将打开图 1-182 所示的【打印】对话框（打印设备不同，显示的名称不同）。
3. 在对话框的【文档名】上单击鼠标右键，在弹出的快捷菜单中选取【暂停】命令，可以暂停当前打印；选取【重新启动】命令，可以重新开始打印操作；选取【取消】命令，可以取消当前的操作，如图 1-183 所示。

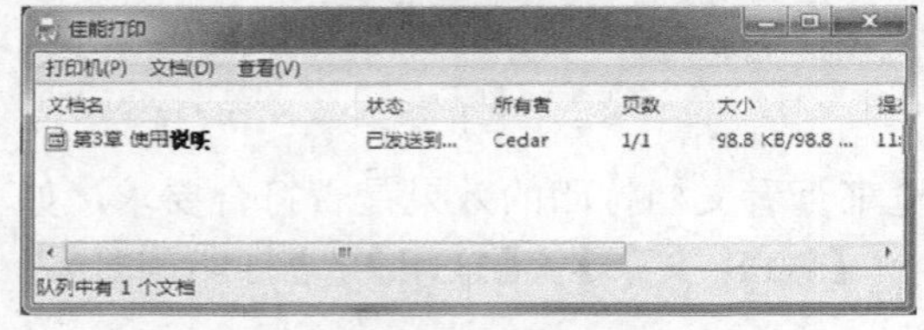

图1-182　打印状态显示

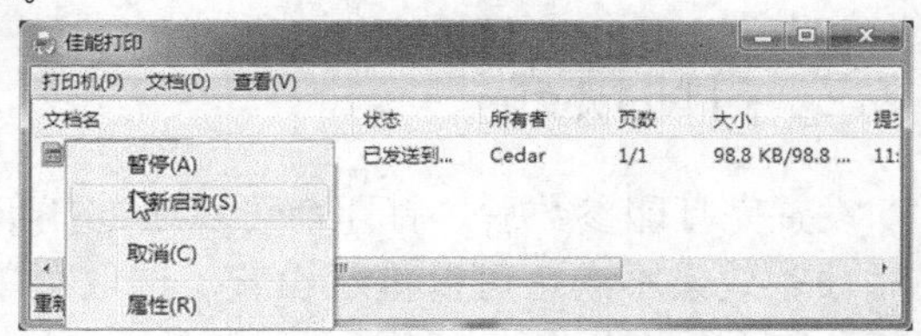

图1-183　打印状态设置

要点提示 打印操作时，并不是每次都需要详细设置打印参数，在快速工具栏右侧单击按钮，在弹出的扩展工具组中确保选中【打印】选项，以后在快速工具栏中单击按钮即可弹出【打印】对话框，直接单击 确定 按钮即可以前次打印预设的参数进行打印，提高了打印效率。

1.8 小结

使用 WPS 文字 2016 创建办公文档时，其核心是输入和编辑文本，通过设置文本的字体、段落、边框等来美化文档，在文档中还可以根据需要插入各种表格、图片、文本框、艺术字及图表等，以最终制作出各种图文并茂的办公文档。WPS 文字 2016 还可以在长文档中设置页眉、页脚，插入页码，编辑目录、索引和批注等操作。

创建文档的第 1 步是输入文本，为了提高文本输入效率，用户可以配合使用键盘上的按键来定位光标位置，使用光标做整行或整页移动。常用的文本编辑方法有：在文本中插入新内容、删除选定的内容、对选定的内容进行移动或复制等操作，要熟练掌握这些操作的基本要领。为了突出显示文本中各部分的特色和清晰的结构，用户可以设置具体的文本格式，主要包括字体格式和段落格式两个方面，前者主要设置文字的字体、颜色、大小及特殊样式，后者设置段落间的间距及对齐方式等。

1.9 习题

1. 如何在文档中输入公式？
2. 文本格式包括哪些内容，通过哪些方法进行设置？
3. 如何为文档设置边框和底纹？
4. 撰写一个通知，内容为国庆期间的放假安排及注意事项。
5. 撰写一个招聘启事，招聘内容自定。

第2章 使用 WPS 文字 2016 制作图表和图文混排

【学习目标】

- 明确在 WPS 文字 2016 文档中插入和编辑各类图形的基本方法。
- 掌握在 WPS 文字 2016 文档中创建表格的方法。
- 掌握在 WPS 文字 2016 中常用的页面和版式设置技巧。
- 掌握使用 WPS 文字 2016 实现图文混排的方法与技巧。

使用 WPS 文字 2016 创建办公文档时，用户除了可以创建和编辑文本外，还可以向文档中添加图形、表格等，使文档的结构更加丰富多彩。此外，用户还可以根据需要设置文档的页面与版式，以便于文档的阅读和打印等操作。

2.1 在文档中添加图形对象

使用 WPS 文字 2016 在文档中插入图形、文本框和各种形状，可以使文档更加生动活泼，更加美观。合理地进行图文组合可以制作出图文并茂的文档。

2.1.1 在文档中插入图形

在 WPS 文字 2016 中，用户不仅可以在文档中插入预先准备好的图形，还可以插入剪辑管理器中的各种剪贴画，通过对其进行剪辑处理后制作出漂亮的文档。

一、 插入计算机中的图形

在文档中常常需要插入与文本内容相关的图形。

【操作要点】

1. 新建一个空白文档。
2. 在任意位置双击鼠标左键，定位插入点，然后在【插入】选项卡的【插图】工具组中单击 （图片）按钮，如图 2-1 所示。
3. 浏览选中计算机中的图形文件，在【插入图形】对话框中单击 打开(O) 按钮，结果如图 2-2 所示。

要点提示 除了可以插入计算机中的图形外，单击 （图片）按钮下方的下拉按钮还可以选择多种插入图形的方法。例如，若选择【来自扫描仪】，则可以将扫描仪扫描后的图形文件插入文档；若选择【来自手机】，则可以将手机中的图片插入文档。

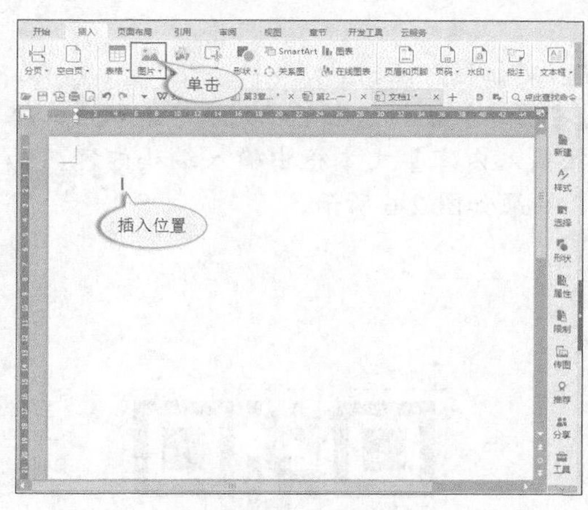

图2-1 定位插入位置

图2-2 插入图形

二、 插入图库图形

WPS 文字 2016 还提供了种类丰富的图形，用户可以根据需要将其插入到文档中。

【操作要点】

1. 插入条形码。

(1) 新建一个空白文档。

(2) 在任意位置双击鼠标左键，定位插入点。

(3) 在【插入】选项卡的【插图】工具组中单击 【图库】按钮，其下拉列表包括【条形码】【二维码】【几何图】和【地图】4 个选项。

(4) 选取【条形码】选项，打开【插入条形码】对话框，首先在【编码】下拉列表中选择码制，然后在【输入】文本框中输入编码内容，如图 2-3 所示，然后单击 插入 按钮插入条形码，结果如图 2-4 所示。

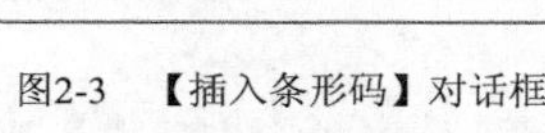

图2-3 【插入条形码】对话框

图2-4 插入条形码

条形码是将宽度不等的多个黑条和空白，按照一定的编码规则排列，用以表达一组信息的图形标识符，用于标示物品的厂家、名称、日期及分类等信息。编码时使用不同的码制，如"Codabar"（库德巴码）可表示数字 0~9，字符"$""+"和"-"等，常用于物料管理、图书馆或邮件发送等行业。"Code 128"用于表示高密度数据，长度可变，符号内含校验码，常用于工业、仓库、零售批发等行业。

2. 插入二维码。

(1) 新建一个空白文档，在任意位置双击鼠标左键，定位插入点。

(2) 在【插入】选项卡的【插图】工具组中单击【图库】按钮，在下拉列表中选取【二维码】选项，打开【插入二维码】对话框，在【输入内容】文本框中输入编码内容，如图 2-5 所示，然后单击确定按钮插入二维码，结果如图 2-6 所示。

图2-5　【插入二维码】对话框

图2-6　插入二维码

二维码是一个近几年来在移动设备上流行的一种编码方式，比条形码能存更多的信息，也能表示更多的数据类型。二维码使用若干个与二进制相对应的几何形体来表示文字数值信息，通过图像输入设备或光电扫描设备自动识读，以实现信息自动处理。二维条码具有存储量大、保密性高、追踪性高、抗损性强、备援性大及成本便宜等特性，这些特性特别适用于表单、安全保密、追踪、证照、存货盘点及资料备援等方面。

3. 插入几何图。

(1) 新建一个空白文档，在任意位置双击鼠标左键，定位插入点。

(2) 在【插入】选项卡的【插图】工具组中单击【图库】按钮，在下拉列表中选取【几何图】选项，打开【插入几何图】面板，如图 2-7 所示。

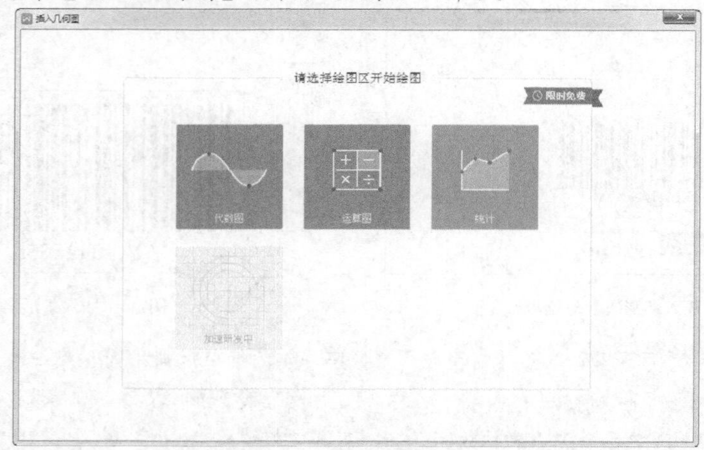

图2-7　【插入几何图】面板

(3) 双击【代数图】选项，在界面左上角输入函数表达式，在右侧可以预览图形效果，如图 2-8 所示。单击 确定 按钮即可将该图形插入文档中，如图 2-9 所示。

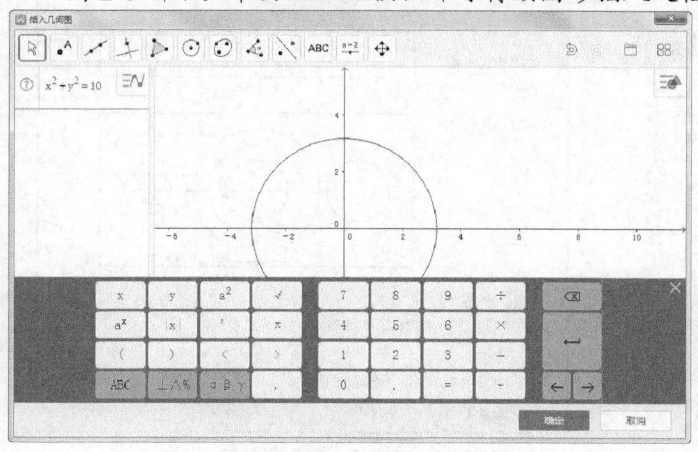

图2-8 【插入几何图】对话框

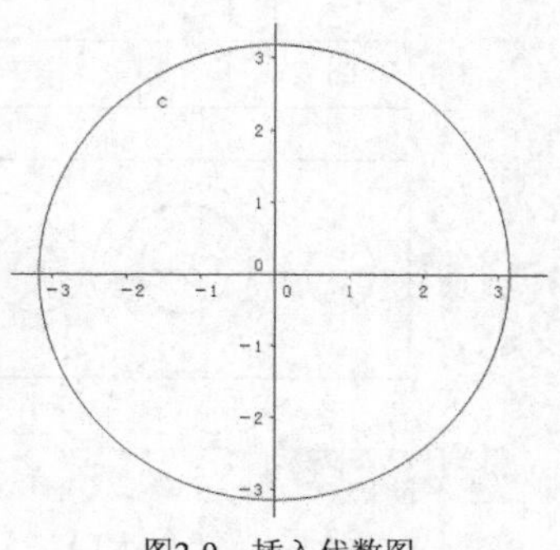

图2-9 插入代数图

(4) 如果插入的图形位置不理想，可以按照图 2-10 所示对图形进行平移、缩小和放大操作。图 2-11 所示为将图形沿着水平方向放大，使之变为椭圆。

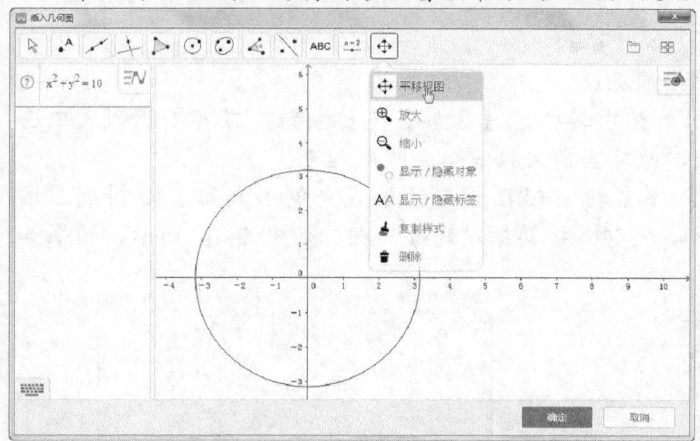

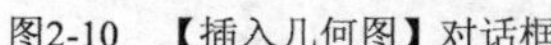

图2-10 【插入几何图】对话框

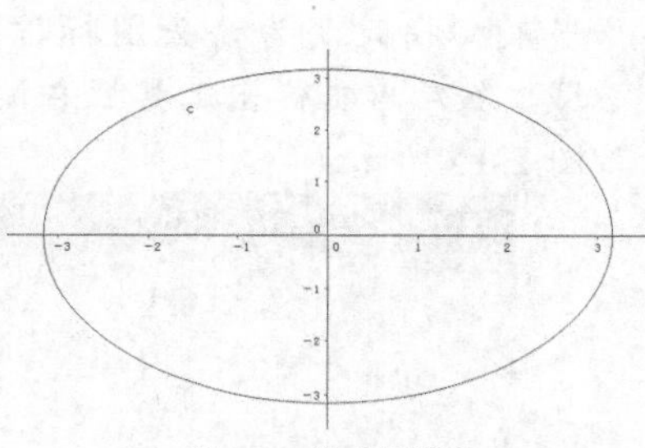

图2-11 修改代数图

三、 插入截屏

WPS 文字 2016 还提供了在文档中插入在屏幕上截取的画面的功能。

【操作要点】

1. 截取当前文档中的内容。

(1) 在任意位置双击鼠标左键，定位插入点。

(2) 在【插入】选项卡的【插图】工具组中单击【截屏】下拉按钮，在其下拉列表中选取【屏幕截图】选项。

(3) 当鼠标指针变为箭头图标时，按下鼠标左键绘制要截图的区域完成截图，单击弹出工具栏右侧的 ✓ 按钮，将其插入到插入点，如图 2-12 所示，结果如图 2-13 所示。

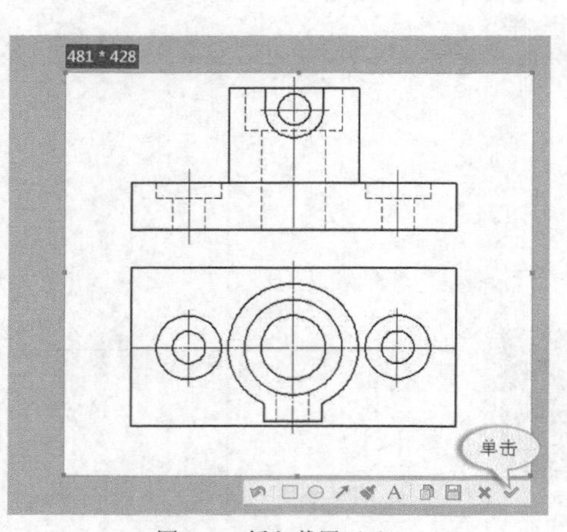

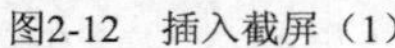

图2-12　插入截屏（1）

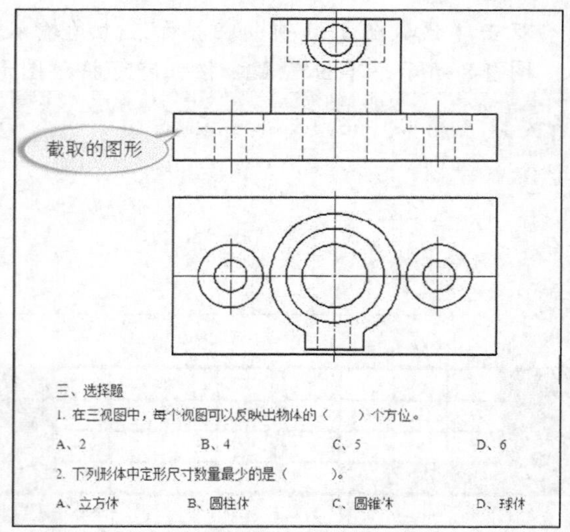

图2-13　插入截屏（2）

要点提示　截屏操作时，按 Esc 键可以取消该操作。

2. 截取其他屏幕截图。

(1) 在任意位置双击鼠标左键，定位插入点。

(2) 在【插入】选项卡的【插图】工具组中单击【截屏】下拉按钮，在其下拉列表中选取【截屏时隐藏当前窗口】选项，此处当前文档窗口会隐藏起来。

(3) 当鼠标指针变为箭头图标时，按下鼠标左键在选定的位置（例如桌面）绘制截图区域，然后单击弹出工具栏右侧的✓按钮，将其插入到插入点，如图 2-14 所示，结果如图 2-15 所示。

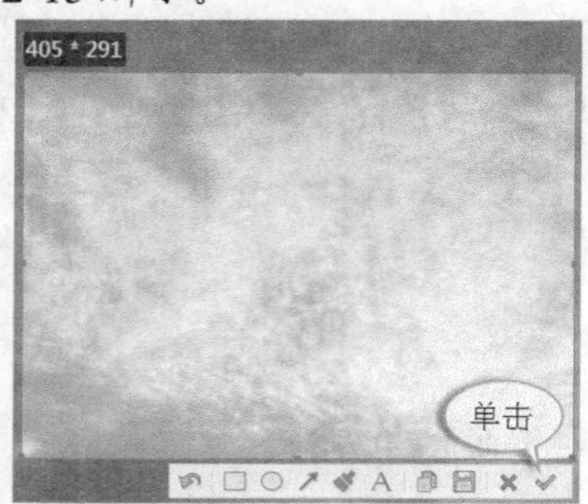

图2-14　插入截屏（3）

图2-15　插入截屏（4）

2.1.2 编辑图形

插入图形后，用户还可以根据需要对图形的大小、位置及版式等进行编辑，使图形与文字结合得更加紧密。

一、 使用调整句柄编辑图形

使用调整句柄编辑图形的操作如下。

【操作要点】

1. 打开素材文件“素材\第 2 章\案例 1.wps”。
2. 将光标移动到文本中的位置①处。
3. 在【插入】选项卡的【插图】工具组中单击【图片】按钮，浏览选中图形文件“素材\第 2 章\主板.png”，然后在【插入图形】对话框中单击 打开(O) 按钮，结果如图 2-16 所示。
4. 默认情况下将按照 100%的比例插入图形（在文档的幅面足够大的情况下），同时在图形四周出现一组大小调节句柄和一个旋转句柄。
5. 将鼠标指针移动到左上角的调节句柄上，当指针变为双向斜箭头时，拖动鼠标指针可以在长宽两个方向等比例缩放图形，如图 2-17 所示。右下角的调节句柄用法相同。

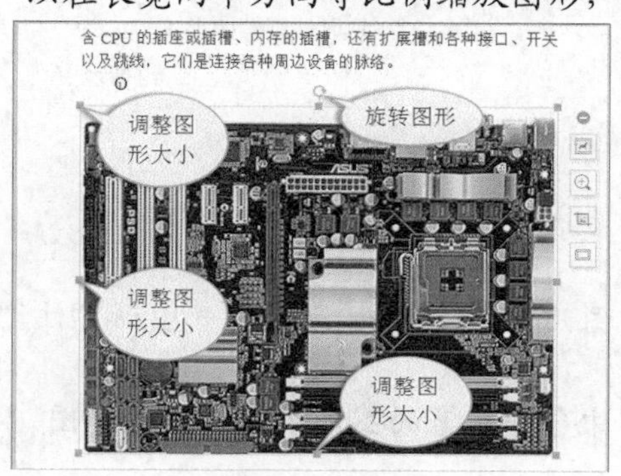

图2-16　插入图形

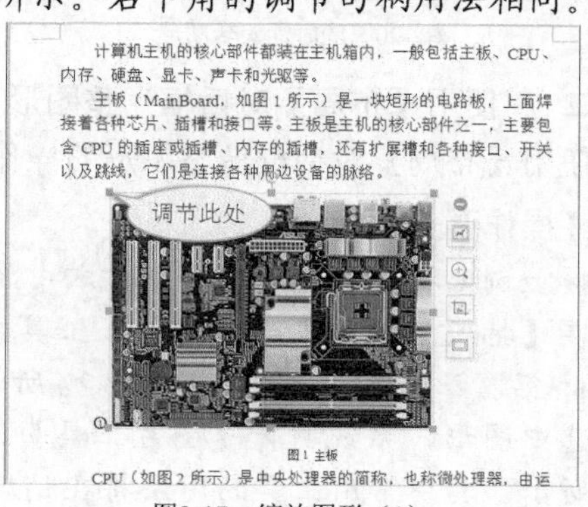

图2-17　缩放图形（1）

6. 将鼠标指针移动到左侧中部的调节句柄上，指针变为双向水平箭头时，拖动鼠标指针将在长度方向缩放图形，此时图形将发生形状畸变，如图 2-18 所示。右侧中部的调节句柄用法相同。
7. 将鼠标指针移动到下方中部的调节句柄上，指针变为双向竖直箭头时，拖动鼠标指针将在宽度方向缩放图形，此时图形也将发生形状畸变，如图 2-19 所示。上方中部的调节句柄用法相同。

图2-18　缩放图形（2）

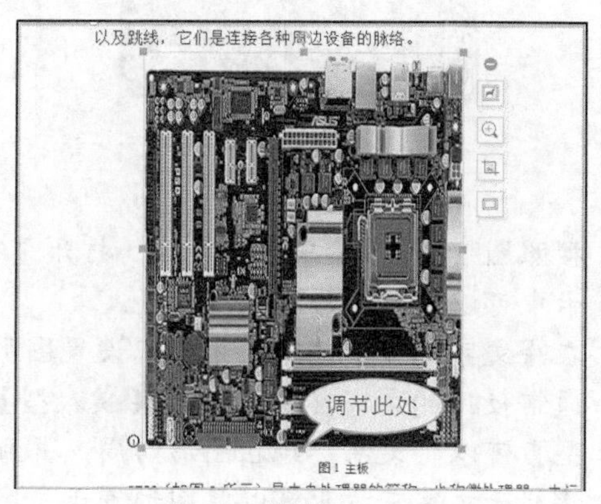

图2-19　缩放图形（3）

8. 将鼠标指针移动到上部的旋转句柄上，指针变为旋转箭头时，拖动鼠标指针旋转图形，如图 2-20 和图 2-21 所示。

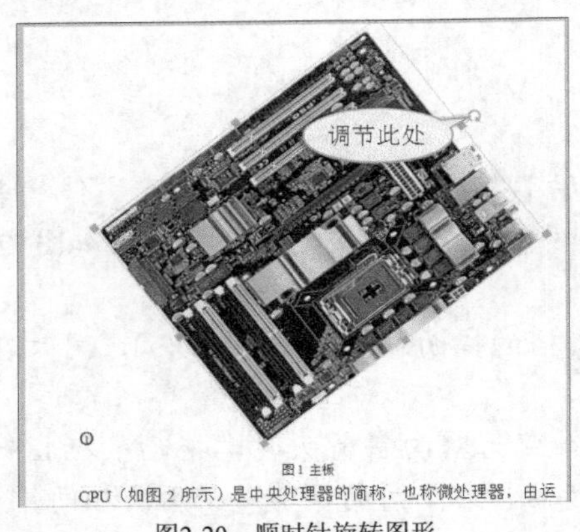

图2-20　顺时针旋转图形

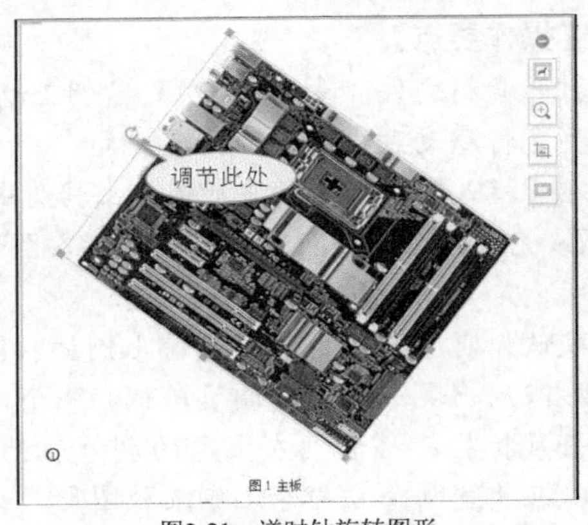

图2-21　逆时针旋转图形

二、 使用【布局】对话框调整图形

使用【布局】对话框调整图形的操作如下。

【操作要点】

1. 接上例。将鼠标光标移动到文本中的位置②处。
2. 在【插入】选项卡的【插图】工具组中单击【图片】按钮 ，浏览打开图形文件“素材\第 2 章\ CPU.png”，如图 2-22 所示。
3. 选中图形，系统打开【图片工具】选项卡，其中包含丰富的图形编辑工具，如图 2-23 所示，其中常用工具的用法将在稍后介绍。

图2-22　插入图形

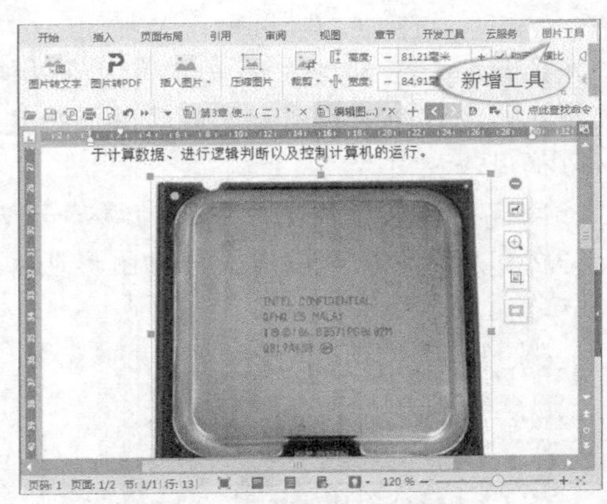

图2-23　打开【图片工具】选项卡

4. 按照图 2-24 所示单击 按钮，打开【布局】对话框，如图 2-25 所示。在【位置】选项卡中可以设置图形的相对位置。
5. 在【文字环绕】选项卡中可以设置图形与文字之间的相对位置关系，如图 2-26 所示。通常使用的文字环绕类型为【嵌入型】，将图形置于文档的固定位置中。其他如【四周型】可以将文字环绕在图形四周，并且可以随意拖动调节图形的位置，如图 2-27 所示。【衬于文字下方】可以将图形置于文字下层，如图 2-28 所示。【浮于文字上方】则直接将图形放置在文字上层，如图 2-29 所示。

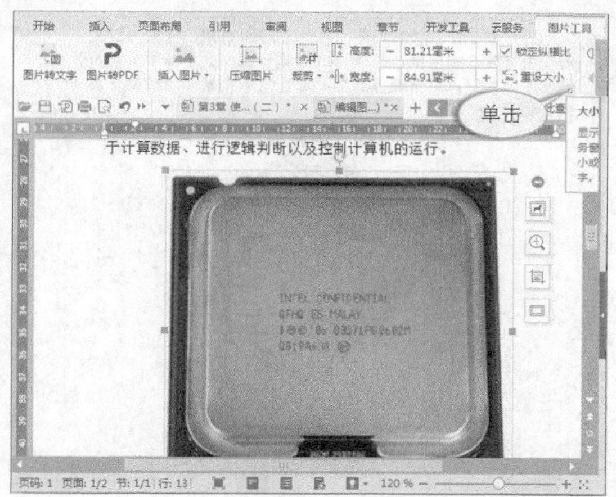

图2-24　设置布局参数

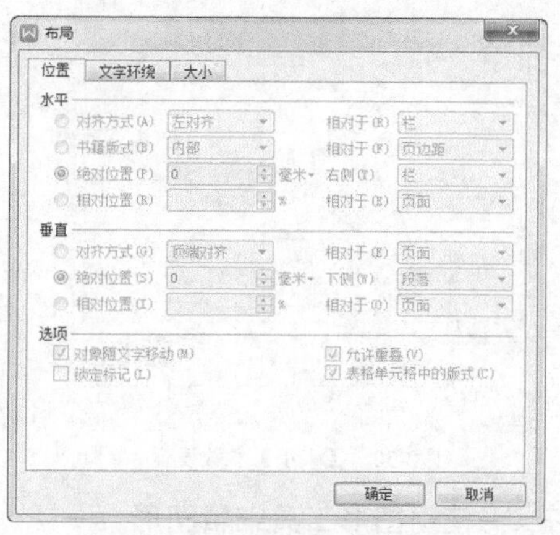

图2-25　【布局】对话框

图2-26　设置【文字环绕】方式

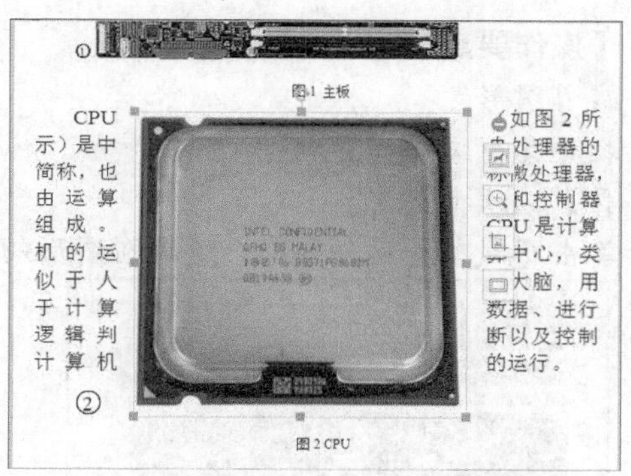

图2-27　【四周型】示例

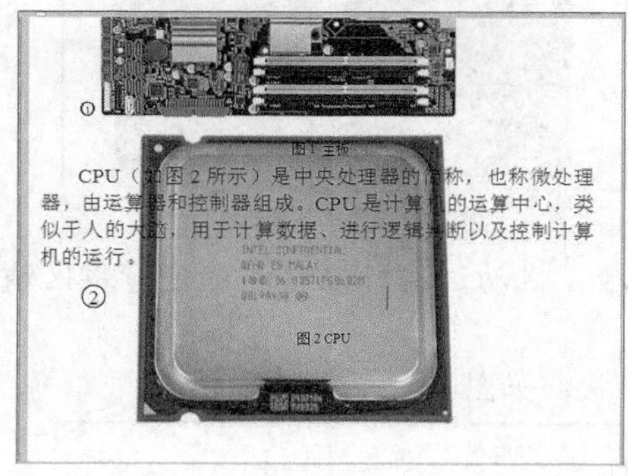

图2-28　【衬于文字下方】示例

图2-29　【浮于文字上方】示例

6. 在【大小】选项卡中可以设置图形大小，如图 2-30 所示。在此选项卡中也可以设置图形的高度、宽度、旋转角度及整体缩放比例等，结果如图 2-31 所示。

要点提示　在【缩放】分组框中选中【锁定纵横比】复选项后，在【高度】和【宽度】栏中任意修改一个数据后，另一个同步修改，这样可以确保图形在高度和宽度方向上等比例缩放，图形不至于发生拉伸和压缩变形。

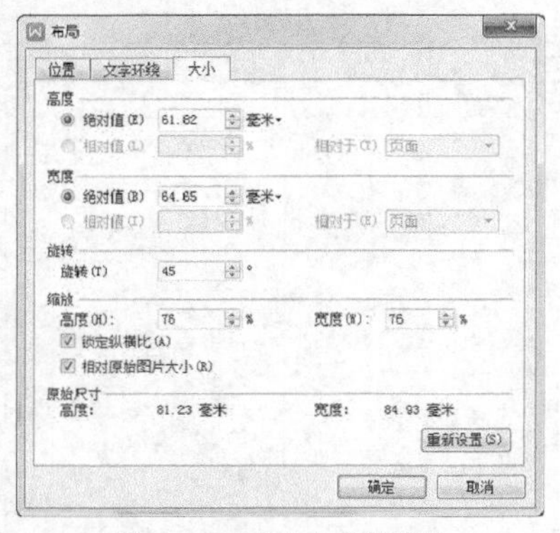

图2-30　【大小】参数设置

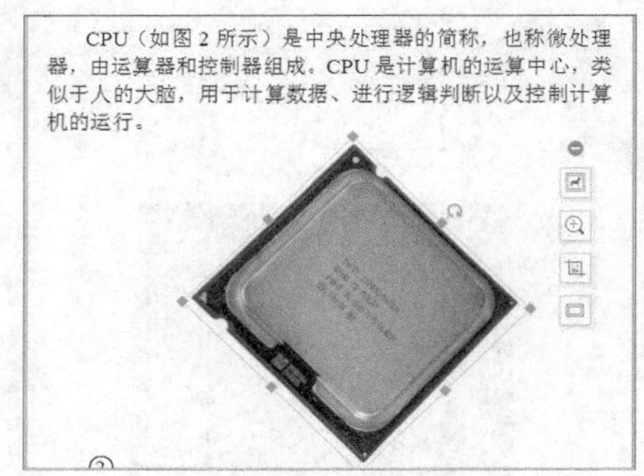

图2-31　设置图片效果

三、 使用图形工具编辑图形

在文档中插入并选中图形后，【图片工具】选项卡被激活。该选项卡包含丰富的设计工具，可以用来调整图形的亮度、对比度及排列方式等。

【操作要点】

1. 裁剪图形。

(1) 打开素材文件“素材\第 2 章\案例 2.wps”，如图 2-32 所示，选中图形，激活【图片工具】选项卡。

(2) 单击【裁剪】按钮 ，随后在图形四周出现修剪标记，如图 2-33 所示。

图2-32　选取裁剪工具

图2-33　显示裁剪标记

(3) 将鼠标指针移到修剪标记上，当指针形状变化后，拖动这些标记可以确定剪裁区域的大小，如图 2-34 所示

(4) 从右侧的弹出式面板中还可以选择裁剪区域的形状，如图 2-35 所示。

图2-34　裁剪区域

图2-35　裁剪形状

(5) 确定剪切区域大小后，还可以拖动图形确定图形的剪切区域，如图 2-36 所示。

(6) 在图形外的任意位置单击鼠标左键，即可剪切图形，结果如图 2-37 所示。

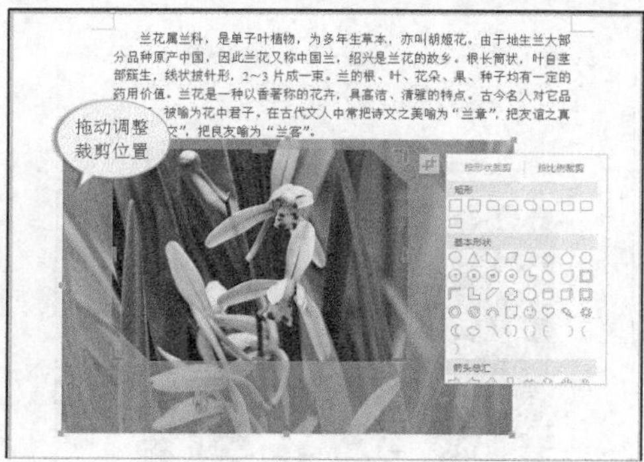

图2-36　拖动调整裁剪位置

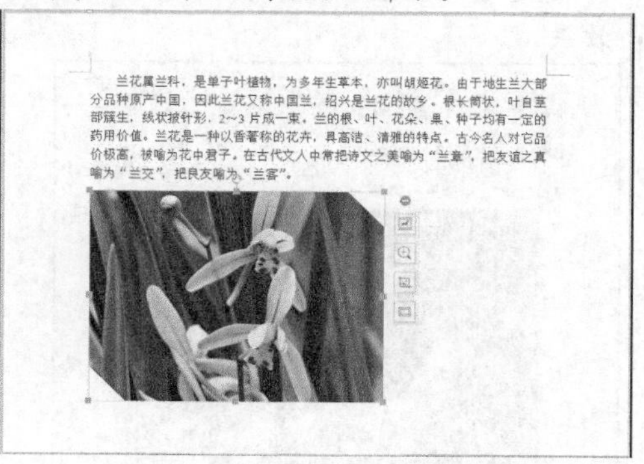

图2-37　裁剪结果

2. 调整对比度和亮度。

(1) 选中文档中的图形，适当调整图形的大小和位置，如图 2-38 所示。

(2) 单击 和 按钮增大或降低图像的对比度，图 2-39 和图 2-40 所示分别是增大对比度和减小对比度的效果对比。

图2-38　选中并调整图形

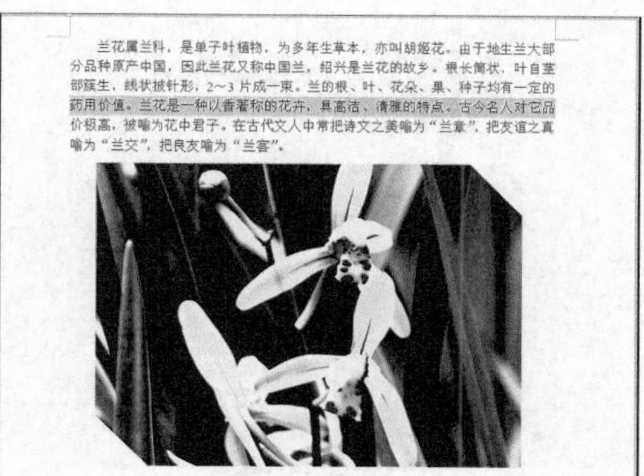

图2-39　增大对比度

(3) 单击 和 按钮增大或降低图像的亮度，如图 2-41 所示。

图2-40　降低对比度

图2-41　调整亮度

3. 调整图形颜色和轮廓。

(1) 选中图形，单击【颜色】按钮，从下拉列表中选取一种比较满意的颜色效果，图 2-42 所示是【灰度】颜色效果，图 2-43 所示是【黑白】颜色效果。然后恢复到【自动】颜色效果。

图2-42　灰度效果

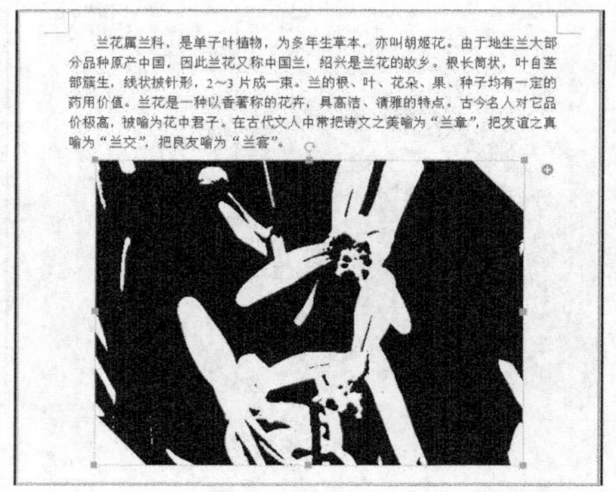

图2-43　黑白效果

(2) 选中图形，单击 图片轮廓 按钮右侧的下拉按钮，从下拉列表中选取图形轮廓颜色和轮廓宽度，如图 2-44 所示，设置效果如图 2-45 所示。

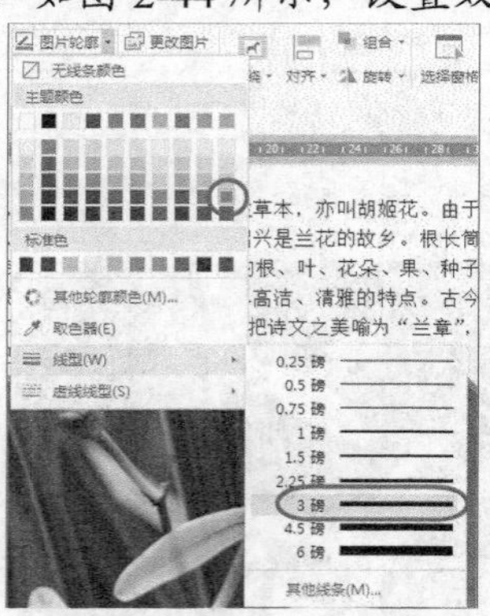

图2-44　设置图片轮廓

图2-45　设置图形轮廓效果

4. 设置图片效果。

(1) 选中图形，单击 图片效果 按钮右侧的下拉按钮，按照图 2-46 所示为图形设置阴影效果，结果如图 2-47 所示。

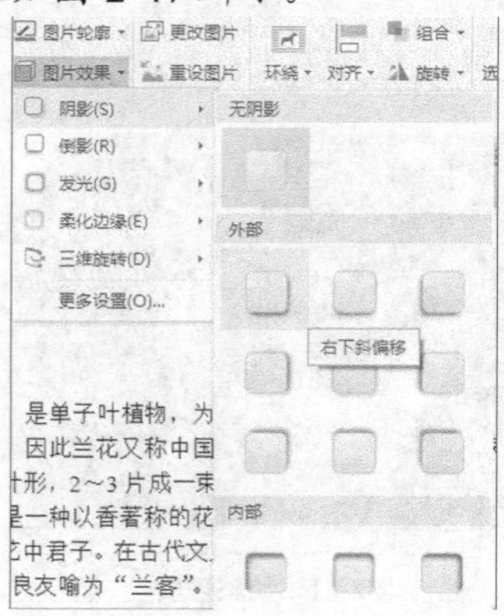

图2-46　设置阴影

图2-47　设置阴影效果

(2) 选中图形，单击 图片效果 按钮右侧的下拉按钮，按照图 2-48 所示为图形设置倒影效果，结果如图 2-49 所示。

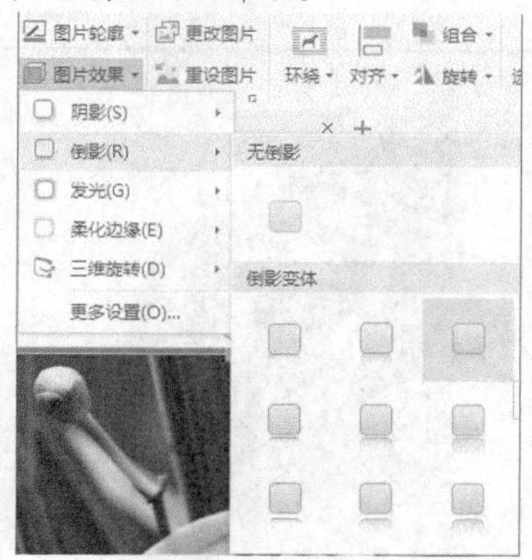

图2-48　设置倒影

图2-49　设置倒影效果

(3) 选中图形，单击 图片效果 按钮右侧的下拉按钮，按照图 2-50 所示为图形设置发光效果，结果如图 2-51 所示。

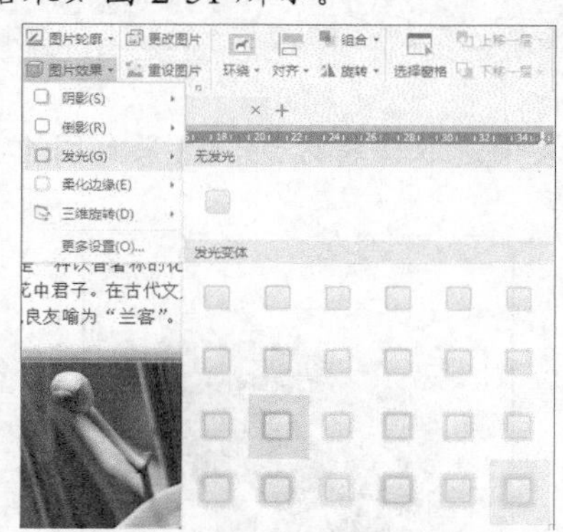

图2-50　设置发光

图2-51　设置发光效果

(4) 选中图形，单击 图片效果 按钮右侧的下拉按钮，按照图 2-52 所示为图形设置柔化边缘效果，结果如图 2-53 所示。

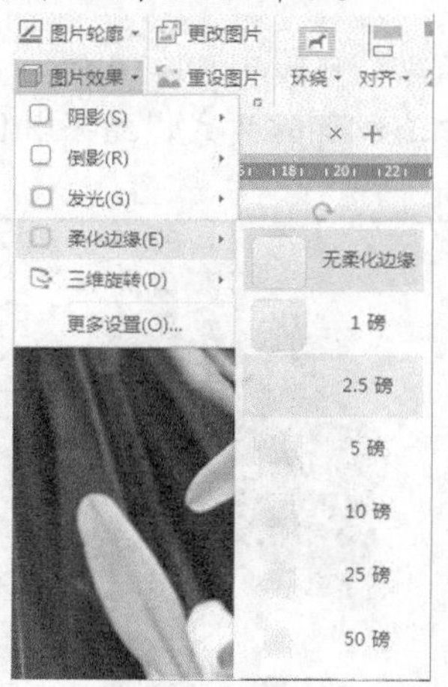

图2-52　柔化边缘

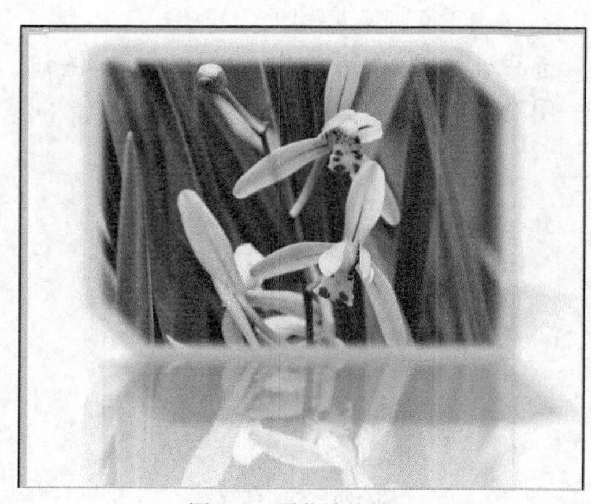
图2-53　柔化边缘效果

(5) 选中图形，单击图片效果按钮右侧的下拉按钮，按照图 2-54 所示为图形设置三维旋转效果，结果如图 2-55 所示。

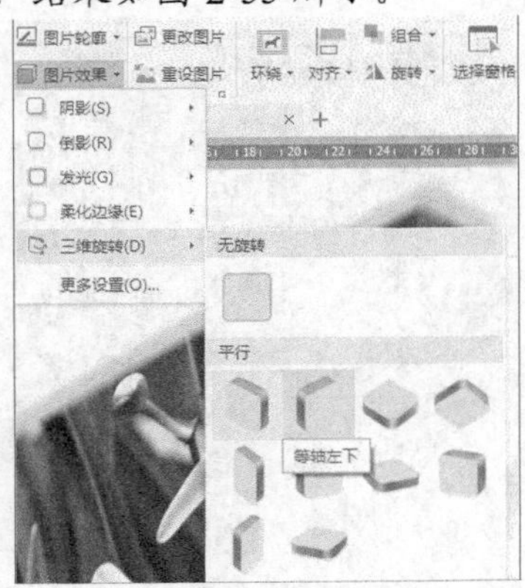

图2-54 三维旋转

图2-55 三维旋转效果

要点提示 单击（压缩图片）按钮可以压缩图形格式，以满足各种低分辨率应用场合。

5. 旋转图片和翻转图片。

(1) 选中需要旋转的图片，单击旋转按钮，从下拉列表中选取旋转方式，结果如图 2-56 和图 2-57 所示。

图2-56 向左旋转 90°（逆时针）

图2-57 向右旋转 90°（顺时针）

(2) 选中需要翻转的图片，单击旋转按钮，从下拉列表中选取翻转方式，结果如图 2-58 和图 2-59 所示。

图2-58 水平翻转

图2-59 垂直翻转

6. 选中图形，单击重设图片按钮，恢复到最初设置。

2.1.3 添加文本框

文本框可以用来放置一些文本、图形或其他对象，用来设计一些特殊的版式结构，以方便调整这些对象的位置。

【操作要点】

1. 在【插入】选项卡的【文本】工具组中单击【文本框】按钮下方的下拉按钮，在弹出的下拉列表中选取一种文本框格式。图 2-60 所示是各种文本框示例。
2. 在文本框中根据提示输入内容。
3. 与编辑图形相似，拖动文本框上对应的控制点可以对其进行缩放和旋转操作，效果如图 2-61 所示。

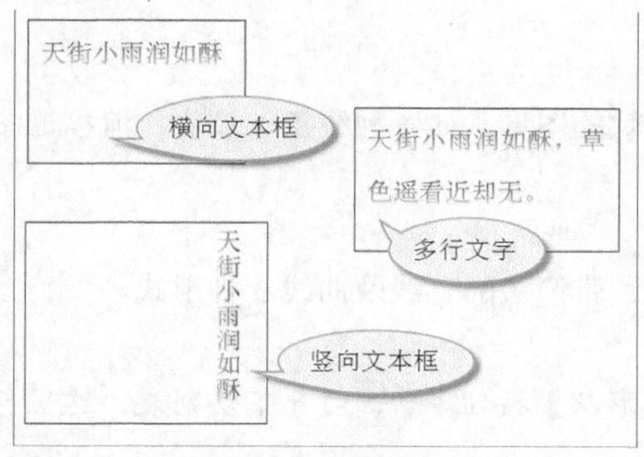

图2-60 文本框示例

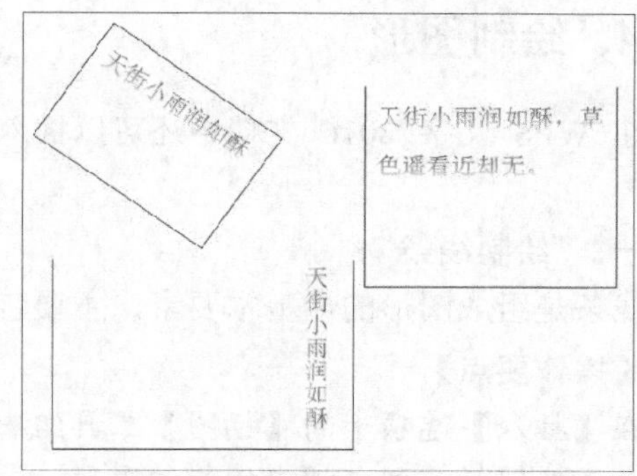

图2-61 调整文本框

要点提示 创建文本框后，将激活【文本工具】和【绘图工具】两个选项卡，前者用于在文本框找中创建文字，后者用于在文本框中插入图形。

4. 以横向文本框为例，首先激活【文本工具】选项卡，并向其中添加文字，然后为其添加预设样式、文本填充效果及文本轮廓效果等，如图 2-62 所示。
5. 切换到【绘图工具】选项卡，为其选取一种边框样式，如图 2-63 所示。

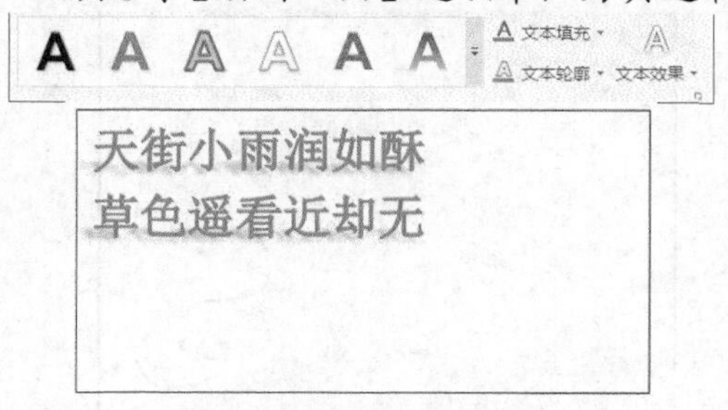

图2-62 为文本设置效果图

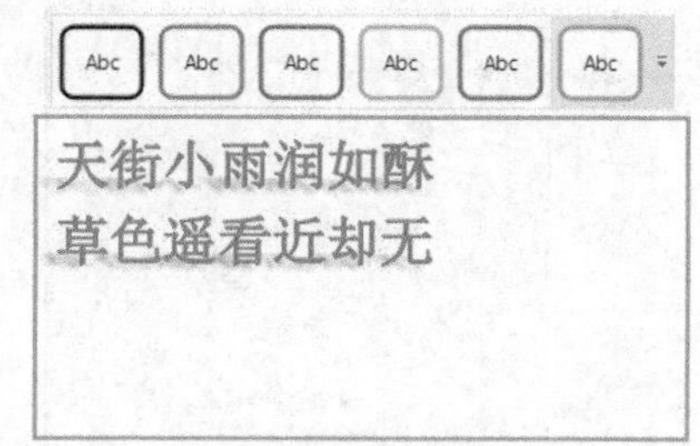

图2-63 为文本设置边框样式

6. 在【文本工具】选项卡中单击（文字方向）按钮，可以将文字在竖排文字与横排文字之间切换，如图 2-64 所示。
7. 在【绘图工具】选项卡中单击【环绕】按钮，弹出下拉列表，从中设置文本框相对于文本的位置，如【四周型环绕】，如图 2-65 所示。

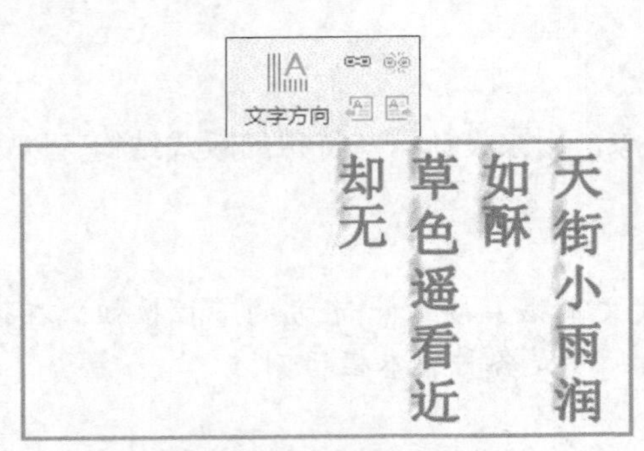

图2-64　设置文本排列方式

此诗作于唐穆宗长庆三年（823年）早春。当时韩愈已经 56 岁，任吏部侍郎。虽然时间不长，但此时心情很好。此前不久，镇州（今河北正定）藩镇叛乱，韩愈奉命前往宣抚，说服叛军，平息了一场叛乱。穆宗非常高兴，把他从兵部侍郎任上调为吏部侍郎。在文学方面，他早已声名大振。同时在复兴儒学的事业中，他也卓有建树。因此，虽然年近花甲，却不因岁月如流而悲伤，而是兴味盎然地迎接春天。此诗是写给当时任水部员外郎的诗人张籍的。张籍在兄弟辈中排行十八，故称“张十八”。大约韩愈约张籍游春，张籍因以事忙年老推辞，韩愈于是作这首诗寄赠，极言早春景色之美，希望触发张籍的游兴。

天街小雨润如酥，
草色遥看近却无。
最是一年春好处，
绝胜烟柳满皇都。

图2-65　设置文本位置

2.1.4　绘制图形

在 WPS 文字 2016 文档中还可以插入多种形状的图形，如各种线条、箭头和流程框图等。

一、　绘制线条

线条是组成图形的最基本要素，主要包括直线、带箭头的直线及曲线 3 种形式。

【操作要点】

1. 在【插入】选项卡的【插图】工具组中单击【形状】按钮，打开下层列表，这里包含了能够插入到文档中的各种图形。
2. 在【线条】区域选取需要的线条类型，此时鼠标光标变为十字形，在文档中的适当位置单击并拖动鼠标左键即可绘制线条，如图 2-66 所示。
3. 单击线条，按住鼠标左键并拖动鼠标光标可以移动线条的位置，按 Delete 键可以删除图形。
4. 将鼠标光标移动到两个端点处，可以按住鼠标左键并拖动鼠标光标调整线条的长度。
5. 使用【线条】区域中的其他线条工具可以绘制其他图形，如图 2-67 所示。

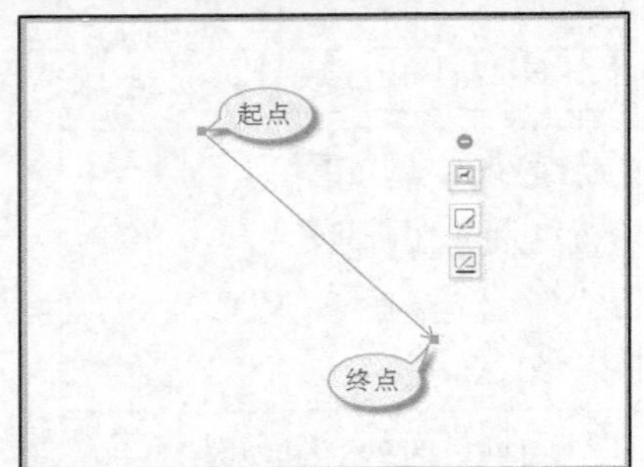

图2-66　绘制线条

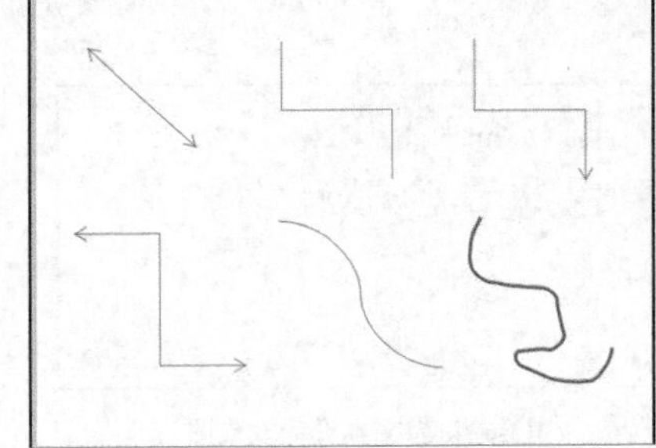

图2-67　绘制其他线条

图 2-67 中最后一个图形为自由曲线，在【线条】区域选中工具后，单击并按住鼠标左键，拖曳鼠标光标即可完成曲线的绘制。

二、　绘制基本图形

在工作表中可以绘制椭圆、矩形、多边形及笑脸等基本图形。

【操作要点】

1. 在【插入】选项卡的【插图】工具组中单击【形状】按钮 ，打开下层列表。
2. 在【基本形状】区域选取需要的形状类型，此时鼠标光标变为十字形，在工作表中的适当位置单击鼠标左键或拖动鼠标光标即可插入选定的图形（如笑脸），如图 2-68 所示。
3. 图中黄的旋转箭头为旋转中心，在该圆圈上按住鼠标左键拖动鼠标光标可旋转图形，拖动图形边框上的控制点可以缩放图形，如图 2-69 所示。

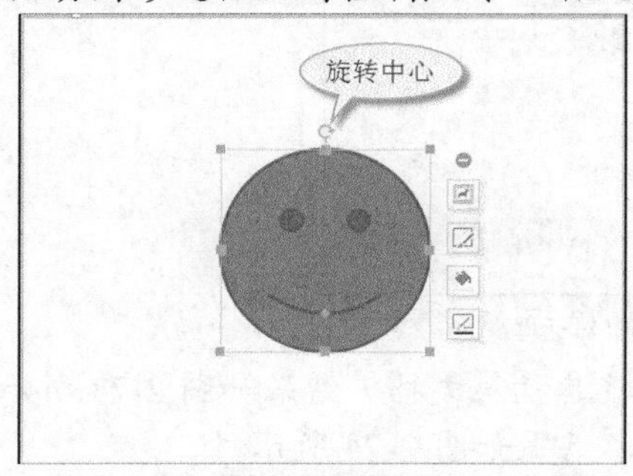

图2-68　插入笑脸

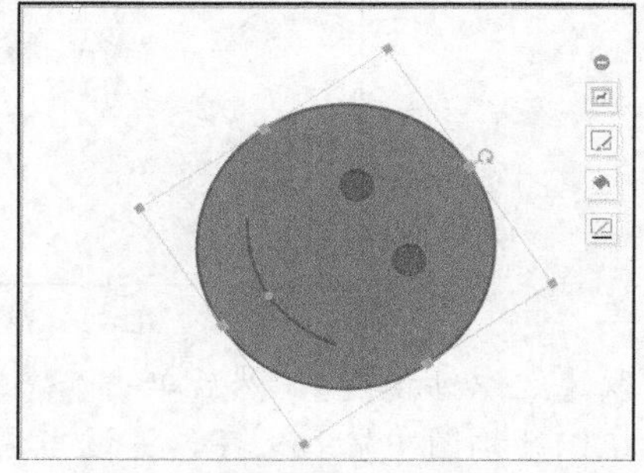
图2-69　旋转并缩放图形

4. 将鼠标光标置于阴影区内，待其形状变为 时，可以移动图形。

要点提示　拖动控制框四角的控制点可以同时在长宽两个方向放大或缩小图形，而拖动控制框中部的控制点只能在长或宽一个方向放大或缩小图形。

5. 在【基本形状】区域单击 按钮，绘制椭圆，若绘制时按住 Shift 键拖动鼠标光标则可以绘制圆，如图 2-70 所示。
6. 在【矩形】区域单击 按钮，绘制矩形，若绘制时按住 Shift 键拖动鼠标光标则可以绘制正方形，如图 2-71 所示。

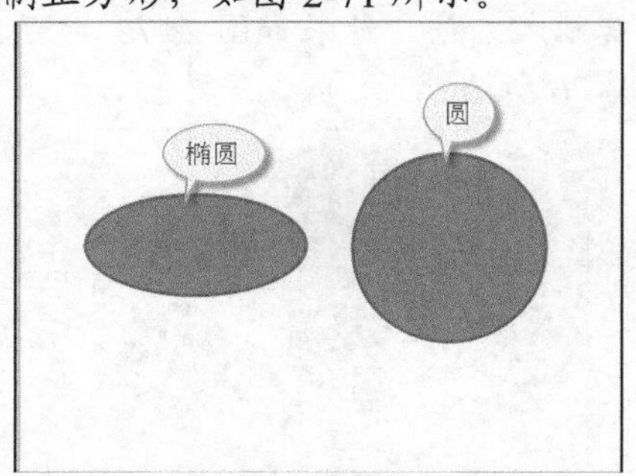

图2-70　绘制圆和椭圆

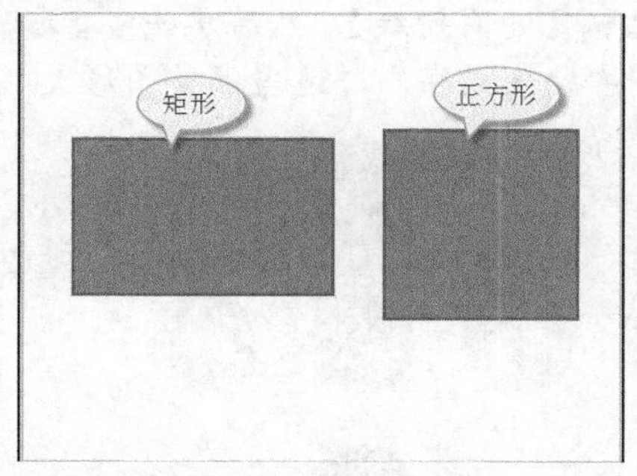

图2-71　绘制矩形和正方形

要点提示　选中图形后，在其上单击鼠标右键，在弹出的快捷菜单中选取【复制】命令，选中图形粘贴位置后单击鼠标右键，在弹出的快捷菜单中选取【粘贴】命令，即可快速完成图形的复制操作。

三、 绘制 SmartArt 图形

SmartArt 图形包括图形列表、流程图及组织结构图等复杂图形。使用 SmartArt 可以直观地显示当前的数据信息。

【操作要点】

1. 在【插入】选项卡的【插图】工具组中单击 SmartArt 按钮，打开【选择 SmartArt 图形】

对话框，如图 2-72 所示。

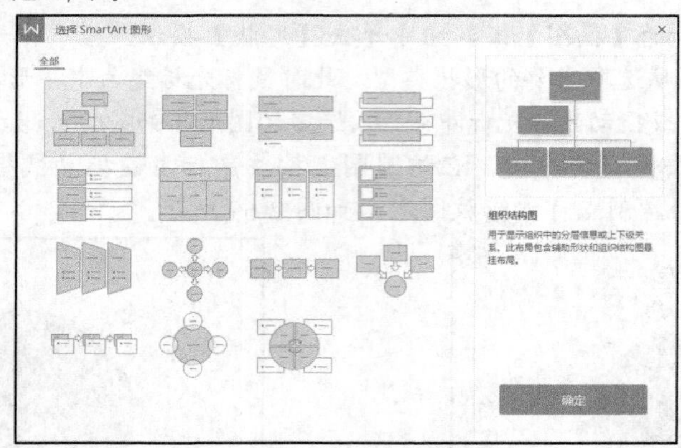

图2-72　【选择 SmartArt 图形】对话框

2. 选取【组织结构图】，然后单击 确定 按钮将其插入文档，结果如图 2-73 所示。
3. 在组织结构图中输入文字，并适当调整图形大小，结果如图 2-74 所示。

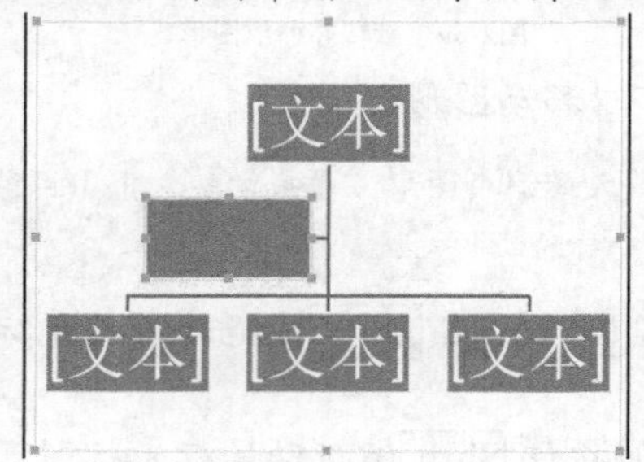

图2-73　组织结构图

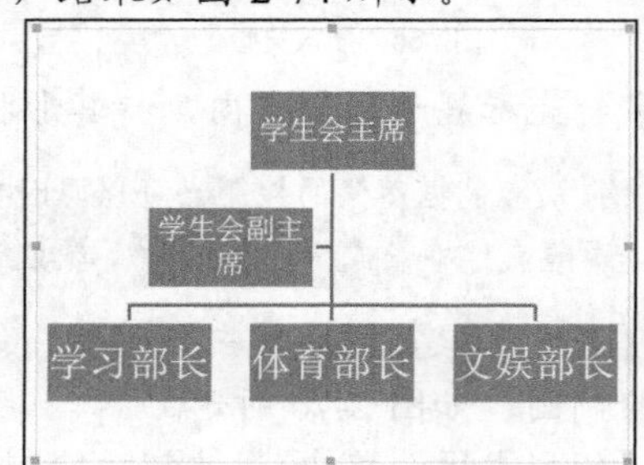

图2-74　输入文字

4. 选取【分离射线】，然后单击 确定 按钮将其插入文档，结果如图 2-75 所示。在图中输入文字，并适当调整图形大小，结果如图 2-76 所示。

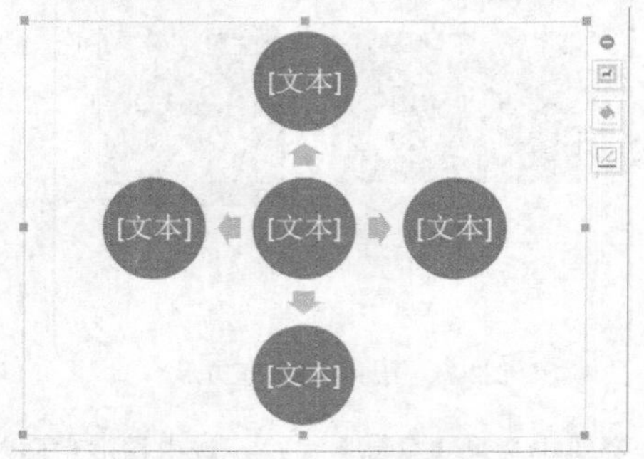

图2-75　分离射线

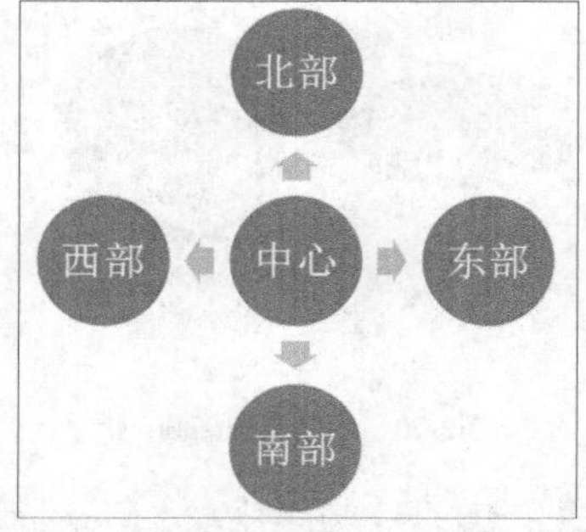

图2-76　输入文字

单击图 2-75 中浮动工具栏中的按钮可以设置 SmartArt 图形与文本之间的位置关系，如【嵌入型】或【文字环绕】形式等。

四、 插入图表

按照以下操作在文档中插入图表。

【操作要点】

1. 在【插入】选项卡的【插图】工具组中单击 (图表)按钮，打开【插入图表】对话框，如图 2-77 所示。

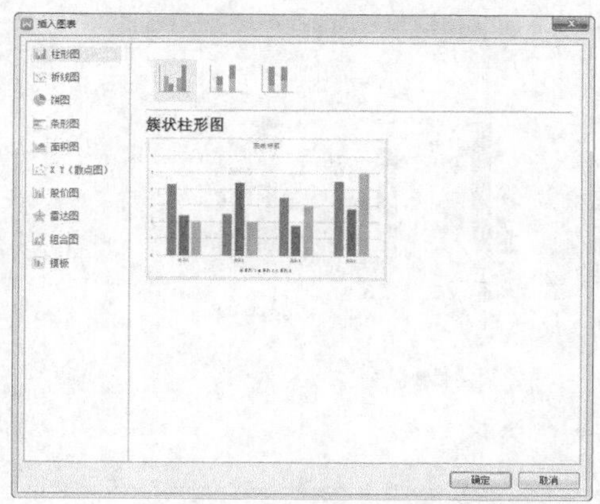

图2-77 【插入图表】对话框

2. 在对话框左侧的列表中选择一种图表类型，例如【柱形图】，然后单击 确定 按钮，在文档中插入柱状图，然后修改表格名称，如图 2-78 所示。
3. 单击右侧浮动工具栏中的 (图表元素)按钮，然后选取在图标中显示的元素，如图 2-79 所示。

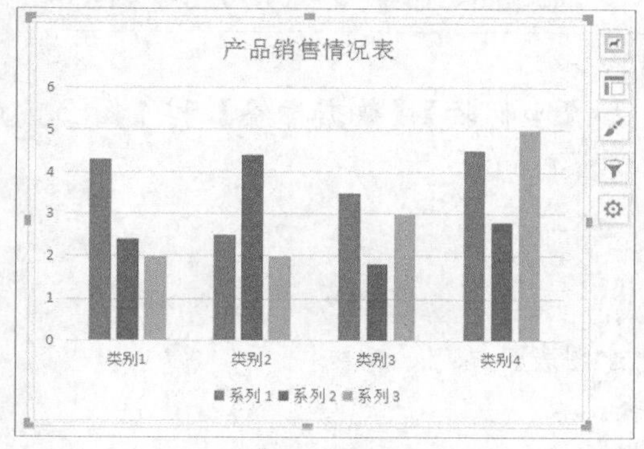

图2-78 柱状图

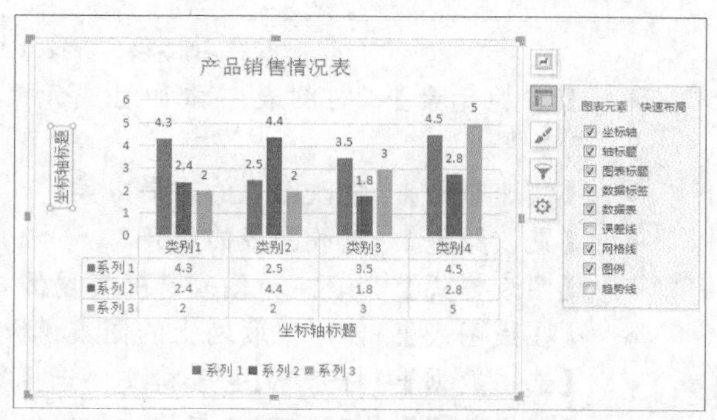

图2-79 选取图表元素

4. 单击右侧浮动工具栏中的 (样式)按钮，为图表设置样式和颜色，如图 2-80 所示。

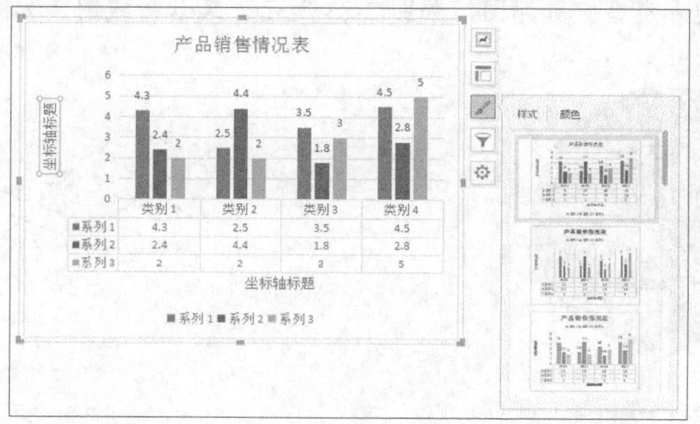

图2-80 设置表格样式和颜色

5. 单击右侧浮动工具栏中的（图表筛选器）按钮，为图表筛选项目数量和内容，如图 2-81 所示。

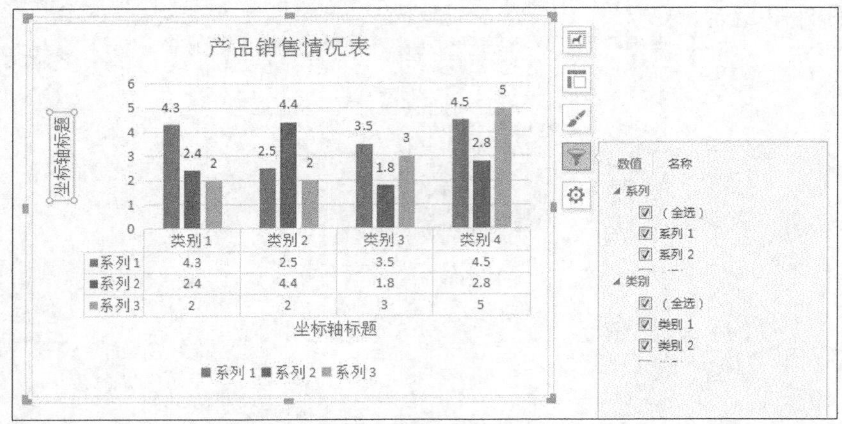

图2-81　筛选项目数量和内容

创建图表后，将增加【图表工具】选项卡，该选项卡提供了丰富的图表设计工具，用于编辑创建的图表，如图 2-82 所示。

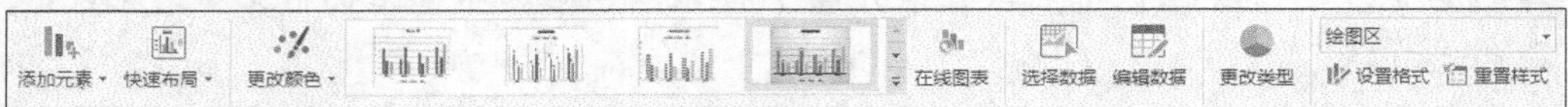

图2-82　【图表工具】选项卡

- 【添加元素】：向图表中添加组成元素，如【坐标轴】【数据标签】和【图例】等。
- 【快速布局】：更改图表的布局方案。
- 【更改颜色】：更改图表的颜色。
- 【图表样式】列表：为图表选择需要的样式。
- 【在线图表】：使用互联网上的图表模板创建图表。
- 【选择数据】：打开 WPS 表格文件选择数据。
- 【编辑数据】：打开 WPS 表格文件编辑数据。
- 【更改类型】：更改图表的类型。

6. 继续选择其他图表类型，如饼图，如图 2-83 所示，又如折线图，如图 2-84 所示。

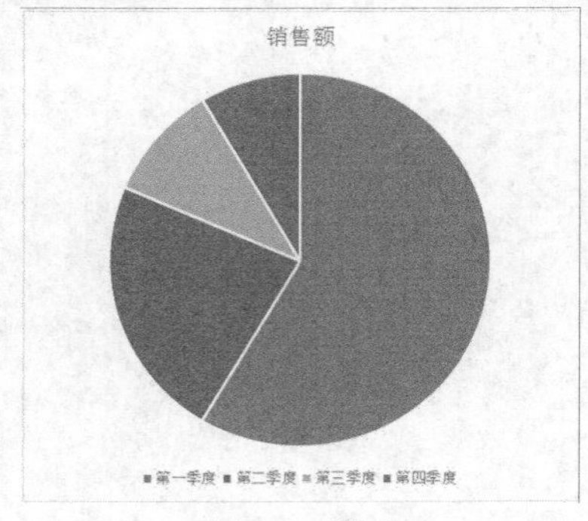

图2-83　饼图

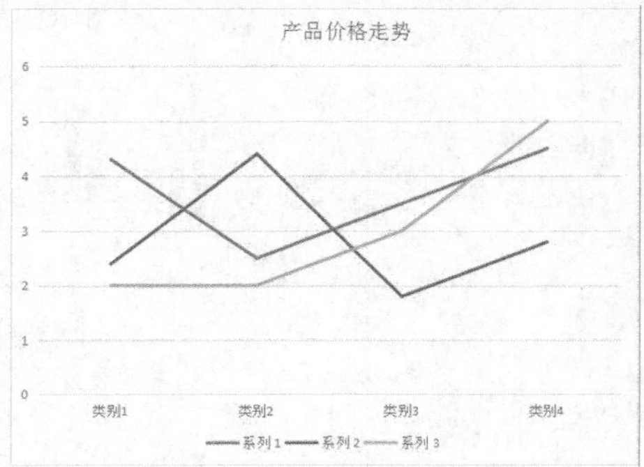

图2-84　折线图

五、 插入艺术字

在文档中用户可以根据需要插入艺术字。

【操作要点】

1. 在【插入】选项卡的【文本】工具组中单击【艺术字】按钮 A，在打开的【艺术字库】列表中选择一种样式，如图 2-85 所示。
2. 根据提示在文档的文本框中键入艺术字内容，如图 2-86 所示，结果如图 2-87 所示。

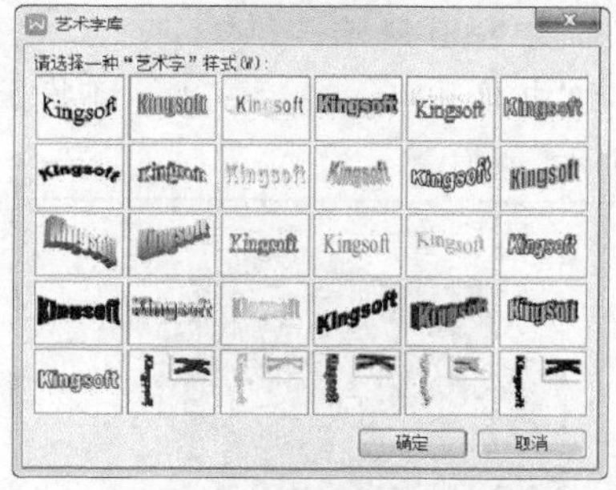

图2-85 选择文字样式

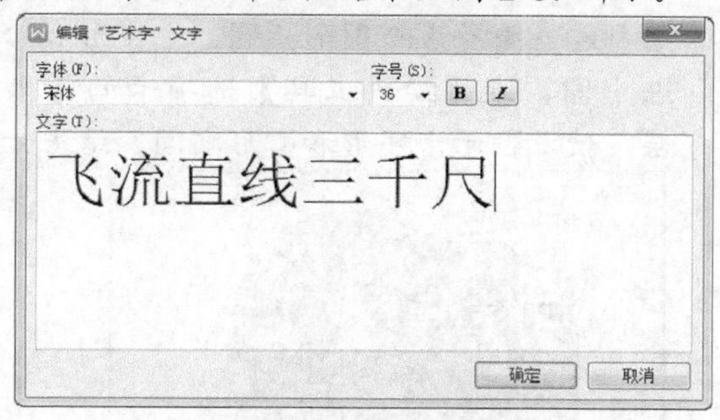

图2-86 插入文字

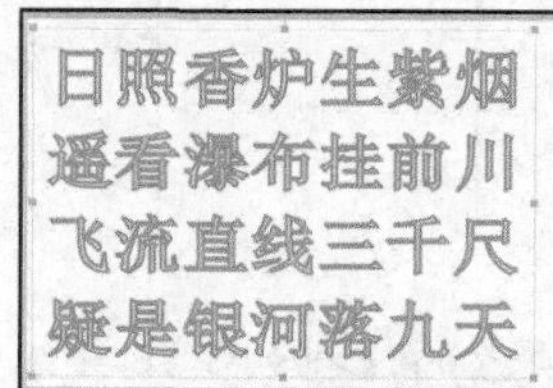

图2-87 最终创建的艺术字

2.1.5 编辑图形

绘制图形后，用户还可以根据设计需要对其进行编辑操作。

一、 选中图形

在对齐图形之前，首先需要选定编辑的图形对象。

【操作要点】

1. 使用【形状】工具创建一组图形，如图 2-88 所示。
2. 单击选择创建的图形，这种方法每次只能选中一个图形。
3. 单击一个图形后按住 Shift 键（或 Ctrl 键），可以选中多个图形，如图 2-89 所示。在工作表的空白处单击鼠标左键，取消选择。

图2-88 创建图形

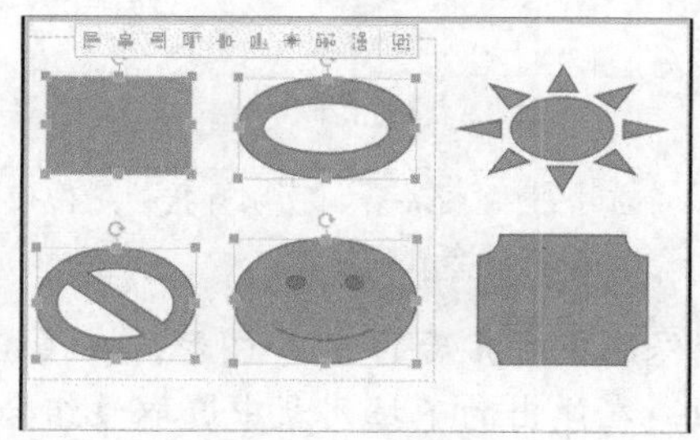

图2-89 选中多个图形

二、 设置图形的叠放顺序、对齐图形和组合图形

在工作表中如果多个图形重叠在一起，图形之间就会彼此覆盖，此时用户可以根据需要设置这些图形的叠放顺序，以决定哪个图形被放置在其他图形的上面。

将图形重叠在一起时，还可以设置图形的对齐方式。经过层叠和对齐的图形，可以通过组合方式将其组合为一个新图形。

【操作要点】

1. 绘制相互重叠 3 个图形：圆、十字形和心形，结果如图 2-90 所示。
2. 选中圆，在【绘图工具】选项卡的【排列】工具组中单击上移一层按钮，将其上移一层，使之位于十字形和心形之间，结果如图 2-91 所示。

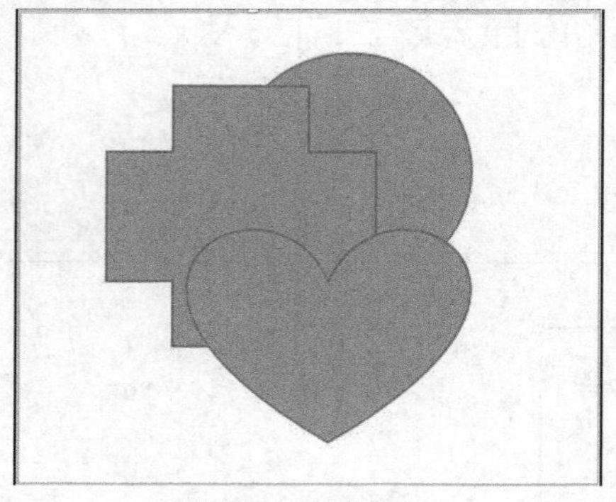

图2-90　创建图形

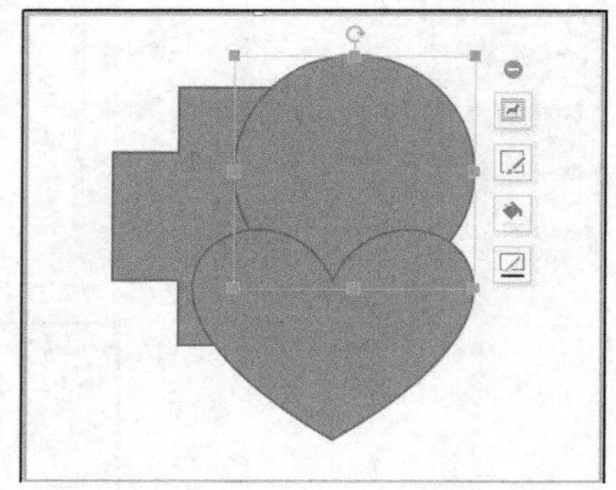

图2-91　将图形上移一层

3. 选中心形，在【绘图工具】选项卡的【排列】工具组中单击下移一层按钮，将其下移一层，使之位于十字形和圆之间，结果如图 2-92 所示。
4. 选中全部图形，在【绘图工具】选项卡的【排列】工具组中单击（对齐）按钮右侧的下拉按钮，打开下拉列表，先选取【水平居中】选项，然后再选取【垂直居中】选项，将 3 个图形在水平和垂直两个方向上均居中对齐，结果如图 2-93 所示。

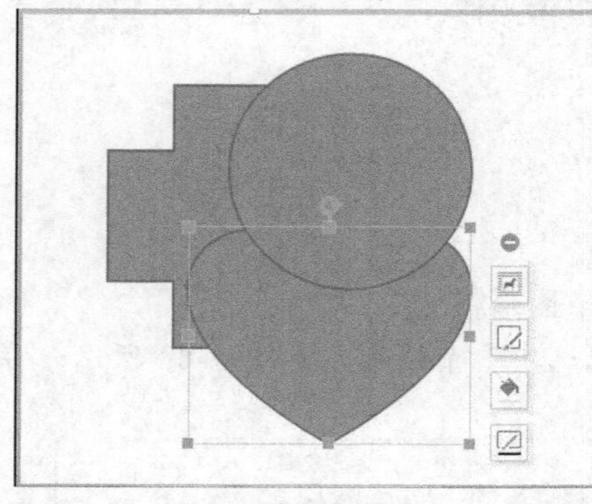

图2-92　将图形下移一层

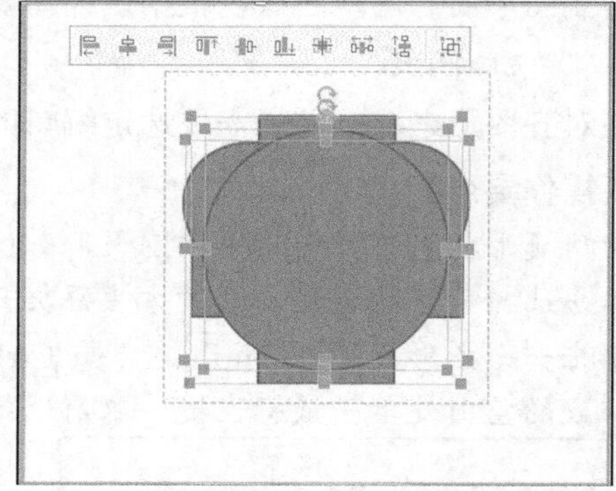

图2-93　对齐图形

选中 3 个图形后，可以直接使用图 2-93 中图形顶部的浮动工具栏实现对齐操作，如左对齐、右对齐及居中对齐等。

5. 确保选中对齐后的 3 个图形，在【绘图工具】选项卡的【排列】工具组中单击组合按钮，在弹出的下拉列表中选取【组合】选项，将 3 个图形组合为一个单一图形，结果如图 2-94 所示。

6. 组合后的图形为一整体，可以进行整体移动、旋转和缩放等操作，如图 2-95 所示。

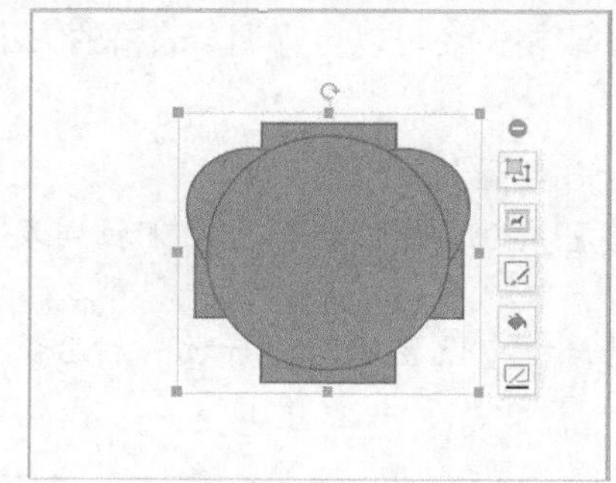

图2-94 组合后的图形

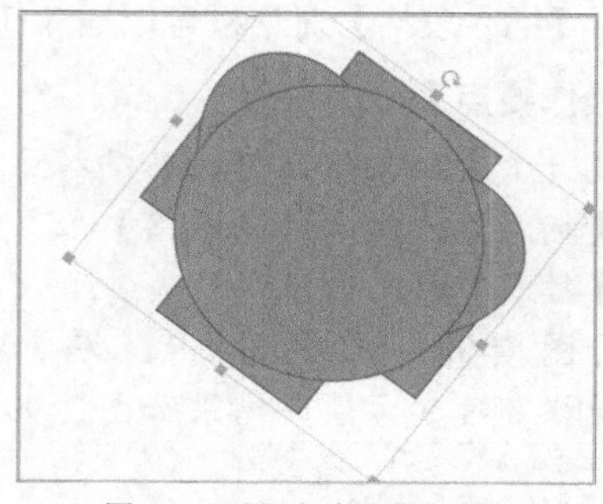

图2-95 对组合结果进行旋转

7. 在【绘图工具】选项卡的【排列】工具组中单击 组合 按钮，在弹出的下拉列表中选取【取消组合】选项，将图形解散为 3 个独立图形。

2.2 在文档中插入表格

表格是办公文档中的常用对象，主要用于显示各种数据信息。相对于文字叙述，使用表格能够更加清晰直观地表达主题，使文档更易于理解。

2.2.1 插入表格

使用表格可以将数据以列表方式直观表达出来，并且方便了用户对数据进行对比、查询和管理。

一、 快速插入表格

使用这种方法可以快速插入 8 行 10 列以内的表格。插入的表格会自动根据页面调整宽度，并根据当前字号调整高度。

【操作要点】

1. 新建一个空白文档，将文本插入点定位在首行的行首位置。
2. 在【插入】选项卡的【表格】工具组中单击【表格】按钮 ，在弹出的下拉列表中将鼠标光标移动到上部表格框第 6 行第 9 列处，如图 2-96 所示。
3. 单击鼠标左键，即可在文档中创建指定行列数的表格，其上有 4 个快捷调节按钮，如图 2-97 所示。

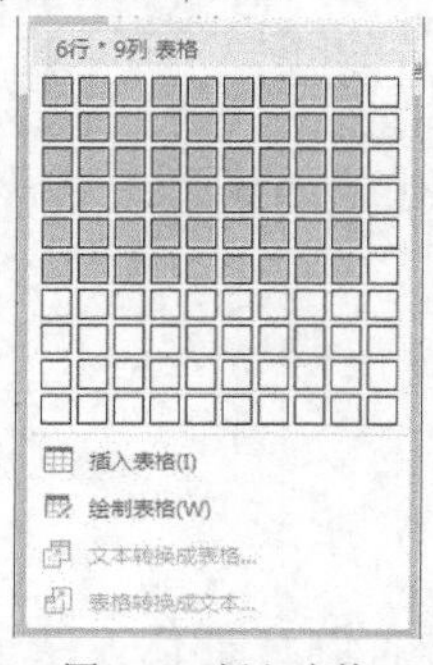

图2-96 插入表格

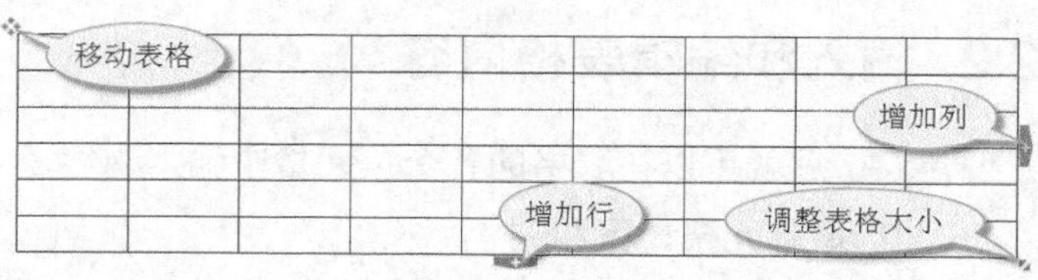

图2-97 创建的表格

二、 插入任意行列的表格

使用【插入表格】对话框可以插入任意行数与列数的表格，还可以自行调节表格的大小。

【操作要点】

1. 新建一个空白文档，将文本插入点定位在首行的行首位置。
2. 在【插入】选项卡的【表格】工具组中单击【表格】按钮 ，在弹出的下拉列表中选中【插入表格】选项。
3. 打开图 2-98 所示的【插入表格】对话框，在该对话框中设置列数与行数，然后设置调整表格宽度的方法，结果如图 2-99 所示。

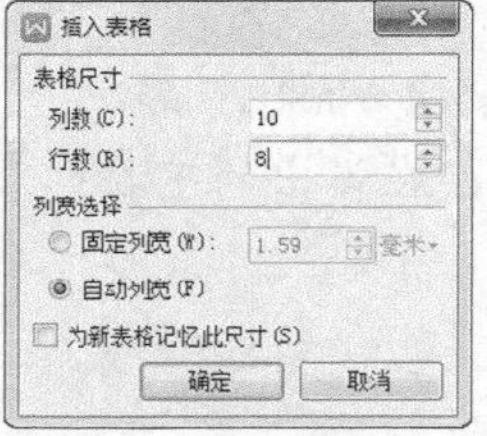

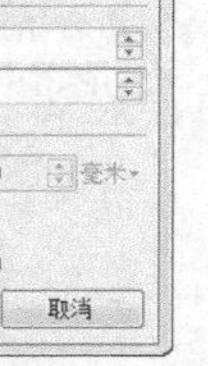

图2-98　设置表格参数

图2-99　创建的表格

在图 2-98 中选中【固定列宽】单选项，可在后面的数值框中精确设置列宽；选中【自动列宽】选项，系统可以根据文字窗口的宽度确定列宽；选中【为新表格记忆此尺寸】选项，可以根据当前设置，在下次创建表格式时默认使用该设置。

三、 动态绘制表格

使用动态绘制表格的方法可以根据需要临时确定表格的参数，简便快捷。

【操作要点】

1. 新建一个空白文档。
2. 在【插入】选项卡的【表格】工具组中单击【表格】按钮 ，在弹出的下拉列表中选中【绘制表格】选项。
3. 按下鼠标左键并拖动鼠标指针绘制表格，表格右下角将显示当前的行数和列数，如图 2-100 所示。在适当位置释放鼠标左键，完成表格的绘制，结果如图 2-101 所示。

图2-100　绘制表格

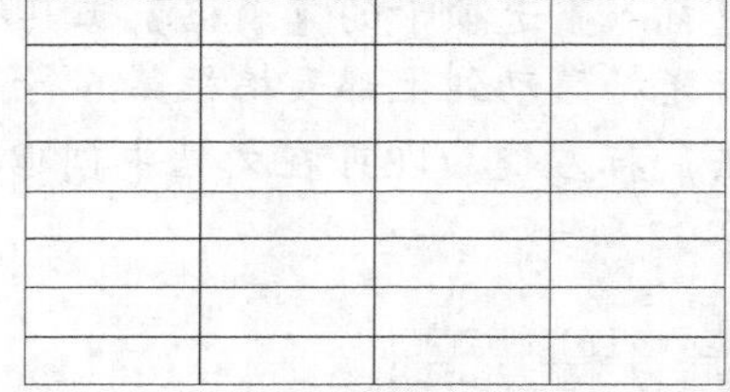

图2-101　创建的表格

2.2.2 输入和编辑表格内容

创建表格后就可以在表格的各个单元格中输入内容了。

一、 选择单元格、行和列

在对表格进行操作前，应先根据需要选中单元格、行和列等表格对象，具体方法如下。

1. 将鼠标光标移动到单元格左端线上，待其形状变为时单击鼠标左键即可选中该单元格，如图 2-102 所示。
2. 使用键盘上的方向键可以选中当前单元格上方、下方、左方和右方的单元格。
3. 将鼠标光标移动到行的左侧，当其形状变为时单击鼠标左键即可选中整行，如图 2-103 所示。如果按住鼠标左键并向下拖动鼠标光标，可以选中多行。

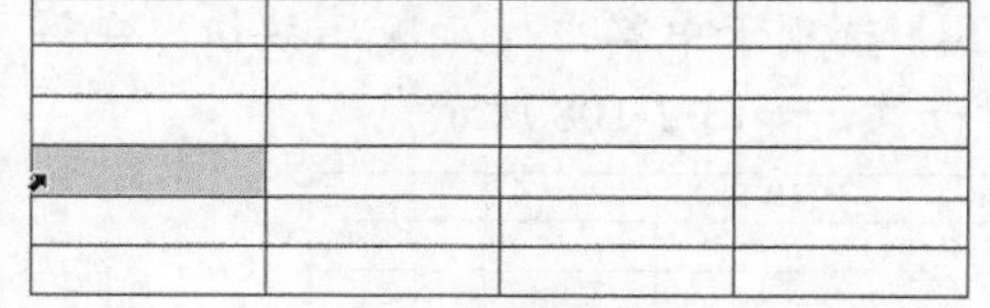

图2-102　选中单元格

图2-103　选中整行

4. 将鼠标光标移动到列的上侧，当其形状变为时单击鼠标左键即可选中整列，如图 2-104 所示。如果按住鼠标左键并向右拖动鼠标光标，可以选中多列。
5. 按住 Alt 键在表格中的任意单元格中单击即可选中整个表格；将鼠标光标移动到表格的任意位置，左上角将显示一个图标，单击该图标也可选中整个表格，如图 2-105 所示。

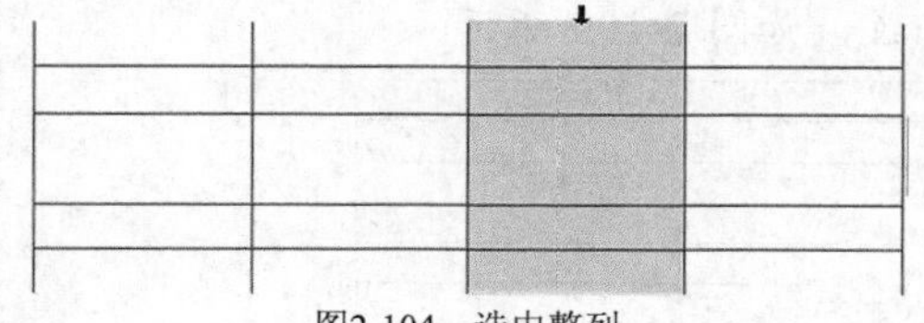

图2-104　选中整列

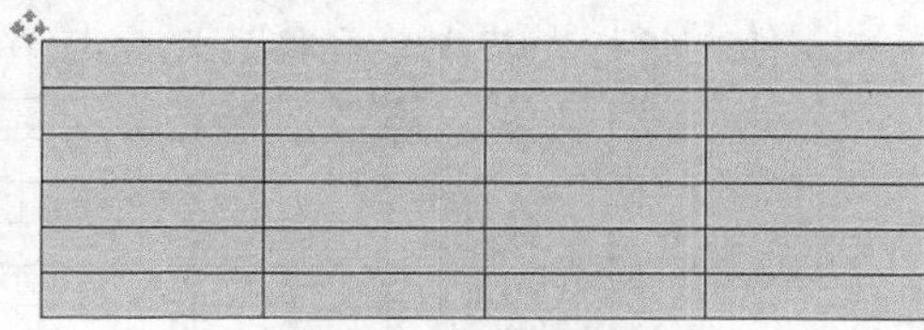

图2-105　选中整个表格

二、　在表格中输入内容

将鼠标光标移动到单元格中，当其变为“I”形时，单击选中单元格，然后在其中输入数据即可，如图 2-106 所示。

项目名称	视频编辑	完成时间	5.26
序号	任务描述（填写具体内容及数量）	完成人	完成质量
1	第一单元	张三	优
2	第二单元	李四	良
3	第三单元	王五	优
4	第四单元	赵六	良
5	第五单元	刘七	良
审核	王明	是否验收	是

图2-106　在表格中输入内容

三、　插入行和列

选中表格后，【表格工具】选项卡被激活，用户可以根据需要随时插入行、列或单元格，还可以根据需要删除不用的行、列或单元格。

【操作要点】

1. 打开素材文件“素材\第 2 章\案例 3.wps”，如图 2-107 所示。

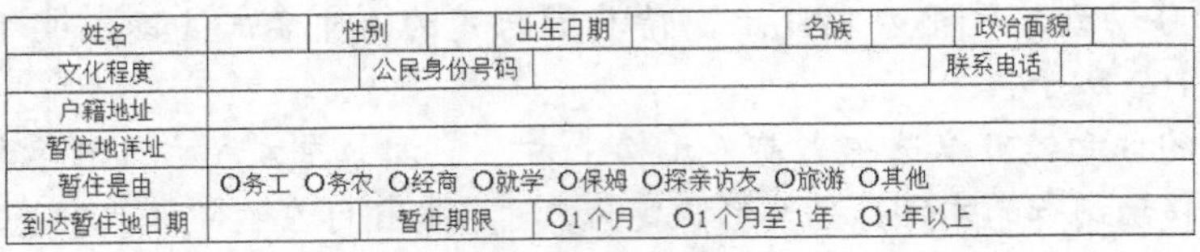

姓名		性别		出生日期		名族		政治面貌	
文化程度		公民身份号码						联系电话	
户籍地址									
暂住地详址									
暂住是由	O务工 O务农 O经商 O就学 O保姆 O探亲访友 O旅游 O其他								
到达暂住地日期		暂住期限	O1 个月	O1 个月至 1 年	O1 年以上				

图2-107　打开的表格

2. 在表格第 2 行选中任意单元格，在【表格工具】选项卡中单击 在上方插入行 按钮，在第 2 行上方插入新行，其中单元格的划分与第 2 行一致，如图 2-108 所示。

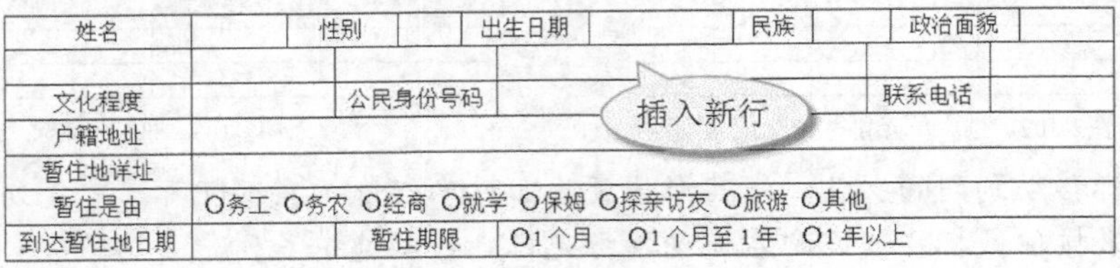

姓名		性别		出生日期		民族		政治面貌	
文化程度		公民身份号码						联系电话	
户籍地址									
暂住地详址									
暂住是由	O务工 O务农 O经商 O就学 O保姆 O探亲访友 O旅游 O其他								
到达暂住地日期		暂住期限	O1 个月	O1 个月至 1 年	O1 年以上				

图2-108　在上方插入新行

3. 选中第 4 行中的任意单元格，在【表格工具】选项卡中单击 在下方插入行 按钮，在第 4 行下方插入新行，其中单元格的划分与第 4 行一致，如图 2-109 所示。

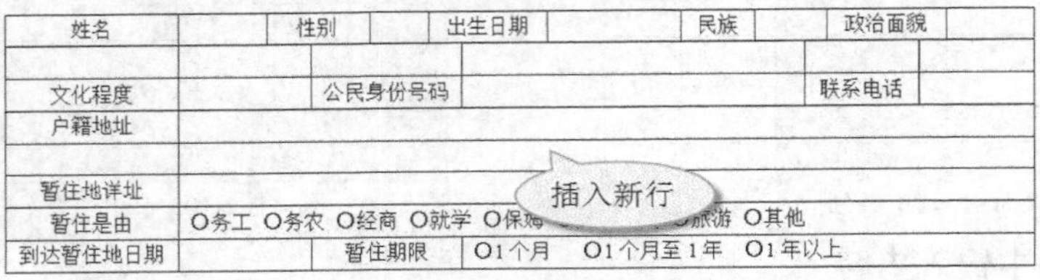

姓名		性别		出生日期		民族		政治面貌	
文化程度		公民身份号码						联系电话	
户籍地址									
暂住地详址									
暂住是由	O务工 O务农 O经商 O就学 O保姆 O探亲访友 O旅游 O其他								
到达暂住地日期		暂住期限	O1 个月	O1 个月至 1 年	O1 年以上				

图2-109　在下方插入新行

4. 选中第 1 列中的任意单元格，在【表格工具】选项卡中单击 在左侧插入列 按钮，在第 1 列左侧插入新列，其中单元格的划分与第 1 列一致，如图 2-110 所示。

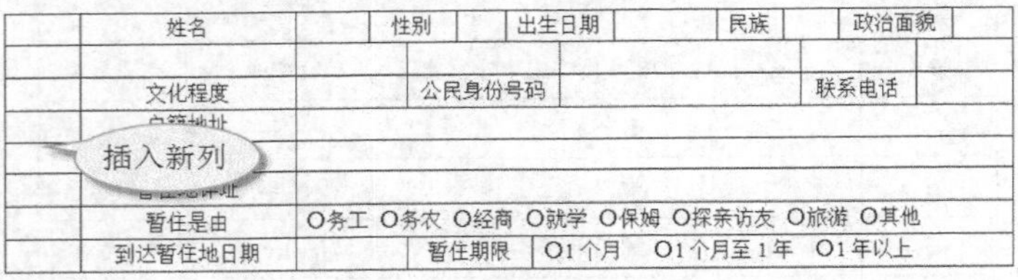

	姓名		性别		出生日期		民族		政治面貌	
	文化程度		公民身份号码						联系电话	
	户籍地址									
	暂住地详址									
	暂住是由	O务工 O务农 O经商 O就学 O保姆 O探亲访友 O旅游 O其他								
	到达暂住地日期		暂住期限	O1 个月	O1 个月至 1 年	O1 年以上				

图2-110　在左侧插入新列

5. 选中第 1 列中的任意单元格，在【表格工具】选项卡中单击 在右侧插入列 按钮，在第 1 列右侧插入新列，其中单元格的划分与第 1 列一致，如图 2-111 所示。

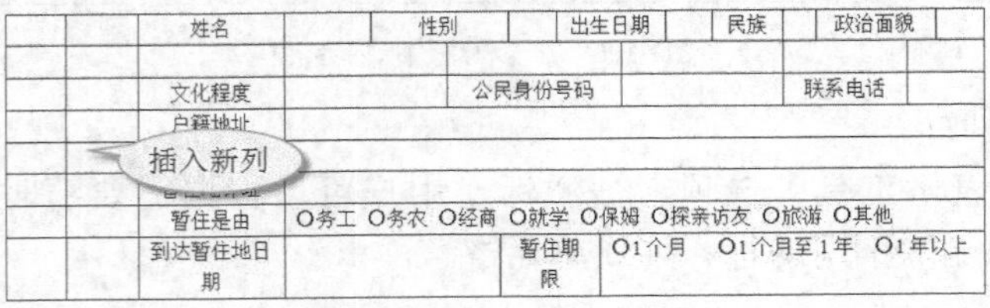

		姓名		性别		出生日期		民族		政治面貌	
		文化程度		公民身份号码						联系电话	
		户籍地址									
		暂住地详址									
		暂住是由	O务工 O务农 O经商 O就学 O保姆 O探亲访友 O旅游 O其他								
		到达暂住地日期		暂住期限	O1 个月	O1 个月至 1 年	O1 年以上				

图2-111　在右侧插入新列

四、　调整行高和列宽

调整行高和列宽的方法主要有以下几种。

(1) 使用鼠标光标拖动。

将鼠标光标移动到任意相邻两行（列）的分界线上，其形状变为“÷”或“◂||▸”时，按住鼠标左键并拖动鼠标光标，即可调整行高和列宽，如图 2-112 和图 2-113 所示。

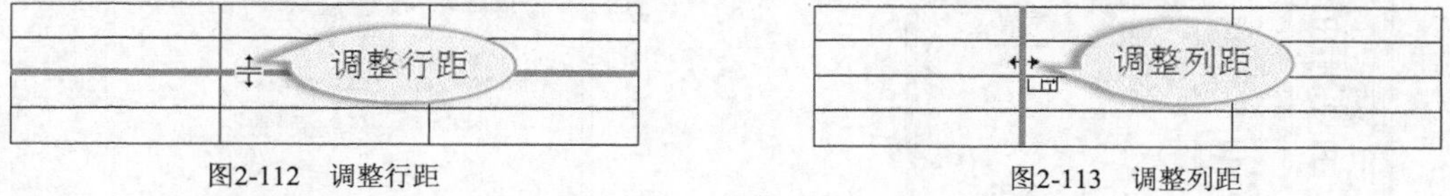

图2-112 调整行距

图2-113 调整列距

(2) 使用【表格属性】工具。

在【表格工具】选项卡中单击 （自动调整）按钮，可以使用以下 3 种方式调整表格格式。

- 适应窗口大小：将表格宽度调整到与页面窗口等大，如图 2-114 所示。
- 平均分布各行：使表格各行行距相等，如图 2-115 所示。
- 平均分布各列：使表格各列列距相等，如图 2-116 所示。

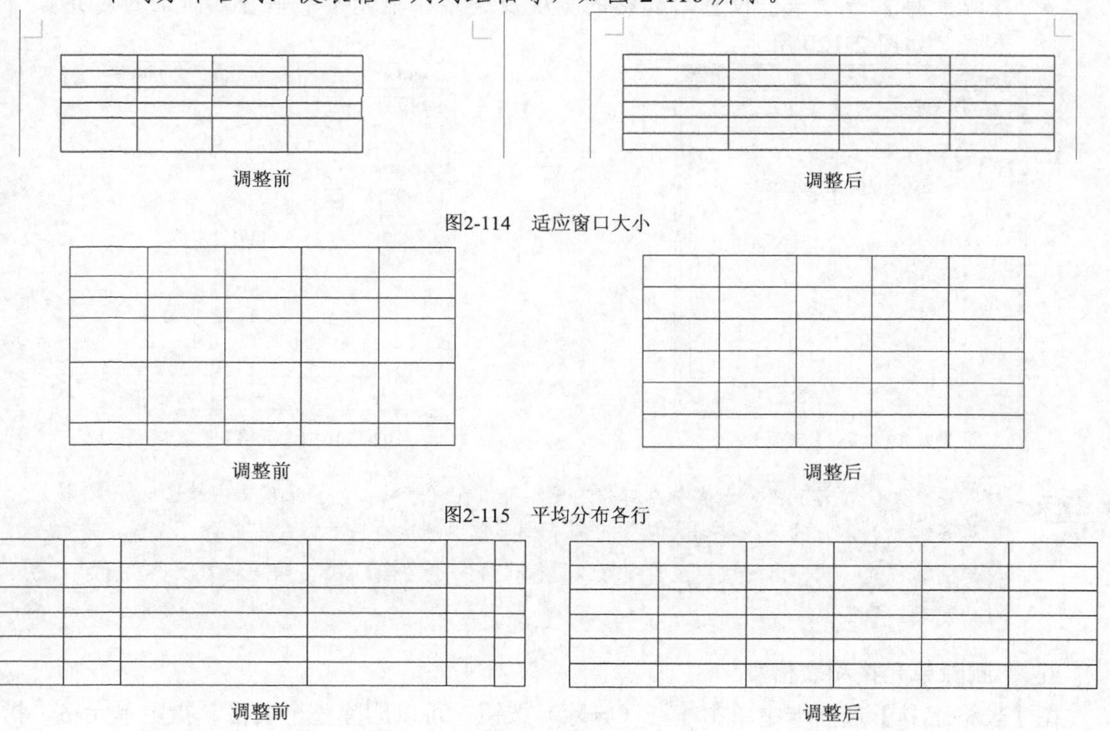

图2-114 适应窗口大小

调整前

调整后

图2-115 平均分布各行

调整前

调整后

图2-116 平均分布各列

单击 （自动调整）按钮右下角的 按钮，弹出【表格属性】对话框，利用该对话框可以设置表格的详细参数。

- 【表格】选项卡：用来设置表格的宽度、表格与文字的对齐方式及文字环绕方式，如图 2-117 所示。
- 【行】选项卡：单击 上一行(P) 和 下一行(N) 按钮可以为每一行设置高度值，如图 2-118 所示。

图2-117　【表格】选项卡

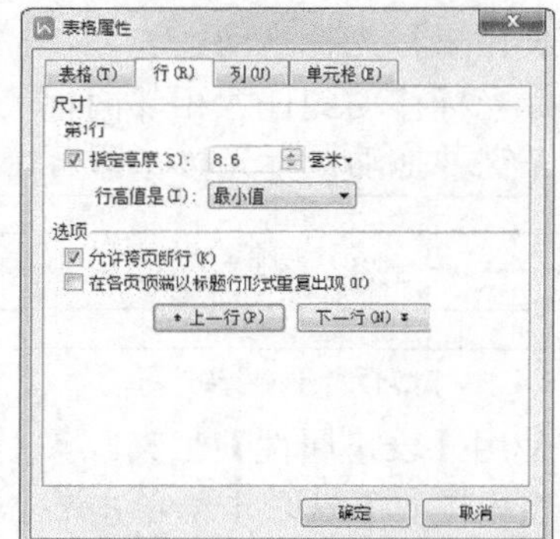

图2-118　【行】选项卡

- 【列】选项卡：单击 前一列(P) 和 后一列(N) 按钮可以为每一列设置宽度值，如图 2-119 所示。
- 【单元格】选项卡：设置单元格的宽度及文字在单元格中垂直方向上的对齐方式，如图 2-120 所示。

图2-119　【列】选项卡

图2-120　【单元格】选项卡

如果要全面设置文字在单元格中的对齐方式，可以在【表格工具】选项卡中单击 按钮（对齐方式）下方的下拉按钮，从弹出的下拉菜单中选取合适的方式。此外，在选定表格上单击鼠标右键，从弹出的快捷菜单中可以进行【合并单元格】【拆分单元格】及设置【单元格对齐方式】等各项操作。

五、　删除单元格和表格

在【表格工具】选项卡中单击 （删除）按钮，可以删除整个表格、指定单元格、指定行或指定列。

(1)　删除单元格。

按照图 2-121 所示选定单元格后，单击 （删除）按钮，在其下拉列表中选取【单元格】选项，弹出【删除单元格】对话框，如图 2-122 所示。

- 【右侧单元格左移】：删除选定单元格，并将右侧所有单元格左移一格，如图 2-123 所示。
- 【下方单元格上移】：删除选定单元格，并将下方所有单元格上移一格，如图 2-124 所示。

- 【删除整行】：删除选定单元格所在的整行。
- 【删除整列】：删除选定单元格所在的整列。

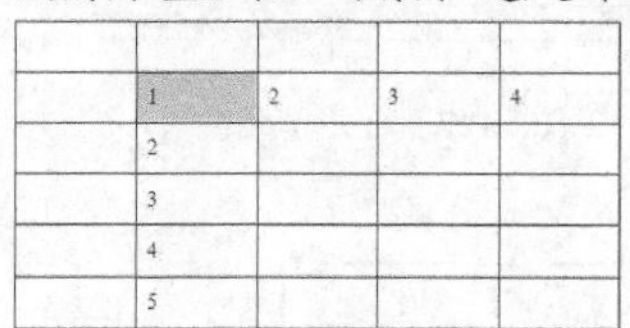
图2-121　选中单元格

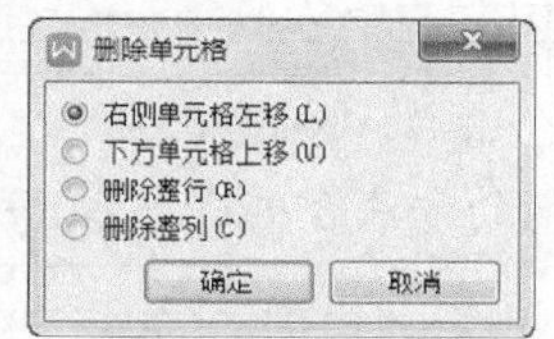

图2-122　【删除单元格】对话框

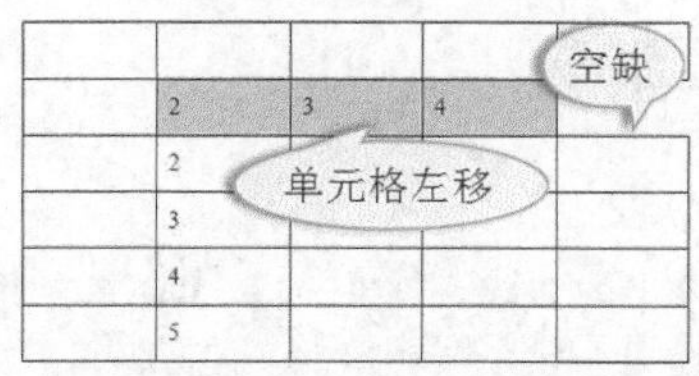

图2-123　右侧单元格左移

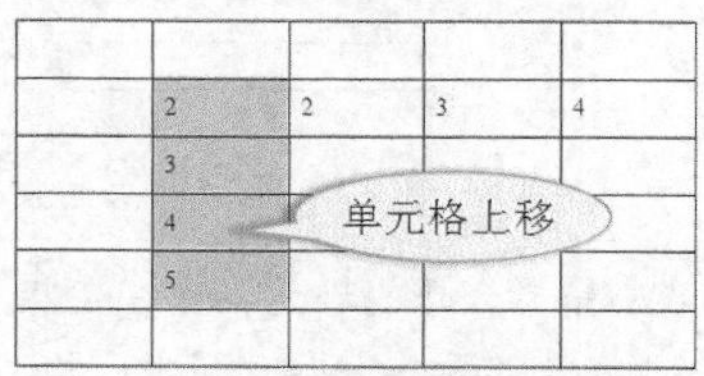

图2-124　下方单元格上移

(2)　删除整列。

选定单元格后，单击 （删除）按钮，在其下拉列表中选取【列】选项，可以删除该单元格所在的整列。

(3)　删除整行。

选定单元格后，单击 （删除）按钮，在其下拉列表中选取【行】选项，可以删除该单元格所在的整行。

(4)　删除表格。

选定单元格、某一行或某一列后，单击 （删除）按钮，在其下拉列表中选取【表格】选项，可以删除该单元格、行或列所在的整个表格。

要点提示　在选定单元格上单击鼠标右键，在弹出的快捷菜单中选择【删除单元格】命令，利用打开的【删除单元格】对话框执行删除操作。

六、　合并与拆分单元格

合并单元格可将多个单元格合并为一个单元格，原单元格中的数据将同时显示在合并后的单元格中；拆分单元格是合并单元格的逆操作，可将一个或多个相邻单元格拆分为两个以上的单元格。

【操作要点】

1. 在【插入】选项卡的【表格】工具组中单击【表格】按钮 ，在弹出的下拉列表中选中【插入表格】选项。
2. 在【插入表格】对话框中设置行数和列数为 6 行 8 列，创建的表格如图 2-125 所示。

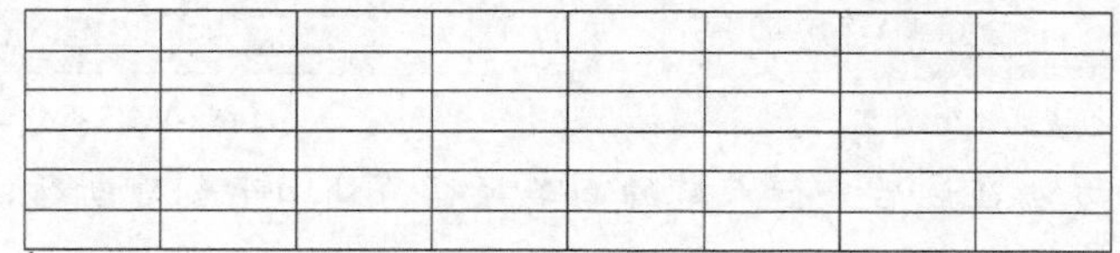
图2-125　插入的表格

3. 选中最后两列单元格，如图 2-126 所示，然后在【表格工具】选项卡中单击【合并单元格】按钮 ，结果如图 2-127 所示。

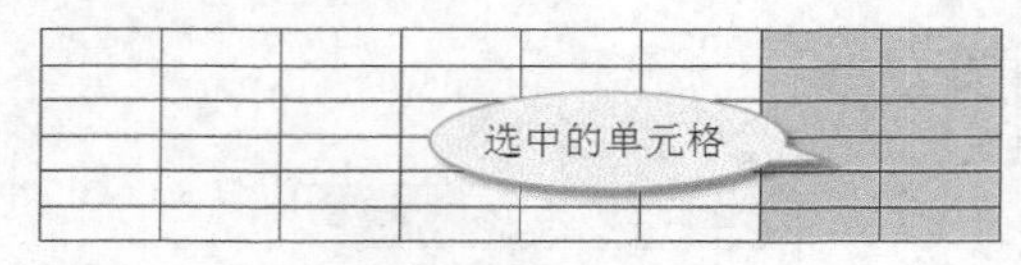

图2-126　选中的单元格

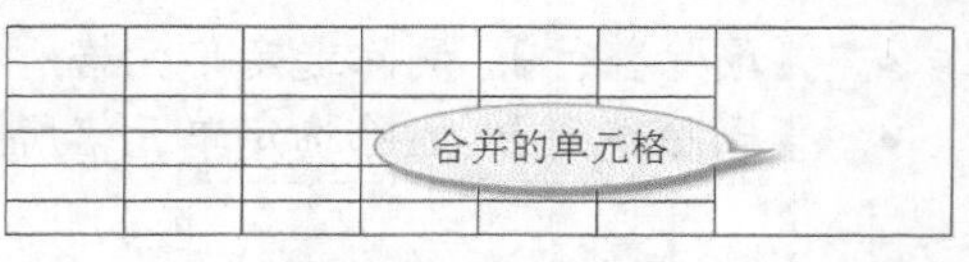

图2-127　合并单元格（1）

4. 使用类似的方法合并图 2-128 所示的 3 处单元格。

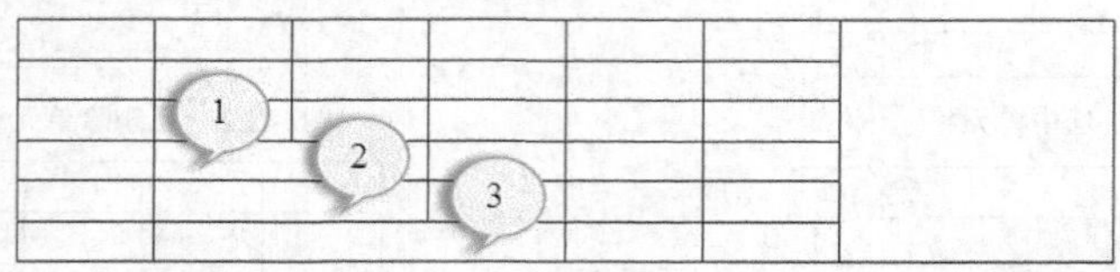

图2-128　合并单元格（2）

选中需要合并的单元格后，在其上单击鼠标右键，在弹出的快捷菜单中选取【合并单元格】命令，可以快速合并单元格。

5. 在表格最后一行回车换行符处单击鼠标左键，将鼠标光标定位在此处，如图 2-129 所示，然后回车创建新行。使用同样的方法再创建一行，结果如图 2-130 所示。

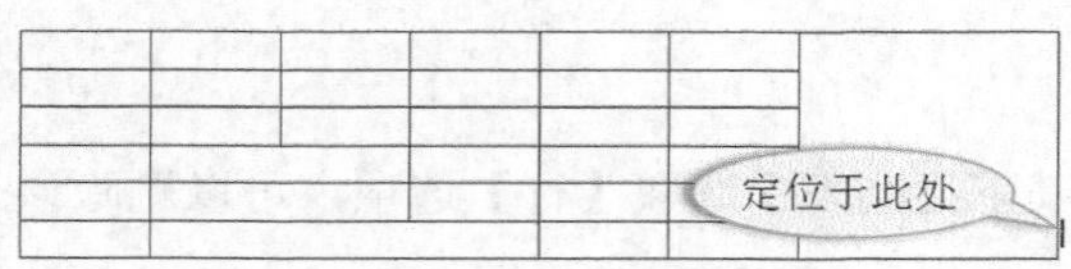

图2-129　定位鼠标光标

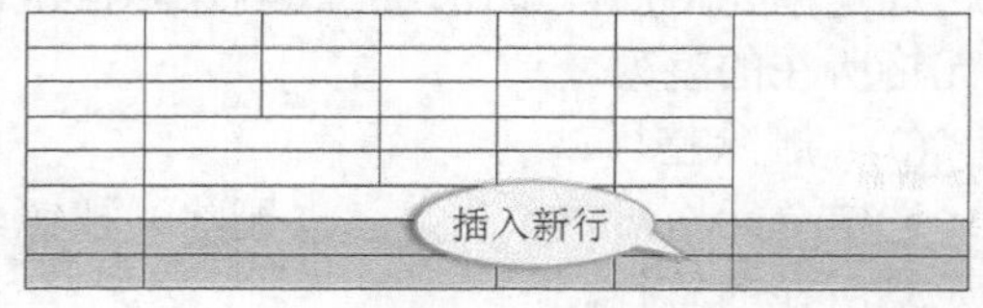

图2-130　插入新行

6. 选中第一列中的任意单元格，在其上单击鼠标右键，在弹出的快捷菜单中选择【插入】/【列（在左侧）】命令，插入新列，然后将插入的列合并为一个单元格，结果如图 2-131 所示。

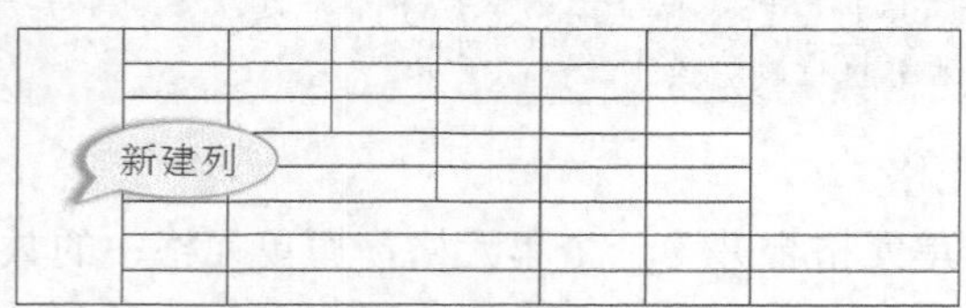

图2-131　创建新列

7. 选中下方两行的单元格，然后在【表格工具】选项卡的【合并】工具组中单击 拆分单元格 按钮，按照图 2-132 所示设置参数，拆分结果如图 2-133 所示。

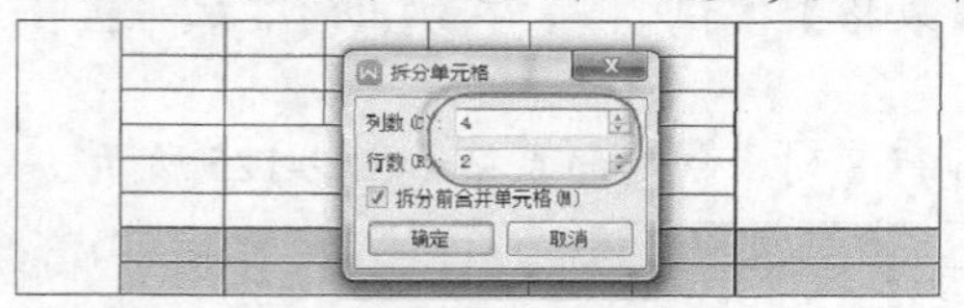

图2-132　设置拆分参数

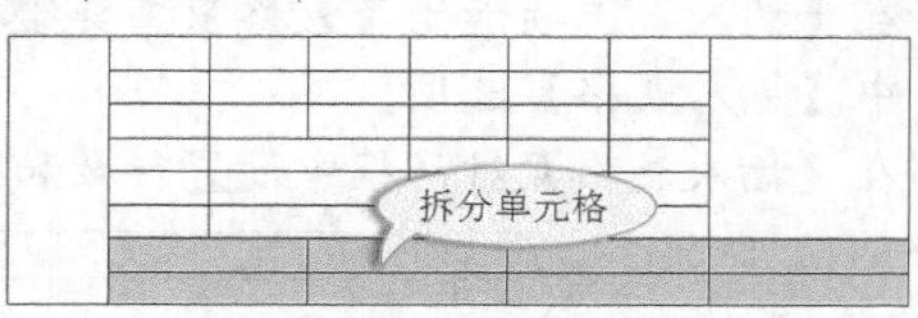

图2-133　拆分单元格

8. 按照前面介绍的方法在最后一行末尾的回车换行符处回车创建新行，一共创建 4 行，结果如图 2-134 所示。

9. 合并左侧下部单元格，结果如图 2-135 所示。

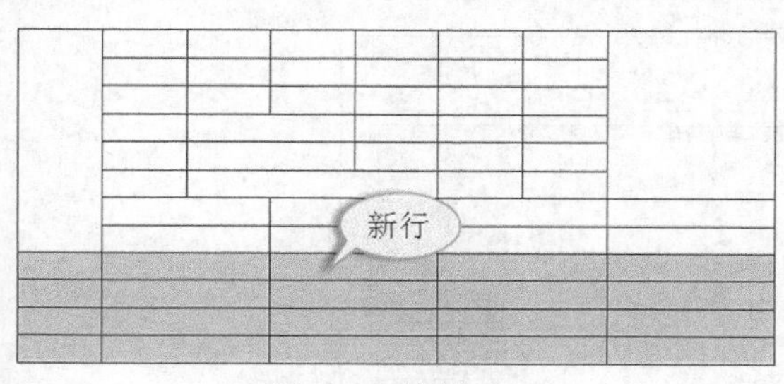

图2-134　创建新行

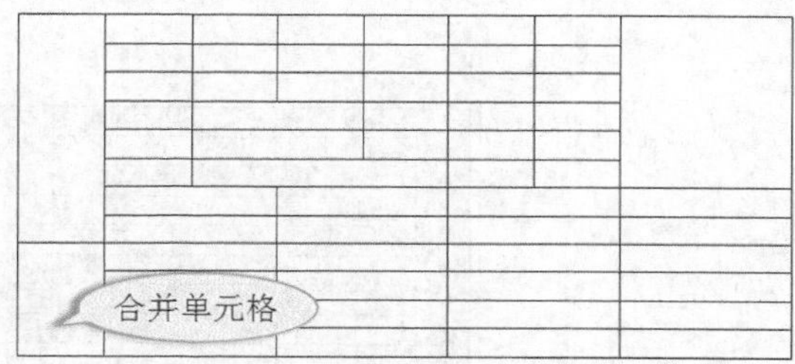

图2-135　合并单元格

10. 将图 2-136 所示区域拆分为 7 行 4 列，结果如图 2-137 所示。

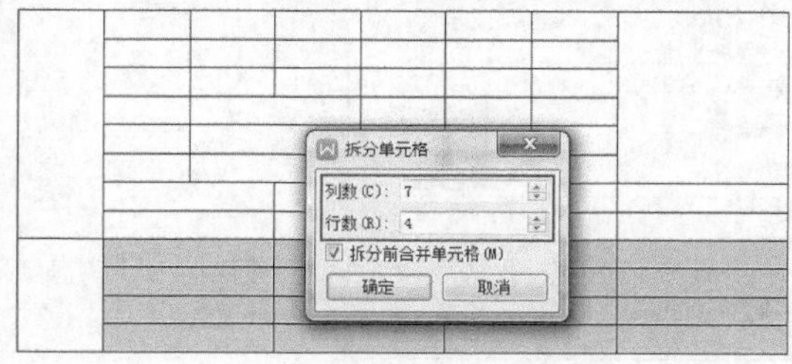

图2-136　拆分单元格

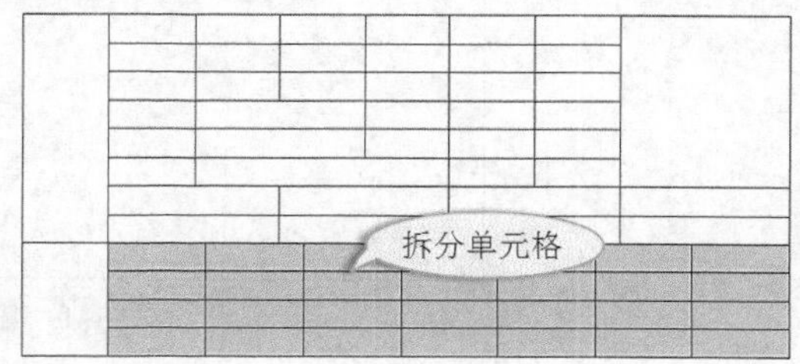

图2-137　拆分结果

11. 将鼠标指针置于表格最左侧边线处，如图 2-138 所示，待指针形状变为双向箭头时，按下鼠标左键拖动边线，调整第 1 列的列宽，如图 2-139 所示。至此表格的设计全部完成。

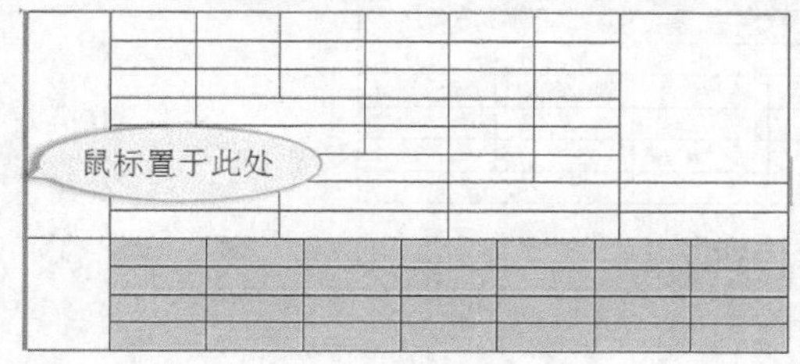

图2-138　调整列宽

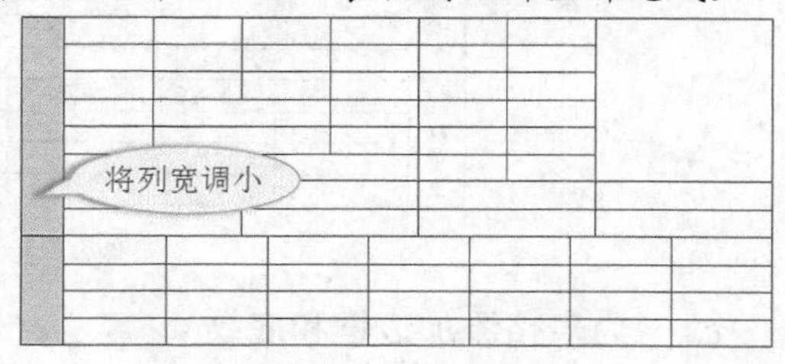

图2-139　调整列宽

12. 在表格中输入文本，如图 2-140 所示。

基本情况	姓名		出生年月		婚姻状况		照片
	性别		年龄		健康状况		
	政治面貌		民族		身高		
	身份证号				体重		
	籍贯	省　市　县(区)			视力		
	户籍				听力		
	特长 1		特长 2		特长 3		特长 4
教育背景	毕业学校	导师姓名	学历	学位	入学年月	毕业时间	是否全日制

图2-140　填写表格

13. 选中整个表格，在其上单击鼠标右键，在快捷菜单中选取【单元格对齐方式】命令，在下拉列表中单击【水平居中】按钮，如图 2-141 所示，结果如图 2-142 所示。

14. 保存文档，供后续实例使用。

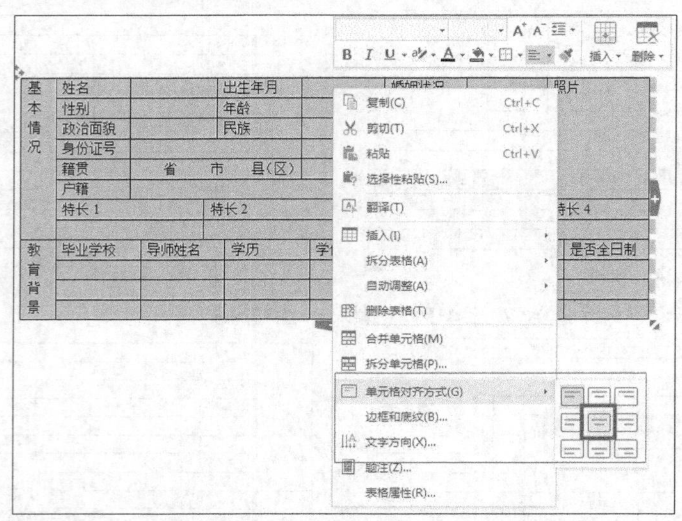

图2-141　调整文字对齐方式

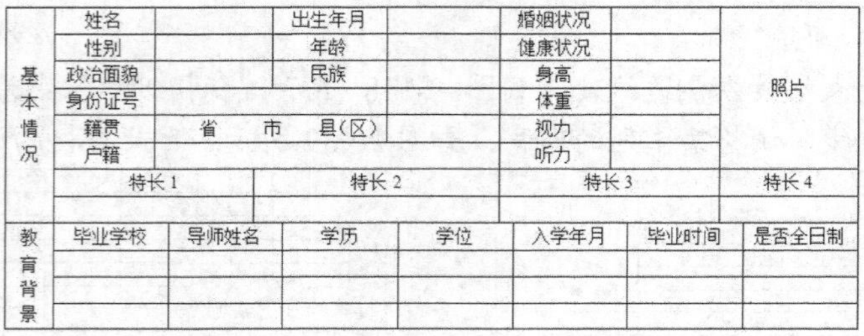

基本情况	姓名		出生年月		婚姻状况		照片
	性别		年龄		健康状况		
	政治面貌		民族		身高		
	身份证号				体重		
	籍贯	省　市　县（区）			视力		
	户籍				听力		
	特长 1		特长 2		特长 3		特长 4
教育背景	毕业学校	导师姓名	学历	学位	入学年月	毕业时间	是否全日制

图2-142　最终设计结果

七、　为表格添加边框和底纹

通过为表格添加边框的方法可以对表格边框线条的粗细、颜色和样式进行设置。添加底纹实际上就是为表格添加背景色，以突出显示部分数据。

【操作要点】

1. 接上例，选中图 2-142 所示的整个表格。
2. 切换到在【表格样式】选项卡，单击 底纹 按钮，弹出颜色面板，如图 2-143 所示，为表格选择一种底纹颜色，如选择一种浅灰色，效果如图 2-144 所示。

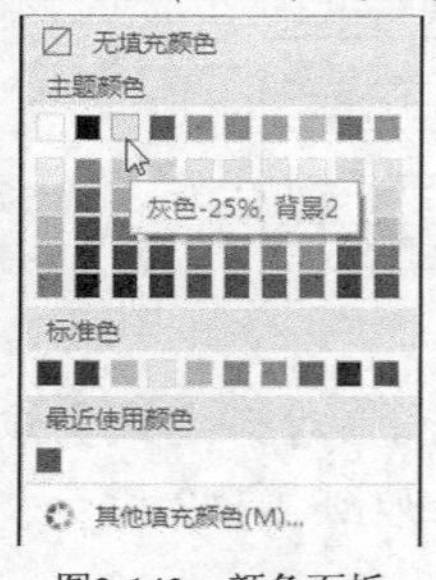

图2-143　颜色面板

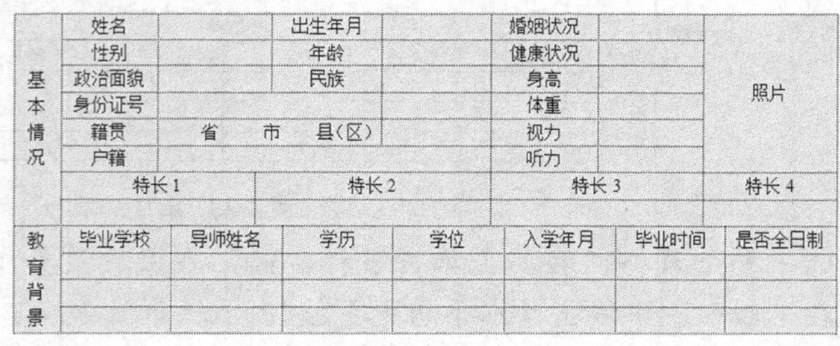

基本情况	姓名		出生年月		婚姻状况		照片
	性别		年龄		健康状况		
	政治面貌		民族		身高		
	身份证号				体重		
	籍贯	省　市　县（区）			视力		
	户籍				听力		
	特长 1		特长 2		特长 3		特长 4
教育背景	毕业学校	导师姓名	学历	学位	入学年月	毕业时间	是否全日制

图2-144　设置底纹后的表格

3. 选中表格，继续在【表格样式】选项卡单击 边框 按钮，在其下拉列表中选择【外侧边框】选项，只在表格外侧添加边框，效果如图 2-145 所示。

基本情况	姓名		出生年月		婚姻状况		照片
	性别		年龄		健康状况		
	政治面貌		民族		身高		
	身份证号				体重		
	籍贯	省 市 县(区)			视力		
	户籍				听力		
	特长1		特长2		特长3		特长4
教育背景	毕业学校	导师姓名	学历	学位	入学年月	毕业时间	是否全日制

图2-145 添加边框效果

4. 选中表格，在【表格样式】选项卡单击 边框 按钮，在其下拉列表中选择【边框和底纹】选项，打开【边框和底纹】对话框，其中包含 3 个选项卡。
   - 【边框】选项卡：用于详细设置边框参数，参数设置如图 2-146 所示，效果如图 2-147 所示。

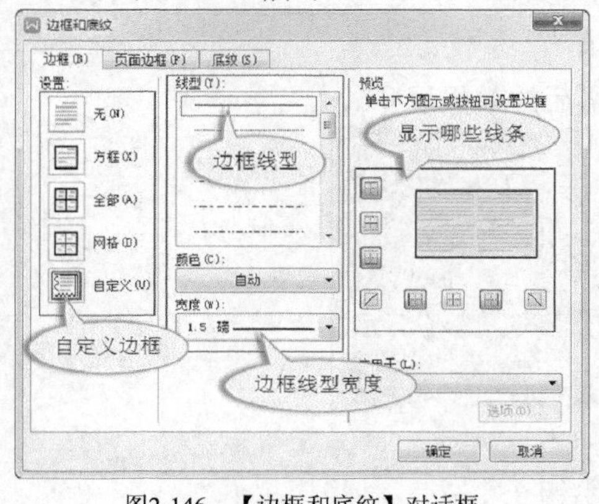

图2-146 【边框和底纹】对话框

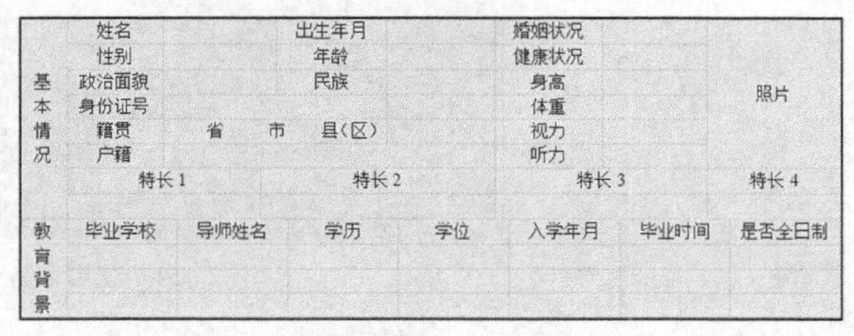

基本情况	姓名		出生年月		婚姻状况		照片
	性别		年龄		健康状况		
	政治面貌		民族		身高		
	身份证号				体重		
	籍贯	省 市 县(区)			视力		
	户籍				听力		
	特长1		特长2		特长3		特长4
教育背景	毕业学校	导师姓名	学历	学位	入学年月	毕业时间	是否全日制

图2-147 设置边框

   - 【页面边框】选项卡：为当前整个页面添加边框，具体设置方法与【边框】选项卡类似。
   - 【底纹】选项卡：用于详细设置底纹参数，参数设置如图 2-148 所示，效果如图 2-149 所示。

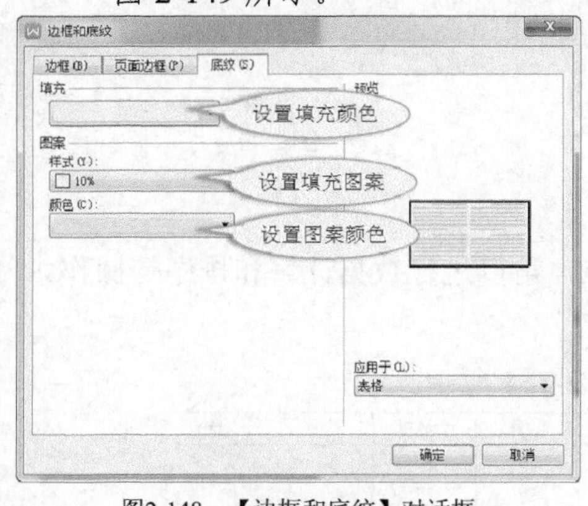

图2-148 【边框和底纹】对话框

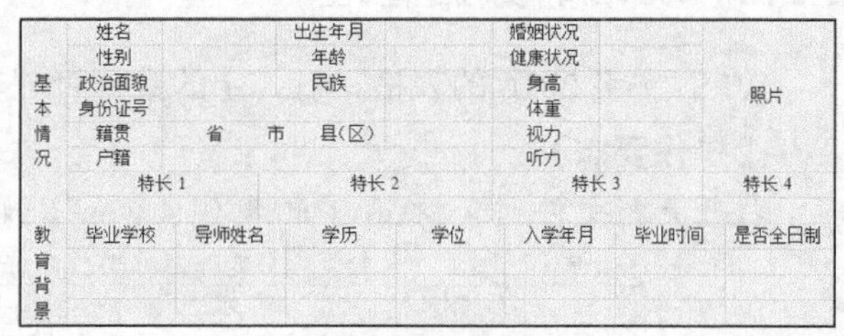

基本情况	姓名		出生年月		婚姻状况		照片
	性别		年龄		健康状况		
	政治面貌		民族		身高		
	身份证号				体重		
	籍贯	省 市 县(区)			视力		
	户籍				听力		
	特长1		特长2		特长3		特长4
教育背景	毕业学校	导师姓名	学历	学位	入学年月	毕业时间	是否全日制

图2-149 设置底纹

八、 设置表格文字对齐方式

表格中输入的文字默认为靠左靠上方对齐，当同一行中的文字内容多少不一致时会显得参差不齐，这时需要设置文字在水平和竖直方向上的对齐方式。

设置对齐方式的方法有以下两种。

(1) 选定文字后，在【表格工具】选项卡中单击 （对齐方式）按钮下方的下拉按钮设置多种对齐方式，如靠左对齐、水平对齐等。

(2) 选定文字后，在其上单击鼠标右键，在弹出的快捷菜单中选取【单元格对齐方式】命令，然后在下拉列表中选取对齐方式。

九、 使用表格样式

WPS 文字 2016 内置了许多表格样式，可用于快速美化表格。在【表格样式】选项卡中放置了一组表格样式，如图 2-150 所示。用户选用表格样式后，还可以根据需要对其进行修改，以更好地满足设计要求。

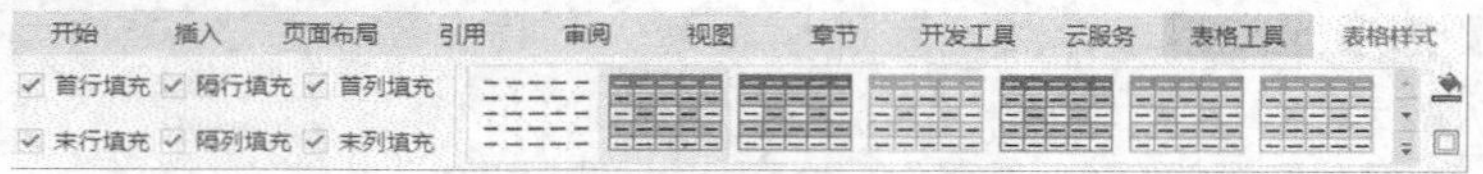

图2-150　表格样式工具

图 2-151 和图 2-152 所示是使用表格样式美化表格后的效果展示。

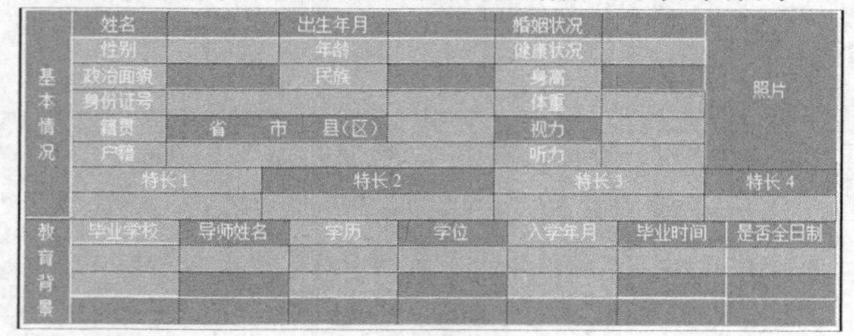

基本情况	姓名		出生年月		婚姻状况		照片
	性别		年龄		健康状况		
	政治面貌		民族		身高		
	身份证号				体重		
	籍贯	省　市　县(区)			视力		
	户籍				听力		
	特长1		特长2		特长3		特长4
教育背景	毕业学校	导师姓名	学历	学位	入学年月	毕业时间	是否全日制

图2-151　使用表格样式（1）

基本情况	姓名		出生年月		婚姻状况		照片
	性别		年龄		健康状况		
	政治面貌		民族		身高		
	身份证号				体重		
	籍贯	省　市　县(区)			视力		
	户籍				听力		
	特长1		特长2		特长3		特长4
教育背景	毕业学校	导师姓名	学历	学位	入学年月	毕业时间	是否全日制

图2-152　使用表格样式（2）

2.2.3 表格的数据管理

WPS 文字 2016 的表格具有一定的数据管理功能，可以进行数据计算和排序等操作。

【操作要点】

1. 打开素材文件“素材\第 2 章\案例 4.wps”，如图 2-153 所示。

学号	姓名	数学	英语	语文	政治	体育	计算机	总分	平均分
A1	小刘	95	98	89	75	89	56		
A2	张力	85	86	83	79	87	76		
A3	李明	79	87	89	78	76	87		
A4	小陈	69	78	87	72	90	87		
A5	大山	75	98	59	65	76	56		
A6	小如	86	48	53	73	65	79		

图2-153　打开的表格

2. 将鼠标光标定位到“小刘”对应的“总分”单元格。
3. 在【表格工具】选项卡的【数据】工具组中单击 fx 公式 按钮，打开【公式】对话框，按照图 2-154 所示编辑公式，单击 确定 按钮计算总分，结果如图 2-155 所示。

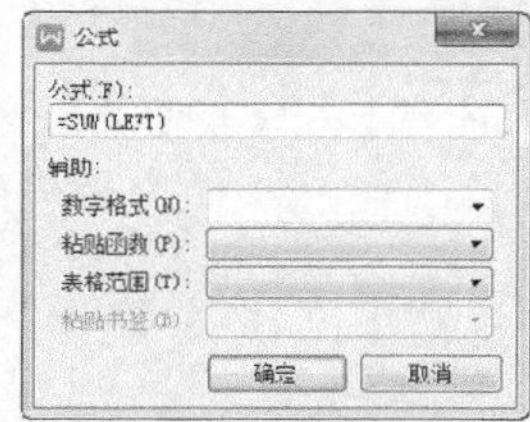

图2-154 【公式】对话框

学号	姓名	数学	英语	语文	政治	体育	计算机	总分	平均分
A1	小刘	95	98	89	75	89	56	502	
A2	张力	85	86	83	79	87	76		
A3	李明	79	87	89	78	76	87		
A4	小陈	69	78	87	72	90	87		
A5	大山	75	98	59	65	76	56		
A6	小如	86	48	53	73	65	79		

图2-155 计算总分

要点提示 注意，图 2-154 中【公式】文本框中的“=”不可省略。SUM（LEFT）的含义是计算本行（左侧）的所有数据总和，非数据值除外。如果要计算整列数据总和，则应使用公式“=SUM（ABOVE）”，这表示计算本列（上部）所有数据之和。

4. 将鼠标光标定位到“小刘”对应的“平均分”单元格。
5. 单击 fx 公式 按钮，打开【公式】对话框，首先删除【公式】文本框中的“SUM(LEFT)”，然后在【粘贴函数】下拉列表中选取函数【AVERAGE】，再在【公式】文本框的括号中补充“C2:H2”，设置【数字格式】为【0.00】，即保留两位小数，如图 2-156 所示。单击 确定 按钮，计算平均分，结果如图 2-157 所示。

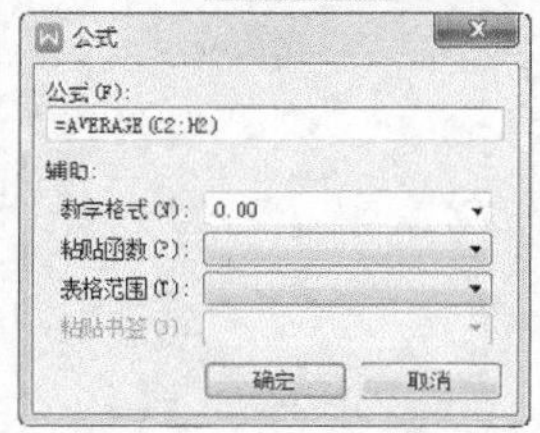

图2-156 【公式】对话框

学号	姓名	数学	英语	语文	政治	体育	计算机	总分	平均分
A1	小刘	95	98	89	75	89	56	502	83.67
A2	张力	85	86	83	79	87	76		
A3	李明	79	87	89	78	76	87		
A4	小陈	69	78	87	72	90	87		
A5	大山	75	98	59	65	76	56		
A6	小如	86	48	53	73	65	79		

图2-157 计算平均分

WPS 文字 2016 在描述单元格位置时，需要对其进行编号：行代号从上到下依次为 1、2、3……，列代号从左到右依次为 A、B、C……。列在前、行在后，组合起来就是一个单元格代号，例如，C2 代表第 3 列第 2 行的单元格，而“C2:G2”表示从单元格 C2 到 G2 之间的全部单元格。

6. 使用类似的方法计算其余数据，结果如图 2-158 所示。

学号	姓名	数学	英语	语文	政治	体育	计算机	总分	平均分
A1	小刘	95	98	89	75	89	56	502	83.67
A2	张力	85	86	83	79	87	76	496	82.67
A3	李明	79	87	89	78	76	87	496	82.67
A4	小陈	69	78	87	72	90	87	483	80.50
A5	大山	75	98	59	65	76	56	429	71.50
A6	小如	86	48	53	73	65	79	404	67.33

图2-158 计算结果

7. 首先选取要计算的所有数据，然后在【表格工具】选项卡单击 快速计算 按钮，从下拉列表中可以快速计算这些数据的总和、平均值、最大值和最小值。计算时将新增一列存放计算结果，如图 2-159 所示。

数学	英语	语文	政治	体育	计算机	总和
95	98	89	75	89	56	502
95	98	89	75	89	56	平均值 83.67
95	98	89	75	89	[illegible]	最大值 98
95	98	89	75	89	[illegible]	最小值 56

图2-159　快速计算结果

2.3　小结

使用 WPS 文字 2016 可以插入图形、文本框和各种形状，使文档看上去更加生动活泼，更加美观。合理地进行图文组合可以制作出图文并茂的文档。在文档中可以插入本地计算机中的图形，还可以插入剪贴画，也可以在文档中绘制和编辑各种线条图案，或者使用 SmartArt 图形创建流程图等。

在文档中可以插入更为直观表达数据的表格。相对于文字叙述，使用表格能够更加清晰直观地表达主题，使文档更易于理解。表格由多个单元格按照行、列方式组合而成，要熟练掌握插入和编辑表格的各种方法，为了使表格更美观，还可以为表格设计必要的样式。当文档较长时，通过设置项目符号、编号和多级列表可以使文档的内容重点突出、层次分明、条理清晰，并且方便读者阅读和理解。

2.4　习题

1. 在 WPS 文字 2016 文档中可以插入哪些图形？
2. 什么是分页符和分节符，各有什么用途？
3. 怎么调整表格的行高和列宽？
4. 制作一张宣传海报，内容自拟，要求尽量图文并茂。
5. 制作一份个人简历，介绍自己的工作和学习经历。

第3章　WPS 文字 2016 综合应用

【学习目标】

- 进一步巩固使用 WPS 文字 2016 创建文档的方法和技巧。
- 进一步巩固使用 WPS 文字 2016 创建图表的方法和技巧。
- 掌握美化文档的一般方法。

使用 WPS 文字 2016 创建办公文档时，要注重质量和效率两个指标。一方面要求所创建的文档美观、整洁和清晰；另一方面又希望尽可能提高工作效率。本章将通过一组综合实例介绍 WPS 文字 2016 的使用技巧。

3.1　制作办公文档——公司组织结构图

公司组织结构图

使用 SmartArt 图形能方便地创建组织结构、关系或流程图等。WPS 文字提供了层次结构、列表、流程、循环、矩阵及关系等多种 SmartArt 图形样式。本例将使用 SmartArt 图形创建图 3-1 所示的公司组织结构图。

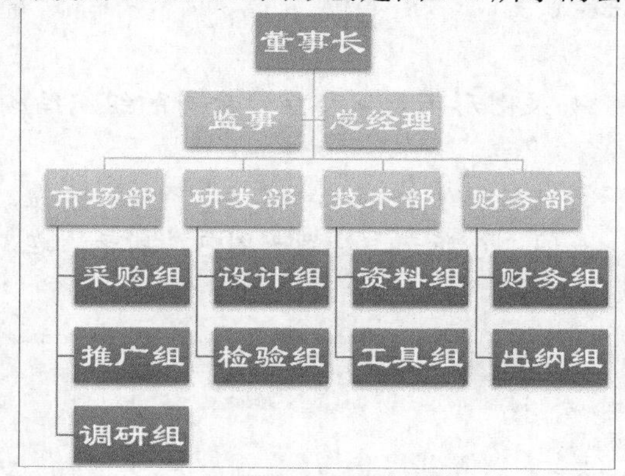

图3-1　组织机构图

【设计步骤】

1. 创建 SmartArt 图形。

(1) 新建一个空白文档，将其保存为“公司组织结构图”文件。

(2) 在【插入】选项卡中单击 SmartArt 按钮，如图 3-2 所示。

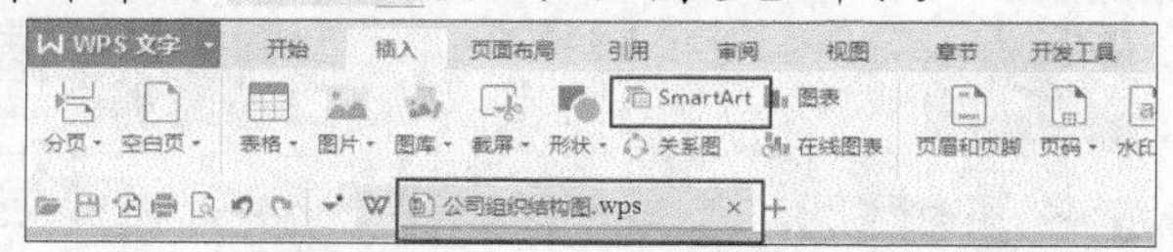

图3-2　插入 SmartArt 图形

(3) 在弹出的【选择 SmartArt 图形】对话框中选择图 3-3 所示的图形样式，然后单击 确定

按钮，结果如图 3-4 所示。

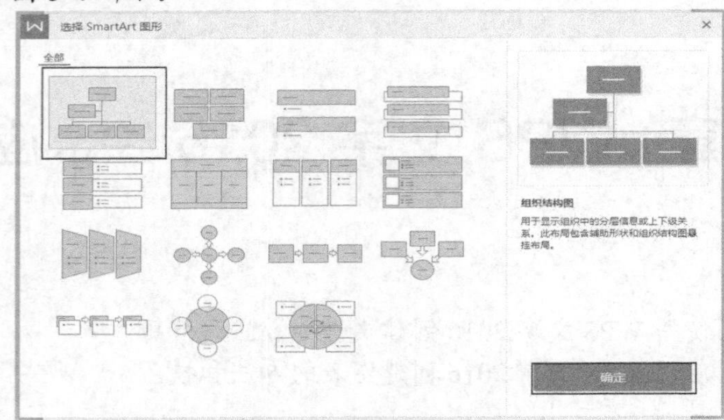

图3-3　【选择 SmartArt 图形】对话框

(4) 在图形中根据需要输入相应的文字，设置字体为“隶书”，结果如图 3-5 所示。

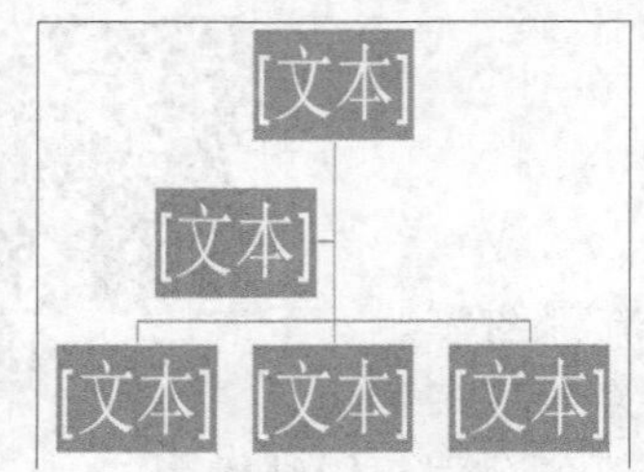

图3-4　创建 SmartArt 图形样式

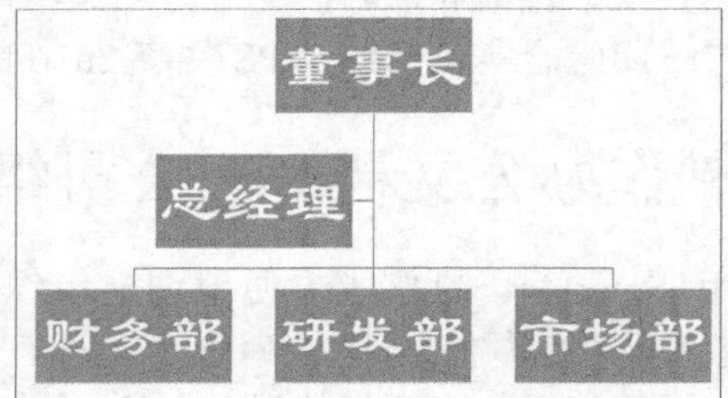

图3-5　输入文字

2. 编辑 SmartArt 图形。

插入组织结构图之后，如果图形不能完整显示公司的组织结构，还可以根据需要新增结构项目。

(1) 选择【董事长】形状，在【设计】选项卡中单击 添加项目 按钮，在弹出的下拉菜单中选择【添加助理】选项，如图 3-6 所示，结果如图 3-7 所示。在新建项目中输入文字，结果如图 3-8 所示。

图3-6　菜单操作

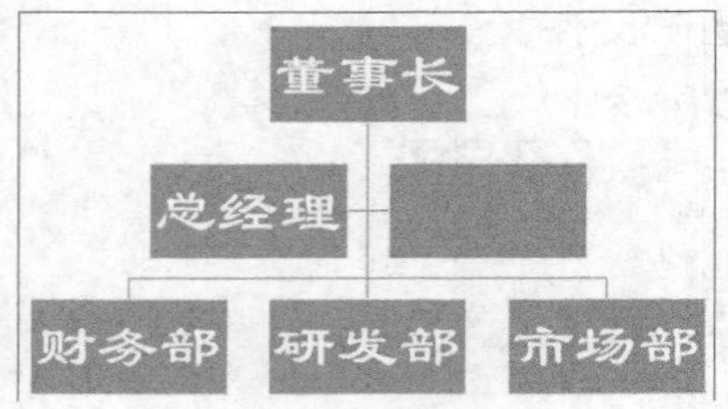

图3-7　新建项目（1）

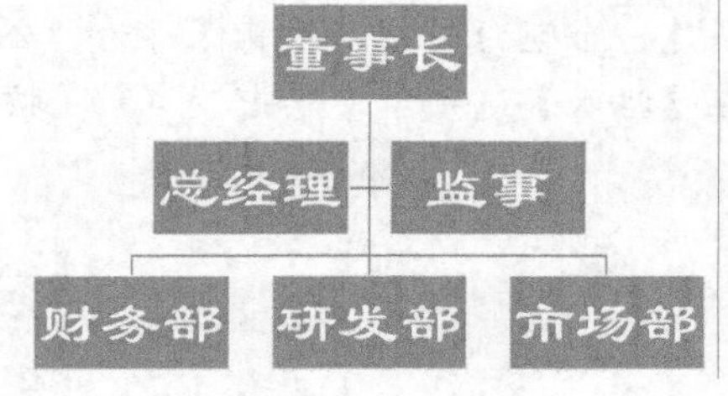

图3-8　输入文字（1）

(2) 继续添加项目。选择【财务部】形状，在【设计】选项卡中单击添加项目按钮，按照图3-9所示在对象后面添加项目，结果如图3-10所示。在新建项目上输入文字，结果如图3-11所示。

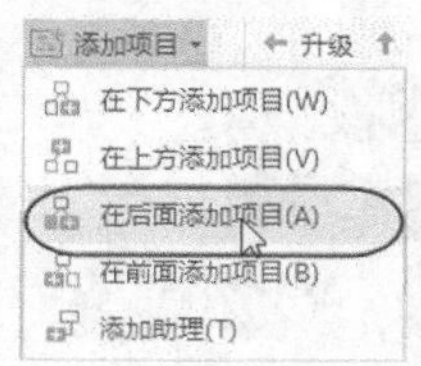

图3-9 菜单操作

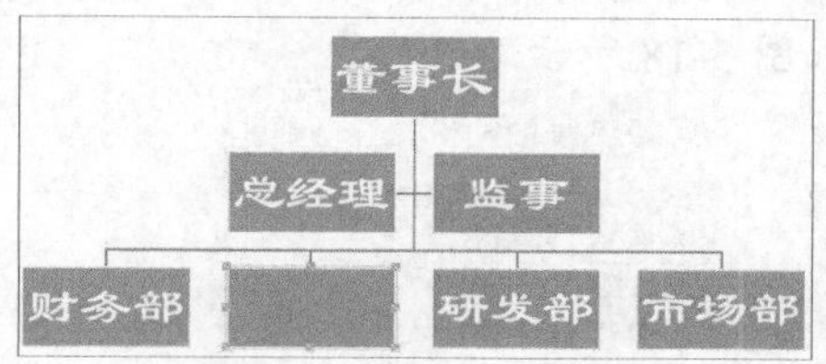

图3-10 新建项目（2）

(3) 继续添加项目。选中【财务部】形状，在【设计】选项卡中单击添加项目按钮，按照图3-12所示在对象下方添加项目，然后输入文字，结果如图3-13所示。

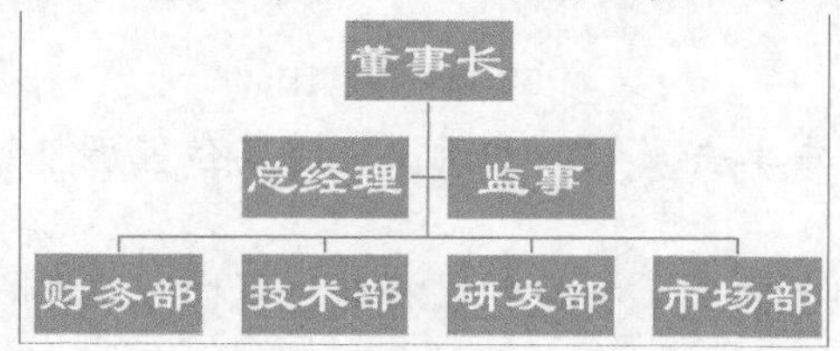

图3-11 输入文字（2）

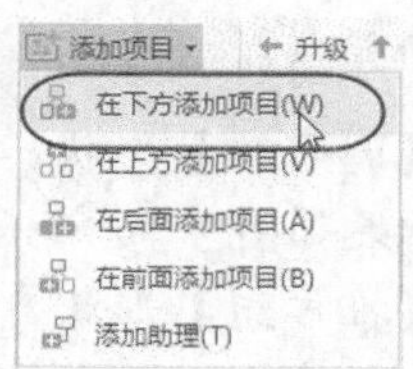

图3-12 在下方添加项目

(4) 继续添加项目。再次选中【财务部】形状，仿照上一步操作继续在对象下方添加项目，然后输入文字，结果如图3-14所示。

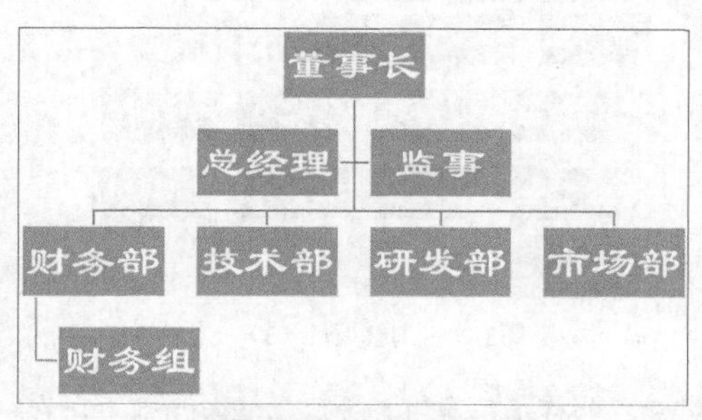

图3-13 新建项目（3）

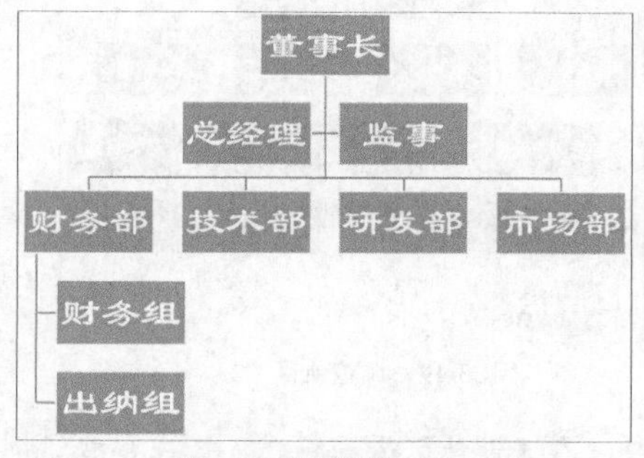

图3-14 新建项目（4）

(5) 继续添加项目。再次选中【技术部】形状，在对象下方添加两个项目，然后输入文字，结果如图3-15所示。

(6) 继续添加项目。再次选中【研发部】形状，在对象下方添加两个项目，然后输入文字，结果如图3-16所示。

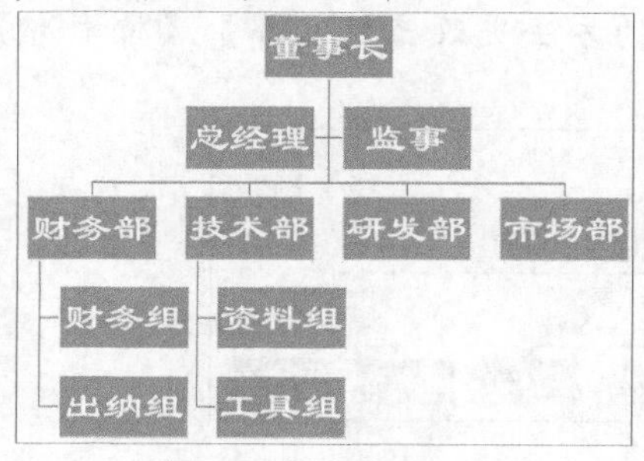

图3-15 新建项目（5）

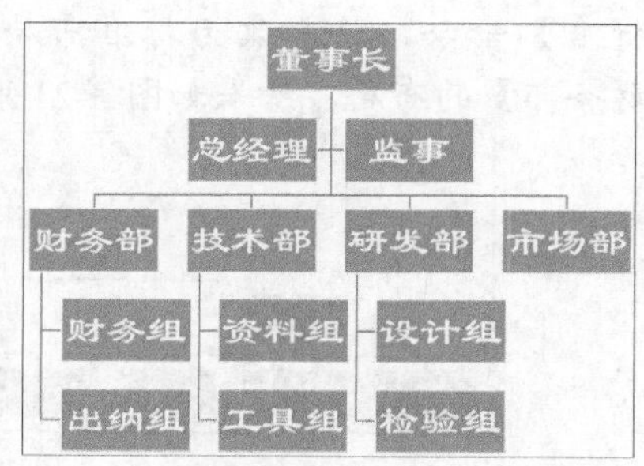

图3-16 新建项目（6）

(7) 继续添加项目。再次选中【市场部】形状，在对象下方添加 3 个项目，然后输入文字，结果如图 3-17 所示。

(8) 选中【市场部】形状，在【设计】选项卡中单击 从右至左 按钮，将其位置调整到左侧，结果如图 3-18 所示。

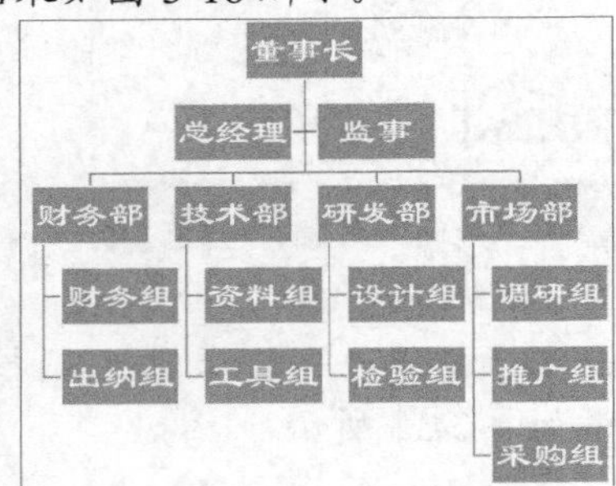

图3-17　新建项目（7）

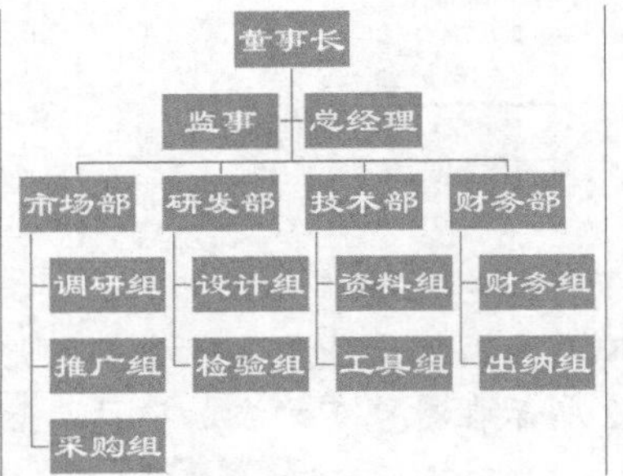

图3-18　调整项目（1）

(9) 选中【调研组】形状，在【设计】选项卡中单击 下移 按钮两次，将其位置调整到最下方，结果如图 3-19 所示。

(10) 选中【推广组】形状，在【设计】选项卡中单击 下移 按钮，将其位置向下调整，结果如图 3-20 所示。

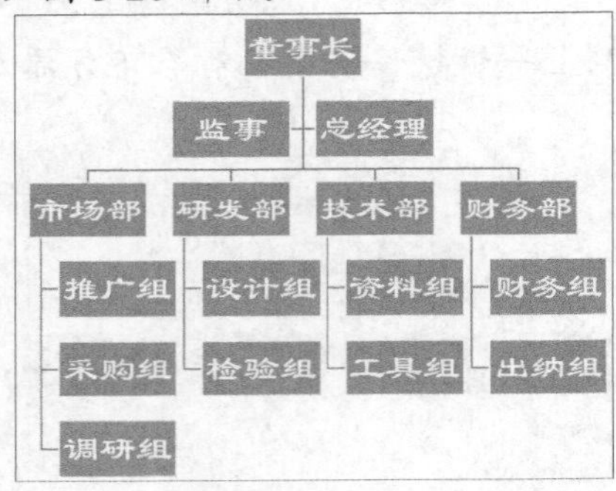

图3-19　调整项目（2）

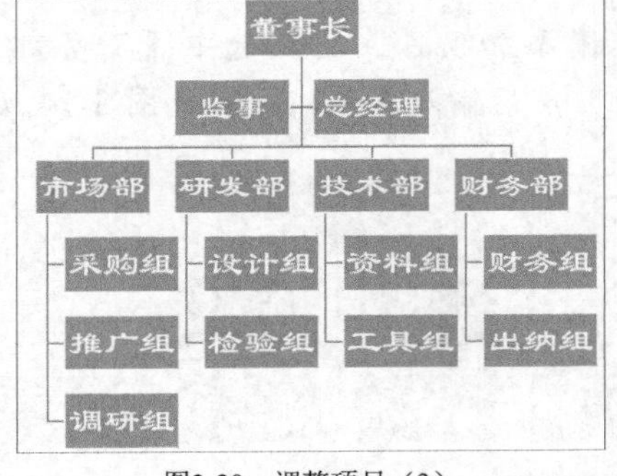

图3-20　调整项目（3）

在【设计】选项卡中单击 升级 按钮将对象升一级别，如将【采购组】升级到【市场部】所在的级别；在【设计】选项卡中单击 降级 按钮将对象降一级别，如将【市场部】降级到【采购组】所在的级别。

3. 更改布局和样色。

(1) 选择【市场部】形状，在【设计】选项卡中单击 布局 按钮，在弹出的下拉列表中选择【标准】命令，将其改为标准布局。使用同样的方法更改【研发部】【技术部】和【财务部】的布局，结果如图 3-21 所示。

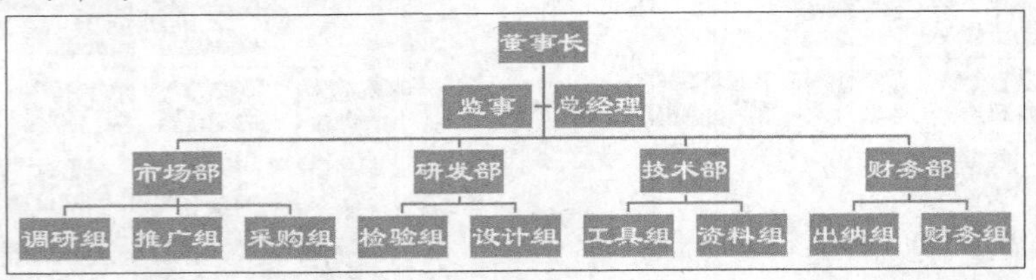

图3-21　修改布局（1）

(2) 选定对象后，在【设计】选项卡中单击 按钮，在弹出的下拉列表中选择【两者】命令可将布局改为图 3-22 所示样式。

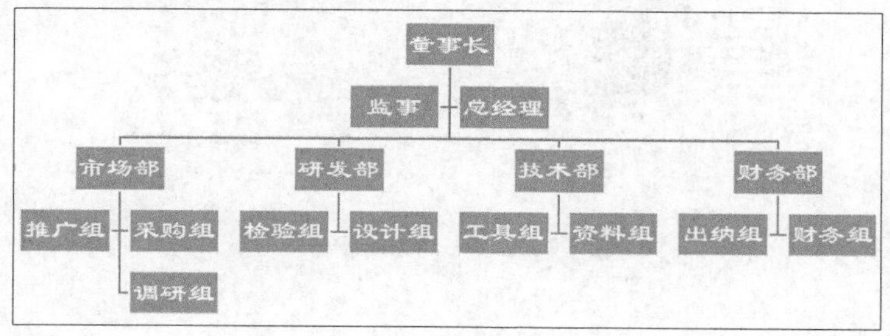

图3-22 修改布局（2）

(3) 更改样式。选中图形，在【设计】选项卡中部的样式列表中选取一种样式，如选取 ，设计结果如图 3-23 所示。

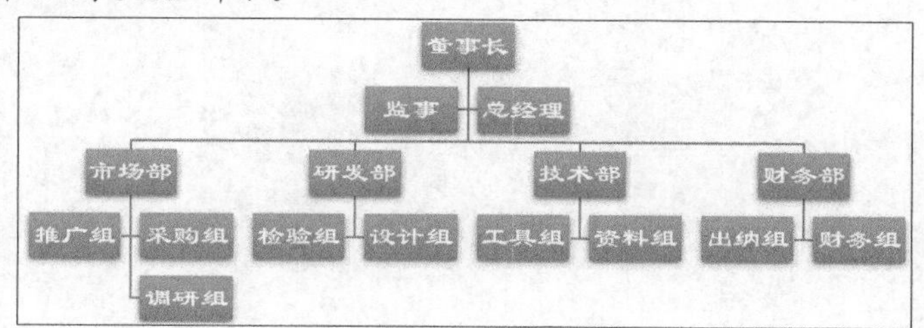

图3-23 更改样式

(4) 更改颜色。选择整个 SmartArt 图形，单击【设计】选项卡中的 （更改颜色）按钮，在弹出的下拉列表中选择【彩色】颜色方案，结果如图 3-24 所示。

(5) 可以使用其他布局设计该组织机构图，图 3-25 所示为另一种设计结果。

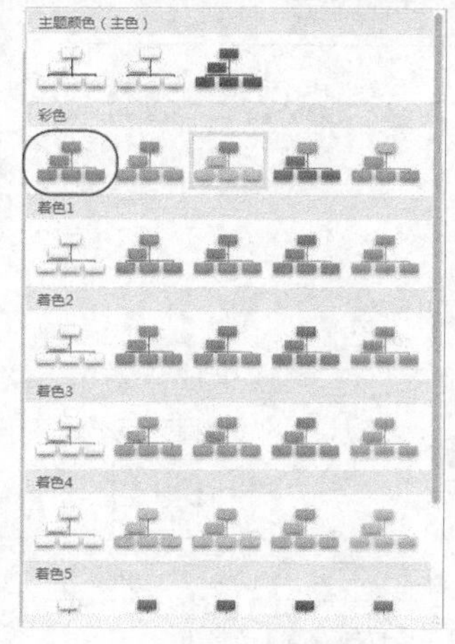

图3-24 选择颜色方案

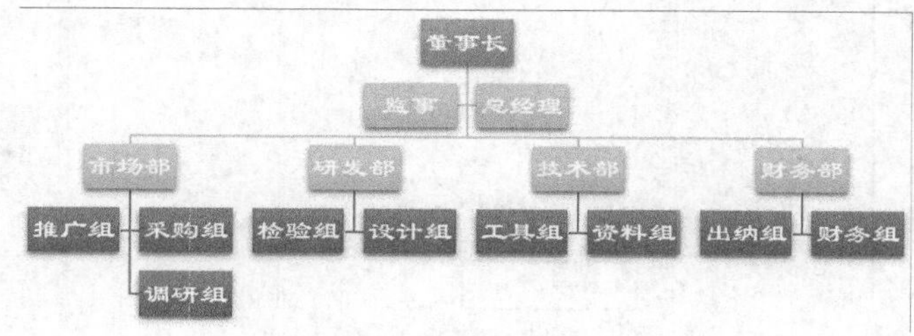

图3-25 设计结果

3.2 制作办公文档——成绩单

本任务使用 WPS 文字工具制作一张成绩单，通过本例总结设置页面布局及使用图像进行背景设置的方法，最终设计结果如图 3-26 所示。

成绩单

成绩单

姓名/科目	语文	数学	英语	总计
王鑫	88	100	97	285
张武	96	80	92	268
刘洋	73	95	86	254
赵兴	82	90	73	245
张嘉利	90	78	80	248
李洪	74	80	88	242

图3-26　案例效果

【设计步骤】

1.　基本布局设置。

(1)　如图 3-27 所示，在【页面布局】选项卡中单击（页边距）按钮，在下拉列表中选择【自定义页边距】，弹出【页面设置】对话框，进入【页边距】选项卡，将【上】【下】【左】【右】均设置为“1.5 厘米”，如图 3-28 所示。

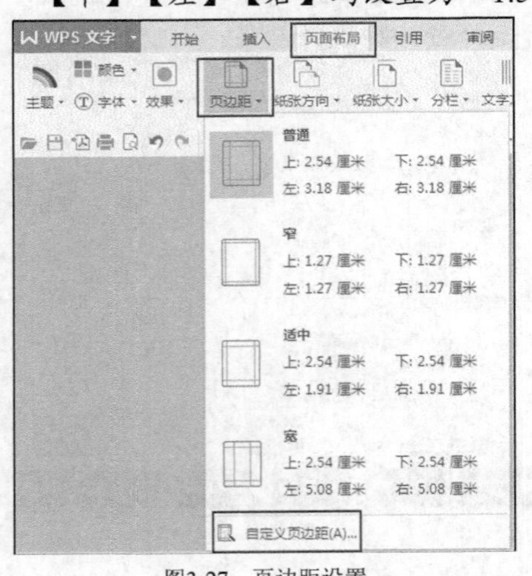

图3-27　页边距设置

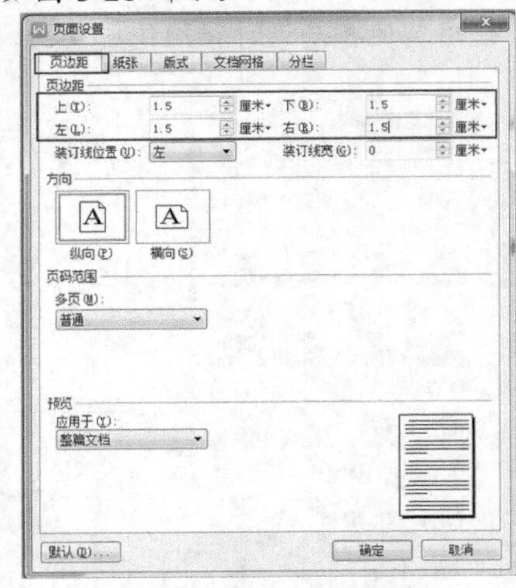

图3-28　【页面设置】对话框

(2)　进入【纸张】选项卡，将【宽度】和【高度】分别设置为“25.5 厘米”和“21.3 厘米”，设置完成后单击 确定 按钮，如图 3-29 所示。

(3)　在【页面布局】选项卡中单击（背景）按钮，在弹出的下拉列表中选择【图片】选项，如图 3-30 所示。

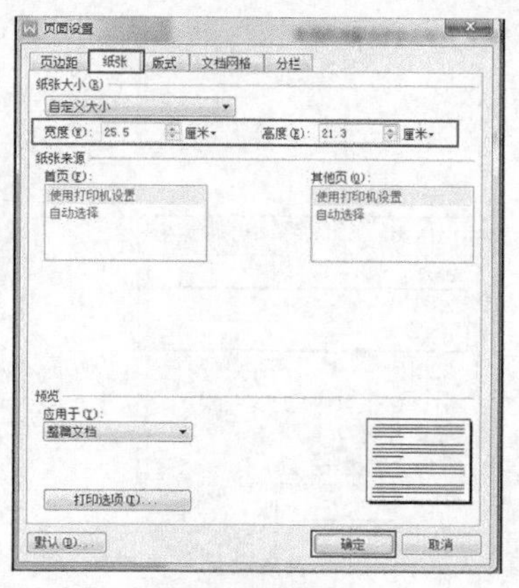

图3-29　纸张设置

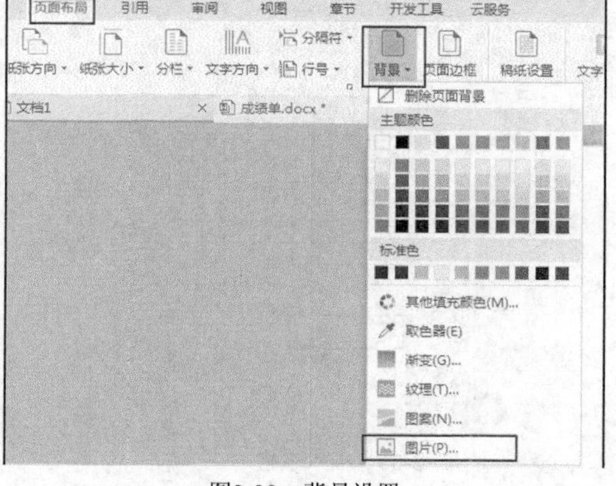

图3-30　背景设置

(4) 打开【填充效果】对话框，如图 3-31 所示，单击 选择图片(L)... 按钮，导入素材图片“素材\第 3 章\背景 1.png”，单击 打开(O) 按钮，如图 3-32 所示。

图3-31　【填充效果】对话框

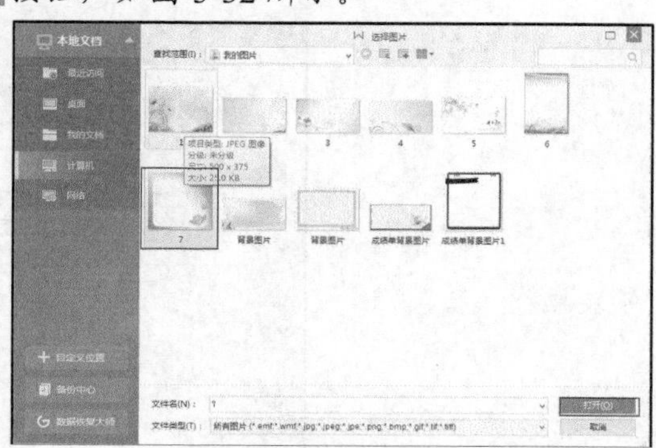

图3-32　选择背景图片

(5) 在【填充效果】对话框中单击 确定 按钮，即可插入背景图片，如图 3-33 所示，结果如图 3-34 所示。

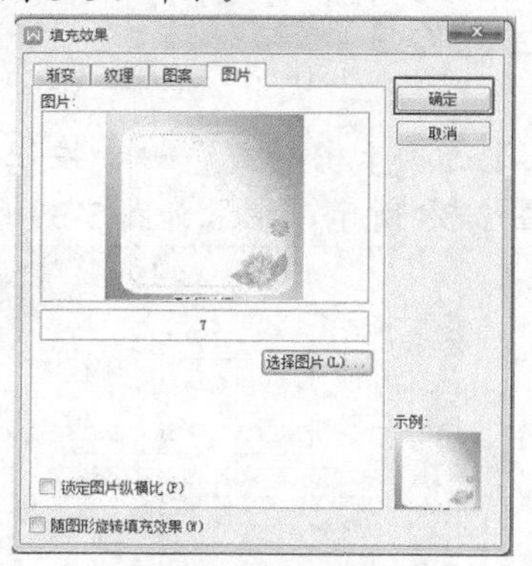

图3-33　【填充效果】对话框

图3-34　填充效果

2. 插入表格设置。

(1) 在【插入】选项卡中单击 （表格）按钮，在弹出的下拉列表中选择【插入表格】选项，如图 3-35 所示。

(2) 在【插入表格】对话框中按照图 3-36 所示设置参数，结果如图 3-37 所示。

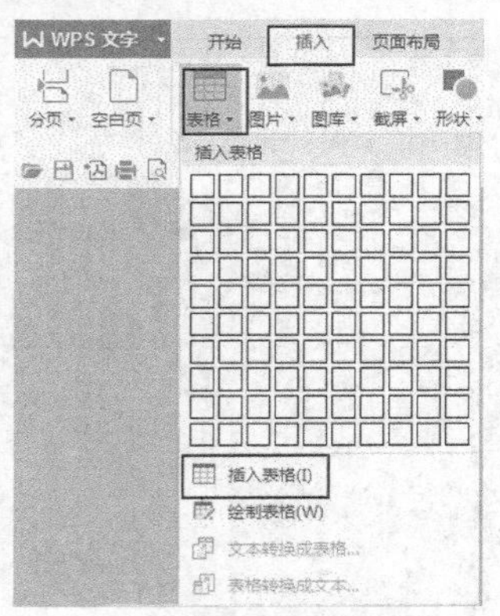

图3-35 插入表格

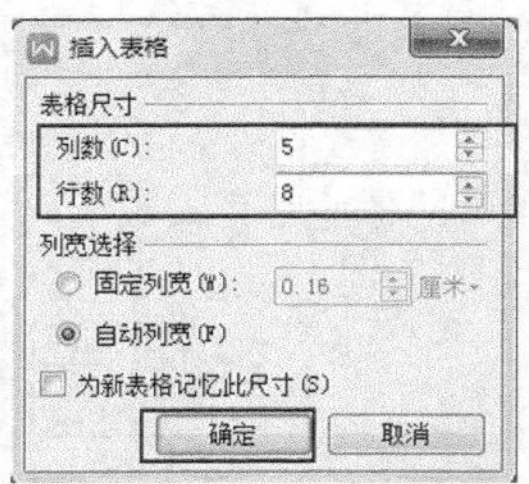

图3-36 表格设置

在下拉列表中直接选择网格，会在文档中实时显示插入的表格行数和列数。使用该方法创建的表格，行数和列数受限制，最多只能创建 8 行 10 列的表格。

图3-37 插入表格效果

(3) 将光标置入第 1 行第 1 列单元格中，在【表格工具】选项卡中单击 表格属性 按钮，打开【表格属性】对话框，设置行高“2.73 厘米”，如图 3-38 所示，结果如图 3-39 所示。

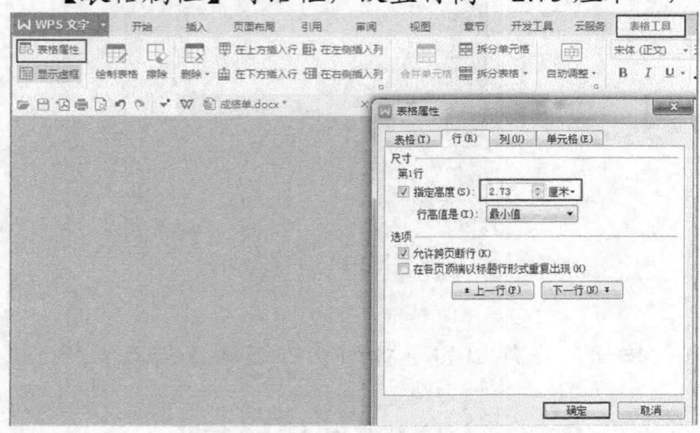

图3-38 【表格属性】对话框

图3-39 表格属性设置

(4) 适当调整表格位置。选中第 1 行单元格，在其上单击鼠标右键，在弹出的快捷菜单中选择【合并单元格】命令，如图 3-40 所示，合并结果如图 3-41 所示。

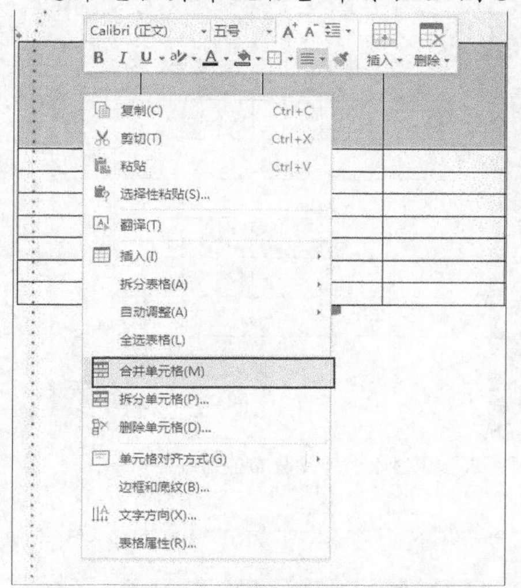

图3-40　合并单元格

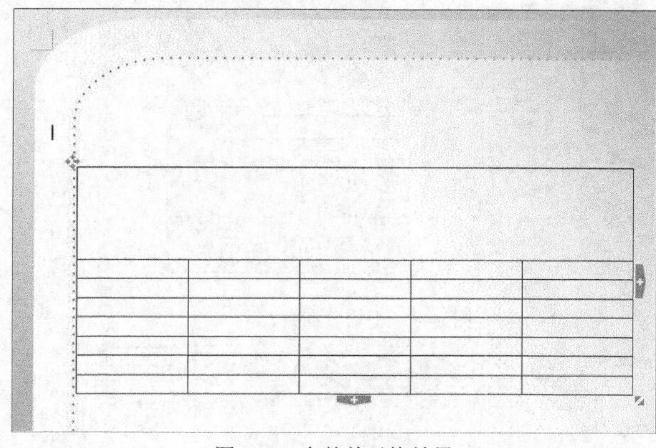

图3-41　合并单元格效果

(5) 在文档窗口中对表格高度进行调整，如图 3-42 所示，然后选择除第 1 行外的其他单元格，在其上单击鼠标右键，在弹出的快捷菜单中选择【自动调整】/【平均分布各行】命令，如图 3-43 所示。

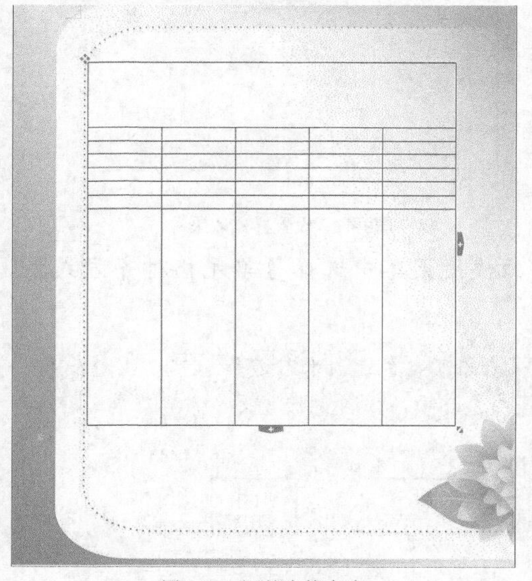

图3-42　调整表格高度

图3-43　平均分布各行

(6) 如图 3-44 所示，选择除第 1 行外的其他单元格，在其上单击鼠标右键，在弹出的快捷菜单中选择【自动调整】/【平均分布各列】命令，调整结果如图 3-45 所示。

(7) 选中整个表格，如图 3-46 所示，在【表格样式】选项卡中单击样式列表中的 按钮，在弹出的面板中选择一种样式，效果如图 3-47 所示。

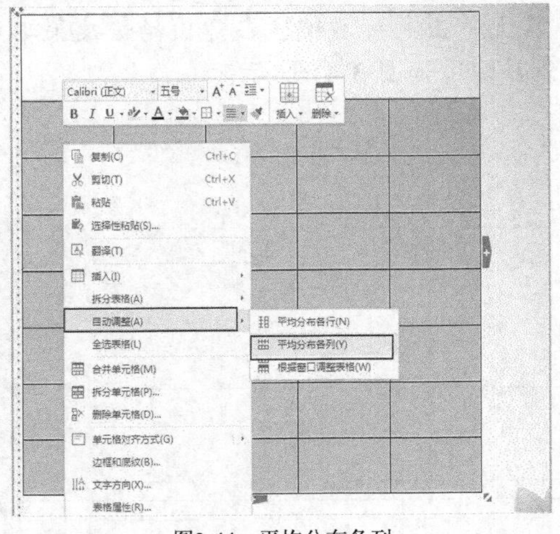

图3-44　平均分布各列

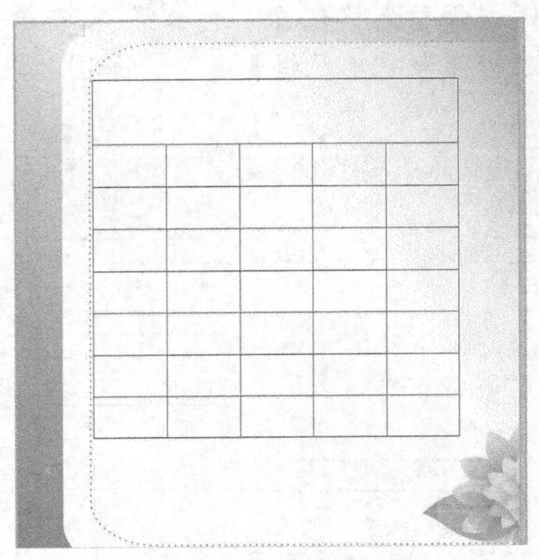

图3-45　平均分布各列效果

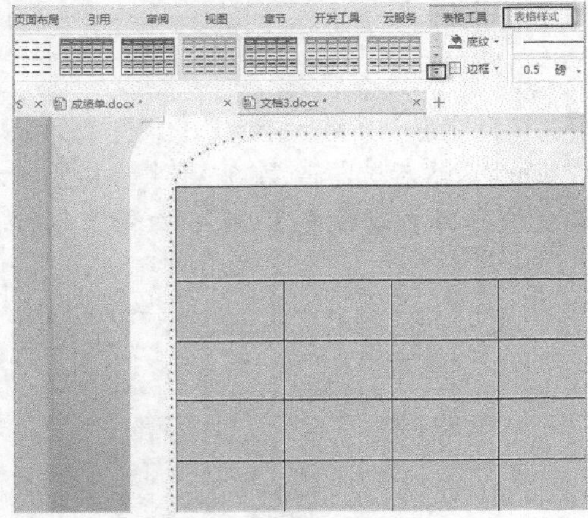

图3-46　表格样式

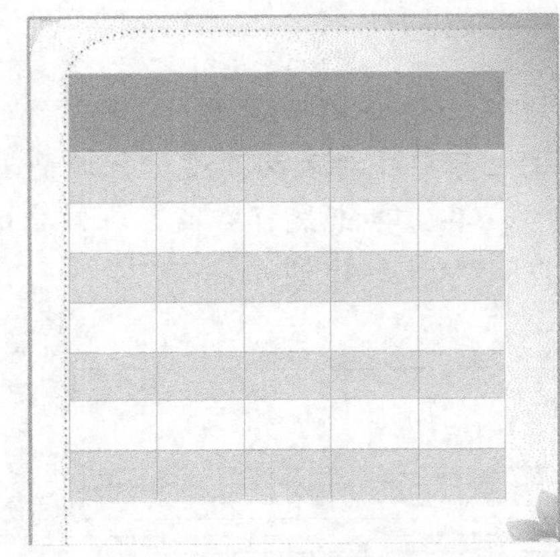

图3-47　设置样式效果

(8)　选中整个表格，在其上单击鼠标右键，在弹出的快捷菜单中选择【单元格对齐方式】/水平居中图标，如图 3-48 所示。

要点提示　设置水平居中也可选中整个单元格，在功能区的【表格工具】选项卡中选择　（对齐方式）下拉按钮，在弹出的下拉列表中选择【水平居中】选项，如图 3-49 所示。

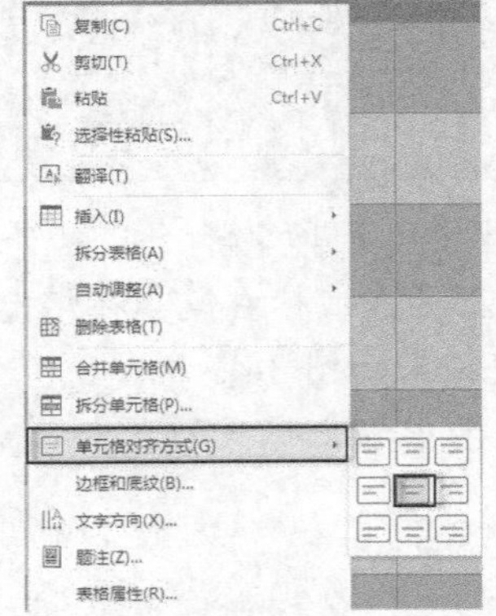

图3-48　单元格对齐方式

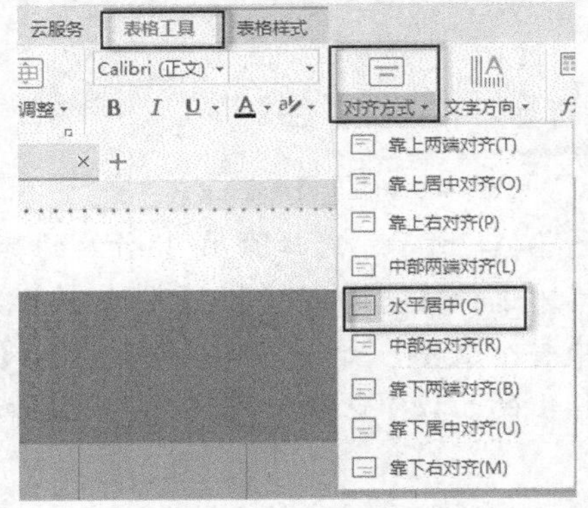

图3-49　对齐方式设置

(9) 在各个单元格中输入相应的文字，输入后的效果图如图 3-50 所示。

(10) 选中“成绩单”文字，在【开始】选项卡中将【字号】设置为“初号”，为其他文字设置适当大小，结果如图 3-51 所示。

成绩单				
姓名/科目	语文	数学	英语	总计
王鑫	88	100	97	285
张武	96	80	92	268
刘洋	73	95	86	254
赵兴	82	90	73	245
张嘉利	90	78	80	248
李洪	74	80	88	242

图3-50　输入文字

成绩单				
姓名/科目	语文	数学	英语	总计
王鑫	88	100	97	285
张武	96	80	92	268
刘洋	73	95	86	254
赵兴	82	90	73	245
张嘉利	90	78	80	248
李洪	74	80	88	242

图3-51　字体设置

(11) 在【插入】选项卡中单击 （图片）按钮，导入图片（素材\第 3 章\图片 1.png），如图 3-52 所示。

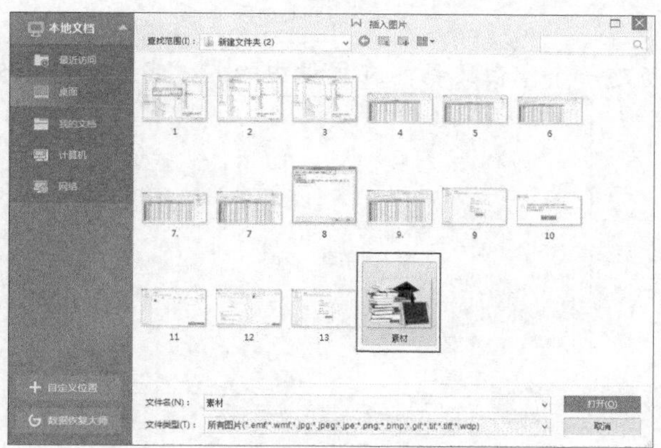

图3-52　插入图片

(12) 选中插入的图片，在【图片工具】选项卡中单击 （环绕）按钮，在下拉列表中选择【浮于文字上方】选项，调整图片的大小和位置，最终结果如图 3-53 所示。

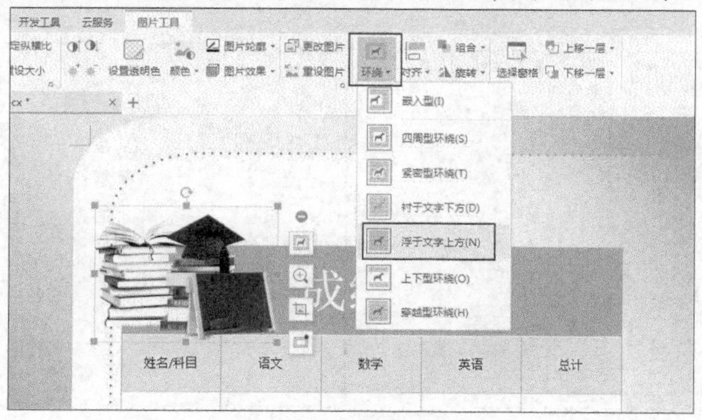

图3-53　图片设置

3.3　制作办公文档——课程表

课程表

本任务将介绍课程表的制作。首先设置标题，然后插入表格，并对表格进行设置，最后制作背景。最终设计效果如图 3-54 所示。

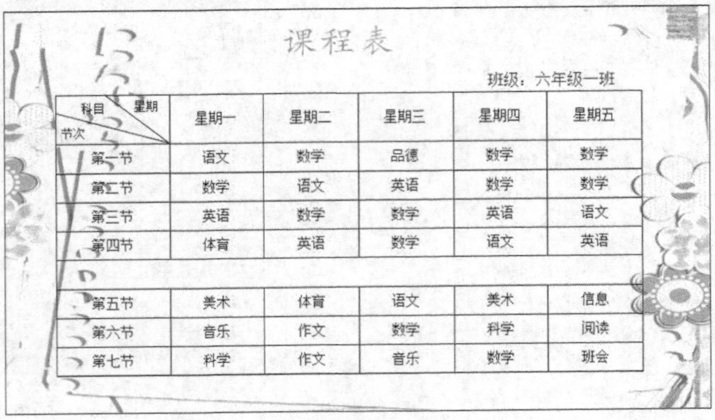

课程表

班级：六年级一班

星期 / 科目 / 节次	星期一	星期二	星期三	星期四	星期五
第一节	语文	数学	品德	数学	数学
第二节	数学	语文	英语	数学	数学
第三节	英语	数学	数学	英语	语文
第四节	体育	英语	数学	语文	英语
第五节	美术	体育	语文	美术	信息
第六节	音乐	作文	数学	科学	阅读
第七节	科学	作文	音乐	数学	班会

图3-54　设计效果图

【设计步骤】

1.　设计表头。

(1)　按 Ctrl+N 组合键新建一个空白文档，在文档中输入文字，如图 3-55 所示。

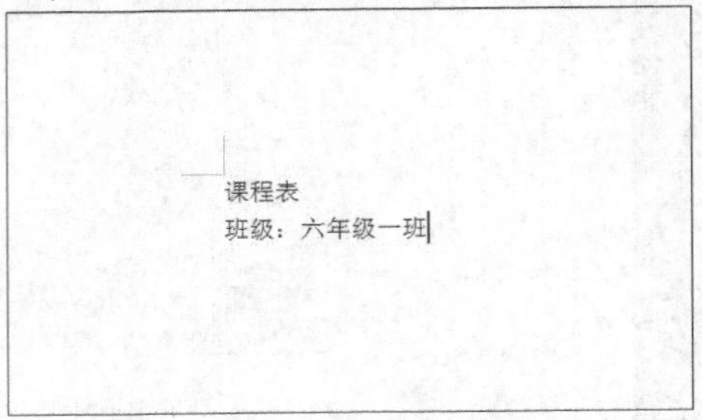

图3-55　插入文字

(2)　选择文字“课程表”，在【开始】选项卡的【字体】组中将字体设置为【华文楷体】，将字号设置为【一号】，如图 3-56 所示。

(3)　单击 A·（文字效果）按钮，选取【艺术字】/【填充-矢车菊蓝，着色 1，阴影】选项，如图 3-57 所示。

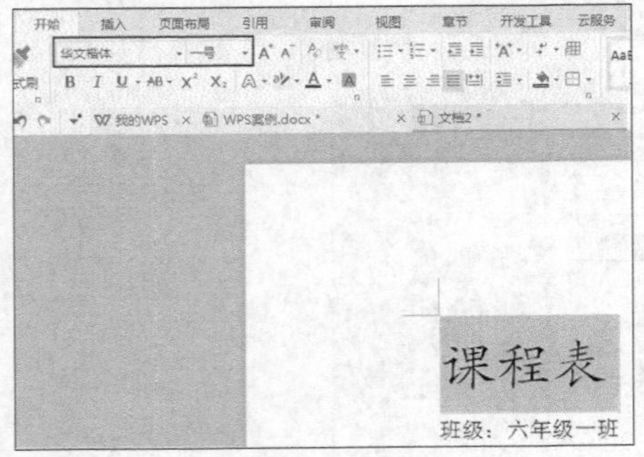

图3-56　调整字体

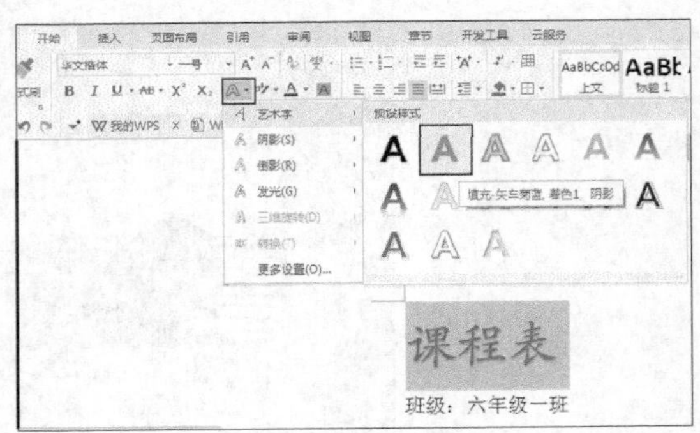

图3-57　调整文字效果

(4) 在【字体】组中单击 A·（字体颜色）按钮右侧的下拉按钮，在弹出的下拉列表中选择【蓝色】，如图 3-58 所示。

(5) 在【字体】组的右下角单击 按钮，弹出【字体】对话框，在【字符间距】选项卡中将【间距】设置为【加宽】，【值】设置为“1.4”磅，如图 3-59 所示。

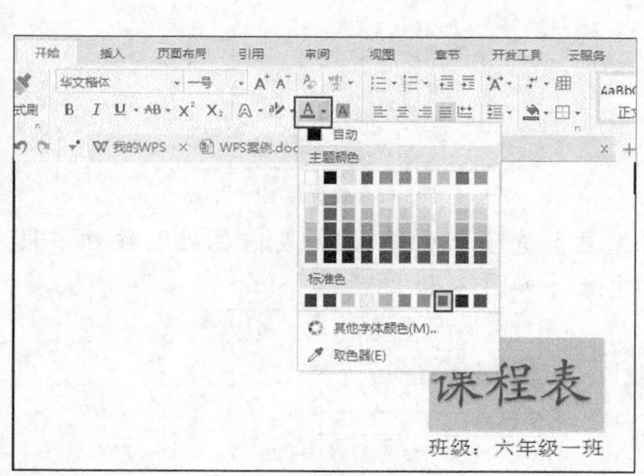

图3-58　设置字体颜色

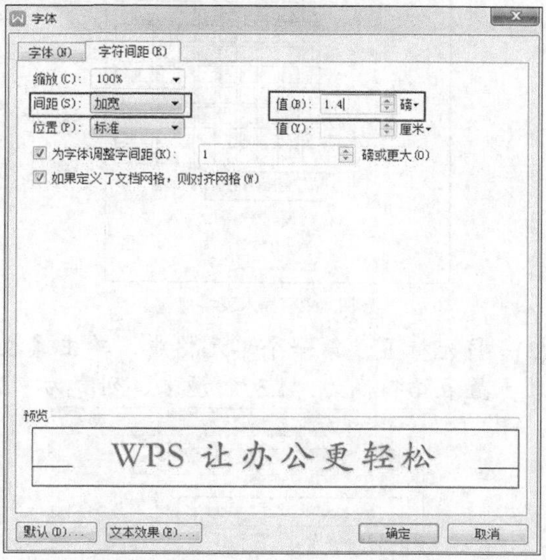

图3-59　调整字符间距

(6) 在【开始】选项卡中单击 （居中对齐）按钮，结果如图 3-60 所示。

(7) 选择文字“班级：六年级一班”，在【字体】组中将字体设置为【宋体】，字号设置为【小五】，将【字体颜色】设置为【蓝色】，在【段落】组中单击 （右对齐）按钮，结果如图 3-61 所示。

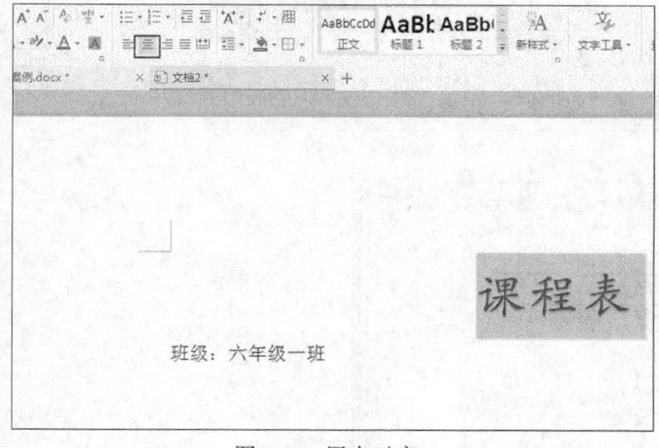

图3-60　居中对齐

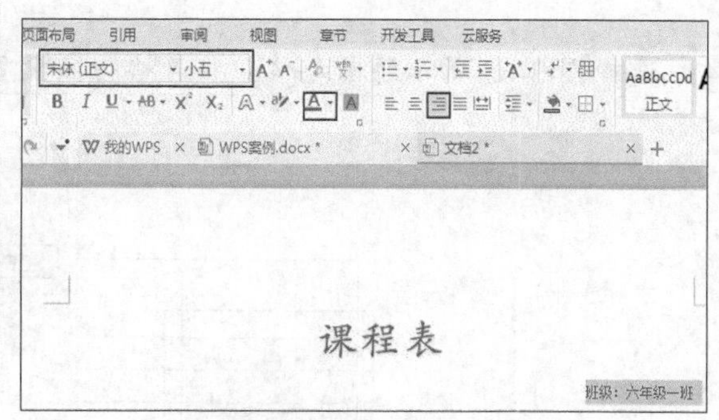

图3-61　调整文字

2. 插入表格。

(1) 将光标置于下一行，在功能区中选择【插入】选项卡，单击 （表格）按钮，在弹出的下拉列表中选择【插入表格】选项，如图 3-62 所示。

(2) 在弹出的【插入表格】对话框中将【列数】设置为【6】，【行数】设置为【9】，单击 确定 按钮插入表格，结果如图 3-63 所示。

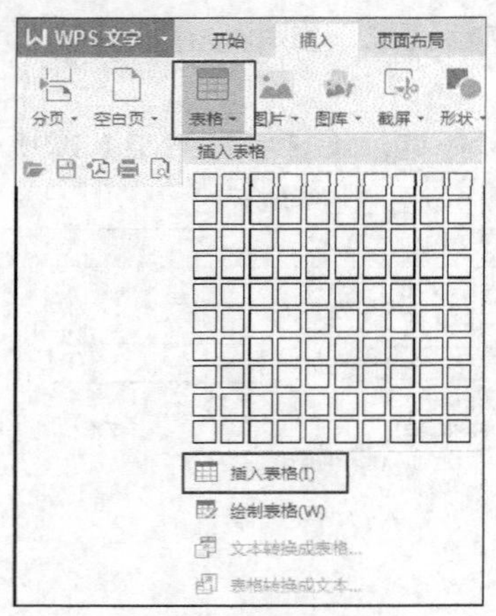

图3-62　插入表格

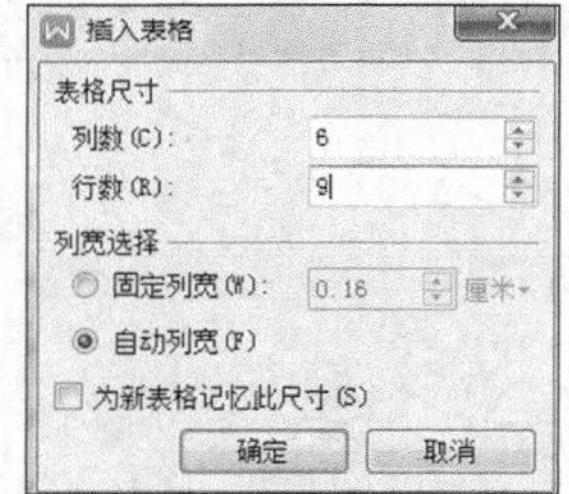

图3-63　设置行列数

(3) 将光标置于第一个单元格中，单击【表格工具】选项卡中的 （表格属性）按钮，设置表格行高为“1.37”厘米、列宽为“3”厘米，如图 3-64 所示。

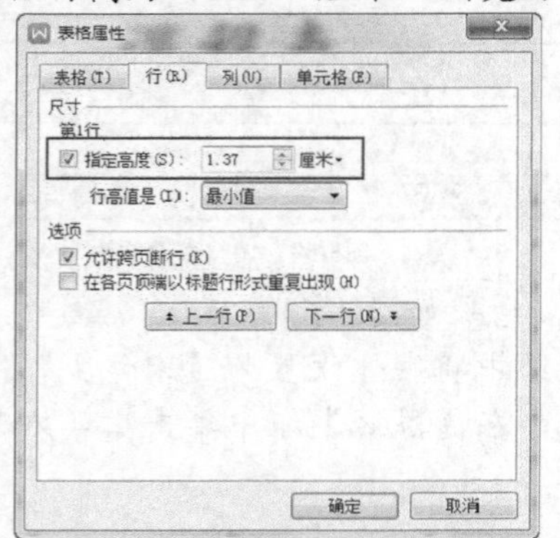

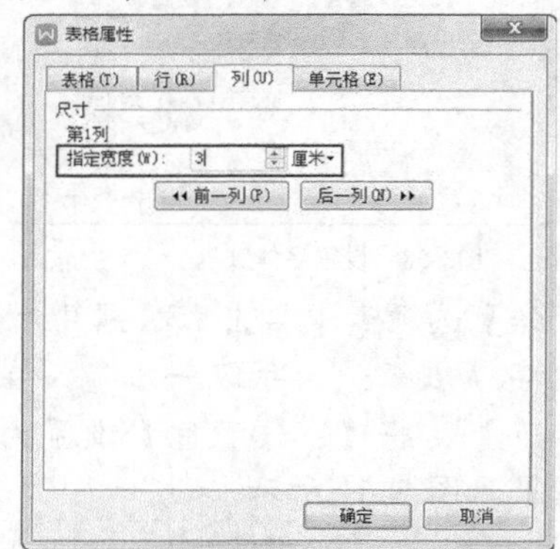

图3-64　设置行高列宽

(4) 选择图 3-65 所示的单元格，将表格行高设置为“0.8”厘米。

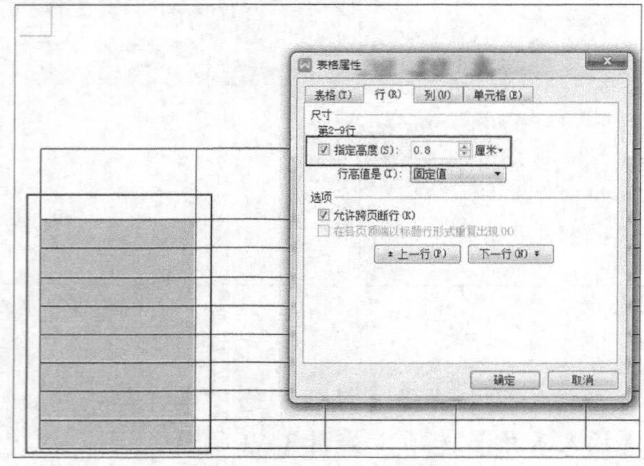

图3-65　设置多个单元格行高

(5) 选中除第 1 列以外的所有单元格并单击鼠标右键，在弹出的快捷菜单中选择【自动调整】/【平均分布各列】命令，如图 3-66 所示。

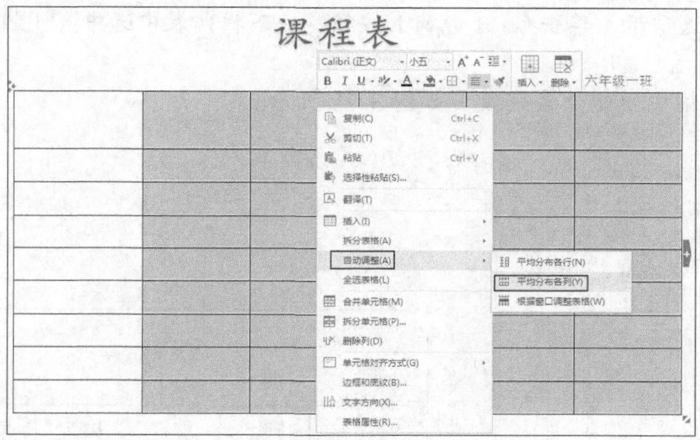

图3-66　调整表格大小

(6) 选中整个表格，单击 （对齐方式）按钮，在下拉列表中选择【水平居中】，如图 3-67 所示。

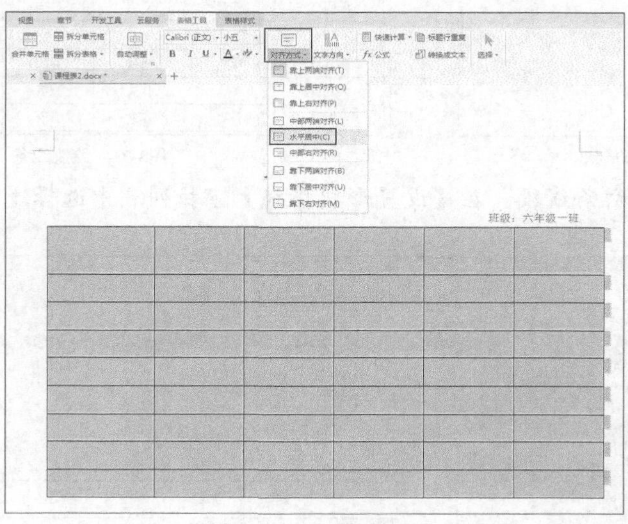

图3-67　调整对齐方式

(7) 选中第 6 行的所有单元格，单击 （合并单元格）按钮，如图 3-68 所示。

(8) 在表格中输入文字内容，如图 3-69 所示。

图3-68　合并单元格

课程表

班级：六年级一班

	星期一	星期二	星期三	星期四	星期五
第一节	语文	数学	品德	数学	数学
第二节	数学	语文	英语	数学	数学
第三节	英语	数学	数学	英语	语文
第四节	体育	英语	数学	语文	英语
第五节	美术	体育	语文	美术	信息
第六节	音乐	作文	数学	科学	阅读
第七节	科学	作文	音乐	数学	班会

图3-69　输入文字

(9) 进入【插入】选项卡，单击 （形状）按钮，在下拉列表中选中 （线条），如图 3-70 所示。

(10) 在第 1 个单元格中绘制两条线段，如图 3-71 所示。

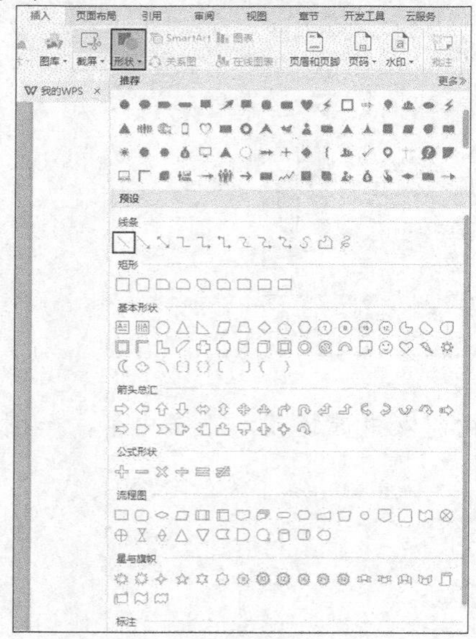

图3-70　选择形状

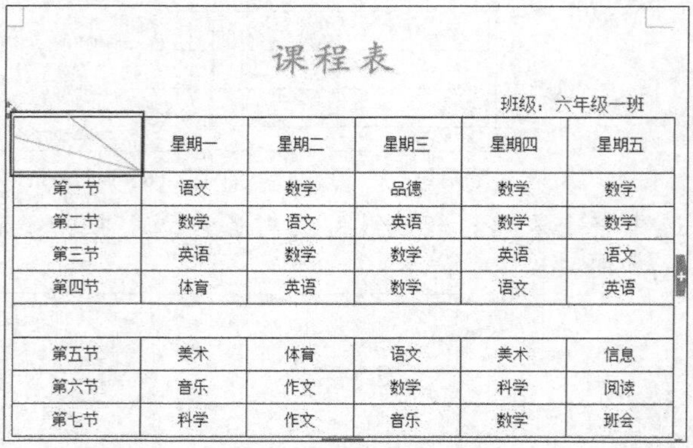

课程表

班级：六年级一班

	星期一	星期二	星期三	星期四	星期五
第一节	语文	数学	品德	数学	数学
第二节	数学	语文	英语	数学	数学
第三节	英语	数学	数学	英语	语文
第四节	体育	英语	数学	语文	英语
第五节	美术	体育	语文	美术	信息
第六节	音乐	作文	数学	科学	阅读
第七节	科学	作文	音乐	数学	班会

图3-71　绘制线条

(11) 选中刚刚绘制的两条线段，在【设置形状格式】下拉列表中选择【细微线-深色 1】，如图 3-72 所示。

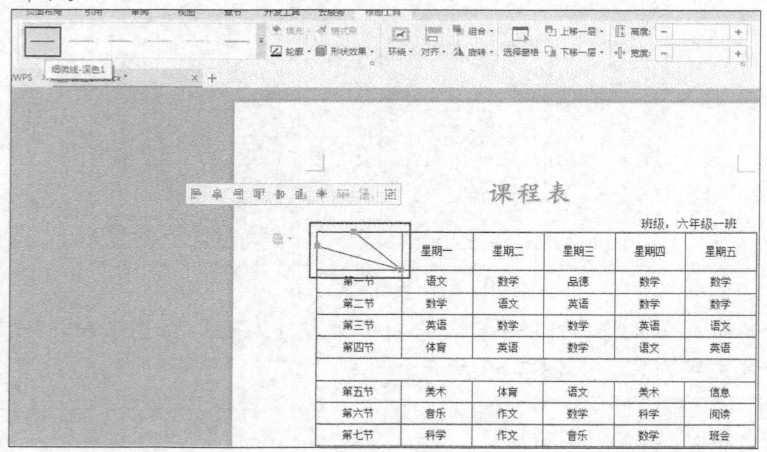

图3-72　设置线条形状格式

(12) 进入【插入】选项卡，单击 （文本框）按钮，在文档中绘制文本框，如图 3-73 所示。

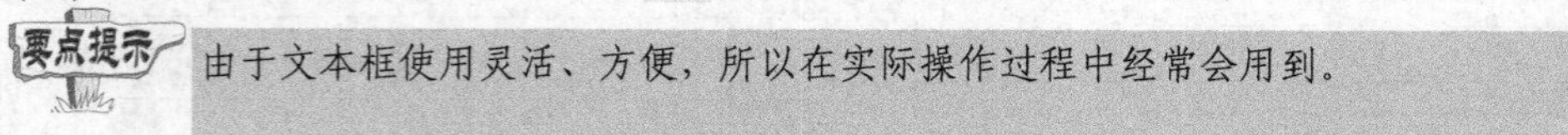

要点提示　由于文本框使用灵活、方便，所以在实际操作过程中经常会用到。

(13) 在第 1 个单元格中绘制文本框并输入文字，单击【文本工具】选项卡下的 （设置文本效果格式：文本框）按钮，在【形状选项】选项卡中将填充和线条都设置为【无】，如图 3-74 所示。

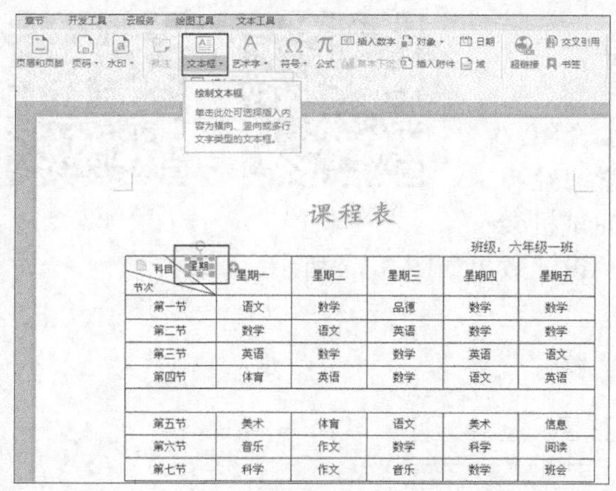

图3-73 添加文本框

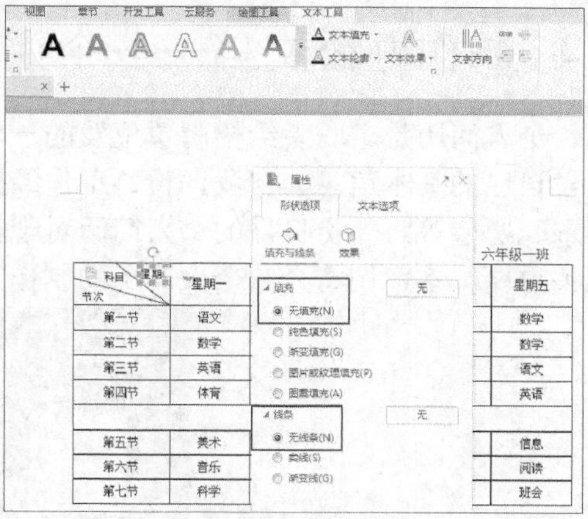

图3-74 设置文本效果

3. 美化表格。

(1) 选择【插入】选项卡，单击（插入图片）按钮，导入素材图片（素材\第 3 章\背景2.png），如图 3-75 所示。

(2) 单击功能区中【图片工具】选项卡中的（环绕）按钮，在下拉列表中选择【衬于文字下方】，然后调整图片大小，如图 3-76 所示。

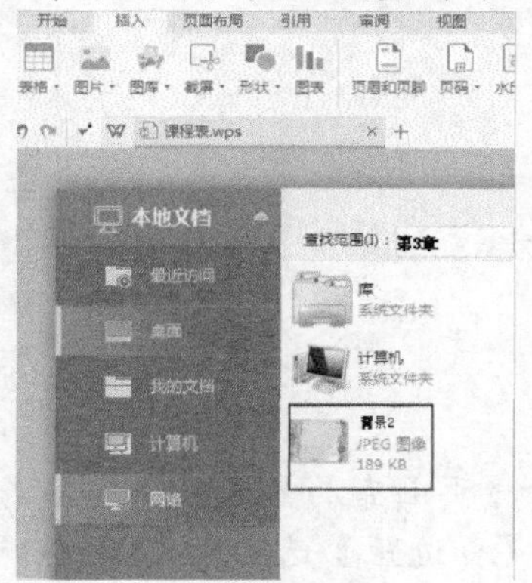

图3-75 插入背景图片

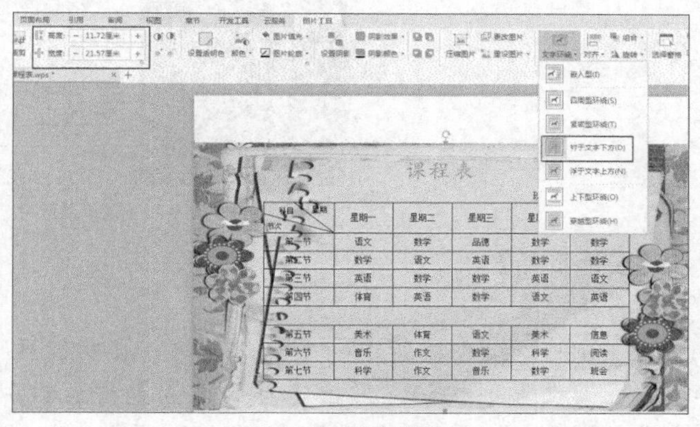

图3-76 图片设置

(3) 单击【图片工具】选项卡中的（设置形状格式）按钮，在弹出的【属性】面板中完成对图片的设置，如图 3-77 所示。最后效果如图 3-54 所示。

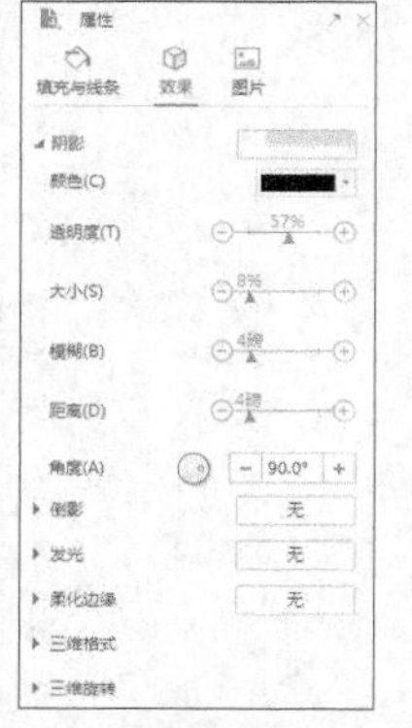

图3-77 设置图片形状格式

3.4　制作办公文档——个人简历

个人简历（1）

个人简历（2）

个人简历是求职者给招聘单位发的一份简要介绍，包含自己的基本信息、自我评价、工作经历、学习经历及求职愿望等。一份良好的个人简历对于获得面试机会至关重要。本案例将介绍个人简历的制作方法，设计效果如图 3-78 所示。

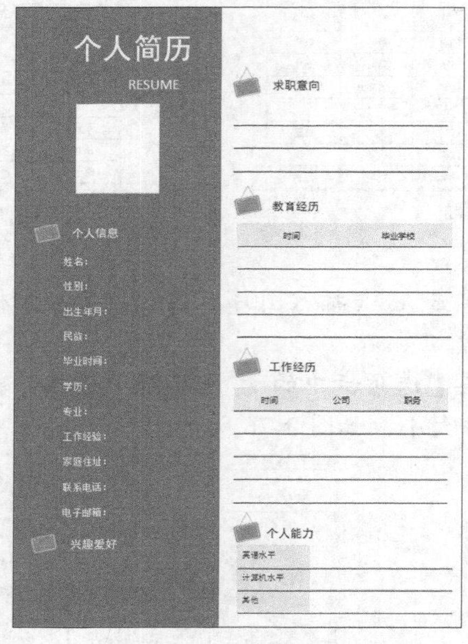

图3-78　设计效果

【设计步骤】

1.　页面分栏设计。

(1)　按 Ctrl+N 组合键新建一个空白文档，在功能区中选择【页面布局】选项卡，单击（页面设置）按钮，弹出【页面设置】对话框，选择【页边距】选项卡，将【上】【下】【左】【右】都设置为“1.27”厘米，如图 3-79 所示。

(2)　再进入【分栏】选项卡，选择【偏左(L)】，如图 3-80 所示，然后单击 确定 按钮。

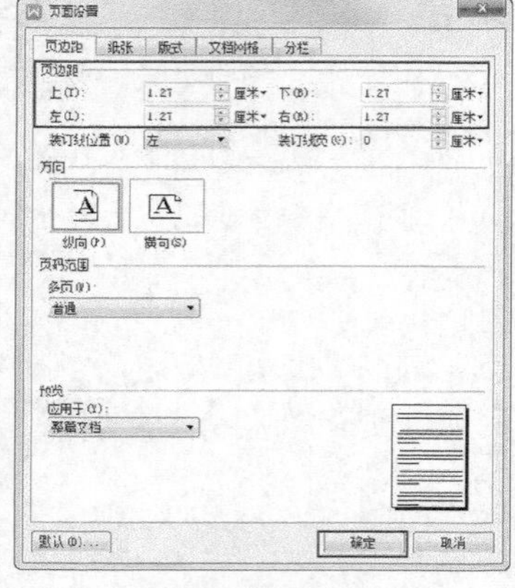

图3-79　设置页边距

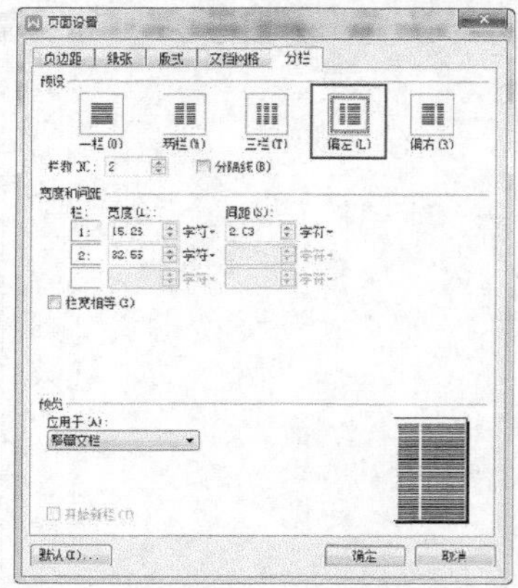

图3-80　页面分栏

页边距是页面四周的空白区域，也就是正文与边界的距离，一般可在页边距内部的可打印区域中插入文字和图形或页眉、页脚、页码等。整个页面的大小在选择纸张后已经固定了，再确定正文所占区域的大小。

(3) 在功能区中选择【插入】选项卡，单击（形状）按钮，在其下拉列表中选择（矩形），然后在文档中绘制矩形，如图 3-81 所示。

(4) 单击【绘图工具】选项卡中（填充）按钮右侧的下拉按钮，在弹出的下拉列表中选择【其他填充颜色】，如图 3-82 所示。

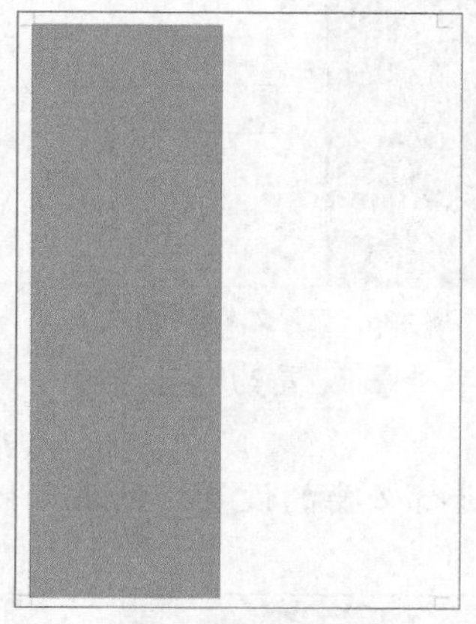

图3-81　绘制矩形

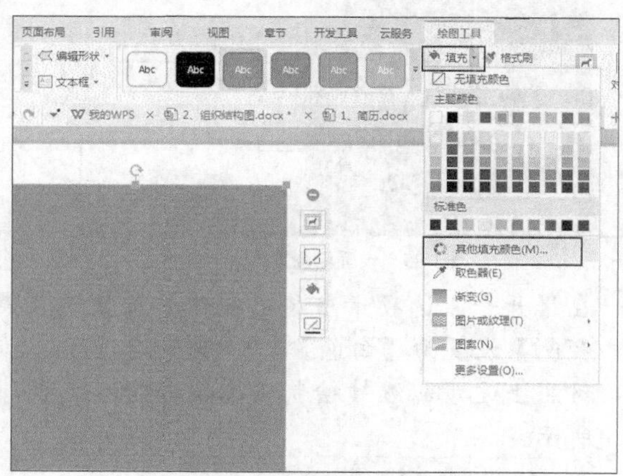

图3-82　选择其他颜色填充

(5) 弹出【颜色】对话框，在【标准】选项卡中选择图 3-83 所示的颜色，然后单击 确定 按钮，为刚刚绘制的矩形填充颜色。

(6) 在【形状样式】组中单击（设置形状格式）按钮，弹出【属性】面板，在【填充】栏中将【透明度】设置为【12%】，在【线条】栏中选择【无线条】单选项，如图 3-84 所示。

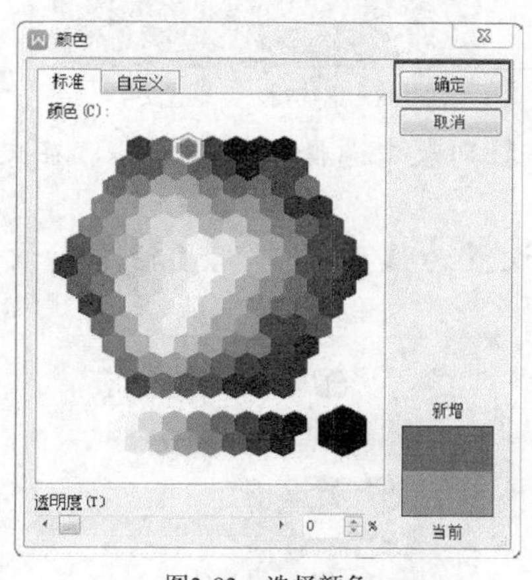

图3-83　选择颜色

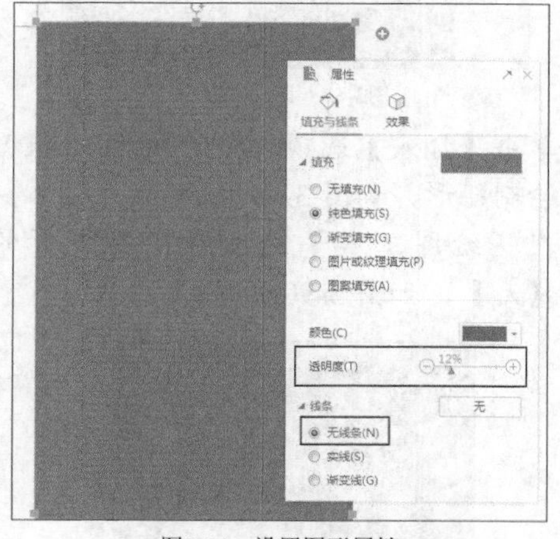

图3-84　设置图形属性

(7) 单击【绘图工具】中的（环绕）按钮，选择【衬于文字下方】，如图 3-85 所示。

2. 插入文本和图片。

(1) 选择【插入】选项卡，单击（文本框）按钮，绘制文本框并在文本框内输入文字，在右侧【属性】面板的【形状选项】选项卡中将【填充】和【线条】都设置为

【无】，如图 3-86 所示。

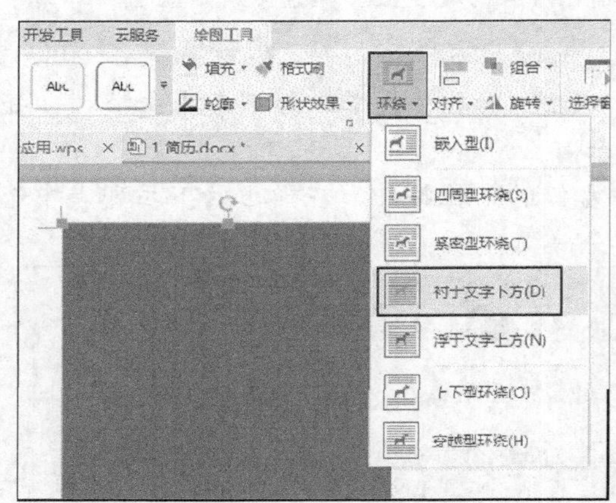

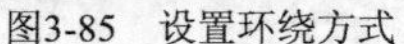
图3-85　设置环绕方式

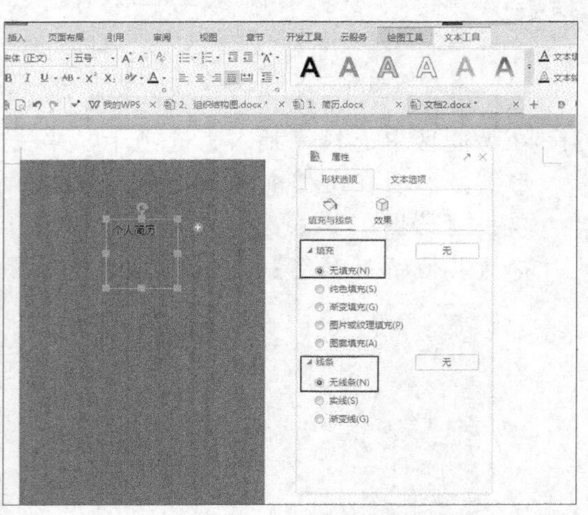

图3-86　设置文本框属性

(2) 在【开始】选项卡中将【字体】设置为【黑体】，【字号】设置为【小初】，【字体颜色】设置为【白色】，如图 3-87 所示。

(3) 仿照上述步骤继续绘制文本框并输入文字，然后对其进行必要的设置，结果如图 3-88 所示。

图3-87　调整文字

图3-88　继续输入并设置文字

(4) 单击【插入】选项卡中的（形状）按钮，在下拉列表中选择（矩形），在文档中绘制矩形，如图 3-89 所示。

(5) 在【绘图工具】选项卡中将矩形的【填充】设置为【白色】，【轮廓】设置为【无】，如图 3-90 所示。

图3-89　绘制矩形

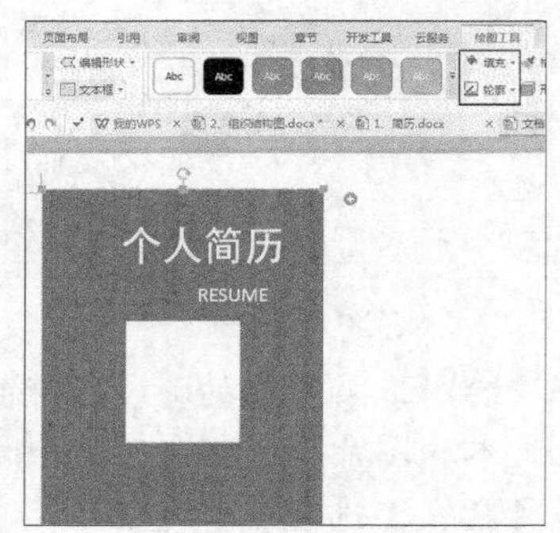

图3-90　设置矩形属性

(6) 选择【插入】选项卡，单击 （图片）按钮，导入素材图片（素材\第 3 章\图片 2.png），如图 3-91 所示。

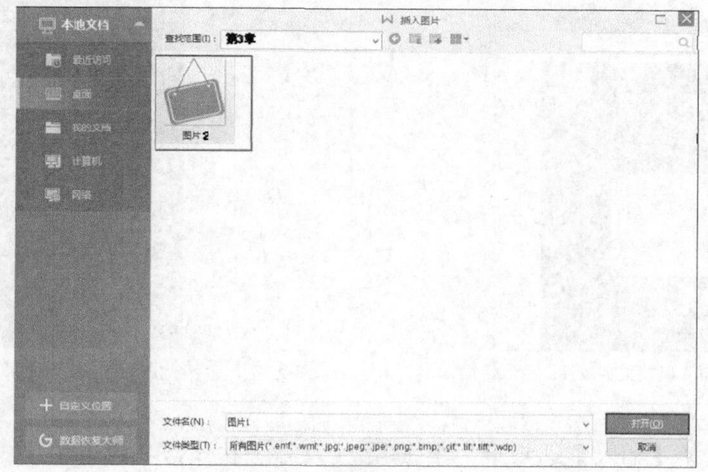

图3-91 插入图片

(7) 单击【图片工具】选项卡中的 （环绕）按钮，在下拉列表中选择【浮于文字上方】，如图 3-92 所示。

(8) 将其【高度】和【宽度】分别设为“1.30”厘米和“1.15”厘米，然后调整其位置，如图 3-93 所示。

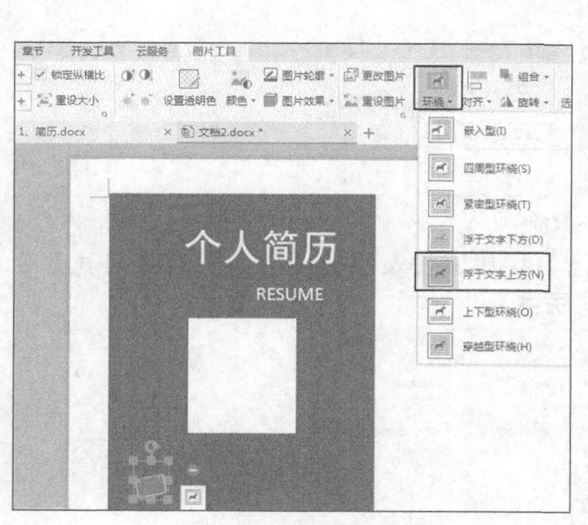

图3-92 设置环绕方式

图3-93 调整图片的大小和位置

(9) 绘制文本框并输入文字，将文本框的【填充颜色】和【轮廓颜色】都设置为【无】，将【字体】设置为【黑体】，【字号】设置为【四号】，【字体颜色】设置为【白色】，如图 3-94 所示。

(10) 继续绘制文本框并输入文字，然后对【文本框】【文字】【字号】【字体颜色】和【段落间距】进行设置，并导入素材图片（素材\第 3 章\图片 2.png），效果如图 3-95 所示。

图3-94　调整文字属性

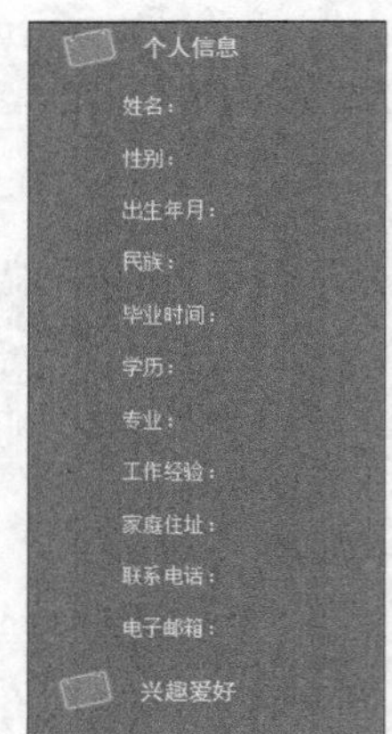

图3-95　输入文字

3. 设计表格。

(1) 在功能区中选择【插入】选项卡，单击 （表格）按钮，在弹出的下拉列表中选择【3 行 1 列】网格，即可在文档中插入一个 3 行 1 列的表格，如图 3-96 所示。

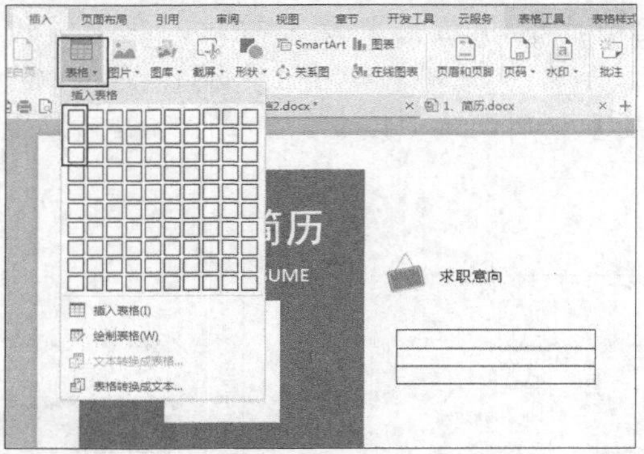

图3-96　插入表格

(2) 单击【表格工具】选项卡中的 （表格属性）按钮，将表格的【行高】和【列宽】分别设置为“1”厘米和“9”厘米，如图 3-97 所示。

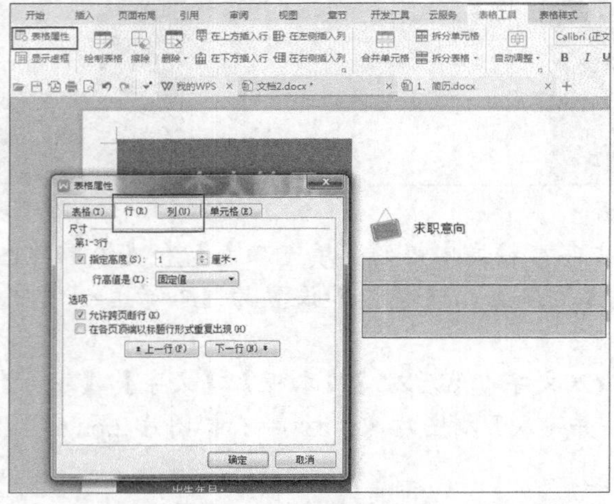

图3-97　设置行高列宽

(3) 选择插入的表格，在【表格样式】选项卡中单击▢（边框）按钮右侧的下拉按钮，在下拉列表中选择【上框线】【左框线】【右框线】选项，如图 3-98 所示。

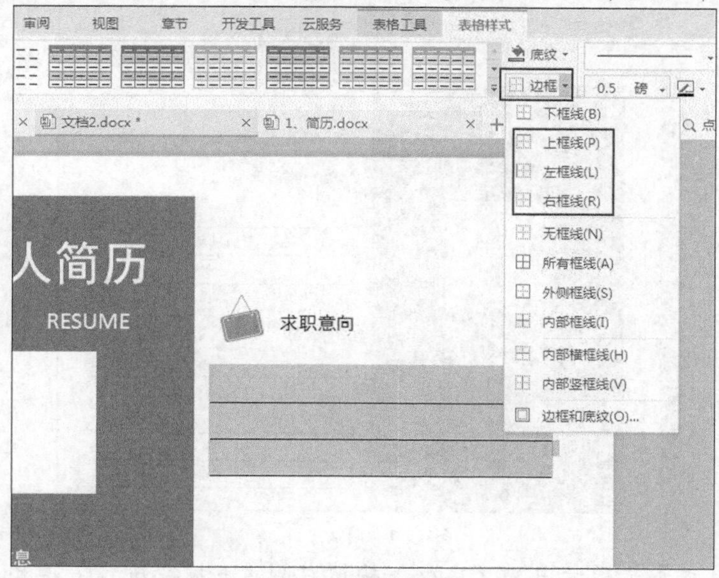

图3-98　设置表格边框

(4) 使用同样的方法制作其他内容，如图 3-99 所示。

(5) 在如图 3-100 所示的单元格内输入文字。

(6) 选中文字所在的单元格，然后选择【开始】选项卡，将【字体】设置为【微软雅黑】，【字号】设置为【10】，【字体颜色】设置为【黑色，文本 1】，然后单击≡（居中对齐）按钮，结果如图 3-101 所示。

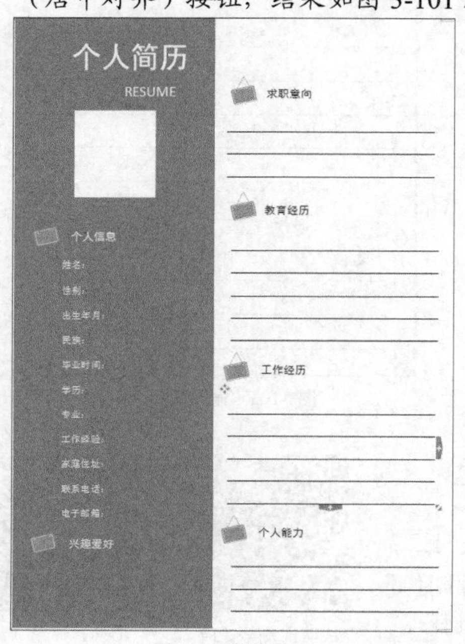

图3-99　其他设置

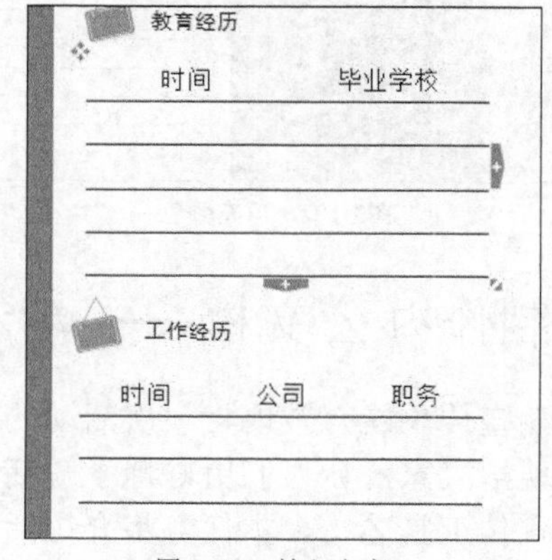

图3-100　输入文字

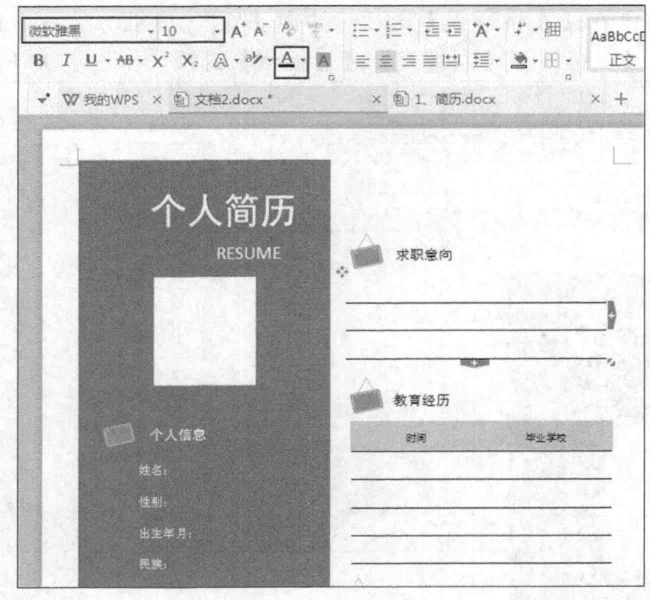

图3-101　调整文字

(7) 单击【表格样式】选项卡中 （底纹）按钮右侧的下拉按钮，在弹出的下拉列表中选择【矢车菊蓝，着色 1，浅色 80%】，即可为单元格填充选择颜色，如图 3-102 所示。

(8) 使用同样的方法在其他单元格中输入文字并设置填充颜色，结果如图 3-103 所示，最终结果如图 3-78 所示。

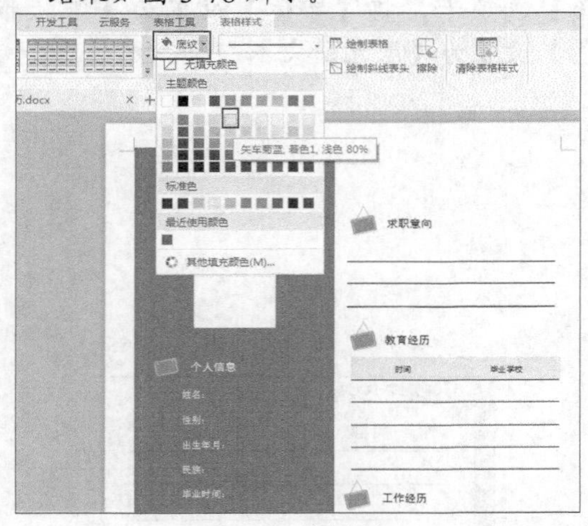
图3-102　填充颜色

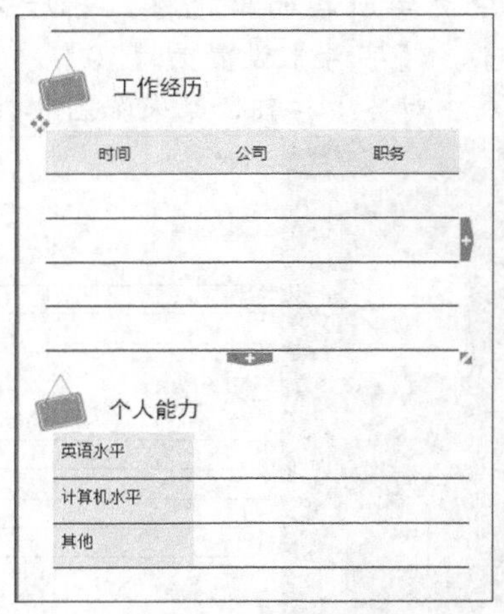

图3-103　输入文字

3.5　制作办公文档——活动宣传单

活动宣传单（1）

活动宣传单（2）

活动宣传单能有效地将一次活动的主题、内容、地址等呈现给大家，让人们更好地了解活动本身，是目前常用的宣传工具之一。本任务将介绍活动宣传单的制作方法，最终设计结果如图 3-104 所示。

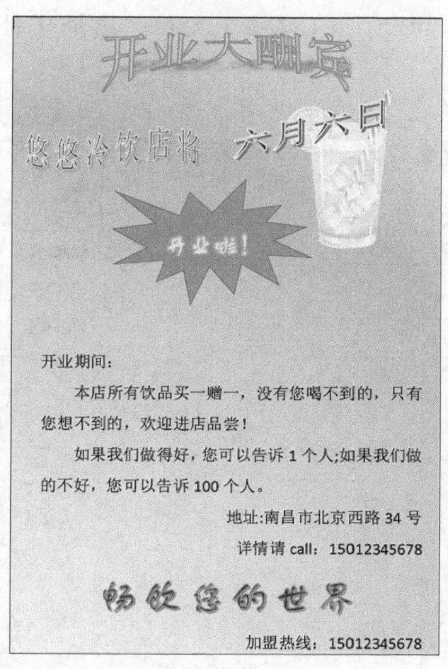

图3-104　设计效果

【设计步骤】

1. 插入艺术字。

(1) 按Ctrl+N组合键新建一个空白文档。

(2) 单击功能区【插入】选项卡中的（形状）按钮，选择（矩形），在文档中绘制如图 3-105 所示的矩形。

(3) 在【绘图工具】选项卡中单击（设置形状格式）按钮，在弹出的【属性】面板中将【填充】设置为【渐变填充】，【渐变样式】设置为【射线渐变】，【色标颜色】设置为【矢车菊蓝，着色 1，浅色 40%】，如图 3-106 所示。

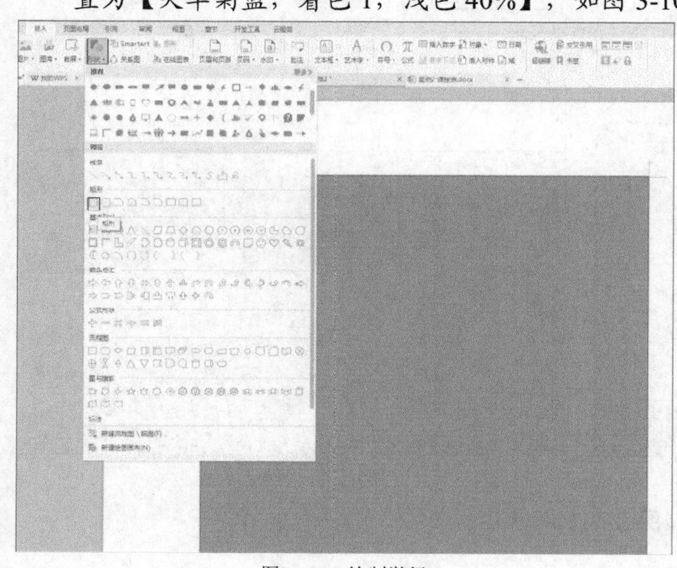

图3-105　绘制举行

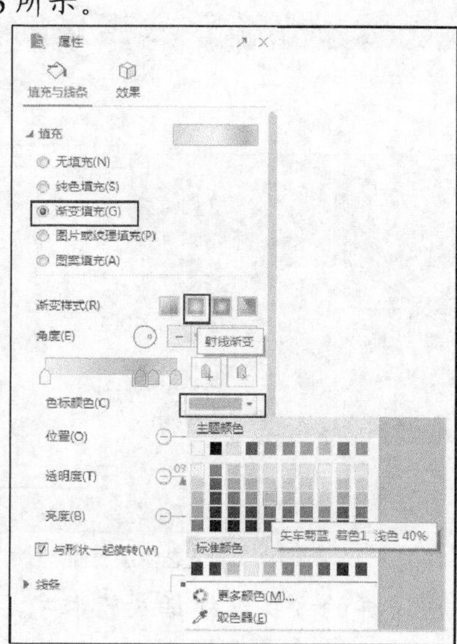

图3-106　属性设置

(4) 单击【绘图工具】选项卡中的（环绕）按钮，选择【衬于文字下方】，如图 3-107 所示。

(5) 选择【插入】选项卡，单击（艺术字）按钮，在【预设样式】面板中选择【填充-沙棕色，着色 2，轮廓-着色 2】，并输入文字，如图 3-108 所示。

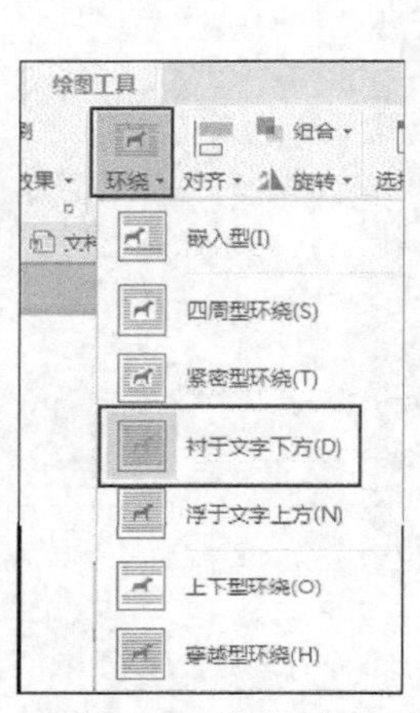

图3-107　设置环绕

图3-108　插入艺术字

(6) 选中刚刚插入的文字，单击【文本工具】选项卡中的（设置文本效果格式:文本框）按钮，在弹出的【属性】面板中将【阴影】设置为【透视】/【右上对角透视】，并将文字形状转换为【桥形】，如图 3-109 所示。

(7) 在【开始】选项卡的【字体组】中将【字体】设置为【宋体】，【字号】设置为【48】，如图 3-110 所示。

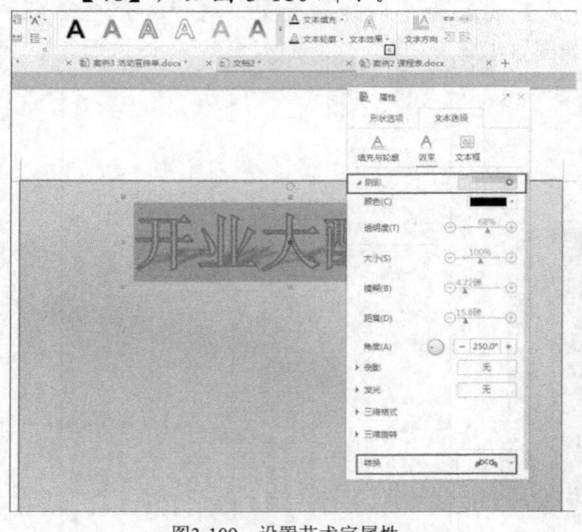

图3-109　设置艺术字属性

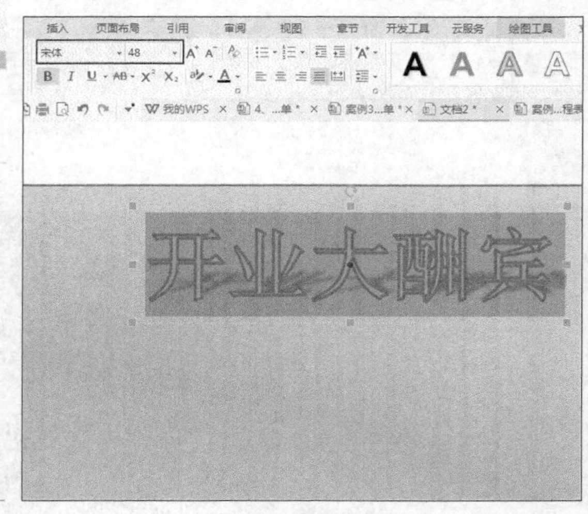

图3-110　调整艺术字

(8) 用同样的方式继续插入艺术字，如图 3-111 所示。

图3-111 插入艺术字

2. 插入形状、图片。

(1) 单击【插入】选项卡中的（形状）按钮，选择（爆炸形 1），在文档中绘制图 3-112 所示的图形，并插入文字。

(2) 选择【开始】选项卡，在【字体】组中将【字体】设置为【方正舒体】，【字号】设置为【小一】，并设置【加粗】；单击 A（字体颜色）按钮右侧的下拉按钮，选择【黄色】，如图 3-113 所示。

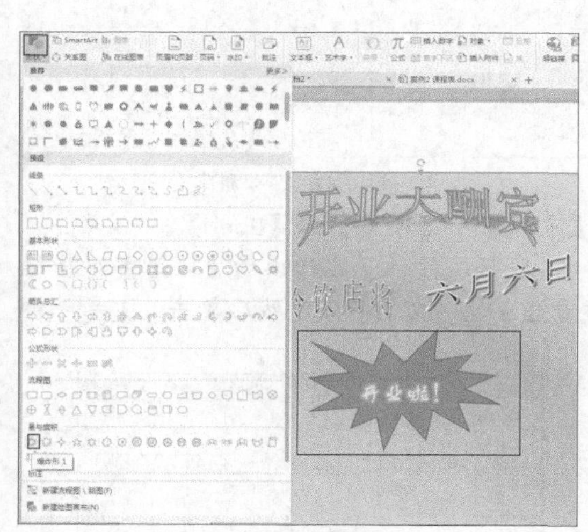

图3-112 插入形状

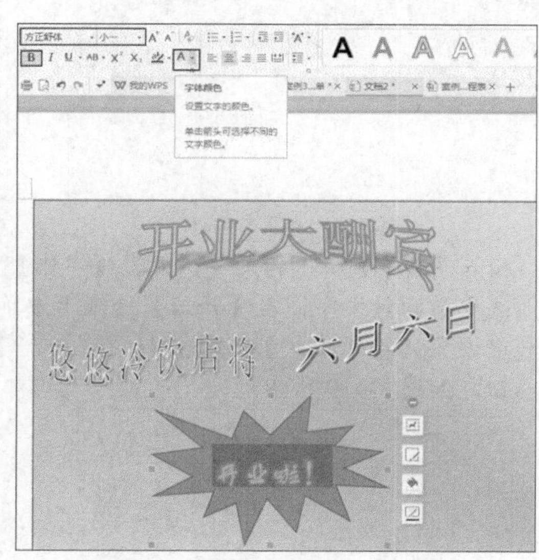

图3-113 调整文字

(3) 选择【插入】选项卡，单击（图片）按钮，导入素材图片（素材\第 3 章\图片 3.png），如图 3-114 所示。

(4) 单击【图片工具】选项卡中的（环绕）按钮，选择【衬于文字下方】，如图 3-115 所示。

3. 插入文本。

(1) 选择【插入】选项卡，单击（文本框）按钮，在文档中插入文本框，如图 3-116 所示。

(2) 单击【文本工具】选项卡中的（设置文本效果格式:文本框）按钮，在弹出的【属性】面板中将【填充】和【线条】都设置为【无】，如图 3-117 所示。

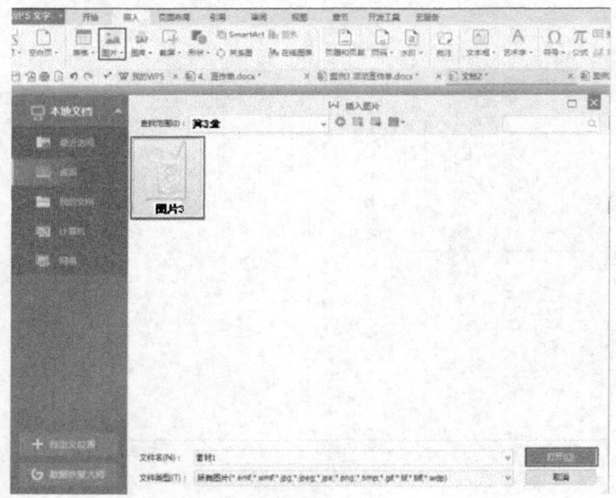

图3-114　插入图片

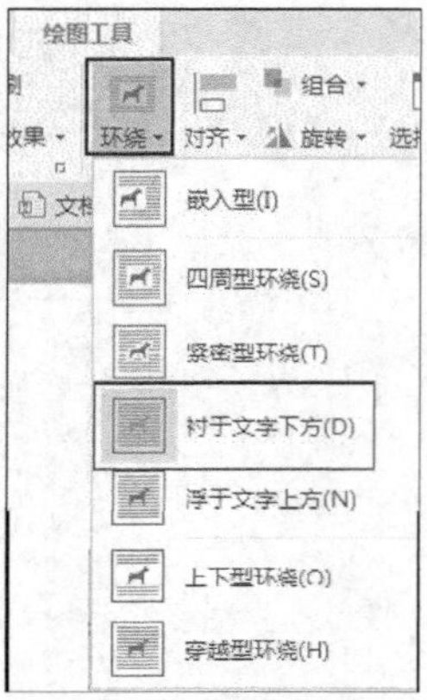

图3-115　设置环绕

图3-116　插入文本框

图3-117　设置文本框属性

(3)　输入图 3-118 所示的文字，设置【字体】为【宋体】，【字号】为【三号】。

(4)　选中前两段文字，在【开始】选项卡中单击（段落）按钮，在弹出的【段落】对话框中设置【特殊格式】为【首行缩进】，【度量值】为“2”字符，然后单击 确定 按钮，如图 3-119 所示。

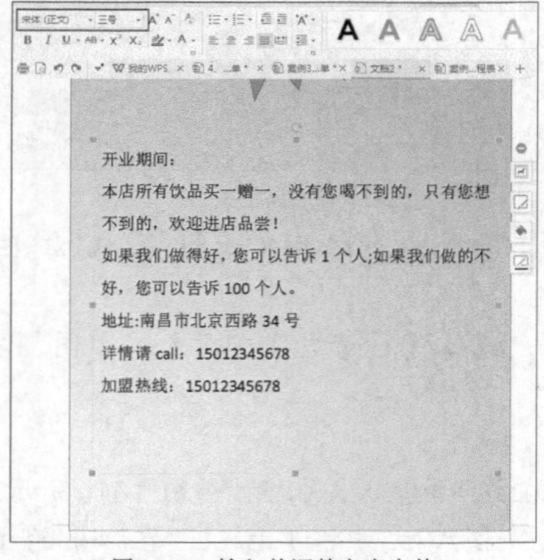

图3-118　输入并调整文字字体

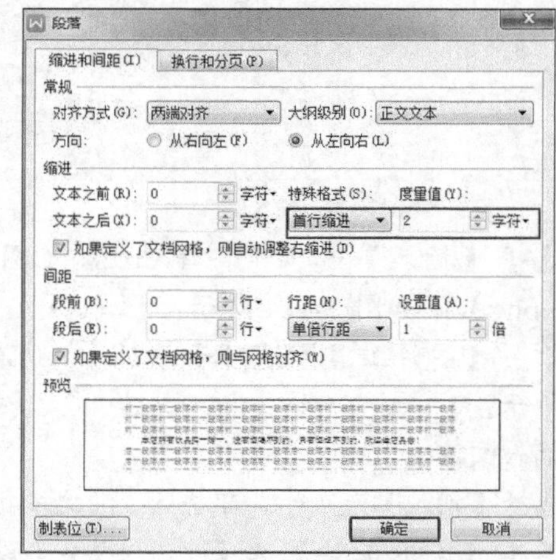

图3-119　设置段落格式

(5) 选中如图 3-120 所示的文本，单击☰（右对齐）按钮。

(6) 输入文字“畅饮您的世界”，在【开始】选项卡中设置【字体】为【方正舒体】，【字号】为【小初】，【文字颜色】为【红色】，然后单击☰（居中对齐）按钮，结果如图 3-121 所示。

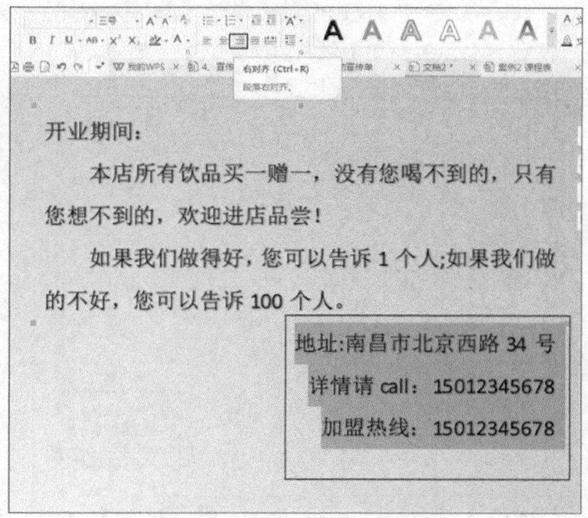

图3-120 设置段落

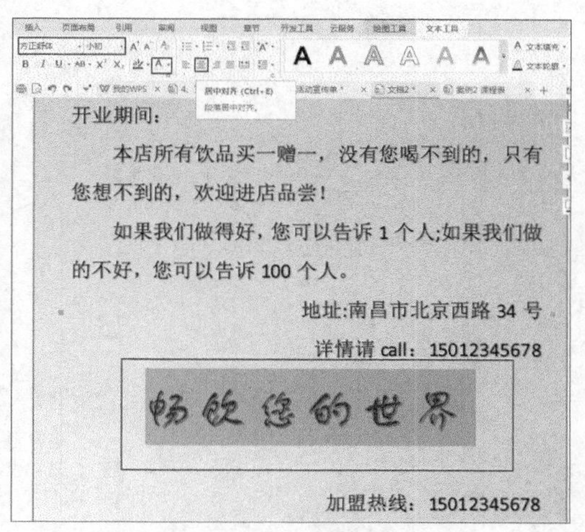

图3-121 输入并设置文字

3.6 制作办公文档——奖状

奖状

本案例将介绍奖状的制作方法，通过本例进一步巩固艺术字、图片的格式，掌握图文设计的基本技巧。最终的设计效果如图 3-122 所示。

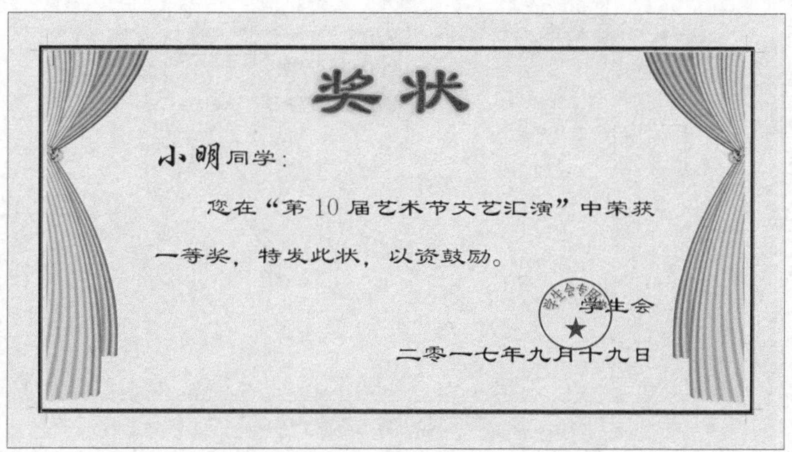

图3-122 设计效果图

【设计步骤】

1. 设置页面格式。

(1) 按 Ctrl+N 组合键新建空白文档。

(2) 在功能区【页面布局】选项卡中单击（纸张方向）按钮，在弹出的下拉列表中选择【横向】命令，把文档的纸张方向设置为横向，如图 3-123 所示。

(3) 单击【页面布局】选项卡中的 （页边距）按钮，在弹出的下拉列表中选择【自定义页边距】，在弹出的【页面设置】对话框中设置【上】【下】页边距为“4”厘米，【左】【右】页边距为“2.5”厘米，如图 3-124 所示。

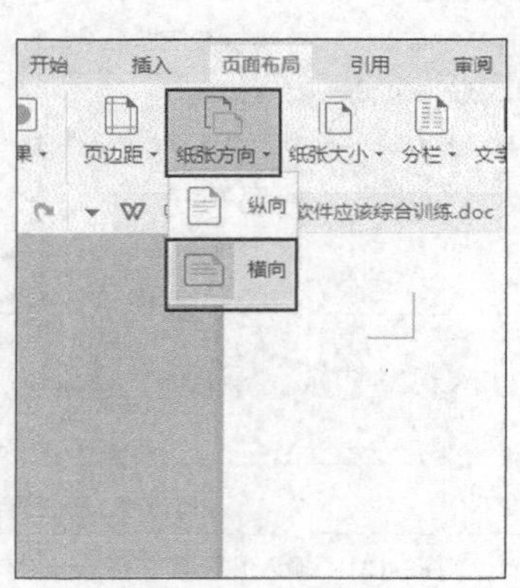

图3-123　纸张方向设置

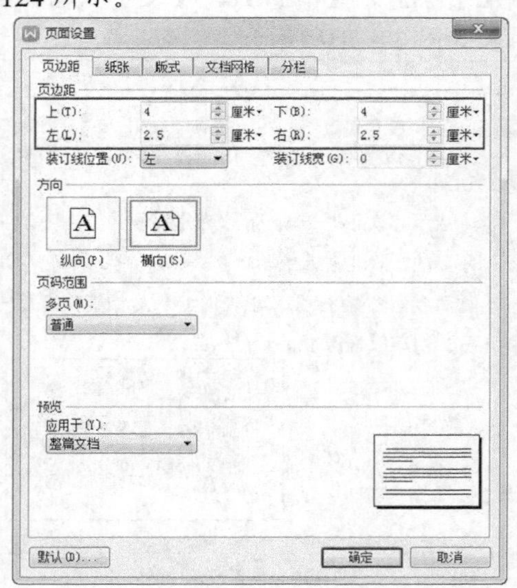

图3-124　页面设置

2. 输入奖状内容。

(1) 在【插入】选项卡中单击 （艺术字）按钮，在弹出的多种艺术字样式中选择【填充-沙棕色，着色 2，轮廓-着色 2】，输入文本“奖状”，如图 3-125 所示。

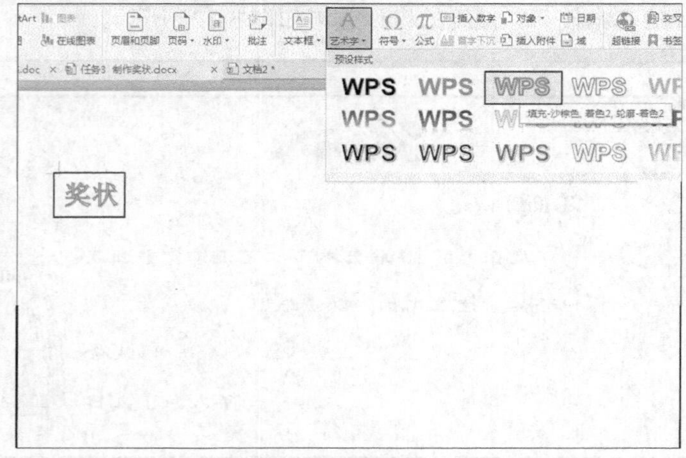

图3-125　插入艺术字

(2) 选中文本“奖状”，单击鼠标右键，在弹出的快捷菜单中选择【字体】命令，在弹出的【字体】对话框中将【字体】设置为【隶书】，【字号】设置为【72】，【字体颜色】设置为【红色】，并加粗，如图 3-126 所示。

(3) 进入【字符间距】选项卡，设置【间距】为【加宽】，【值】为“8”磅，如图 3-127 所示。

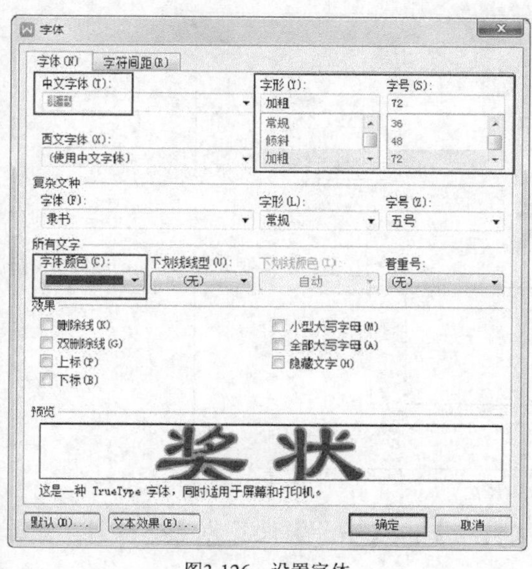

图3-126　设置字体

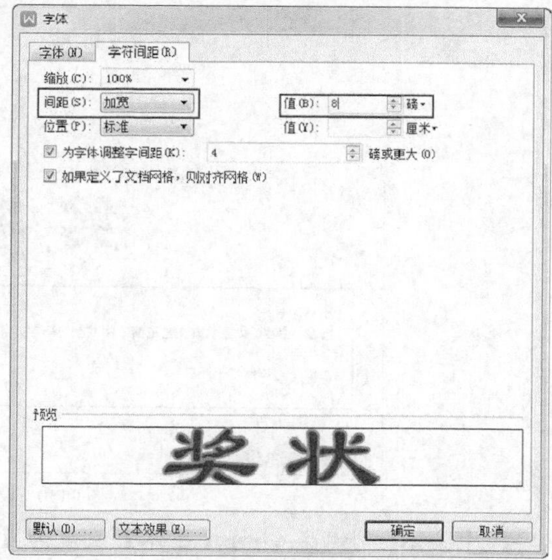

图3-127　设置字符间距

(4) 单击【文本工具】选项卡中的 (设置文本效果格式:文本框) 按钮，在弹出的【属性】面板中设置【阴影】为【内部右上角】，【发光】为【巧克力黄，8pt 发光，着色 2】，【颜色】为【橙色】，如图 3-128 所示。

(5) 单击【绘图工具】选项卡中的 (对齐) 按钮，设置【水平居中】，如图 3-129 所示。

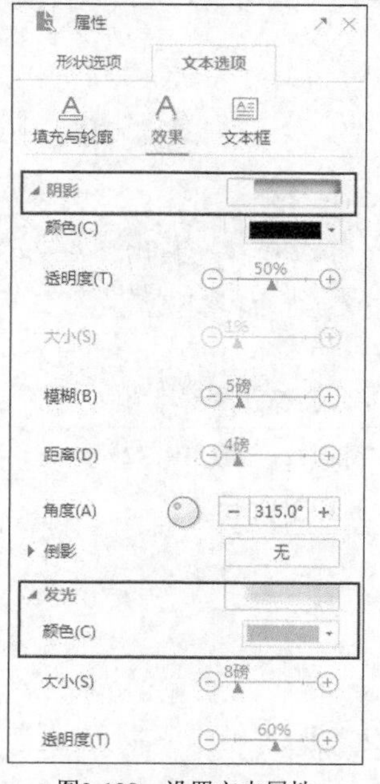

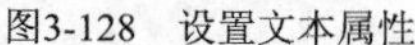
图3-128　设置文本属性

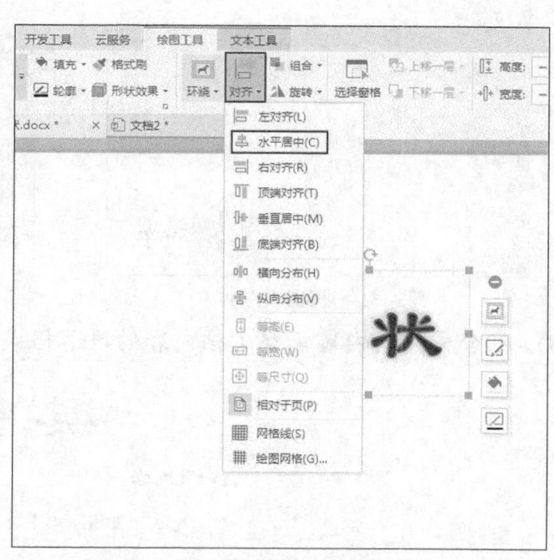

图3-129　设置对齐方式

(6) 单击【插入】选项卡中的 (文本框) 按钮，插入图 3-130 所示的文本，设置文本框的【填充】和【线条】均为【无】。

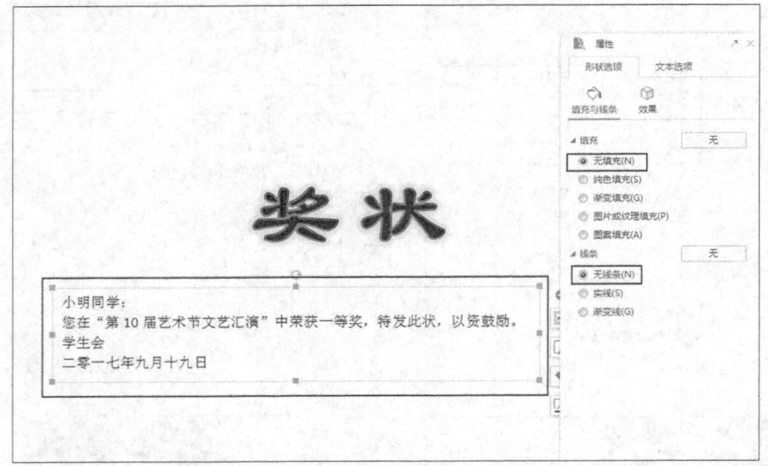

图3-130　设置文本属性

(7) 选中文本“小明”，将【字体】设置为【华文行楷】，【字号】设置为【小初】，如图 3-131 所示。

(8) 选中剩余文字，将【字体】设置为【隶书】，【字号】设置为【一号】，如图 3-132 所示。

图3-131　设置字体（1）

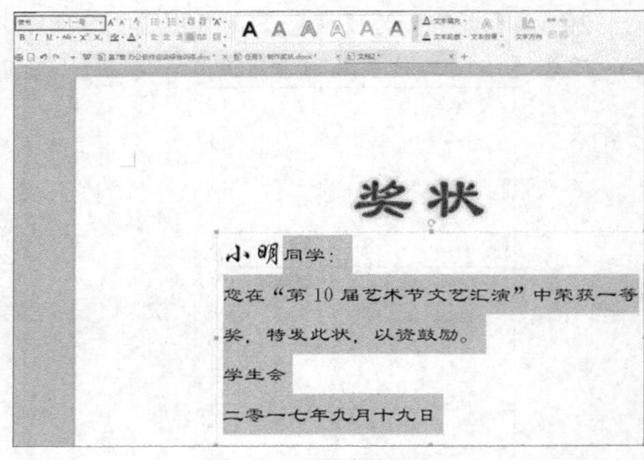

图3-132　设置字体（2）

(9) 结合文字的内容调整文档内容的段落格式，效果如图 3-133 所示。

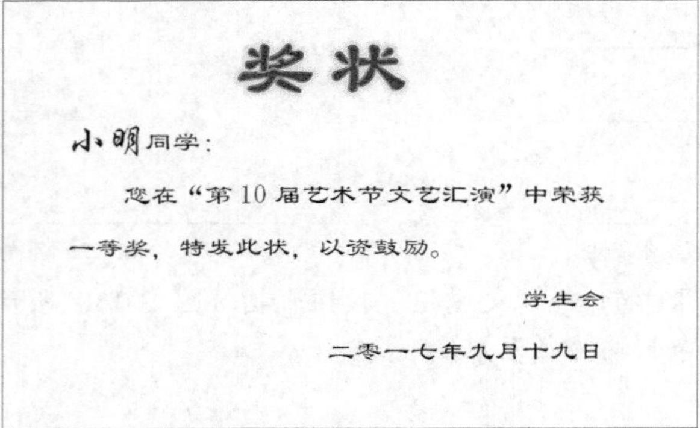

图3-133　调整段落格式

(10) 单击【页面布局】选项卡中的 （背景）按钮，选择【颜色】为【巧克力黄，着色 2，浅色 80%】，为文档添加背景，如图 3-134 所示。

(11) 单击【页面布局】选项卡中的 （页面边框）按钮，在弹出的【边框和底纹】对话框中选择图 3-135 所示的页面边框，单击 确定 按钮。

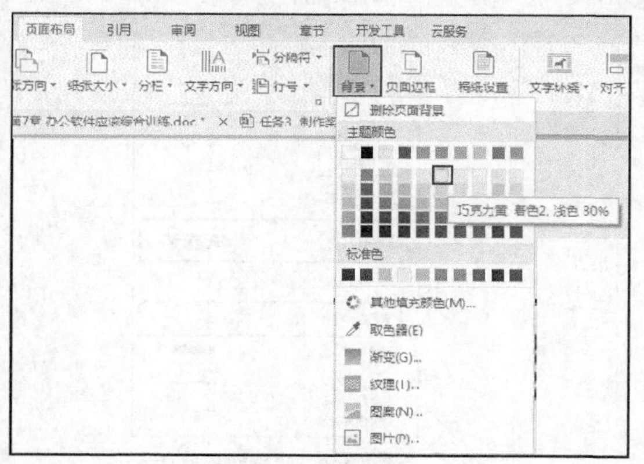

图3-134　设置背景

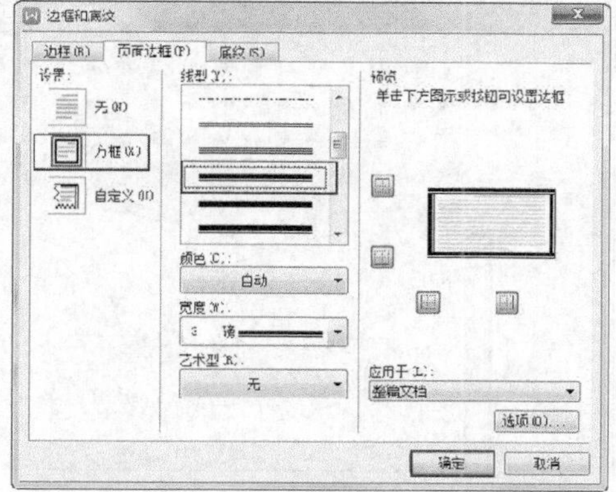

图3-135　设置页面边框

(12) 单击【插入】选项卡中的 （图片）按钮，导入素材图片（素材\第 3 章\图片 4.png），如图 3-136 所示。

(13) 复制粘贴图片，在复制的图片上单击鼠标右键，设置图片为【旋转】/【水平翻转】，如图 3-137 所示，并将其移至画面右侧的适当位置。

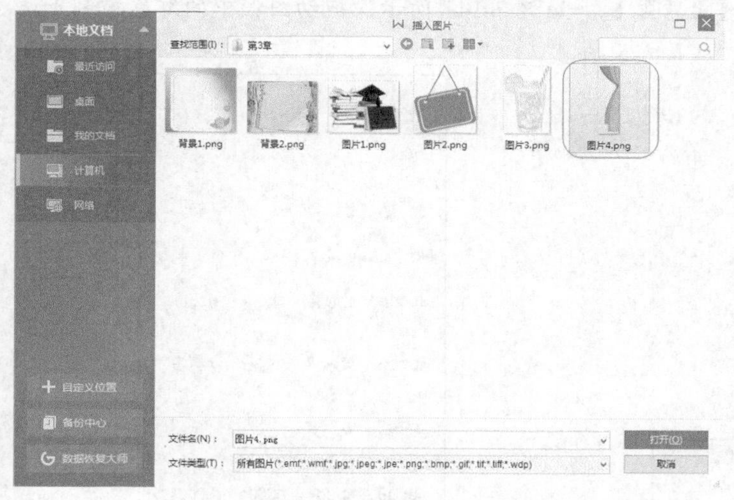

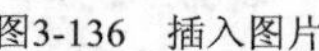

图3-136　插入图片

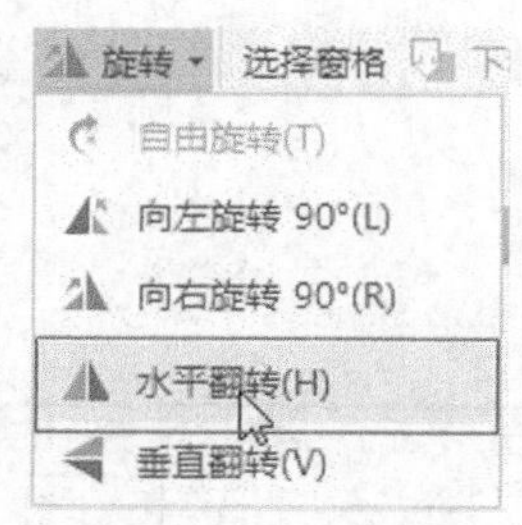

图3-137　旋转图片

3.　制作印章。

(1) 单击【插入】选项卡中的 （形状）按钮，选择 （椭圆），在文档的适当位置绘制一个圆，如图 3-138 所示。

(2) 单击【绘图工具】选项卡中的 （设置形状格式）按钮，在【属性】面板中将【填充】设置为【无填充】，【线条】设置为【实线】，【颜色】设置为【红色】，【宽度】设置为“2”磅，如图 3-139 所示。

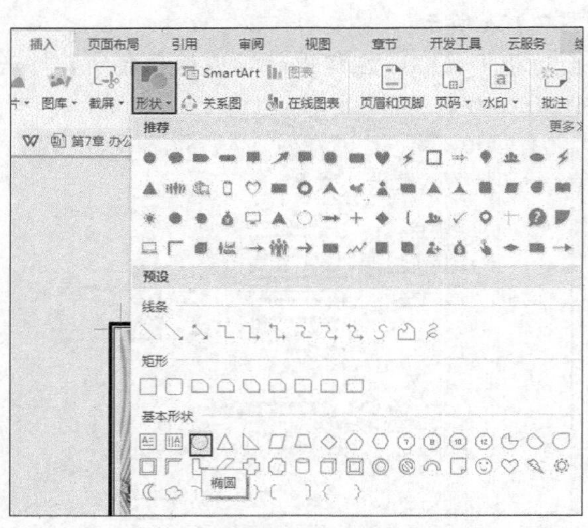

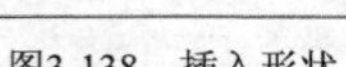
图3-138　插入形状

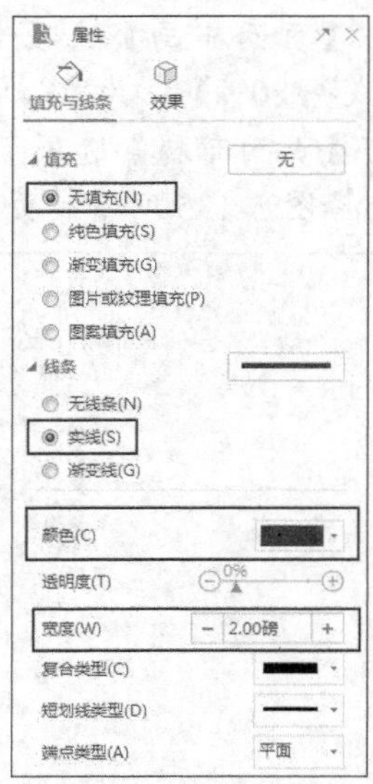

图3-139　设置图片属性

(3) 在【插入】选项卡中单击 A（艺术字）按钮，在弹出的多种艺术字样式中选择【填充-黑色，文本 1，阴影】，输入文本“学生会专用章”，如图 3-140 所示。

(4) 设置艺术字的【字号】为【五号】，【颜色】为【红色】。

(5) 单击【文本工具】选项卡中的 ◰（设置文本效果格式:文本框）按钮，在弹出的【属性】面板中设置【转换】为【上弯弧】，如图 3-141 所示。拖动图形中的红色控制点适当调整文字弯曲的弧度。

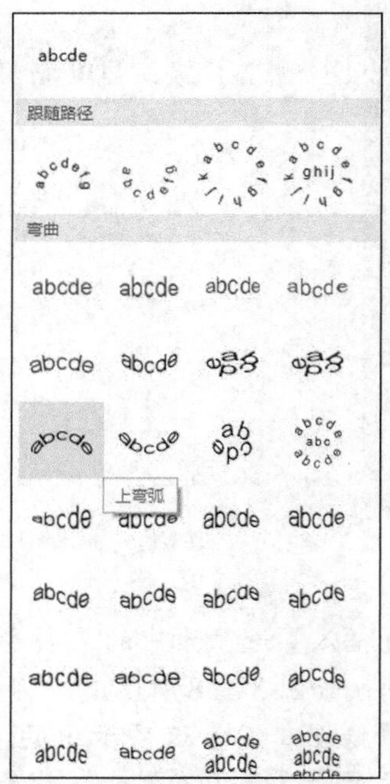

图3-140　插入艺术字

图3-141　设置文本格式

(6) 单击【插入】选项卡中的 ◼（形状）按钮，选择 ☆（五角星），调整五角星的大小及位置，将其内部填充为红色，结果如图 3-142 所示。

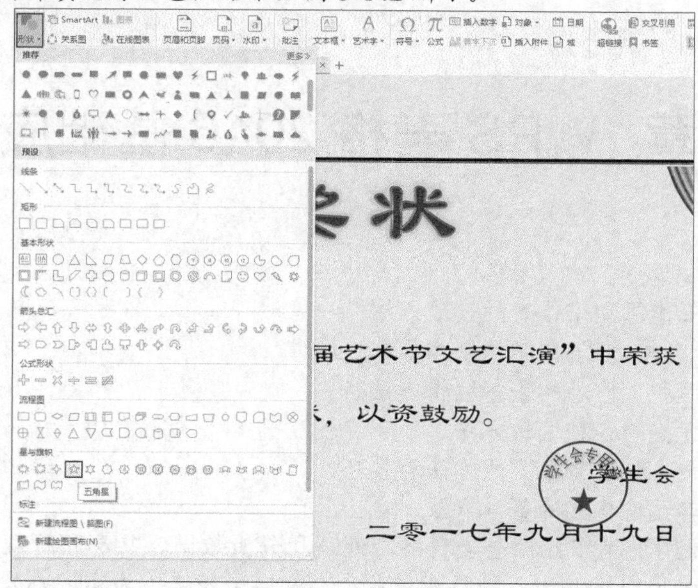

图3-142　插入形状并设置属性

3.7 小结

WPS 文字 2016 既是文字处理软件，同时也是很好的图表处理软件。它具有丰富的文字、表格处理功能和完善的图文混排功能，可以编辑文字图形、图象、声音及动画等，同时也提供了功能强大的菜单、工具栏、对话框及任务窗格等操作方式。要熟练掌握 WPS 文字 2016 的基本操作技巧，制作出美观的办公文档，需要加强实践训练，并不断学习别人的长处。在使用 WPS 文字 2016 时，要善于总结经验和技巧，善于使用模板，这样有助于提高设计质量和效率。

3.8 习题

1. 简要总结使用 WPS 文字 2016 进行文档格式设置的内容和技巧。
2. 简要总结使用 WPS 文字 2016 进行图文混排的技巧。
3. 练习为自己的办公文档设置访问权限。
4. 模拟本章实例，总结创建办公文档的一般方法。
5. 自选主题创建一个广告宣传文档。

第4章 WPS 表格 2016 基础应用

【学习目标】

- 明确创建工作簿和工作表的一般方法。
- 熟悉 WPS 表格 2016 的常用基本操作。
- 明确工作簿和工作表的基本编辑方法。
- 掌握对单元格的各种编辑方法。
- 掌握设置文本和数字格式的方法和技巧。
- 掌握设置单元格格式的基本方法。

WPS 表格主要用于制作各种电子表格、处理和分析数据、共享和管理数据等操作。使用 WPS 表格 2016 可以编制出各种具有专业水准的电子表格，为实现办公自动化奠定了坚实的基础。在工作表中输入数据后，还可以通过设置工作表样式的方法对其进行美化，如可以调整数字格式、行高、列宽及文字的字体等。

4.1 WPS 表格 2016 的设计环境

WPS 表格 2016 是 WPS Office 办公软件中的核心组件之一，广泛应用于现代办公自动化中。

4.1.1 WPS 表格 2016 的主要用途

WPS 表格 2016 除了可以创建数据表格、计算和管理数据、分析和预测数据外，还能将枯燥的数据使用图表显示出来。

一、 绘制图表

绘制图表是 WPS 表格最基础的功能，使用 WPS 表格可以绘制出各种美观、简洁大方的图表，例如公司员工工资表、企业销售记录表及家庭收支表等，如图 4-1 所示。

车型级别统计

	来店		来电																			
车型	本日	上周	本日	上周	O	H	A	B	C	N	W	报纸	杂志	广播	电视	网页	车展	路过	邮件	800	朋友	其他
领驭																						
途安																						
POLO																						
3000																						
普桑																						
其他																						
合计	0	0	0	0	0	C	0	0	0	0	0	0	0	0	0	0	0	0	0	0	0	C
	OK																					

车型状况统计

车型	首次		再回展厅		试乘试驾		电话预约		订车		交车		战败		30天内库存	30-60天库存	60天以上库存	其他
	本日	上周	本日	上周	本日	上周	本日	上周	本日	上周	本日	上周	本日	上周				
领驭																		
途安																		
POLO																		
3000																		
普桑																		
其他																		
合计	0	0	0	0	0	0	0	0	)	0	0	0	0	0	0	C	0	0

图4-1 绘制图表

二、 数据计算

使用 WPS 表格可以进行多种数据计算，如对数据求和、求数据平均值及求解线性方程等，如图 4-2 所示。

	A	B	C	D	E	F	G	H	I
1	成绩表								
2	姓名	语文	数学	英语	生物	化学	物理	总分	平均分
3	刘建	78.00	86.00	71.00	88.00	83.00	80.00	486.00	81
4	王新	80.00	71.00	72.00	76.00	81.00	82.00	462.00	77
5	周平	68.00	71.00	71.00	78.00	86.00	88.00	462.00	77
6	陈莉莉	68.00	68.00	78.00	82.00	87.00	76.00	459.00	76.5
7	卢婷婷	72.00	81.00	73.00	60.00	82.00	74.00	442.00	74
8									
9	最高分	80.00	86.00	78.00	88.00	87.00	88.00		
10	最低分	68.00	68.00	71.00	60.00	81.00	74.00		

图4-2　数据计算

三、 数据管理

使用 WPS 表格可以对数据进行排序、查找、分类汇总及按照条件筛选等操作，最终得到用户需要的数据序列，如图 4-3 所示。

	A	B	C	D	E	F	G
1	订货日期	厂家	商品名称	型号	单价	数量	合计
2	2017/3/1	胜利公司	华为	1型	¥2,450.00	10	¥24,500.00
3	2017/3/8	胜利公司	华为	2型	¥660.00	5	¥3,300.00
4	2017/4/9	胜利公司	三星	1型	¥1,600.00	10	¥16,000.00
5	2017/4/18	胜利公司	小米	1型	¥1,200.00	8	¥9,600.00
6		胜利公司 汇总				33	¥53,400.00
7	2017/9/10	凯威公司	华为	4型	¥800.00	15	¥12,000.00
8	2017/5/16	凯威公司	三星	4型	¥1,100.00	10	¥11,000.00
9	2017/6/20	凯威公司	小米	2型	¥1,600.00	8	¥12,800.00
10		凯威公司 汇总				33	¥35,800.00
11	2017/7/20	蓝星公司	三星	1型	¥600.00	8	¥4,800.00
12	2017/8/1	蓝星公司	三星	3型	¥1,300.00	10	¥13,000.00
13	2017/10/23	蓝星公司	华为	3型	¥3,500.00	15	¥52,500.00
14		蓝星公司 汇总				33	¥70,300.00
15		总计				99	¥159,500.00

图4-3　数据管理

四、 创建数据图表

WPS 表格具有强大的数据分析功能，它能将数据的分析结果以图形方式表达出来，这种表达方式直观、清晰，便于理解，如图 4-4 所示。

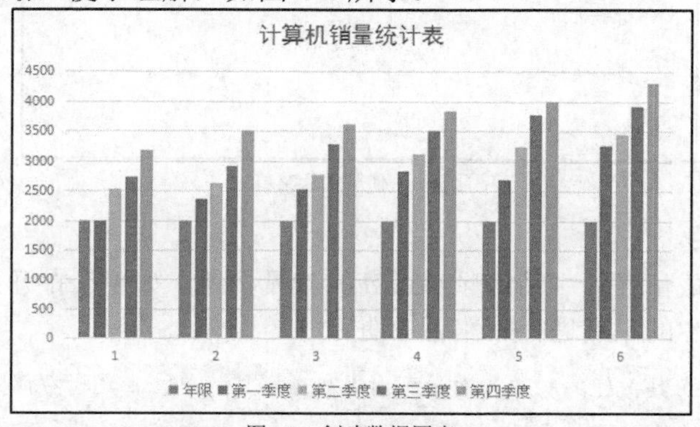

图4-4　创建数据图表

4.1.2 WPS 表格 2016 的工作界面

WPS 表格 2016 的工作界面主要由系统菜单、快速工具栏、标题栏、管理工作区、设计功能区、编辑区、视图控制区及状态栏等要素组成，如图 4-5 所示。

图4-5　WPS 表格 2016 的工作界面

一、　系统菜单

单击系统菜单可以获取当前文件的基本信息，还可以进行【新建】【打开】【保存】及【打印】等文件操作。

要点提示　在系统菜单汇总可以查看最近使用过的文件，如图 4-6 所示。单击文件名右侧的 × 按钮可以从列表中删除该选项，单击 ⇥ 按钮可以将该文档固定在列表中。

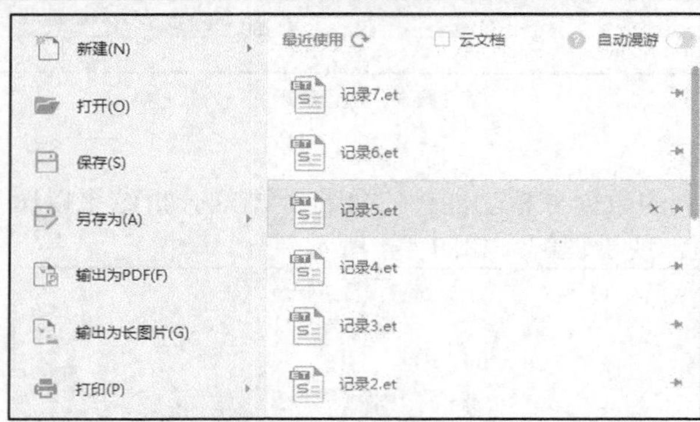

图4-6　使用文件菜单

二、　快速工具栏

快速工具栏中集成了设计中使用频率最高的工具按钮，如（打开）、（保存）、（撤销）等，使用其中的工具进行操作更加便捷。

要点提示　快速工具栏中工具按钮的种类和数量可由用户自定义，单击工具栏右侧的 ▾ 按钮打开下拉菜单，选中菜单中的项目可将其加入到工具栏中，此时其前面有 ✓ 标记，如图 4-7 所示，再次单击该项目又可以将其从工具栏中移除。

三、　标题栏

标题栏显示文件名和程序名，当同时打开多个文档时，标题栏中显示当前激活（处于可编辑状态的）的文档名称，如图 4-8 所示。

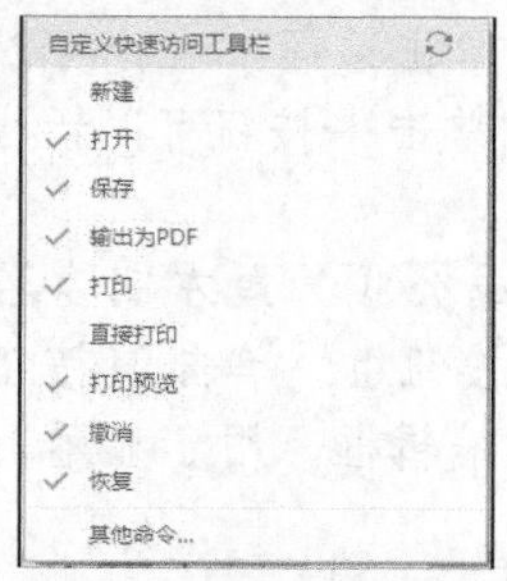

图4-7　自定义快速访问工具栏

图4-8　标题栏

四、 设计功能区

设计功能区是 WPS 表格 2016 的控制中心，它将各种重要功能分类集中在一起，从而取代早期版本中冗长的菜单项和繁杂的工具栏。设计功能区由选项卡、工具组和工具按钮 3 个部分组成，如图 4-9 所示。

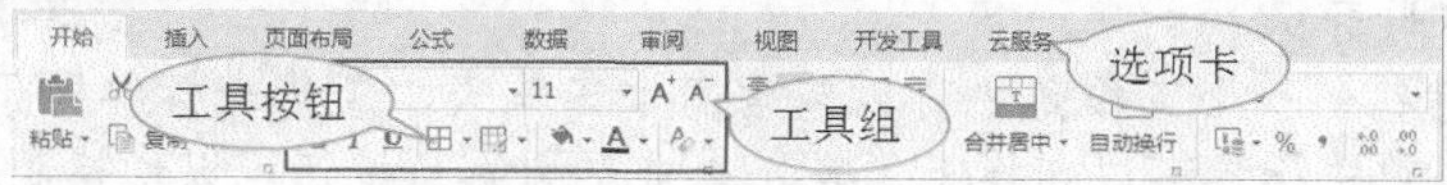

图4-9　功能区的组成

- 选项卡：功能区顶部有一组选项卡，每个选项卡代表一个可执行的核心任务。例如，常用的命令按钮都集中在【开始】选项卡上，如【复制】【粘贴】和【剪切】等。
- 工具组：在每个选项卡中，将执行特定任务所需要的工具按照一定的排列方式组织在一起，并且一直处于显示状态，保证随时可以使用。
- 工具按钮：工具组中显示的命令按钮通常是最常用的工具，使用这些按钮可以方便快捷地完成特定的操作。

要点提示 工具组中的按钮旁边带有不同符号，例如，单击田·右侧的倒三角符号可以打开下拉列表，在下拉列表中选取需要的选项；工具组右下角的◲按钮为【功能扩展】按钮，单击该按钮可以打开相关对话框，利用对话框设置更多选项。

五、 编辑区

工作表编辑区是 WPS 表格编辑表格的主要场所，它主要包括工作簿选项卡、编辑栏、单元格、行号与列号、工作表标签、控制按钮及工作表标签滚动显示按钮等，如图 4-10 所示。

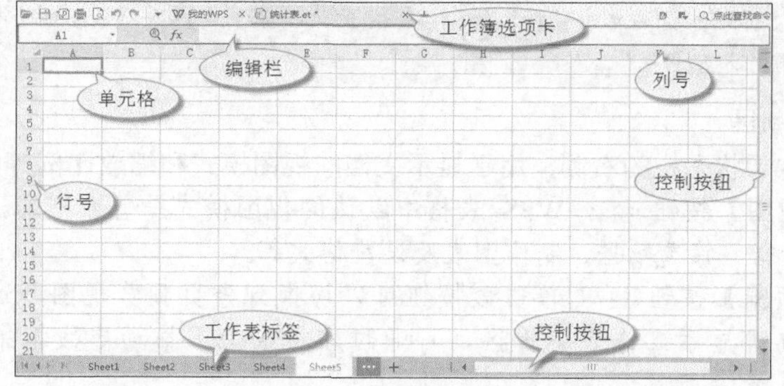

图4-10　工作表编辑区的组成

- 工作簿选项卡：在这里显示当前打开的所有工作簿，单击选项卡名称可以激活该文档，单击选项卡后的×按钮可以关闭该工作簿。单击+按钮可以新建一个工作簿。
- 编辑栏：用于显示和编辑当前活动单元格中的数据或公式。最左侧为名称框，其中显示当前单元格的地址或函数名称；中间为按钮组：单击按钮可以浏览公式结果，单击fx按钮可插入函数；最右侧为编辑框，用于显示、编辑数据和公式，如图 4-11 所示。

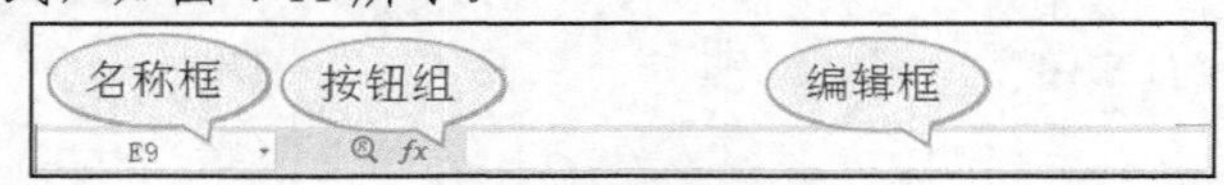

图4-11　编辑栏的组成

- 单元格、行号和列号：是 WPS 表格中存储数据的基本元素，通过行号和列号进行标记，其中行号用“1、2、3……”等数字标识，列号用“A、B、C……”等大写字母标识。
- 工作表标签：一个工作簿中可以包含多个工作表，工作表标签用于显示工作表名称。单击标签可以切换工作表。单击左侧的按钮可以切换到第 1 个工作表；单击按钮可以向左切换一个工作表；单击按钮可以向右切换一个工作表。单击左侧的按钮可以切换到最后一个工作表。

在工作表标签滚动显示按钮上单击鼠标右键，将弹出包含所有工作表标签的快捷菜单，选择任意一个工作表名称即可切换到相应的工作表。

- 控制按钮：中间为滚动条，包括水平滚动条和垂直滚动条，滑动滚动条可以查看窗口中因超出屏幕显示范围而未显示出来的内容。单击滚动条两侧的按钮或按钮可以单元格为单位沿着行或列移动显示范围。

六、　管理工具区

管理工具区提供常用的管理工具，包括用户登录未登录、更换软件界面外观、帮助、最小化窗口、还原窗口和关闭窗口等操作。

七、　状态栏

状态栏位于窗口底端左侧，用于显示当前工作表和单元格中的相关信息。在工作表中输入数据后，选择某个数据区域，即可在状态栏显示相关的数据信息。

要点提示

在状态栏上的任意区域单击鼠标右键，在弹出的快捷菜单中选取要显示的命令，这样可以实现自定义状态栏操作。

八、　视图控制区

视图控制区位于状态栏的右侧，用于显示文档的视图模式和缩放比例等内容。

- 【普通视图】按钮：WPS 表格中默认的视图模式是普通视图，在其中可以输入数据、筛选数据、制作图表及设置格式等。
- 【分页预览】按钮：单击该按钮可以切换到分页预览视图，这时可以按照打印方式显示工作表编辑区，可通过左右或上下拖动虚线框来移动分页符，如图 4-12 所示。

图4-12　分页预览效果

- 【阅读模式】按钮：单击该按钮将切换到阅读模式，首先单击右侧的下拉按钮选择一种提示颜色，选中单元格后，单元格所在的行和列均用该颜色高亮显示，如图 4-13 所示。

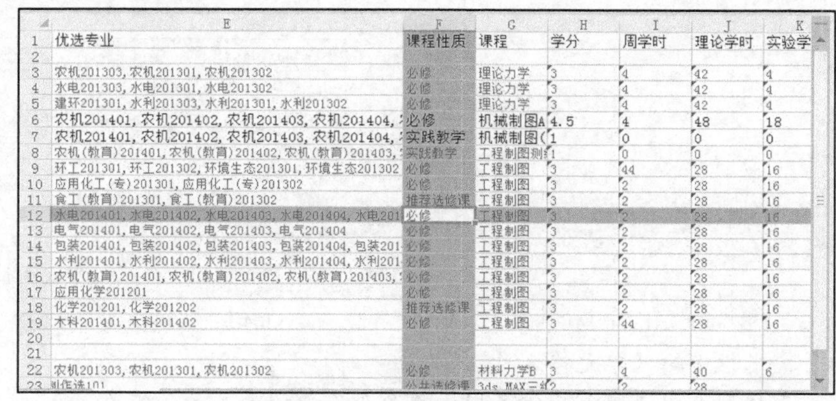

	E	F	G	H	I	J	K
1	优选专业	课程性质	课程	学分	周学时	理论学时	实验学
2							
3	农机201303, 农机201301, 农机201302	必修	理论力学	3	4	42	4
4	水电201303, 水电201301, 水电201302	必修	理论力学	3	4	42	4
5	建环201301, 水利201303, 水利201301, 水利201302	必修	理论力学	3	4	42	4
6	农机201401, 农机201402, 农机201403, 农机201404, 7	必修	机械制图A	4.5	4	48	18
7	农机201401, 农机201402, 农机201403, 农机201404,	实践教学	机械制图(	1	0	0	0
8	农机(教育)201401, 农机(教育)201402, 农机(教育)201403,	实践教学	工程制图测	1	0	0	0
9	环工201301, 环工201302, 环境生态201301, 环境生态201302	必修	工程制图	3	44	28	16
10	应用化工(专)201301, 应用化工(专)201302	必修	工程制图	3	2	28	16
11	食工(教育)201301, 食工(教育)201302	推荐选修课	工程制图	3	2	28	16
12	水电201401, 水电201402, 水电201403, 水电201404, 水电201	必修	工程制图	3	2	28	16
13	电气201401, 电气201402, 电气201403, 电气201404	必修	工程制图	3	2	28	16
14	包装201401, 包装201402, 包装201403, 包装201404, 包装201	必修	工程制图	3	2	28	16
15	水利201401, 水利201402, 水利201403, 水利201404, 水利201	必修	工程制图	3	2	28	16
16	农机(教育)201401, 农机(教育)201402, 农机(教育)201403,	必修	工程制图	3	2	28	16
17	应用化学201201	必修	工程制图	3	2	28	16
18	化学201201, 化学201202	推荐选修课	工程制图	3	2	28	16
19	木科201401, 木科201402	必修	工程制图	3	44	28	16
20							
21							
22	农机201303, 农机201301, 农机201302	必修	材料力学B	3	4	40	6
23	[illegible]	公共选修课	3ds MAX三维	2	2	28	

图4-13　阅读模式效果

- 模式选择：可以选择【护眼模式】（此时设计界面底纹将设置为绿色）和【夜间模式】（适当调低显示亮度）两种模式来保护视力。
- 显示比例：拖动显示比例滑块或单击－和＋按钮来调节显示比例。

4.1.3 单元格

在 WPS 表格中，单元格、工作表与工作簿是 3 个最基本的概念，也是最重要的操作对象，三者之间相互区别却又紧密联系。单元格是 WPS 表格的基本操作单元，一个工作表包含数量众多的单元格，为了识别不同的单元格，需要使用行号和列标进行标记。

一、 单元格地址

单元格地址表示单元格所处的位置，用代表列的字母加上代表行的数值表示，即：列标+行号。例如：A1 表示该单元格位于 A 列 1 行。

多个连续的单元格称为“单元格区域”，使用对角线的两个单元格地址来表示。例如，D7:I21 表示 D7 单元格与 I21 单元格之间的单元格区域，如图 4-14 所示。

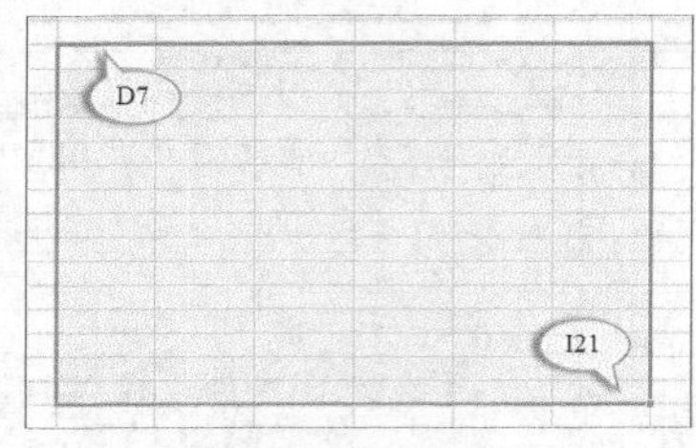

图4-14　单元格区域

二、　单元格命名

除了使用行号与列标来表示单元格外，还可以对单元格命名，方法如下。

1. 在功能区选中【公式】选项卡。
2. 在【定义的名称】工具组中单击 （名称管理器）按钮，打开【名称管理器】对话框，如图 4-15 所示，单击 新建(N)... 按钮，打开【新建名称】对话框，如图 4-16 所示。

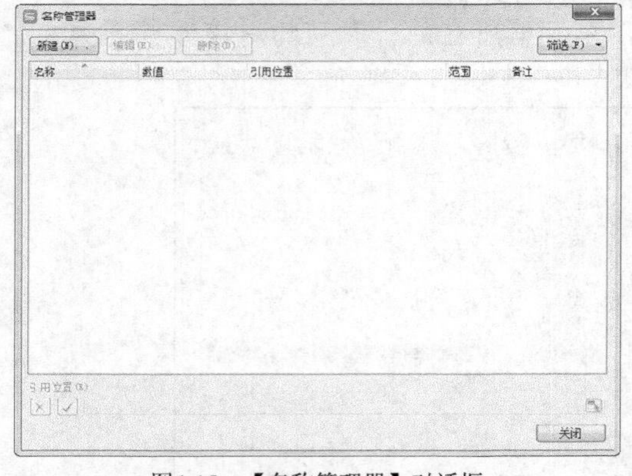

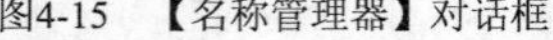

图4-15　【名称管理器】对话框

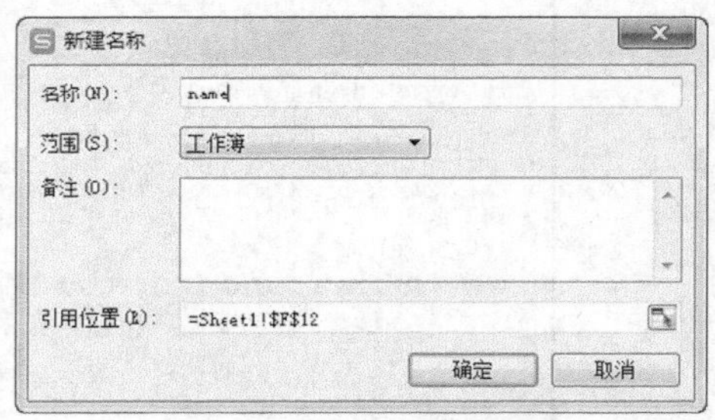

图4-16　【新建名称】对话框

3. 在【名称】文本框中输入单元格名称。
4. 在【范围】下拉列表中选取是将命名用于整个工作簿还是某一工作表。
5. 单击【引用位置】文本框右侧的 按钮，然后选取要命名的单元格，回车后返回【新建名称】对话框，最后单击 确定 按钮。

要点提示 在选取多个单元格时按住 Ctrl 键，可以将这些单元格命名为同一名称，选取两个单元格时按住 Shift 键，可以为这两个单元格之间的单元格区域命名。为单元格命名后，选中单元格，其名称将出现在编辑栏的名称框中。在定义了多个单元格名称后，单击名称框右侧的 按钮，在弹出的下拉列表中新定义单元格名称列表，选中某一名称就可以选中对应名称的单元格。

4.1.4　工作表与工作簿

一个 WPS 表格文档就是一个工作簿，用来保存表格内容，一个工作簿中可以包含一个或多个工作表，工作表是处理和存储数据的主要场所。

一、　工作簿

工作簿通常由多个工作表组成，新建一个 WPS 表格文档时就新建了一个工作簿，用户可以根据设计要求对其命名。通常每个新建的工作簿包含“Sheet1”“Sheet2”和“Sheet3”3 张工作表，用户可以根据需要新建并重命名这些工作表，如图 4-17 所示。

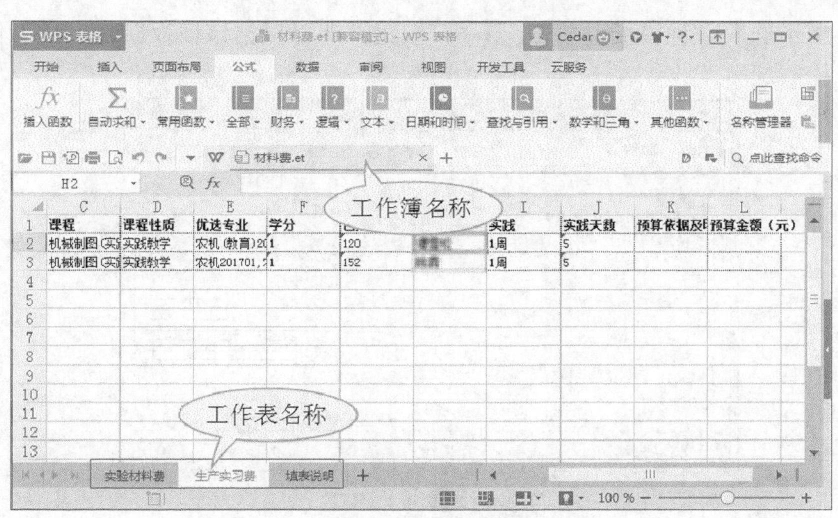

图4-17　工作簿与工作表

二、　工作表

工作簿中的工作表以工作表标签的形式显示在工作表编辑区底部，以方便用户在不同表之间切换，一个工作表可以包含最多 1048576×16384 个单元格。

三、　工作簿、工作表与单元格的关系

工作簿、工作表与单元格之间是包含与被包含的关系，工作表包含多个单元格，工作簿中又包含一个或多个工作表，如图 4-18 所示。

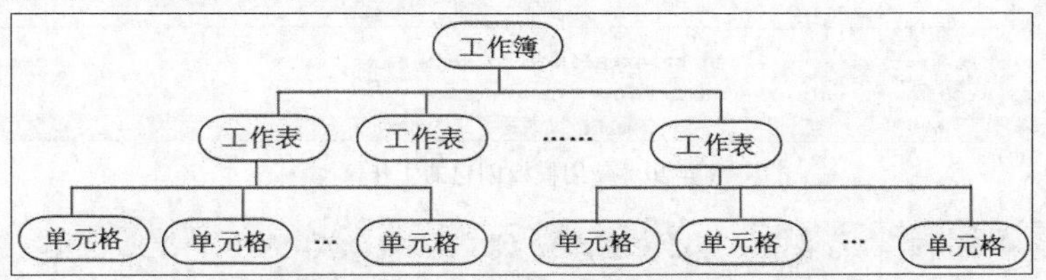

图4-18　工作簿、工作表与单元格的关系

要点提示　工作簿可以以文件的形式单独存在，而工作表必须依附于工作簿中，单元格必须依附于工作表中，没有工作簿就没有工作表，更没有单元格。

4.1.5　工作簿的基本操作

在熟练使用 WPS 表格 2016 进行电子表格处理之前，用户必须首先学会怎样使用工作簿和工作表，因为这两项内容是 WPS 表格 2016 的核心。

一、　创建工作簿

创建工作簿的方法主要有以下几种。

(1)　启动 WPS 表格 2016 时，系统自动创建一个空白工作簿。

(2)　在已经打开 WPS 表格 2016 的情况下，选择菜单命令【WPS 表格】/【新建】/【新建】，即可创建一个空白工作簿。

(3)　选择菜单命令【WPS 表格】/【新建】/【本机上的模板】，打开【模板】对话框，

按照图 4-19 所示选取一种模板，单击 确定 按钮，即可根据该模板新建一个工作簿，如图 4-20 所示。

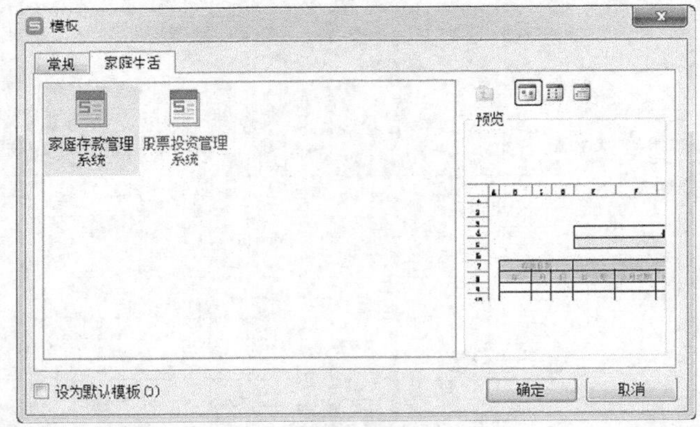

图4-19　【模板】对话框

家　庭　存　款　管　理　系　统

存款总计	利息合计	所有存款本息合计
¥0.00	¥0.00	¥0.00

2017年10月9日

存款日期			存款类型							到期存款利息	本息合计	日期计算	到期存单提醒		存款银行	存款人	存款密码
年	月	日	活　期	三月定期	六月定期	一年定期	二年定期	三年定期	五年定期				月到期提醒	年到期提醒			
										¥0.00	¥0.00	0天	-	-			
										¥0.00	¥0.00	0天	-	-			
										¥0.00	¥0.00	0天	-	-			
										¥0.00	¥0.00	0天	-	-			
										¥0.00	¥0.00	0天	-	-			
										¥0.00	¥0.00	0天	-	-			
										¥0.00	¥0.00	0天	-	-			
										¥0.00	¥0.00	0天	-	-			
										¥0.00	¥0.00	0天	-	-			
										¥0.00	¥0.00	0天	-	-			
										¥0.00	¥0.00	0天	-	-			
										¥0.00	¥0.00	0天	-	-			
										¥0.00	¥0.00	0天	-	-			

注意：您只需输入存款日期、存款类型、存款银行、存款人、存款密码，其它数据即可自动生成。已保护的函数单元格，密码为空，不建议修改。
如果行数不够，请插入行且将相应的公式拷贝过来。
为简化计算，以上均按“日利率”进行计算，不计算复息；同时，在计算“本息合计”时按80%扣除利息所得税。

家庭存款管理系统　存款利率表

图4-20　使用模板创建的工作簿

要点提示 空白工作簿的所有单元格中的内容为空，按 Ctrl+N 组合键，可以快速创建一个空白工作簿。这些新建的工作簿按照创建顺序依次自动命名为“工作簿 1”“工作簿 2”……“工作簿 *n*”。

二、　保存工作簿

创建工作簿后，用户可以先对其进行保存，以免数据丢失。

(1)　首次保存。

新建工作簿后，在快速工具栏中单击按钮即可打开【另存为】对话框，首先选取文件的保存位置，然后指定文件名（扩展名为.et），最后单击 保存(S) 按钮保存工作簿，如图 4-21 所示。

(2)　保存已有工作簿。

对于已经保存过的工作簿，既可以将其保存在原来的位置，也可以将其另存在别的位置。如果希望保存在原有位置，只需在快速工具栏中单击按钮即可。

如果要将其保存到别的位置，可以选择菜单命令【文件】/【另存为】，打开【另存为】对话框，重新设置文件保存位置和文件名后，单击 保存(S) 按钮保存工作簿。

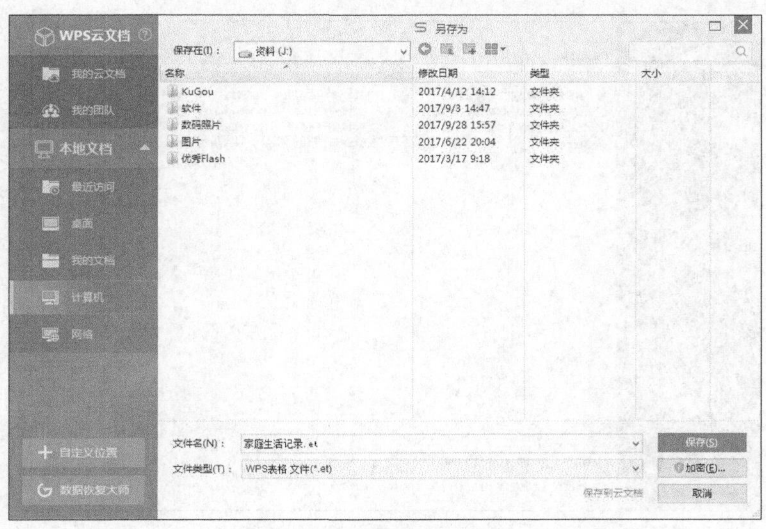

图4-21 【另存为】对话框

(3) 设置自动保存。

使用自动保存时，系统每隔一定时间自动保存一次数据，这样可以避免因为忘记保存造成数据丢失。在系统菜单中选取【选项】命令，打开【选项】对话框，按照图 4-22 所示设置自动保存参数。

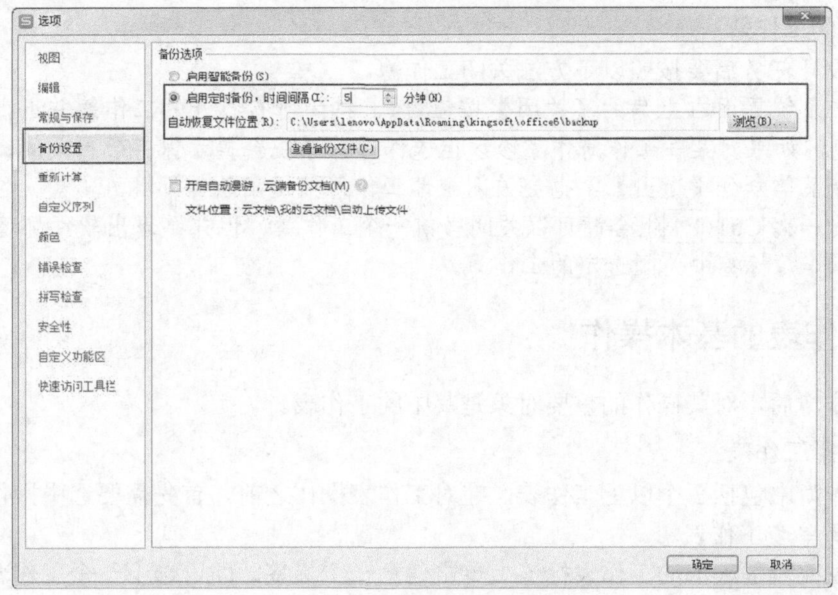

图4-22 设置自动保存参数

三、 打开工作簿

打开工作簿的方法主要有以下几种。

- 双击打开工作簿：双击 WPS 表格文件图标将其打开，这是最常用的打开方式。
- 使用系统菜单：在系统菜单中选取【打开】选项，打开【打开】对话框，浏览并选中要打开的文件后，单击 打开(O) 按钮将其打开，如图 4-23 所示。

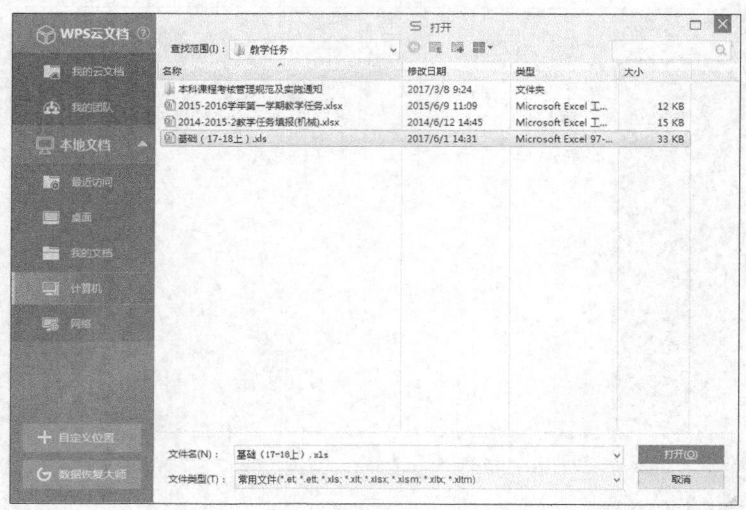

图4-23　【打开】对话框

- 使用快捷键打开文件：按 Ctrl+O 组合键可以打开【打开】对话框，利用该对话框打开指定的工作簿。
- 打开最近使用的文档：选择系统菜单，从【最近使用】文件列表中可以打开近期使用过的文件。

四、　关闭工作簿

在完成设计任务后要按照以下方法关闭工作簿。

- 单击系统界面右上角的【关闭】按钮 ×，关闭所有打开的工作簿并退出软件环境，如果对某一工作簿作了修改但未保存，系统会提示保存后再关闭。
- 选择菜单命令【退出】，也会关闭全部工作簿并退出软件环境。
- 每按一次 Ctrl+F4 组合键可以关闭当前一个工作簿，但并不退出软件环境。
- 在工作簿标签中关闭选定的工作簿。

4.1.6　工作表的基本操作

创建工作簿后，对其操作的重要对象是其中的工作表。

一、　选择工作表

一个工作簿中包括 3 个以上工作表，在对工作表操作之前，首先需要选中操作对象。

(1)　选择单个工作表。

在工作表编辑区底部的工作表标签上单击任意一个标签，即可选中一个工作表。

(2)　选中一组相邻的工作表。

首先选中一个工作表标签（如 Sheet1），按住 Shift 键再选取一个工作表标签（如 Sheet3），就可以选中两者之间的一组工作表（Sheet1、Sheet2 和 Sheet3）。

(3)　选择多个不相邻的工作表。

首先选中一个工作表标签（如 Sheet1），按住 Ctrl 键再选取其他工作表标签（如 Sheet3、Sheet5），就可以选中这些不相邻的工作表（Sheet1、Sheet3、Sheet5）。

(4)　选中工作簿中的全部工作表。

在任意一个工作表标签上单击鼠标右键，在弹出的快捷菜单中选取【选定全部工作表】命令。

二、 插入工作表

如果觉得系统提供的 3 个工作表不够用，用户可以插入新的工作表。

使用插入工作表按钮 + 。

单击工作表标签最右侧的 + 按钮可以新建工作表，即可插入一个新的工作表，如图 4-24 所示。

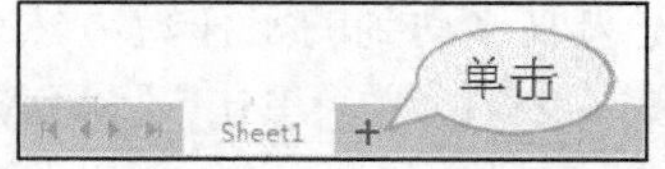

图4-24 插入工作表（1）

(1) 使用右键快捷菜单。

在工作表标签上单击鼠标右键，在弹出的快捷菜单中选取【插入】命令，如图 4-25 所示，在弹出的【插入工作表】对话框中设置插入工作表的数量及插入位置，如图 4-26 所示。

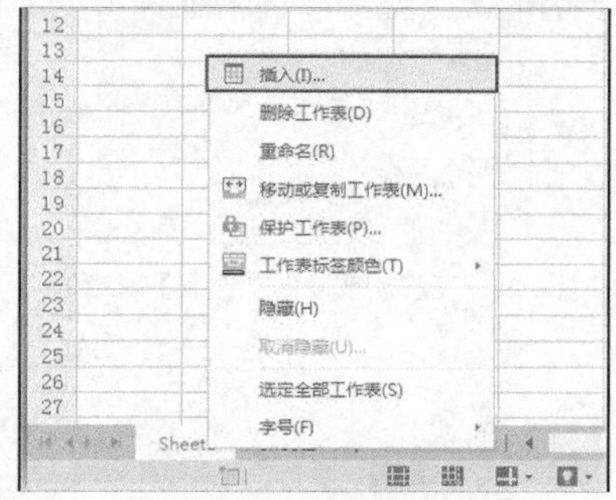

图4-25 插入工作表（2）

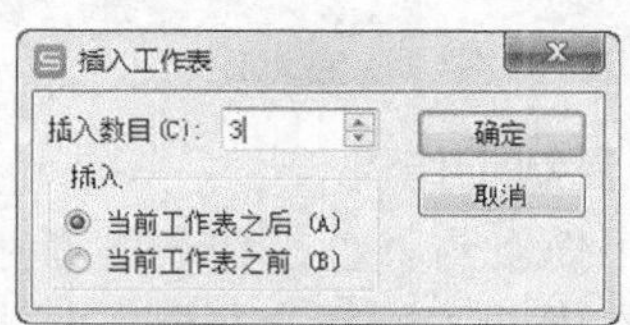

图4-26 【插入工作表】对话框

(2) 使用【开始】选项卡中的命令。

在【开始】选项卡中单击（工作表）按钮下方的下拉按钮，从弹出的下拉列表中选取【插入工作表】，也会打开图 4-26 所示的【插入工作表】对话框。

三、 删除工作表

用户可以使用以下方法删除工作表。

(1) 使用右键快捷菜单。

在工作表标签上单击鼠标右键，在弹出的快捷菜单中选取【删除工作表】命令，即可删除选定的工作表。

(2) 使用【开始】选项卡中的工具。

选定工作表后，在【开始】选项卡中单击（工作表）按钮下方的下拉按钮，从弹出的下拉列表中选取【删除工作表】即可实现删除操作。

四、 重命名工作表

(1) 使用右键快捷菜单。

在工作表标签上单击鼠标右键，在弹出的快捷菜单中选取【重命名】命令，然后在标签中输入新的工作表名称即可。

(2) 双击工作表标签。

双击工作表标签，然后在标签中输入新的工作表名称即可。

五、移动工作表

用户不但可以在当前工作簿中移动工作表，还可以将工作表移动到其他工作簿中。

(1)　在当前工作簿中移动工作表。

选中要移动的工作表标签，按住鼠标左键向左或向右拖动，在标签左上角将出现一个黑色三角形，在此位置之后将放置工作表，如图 4-27 所示。

(2)　将工作表移动到其他工作簿中。

在需要移动的工作表上单击鼠标右键，在弹出的快捷菜单中选取【移动或复制工作表】命令，打开【移动或复制工作表】对话框，首先选取移动到的工作簿，然后选取其中的一个工作表，移动后的工作表将放置在其前面，如图 4-28 所示。单击 确定 按钮后即可完成移动操作。

图4-27　移动工作表

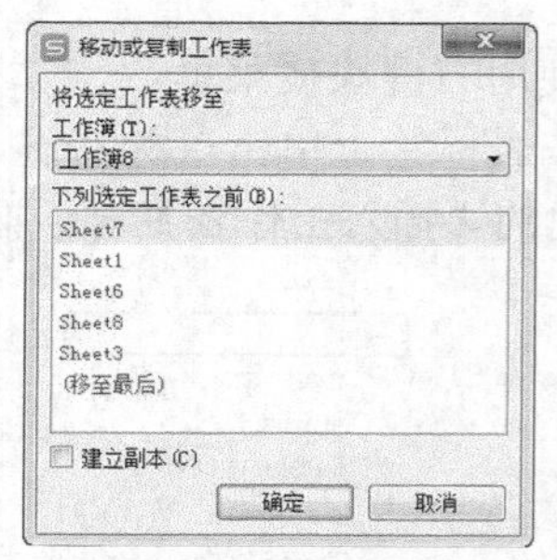

图4-28　【移动或复制工作表】对话框

六、复制工作表

复制工作表与移动工作表的操作类似。

(1)　在当前工作簿中复制工作表。

选中要复制的工作表标签，同时按住 Ctrl 键和鼠标左键向左或向右拖动，在标签左上角将出现一个黑色三角形，在此位置之后将放置复制后的工作表，如图 4-29 所示。

(2)　将工作表复制到其他工作簿中。

具体的操作步骤与“将工作表移动到其他工作簿中”相似，区别在于，需要在图 4-30 所示的【移动或复制工作表】对话框中选中【建立副本】复选项。

图4-29　复制工作表

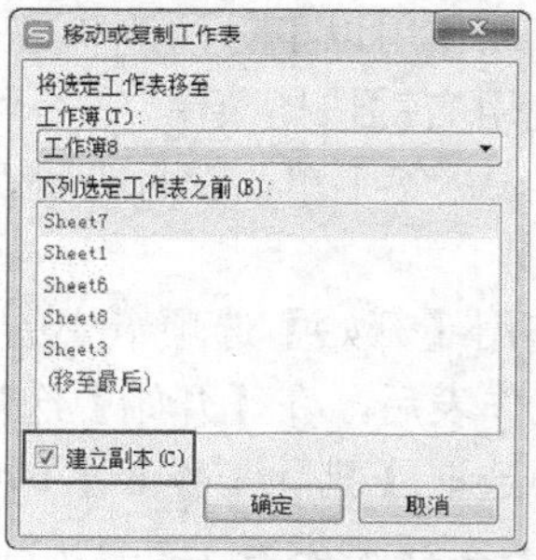

图4-30　【移动或复制工作表】对话框

七、隐藏和取消隐藏工作表

(1)　使用右键快捷菜单。

在工作表标签上单击鼠标右键，在弹出的快捷菜单中选取【隐藏】命令，即可隐藏选定的工作表。在任意一个工作表标签上鼠标右键，在弹出的快捷菜单中选取【取消隐藏】命令，打开图 4-31 所示的【取消隐藏】对话框，选取需要重新显示的工作表，然后单击 确定 按钮。

(2) 使用【开始】选项卡中的工具。

在功能区中选择【开始】选项卡，按照图 4-32 所示操作即可隐藏或取消隐藏当前选定的工作表。

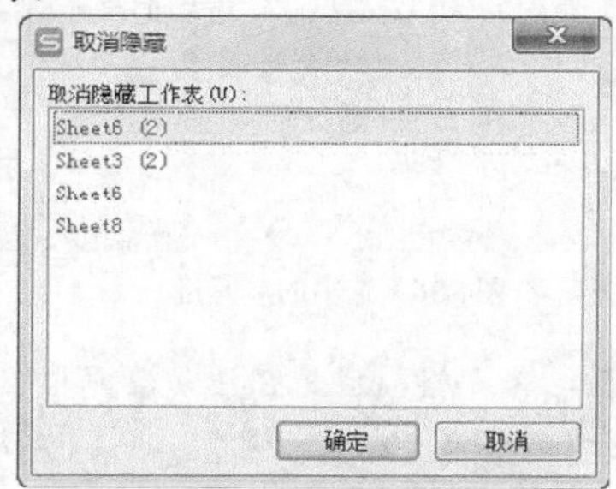

图4-31 【取消隐藏】对话框

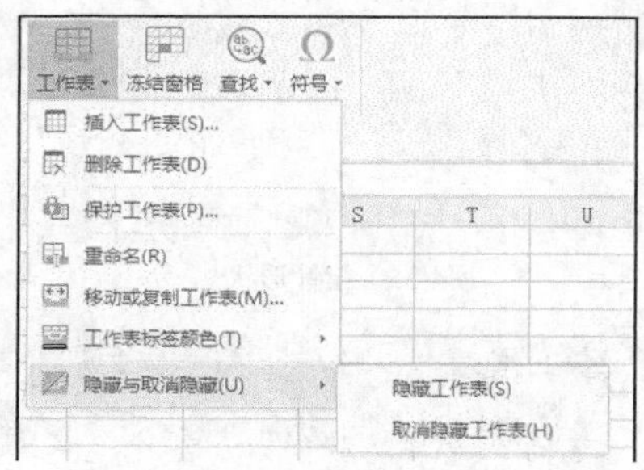

图4-32 隐藏工作表

八、 设置工作表标签的颜色

为了突出显示特定的工作表，可以为其标签设置特殊的颜色。在需要更改颜色的工作表标签上单击鼠标右键，在弹出的快捷菜单中选取【工作表标签颜色】命令，在弹出的【主题颜色】面板中选中一种颜色即可，如图 4-33 所示，设置颜色后的标签如图 4-34 所示。

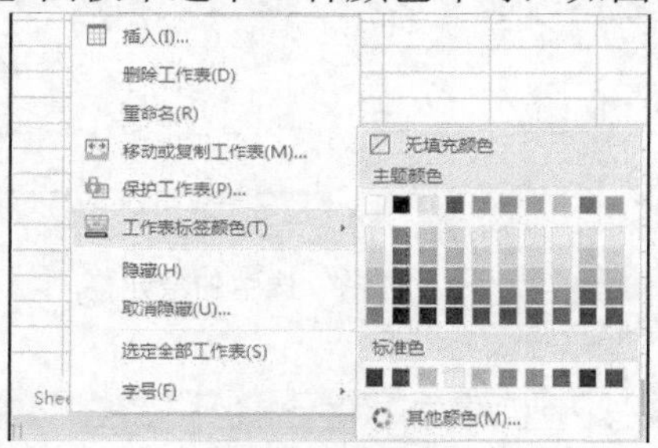

图4-33 设置标签颜色

图4-34 设置颜色后的标签

4.2 选取单元格、行和列

单元格是 WPS 表格 2016 中的基本元素，可以存放文字、数字及公式等信息。在单元格中输入和编辑数据是创建工作表的首要工作。而在输入和编辑数据之前，首先必须选中单元格。

4.2.1 选择单个单元格

用户可以使用以下 3 种方法选中单个单元格。

一、 使用鼠标选择

【操作要点】

- 将鼠标指针移动到当前工作表中需要选择的单元格上，鼠标指针变成白色十字形状，如图 4-35 所示。
- 单击鼠标左键即可选中单元格，被选中的单元格边框以绿色线框标识，如图

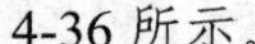
4-36 所示。

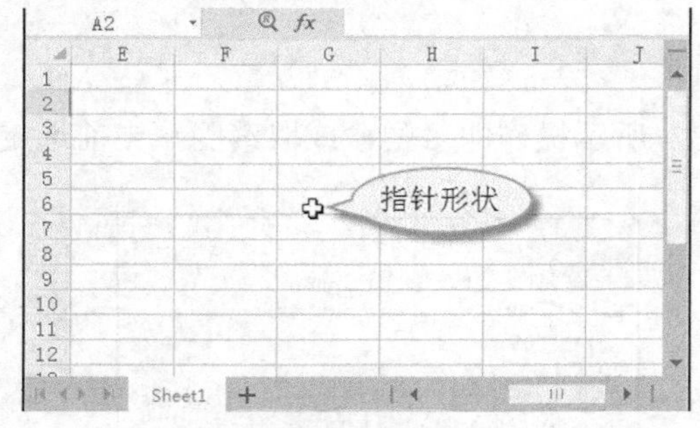

图4-35　指针形状

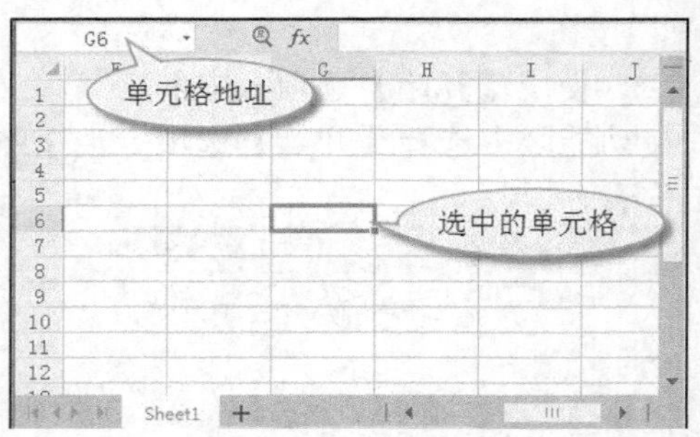

图4-36　选中的单元格

要点提示　在工作表中，目前正在操作的一个或多个单元格成为活动单元格。但是在活动单元格中，有且仅有一个是当前单元格，用户的输入、编辑等操作只对当前单元格起作用。

二、　使用名称框选择

【操作要点】

- 在名称框中输入需要选中的单元格编号，如图 4-37 所示。
- 按回车键后，该单元格被选中，如图 4-38 所示。

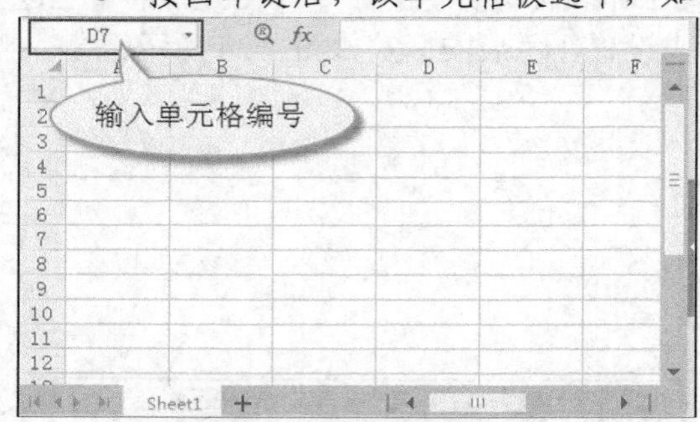

图4-37　输入单元格编号

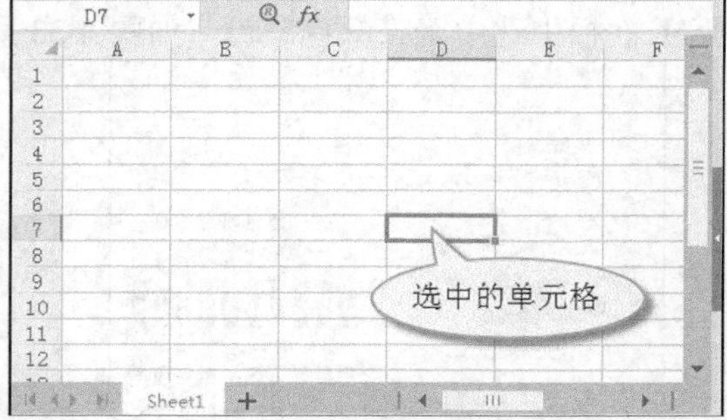

图4-38　选中的单元格

如果对单元格进行了命名操作，那么可以从名称框右侧的下拉列表中通过选中名称来一次性选中所有同名的单元格，其中只有一个为当前单元格，如图 4-39 和图 4-40 所示。

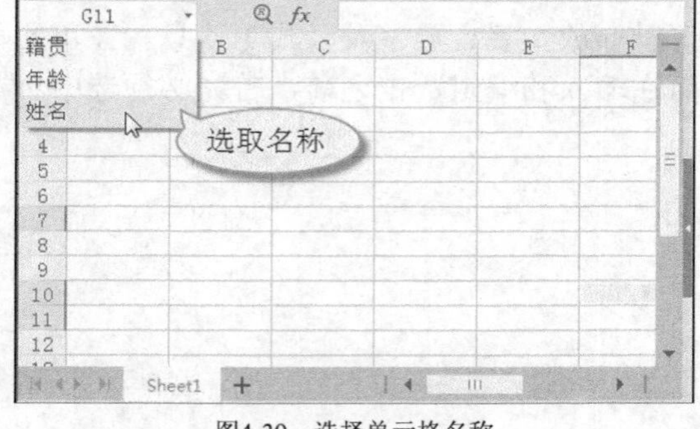

图4-39　选择单元格名称

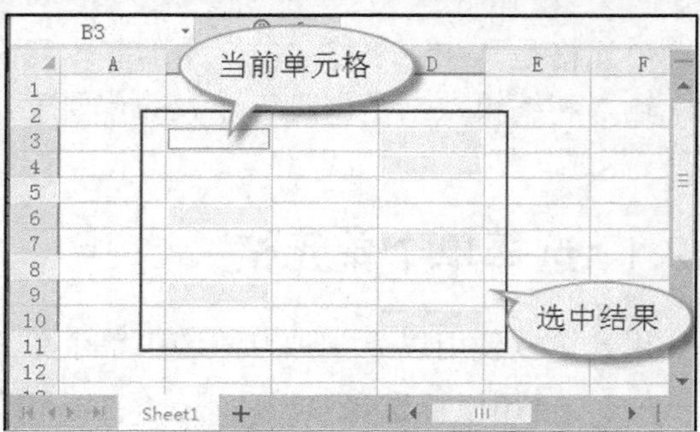

图4-40　选中的单元格

三、　使用光标控制键选择

使用键盘上的光标控制键可以选取单元格，其用法如表 4-1 所示。

表 4-1　使用光标控制键选取单元格

光标键及其组合	实现的操作	光标键及其组合	实现的操作
向上箭头键↑	活动单元格向上移动一行	Alt+Page Up键	活动单元格向左移动一屏
向下箭头键↓	活动单元格向下移动一行	Alt+Page Down键	活动单元格向右移动一屏
向左箭头键←	活动单元格向左移动一行	Ctrl+向上箭头键↑	活动单元格移动到该行行首
向右箭头键→	活动单元格向右移动一行	Ctrl+向下箭头键↓	活动单元格移动到该行行尾
Page Up键	活动单元格向上移动一屏	Ctrl+向左箭头键←	活动单元格移动到该列列首
Page Down键	活动单元格向下移动一屏	Ctrl+向右箭头键→	活动单元格移动到该列列尾

要点提示　单元格“移动一屏”是指移动当前屏幕显示范围内的宽度或高度。如果窗口缩小得较小，那么移动的范围也较小，反之，如果窗口较大，移动的范围就较大。

4.2.2　选择连续的单元格区域

可以使用以下 3 种方法选择连续的单元格区域。

一、　使用鼠标选择

【操作要点】

- 将鼠标指针指向需要选择的第 1 个单元格。
- 按住鼠标左键拖动指针到需要选中的最后一个单元格。
- 释放鼠标左键，一个连续的单元格区域被选中，如图 4-41 所示。

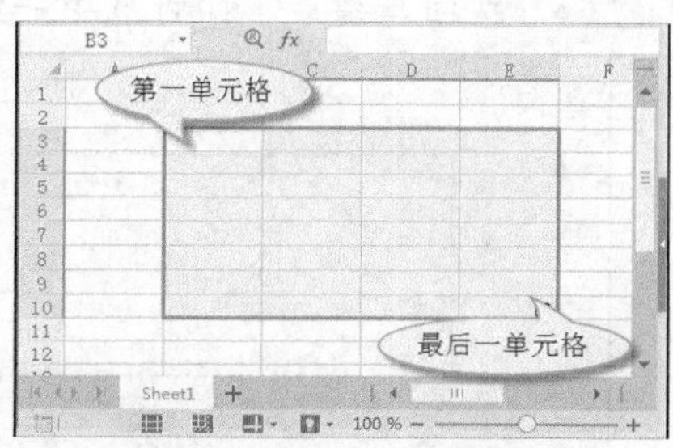

图4-41　选中的单元格

二、　使用名称框选择

【操作要点】

- 在名称框中输入需要选中的单元格编号，格式为 B2:D5（表示选取 B2 到 D5 之间的单元格），如图 4-42 所示。
- 按回车键后，该连续单元格被选中，如图 4-43 所示。

图4-42　输入单元格编号

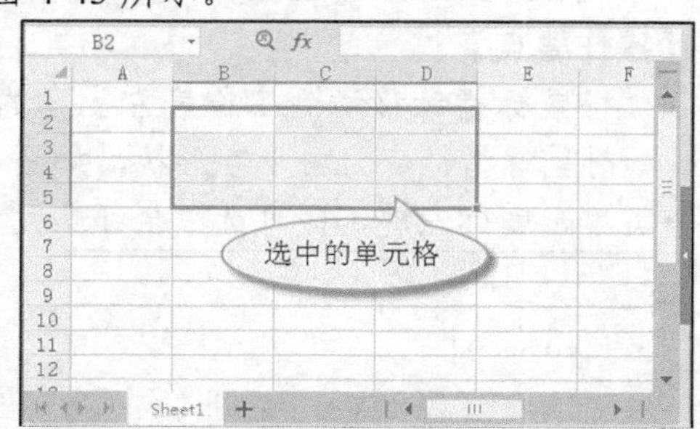

图4-43　选中的单元格

三、　使用Shift键选取

【操作要点】

- 单击需要连续选择单元格区域左上角的第 1 个单元格。

- 按住 Shift 键，再选择单元格区域右下角的最后一个单元格，这样即可选中两者之间连续的单元格区域。

4.2.3 选择不连续的单元格区域

选择不连续单元格的方法主要有以下两种。

一、 使用 Ctrl 键选取

【操作要点】

- 单击选中第一个单元格。
- 按住 Ctrl 键，依次选取其他单元格，如图 4-44 所示。

二、 使用名称框选择

【操作要点】

- 在名称框中输入要选择单元格的编号，各编号之间使用逗号隔开，如图 4-45 所示。
- 按回车键后，即可选中一组不连续单元格。

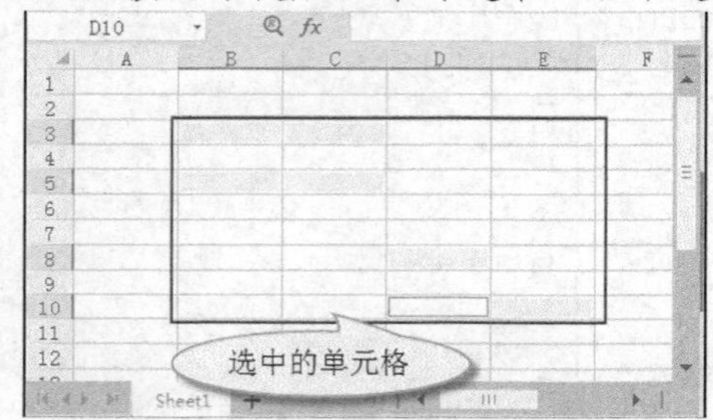

图4-44　选择不连续单元格

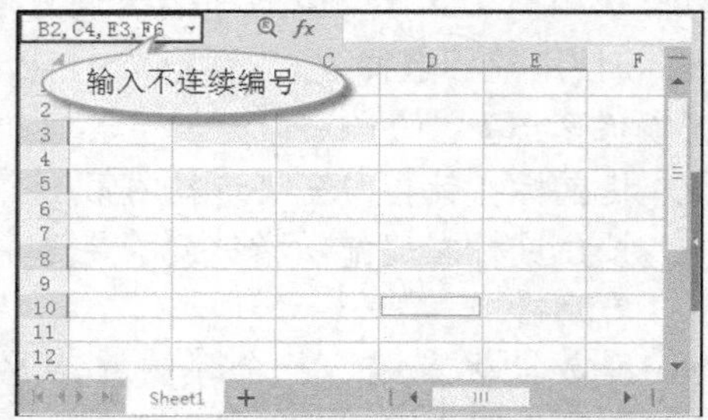

图4-45　输入不连续单元格编号

4.2.4 选择工作表中的全部单元格

选择工作表中全部单元格的方法主要有以下两种。

一、 使用【全部选定】按钮 选取

【操作要点】

- 将鼠标指针移动到工作表左上角的行和列交叉处的【全部选定】按钮上，此时鼠标指针变为白十字形状，如图 4-46 所示。
- 单击鼠标左键，即可选中全部单元格，如图 4-47 所示。

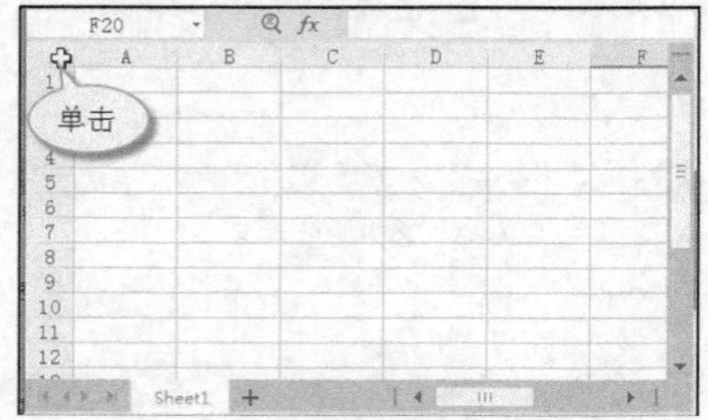

图4-46　单击【全部选定】按钮

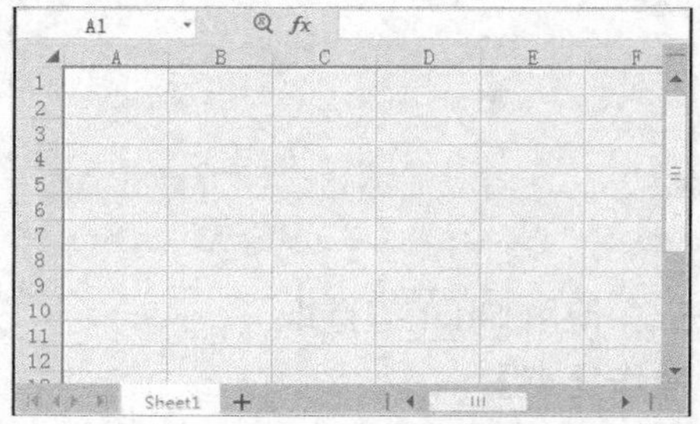

图4-47　选中全部单元格

二、 使用 Ctrl+A 组合键

选中任意单元格，再按 Ctrl+A 组合键，可以快速选中工作表中的全部单元格。

4.2.5 选择行

使用工作表处理数据时，有时需要对整行数据进行操作，可以按照以下方法选择行。

一、 选择单行

【操作要点】

将鼠标指针放到该行的行号上，待指针变为箭头时，单击鼠标左键即可选中整行，如图 4-48 所示。

二、 选择连续行

【操作要点】

- 单击连续行区域第一行的行号。
- 按住 Shift 键，单击连续行区域最后一行的行号，如图 4-49 所示。

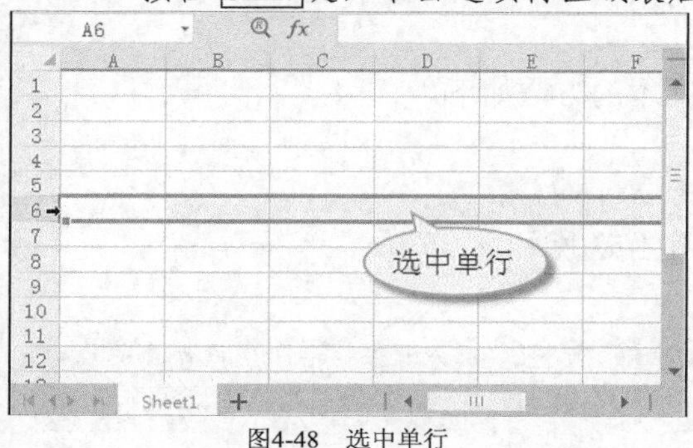

图4-48 选中单行

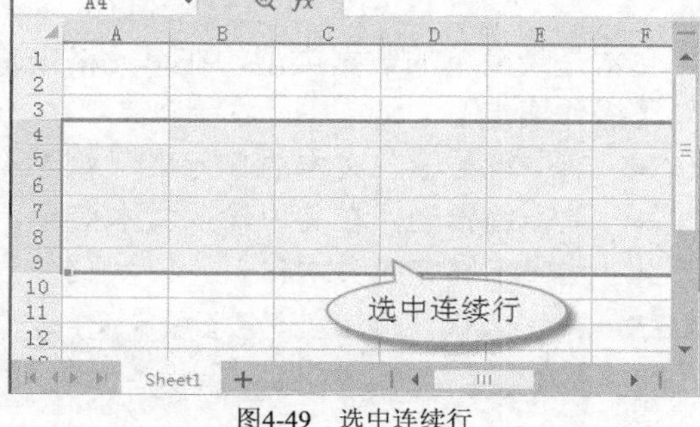

图4-49 选中连续行

要点提示 如果要选择局部连续但是总体不连续的多行，可以按住 Ctrl 键，再依次选取需要选定的行。

4.2.6 选择列

使用工作表处理数据时，有时需要对整列数据进行操作，可以按照以下方法选择列。

一、 选择单列

【操作要点】

将鼠标指针放到该列的列号上，待指针变为箭头时，单击鼠标左键即可选中整列，如图 4-50 所示。

二、 选择连续列

【操作要点】

- 单击连续行区域第一列的列号。
- 按住 Shift 键，单击连续列区域最后一列的列号，如图 4-51 所示。

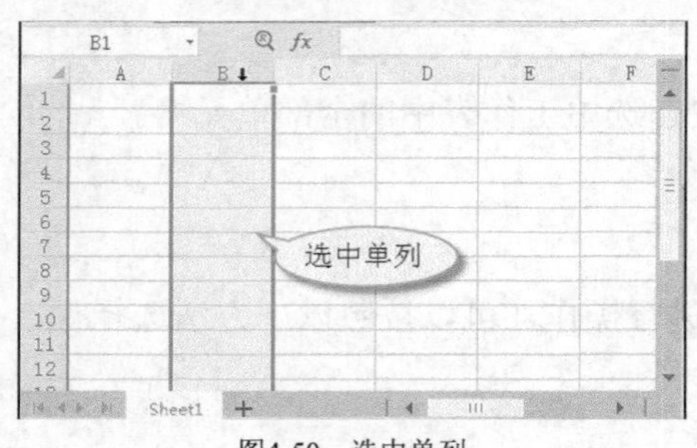

图4-50　选中单列

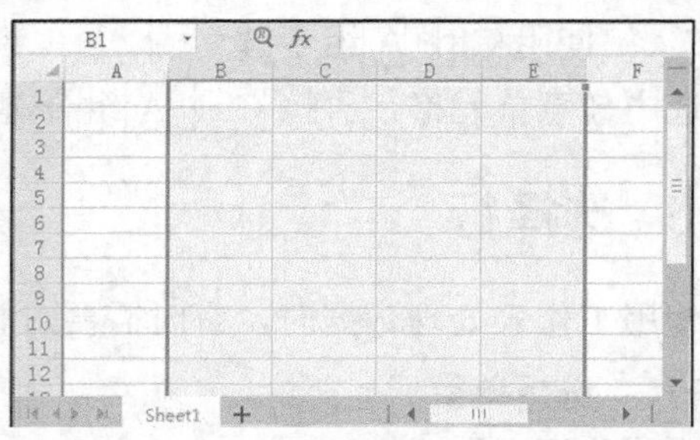

图4-51　选中连续列

4.3　在单元格中输入数据

在 WPS 表格 2016 中，单元格就是数据的家，在其中可以输入文本、数值、日期和时间等数据，不同的数据对应的操作略有不同。

4.3.1　输入文本

文本是最简单的数据类型，在单元格中输入文本的方法如下。

【操作要点】

- 选中需要输入文本的单元格，如图 4-52 所示。
- 单击编辑栏，在其中输入文本信息，如图 4-53 所示。
- 按回车键完成文本输入。

用户还可以直接单击或双击需要输入文本的单元格，使之处于可编辑状态，然后在单元格中输入文本，这种方法更加简捷。

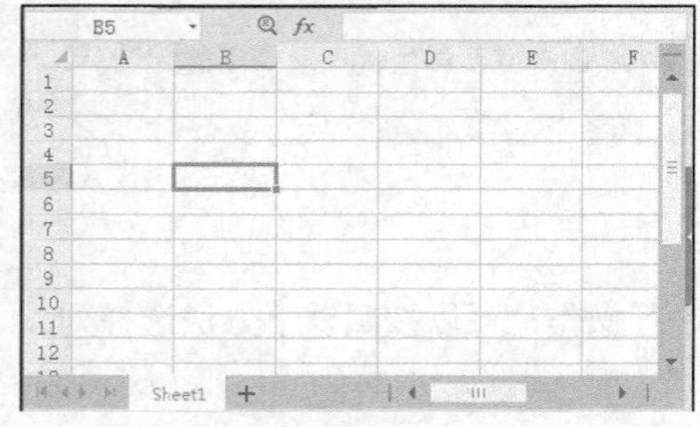

图4-52　选中单元格

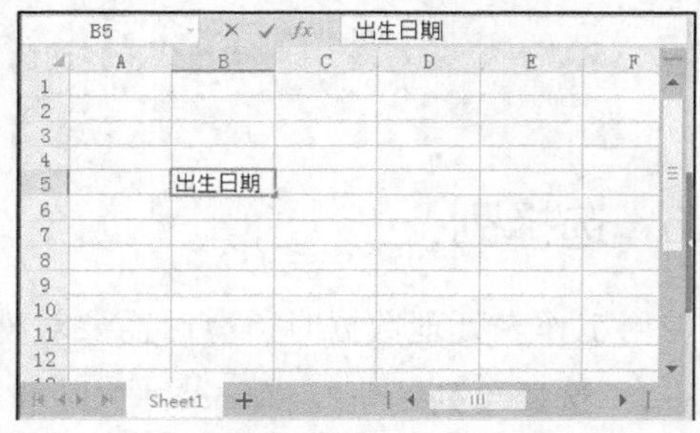

图4-53　输入文本

4.3.2　输入数值

数值的输入方法与文本相似，不过，由于数值具有运算功能，其表达方法更为多样。在输入数值前，首先要为单元格指定数值属性。

1. 选中要输入数值的单元格、行或列，在其上单击鼠标右键，在弹出的快捷菜单中选择【设置单元格格式】命令，如图 4-54 所示。
2. 打开【单元格格式】对话框，在【数字】选项卡的【分类】列表框中选择【数值】类别，然后设置数值格式，如图 4-55 所示。

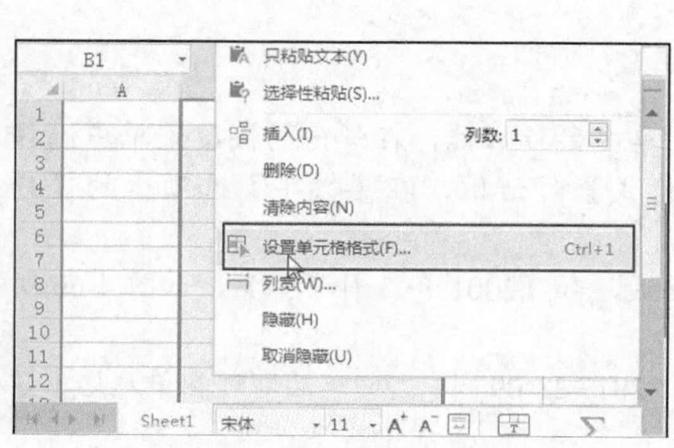

图4-54 右键快捷菜单

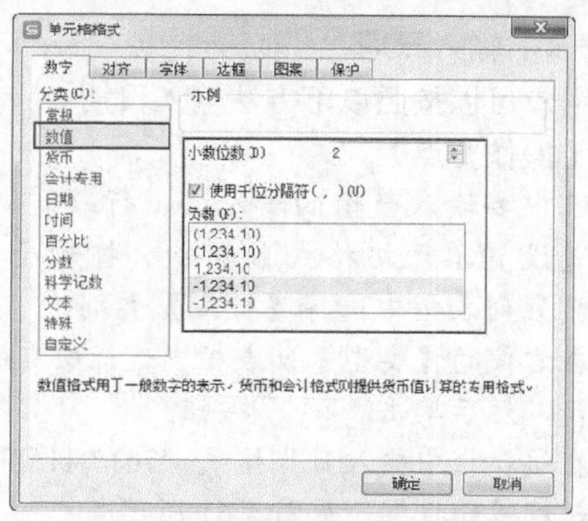

图4-55 【单元格格式】对话框

3. 在单元格中输入数值时，将自动按照设定的格式显示出来，如图 4-56 所示。

4. WPS 表格中有效数值为 15 位，第 15 位之后的数字将转换为 0，如输入数值“123456789123456789”，则显示为“123456789123456000”，如图 4-57 所示

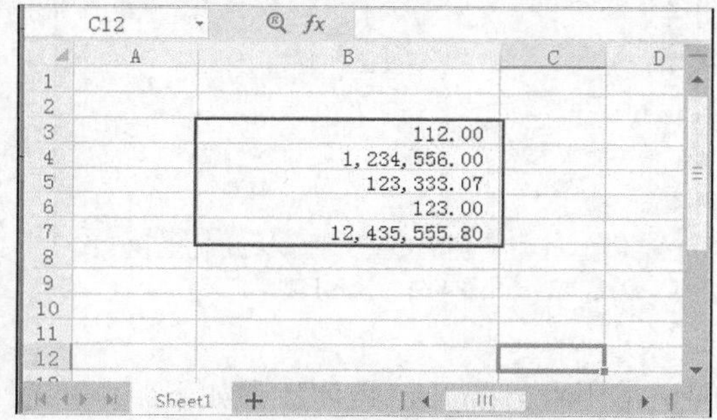

图4-56 在单元格中输入数值

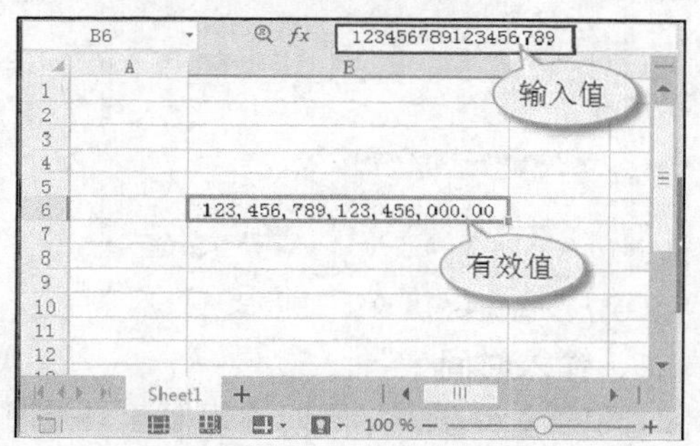

图4-57 输入数值格式效果

5. 在图 4-56 中将数值类型设置为【科学计数】，如图 4-58 所示，则输入的数值将以科学计数格式显示，如图 4-59 所示。

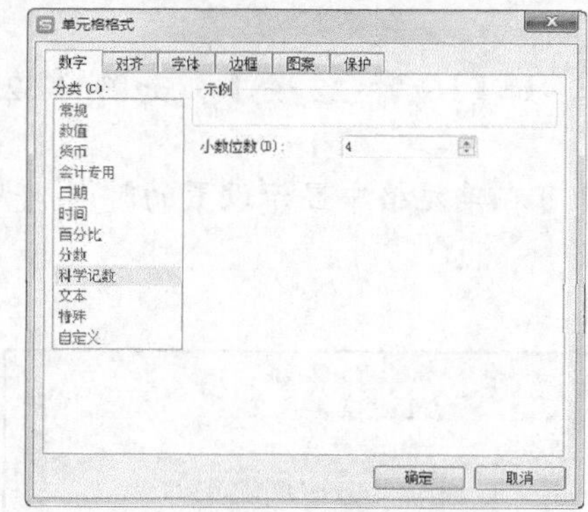

图4-58 修改数值类型

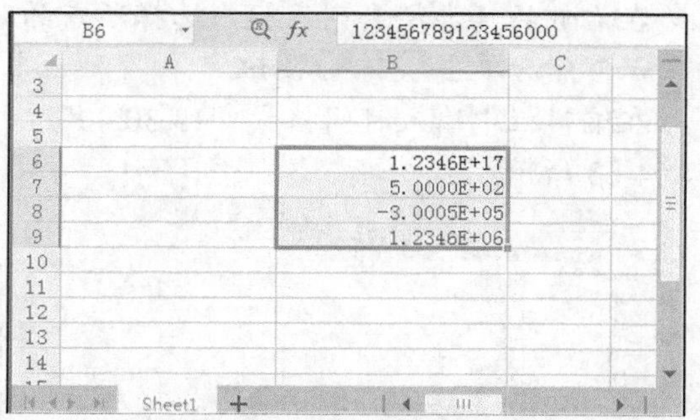

图4-59 科学计数效果

4.3.3 输入日期和时间

在 WPS 表格中，日期和时间是一类特殊数值，可以通过两个日期和时间数值相减来计算时间间隔。WPS 表格提供了多种时间和日期数值格式，介绍如下。

一、 输入日期

用户可以按照以下方法输入日期。

【操作要点】

1. 选中要输入数值的单元格、行或列，在其上单击鼠标右键，在弹出的快捷菜单中选择【设置单元格格式】命令，打开【单元格格式】对话框，在【数字】选项卡的【分类】列表框中选择【日期】类别。
2. 在右侧的【类型】列表框中选择所需的日期格式，如【2001 年 3 月 7 日】，如图 4-60 所示，然后单击 确定 按钮。
3. 在编辑栏中输入日期格式“2017/11/09”（或“2017-11-09”），回车后即可在单元格中显示设置的日期，如图 4-61 所示。

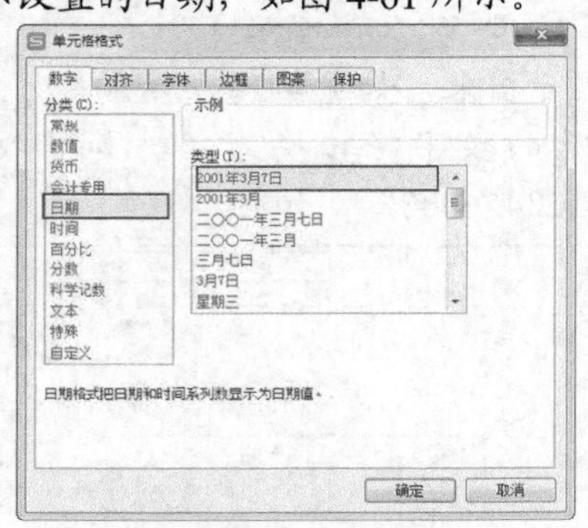

图4-60　设置日期格式

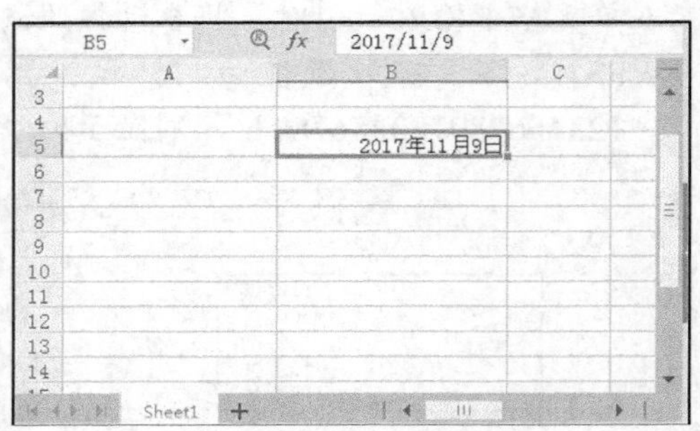

图4-61　输入日期

二、输入时间

时间的输入方法与日期的相似，只是时间之间通常用冒号隔开，具体步骤如下。

【操作要点】

1. 选中要输入数值的单元格、行或列，在其上单击鼠标右键，在弹出的快捷菜单中选择【设置单元格格式】命令，打开【单元格格式】对话框，在【数字】选项卡的【分类】列表框中选择【时间】类别。
2. 在右侧的【类型】列表框中选择所需的时间格式，如【16 时 22 分】，如图 4-62 所示，然后单击 确定 按钮。
3. 在编辑栏中输入时间格式“13:30:40”，回车后即可在单元格中显示设置的时间，如图 4-63 所示。

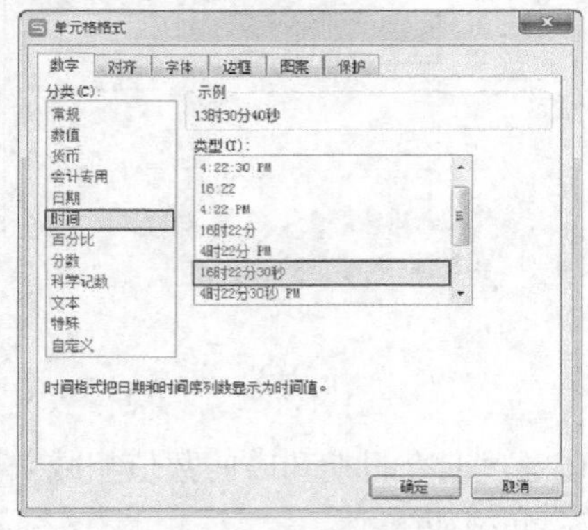

图4-62　设置时间格式

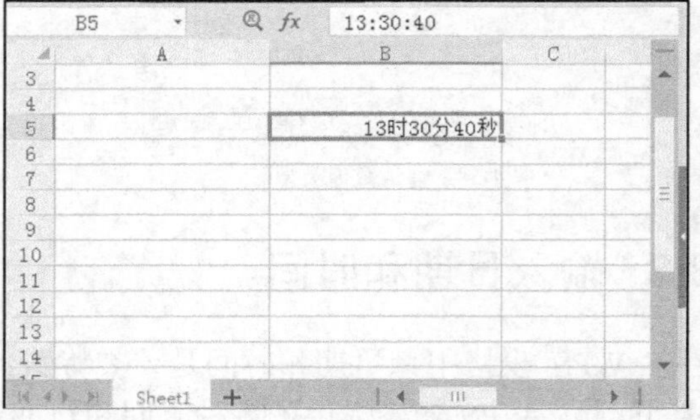

图4-63　输入时间

要点提示 使用【开始】选项卡右下角的【数字格式】下拉列表中可以为选定单元格中的数据设置格式，如图 4-64 所示。单击 按钮也可以打开【单元格格式】对话框。

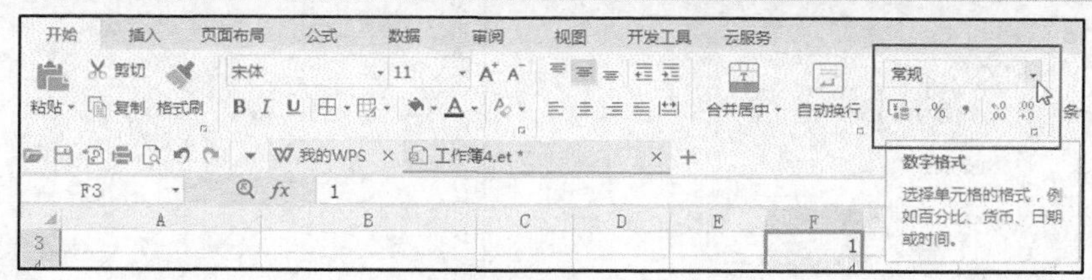

图4-64 【数字格式】工具

4.3.4 输入序列数据

所谓序列数据是指相互之间存在一定关系或规律的数据，如等差序列、等比序列及日期序列等。WPS 表格提供了输入这类数据的便捷方法。

一、 使用【序列】对话框输入序列数据

下面以输入等差序列数据为例说明具体的操作方法。

【操作要点】

1. 在需要输入等差序列数据的单元格区域的第 1 个单元格和第 2 个单元格中输入两个数值，然后选中这两个单元格，如图 4-65 所示。
2. 将鼠标指针置于第 2 个单元格右下角，当指针变为十字图标（填充句柄）时，按住鼠标右键向下拖动鼠标光标，在适当位置松开鼠标右键，弹出快捷菜单，选取【等差序列】命令，如图 4-66 所示。

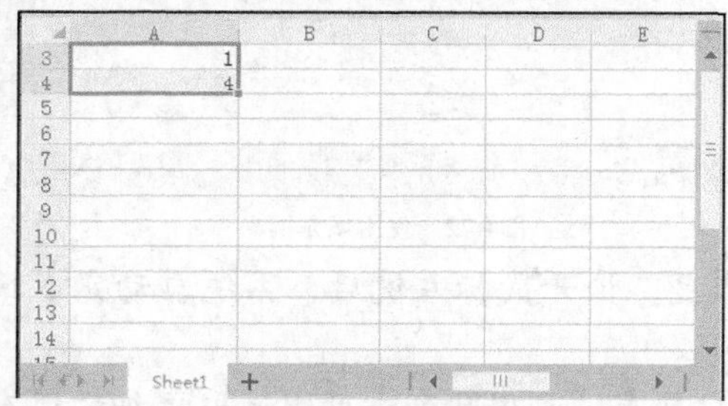

图4-65 选取单元格

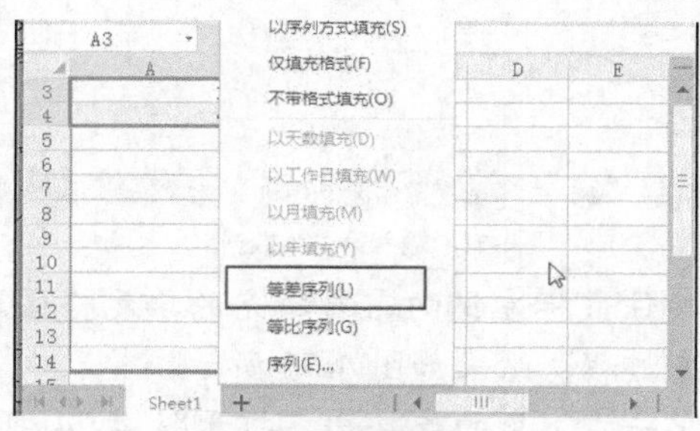

图4-66 设置等差属性

3. 随后的单元格中将按照等差序列来填充数据，如图 4-67 所示。如果选取【等比序列】命令，则按照等比数列填充数据，如图 4-68 所示。

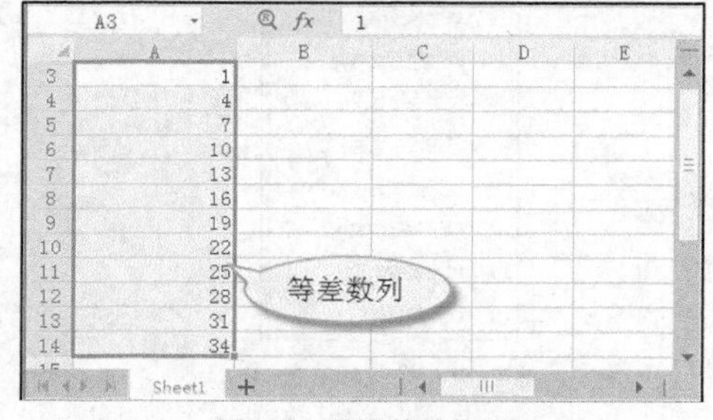

图4-67 填充等差数列

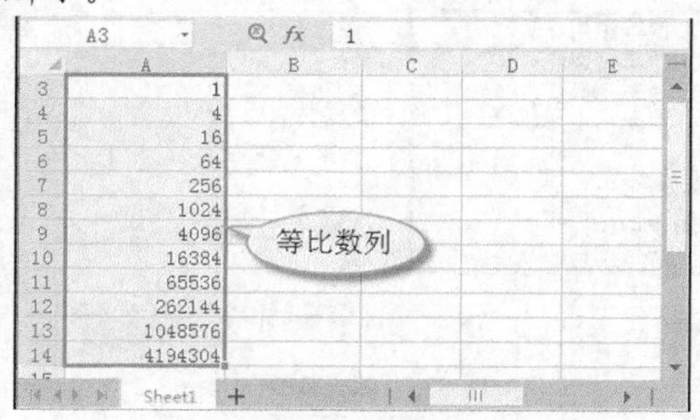

图4-68 填充等比数列

4. 如果在图 4-66 所示的快捷菜单中选取【序列】命令，则可以打开图 4-69 所示的【序

列】对话框，利用该对话框来设置详细的数列参数，结果如图 4-70 所示。

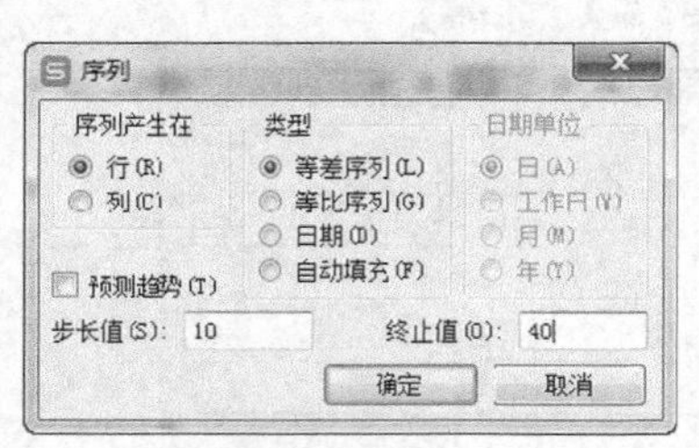

图4-69　【序列】对话

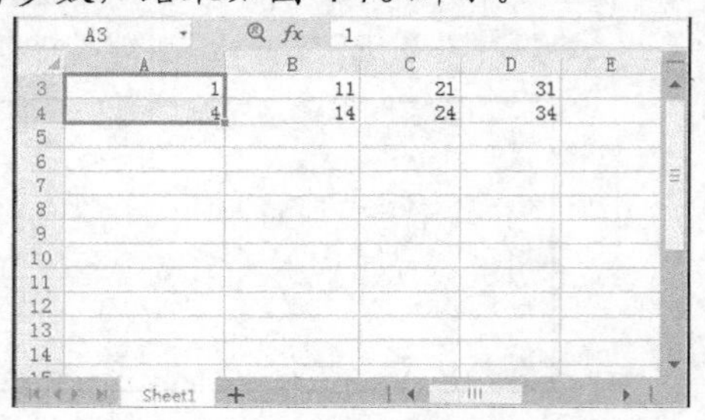

图4-70　设置等差属性

二、　使用填充柄输入数据

填充柄在外观上是单元格右下角的一个黑色十字图标，使用填充柄可以在数据表中填充等差序列、等比序列、日期序列及相同数据等。

下面以在单元格中填充日期序列数据为例说明具体的填充方法。

【操作要点】

1. 在需要输入序列数据的单元格区域的第 1 个单元格中输入序列数据的第 1 个数值，如输入数值“2017 年 10 月 1 日”，然后将其设置为【日期】型，如图 4-71 所示。
2. 将鼠标指针移动到当前单元格右下角，其形态变为黑色十字形状，如图 4-72 所示。

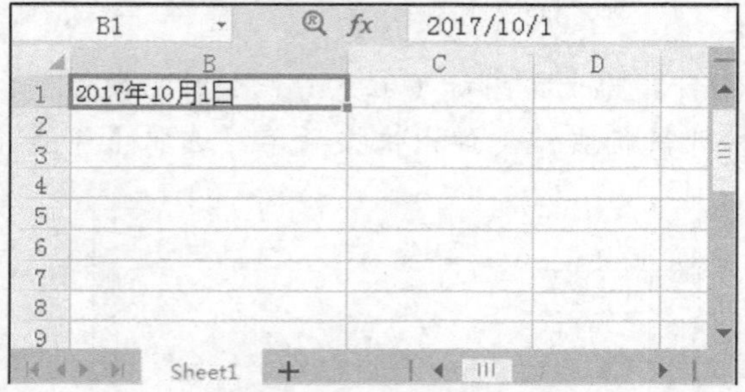

图4-71　输入第 1 个数据

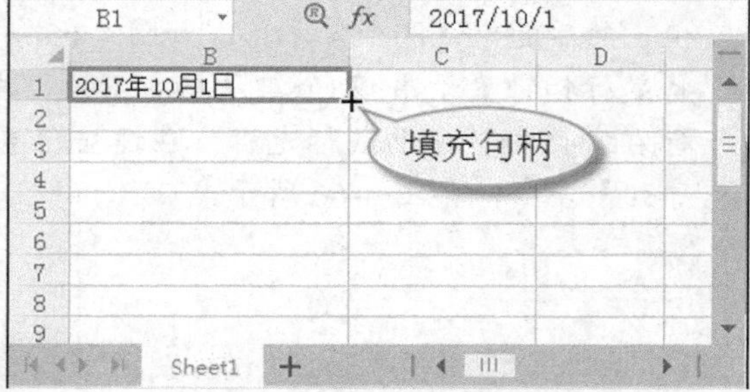

图4-72　使用填充柄

3. 按住鼠标左键向需要填充的单元格区域进行拖曳。松开鼠标左键后，系统自动完成填充过程，结果如图 4-73 所示。
4. 单击右下角的按钮，打开图 4-74 所示的下拉列表，利用此列表可以选取详细的填充格式。图 4-75 所示是【以月填充】的结果，图 4-76 所示是【以年填充】的结果。

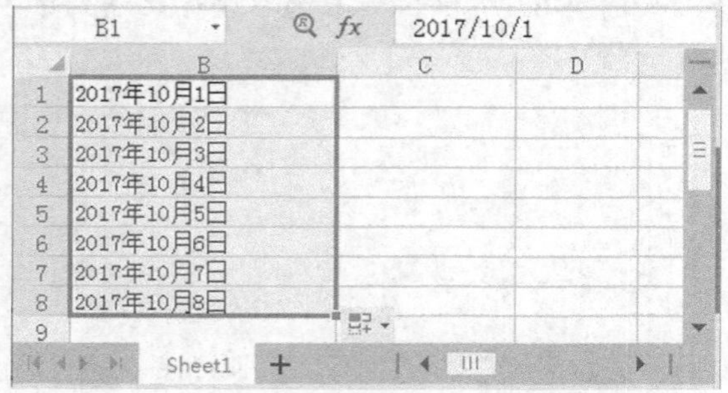

图4-73　填充效果

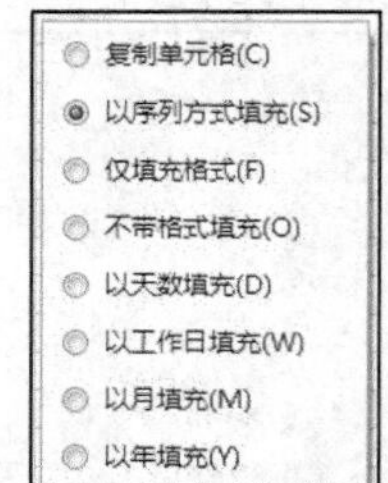

图4-74　设置填充格式

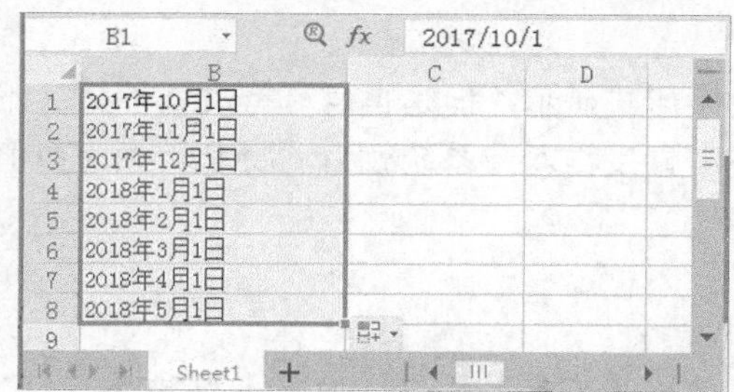

图4-75 【以月填充】效果

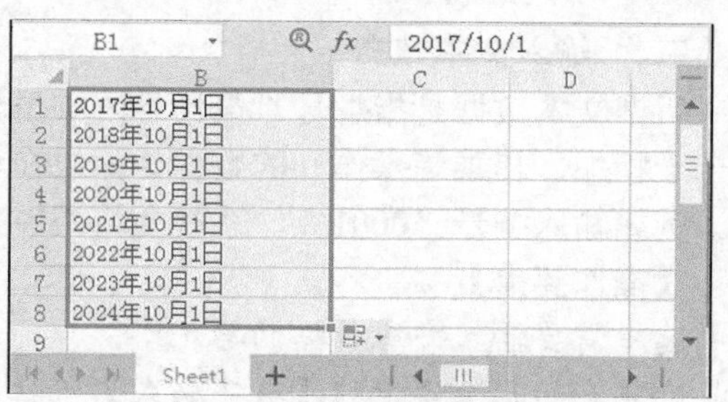

图4-76 【以年填充】效果

在填充普通数据时，使用填充柄拖曳的方法可以在单元格中填充步长为 1 的等差序列，如图 4-77 所示；如果按住 Ctrl 键拖曳，则填充相同的数据，如图 4-78 所示；拖曳一个等差（或等比）序列最后一个单元格的填充柄，可以将该序列向后延伸填充。

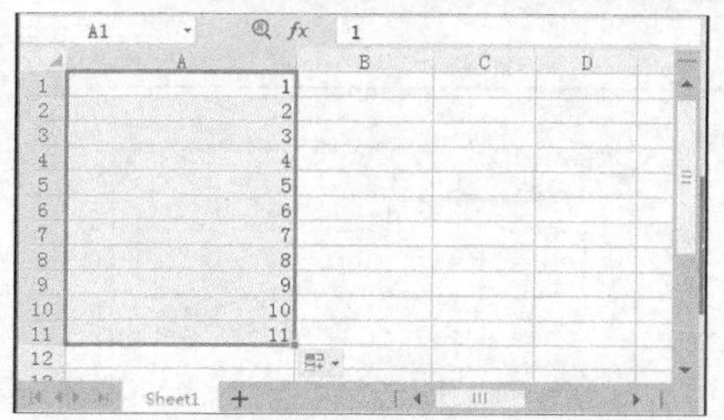

图4-77 填充步长为 1 的等差序列

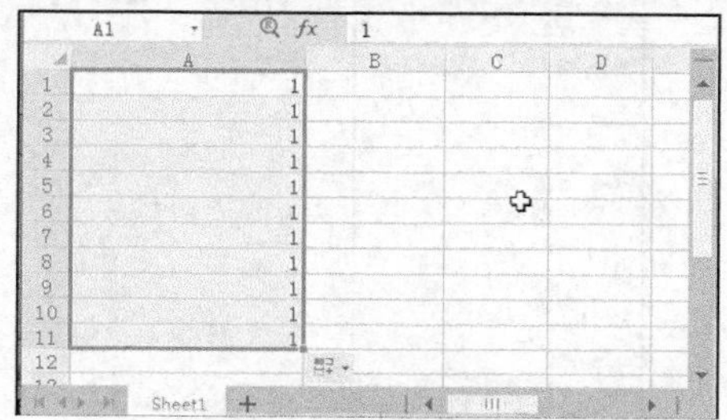

图4-78 填充相同的数据

4.3.5 输入特殊数据

在向单元格中输入数据时，往往需要输入一些特殊数据，如分数、文本数据及特殊字符等，下面介绍这些数据的输入方法。

一、 输入分数

在单元格中如果直接输入“2/3”形式的分数，系统就会误认为是日期数据，并将其转换为日期格式。下面介绍输入分数的方法。

【操作要点】

1. 选中需要输入分数的单元格。
2. 在【开始】选项卡的【数字格式】下拉列表中选取【分数】选项，如图 4-79 所示。
3. 返回到工作表中，在单元格中输入分数时将会显示为分数格式，如图 4-80 所示。

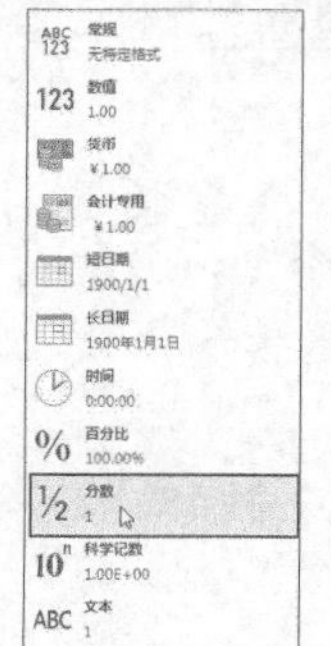

图4-79 选择数据类型

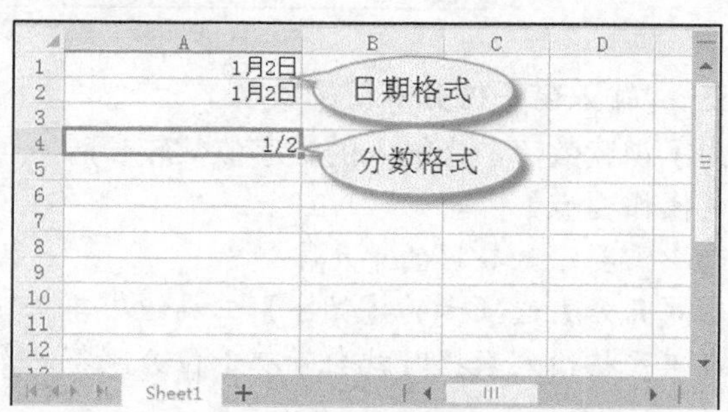

图4-80 显示为分数格式

二、　输入文本数据

所谓文本数据是指学号、电话号码等虽然以数字形式显示，但是自身具有文本性质（不适合于相加、相乘等操作）的数据。如果在单元格中直接输入，系统就自动将其转换为数值型。例如输入编号“0001”，系统会将其转换为 1。

【操作要点】

1. 选中需要输入文本数据的单元格。
2. 在【开始】选项卡的【数字格式】下拉列表中选取【文本】选项，如图 4-81 所示。
3. 返回到工作表中，在单元格中输入数字时将会显示为文本格式，并且单元格左上角会增加一个文本标记，如图 4-82 所示。

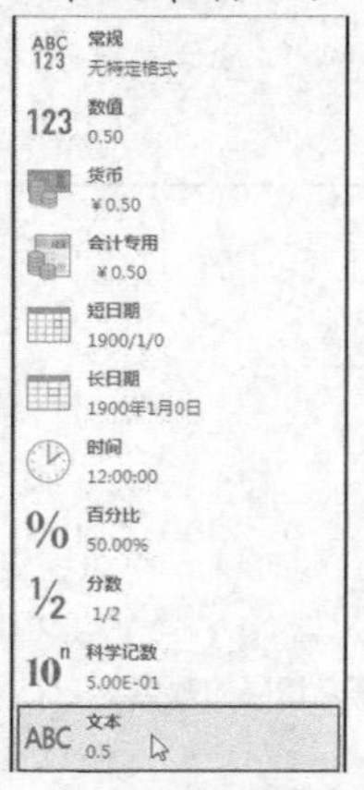

图4-81　选择数据类型

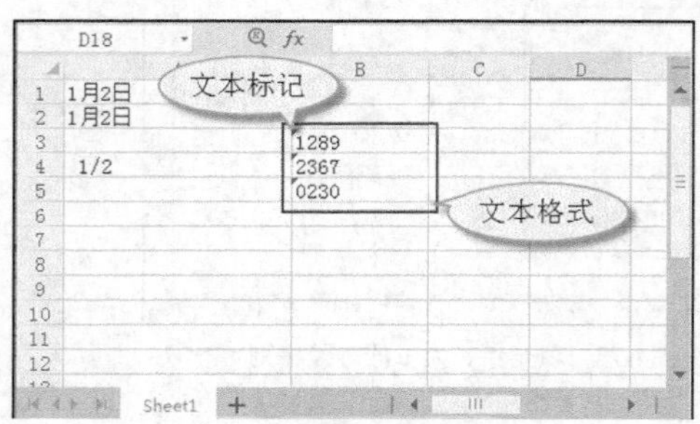

图4-82　显示为文本格式

在图 4-81 中选择不同的数据类型就可以输入多种格式的数据，如可以输入百分比、科学计数、长日期、短日期及货币等格式，如图 4-83 所示。

图4-83　显示为多种格式

三、　输入带千位分隔符的数字

为了识读数字，当输入的数字位数较长时，可以每三位添加一个千位分隔符“，”。

【操作要点】

1. 选中需要输入数据的单元格。
2. 在【开始】选项卡的【数字】工具组中单击 , （千位分隔样式）按钮。
3. 在单元格输入数据时就会带有千位分隔符，如图 4-84 所示。

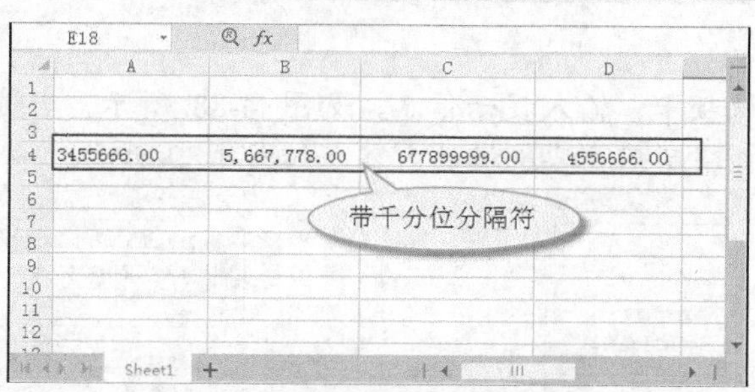

图4-84 显示千位分隔样式

四、 输入特殊符号

在工作表中通常需要输入一些特殊符号，如“※”“∑”“あ”及“®”等。

【操作要点】

1. 选中需要输入特殊符号的单元格。
2. 在【插入】选项卡的【符号】工具组中单击【符号】按钮 Ω，从弹出的面板中选取要输入的符号，选取【其他符号】选项可以打开【符号】对话框，如图4-85所示。
3. 在【字体】下拉列表中选择字体，在【子集】下拉列表中选取符号集。
4. 在符号列表中选择插入的符号后单击 插入(I) 按钮，将其插入单元格中，效果如图4-86所示。

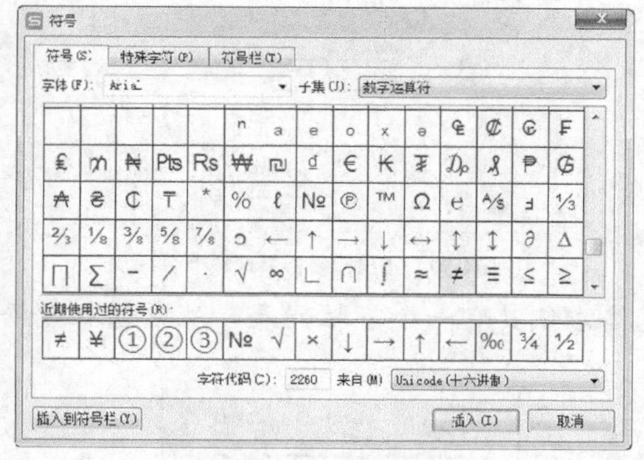

图4-85 【符号】对话框

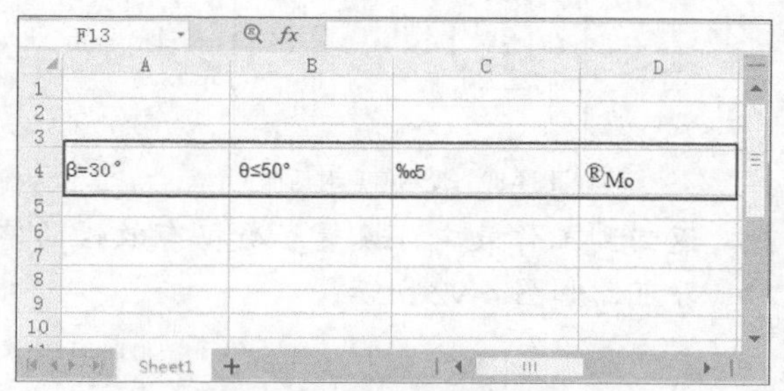

图4-86 输入带有特殊符号的数据

4.3.6 使用下拉列表输入数据

用户在输入数据时，有时需要从一组可供选择的信息中选择一种信息输入，例如，从学历列表中的“高中”“本科”“研究生”中选择一种，这时可以使用下拉列表进行输入，不但能提高效率，还能提高数据输入的准确性。

【操作要点】

1. 选中需要输入信息的单元格。
2. 在【数据】选项卡的【数据工具】工具组中单击【有效性】下拉按钮下方的下拉按钮，打开下拉列表，选取【有效性】选项，打开【数据有效性】对话框。
3. 在【允许】下拉列表中选取【序列】选项。
4. 在【来源】文本框中输入各个选项，选项之间用英文格式的逗号（即半角符号）隔开，如图 4-87 所示。

5. 进入【输入信息】选项卡，输入提示信息，如图 4-88 所示。当选中该单元格时，会弹出提示信息对话框，提醒用户要选择的内容，如图 4-89 所示。

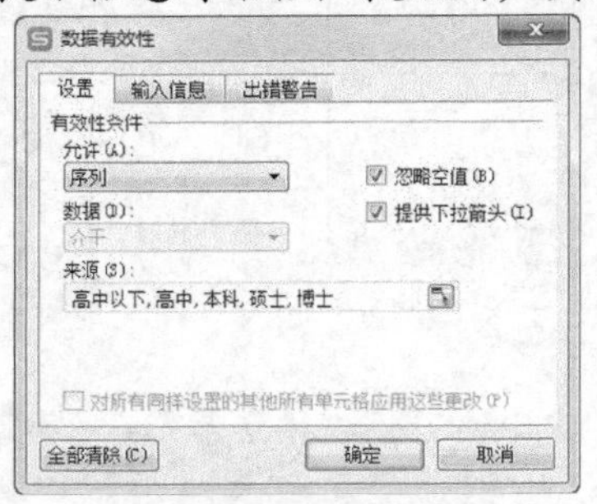

图4-87　【数据有效性】对话框

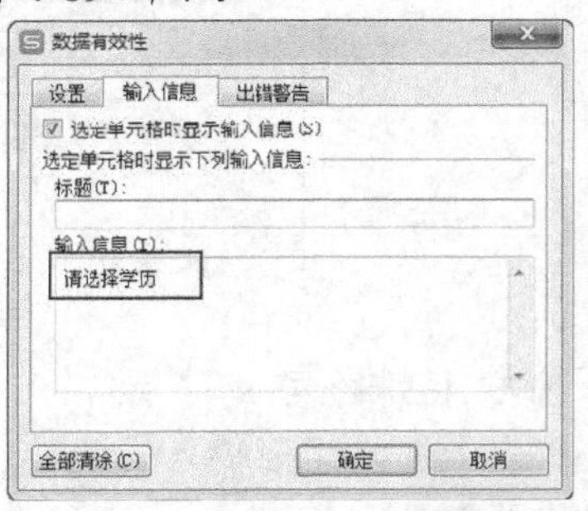

图4-88　【输入信息】选项卡

6. 进入【出错警告】选项卡，输入警告信息，如图 4-90 所示。当在单元格输入的数据不是列表中的数据选项时，会弹出该警告信息，如图 4-91 所示。设置完成后单击 确定 按钮。

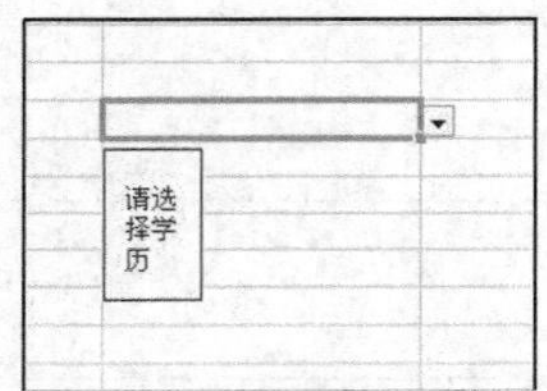

图4-89　提示信息对话框

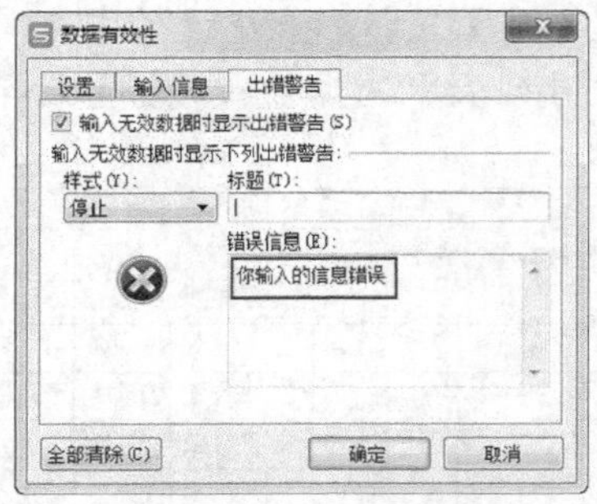

图4-90　【出错警告】选项卡

7. 返回到工作表中，设置了数据有效性的单元格右侧具有一个下拉列表，从中选取数据即可，如图 4-92 所示。

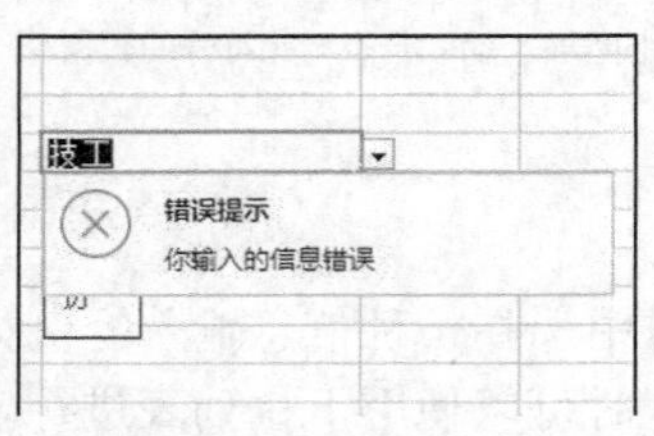

图4-91　提示警告信息

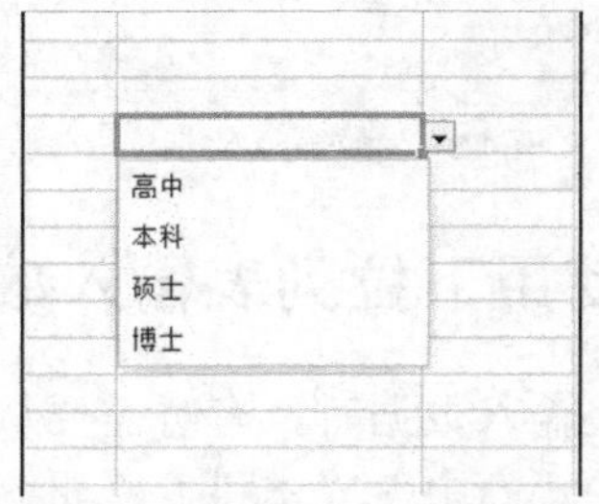

图4-92　设置【数据有效性】效果

4.3.7 指定数据的有效范围

数据的有效范围是指根据实际需要，对输入文本和数值等数据设置的一个范围，如果输入数值超出设定的范围，就会显示出错信息。其操作步骤如下。

【操作要点】

1. 选中需要设置有效范围的单元格或单元格区域，如图 4-93 所示。

2. 在【数据】选项卡的【数据工具】工具组中单击【有效性】下拉按钮 ，打开下拉列表，选取【有效性】选项，打开【数据有效性】对话框。
3. 在【设置】选项卡的【允许】下拉列表中选取设置有效性的数据类型，如【小数】；在【数据】下拉列表中选取【介于】选项；然后设置【最小值】和【最大值】分别为“1”和“10”，如图 4-94 所示。

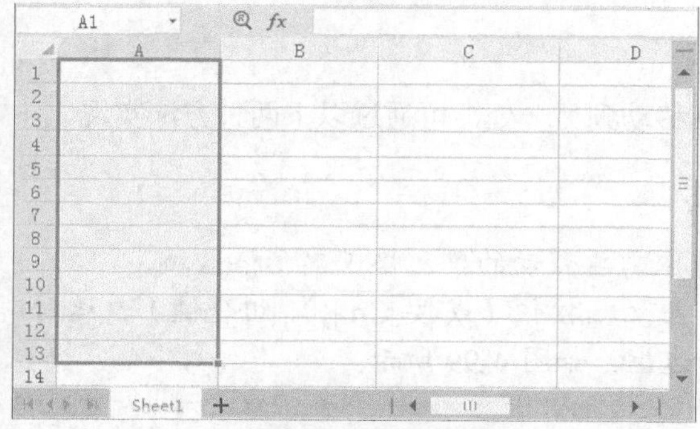

图4-93　选中单元格区域

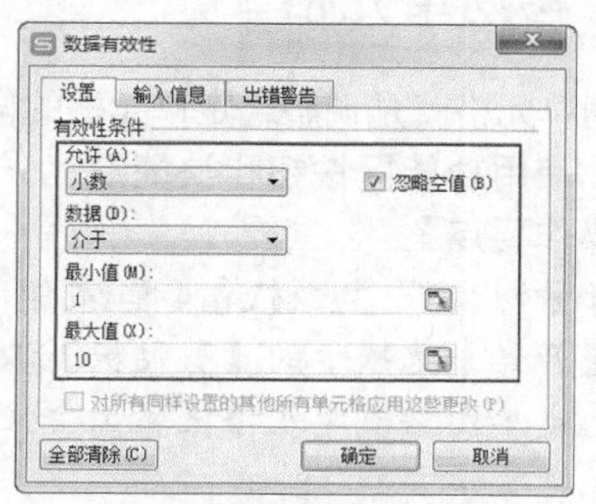

图4-94　设置数据有效性范围

4. 如果允许在单元格中输入空值，则选中【忽略空值】复选项；如果禁止在单元格中输入空值，则取消对该复选项的选择。
5. 在【输入信息】选项卡中设置选中单元格时的提示信息，如图 4-95 所示。当选中该单元格时将在其右下方显示提示信息，如图 4-96 所示。

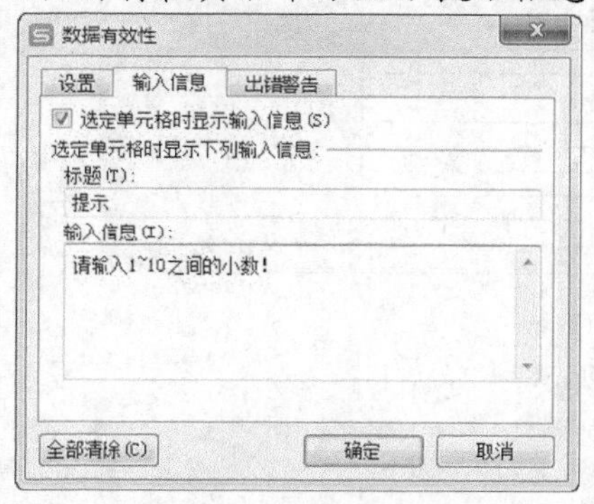

图4-95　设置输入提示信息

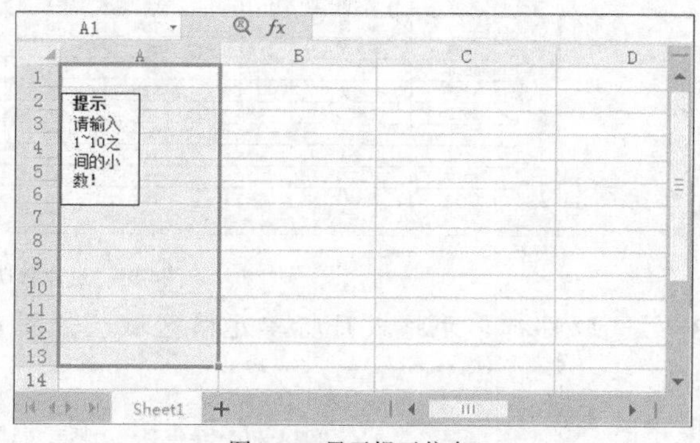

图4-96　显示提示信息

6. 在【出错警告】选项卡中设置输入错误数据时的警告信息，如图 4-97 所示。按照以上操作设置数据的有效范围后，如果输入的数据不在有效范围内，WPS 表格就会弹出警告信息，如图 4-98 所示。

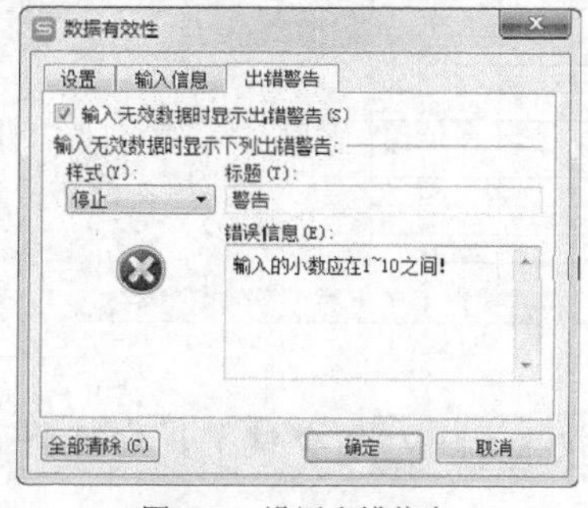

图4-97　设置出错信息

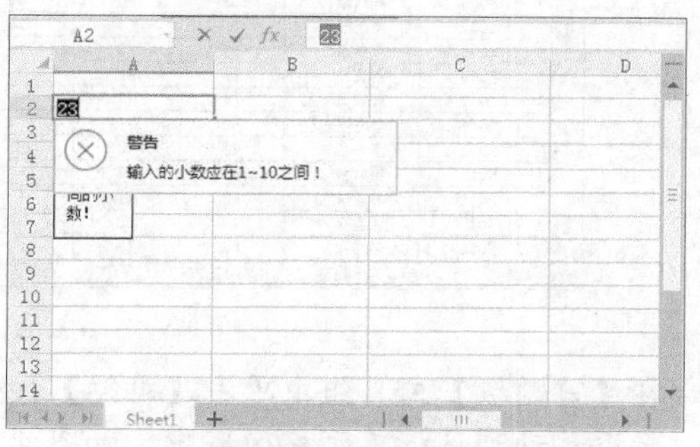

图4-98　显示出错信息

4.4 编辑单元格

单元格是 WPS 表格中的基本数据存储单元，也是重要的操作对象，用户可以对其进行移动、复制、插入及删除等操作。

4.4.1 移动单元格

移动单元格就是调整选定单元格的位置，将其移动到另一处，可通过以下两种方法实现。

一、使用功能区按钮和快捷键

【操作要点】

1. 打开素材文件“素材\第 4 章\案例 1.et”，选取需要移动的单元格或单元格区域。
2. 在【开始】选项卡的【剪贴板】工具组中单击 剪切 按钮（或按 Ctrl+X 组合键），这时在选定单元格或单元格区域上会显示闪动的边框，如图 4-99 所示。

2014-2015学年高一上期末考试5班成绩表

学号	姓名	语文	数学	英语	政治	物理	总分
S001	吴逸涵	95	91	95	83	93	457
S002	张富明	89	93	87	84	89	442
S003	陈宏博	74	87	91	84	76	412
S004	张德斌	74	96	94	90	90	444
S005	王柳洋	80	90	90	89	86	435
S006	邓海钰	80	93	90	73	94	430
S006	陈晗琪	73	80	85	88	88	414
S007	章泓涛	71	83	74	82	83	393
S008	申雯晴	69	75	76	85	84	389
S009	谢文波	71	89	78	75	85	398
S010	詹家典	73	88	80	85	81	407
S011	林心灵	59	87	74	72	83	375
S012	王先巧	48	83	65	84	84	364
S013	吴广俊	59	82	77	68	83	369
S014	林锦涛	68	71	73	82	81	375
S015	江哲祺	75	78	73	83	77	386
S016	黄泳孜	83	78	64	73	70	368

剪切的单元格

图4-99　选取移动的单元格区域

3. 选取目标单元格或目标单元格区域，如图 4-100 所示。

2014-2015学年高一上期末考试5班成绩表

学号	姓名	语文	数学	英语	政治	物理	总分
S001	吴逸涵	95	91	95	83	93	457
S002	张富明	89	93	87	84	89	442
S003	陈宏博	74	87	91	84	76	412
S004	张德斌	74	96	94	90	90	444
S005	王柳洋	80	90	90	89	86	435
S006	邓海钰	80	93	90	73	94	430
S006	陈晗琪	73	80	85	88	88	414
S007	章泓涛	71	83	74	82	83	393
S008	申雯晴	69	75	76	85	84	389
S009	谢文波	71	89	78	75	85	398
S010	詹家典	73	88	80	85	81	407
S011	林心灵	59	87	74	72	83	375
S012	王先巧	48	83	65	84	84	364
S013	吴广俊	59	82	77	68	83	369
S014	林锦涛	68	71	73	82	81	375
S015	江哲祺	75	78	73	83	77	386
S016	黄泳孜	83	78	64	73	70	368

选取一个单元格即可

图4-100　选取单元格

4. 在【剪贴板】工具组中单击【粘贴】按钮（或按 Ctrl+V 组合键），即可将选定的数据移动到目标单元格区域中，如图 4-101 所示。

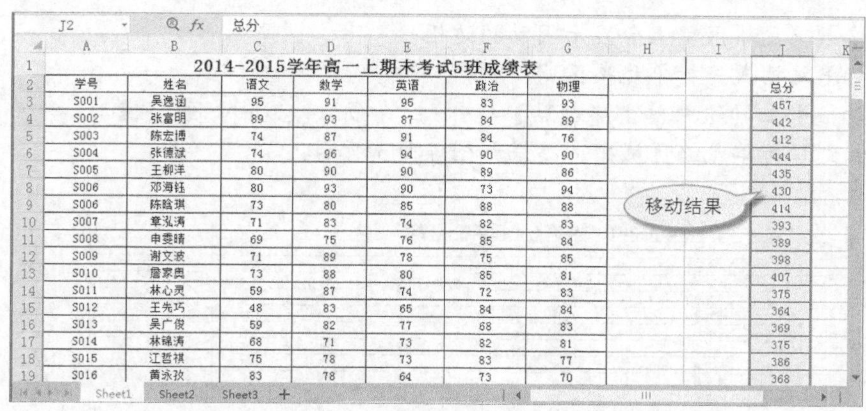

学号	姓名	语文	数学	英语	政治	物理	总分
S001	吴逸涵	95	91	95	83	93	457
S002	张富明	89	93	87	84	89	442
S003	陈宏博	74	87	91	84	76	412
S004	张德斌	74	96	94	90	90	444
S005	王柳洋	80	90	90	89	86	435
S006	邓海钰	80	93	90	73	94	430
S006	陈晗琪	73	80	85	88	88	414
S007	章泓涛	71	83	74	82	83	393
S008	申雯晴	69	75	76	85	84	389
S009	谢文波	71	89	78	75	85	398
S010	詹家典	73	88	80	85	81	407
S011	林心灵	59	87	74	72	83	375
S012	王先巧	48	83	65	84	84	364
S013	吴广俊	59	82	77	68	83	369
S014	林锦涛	68	71	73	82	81	375
S015	江哲祺	75	78	73	83	77	386
S016	黄泳孜	83	78	64	73	70	368

图4-101　移动结果

要点提示 在需要移动的单元格或单元格区域上单击鼠标右键，弹出快捷菜单，选取【剪切】命令，然后在目标单元格上单击鼠标右键，在弹出的快捷菜单中选取【粘贴】命令即可快速实现单元格的移动操作。

二、使用鼠标指针移动单元格

【操作要点】

1. 打开素材文件“素材\第 4 章\案例 2.et”，选定需要移动的单元格或单元格区域。
2. 将鼠标指针移动到单元格或单元格区域的绿色边框上，其形状将变为移动图标，将其移动到图 4-102 所示的目标位置。
3. 拖动鼠标指针到目标位置即可完成移动操作。

学号	姓名	语文	数学	英语	政治	物理	总分
S001	吴逸涵	95	91	95	83	93	457
S002	张富明	89	93	87	84	89	442
S003	陈宏博	74	87	91	84	76	412
S004	张德斌	74	96	94	90	90	444
S005	王柳洋	80	90	90	89	86	435
S006	邓海钰	80	93	90	73	94	430
S006	陈晗琪	73	80	85	88	88	414
S007	章泓涛	71	83	74	82	83	393
S008	申雯晴	69	75	76	85	84	389
S009	谢文波	71	89	78	75	85	398
S010	詹家典	73	88	80	85	81	407
S011	林心灵	59	87	74	72	83	375
S012	王先巧	48	83	65	84	84	364
S013	吴广俊	59	82	77	68	83	369
S014	林锦涛	68	71	73	82	81	375
S015	江哲祺	75	78	73	83	77	386
S016	黄泳孜	83	78	64	73	70	368

图4-102　移动单元格

4.4.2　复制单元格

复制操作与移动操作有很多相似之处，不同的是：移动单元格后不保留原单元格中的数据，而复制单元格后，原单元格中的数据仍然被保留下来。

一、使用功能区按钮和快捷键

【操作要点】

1. 打开素材文件“素材\第 4 章\案例 3.et”，选取需要复制的单元格或单元格区域。
2. 在【开始】选项卡的【剪贴板】工具组中单击 复制 按钮（或按 Ctrl+C 组合键），选定

的单元格或单元格区域上会显示闪动的边框。

3. 选取目标单元格或目标单元格区域。
4. 在【剪贴板】工具组中单击【粘贴】按钮 （或按 Ctrl+V 组合键），即可将选定的数据复制到目标单元格区域中，结果如图 4-103 所示。

	A	B	C	D	E	F	G	H	I	J
1	2014-2015学年高一上期末考试5班成绩表									
2	学号	姓名	语文	数学	英语	政治	物理	总分		物理
3	S001	吴逸涵	95	91	95	[illegible]	93	457		93
4	S002	张富明	89	93	[illegible]	[illegible]	89	[illegible]		89
5	S003	陈宏博	74	87	91	[illegible]	76	[illegible]		76
6	S004	张德斌	74	96	94	90	90	444		90
7	S005	王柳洋	80	90	90	89	86	435		86
8	S006	邓海钰	80	93	90	73	94	430		94
9	S006	陈晗琪	73	80	85	88	88	414		88
10	S007	章泓涛	71	83	74	82	83	393		83
11	S008	申雯晴	69	75	76	85	84	389		84
12	S009	谢文波	71	89	78	75	85	398		85
13	S010	詹家興	73	88	80	85	81	407		81
14	S011	林心灵	59	87	74	72	83	375		83
15	S012	王先巧	48	83	65	84	84	364		84
16	S013	吴广俊	59	82	77	68	83	369		83
17	S014	林锦涛	68	71	73	82	81	375		81
18	S015	江哲祺	75	78	73	83	77	386		77
19	S016	黄泳孜	83	78	64	73	70	368		70

图4-103　复制结果

要点提示　复制操作并非一定要复制源对象的所有要素，在复制结果的右下角有一个 图标，单击该图标后，用户可以选择要粘贴的内容，将鼠标指针移动到图标上将显示粘贴的具体内容，如图 4-104 所示。

	A	B	C	D	E	F	G	H
2	学号	姓名	语文	数学	英语	政治	物理	政治
3	S001	吴逸涵	95	91	95	83	93	83
4	S002	张富明	89	93	87	84	89	84
5	S003	陈宏博	74	87	91	84	76	84
6	S004	张德斌	74	96	94	90	90	90
7	S005	王柳洋	80	90	90	89	86	89
8	S006	邓海钰	80	93	90	73	94	73
9	S006	陈晗琪	73	80	85	88	88	88
10	S007	章泓涛	71	83	74	82	83	82
11	S008	申雯晴	69	75	76	85	84	85
12	S009	谢文波	71	89	78	75	85	75
13	S010	詹家興	73	88	80	85	81	85
14	S011	林心灵	59	87	74	72	83	72
15	S012	王先巧	48	83	65	84	84	84
16	S013	吴广俊	59	82	77	68	83	68
17	S014	林锦涛	68	71	73	82	81	82
18	S015	江哲祺	75	78	73	83	77	83
19	S016	黄泳孜	83	78	64	73	70	73
20	S017	魏雯晓	54	82	75	81	70	81

图4-104　选择性粘贴项目

要点提示　在需要移动的单元格或单元格区域上单击鼠标右键，弹出快捷菜单，选取【复制】命令，然后在目标单元格上单击鼠标右键，在弹出的快捷菜单中选取【粘贴】命令，即可快速实现单元格的复制操作。

二、使用鼠标指针复制单元格

【操作要点】

1. 选定需要移动的单元格或单元格区域。
2. 将鼠标指针移动到单元格或单元格区域的绿色边框上，其形状将变为移动图标。
3. 按住 Ctrl 键拖动鼠标指针到目标位置即可完成复制操作。

4.4.3 插入单元格

在工作表中可以根据需要插入一个单元格，也可以插入整行或整列。

一、插入单元格

【操作要点】

1. 打开素材文件“素材\第 4 章\案例 4.et”，选取需要插入单元格位置处的单元格，如图 4-105 所示。
2. 在【开始】选项卡中单击 （行和列）下拉按钮，在弹出的下拉列表中选取【插入单元格】/【插入单元格】选项，打开【插入】对话框，如图 4-106 所示。

D1 | 工资

	A	B	C	D	E
1	工号	姓名	年龄	工资	奖金
2	1	赵逸涵	45	360	1200
3	2	张春华			1500
4	3	陈文青			700
5	4	刘德斌	28		1000
6	5	徐传扬	58	4300	1100
7	6	邓海波	45	3600	1200
8	7	陈瑞琪	30	3700	1300
9	8	章松涛	34	3600	2100
10	9	徐晓晴	35	3800	2000
11	10	谢天涯	27	5500	1500
12	11	刘文奥	32	5500	1600
13	12	林子清	42	4300	1700
14	13	王名言	45	4400	1400
15	14	吴军博	31	5600	1600
16	15	林万安	45	3600	1300
17	16	江波琪	46	2800	1200
18	17	黄文瑞	52	4700	1000
19	18	魏小文	34	5000	1100

选取的单元格

Sheet1 Sheet2

图4-105 选取单元格

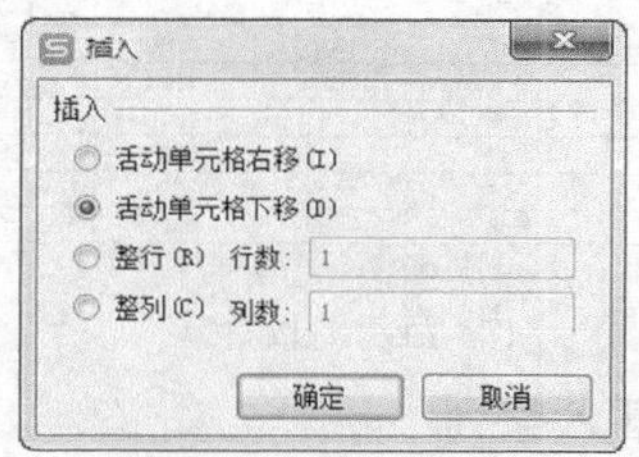

图4-106 【插入】对话框

3. 若选取【活动单元格下移】，则插入单元格后其余数据均下移一格，如图 4-107 所示；若选取【活动单元格右移】，则插入单元格后其余数据均右移一格，如图 4-108 所示。

D1

	A	B	C	D	E
1	工号	姓名	年龄		奖金
2	1	赵逸涵	45	工资	1200
3	2	张春华	46	3600	1500
4	3	陈文青	37	4300	1700
5	4	刘德斌	28	4100	1000
6	5	徐传扬	58	5500	1100
7	6	邓海波	45	4300	1200
8	7	陈瑞琪	30	3600	1300
9	8	章松涛	34	3700	2100
10	9	徐晓晴	35	3600	
11	10	谢天涯	27	3800	
12	11	刘文奥	32	5500	1600
13	12	林子清	42	5500	1700
14	13	王名言	45	4300	1400
15	14	吴军博	31	4400	1600
16	15	林万安	45	5600	1300
17	16	江波琪	46	3600	1200
18	17	黄文瑞	52	2800	1000
19	18	魏小文	34	4700	1100

数据下移

Sheet1 Sheet2

图4-107 活动单元格下移

E1 | 工资

	A	B	C	D	E
1	工号	姓名	年龄		工资
2	1	赵逸涵	45	3600	
3	2	张春华	46	4300	
4	3	陈文青	37	4100	
5	4	刘德斌	28	5500	1000
6	5	徐传扬	58	4300	1100
7	6	邓海波	45	3600	1200
8	7	陈瑞琪	30	3700	1300
9	8	章松涛	34	3600	2100
10	9	徐晓晴	35	3800	2000
11	10	谢天涯	27	5500	1500
12	11	刘文奥	32	5500	1600
13	12	林子清	42	4300	1700
14	13	王名言	45	4400	1400
15	14	吴军博	31	5600	1600
16	15	林万安	45	3600	1300
17	16	江波琪	46	2800	1200
18	17	黄文瑞	52	4700	1000
19	18	魏小文	34	5000	1100

图4-108 活动单元格右移

用户还可以使用快捷菜单来插入单元格。在需要插入新单元格的单元格上单击鼠标右键，在弹出的快捷菜单中选取【插入】命令，也可以打开图 4-106 所示的【插入】对话框，利用该对话框选取插入选项后即可插入单元格。

二、插入整行

用户可以根据需要在选定单元格所在的行插入新行。

【操作要点】

1. 打开素材文件“素材\第 4 章\案例 5.et”，选取要插入行所处的位置（选取整行），如图 4-109 所示。
2. 在【开始】选项卡中单击 （行和列）下拉按钮，在弹出的下拉列表中选取【插入单元格】/【插入行】选项，即可在选定的位置插入整行，其各行顺次下移一行，如图 4-110 所示。

A7　fx　6

	A	B	C	D	E
1	工号	姓名	年龄	工资	奖金
2	1	赵逸涵	45	3600	1200
3	2	张春华	46	4300	1500
4	3	陈文青	37	4100	1700
5	4	刘德斌	28	5500	1000
6	5	徐传扬	58	4300	1100
7	6	邓海波	45	3600	1200
8	7	陈瑞琪	30	3700	1300
9	8	章松涛	34	3600	2100
10	9	徐晓晴	35	3800	2000
11	10	谢天涯	27	5500	1500
12	11	刘文典	32	5500	1600
13	12	林子青	42	4300	1700
14	13	王名言	45	4400	1400
15	14	吴军博	31	5600	1600
16	15	林万安	45	3600	1300
17	16	江波琪	46	2800	1200

图4-109　选取整行

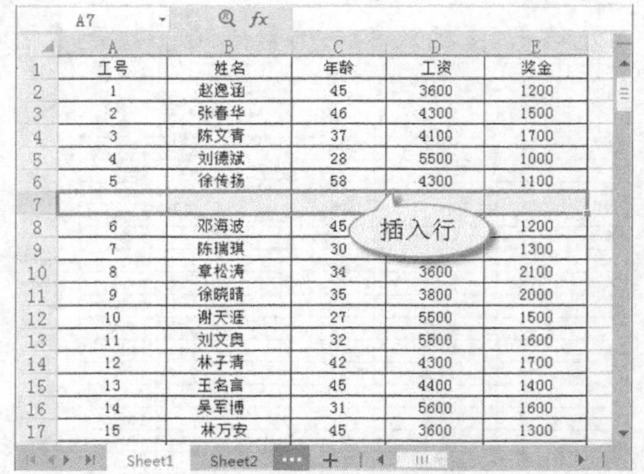

A7　fx

	A	B	C	D	E
1	工号	姓名	年龄	工资	奖金
2	1	赵逸涵	45	3600	1200
3	2	张春华	46	4300	1500
4	3	陈文青	37	4100	1700
5	4	刘德斌	28	5500	1000
6	5	徐传扬	58	4300	1100
7					
8	6	邓海波	45		1200
9	7	陈瑞琪	30		1300
10	8	章松涛	34	3600	2100
11	9	徐晓晴	35	3800	2000
12	10	谢天涯	27	5500	1500
13	11	刘文典	32	5500	1600
14	12	林子青	42	4300	1700
15	13	王名言	45	4400	1400
16	14	吴军博	31	5600	1600
17	15	林万安	45	3600	1300

图4-110　插入新行

三、插入整列

用户可以根据需要在选定单元格所在的列插入新列。

【操作要点】

1. 打开素材文件“素材\第 4 章\案例 6.et”，选取要插入列所处位置（选取整列），如图 4-111 所示。
2. 在【开始】选项卡中单击 （行和列）下拉按钮，在弹出的下拉列表中选取【插入单元格】/【插入列】选项，即可在选定的位置插入整列，其各列顺次右移一列，如图 4-112 所示。

C1　fx　年龄

	A	B	C	D	E
1	工号	姓名	年龄	工资	奖金
2	1	赵逸涵	45	3600	1200
3	2	张春华	46	4300	1500
4	3	陈文青	37	4100	1700
5	4	刘德斌	28	5500	1000
6	5	徐传扬	58	4300	1100
7	6	邓海波	45	3600	1200
8	7	陈瑞琪	30	3700	1300
9	8	章松涛	34	3600	2100
10	9	徐晓晴	35	3800	2000
11	10	谢天涯	27	5500	1500
12	11	刘文典	32	5500	1600
13	12	林子青	42	4300	1700
14	13	王名言	45	4400	1400
15	14	吴军博	31	5600	1600
16	15	林万安	45	3600	1300
17	16	江波琪	46	2800	1200

图4-111　选取整列

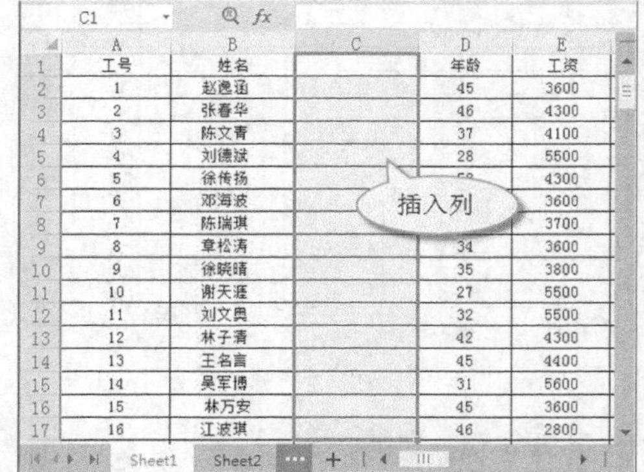

C1　fx

	A	B	C	D	E
1	工号	姓名		年龄	工资
2	1	赵逸涵		45	3600
3	2	张春华		46	4300
4	3	陈文青		37	4100
5	4	刘德斌		28	5500
6	5	徐传扬			4300
7	6	邓海波			3600
8	7	陈瑞琪			3700
9	8	章松涛		34	3600
10	9	徐晓晴		35	3800
11	10	谢天涯		27	5500
12	11	刘文典		32	5500
13	12	林子青		42	4300
14	13	王名言		45	4400
15	14	吴军博		31	5600
16	15	林万安		45	3600
17	16	江波琪		46	2800

图4-112　插入新列

在选定单元格上单击鼠标右键，在弹出的快捷菜单中选取【插入】命令，同样可以打开图 4-106 所示的【插入】对话框，选取【整行】或【整列】单选项即可。

4.4.4 删除单元格和清除单元格内容

删除单元格是指删除单元格本身及其中的内容，而清除单元格中的内容仅仅删除单元格中的内容，单元格并不会被删除。

一、 删除单元格

删除单元格的操作方法与插入单元格类似。

【操作要点】

1. 打开素材文件“素材\第 4 章\案例 7.et”，选取要删除的单元格，如图 4-113 所示。
2. 在【开始】选项卡中单击 （行和列）下拉按钮，在弹出的下拉列表中选取【删除单元格】/【删除单元格】选项，打开【删除】对话框，如图 4-114 所示。

C1 fx 年龄

	A	B	C	D	E
1	工号	姓名	年龄	工资	奖金
2	1	赵逸涵	45	3600	1200
3	2	张春华	46	4300	1500
4	3	陈文青	37	4100	1700
5	4	刘德斌	28	5500	1000
6	5	徐传扬	58	4300	1100
7	6	邓海波	45	3600	1200
8	7	陈瑞琪	30	3700	1300
9	8	章松涛	34	3600	2100
10	9	徐晓晴	35	3800	2000
11	10	谢天涯	27	5500	1500
12	11	刘文贞	32	5500	1600
13	12	林子清	42	4300	1700
14	13	王名言	45	4400	1400
15	14	吴军博	31	5600	1600
16	15	林万安	45	3600	1300
17	16	江波琪	46	2800	1200

Sheet1 Sheet2

图4-113 选取单元格

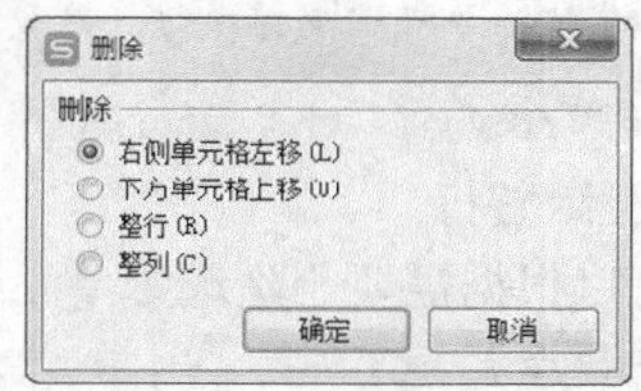

图4-114 【删除】对话框

3. 若选取【下方单元格上移】单选项，则删除单元格后其余数据均上移一格，如图 4-115 所示；若选取【右侧单元格左移】，则删除单元格后其余数据均左移一格，如图 4-116 所示。

C1 fx 45

	A	B	C	D	E
1	工号	姓名	45	工资	奖金
2	1	赵逸涵	46	3600	1200
3	2	张春华	37	4300	1500
4	3	陈文青	28	4100	1700
5	4	刘德斌	58	5500	1000
6	5	徐传扬	45		1100
7	6	邓海波	30		1200
8	7	陈瑞琪	34	3700	1300
9	8	章松涛	35	3600	2100
10	9	徐晓晴	27	3800	2000
11	10	谢天涯	32	5500	1500
12	11	刘文贞	42	5500	1600
13	12	林子清	45	4300	1700
14	13	王名言	31	4400	1400
15	14	吴军博	45	5600	1600
16	15	林万安	46	3600	1300
17	16	江波琪	52	2800	1200

数据上移

Sheet1 Sheet2

图4-115 下方单元格上移

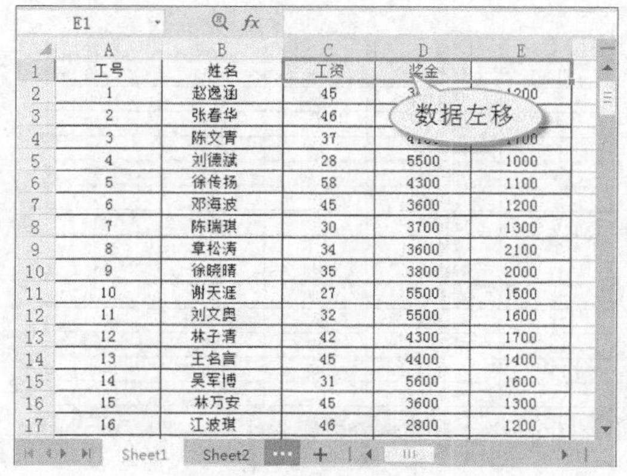
E1 fx

	A	B	C	D	E
1	工号	姓名	工资	奖金	
2	1	赵逸涵	45	3	1200
3	2	张春华	46		
4	3	陈文青	37	41	1700
5	4	刘德斌	28	5500	1000
6	5	徐传扬	58	4300	1100
7	6	邓海波	45	3600	1200
8	7	陈瑞琪	30	3700	1300
9	8	章松涛	34	3600	2100
10	9	徐晓晴	35	3800	2000
11	10	谢天涯	27	5500	1500
12	11	刘文贞	32	5500	1600
13	12	林子清	42	4300	1700
14	13	王名言	45	4400	1400
15	14	吴军博	31	5600	1600
16	15	林万安	45	3600	1300
17	16	江波琪	46	2800	1200

图4-116 右侧单元格左移

用户也可以使用快捷菜单来删除单元格。在要删除的单元格上单击鼠标右键，在弹出的快捷菜单中选取【删除】命令，同样可以打开图 4-114 所示的【删除】对话框。

二、 清除单元格内容

【操作要点】

1. 打开素材文件“素材\第 4 章\案例 8.et”，选取要清除内容的单元格。

2. 在【开始】选项卡的【编辑】工具组中单击 按钮，打开下拉列表，如图 4-117 所示。
3. 选取需要清除的内容，如【全部】，结果如图 4-118 所示。

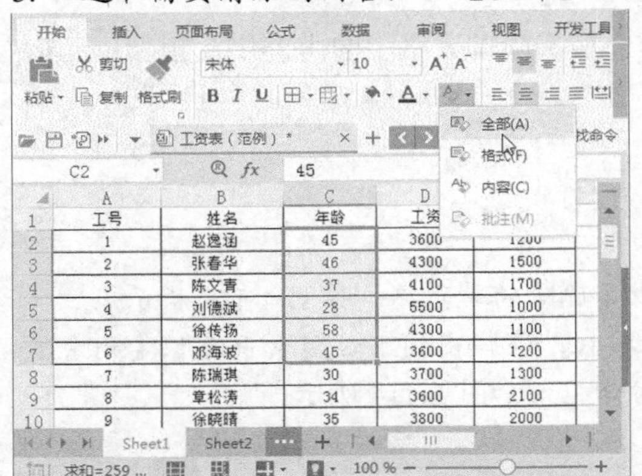

图4-117　选取菜单

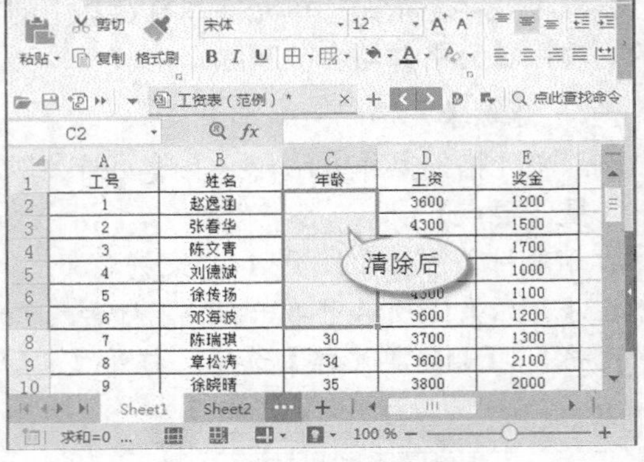

图4-118　清除结果

选取要清除内容的单元格后，单击鼠标右键，在弹出的快捷菜单中选取【清除内容】命令，即可清除单元格中的内容。选取要清除内容的单元格后，直接按 Delete 键可以快速清除单元格中的内容。

三、 删除整行

用户可以根据需要删除选定单元格所在的行。

【操作要点】

1. 打开素材文件"素材\第 4 章\案例 9.et"，选取要插入行所处的位置（选取整行），如图 4-119 所示。
2. 在【开始】选项卡中单击 （行和列）下拉按钮，在弹出的下拉列表中选取【删除单元格】/【删除行】选项，即可删除整行，其各行顺次上移一行，如图 4-120 所示。

	A	B	C	D	E
1	工号	姓名	年龄	工资	奖金
2	1	赵逸涵	45	3600	1200
3	2	张春华	46	4300	1500
4	3	陈文青	37	4100	1700
5	4	刘德斌	28	5500	1000
6	5	徐传扬	58	4300	1100
7	6	邓海波	45	3600	1200
8	7	陈瑞琪	30	3700	1300
9	8	章松涛	34	3600	2100
10	9	徐晓晴	35	3800	2000
11	10	谢天涯	27	5500	1500
12	11	刘文典	32	5500	1600
13	12	林子清	42	4300	1700
14	13	王名言	45	4400	1400
15	14	吴军博	31	5600	1600

图4-119　选取整行

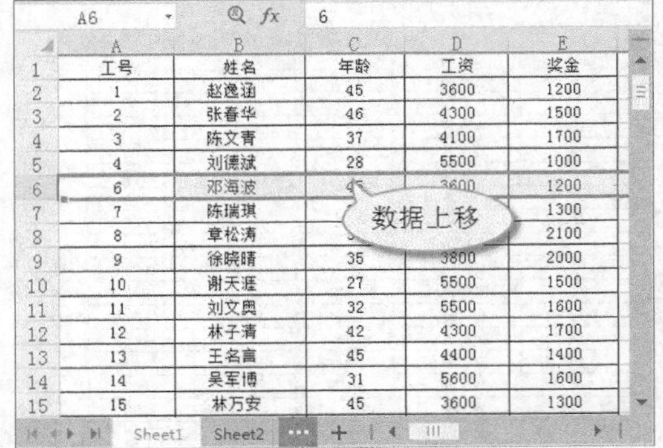

图4-120　删除行

四、 删除整列

用户可以根据需要删除选定单元格所在的列。

【操作要点】

1. 打开素材文件"素材\第 4 章\案例 10.et"，选取要插入列所处的位置（选取整列），如图 4-121 所示。
2. 在【开始】选项卡中单击 （行和列）下拉按钮，在弹出的下拉列表中选取【删除单元格】/【删除列】选项，即可删除该列，其各列顺次左移一列，如图 4-122 所示。

	A	B	C	D	E
1	工号	姓名	年龄	工资	奖金
2	1	赵逸涵	45	3600	1200
3	2	张春华	46	4300	1500
4	3	陈文青	37	4100	1700
5	4	刘德斌	28	5500	1000
6	5	徐传扬	58	4300	1100
7	6	邓海波	45	3600	1200
8	7	陈瑞琪	30	3700	1300
9	8	章松涛	34	3600	2100
10	9	徐晓晴	35	3800	2000
11	10	谢天涯	27	5500	1500
12	11	刘文奥	32	5500	1600
13	12	林子清	42	4300	1700
14	13	王名言	45	4400	1400
15	14	吴军博	31	5600	1600

图4-121　选取整列

	A	B	C	D	E
1	工号	姓名	工资	奖金	
2	1	赵逸涵	3600	1200	
3	2	张春华	4300	1500	
4	3	陈文青	4100	1700	
5	4	刘德斌	5500	1000	
6	5	徐传扬	4300	1100	
7	6	邓海波	3600		
8	7	陈瑞琪	3700		
9	8	章松涛	3600		
10	9	徐晓晴	3800	2000	
11	10	谢天涯	5500	1500	
12	11	刘文奥	5500	1600	
13	12	林子清	4300	1700	
14	13	王名言	4400	1400	
15	14	吴军博	5600	1600	

数据左移

图4-122　插入新列

选中整列或整行，在其上单击鼠标右键，在弹出的快捷菜单中选取【删除】命令，可以快速完成删除操作。

4.4.5 合并与拆分单元格

合并单元格是指将多个单元格合并为一个单元格；拆分单元格正好相反，是将一个单元格分为多个单元格。

一、 合并单元格

【操作要点】

1. 选取需要合并的单元格区域，如图 4-123 所示。
2. 在【开始】选项卡的【对齐方式】工具组中单击（合并居中）按钮即可完成合并操作，结果如图 4-124 所示。

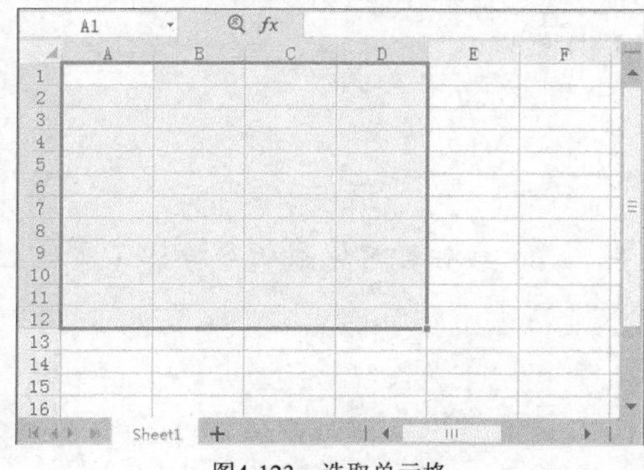

图4-123　选取单元格

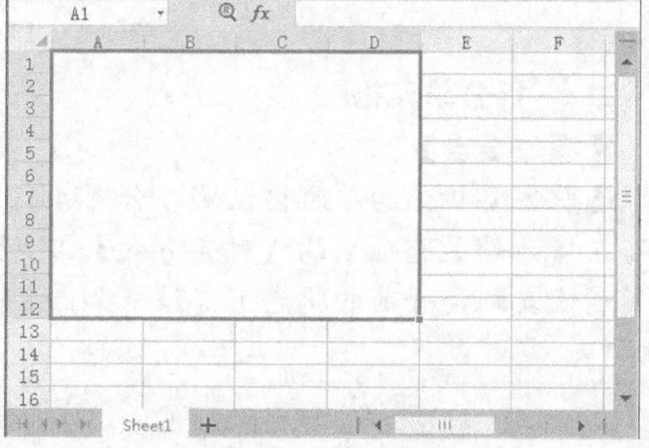

图4-124　合并结果

3. 在【开始】选项卡的【对齐方式】工具组中单击（合并并居中）按钮下方的下拉按钮，从下拉列表中还可以选取多种合并方式。图 4-125 所示为跨行合并（只合并列不合并行）；图 4-126 所示为取消合并单元格的结果。

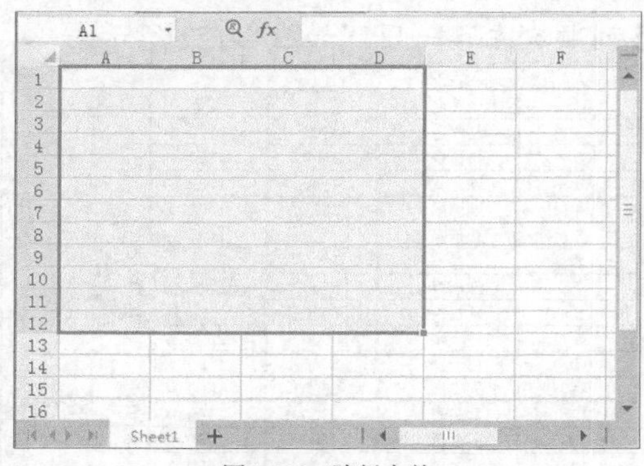

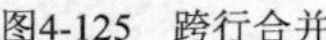

图4-125　跨行合并

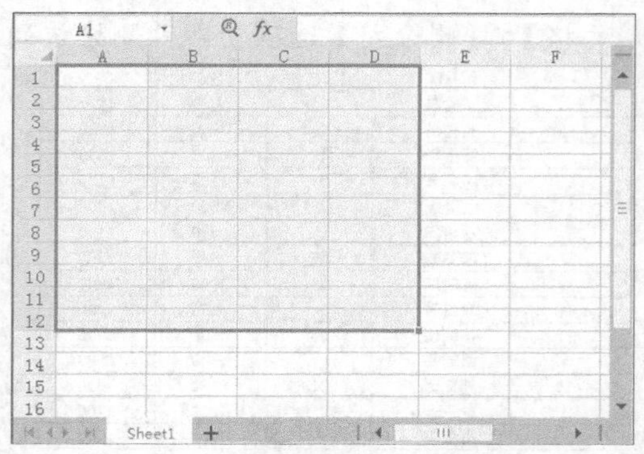

图4-126　取消合并结果

要点提示 选取需要合并的单元格区域后，在其上单击鼠标右键，弹出快捷菜单，选取【设置单元格格式】命令，打开【单元格格式】对话框，如图 4-127 所示，在【对齐】选项卡中选择【合并单元格】复选项，即可完成单元格的合并操作。

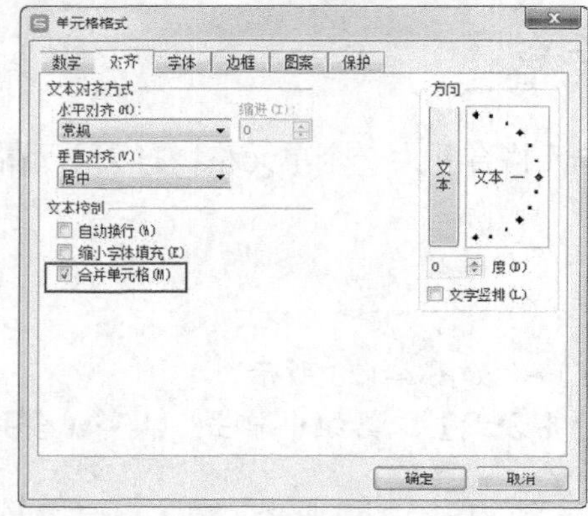

图4-127　【单元格格式】对话框

二、　拆分单元格

【操作要点】

1. 选取需要拆分的单元格区域，如图 4-128 所示。
2. 在【开始】选项卡的【对齐方式】工具组中单击 按钮即可完成拆分操作（实际上是恢复到合并前的状态），结果如图 4-129 所示。

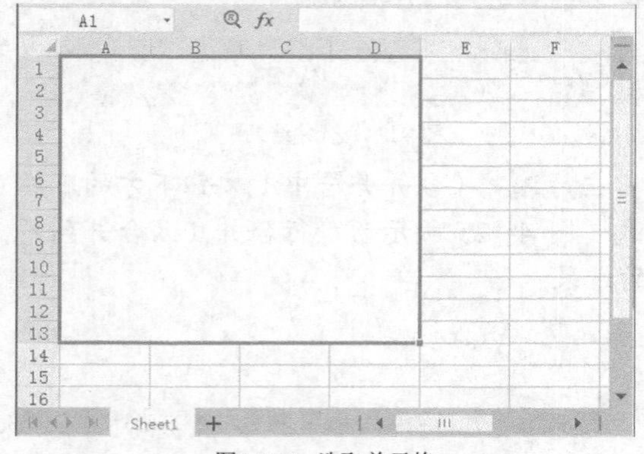

图4-128　选取单元格

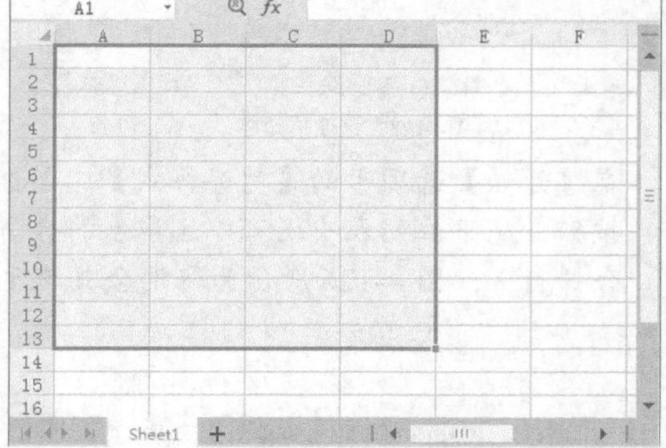

图4-129　拆分结果

4.5 查找和替换数据

在对工作表进行数据编辑时，查找指定的数据是一项最常见的操作，有时还需要将一种数据替换为另一种数据，这时可以使用查找和替换数据操作来实现。

4.5.1 查找数据

在一个数据表中查找数据的步骤如下。

【操作要点】

1. 选择需要查找数据的单元格区域，如果要在整个数据表中查找，可以选中任意一个单元格。
2. 在【开始】选项卡的【编辑】工具组中单击（查找）按钮，打开下拉列表，选取【查找】命令，打开【查找】对话框，在【查找】选项卡中单击 选项(T) >> 按钮展开对话框，按照图 4-130 所示设置参数。

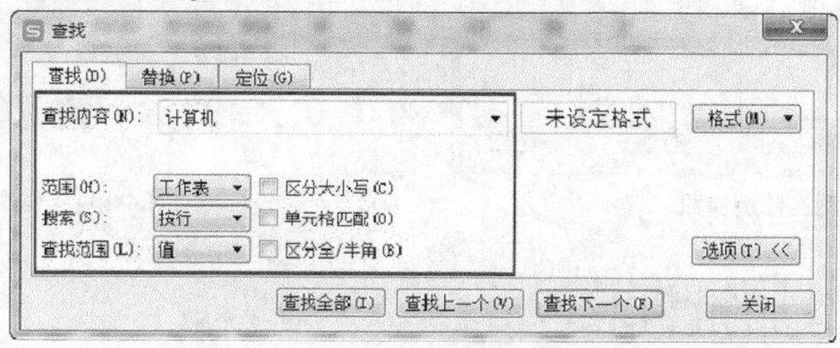

图4-130　设置查找参数

3. 单击 查找下一个(F) 按钮将在工作表中依次显示查找结果，如图 4-131 所示。
4. 单击 查找全部(I) 按钮将查找工作表中的全部结果，并将其显示在对话框下部，如图 4-132 所示。单击其中的项目将在工作表中选中对应的选项。

图4-131　查找结果

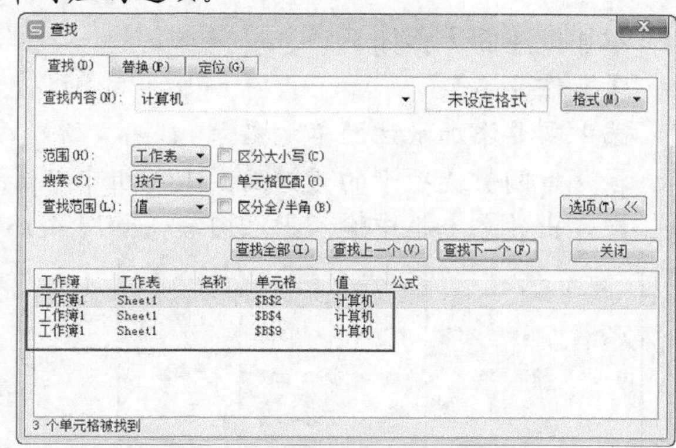

图4-132　显示全部结果

在图 4-132 中，用户还可以选中【区分大小写】【单元格匹配】及【区分全/半角】等复选项来实现更精确地查找。【单元格匹配】是指查找的关键字和单元格中的内容完全一致时才能被查中。例如：关键字是“电脑”，单元格中的内容为“笔记本电脑”，其中虽然包含“电脑”，但是没有完全匹配，因而该单元格不会被查中。

4.5.2　替换数据

在一个数据表中替换数据的步骤如下。

【操作要点】

1.　选择需要替换数据的单元格区域，如果要在整个数据表中替换，可以选中任意一个单元格。
2.　在【开始】选项卡的【编辑】工具组中单击（查找）按钮，打开下拉列表，选取【替换】命令，打开【替换】对话框，单击 选项(T) >> 按钮展开对话框，按照图 4-133 所示设置参数。
3.　单击 替换(R) 按钮将替换当前选中的结果。
4.　单击 全部替换(A) 按钮将替换全部结果，并显示替换的结果总数，如图 4-134 所示。

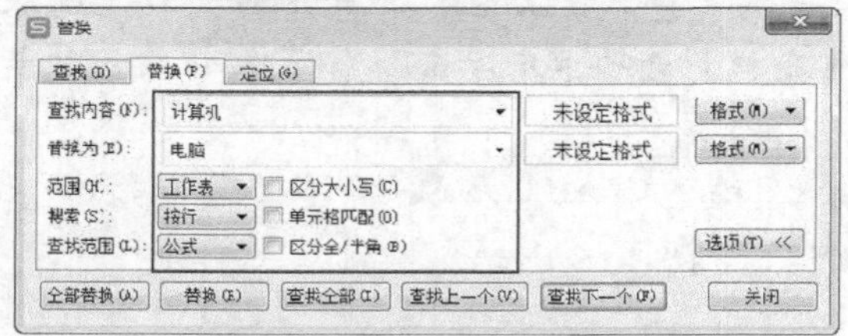

图4-133　设置替换参数

图4-134　替换结果总数

4.6　为单元格添加批注

批注是附加在单元格中的辅助说明信息，可以帮助用户清楚地了解单元格中数据的含义。

4.6.1　添加批注

添加批注的步骤如下。

【操作要点】

1.　选中需要添加批注的单元格。
2.　在【审阅】选项卡的【批注】工具组中单击【新建批注】按钮，如图 4-135 所示。
3.　在弹出的文本框中输入批注内容，如图 4-136 所示。

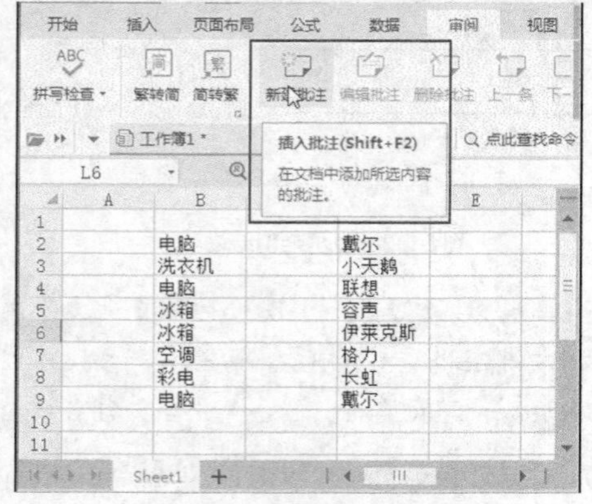

图4-135　选取批注工具

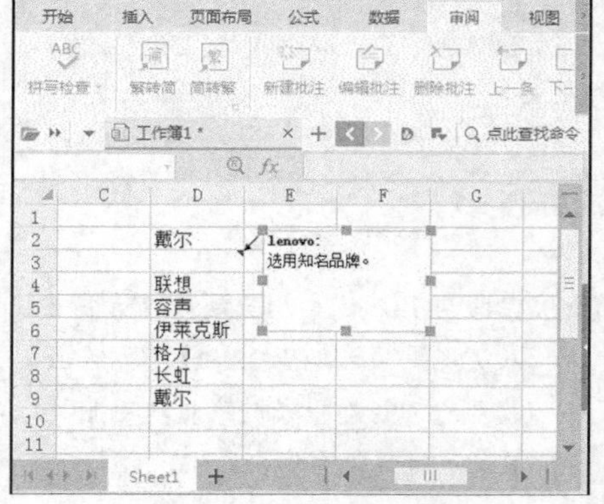

图4-136　输入批注内容

4. 在工作表中单击批注文本框以外的区域，完成批注的添加，添加批注的单元格右上角会出现一个小红色三角形标记。
5. 将鼠标指针移动到添加了批注的单元格上，即可看到批注信息，如图 4-137 所示。

要点提示 用户还可以根据需要修改批注内容，这时可以在添加了批注的单元格上单击鼠标右键，在弹出的快捷菜单中选取【编辑批注】命令，如图 4-138 所示。

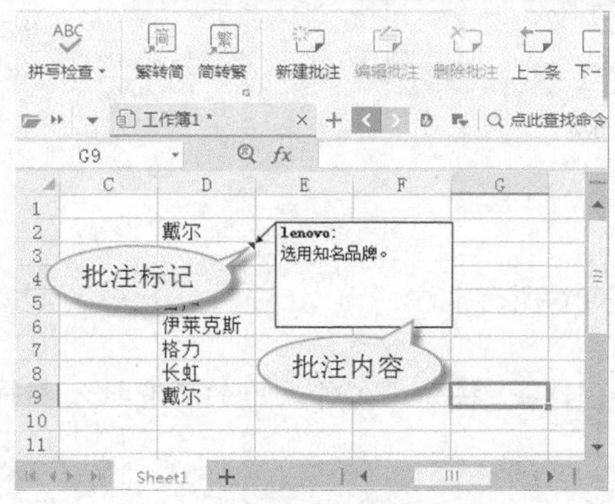

图4-137　添加批注

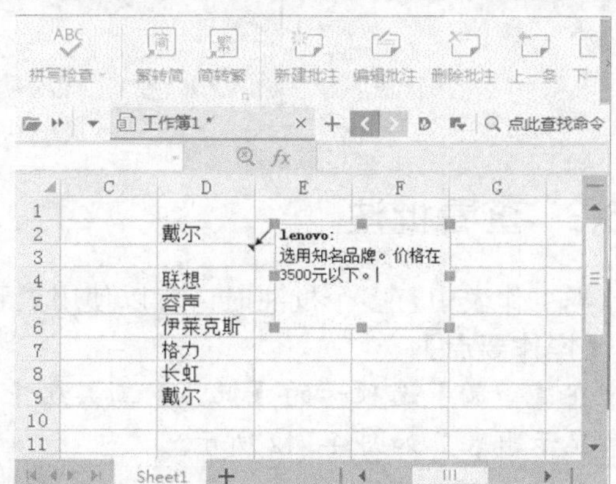

图4-138　修改批注

4.6.2 复制批注

通过复制批注操作可以让更多单元格具有相同的批注信息。

【操作要点】

1. 选取需要复制批注的单元格（被复制对象）。
2. 在【开始】选项卡的【剪贴板】工具组中单击复制按钮。
3. 选取需要粘贴批注的目标单元格。
4. 在【开始】选项卡的【剪贴板】工具组中单击（粘贴）按钮下方的下拉按钮，打开下拉列表，选择【选择性粘贴】命令，如图 4-139 所示。
5. 在弹出的【选择性粘贴】对话框中选择【批注】单选项，如图 4-140 所示。

图4-139　选取菜单

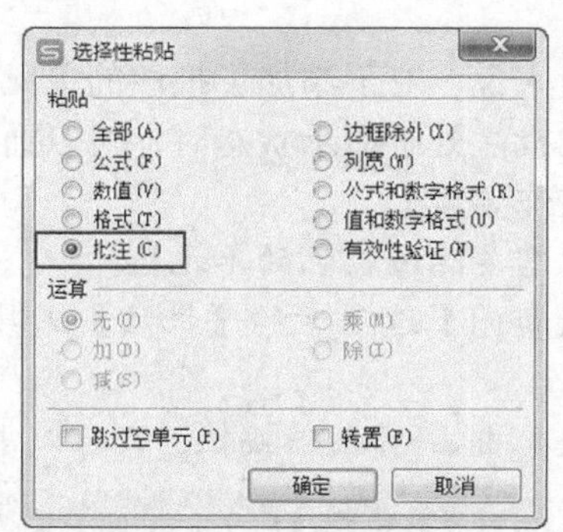

图4-140　【选择性粘贴】对话框

6. 单击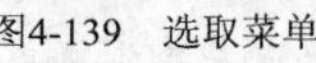按钮，可以看到批注被复制到目标单元格中，如图 4-141 所示。

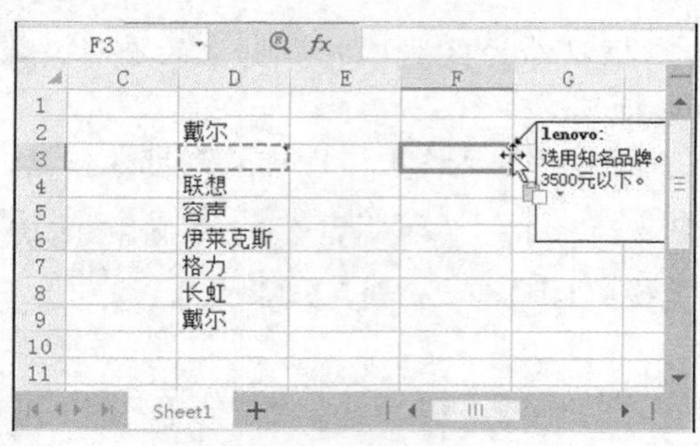

图4-141　复制结果

4.6.3　查看批注

当工作表中有多个批注时，可以使用查看功能查看所有批注。

【操作要点】

1. 在【审阅】选项卡的【批注】工具组中单击显示所有批注按钮，工作表中的所有批注都将显示出来，如图 4-142 所示。

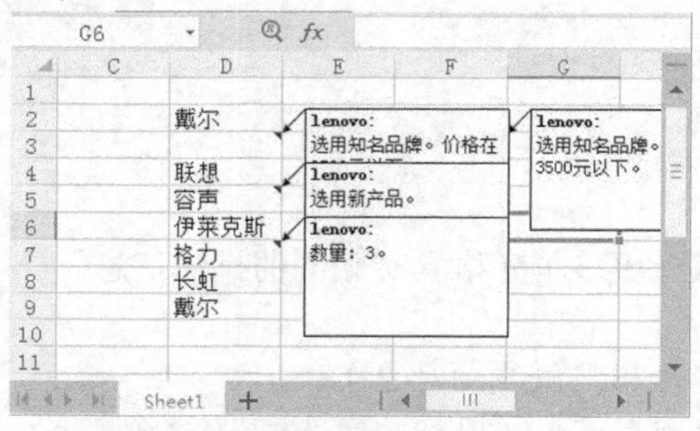

图4-142　显示所有批注

2. 在【审阅】选项卡的【批注】工具组中再次单击显示所有批注按钮又可关闭所有批注。
3. 在【批注】工具组中单击【上一条】按钮或【下一条】按钮可以逐个查看批注信息。

4.6.4　隐藏批注

一般来说，对于添加了批注的单元格，在单击其他单元格时会自动隐藏批注信息。当工作表中的批注处于显示状态时，可以通过下面的方法来隐藏批注。

【操作要点】

1. 选中需要隐藏批注的单元格。
2. 在【审阅】选项卡的【批注】工具组中单击显示/隐藏批注按钮，该单元格的批注就会隐藏起来。
3. 再次单击显示/隐藏批注按钮，又可以重新显示批注。

要点提示　在需要隐藏批注的单元格上单击鼠标右键，在弹出的快捷菜单中选取【隐藏批注】命令即可隐藏批注。在隐藏批注的单元格上单击鼠标右键，在弹出的快捷菜单中选取【显示/隐藏批注】命令即可重新显示批注。

4.6.5 删除批注

在设计过程中，用户可以根据需要删除某一单元格的批注，也可以删除工作表中的全部批注。

一、 删除选定单元格的批注

以下两种方法均可删除单元格的批注。

(1) 在需要删除批注的单元格上单击鼠标右键，在弹出的快捷菜单中选取【删除批注】命令。

(2) 选中需要删除批注的单元格，在【审阅】选项卡的【批注】工具组中单击【删除批注】按钮 。

二、 删除工作表中的全部批注

【操作要点】

1. 在【开始】选项卡的【编辑】工具组中单击（查找）按钮，打开下拉列表，选择【定位】命令。
2. 在弹出的【定位】对话框中选择【批注】单选项，如图 4-143 所示。
3. 单击 定位(T) 按钮后将选中工作表中所有带有批注的单元格，如图 4-144 所示。
4. 在【开始】选项卡的【编辑】工具组中单击（清除）按钮，打开下拉列表，选择【批注】命令即可清除工作表中的所有批注。

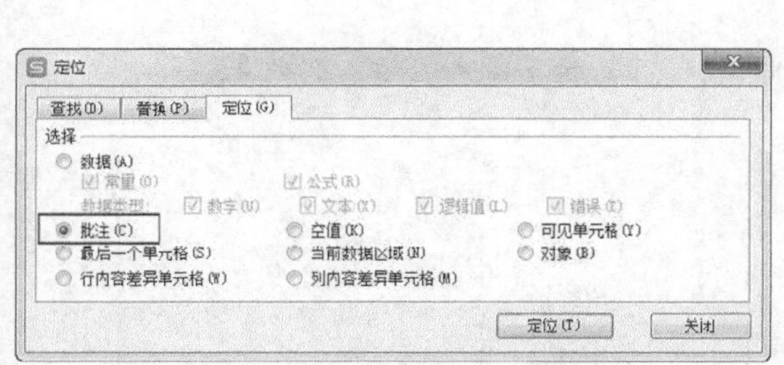

图4-143 【定位】对话框

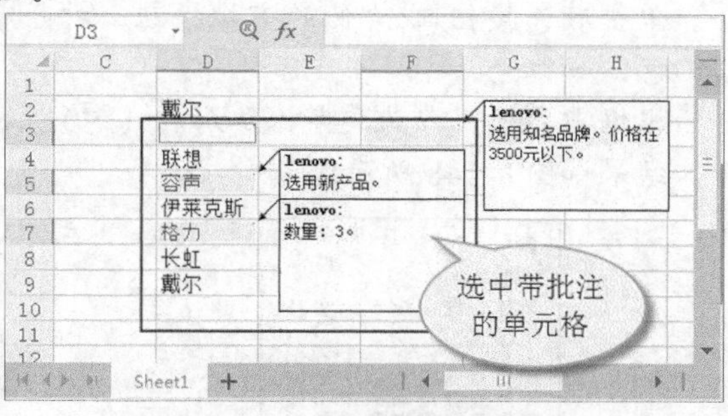

图4-144 选中全部带批注的单元格

4.7 设置数据格式

WPS 表格 2016 中的工作表用于存储和处理数据，也称为电子表格，由排列成行和列的单元格组成。工作簿则是包含了一个或多个工作表的文件，可用来组织各种相关信息。

4.7.1 设置文本格式

文本格式包括文字的字体、颜色、大小及一些特殊格式，下面介绍设置文本格式的几种方法。

一、使用【开始】选项卡

【操作要点】

1. 选择需要设置字体的单元格或单元格区域，如图 4-145 所示。

2. 在【开始】选项卡的【字体】工具组顶部的【字体】下拉列表中选取字体，如图 4-146 所示，如【黑体】。

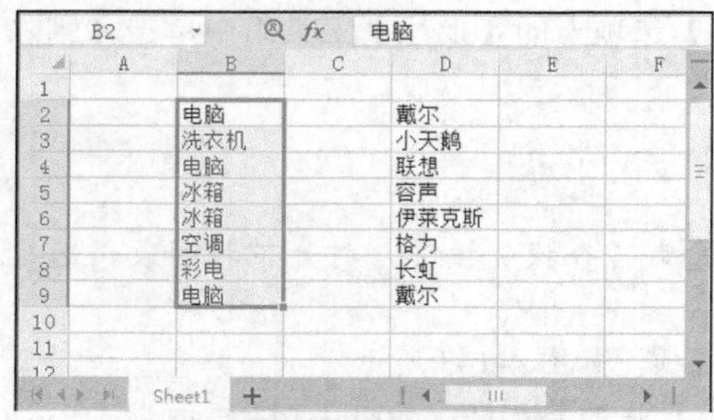

图4-145　选取需要设置字体的文字

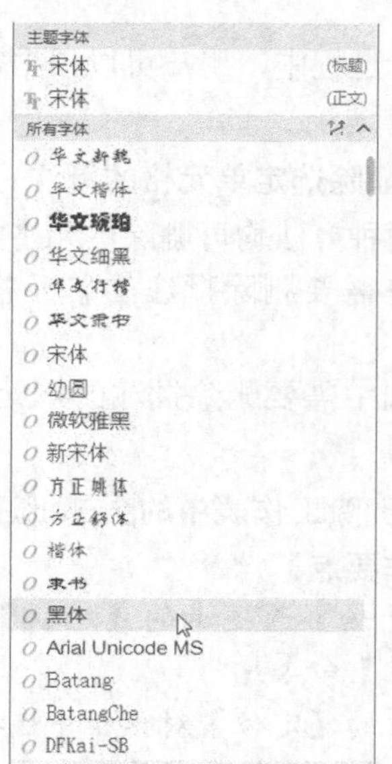

图4-146　选取字体

3. 在【字号】下拉列表中设置字的大小，如“16”。
4. 单击颜色按钮右侧的下拉按钮，打开颜色面板，如图 4-147 所示，选取一种文字颜色，如红色。
5. 根据需要还可以为文字添加加粗（B）、倾斜（I）和下画线（U）效果。结果如图 4-148 所示。

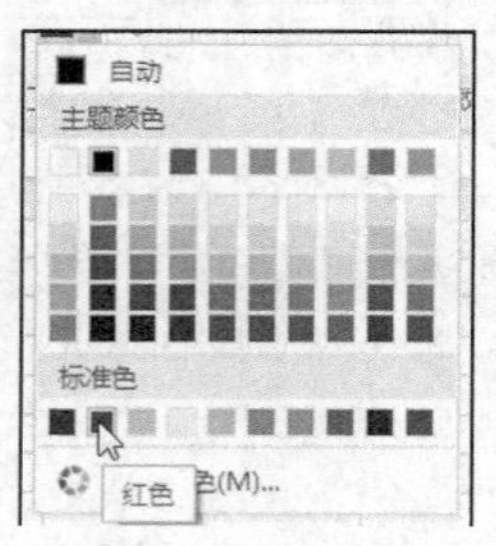

图4-147　颜色面板

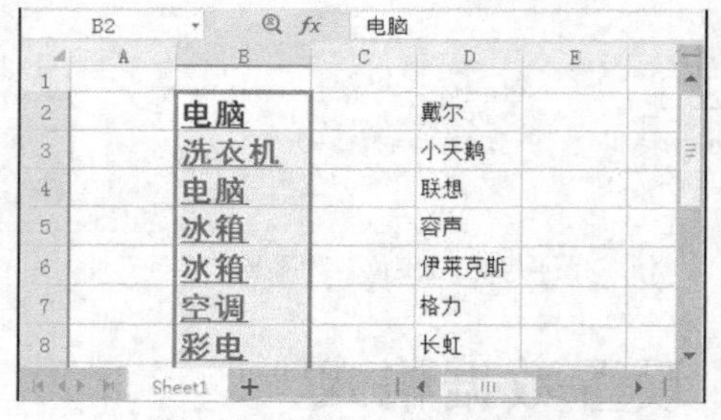

图4-148　设置文字格式后的效果

二、使用【设置单元格格式】对话框

【操作要点】

1. 选中需要改变文本格式的单元格或单元格区域。
2. 在其上单击鼠标右键，在弹出的快捷菜单中选取【设置单元格格式】命令，打开【单元格格式】对话框。
3. 进入【字体】选项卡，根据需要设置字体、颜色及字号等参数，如图 4-149 所示。
4. 在【特殊效果】分组框中还可以设置文本的上标和下标，效果如图 4-150 所示。

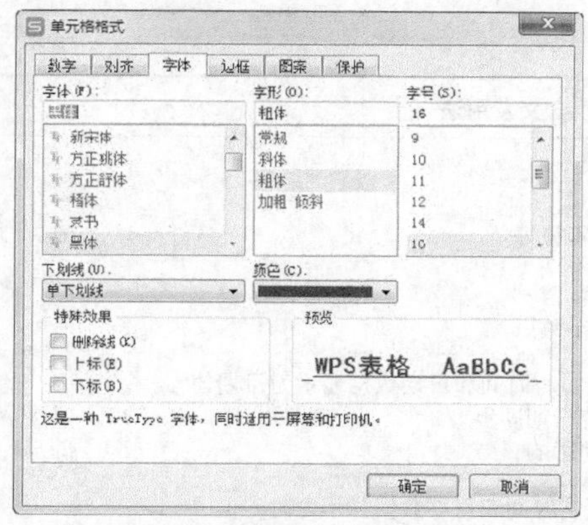

图4-149 【单元格格式】对话框

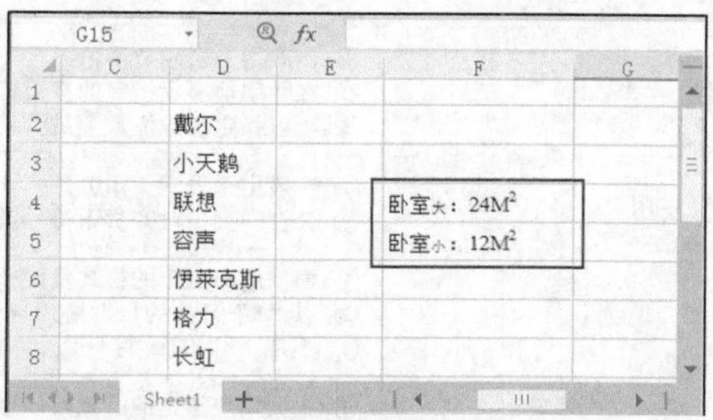

图4-150 使用上标和下标的效果

4.7.2 设置数字格式

在工作表中输入数字时，可以根据设计需要采用不同的数据格式。

【操作要点】

1. 选中需要设置数字格式的单元格或单元格区域，如图 4-151 所示。
2. 在其上单击鼠标右键，在弹出的快捷菜单中选取【设置单元格格式】命令，打开【单元格格式】对话框，进入【数字】选项卡。
3. 在【分类】列表框中选择需要的数字格式，如图 4-152 所示。

图4-151 选取单元格

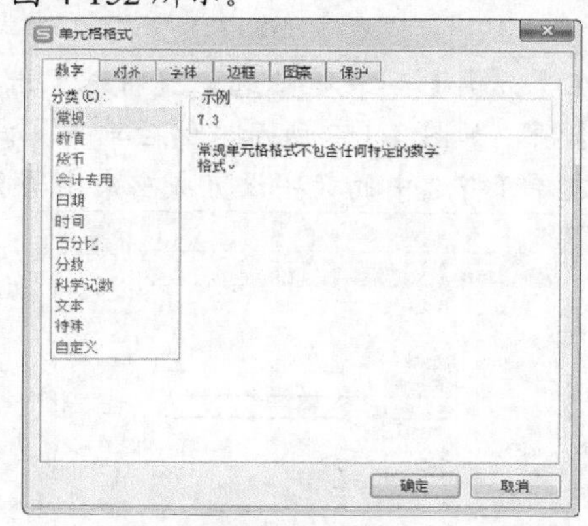

图4-152 【单元格格式】对话框

WPS 表格中提供了 12 种数字格式，其含义和用途如表 4-2 所示。

表 4-2 数据格式的种类和含义

数字格式	含义及用法
常规	① WPS 表格默认的数据格式 ② 按照输入数据本身的格式进行显示 ③ 单元格宽度不够时，对数字进行四舍五入；对于较大的数字采用科学计数法显示
数值	① 数字的一般表示方法 ② 可以指定小数位数，是否使用千位分隔符等

续表

数字格式	含义及用法
货币	① 一般用于表示货币值 ② 在数字前显示指定的货币符号 ③ 可以指定小数位数，是否使用千位分隔符等
会计专用	① 一般用于表示货币值 ② 会在一列中对齐货币符号及数字中的小数点
日期	① 根据用户指定的格式及国家/地区设置，将时间和日期数据显示为日期值 ② 以“*”开头的日期格式与计算机系统日期同步 ③ 不带“*”的日期不受计算机系统日期影响
时间	① 根据用户指定的格式及国家/地区设置将时间和日期数据显示为时间值 ② 以“*”开头的日期格式与计算机系统时间同步 ③ 不带“*”的日期不受计算机系统时间影响
百分比	① 以百分数的形式显示单元格中的数值 ② 用户可以指定使用的小数位数
分数	以分数形式显示单元格中的数值
科学计数	① 以指数形式显示单元格中的数值，如 123456789 显示为 1.23E+8 ② 用户可以指定使用的小数位数
文本	① 将单元格中的内容视为文本 ② 即使键入数字，也准确显示用户键入的内容
特殊	将数字显示为电话号码、邮政编码等特殊数据
自定义	允许用户修改现有数字格式代码的副本，创建一个自定义数字格式

4. 在【分类】列表框中选取【特殊】选项，在【类型】列表框中选取【中文小写数字】选项，如图 4-153 所示，然后单击 确定 按钮。
5. 这样可将选中的数字设置成中文小写数字格式，如图 4-154 所示。

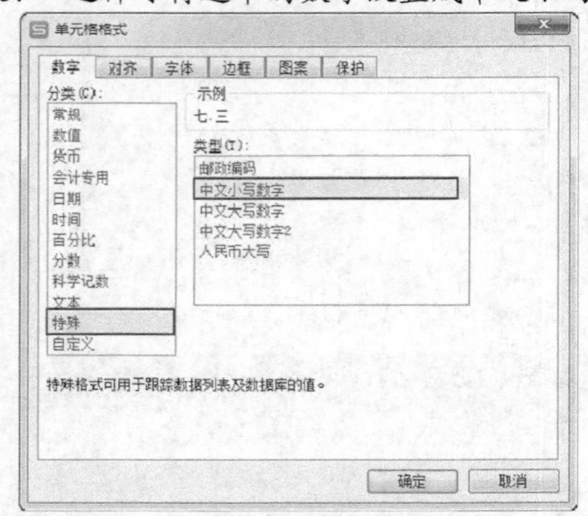

图4-153　【单元格格式】对话框

	A	B	C	D	E	F
1	设备清单					
2	序列	品名	型号	单价（万元）	数量	合计
3	1	电火花成型机	D7130	七.三	1	7.3
4	2	微机屏显液压万能试验机	WEW-300D	五	1	5
5	3	刨床	BC6066	四.二	1	4.2
6	4	金属带锯床	GT4428	一.八	1	1.8
7	5	万能铣床	X6128	一.四	4	5.6
8	6	摇臂钻床	Z3050X16	四.〇五	1	4.05
9	7	万能回转头铣床	X6232	三.六	1	3.6
10	8	液压摆式剪板机	4*2.5m	四.八	1	4.8
11	9	微型计算机	6000型	〇.六	5	3
12	10	平面磨床	HF618	三.三	1	3.3
13	11	万能高速摇臂铣床	X6325	三.四八	1	3.48

图4-154　设置效果

4.8 设置数据对齐方式

在 WPS 表格工作表中，所有文本默认为左对齐方式，所有数字、日期和事件都默认为右对齐方式，用户可以根据设计需要调整各类数据的对齐方式。

4.8.1 设置水平对齐方式

用户可以使用以下两种方法设置数据的水平对齐方式。

一、 使用【开始】选项卡中的对齐方式按钮

【操作要点】

1. 选中需要设置水平对齐方式的单元格或单元格区域。
2. 在【开始】选项卡的【对齐方式】工具组设置需要的水平对齐方式，常用的对齐方式如图 4-155 所示。图 4-156 所示是各种对齐方式的示例。

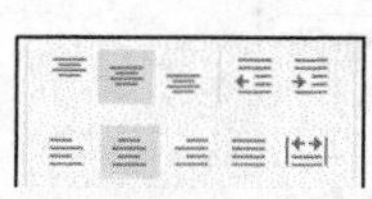

图4-155　对齐方式

图4-156　对齐方式示例

要点提示　在图 4-155 中还有减少缩进量和增加缩进量两个按钮。单击增加缩进量按钮，会增加单元格左侧的缩进量，每单击一次增加一个单位值；单击减少缩进量按钮，可以减少单元格左侧缩进量，每单击一次减少一个单位值。

二、 使用【单元格格式】对话框中的【对齐】选项卡

【操作要点】

1. 选中需要设置水平对齐方式的单元格或单元格区域。
2. 单击【开始】选项卡的【对齐方式】工具组右下角的按钮，打开【单元格格式】对话框，进入【对齐】选项卡。
3. 在【水平对齐】下拉列表中选取一种水平对齐方式，如图 4-157 所示，然后单击 确定 按钮。

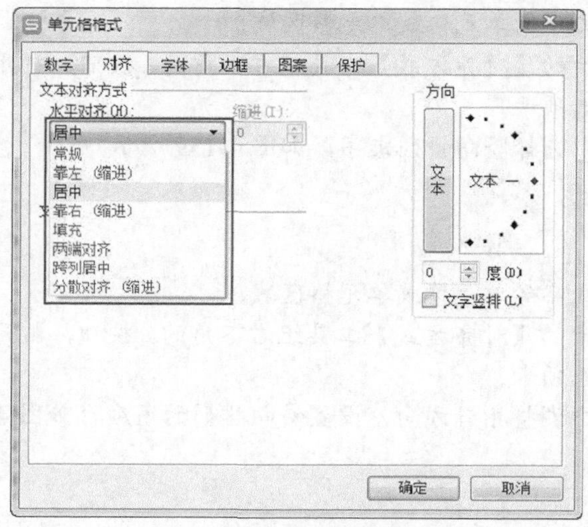

图4-157　设置水平对齐方式

4.8.2 设置垂直对齐方式

设置垂直对齐格式的方法与设置水平格式相似，方法如下。

一、 使用【开始】选项卡中的对齐方式按钮

【操作要点】

1. 选中需要设置垂直对齐方式的单元格或单元格区域。
2. 在【开始】选项卡的【对齐方式】工具组设置需要的垂直对齐方式。

二、 使用【单元格格式】对话框中的【对齐】选项卡

【操作要点】

1. 选中需要设置垂直对齐方式的单元格或单元格区域。
2. 单击【开始】选项卡的【对齐方式】工具组右下角的 按钮，打开【单元格格式】对话框，进入【对齐】选项卡。
3. 在【垂直对齐】下拉列表中选取一种垂直对齐方式，如图 4-158 所示。

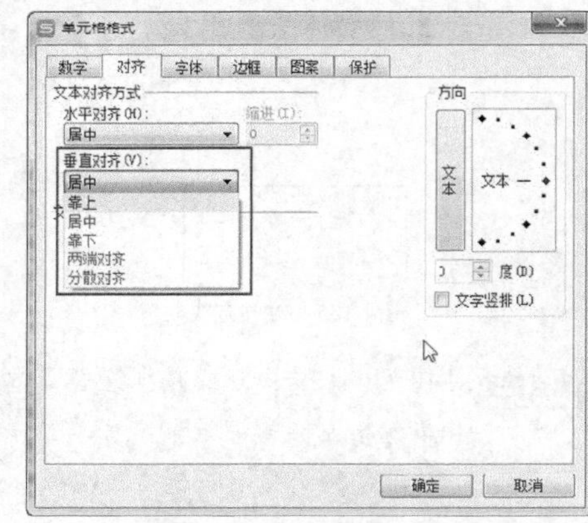

图4-158　设置垂直对齐方式

4.8.3 设置文字排列方向

默认情况下，用户输入的文字都是以从左到右的方式水平排列的，在编辑表格时，可以根据需要将其设置为竖向排列或斜向排列。

一、 竖向排列文字

【操作要点】

1. 选中需要竖向排列文字的单元格或单元格区域。
2. 单击【开始】选项卡的【对齐方式】工具组右下角的 按钮，打开【单元格格式】对话框，进入【对齐】选项卡。
3. 在【方向】分组框中选择竖向排列文字，如图 4-159 所示。

二、 斜向排列文字

【操作要点】

1. 选中需要斜向排列文字的单元格或单元格区域。
2. 单击【开始】选项卡的【对齐方式】工具组右下角的 按钮，打开【单元格格式】对话框，进入【对齐】选项卡。
3. 在【方向】分组框中调整指针方向，设置斜向排列的角度，如图 4-160 所示。

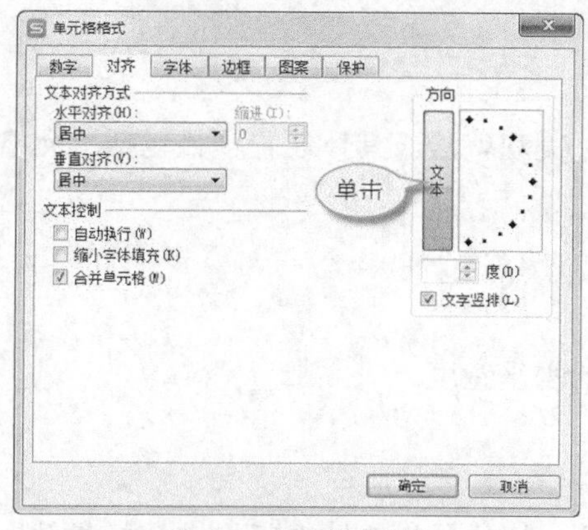

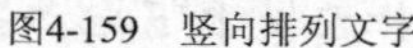

图4-159　竖向排列文字

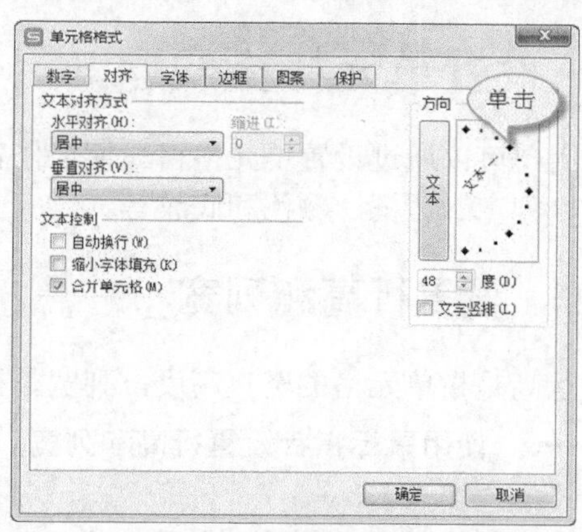

图4-160　斜向排列文字

4.8.4 设置文本换行

在单元格中输入数据时，默认情况下不会自动换行，因此，若输入文本过长，则显示内容将占据别的单元格位置。

一、 使用 Alt+Enter 组合键换行

【操作要点】

1. 将鼠标指针定位到要换行的字符位置，如图 4-161 所示。
2. 按 Alt+Enter 组合键实现换行操作，如图 4-162 所示。

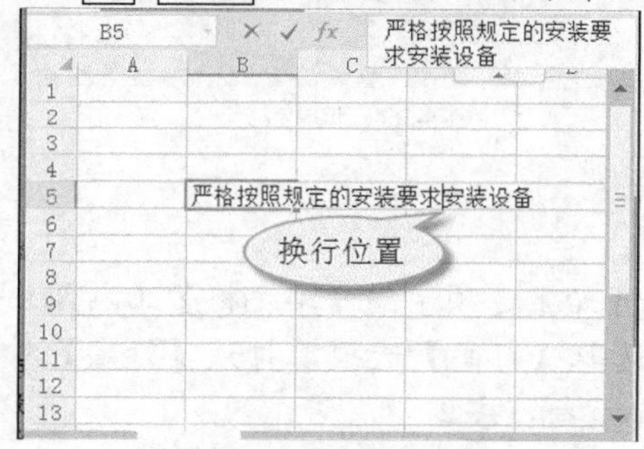

图4-161　选定换行位置

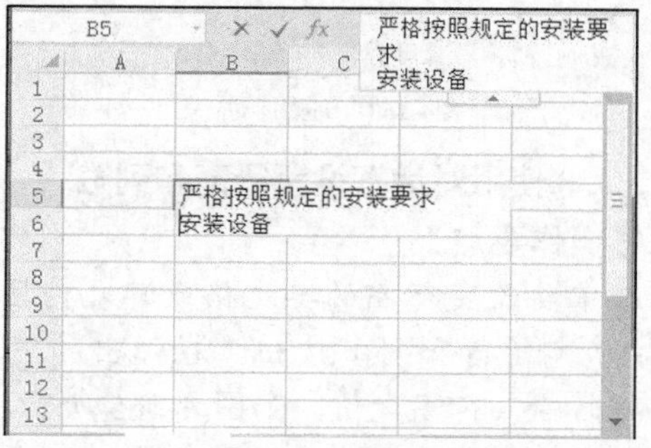

图4-162　换行结果

二、 使用“自动换行”功能

【操作要点】

1. 选取需要设置自动换行的单元格或单元格区域。
2. 在【开始】选项卡的【对齐方式】工具组中单击 （自动换行）按钮即可。
3. 如果要取消自动换行功能，再次单击 按钮即可。

要点提示　使用 Alt+Enter 组合键换行时，可以在任意字符位置换行，结果不随单元格行高和列宽的改变而改变；而使用自动换行功能时，一旦改变了单元格的行高或列宽，换行位置也将随之改变。

4.9 设置单元格格式

用户可以通过设置单元格格式使工作表看起来更美观整洁。具体设置项目包括单元格的行高、列宽、边框、颜色和底纹等。

4.9.1 设置行高和列宽

行高是指单元格的竖直高度，列宽是指单元格的水平宽度。

一、 使用鼠标指针设置行高和列宽

【操作要点】

1. 将鼠标指针移动到两个行号之间，待其变为‡时，按住鼠标左键上下拖动鼠标指针即可改变行高，如图 4-163 所示。
2. 将鼠标指针移动到两个列号之间，待其变为↔时，按住鼠标左键左右拖动鼠标指针即可改变列宽，如图 4-164 所示。

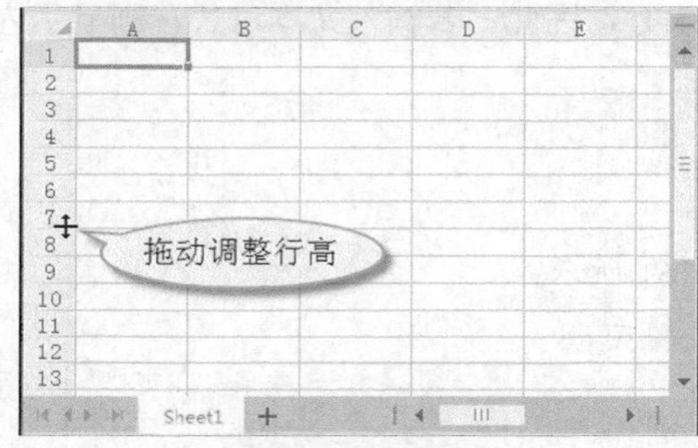

图4-163　调整行高

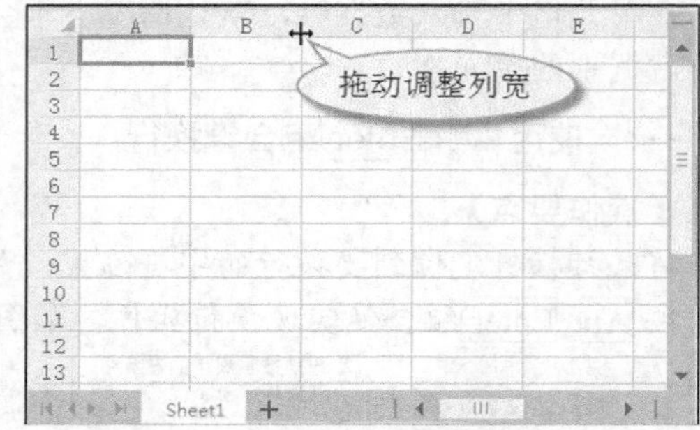

图4-164　调整列宽

二、 使用对话框设置行高和列宽

【操作要点】

1. 选中要改变行高的单元格或单元格区域。在【开始】选项卡的【单元格】工具组中单击（行和列）按钮，在弹出的下拉列表中选取【行高】选项，打开【行高】对话框，输入行高数值，如图 4-165 所示，然后单击确定按钮。
2. 单击选中要改变列宽的单元格。在【开始】选项卡的【单元格】工具组中单击（行和列）按钮，在弹出的下拉列表中选取【列宽】选项，打开【列宽】对话框，输入列宽数值，如图 4-166 所示，然后单击确定按钮。

图4-165　调整行高

图4-166　调整列宽

在【开始】选项卡的【单元格】工具组中单击【行和列】按钮，在弹出的下拉列表中选取【最适合的行高】或【最适合的列宽】选项，可以根据单元格的内容来设置与之最适合的行高或列宽值，如图 4-167 所示。

调整前

调整后

图4-167　设置最适合的行高和列宽

4.9.2　设置单元格边框样式

单元格的边框就是单元格的 4 条边线，设置了单元格边框后，才能将单元格打印成表格的样式。

一、　使用单元格格式对话框设置

【操作要点】

1. 选中需要设置边框的单元格或单元格区域。
2. 在其上单击鼠标右键，在弹出的快捷菜单中选取【设置单元格格式】命令，打开【单元格格式】对话框，选中【边框】选项卡。
3. 在【线条】分组框的【样式】列表框中选取一种线型，在【颜色】下拉列表中选取一种颜色。
4. 在【预置】栏下设置了 3 种预置格式：【无】【外边框】和【内部】，用户可以根据设计需要单击相应的按钮，3 种预置格式的对比如图 4-168 所示。
5. 如果要详细设置边框形式，可以在【边框】栏下单击各个按钮选择使用哪些单元格内部连线。

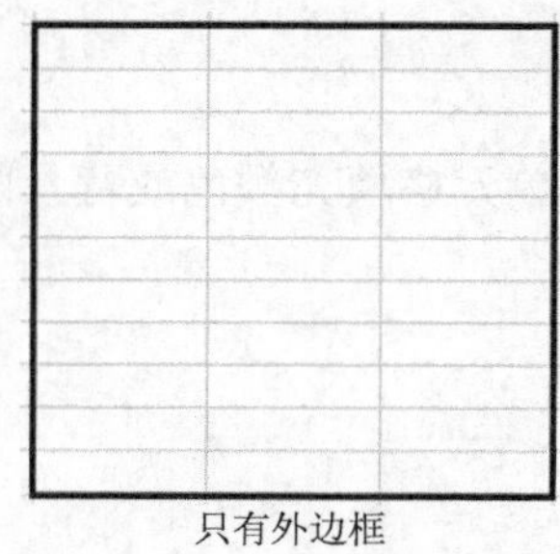
只有外边框

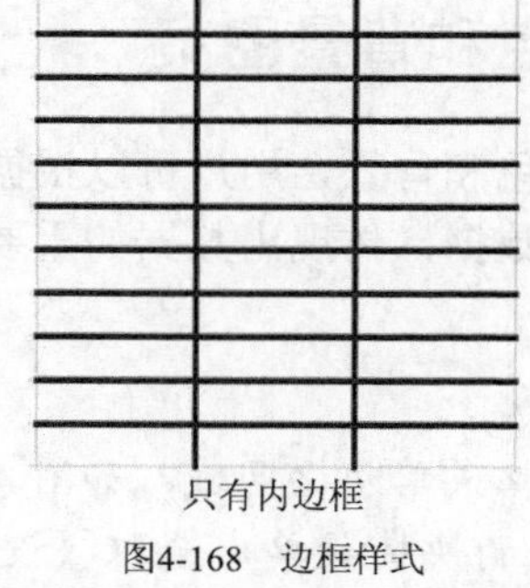
只有内边框

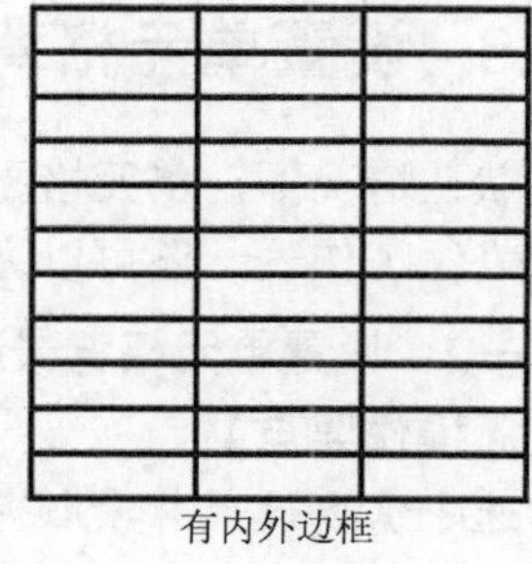
有内外边框

图4-168　边框样式

6. 完成的设置如图 4-169 所示，然后单击 确定 按钮。最终参考结果如图 4-170 所示。

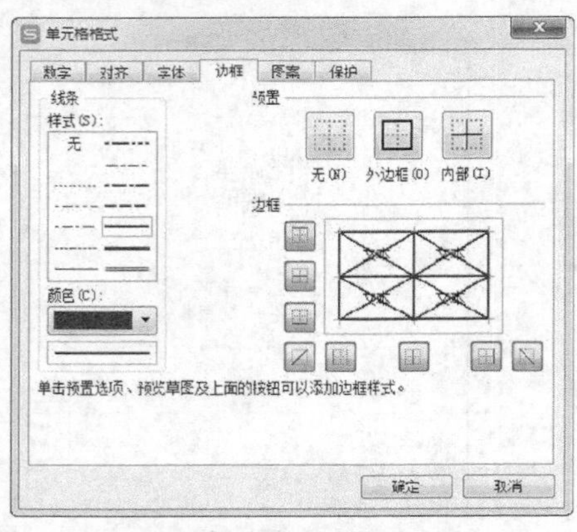

图4-169　设置边框样式

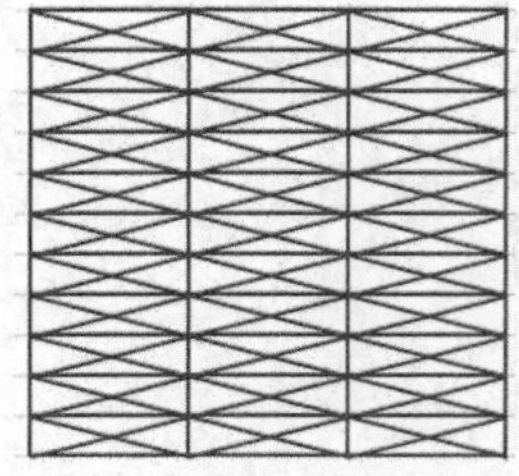

图4-170　设置边框后的效果

二、　使用功能区按钮设置

【操作要点】

1.　选中需要设置边框的单元格或单元格区域。

2.　在【开始】选项卡的【字体】工具组中单击 按钮右侧的下拉按钮，打开下拉菜单，根据设计需要选择需要的边框样式即可，如图 4-171 所示。如选中【所有框线】后，设置的边框样式如图 4-172 所示。

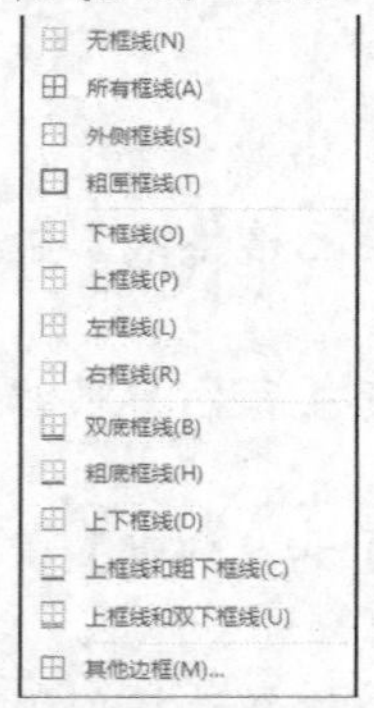

图4-171　选择边框样式

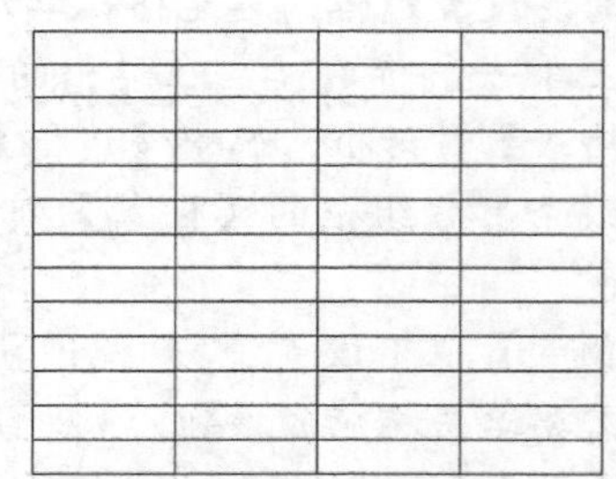

图4-172　设置边框后的效果

4.9.3　设置单元格背景颜色和背景图案

默认情况下，单元格无填充颜色和背景，用户可以根据需要为单元格填充颜色或背景图案来美化工作表，还可以突出显示数据，体现出数据的重要性。

一、　设置单元格背景颜色

【操作要点】

1.　选中需要设置背景颜色的单元格或单元格区域，如图 4-173 所示。

2.　在其上单击鼠标右键，在弹出的快捷菜单中选取【设置单元格格式】命令，打开【单元格格式】对话框，选中【图案】选项卡。

3.　在【颜色】区域内选取一种颜色，如图 4-174 所示，然后单击 确定 按钮完成设置，效果如图 4-175 所示。

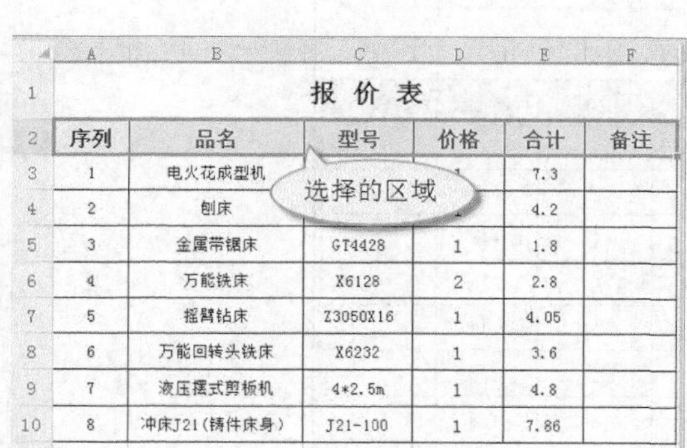

	A	B	C	D	E	F
1			报 价 表			
2	序列	品名	型号	价格	合计	备注
3	1	电火花成型机	[illegible]	[illegible]	7.3	
4	2	刨床	[illegible]	[illegible]	4.2	
5	3	金属带锯床	GT4428	1	1.8	
6	4	万能铣床	X6128	2	2.8	
7	5	摇臂钻床	Z3050X16	1	4.05	
8	6	万能回转头铣床	X6232	1	3.6	
9	7	液压摆式剪板机	4*2.5m	1	4.8	
10	8	冲床J21(铸件床身)	J21-100	1	7.86	

图4-173　选取单元格区域

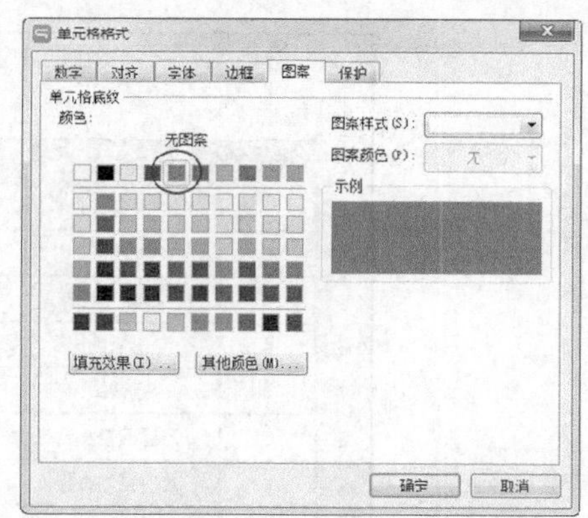

图4-174　选取填充色

4. 重新选中填充区域，再次打开【单元格格式】对话框，单击图 4-174 左下方的 填充效果(I)... 按钮，打开【填充效果】对话框，按照图 4-176 所示设置参数，创建渐变填充，结果如图 4-177 所示。

	A	B	C	D	E	F
1			报 价 表			
2	序列	品名	型号	价格	合计	备注
3	1	电火花成型机	D7130	1	7.3	
4	2	刨床	BC6066	1	4.2	
5	3	金属带锯床	GT4428	1	1.8	
6	4	万能铣床	X6128	2	2.8	
7	5	摇臂钻床	Z3050X16	1	4.05	
8	6	万能回转头铣床	X6232	1	3.6	
9	7	液压摆式剪板机	4*2.5m	1	4.8	
10	8	冲床J21(铸件床身)	J21-100	1	7.86	

图4-175　填充效果（1）

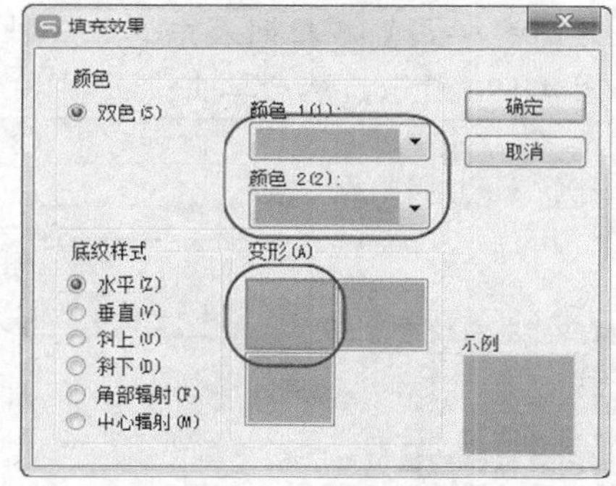

图4-176　【填充效果】对话框

要点提示 也可以在【开始】选项卡的【字体】工具组中单击按钮右侧的下拉按钮，打开颜色面板，在该面板中选取颜色来设填充景色，填充效果如图 4-178 所示。

	A	B	C	D	E	F
1			报 价 表			
2	序列	品名	型号	价格	合计	备注
3	1	电火花成型机	D7130	1	7.3	
4	2	刨床	BC6066	1	4.2	
5	3	金属带锯床	GT4428	1	1.8	
6	4	万能铣床	X6128	2	2.8	
7	5	摇臂钻床	Z3050X16	1	4.05	
8	6	万能回转头铣床	X6232	1	3.6	
9	7	液压摆式剪板机	4*2.5m	1	4.8	
10	8	冲床J21(铸件床身)	J21-100	1	7.86	

图4-177　填充效果（2）

	A	B	C	D	E	F
1			报 价 表			
2	序列	品名	型号	价格	合计	备注
3	1	电火花成型机	D7130	1	7.3	
4	2	刨床	BC6066	1	4.2	
5	3	金属带锯床	[illegible]	[illegible]	[illegible]	
6	4	万能铣床	[illegible]	[illegible]	[illegible]	
7	5	摇臂钻床	Z3050X16	1	4.05	
8	6	万能回转头铣床	X6232	1	3.6	
9	7	液压摆式剪板机	4*2.5m	1	4.8	
10	8	冲床J21(铸件床身)	J21-100	1	7.86	

图4-178　填充效果（3）

二、 设置单元格背景图案

【操作要点】

1. 选中需要设置背景图案的单元格或单元格区域，如图 4-179 所示。

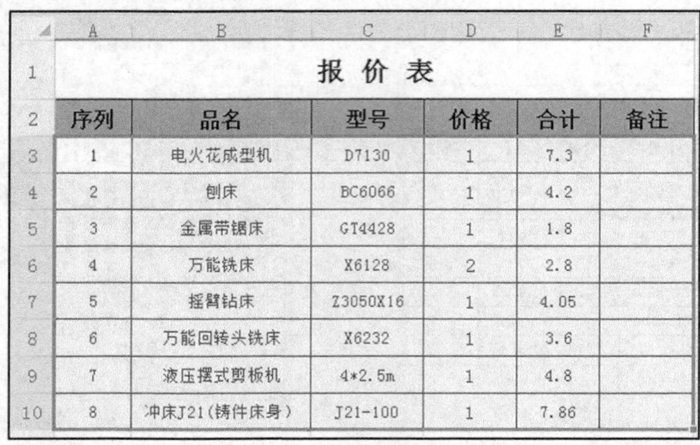

序列	品名	型号	价格	合计	备注
1	电火花成型机	D7130	1	7.3	
2	刨床	BC6066	1	4.2	
3	金属带锯床	GT4428	1	1.8	
4	万能铣床	X6128	2	2.8	
5	摇臂钻床	Z3050X16	1	4.05	
6	万能回转头铣床	X6232	1	3.6	
7	液压摆式剪板机	4*2.5m	1	4.8	
8	冲床J21(铸件床身)	J21-100	1	7.86	

图4-179　选取设置图案的区域

2.　在其上单击鼠标右键，在弹出的快捷菜单中选取【设置单元格格式】命令，打开【单元格格式】对话框，选中【图案】选项卡。

3.　在【图案样式】下拉列表中选取一种样式，在【图案颜色】下拉列表中选取一种颜色，如图 4-180 所示，然后单击确定按钮完成设置，效果如图 4-181 所示。

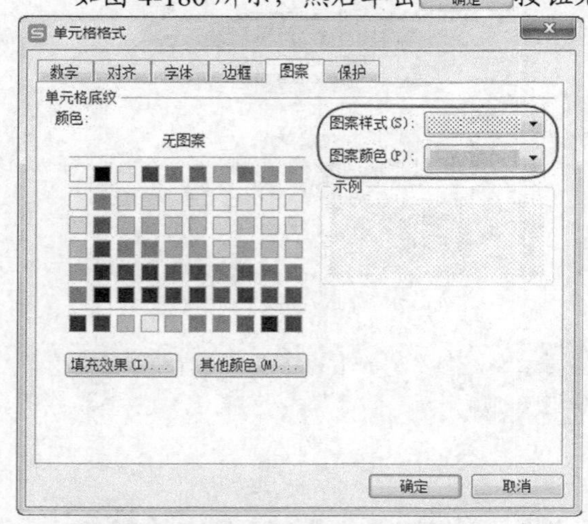

图4-180　设置图案颜色及样式

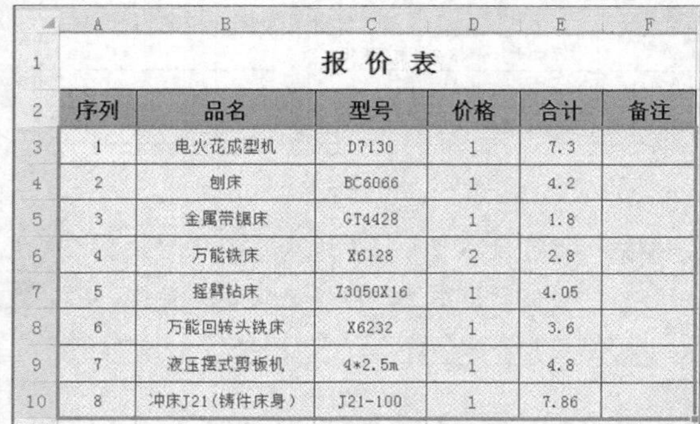

序列	品名	型号	价格	合计	备注
1	电火花成型机	D7130	1	7.3	
2	刨床	BC6066	1	4.2	
3	金属带锯床	GT4428	1	1.8	
4	万能铣床	X6128	2	2.8	
5	摇臂钻床	Z3050X16	1	4.05	
6	万能回转头铣床	X6232	1	3.6	
7	液压摆式剪板机	4*2.5m	1	4.8	
8	冲床J21(铸件床身)	J21-100	1	7.86	

图4-181　图案填充效果

4.9.4　使用条件格式显示单元格中的内容

使用指定的公式或数值作为条件，然后将所设置的格式显示应用到符合条件的单元格上，以突出显示这些单元格中的内容。

【操作要点】

1.　选中需要设置条件格式显示的单元格或单元格区域，如图 4-182 所示。

2.　在【开始】选项卡的【样式】工具组中单击（条件格式）按钮，打开下拉列表，选取所需要的条件，例如选取【突出显示单元格规则】/【小于】选项，如图 4-183 所示。

	A	B	C	D	E	F
2	学号	姓名	语文	数学	英语	政治
3	S001	吴逸涵	95	91	95	83
4	S002	张富明	89	93	87	84
5	S003	陈宏博	74	87	91	84
6	S004	张德斌	74	96	94	90
7	S005	王柳洋	80	90	90	89
8	S006	邓海钰	80	93	90	73
9	S006	陈晗琪	73	80	85	88
10	S007	章泓涛	71	83	74	82
11	S008	申雯晴	69	75	76	85
12	S009	谢文波	71	89	78	75
13	S010	詹家奥	73	88	80	85
14	S011	林心灵	59	87	74	72
15	S012	王先巧	48	83	65	84
16	S013	吴广俊	59	82	77	68
17	S014	林锦涛	68	71	73	82

图4-182 选取单元格

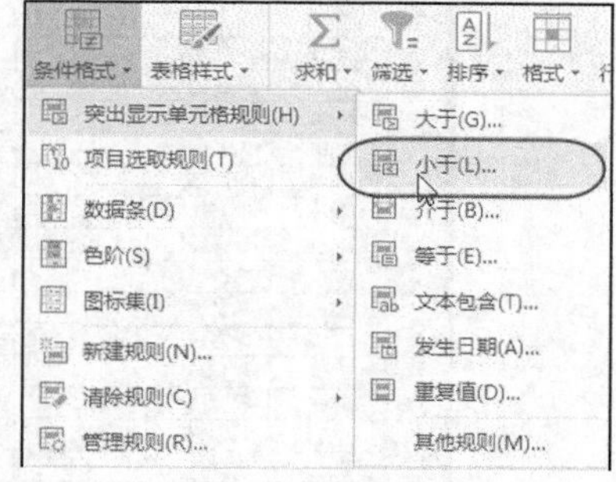

图4-183 选取条件格式

3. 在打开的【小于】对话框中设置相应的条件突出显示样式，如图 4-184 所示。
4. 单击[确定]按钮完成设置，效果如图 4-185 所示。这里对不及格的成绩进行格式显示，使之更加醒目。

图4-184 设置格式显示条件

	A	B	C	D	E	F
2	学号	姓名	语文	数学	英语	政治
3	S001	吴逸涵	95	91	95	83
4	S002	张富明	89	93	87	84
5	S003	陈宏博	74	87	91	84
6	S004	张德斌	74	96	94	90
7	S005	王柳洋	80	90	90	89
8	S006	邓海钰	80	93	90	73
9	S006	陈晗琪	73	80	85	88
10	S007	章泓涛	71	83	74	82
11	S008	申雯晴	69	75	76	85
12	S009	谢文波	71	89	78	75
13	S010	詹家奥	73	88	80	85
14	S011	林心灵	59	87	74	72
15	S012	王先巧	48	83	65	84
16	S013	吴广俊	59	82	77	68
17	S014	林锦涛	68	71	73	82

图4-185 格式显示效果

如果要删除格式显示效果，可以在【开始】选项卡的【样式】工具组中单击 （条件格式）按钮，打开下拉列表，选取【清除规则】/【清除所选单元格的规则】或【清除整个工作表的规则】选项。

4.9.5 使用样式美化表格

为了使用户创建的工作表更美观，WPS 表格可以使用样式来美化工作表。利用 WPS 表格 2016 可以直接使用内部样式，也可以自己定义样式美化工作表。

WPS 表格 2016 样式种类丰富，可供用户直接使用。

【操作要点】

1. 选中需要使用内部样式的单元格或单元格区域，如图 4-186 所示。
2. 在【开始】选项卡的【样式】工具组中单击 （单元格样式）按钮，打开样式列表，如图 4-187 所示。
3. 任意选择一种内部样式，在弹出的【套用表格样式】对话框中单击[确定]按钮，如图 4-188 所示，结果如图 4-189 所示。

	A	B	C	D	E	F	G	H
1	2014-2015学年高一上期末考试5班成绩表							
2	学号	姓名	语文	数学	英语	政治	物理	总分
3	S001	吴逸涵	95	91	95	83	93	457
4	S002	张富明	89	93	87	84	89	442
5	S003	陈宏博	74	87	91	84	76	412
6	S004	张德斌	74	96	94	90	90	444
7	S005	王柳洋	80	90	90	89	86	435
8	S006	邓海钰	80	93	90	73	94	430
9	S006	陈晗琪	73	80	85	88	88	414
10	S007	章泓涛	71	83	74	82	83	393
11	S008	申雯晴	69	75	76	85	84	389
12	S009	谢文波	71	89	78	75	85	398
13	S010	詹家奥	73	88	80	85	81	407
14	S011	林心灵	59	87	74	72	83	375
15	S012	王先巧	48	83	65	84	84	364
16	S013	吴广俊	59	82	77	68	83	369
17	S014	林锦涛	68	71	73	82	81	375
18	S015	江哲祺	75	78	73	83	77	386

图4-186　选取单元格

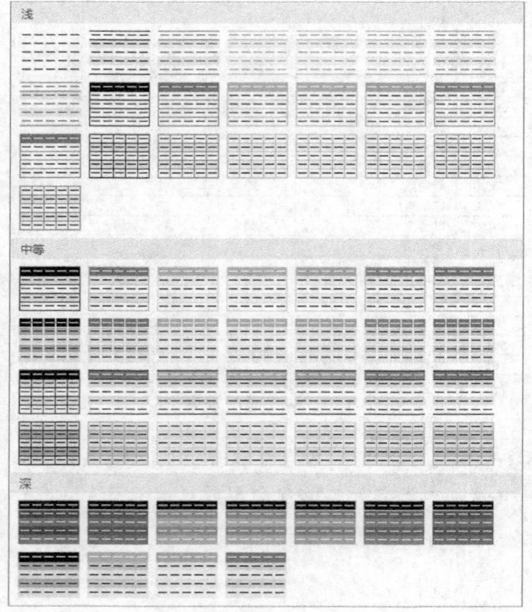

图4-187　单元格内部样式

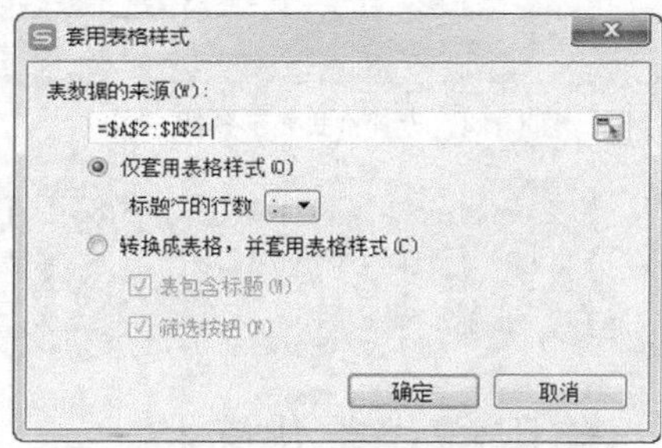

图4-188　【套用表格样式】对话框

1	2014-2015学年高一上期末考试5班成绩表							
2	学号	姓名	语文	数学	英语	政治	物理	总分
3	S001	吴逸涵	95	91	95	83	93	457
4	S002	张富明	89	93	87	84	89	442
5	S003	陈宏博	74	87	91	84	76	412
6	S004	张德斌	74	96	94	90	90	444
7	S005	王柳洋	80	90	90	89	86	435
8	S006	邓海钰	80	93	90	73	94	430
9	S006	陈晗琪	73	80	85	88	88	414
10	S007	章泓涛	71	83	74	82	83	393
11	S008	申雯晴	69	75	76	85	84	389
12	S009	谢文波	71	89	78	75	85	398
13	S010	詹家奥	73	88	80	85	81	407
14	S011	林心灵	59	87	74	72	83	375
15	S012	王先巧	48	83	65	84	84	364
16	S013	吴广俊	59	82	77	68	83	369
17	S014	林锦涛	68	71	73	82	81	375
18	S015	江哲祺	75	78	73	83	77	386

图4-189　使用样式后的结果

4.10 小结

WPS 表格 2016 主要用于创建各种数据表格，还能对表格中的数据进行计算、管理、分析和图形化显示等操作。首先需要创建一个工作簿，其中可以包含一组工作表，每个工作表都可以对其独立进行数据处理，数据表之间也可以进行信息交互。在工作表中，单元格是最基本的操作单元，每个单元格都有确定的地址，以便对其进行访问操作。在工作表中输入的数据有文本、数值、日期及其他各种特殊类型。不同类型的数据能实现的数据操作及数据本身的属性都有差异，因此输入前务必明确数据的类型。

在工作表中可以使用查找的方法按照指定的关键词搜索数据，如果需要成批更改相同的数据，可以使用替换的方法。为了使工作表更加美观，更加具有个性，可以通过设置单元格的格式来更改表格的综合效果。对于单元格中输入的文本，可以设置其字体、字号、颜色及特殊样式等效果。为了使数据布局整齐、清晰，还可以设置文本的对齐方式，文本对齐方式包括水平方向和垂直方向上的对齐两种。当单元格中的文本增大时，可以调整单元格的大小，具体通过设置行高和列宽来实现。通过给单元格添加边框、背景颜色及背景图片可以美化工作表，使之更具有视觉冲击力。

4.11 习题

1. WPS 表格 2016 的工作界面包含哪些基本要素？动手练习常用的界面操作。
2. 什么是单元格，单元格在数据表中处于什么地位？
3. 对于一串数字，将其设置为数值型数据（如金额）和文本型数据（如电话号码）时，两者有何区别？
4. 怎样在数据表中填充一组有规律的数据？
5. 通过【单元格格式】对话框能设置哪些内容？

第5章 使用 WPS 表格 2016 创建公式、函数与图表

【学习目标】

- 明确公式和函数的含义和用途。
- 掌握常用 WPS 表格函数的用法。
- 学会使用 WPS 表格 2016 的公式和函数创建复杂工作表。
- 明确图表的类型及其用途和创建方法。
- 掌握美化图表的方法和技巧。

WPS 表格 2016 提供了一个完整的环境，可以建立公式和利用函数进行从简单的加减乘除到复杂的财务统计分析函数与科学运算。如果用户想有效地提高自己的 WPS 表格应用水平和工作效率，提高公式和函数的应用能力是非常有效的途径。图表可以使数据看起来更加直观，在 WPS 表格 2016 中可以很轻松地建立一份具有专业外观的图表，可以清楚显示各个数据的大小和变化情况，并能快速预测数据变化趋势。

5.1 使用公式

公式在 WPS 表格中必须以半角“=”（等号）开头，然后再输入其他文字、数值、运算符、函数、引用地址或名称等，是不同于“数值”和“文本”的第 3 种数据类型。

5.1.1 输入和编辑公式

在 WPS 表格中最简单的输入公式方法是通过键盘直接输入。

一、 使用编辑栏输入公式

【操作要点】

1. 打开素材文件“素材\第 5 章\案例 1.et”。
2. 选中要输入公式的单元格，如计算 5 门成绩总和，选中 H3 单元格。
3. 将鼠标指针定位在编辑栏，输入公式“=C3+D3+E3+F3+G3”。
4. 回车后，系统自动计算出单元格 H3 的数值“457”，如图 5-1 所示。

二、 直接引用单元格输入公式

【操作要点】

1. 打开素材文件“素材\第 5 章\案例 2.et”。
2. 选中要输入公式的单元格，如选中 H3 单元格。
3. 在编辑栏输入“=”。

4. 单击 C3 单元格，则该单元格被选取并且出现在编辑栏“=”后面，如图 5-2 所示。

H3 =C3+D3+E3+F3+G3

2014-2015学年高一上学期考试5班成绩表

学号	姓名	语文	数学	英语	政治	物理	总分
S001	吴逸涵	95	91	95	83	93	457
S002	张富明	89	93	87	84	89	
S003	陈宏博	74	87	91	84	76	
S004	张德斌	74	96	94	90	90	
S005	王柳洋	80	90	90	89	86	
S006	邓海钰	80	93	90	73	94	
S007	陈晗琪	73	80	85	88	88	
S008	章泓涛	71	83	74	82	83	
S009	申雯晴	69	75	76	85	84	
S010	谢文波	71	89	78	75	85	
S011	詹家奥	73	88	80	85	81	
S012	林心灵	59	87	74	72	83	

图5-1　使用公式 1

SUM =C3

2014-2015学年高一上学期考试5班成绩表

学号	姓名	语文	数学	英语	政治	物理	总分
S001	吴逸涵	95	91	95	83	93	=C3
S002	张富明	89	93	87	84	89	
S003	陈宏博	74	87	91	84	76	
S004	张德斌	74	96	94	90	90	
S005	王柳洋	80	90	90	89	86	
S006	邓海钰	80	93	90	73	94	
S007	陈晗琪	73	80	85	88	88	
S008	章泓涛	71	83	74	82	83	
S009	申雯晴	69	75	76	85	84	
S010	谢文波	71	89	78	75	85	
S011	詹家奥	73	88	80	85	81	
S012	林心灵	59	87	74	72	83	

图5-2　选取单元格

5. 在编辑栏输入“+”，选取 D3 单元格。
6. 重复步骤 5 依次选取 E3、F3、G3 单元格，直到完成公式输入，如图 5-3 所示。回车后得到计算结果。

SUM =C3+D3+E3+F3+G3

2014-2015学年高一上学期考试5班成绩表

学号	姓名	语文	数学	英语	政治	物理	总分
S001	吴逸涵	95	91	95	83	93	=C3+D3+E3+F3+G3
S002	张富明	89	93	87	84	89	
S003	陈宏博	74	87	91	84	76	
S004	张德斌	74	96	94	90	90	
S005	王柳洋	80	90	90	89	86	
S006	邓海钰	80	93	90	73	94	
S007	陈晗琪	73	80	85	88	88	
S008	章泓涛	71	83	74	82	83	
S009	申雯晴	69	75	76	85	84	
S010	谢文波	71	89	78	75	85	
S011	詹家奥	73	88	80	85	81	
S012	林心灵	59	87	74	72	83	

图5-3　编辑公式并获得计算结果

如果要对输入的公式进行修改，可以双击需要修改公式的单元格，此时单元格中将显示公式，并且将不同单元格中的数据使用不同颜色显示出来，如图 5-4 所示，对公式进行修改后，回车即可。

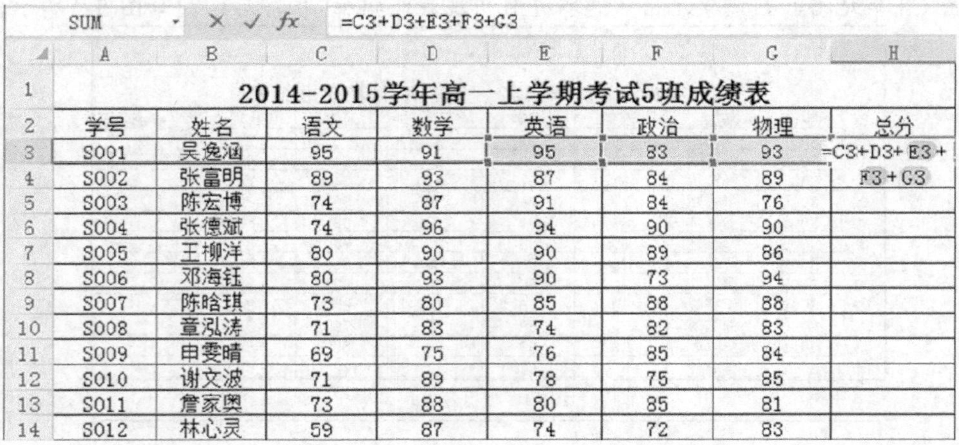

SUM　　=C3+D3+E3+F3+G3

	A	B	C	D	E	F	G	H
1	2014-2015学年高一上学期考试5班成绩表							
2	学号	姓名	语文	数学	英语	政治	物理	总分
3	S001	吴逸涵	95	91	95	83	93	=C3+D3+E3+F3+G3
4	S002	张富明	89	93	87	84	89	
5	S003	陈宏博	74	87	91	84	76	
6	S004	张德斌	74	96	94	90	90	
7	S005	王柳洋	80	90	90	89	86	
8	S006	邓海钰	80	93	90	73	94	
9	S007	陈晗琪	73	80	85	88	88	
10	S008	章泓涛	71	83	74	82	83	
11	S009	申雯晴	69	75	76	85	84	
12	S010	谢文波	71	89	78	75	85	
13	S011	詹家奥	73	88	80	85	81	
14	S012	林心灵	59	87	74	72	83	

图5-4　修改公式

三、　复制公式

公式与单元格中的数据一样，可以被复制到其他单元格，从而大大提高输入效率。

【操作要点】

1. 打开素材文件“素材\第 5 章\案例 3.et”。
2. 选中被复制公式所在的单元格，在其上单击鼠标右键，在弹出的快捷菜单中选取【复制】命令，如图 5-5 所示。

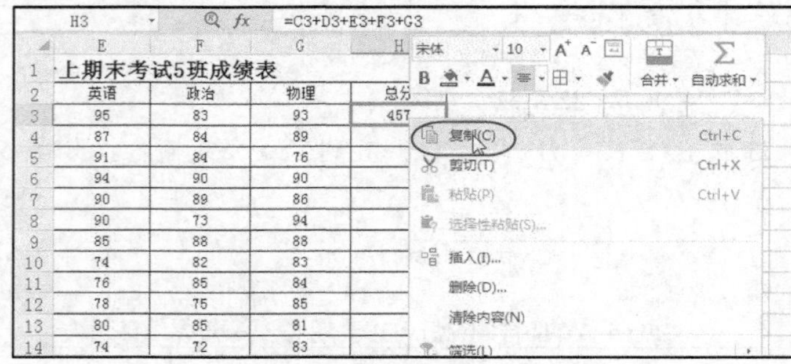

图5-5　复制公式

3. 选取需要粘贴公式的目标单元格，在其上单击鼠标右键，在弹出的快捷菜单中选取【粘贴】命令，即可将被复制公式应用到该单元格，如图 5-6 所示。

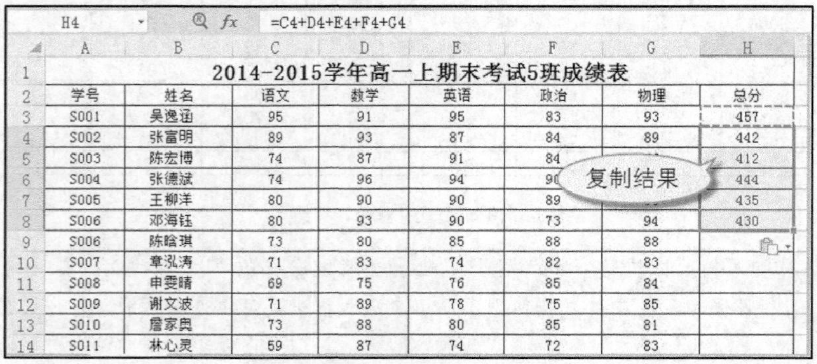

H4　　=C4+D4+E4+F4+G4

	A	B	C	D	E	F	G	H
1	2014-2015学年高一上期末考试5班成绩表							
2	学号	姓名	语文	数学	英语	政治	物理	总分
3	S001	吴逸涵	95	91	95	83	93	457
4	S002	张富明	89	93	87	84	89	442
5	S003	陈宏博	74	87	91	84		412
6	S004	张德斌	74	96	94	90		444
7	S005	王柳洋	80	90	90	89		435
8	S006	邓海钰	80	93	90	73	94	430
9	S006	陈晗琪	73	80	85	88	88	
10	S007	章泓涛	71	83	74	82	83	
11	S008	申雯晴	69	75	76	85	84	
12	S009	谢文波	71	89	78	75	85	
13	S010	詹家奥	73	88	80	85	81	
14	S011	林心灵	59	87	74	72	83	

复制结果

图5-6　复制结果

4. 在复制结果下方单击按钮，弹出下拉列表，选取【值】选项，如图 5-7 所示，则只复制单元格中的数值，而不复制公式，结果如图 5-8 所示。

H11 　=C11+D11+E11+F11+G11

	C	D	E	F	G	H
1	014-2015学年高一上期末考试5班成绩表					
2	语文	数学	英语	政治	物理	总分
3	95	91	95	83	93	457
4	89	93	87	84	89	442
5	74	87	91	84	76	412
6	74	96	94	90	90	444
7	80	90	90	89	86	435
8	80	93	90	73	94	430
9	73	80	85	88	88	414
10	71	83	74	82	83	393
11	69	75	76	85	84	389
12	71	89	78	75	85	398
13	73	88	80	85	81	407
14	59	87	74	72	83	

粘贴(K)
值(V)
值和数字格式(A)
公式(F)
公式和数字格式(O)
无边框(B)
保留源列宽(W)
转置(T)
格式(R)

图5-7　菜单设置

	A	B	C	D	E	F	G	H
1	2014-2015学年高一上期末考试5班成绩表							
2	学号	姓名	语文	数学	英语	政治	物理	总分
3	S001	吴逸涵	95	91	95	83	93	457
4	S002	张富明	89	93	87	84	89	457
5	S003	陈宏博	74	87	91	84	76	457
6	S004	张德斌	74	96	94	90	90	457
7	S005	王柳洋	80	90	90	[illegible]	[illegible]	457
8	S006	邓海钰	80	93	90	[illegible]	[illegible]	457
9	S006	陈晗琪	73	80	85	88	88	457
10	S007	章泓涛	71	83	74	82	83	457
11	S008	申雯晴	69	75	76	85	84	457
12	S009	谢文波	71	89	78	75	85	457
13	S010	詹家奥	73	88	80	85	81	457
14	S011	林心灵	59	87	74	72	83	

仅复制数值

图5-8　复制结果

四、 保护工作表

出于安全或者保密起见，有时候用户需要保护工作表中的数据，工作表被保护后，别的用户只拥有查看权限和其他部分受限制权限。

【操作要点】

1. 打开素材文件“素材\第 5 章\案例 4.et”。
2. 在【开始】选项卡的【单元格】工具组中单击（格式）按钮，打开下拉列表，选取【单元格】命令，打开【单元格格式】对话框。
3. 选中【保护】选项卡，再选中【隐藏】复选项，如图 5-9 所示，然后单击确定按钮。
4. 在【审阅】选项卡的【更改】工具组中单击（保护工作表）按钮，打开【保护工作表】对话框，在【密码】文本框中输入密码，在下方【允许此工作表的所有用户进行】列表框中选取允许其他用户的操作，如图 5-10 所示，然后单击确定按钮。

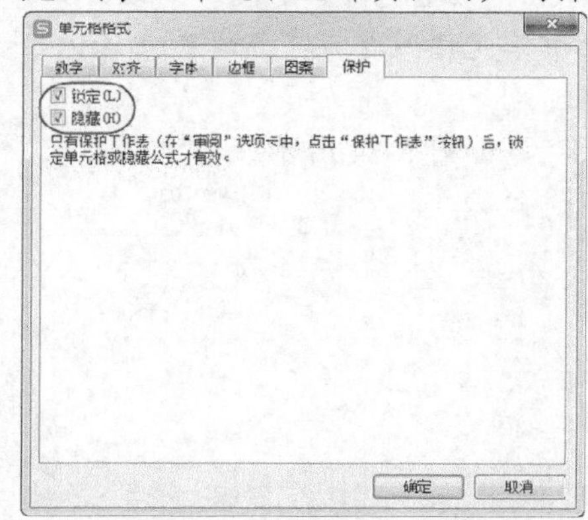

图5-9　【单元格格式】对话框

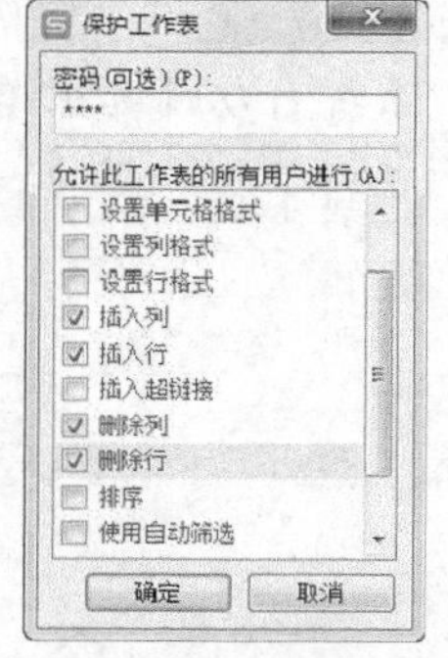

图5-10　【保护工作表】对话框

5.　随后弹出【确认密码】对话框，再次输入密码，如图 5-11 所示，然后单击 确定 按钮。

6.　随后工作表被保护，当用户执行编辑操作时会弹出图 5-12 所示的提示对话框。

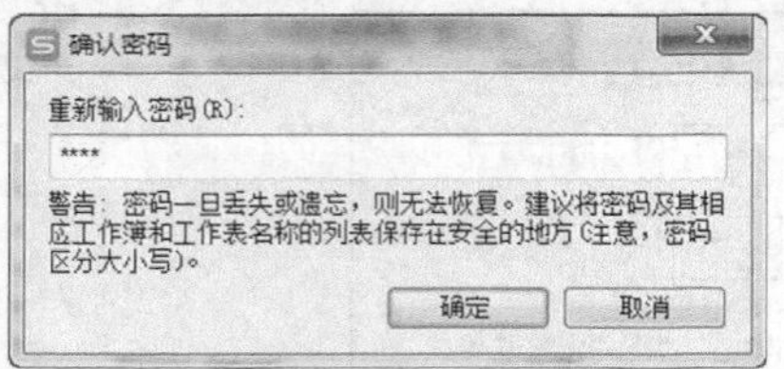

图5-11　【确认密码】对话框

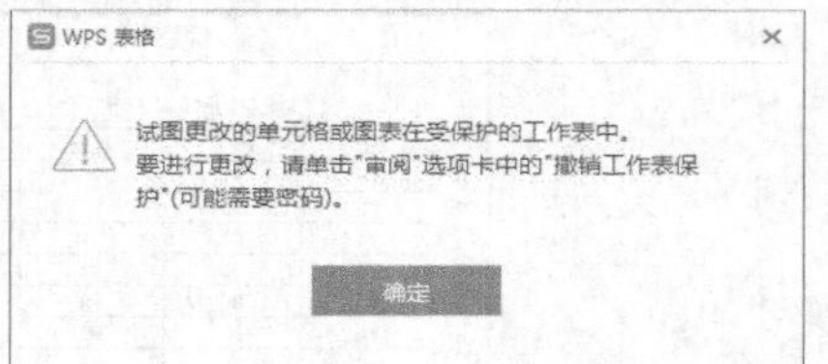

图5-12　提示信息

保护工作表后，【审阅】选项卡【更改】工具组中的（保护工作表）按钮将变更为（撤销工作表保护）按钮，单击该按钮，弹出【撤销工作表保护】对话框，在其中输入密码后单击 确定 按钮，即可撤销对工作表的保护。

5.1.2 使用运算符

运算符在公式中是相当重要的元素，计算时有一个默认优先次序，用户可以通过括号修改优先次序。

一、 算术运算符

算术运算符可以完成基本的数学运算、合并数字及生成数值结果，常见算术运算符及其含义与用法如表 5-1 所示。

表 5-1　　算术运算符

算术运算符	含义	示例	算术运算符	含义	示例
+	加法	=2+3	/	除法	=2/3
-	减法、负数	=2-3	%	百分比	=20%
*	乘法	=2*3	^	乘方	=2^3

【操作要点】

1.　在单元格 A1 和 B1 中输入数据“10”和“20”。选中单元格 C1，在编辑框中输入公式：=A1/B1。

2.　回车后，系统自动计算出单元格 C1 中的数值“0.5”，如图 5-13 所示。

3.　在单元格 A2 和 B2 中输入数据 2 和 3。选中单元格 C2，在编辑框中输入公式：=A2^B2。

4.　回车后，系统自动计算出单元格 C2 中的数值“8”，如图 5-14 所示。

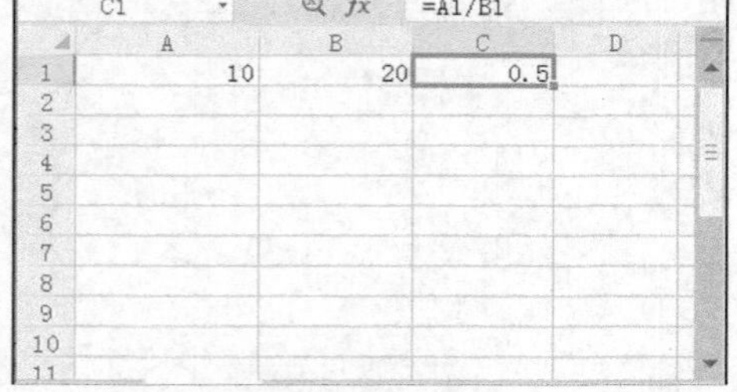

图5-13　算术运算符示例（1）

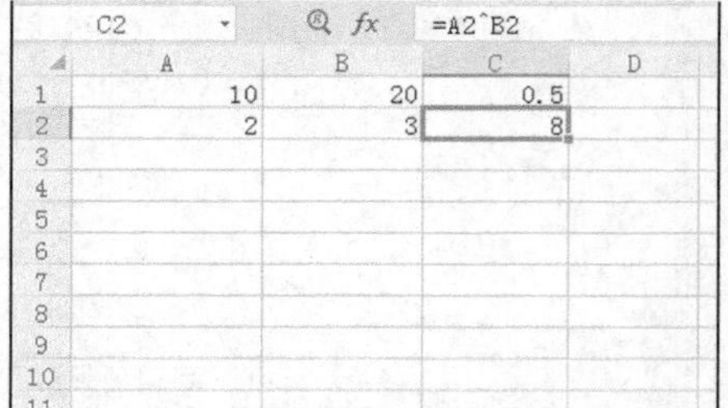

图5-14　算术运算符示例（2）

二、 比较运算符

通过比较运算符比较两个值的时候，单元格返回逻辑值：TRUE 或 FALSE，常见的比较运算符及其含义与用法如表 5-2 所示。

表 5-2 比较运算符

比较运算符	含义	示例	比较运算符	含义	示例
=	等于	=(A1=B1)	>=	大于或等于	=(A1>=B1)
<	小于	=(A1<B1)	<=	小于或等于	=(A1<=B1)
>	大于	=(A1>B1)	<>	不等于	=(A1<>B1)

【操作要点】

1. 在单元格 A1 和 B1 中输入数据 4 和 2。选中单元格 C1，在编辑框中输入公式：=A1>B1。
2. 回车后，由于 A1>B1 成立，单元格 C1 中的值为 TRUE（真），如图 5-15 所示。
3. 在单元格 A2 和 B2 中输入数据 7 和 8。选中单元格 C2，在编辑框中输入公式：=A2<>B2-1。
4. 回车，由于 A2 的值与 B2-1 正好相等，所以 C2 中的值为 FALSE（假），如图 5-16 所示。

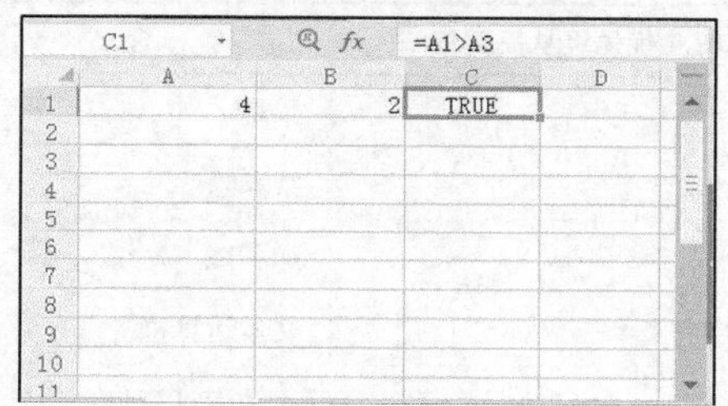

图5-15 比较运算符示例（1）

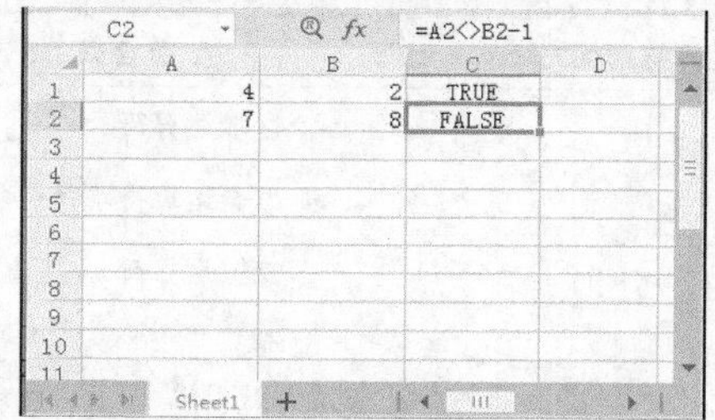

图5-16 比较运算符示例（2）

三、 文本连接运算符

可以使用“&”连接一个或者多个文本字符串，以生成一段文本。该运算符号的主要作用是将两个值串联起来产生一个连续的文本值，如图 5-17 所示。

【操作要点】

1. 在单元格 A1、B1 和 C1 中依次输入：中国、四川、成都。
2. 选中单元格 A4，在编辑框中输入公式：=A1&B1&C1。
3. 回车后，这 3 个字符连接起来，显示为：中国四川成都，如图 5-17 所示。

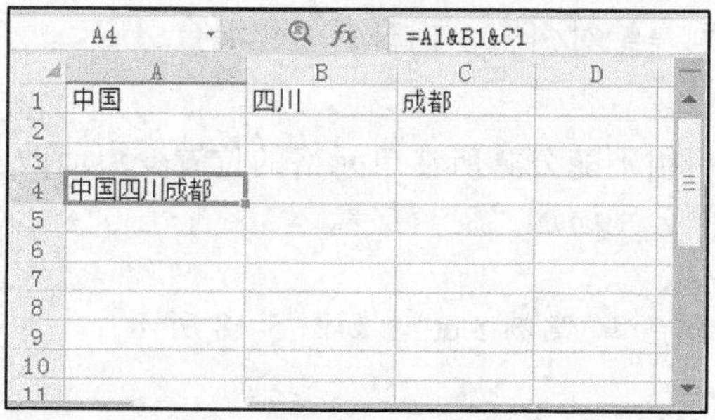

图5-17 文本连接运算符示例

四、　引用运算符

引用运算符主要用于对单元格区域进行合并计算，常见的引用运算符及其含义与用法如表 5-3 所示。

表 5-3　　引用运算符

引用运算符	含义	示例
:（冒号）	区域运算符，产生两个引用之间所有单元格的引用	=SUM(A1:A5)
,（逗号）	联合运算符，多个引用合成一个引用	=SUM(A1:A5,B1:B5)
空格	交叉运算符，多个引用共有单元格引用	=SUM(A1:A5 B1:B5)

5.1.3　运算次序

公式按照特定次序计算值。在 WPS 表格 2016 中，如果一个公式中带有多个运算符，则在计算公式值时按照优先级从高到低的顺序进行。

运算符的优先级顺序如表 5-4 所示。

表 5-4　　引用运算符

运算符（优先级从高到低）	含义	运算符（优先级从高到低）	含义
:	区域运算符	^	乘幂
,	联合运算符	*和/	乘和除
空格	交叉运算符	+和-	加和减
—	负号	&（连字符）	文本运算符
%	百分比	=, >, <, >=, <=, <>	比较运算符

要点提示　如果想要改变优先顺序，可以使用括号，例如：“=3+2*2”的计算值为 7，但是如果利用括号修改优先次序，改为“=(3+2)*2”，则计算值便为 10 了。

5.1.4　单元格引用

单元格引用就是使用单元格地址代替单元格中的数据进行一些操作。通过引用标识工作表中的单元格或单元格区域并指明所使用数据的位置，通过单元格引用把单元格中的数据和公式联系起来。

引用方式有 3 种，分别是绝对引用、相对引用和混合引用。

一、　绝对引用

绝对引用时，单元格引用不随公式所在单元格的位置变更而改变，绝对引用的样式是在单元格地址的行列标号前面分别添加“$”符号。

【操作要点】

1.　打开素材文件“素材\第 5 章\案例 5.et”，如图 5-18 所示。

F17 | fx

	A	B	C	D	E	F
1	电脑销售比较表					
2	年限	第一季度	第二季度	第三季度	第四季度	总计
3	2012	2000	2530	2730	3190	
4	2013	2360	2640	2930	3520	
5	2014	2530	2780	3290	3620	
6	2015	2840	3120	3520	3840	
7	2016	2690	3260	3780	4010	
8	2017	3280	3460	3930	4320	

图5-18　电脑销售比较表

2. 选中 F3 单元格，然后编辑公式：=$B$3+$C$3+$D$3+$E$3，回车后计算出 2012 年度全年销售总额，如图 5-19 所示。

F3 | fx | =$B$3+$C$3+$D$3+$E$3

	A	B	C	D	E	F
1	电脑销售比较表					
2	年限	第一季度	第二季度	第三季度	第四季度	总计
3	2012	2000	2530	2730	3190	10450
4	2013	2360	2640	2930	3520	
5	2014	2530	2780	3290	3620	
6	2015	2840	3120	3520	3840	
7	2016	2690	3260	3780	4010	
8	2017	3280	3460	3930	4320	

图5-19　编辑公式并显示计算结果

3. 向下拖动 F3 单元格右下角的填充柄，依次完成单元格 F4、F5、F6、F7 和 F8 的数据填充，结果如图 5-20 所示，可以看到填充结果完全一致。

F3 | fx | =$B$3+$C$3+$D$3+$E$3

	A	B	C	D	E	F
1	电脑销售比较表					
2	年限	第一季度	第二季度	第三季度	第四季度	总计
3	2012	2000	2530	2730	3190	10450
4	2013	2360	2640	2930	3520	10450
5	2014	2530	2780	3290	3620	10450
6	2015	2840	3120	3520	3840	10450
7	2016	2690	3260	3780	4010	10450
8	2017	3280	3460	3930	4320	10450

图5-20　使用填充柄填充的结果

4. 单击 F4、F5、F6、F7 和 F8 中任意一个单元格查看对应的公式，如图 5-21 所示，可以看到与图 5-19 中的输入公式完全一致。

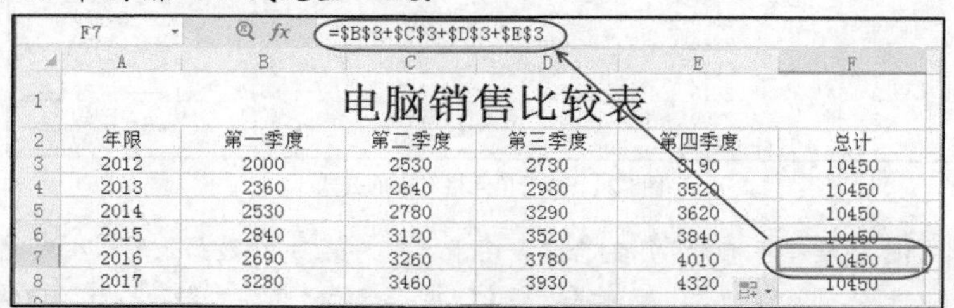

F7 | fx | =$B$3+$C$3+$D$3+$E$3

	A	B	C	D	E	F
1	电脑销售比较表					
2	年限	第一季度	第二季度	第三季度	第四季度	总计
3	2012	2000	2530	2730	3190	10450
4	2013	2360	2640	2930	3520	10450
5	2014	2530	2780	3290	3620	10450
6	2015	2840	3120	3520	3840	10450
7	2016	2690	3260	3780	4010	10450
8	2017	3280	3460	3930	4320	10450

图5-21　查看单元格对应的公式

要点提示 通过以上例子不难理解绝对引用的含义，由于本例对第 3 行数据采用了绝对引用，因此使用填充柄填充其他单元格时依然使用的是第 3 行数据的值，这也是最后 F 列的求和值完全一样的原因。

二、　相对引用

与绝对引用不同，相对引用包含公式和单元格引用的相对位置，引用会随着公式所在单元格的变化而改变。

【操作要点】

1. 打开素材文件“素材\第 5 章\案例 6.et”。
2. 选中 F3 单元格，然后编辑公式：=B3+C3+D3+E3，回车后计算出 2012 年度全年销售总额，如图 5-22 所示。

F3　fx　=B3+C3+D3+E3

年限	第一季度	第二季度	第三季度	第四季度	总计
2012	2000	2530	2730	3190	10450
2013	2360	2640	2930	3520	
2014	2530	2780	3290	3620	
2015	2840	3120	3520	3840	
2016	2690	3260	3780	4010	
2017	3280	3460	3930	4320	

图5-22　编辑公式并显示计算结果

3. 向下拖动 F3 单元格右下角的填充柄，依次完成单元格 F4、F5、F6、F7 和 F8 的数据填充，结果如图 5-23 所示，可以看到填充结果发生了改变，依次统计出了每一行对应的销售总量。

F3　fx　=B3+C3+D3+E3

年限	第一季度	第二季度	第三季度	第四季度	总计
2012	2000	2530	2730	3190	10450
2013	2360	2640	2930	3520	11450
2014	2530	2780	3290	3620	12220
2015	2840	3120	3520	3840	13320
2016	2690	3260	3780	4010	13740
2017	3280	3460	3930	4320	14990

图5-23　使用填充柄填充的结果

4. 单击 F4、F5、F6、F7 和 F8 中任意一个单元格查看对应的公式，可以看到对应的公式也发生了改变，如图 5-24 所示。

F7　fx　=B7+C7+D7+E7

年限	第一季度	第二季度	第三季度	第四季度	总计
2012	2000	2530	2730	3190	10450
2013	2360	2640	2930	3520	11450
2014	2530	2780	3290	3620	12220
2015	2840	3120	3520	3840	13320
2016	2690	3260	3780	4010	13740
2017	3280	3460	3930	4320	14990

图5-24　查看单元格对应的公式

通过以上例子不难理解相对引用的含义，由于本例对第 3 行数据采用了相对引用，因此使用填充柄填充其他单元格时会使用行的数据值，每一行的计算公式自动进行了调整。

三、　混合引用

引用单元格地址时，既有绝对引用又有相对引用，称为混合引用。混合引用又分为绝对行相对列和绝对列相对行两种形式。

【操作要点】

1. 打开素材文件“素材\第 5 章\案例 7.et”。
2. 选中 B9 单元格，然后编辑公式：=B$3+B$4+B$5+B$6+B$7+B$8，回车后计算出各年第一季度累计销售总额，如图 5-25 所示。

B9　fx　=B$3+B$4+B$5+B$6+B$7+B$8

	A	B	C	D	E	F
2	年限	第一季度	第二季度	第三季度	第四季度	总计
3	2012	2000	2530	2730	3190	
4	2013	2360	2640	2930	3520	
5	2014	2530	2780	3290	3620	
6	2015	2840	3120	3520	3840	
7	2016	2690	3260	3780	4010	
8	2017	3280	3460	3930	4320	
9		15700				

图5-25　编辑公式并计算结果

3. 向右拖动 B9 单元格右下角的填充柄，依次完成单元格 C9、D9 和 E9 的数据填充，结果如图 5-26 所示。

B9　fx　=B$3+B$4+B$5+B$6+B$7+B$8

	A	B	C	D	E	F
2	年限	第一季度	第二季度	第三季度	第四季度	总计
3	2012	2000	2530	2730	3190	
4	2013	2360	2640	2930	3520	
5	2014	2530	2780	3290	3620	
6	2015	2840	3120	3520	3840	
7	2016	2690	3260	3780	4010	
8	2017	3280	3460	3930	4320	
9		15700	17790	20180	22500	

图5-26　使用填充柄填充的结果

4. 单击 C9、D9 和 E9 中任意一个单元格查看对应的公式，可以看到对应的公式也发生了改变，如图 5-27 所示。

C9　fx　=C$3+C$4+C$5+C$6+C$7+C$8

	A	B	C	D	E	F
2	年限	第一季度	第二季度	第三季度	第四季度	总计
3	2012	2000	2530	2730	3190	
4	2013	2360	2640	2930	3520	
5	2014	2530	2780	3290	3620	
6	2015	2840	3120	3520	3840	
7	2016	2690	3260	3780	4010	
8	2017	3280	3460	3930	4320	
9		15700	17790	20180	22500	

图5-27　查看计算公式

这里采用了列相对、行绝对混合引用，公式的计算结果会随着公式所在单元格的列位置变化而变化，但是不随行位置变化而改变。

5. 继续选中 F3 单元格，编辑公式：=$B3+$C3+$D3+$E3，回车后计算出 2012 年度全年销售总额，如图 5-28 所示。

F3　fx　=$B3+$C3+$D3+$E3

	A	B	C	D	E	F
2	年限	第一季度	第二季度	第三季度	第四季度	总计
3	2012	2000	2530	2730	3190	10450
4	2013	2360	2640	2930	3520	
5	2014	2530	2780	3290	3620	
6	2015	2840	3120	3520	3840	
7	2016	2690	3260	3780	4010	
8	2017	3280	3460	3930	4320	
9		15700	17790	20180	22500	

图5-28　编辑公式并显示计算结果

6. 向下拖动 F3 单元格右下角的填充柄，依次完成单元格 F4、F5、F6、F7 和 F8 的数据填充，结果如图 5-29 所示。

F3　=$B3+$C3+$D3+$E3

	A	B	C	D	E	F
2	年限	第一季度	第二季度	第三季度	第四季度	总计
3	2012	2000	2530	2730	3190	10450
4	2013	2360	2640	2930	3520	11450
5	2014	2530	2780	3290	3620	12220
6	2015	2840	3120	3520	3840	13320
7	2016	2690	3260	3780	4010	13740
8	2017	3280	3460	3930	4320	14990
9		15700	17790	20180	22500	

图5-29　使用填充柄填充的结果

7. 单击 F4、F5、F6、F7 和 F8 中任意一个单元格查看对应的公式，可以看到对应的公式也发生了改变，如图 5-30 所示。

F7　=$B7+$C7+$D7+$E7

	A	B	C	D	E	F
2	年限	第一季度	第二季度	第三季度	第四季度	总计
3	2012	2000	2530	2730	3190	10450
4	2013	2360	2640	2930	3520	11450
5	2014	2530	2780	3290	3620	12220
6	2015	2840	3120	3520	3840	13320
7	2016	2690	3260	3780	4010	13740
8	2017	3280	3460	3930	4320	14990
9		15700	17790	20180	22500	

图5-30　查看计算公式

要点提示　这里采用了行相对、列绝对混合引用，公式的计算结果会随着公式所在单元格的行位置变化而变化，但是不随列位置的变化而改变。

5.2　使用表格函数

函数就是预定义的内置公式，使用参数作为初始值，按照特定的指令对参数进行计算，并把计算结果返回给用户。

5.2.1　函数的结构和类型

在 WPS 表格中使用函数不但可以提高设计效率，还可以节省时间，减少错误的发生。

一、　函数的结构

函数必须在公式中使用，因此，函数结构以“=”开始，后面跟随函数名称及使用括号包围的函数参数，各个参数之间使用“,”隔开。

例如：

```
=AVERAGE(100,20)
```

其中：

- AVERAGE：函数名。表示函数要执行的运算，函数名不同，其执行的操作也不同。
- (100,20)：参数表。表明函数计算时使用的数据。不同的函数对应参数的数量不同，有的具有 1 个参数，有的具有多个参数，有的没有参数。

要点提示　在函数名和括号之间不能出现空格或其他字符，否则会出现错误信息。此外，每一个函数都有特定的更多语法要求，参数的种类和数量必须满足函数的语法要求，否则将会产生错误信息。

二、　函数的种类

WPS 表格提供了大量内置函数，涉及财务、数据库、数学及统计等各个领域，使用这些内置函数可以降低设计工作量，提高设计效率。

WPS 表格的常用函数如下。

- 数学和三角函数：对数据区域的数据进行统计分析。
- 数据库函数：对数据库中的数据执行指定的操作。
- 日期和时间函数：处理时间和日期数据。
- 工程函数：用于各种工程分析。
- 财务函数：用于各种财务计算。
- 信息函数：用于确定存储在单元格中数据的数据类型。
- 逻辑函数：用于逻辑判断和复核检验。
- 查找和引用函数：用于查找特定数据或对单元格的引用。
- 统计函数：用于进行各类数学统计计算。
- 文本函数：用于处理公式中的字符串。
- 多维数据集函数：用于处理多维数据集。

5.2.2 函数的输入

在 WPS 表格中，可以使用以下两种方法输入函数。

一、 在编辑栏中输入

对应比较简单或经常使用的函数，对其函数名和参数形式都比较了解，用户可以在编辑栏中直接输入这些函数。

【操作要点】

1. 选取需要输入函数的单元格。
2. 在编辑栏依次输入“=”和函数名。输入函数名时，系统将根据输入的首字母自动提示可选的函数，用鼠标指针指向对应的函数，还会给出其功能描述文字，如图 5-31 所示。双击即可输入选定的函数。

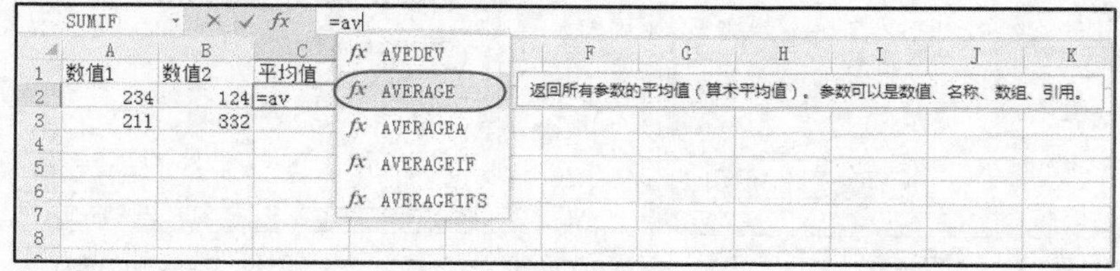

图5-31 输入函数名

3. 系统自动提示该函数所带的参数格式，如图 5-32 所示。
4. 输入函数参数，如图 5-33 所示。

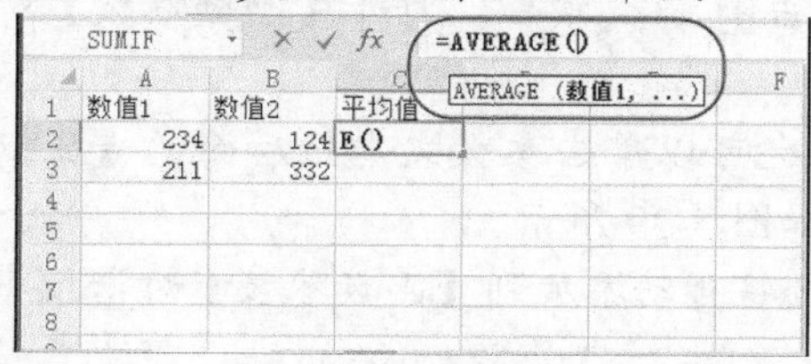

图5-32 显示参数格式

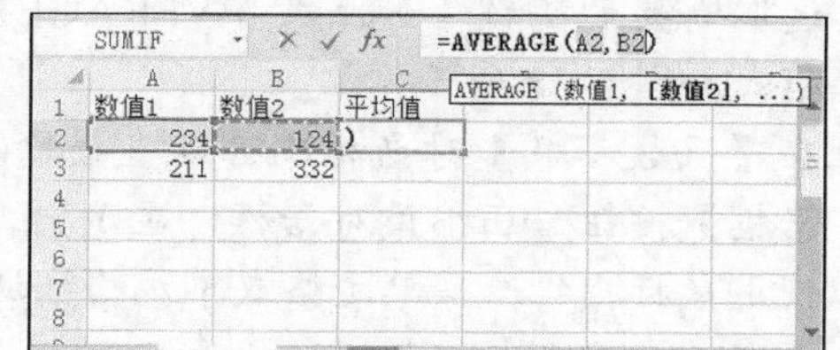

图5-33 输入参数

5. 回车后，系统执行输入的函数，并将结果填写在对应的单元格中，如图 5-34 所示。

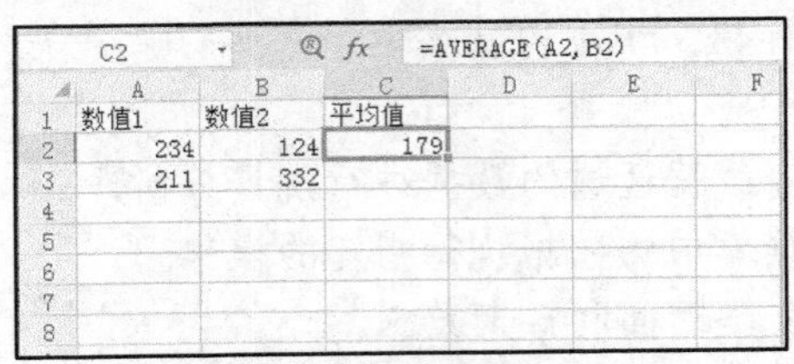

图5-34　函数运行结果

二、　使用【插入函数】对话框输入

使用【插入函数】对话框输入函数的操作更加方便灵活，方法如下。

【操作要点】

1. 选取需要输入函数的单元格。
2. 在【公式】选项卡的【函数库】工具组中单击【插入函数】按钮 fx（或单击编辑栏左侧的 fx 按钮）后，系统将在单元格和编辑栏中自动填写“=”，并打开【插入函数】对话框。
3. 在【选择函数】列表框中选择需要的函数，如图 5-35 所示。

要点提示　如果你想使用的函数不在【选择函数】列表框中，则可以在【或选择类别】下拉列表中选取别的类别，然后再进行选择，如图 5-36 所示。

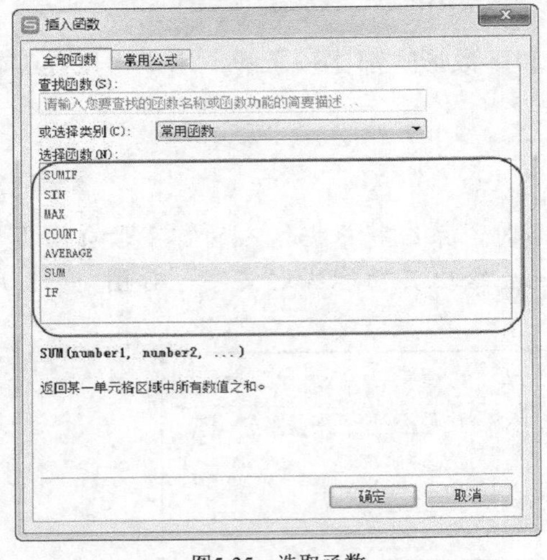

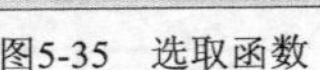
图5-35　选取函数

图5-36　选取别的类别

4. 在【查找函数】文本框中可以输入查找关键词，在下方的【选择函数】列表框中将显示搜索结果，如图 5-37 所示。
5. 选取需要的函数（如函数 AVERAGE）后，单击 确定 按钮，打开【函数参数】对话框，如图 5-38 所示。
6. 在【函数参数】对话框中可以直接输入参数，也可以单击参数文本框后面的【压缩对话框】按钮压缩该对话框，显示出工作表，如图 5-39 所示。
7. 使用鼠标指针选择单元格或单元格区域，其参数将自动添加到【函数参数】对话框中，如图 5-40 所示。

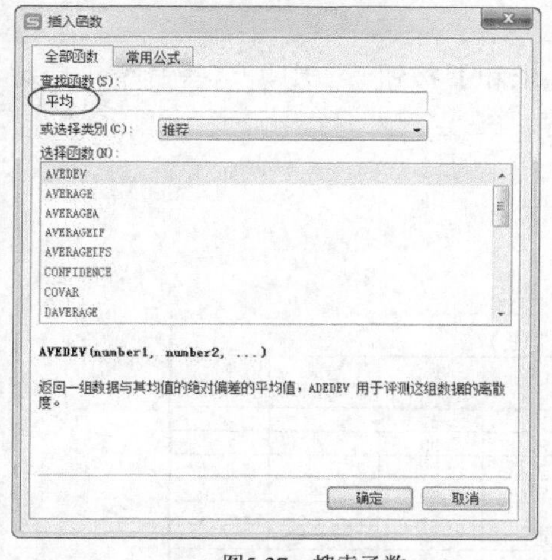

图5-37　搜索函数

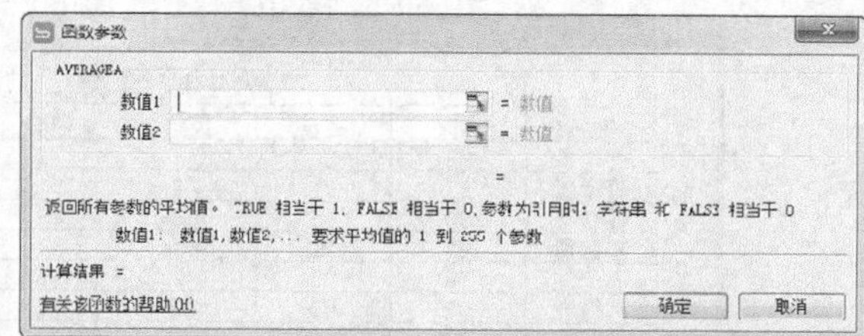

图5-38　【函数参数】对话框

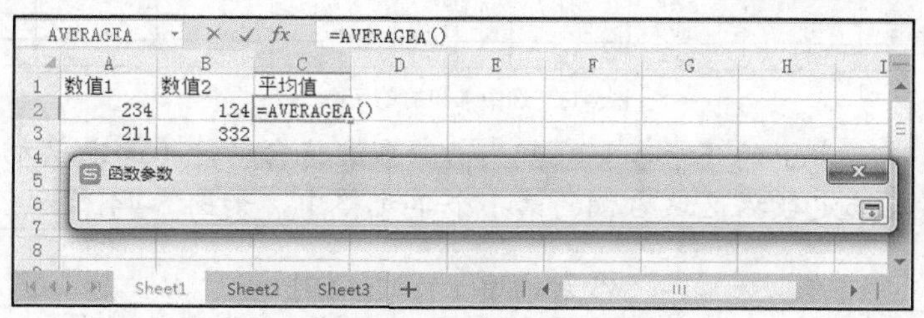

图5-39　压缩对话框后的效果

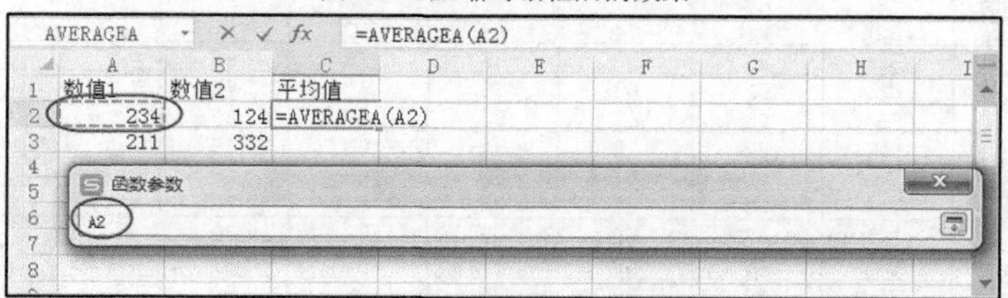

图5-40　在压缩对话框中输入参数

8. 单击压缩对话框中的【展开对话框】按钮，返回【函数参数】对话框。用户可以使用同样的方法输入其余函数参数，会在对话框中显示计算结果，如图 5-41 所示。
9. 单击 确定 按钮执行函数，系统自动将结果填写在选取的单元格中，如图 5-42 所示。

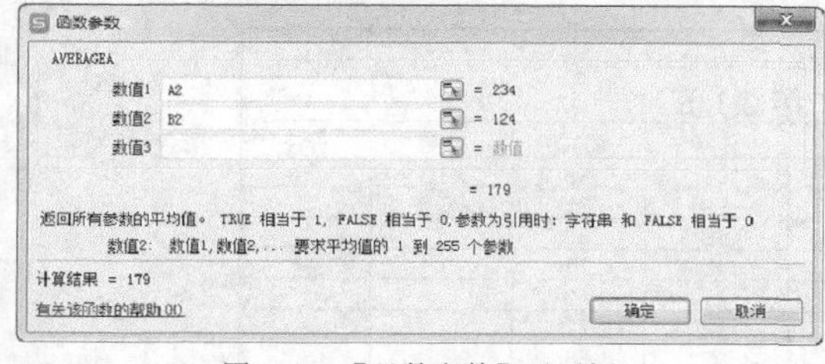

图5-41　【函数参数】对话框

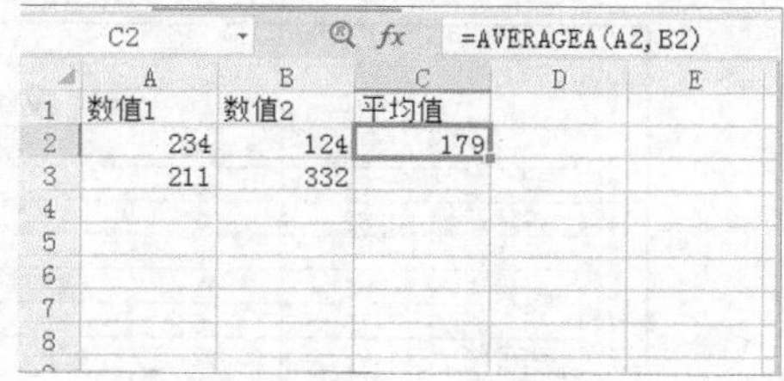

图5-42　计算结果

5.2.3 常用函数的使用

在 WPS 表格中，一些预定义的函数实际上是常用公式的简写形式，这样利用函数能够大大提高用户的工作效率。

一、【自动求和】按钮 Σ

WPS 表格将一些基本的计算命令集成到了【自动求和】按钮 Σ 中，这些命令包括对数据的自动求和、求平均值、计数和求最大值最小值等。

【操作要点】

1. 打开素材文件“素材\第 5 章\案例 8.et”。
2. 选中求和区域，如选中 B3:G3，如图 5-43 所示。

	A	B	C	D	E	F	G	H	I
1	学生成绩表（二年级1班）								
2	姓名	语文	数学	英语	物理	化学	政治	结果	备注
3	刘　倩	73	66	51	73	61	88		
4	陈际鑫	82	91	74	93	92	81		
5	蔡晓莉	86	95	93	88	98	93		
6	李若倩	86	91	63	86	91	79		
7	韦　妮	76	95	89	92	97	89		
8	韦丹妮	92	92	78	94	88	77		
9	徐宝莹	73	41	62	86	62	68		
10	陈华丽	71	70	85	96	86	75		
11	董　强	89	67	82	99	76	79		
12	范成运	90	86	68	97	87	81		
13	徐　师	72	89	79	84	88	58		

图5-43　选中求和的单元格

3. 单击【开始】选项卡中的【求和】按钮 Σ，系统将自动计算选定单元格的总和，并将求和结果填写在选定数据区域右侧的第 1 个单元格中，如图 5-44 所示。

	A	B	C	D	E	F	G	H	I
1	学生成绩表（二年级1班）								
2	姓名	语文	数学	英语	物理	化学	政治	结果	备注
3	刘　倩	73	66	51	73	61	88	412	
4	陈际鑫	82	91	74	93	92	81		
5	蔡晓莉	86	95	93	88	98	93		
6	李若倩	86	91	63	86	91	79		
7	韦　妮	76	95	89	92	97	89		
8	韦丹妮	92	92	78	94	88	77		
9	徐宝莹	73	41	62	86	62	68		
10	陈华丽	71	70	85	96	86	75		
11	董　强	89	67	82	99	76	79		
12	范成运	90	86	68	97	87	81		
13	徐　师	72	89	79	84	88	58		

图5-44　求和结果

4. 选中 B4:G4 单元格区域，单击【开始】选项卡中的【求和】按钮 Σ 下方的下拉按钮，打开下拉列表，选取【平均值】命令，系统将自动计算选定单元格的平均值，如图 5-45 所示。

	A	B	C	D	E	F	G	H	I
1	学生成绩表（二年级1班）								
2	姓名	语文	数学	英语	物理	化学	政治	结果	备注
3	刘　倩	73	66	51	73	61	88	412	
4	陈际鑫	82	91	74	93	92	81	85.5	
5	蔡晓莉	86	95	93	88	98	93		
6	李若倩	86	91	63	86	91	79		
7	韦　妮	76	95	89	92	97	89		
8	韦丹妮	92	92	78	94	88	77		
9	徐宝莹	73	41	62	86	62	68		
10	陈华丽	71	70	85	96	86	75		
11	董　强	89	67	82	99	76	79		
12	范成运	90	86	68	97	87	81		
13	徐　师	72	89	79	84	88	58		

图5-45　求平均值结果

5. 选中 B5:G5 单元格区域，单击【开始】选项卡中的【求和】按钮 Σ 下方的下拉按钮，打开下拉列表，选取【计数】命令，系统将统计数据总数，结果如图 5-46 所示。

	A	B	C	D	E	F	G	H	I
1	学生成绩表（二年级1班）								
2	姓名	语文	数学	英语	物理	化学	政治	结果	备注
3	刘 倩	73	66	51	73	61	88	412	
4	陈际鑫	82	91	74	93	92	81	85.5	
5	蔡晓莉	86	95	93	88	98	93	6	
6	李若倩	86	91	63	86	91	79		
7	韦 妮	76	95	89	92	97	89		
8	韦丹妮	92	92	78	94	88	77		
9	徐宝莹	73	41	62	86	62	68		
10	陈华丽	71	70	85	96	86	75		
11	董 强	89	67	82	99	76	79		
12	范成运	90	86	68	97	87	81		
13	徐 师	72	89	79	84	88	58		

图5-46　计数结果

6. 选中 B6:G6 单元格区域，单击【开始】选项卡中的【求和】按钮 Σ 下方的下拉按钮，打开下拉列表，选取【最大值】命令，系统将查找选中数据中的最大值，结果如图 5-47 所示。

	A	B	C	D	E	F	G	H	I
1	学生成绩表（二年级1班）								
2	姓名	语文	数学	英语	物理	化学	政治	结果	备注
3	刘 倩	73	66	51	73	61	88	412	
4	陈际鑫	82	91	74	93	92	81	85.5	
5	蔡晓莉	86	95	93	88	98	93	6	
6	李若倩	86	91	63	86	91	79	91	
7	韦 妮	76	95	89	92	97	89		
8	韦丹妮	92	92	78	94	88	77		
9	徐宝莹	73	41	62	86	62	68		
10	陈华丽	71	70	85	96	86	75		
11	董 强	89	67	82	99	76	79		
12	范成运	90	86	68	97	87	81		
13	徐 师	72	89	79	84	88	58		

图5-47　查找最大值

7. 选中 B7:G7 单元格区域，单击【开始】选项卡中的【求和】按钮 Σ 下方的下拉按钮，打开下拉列表，选取【最小值】命令，系统将查找选中数据中的最小值，结果如图 5-48 所示。

	A	B	C	D	E	F	G	H	I
1	学生成绩表（二年级1班）								
2	姓名	语文	数学	英语	物理	化学	政治	结果	备注
3	刘 倩	73	66	51	73	61	88	412	
4	陈际鑫	82	91	74	93	92	81	85.5	
5	蔡晓莉	86	95	93	88	98	93	6	
6	李若倩	86	91	63	86	91	79	91	
7	韦 妮	76	95	89	92	97	89	76	
8	韦丹妮	92	92	78	94	88	77		
9	徐宝莹	73	41	62	86	62	68		
10	陈华丽	71	70	85	96	86	75		
11	董 强	89	67	82	99	76	79		
12	范成运	90	86	68	97	87	81		
13	徐 师	72	89	79	84	88	58		

图5-48　查找最小值

二、 SUM 函数

SUM 函数也可以用于数据求和，其使用更加方便灵活，可以用来计算任意选定的单元格或单元格区域中的各数据之和。

【操作要点】

1. 打开素材文件“素材\第 5 章\案例 9.et”。
2. 选中 H3 作为存放结果的区域。

3. 在编辑栏中单击 *fx* 按钮，打开【插入函数】对话框，在【选择函数】列表框中选择【SUM】函数，如图 5-49 所示，然后单击 确定 按钮。
4. 在【数值 1】文本框中输入“B3:G3”，如图 5-50 所示，计算第 3 行所有数据之和。

图5-49　选择函数

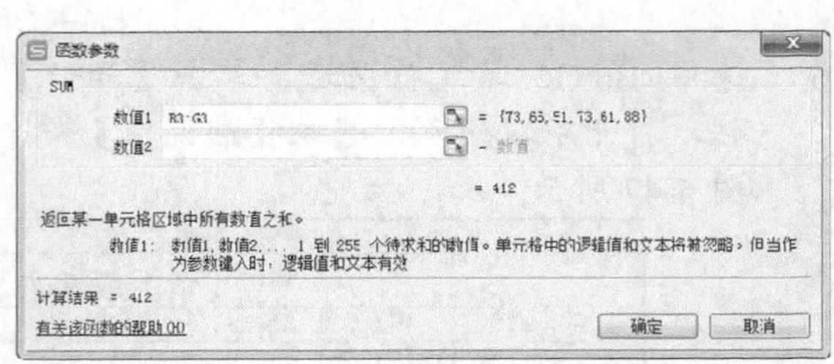

图5-50　输入数据组（1）

5. 在【数值 2】文本框中输入“B4+H4”，如图 5-51 所示，计算这两个数据之和。
6. 在【数值 3】文本框中输入“D5”，如图 5-52 所示。

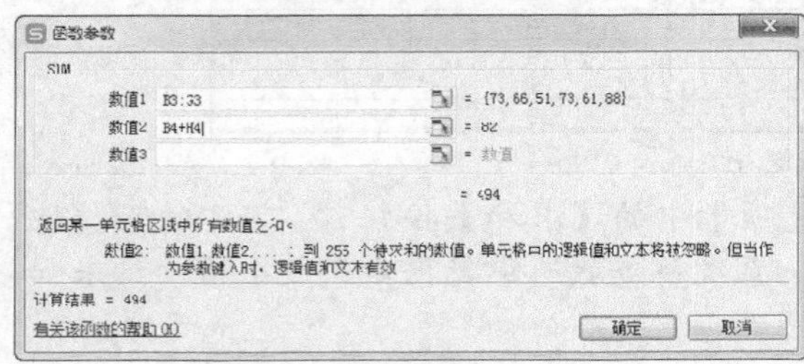

图5-51　输入数据组（2）

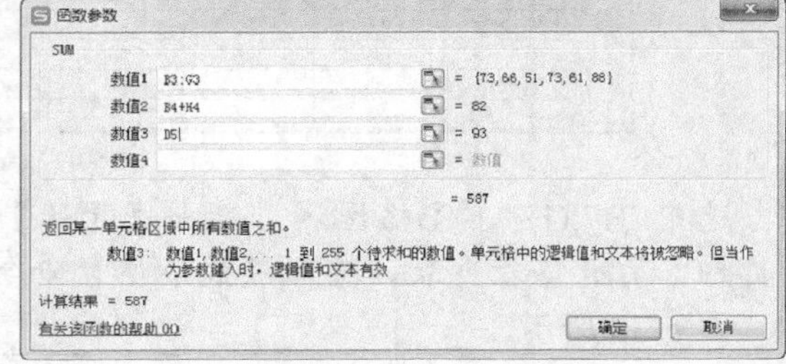

图5-52　输入数据组（3）

7. 单击 确定 按钮后将计算这 3 组数据的总和，并将其填写在选定的单元格中，如图 5-53 所示。

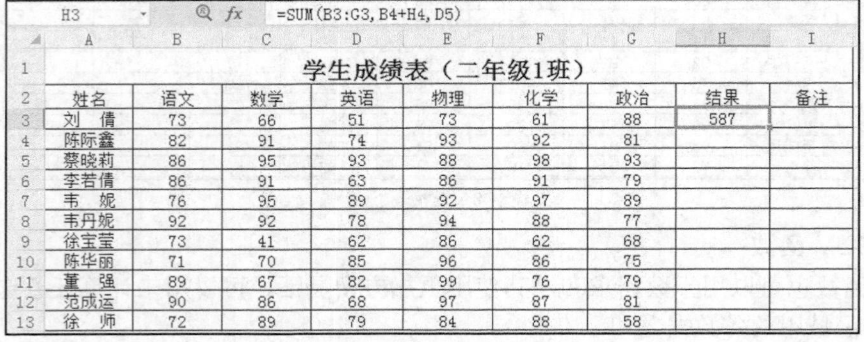

H3　=SUM(B3:G3,B4+H4,D5)

	A	B	C	D	E	F	G	H	I
1	学生成绩表（二年级1班）								
2	姓名	语文	数学	英语	物理	化学	政治	结果	备注
3	刘　倩	73	66	51	73	61	88	587	
4	陈际鑫	82	91	74	93	92	81		
5	蔡晓莉	86	95	93	88	98	93		
6	李若倩	86	91	63	86	91	79		
7	韦　妮	76	95	89	92	97	89		
8	韦丹妮	92	92	78	94	88	77		
9	徐宝莹	73	41	62	86	62	68		
10	陈华丽	71	70	85	96	86	75		
11	董　强	89	67	82	99	76	79		
12	范成运	90	86	68	97	87	81		
13	徐　师	72	89	79	84	88	58		

图5-53　求和结果

要点提示 除 SUM 函数外，WPS 表格 2016 中有 60 个数学函数和三角函数，用户可以通过调用这些函数来完成工作，常用数学函数和三角函数的名称和用法如表 5-5 所示。

表 5-5 常用的数学函数和三角函数

函数	含义	示例
SUM	求和函数	=SUM(2+3) → 5
ABS	返回数字的绝对值	=ABS(2-3) → 1
INT	向下舍入取整的实数	=INT(9.3) → 9
MOD	返回两数相除的余数，值的符号与除数相同	=MOD(8,3) → 2
PRODUCT	求积函数	=PRODUCT(5,3) → 15
SQRT	返回正平方根	=SQRT(9) → 3
SIN	返回给定角度的正弦值	=SIN(60) → -0.30481
TAN	返回给定角度的正切值	=TAN(60) → 0.32004

【操作要点】

1. 制作图 5-54 所示的表格。
2. 在 B2 单元格插入：=RADIANS(A2)，然后回车，求出对应弧度值，如图 5-55 所示。
3. 在 C2 单元格插入：=SIN(B2)，然后回车，求出对应正弦值，如图 5-56 所示。

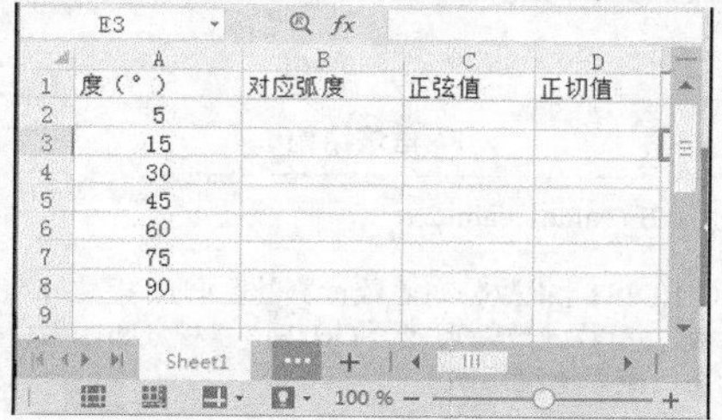

图5-54 创建表格

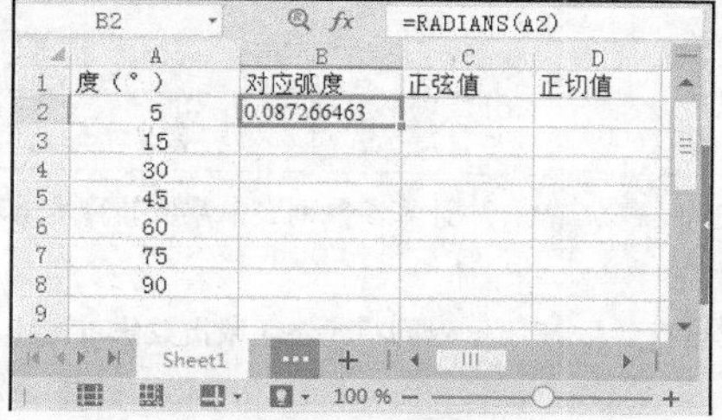

图5-55 计算弧度值

4. 在 D2 单元格插入：=TAN(B2)，然后回车，求出对应正切值，如图 5-57 所示。

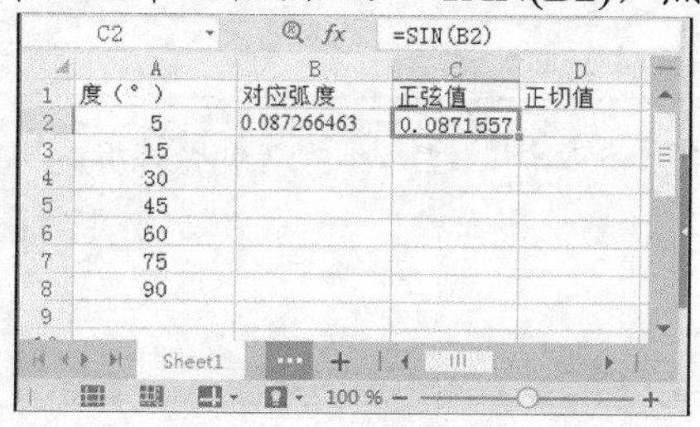

图5-56 计算正弦值

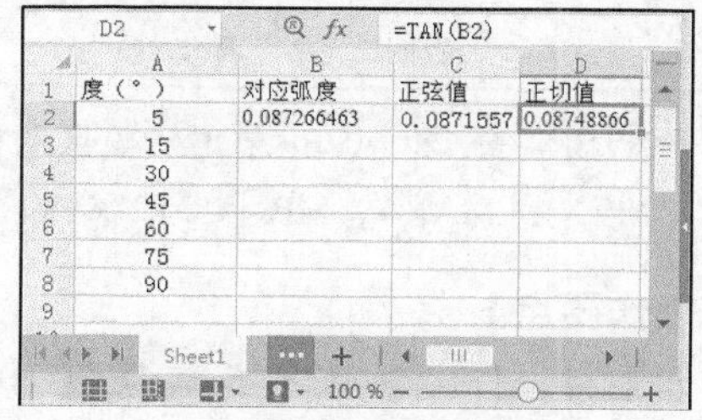

图5-57 计算正切值

5. 使用填充柄自动填充单元格，结果如图 5-58 所示。

	A	B	C	D
1	度（°）	对应弧度	正弦值	正切值
2	5	0.087266463	0.0871557	0.08748866
3	15	0.261799388	0.258819	0.26794919
4	30	0.523598776	0.5	0.57735027
5	45	0.785398163	0.7071068	1
6	60	1.047197551	0.8660254	1.73205081
7	75	1.308996939	0.9659258	3.73205081
8	90	1.570796327	1	1.6331E+16
9				

图5-58 自动填充单元格

三、　统计分析函数

统计函数是指对数据区域进行统计分析的函数。主要包括常规统计函数（见表 5-6）和数理统计函数（见表 5-7）两类。

表 5-6　　常规统计函数

函数	含义	语法结构
AVERAGEA	计算参数列表中数值的算术平均值	AVERAGEA(value1,value2,...)
COUNT	计算区域中包含数字的单元格的个数	COUNT(value1,value2,...)
COUNTIF	计算区域中满足给定条件的单元格的个数	COUNTIF(单元格区域,需满足条件)
MODE	计算区域中出现频率最多的数值	MODE(number1,number2,...)
MAXA	计算区域中的最大值	MAXA(value1,value2,...)
MINA	计算区域中的最小值	MINA(value1,value2,...)
SMALL	计算区域内第 *k* 个最小值	SMALL(单元格区域,*k*)
LARGE	计算区域内第 *k* 个最大值	LARGE(单元格区域,*k*)
RANK	计算选定单元格在选定区域内的排位	RANK［需排位数字,单元格区域,（0 或忽略：降序，1：升序）］

表 5-7　　数理统计函数

函数	含义	语法结构
AVERAGE	计算参数列表中数值的算术平均值	AVERAGE(value1,value2,...)
EXPONDIST	返回单元格区域指数分布	EXPOINDIST［指数分布函数计算的区间点,指数分布函数的参数,（指数函数的形式，TRUE：累积分布函数；FALSE：概率密度函数）］
MAX	返回单元格区域中的最大值	MAX(value1,value2,...)
MIN	返回单元格区域中的最小值	MIN(value1,value2,...)
VAR	返回单元格区域的方差	VAR(value1,value2,...)

AVERAGE 和 AVERAGEA 的区别在于前者的参数可以是数值的名称、数组或引用，对于 MAX 和 MAXA、MIN 和 MINA 来说同理。

【操作要点】

1.　打开素材文件“素材\第 5 章\案例 10.et”，如图 5-59 所示。

	A	B	C	D	E	F	G	H	I
1	成绩表								
2	学号	姓名	数学	英语	语文	政治	体育	计算机	总分
3	3	小刘	95	98	89	75	89	56	
4	2	张力	85	86	83	79	87	76	
5	1	李明	79	87	89	78	76	87	
6	4	小陈	69	78	87	72	90	87	
7	6	大山	75	98	59	65	76	56	
8	5	小如	86	48	53	73	65	79	
9	各科平均成绩								
10	最高分								
11	最低分								

图5-59　打开的成绩表

2. 在 I3 单元格输入：=SUM(B3:H3)，然后回车，计算总分，结果如图 5-60 所示。

	A	B	C	D	E	F	G	H	I
1	成绩表								
2	学号	姓名	数学	英语	语文	政治	体育	计算机	总分
3	3	小刘	95	98	89	75	89	56	502
4	2	张力	85	86	83	79	87	76	
5	1	李明	79	87	89	78	76	87	
6	4	小陈	69	78	87	72	90	87	
7	6	大山	75	98	59	65	76	56	
8	5	小如	86	48	53	73	65	79	
9	各科平均成绩								
10	最高分								
11	最低分								

图5-60 计算总分

3. 在 C9 单元格插入：=AVERAGE(C3:C8)，然后回车，计算平均值，结果如图 5-61 所示。

C9 fx =AVERAGE(C3:C8)

	A	B	C	D	E	F	G	H	I
1	成绩表								
2	学号	姓名	数学	英语	语文	政治	体育	计算机	总分
3	3	小刘	95	98	89	75	89	56	502
4	2	张力	85	86	83	79	87	76	
5	1	李明	79	87	89	78	76	87	
6	4	小陈	69	78	87	72	90	87	
7	6	大山	75	98	59	65	76	56	
8	5	小如	86	48	53	73	65	79	
9	各科平均成绩		81.5						
10	最高分								
11	最低分								

图5-61 计算平均分

4. 在 C10 单元格插入：=MAX(C3:C8)，然后回车，计算最高分，结果如图 5-62 所示。

C10 fx =MAX(C3:C8)

	A	B	C	D	E	F	G	H	I
1	成绩表								
2	学号	姓名	数学	英语	语文	政治	体育	计算机	总分
3	3	小刘	95	98	89	75	89	56	502
4	2	张力	85	86	83	79	87	76	
5	1	李明	79	87	89	78	76	87	
6	4	小陈	69	78	87	72	90	87	
7	6	大山	75	98	59	65	76	56	
8	5	小如	86	48	53	73	65	79	
9	各科平均成绩		81.5						
10	最高分		95						
11	最低分								

图5-62 计算最高分

5. 在 C11 单元格插入：=MIN(C3:C8)，然后回车，计算最低分，结果如图 5-63 所示。

C11 fx =MIN(C3:C8)

	A	B	C	D	E	F	G	H	I
2	学号	姓名	数学	英语	语文	政治	体育	计算机	总分
3	3	小刘	95	98	89	75	89	56	502
4	2	张力	85	86	83	79	87	76	
5	1	李明	79	87	89	78	76	87	
6	4	小陈	69	78	87	72	90	87	
7	6	大山	75	98	59	65	76	56	
8	5	小如	86	48	53	73	65	79	
9	各科平均成绩		81.5						
10	最高分		95						
11	最低分		69						

图5-63 计算最低分

6. 利用自动填充功能，得到的最终计算结果如图 5-64 所示。

C9 =AVERAGE(C3:C8)

	A	B	C	D	E	F	G	H	I
2	学号	姓名	数学	英语	语文	政治	体育	计算机	总分
3	3	小刘	95	98	89	75	89	56	502
4	2	张力	85	86	83	79	87	76	496
5	1	李明	79	87	89	78	76	87	496
6	4	小陈	69	78	87	72	90	87	483
7	6	大山	75	98	59	65	76	56	429
8	5	小如	86	48	53	73	65	79	404
9	各科平均成绩		81.50	82.50	76.67	73.67	80.50	73.50	
10	最高分		95	98	89	79	90	87	
11	最低分		69	48	53	65	65	56	

图5-64 自动填充计算结果

四、 日期与时间函数

日期与时间通常是数据分析的重要部分，尤其是在投资计算中，稍有差错就可能影响投资决策，从而影响投资收益。

常用的日期函数如表 5-8 所示。

表 5-8 常用日期函数

函数	含义	语法结构
DATE	返回 WPS 表格日期时间代码中代表日期的数字	DATE(year,month,day)
DAY	返回一个月中的第几天的数值	DAY(查找的那一天的日期代码)
MONTH	返回月份值	MONTH(查找到月份的日期)
TODAY	返回当前日期	TODAY(无参数)
WORKDAY	返回起始日期之前或之后相隔指定工作日的日期值	WORKDAY(起始日期,代表起始日期之前或之后不含周末及节假日的天数,可以使包含日期的单元格区域所代表的节假日)
YEAR	返回某日期对应的年份	YEAR(查找到年的日期)
DAYS360	按照一年 360 天的算法，返回两个日期间相差的天数	DAYS360[起始日期,结束日期,逻辑值（FALSE 或忽略：美国方法，TRUE：欧洲方法）]

【操作要点】

1. 打开素材文件“素材\第 5 章\案例 11.et”，如图 5-65 所示。

	A	B	C	D	E	F	G
1	系统信息表						
2	编号	姓名	身份证	性别	工作部门	出生日期	年龄
3	1	张建	371421197010011665	男	销售		
4	2	王宏伟	152728197505062712	男	销售		
5	3	刘丽萍	450403197101083939	女	财务		
6	4	王雪	150428197602234932	女	生产		
7	5	刘明江	610624197110250915	男	后勤		
8	6	贺新春	150404196701280333	男	后勤		
9	7	邱启明	150403199108153318	男	财务		
10	8	付晓华	152529196803242716	女	生产		

图5-65 打开的员工信息表

2. 选中单元格 F3，输入公式：=MID(C3,7,4)&"-"&MID(C3,11,2)&"-"&MID(C3,13,2)，如图 5-66 所示，从员工的身份证号码中提取出生年月日。

F3　=MID(C3,7,4)&"-"&MID(C3,11,2)&"-"&MID(C3,13,2)

	A	B	C	D	E	F	G
1	系统信息表						
2	编号	姓名	身份证	性别	工作部门	出生日期	年龄
3	1	张建	371421197010011665	男	销售	1970-10-01	
4	2	王宏伟	152728197505062712	男	销售		
5	3	刘丽萍	450403197101083939	女	财务		
6	4	王雪	150428197602234932	女	生产		
7	5	刘明江	610624197110250915	男	后勤		
8	6	贺新春	150404196701280333	男	后勤		
9	7	邱启明	150403199108153318	男	财务		
10	8	付晓华	152529196803242716	女	生产		

图5-66　提取出生年月日

MID 函数用来获取某个字符串中从指定位置开始特定字符数对应的字符串，格式为 MID（字符串,起始位置,字符数）。例如："MID(C3,7,4)" 提取身份证号码中从第 7 个字符开始的连续 4 个字符，代表"年份"；"MID(C3,11,2)" 提取身份证号码中从第 13 个字符开始的连续两个字符对应的"月份"；"MID(C3,13,2)" 则提取日期。提取出来的 3 个数字之间用"-"连接，"&"是文本连接运算符。

3. 利用自动填充功能完成其他身份证号码的提取，结果如图 5-67 所示。

	A	B	C	D	E	F	G
1	系统信息表						
2	编号	姓名	身份证	性别	工作部门	出生日期	年龄
3	1	张建	371421197010011665	男	销售	1970-10-01	
4	2	王宏伟	152728197505062712	男	销售	1975-05-06	
5	3	刘丽萍	450403197101083939	女	财务	1971-01-08	
6	4	王雪	150428197602234932	女	生产	1976-02-23	
7	5	刘明江	610624197110250915	男	后勤	1971-10-25	
8	6	贺新春	150404196701280333	男	后勤	1967-01-28	
9	7	邱启明	150403199108153318	男	财务	1991-08-15	
10	8	付晓华	152529196803242716	女	生产	1968-03-24	

图5-67　提取全部出生年月日

4. 选中单元格 G3，单击 fx 按钮打开【插入函数】对话框，在【或选择类别】下拉列表中选取【日期与时间】选项，在【选择函数】列表框中选择【YEAR】选项，如图 5-68 所示，然后单击 确定 按钮。
5. 打开【函数参数】对话框，在【日期序号】文本框中输入"TODAY()"，用于获取当前的年份，如图 5-69 所示，然后单击 确定 按钮。

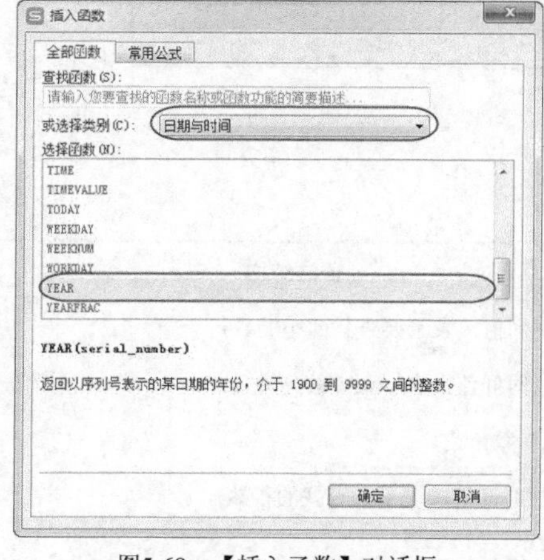

图5-68　【插入函数】对话框

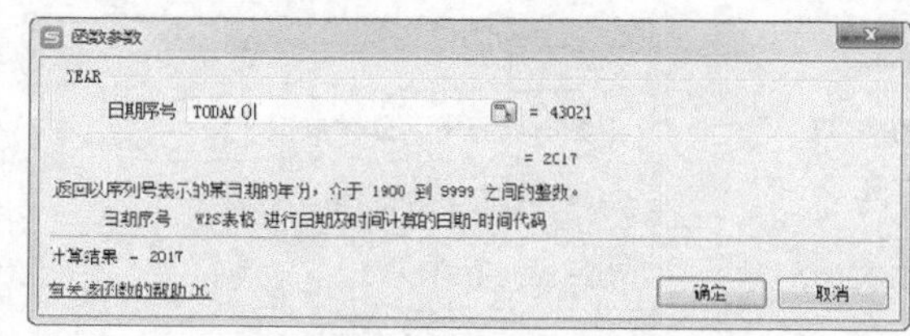

图5-69　【函数参数】对话框

6. 在单元格 G3 中将显示当前的年份，如图 5-70 所示。

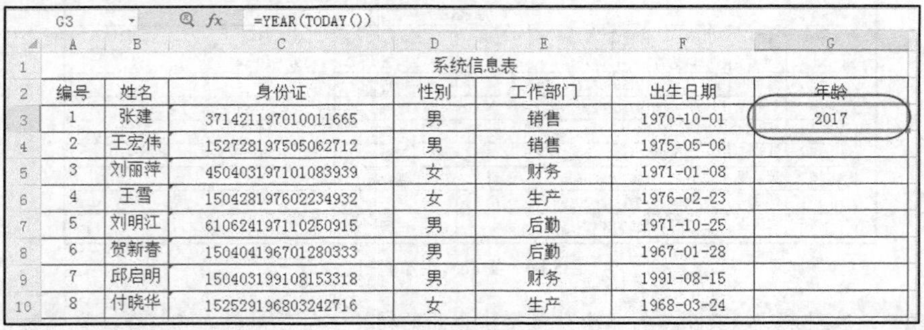

G3　=YEAR(TODAY())

	A	B	C	D	E	F	G
1	系统信息表						
2	编号	姓名	身份证	性别	工作部门	出生日期	年龄
3	1	张建	371421197010011665	男	销售	1970-10-01	2017
4	2	王宏伟	152728197505062712	男	销售	1975-05-06	
5	3	刘丽萍	450403197101083939	女	财务	1971-01-08	
6	4	王雪	150428197602234932	女	生产	1976-02-23	
7	5	刘明江	610624197110250915	男	后勤	1971-10-25	
8	6	贺新春	150404196701280333	男	后勤	1967-01-28	
9	7	邱启明	150403199108153318	男	财务	1991-08-15	
10	8	付晓华	152529196803242716	女	生产	1968-03-24	

图5-70　显示当前年份

7. 在编辑栏“=YEAR(TODAY())”后输入“-YEAR(F3)”，表示用当前年份减去出生年份，回车后即可得到员工的年龄，如图 5-71 所示。

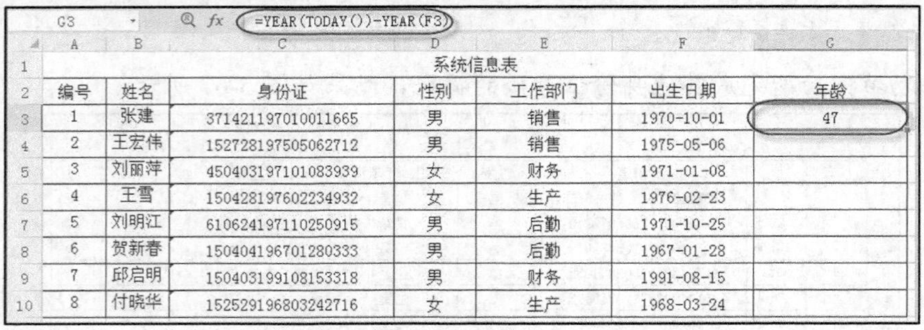

G3　=YEAR(TODAY())-YEAR(F3)

	A	B	C	D	E	F	G
1	系统信息表						
2	编号	姓名	身份证	性别	工作部门	出生日期	年龄
3	1	张建	371421197010011665	男	销售	1970-10-01	47
4	2	王宏伟	152728197505062712	男	销售	1975-05-06	
5	3	刘丽萍	450403197101083939	女	财务	1971-01-08	
6	4	王雪	150428197602234932	女	生产	1976-02-23	
7	5	刘明江	610624197110250915	男	后勤	1971-10-25	
8	6	贺新春	150404196701280333	男	后勤	1967-01-28	
9	7	邱启明	150403199108153318	男	财务	1991-08-15	
10	8	付晓华	152529196803242716	女	生产	1968-03-24	

图5-71　计算年龄

8. 利用自动填充功能计算其他员工年龄，结果如图 5-72 所示。

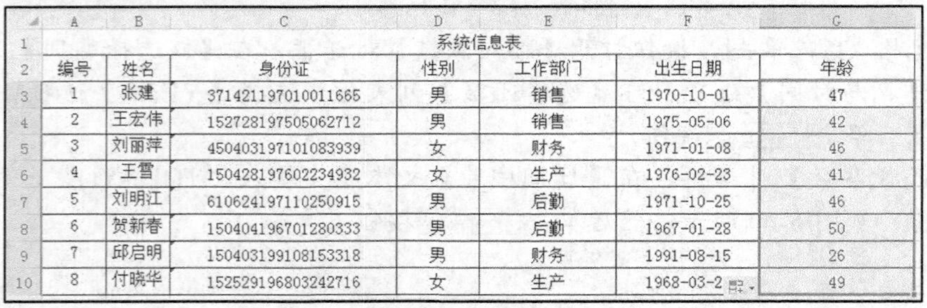

	A	B	C	D	E	F	G
1	系统信息表						
2	编号	姓名	身份证	性别	工作部门	出生日期	年龄
3	1	张建	371421197010011665	男	销售	1970-10-01	47
4	2	王宏伟	152728197505062712	男	销售	1975-05-06	42
5	3	刘丽萍	450403197101083939	女	财务	1971-01-08	46
6	4	王雪	150428197602234932	女	生产	1976-02-23	41
7	5	刘明江	610624197110250915	男	后勤	1971-10-25	46
8	6	贺新春	150404196701280333	男	后勤	1967-01-28	50
9	7	邱启明	150403199108153318	男	财务	1991-08-15	26
10	8	付晓华	152529196803242716	女	生产	1968-03-2	49

图5-72　计算其他年龄

常用的时间函数如表 5-9 所示。

表 5-9　时间函数

函数	含义	语法结构
HOUR	返回小时数值	HOUR(时间值，表示要查找的小时数)
MINUTE	返回时间值中的分钟数	MINUTE(时间值，表示要查的分钟数)
NOW	返回当前日期和时间	NOW(无参数)
SECOND	返回时间值的秒数	SECOND(时间值，表示要查找的秒数)
TIME	返回特定时间的小数值	TIME(时,分,秒)

【操作要点】

1. 打开素材文件“素材\第 5 章\案例 12.et”，如图 5-73 所示。

考勤信息表

编号	姓名	性别	刷卡时间	小时数	分数	秒数
1	张建	男	8:35:20			
2	王宏伟	男	8:12:00			
3	刘丽萍	女	7:35:30			
4	王雪	女	6:35:20			
5	刘明江	男	9:34:20			
6	贺新春	男	8:29:36			
7	邱启明	男	8:34:28			
8	付晓华	女	8:24:50			

图5-73　考勤登记表

2. 选中单元格 E3，然后输入：=HOUR($D3)，统计小时数值，如图 5-74 所示。

E3　=HOUR($D3)

考勤信息表

编号	姓名	性别	刷卡时间	小时数	分数	秒数
1	张建	男	8:35:20	8		
2	王宏伟	男	8:12:00			
3	刘丽萍	女	7:35:30			
4	王雪	女	6:35:20			
5	刘明江	男	9:34:20			
6	贺新春	男	8:29:36			
7	邱启明	男	8:34:28			
8	付晓华	女	8:24:50			

图5-74　统计小时数

3. 选中单元格 F3，然后输入：=MINUTE($D3)，统计分钟数值，如图 5-75 所示。

F3　=MINUTE($D3)

考勤信息表

编号	姓名	性别	刷卡时间	小时数	分数	秒数
1	张建	男	8:35:20	8	35	
2	王宏伟	男	8:12:00			
3	刘丽萍	女	7:35:30			
4	王雪	女	6:35:20			
5	刘明江	男	9:34:20			
6	贺新春	男	8:29:36			
7	邱启明	男	8:34:28			
8	付晓华	女	8:24:50			

图5-75　统计分钟数

4. 选中单元格 G3，然后输入：=SECOND($D3)，统计秒数值，如图 5-76 所示。

G3　=SECOND($D3)

考勤信息表

编号	姓名	性别	刷卡时间	小时数	分数	秒数
1	张建	男	8:35:20	8	35	20
2	王宏伟	男	8:12:00			
3	刘丽萍	女	7:35:30			
4	王雪	女	6:35:20			
5	刘明江	男	9:34:20			
6	贺新春	男	8:29:36			
7	邱启明	男	8:34:28			
8	付晓华	女	8:24:50			

图5-76　统计秒数

5. 利用自动填充功能填写全部数据，结果如图 5-77 所示。

	A	B	C	D	E	F	G
1	考勤信息表						
2	编号	姓名	性别	刷卡时间	小时数	分数	秒数
3	1	张建	男	8:35:20	8	35	20
4	2	王宏伟	男	8:12:00	8	12	0
5	3	刘丽萍	女	7:35:30	7	35	30
6	4	王雪	女	6:35:20	6	35	20
7	5	刘明江	男	9:34:20	9	34	20
8	6	贺新春	男	8:29:36	8	29	36
9	7	邱启明	男	8:34:28	8	34	28
10	8	付晓华	女	8:24:50	8	24	50

图5-77 填充全部数据

五、 逻辑函数

在 WPS 表格中，逻辑函数用于真假判断或进行复合检验。常见的逻辑函数如表 5-10 所示。

表 5-10 逻辑函数

函数	含义	语法结构
AND	所有参数均为 TRUE，则返回 TRUE	AND(逻辑式 1，逻辑式 2……)
FALSE	返回逻辑值 FALSE	FALSE()
IF	判断一个条件是否满足，满足返回一个特定值，不满足返回另一个特定值	IF（条件,条件为真返回值，条件为假返回值）
IFERROR	如果公式计算出错，返回指定值，否则返回计算结果	IFERROR（计算结果,计算出错时返回的结果）
NOT	对参数逻辑求反	NOT（逻辑式）
OR	任意参数为 TRUE 则返回 TRUE	OR（逻辑式 1，逻辑式 2……)
TRUE	返回逻辑值 TRUE	TRUE()

【操作要点】

1. 打开素材文件"素材\第 5 章\案例 13.et"，如图 5-78 所示。

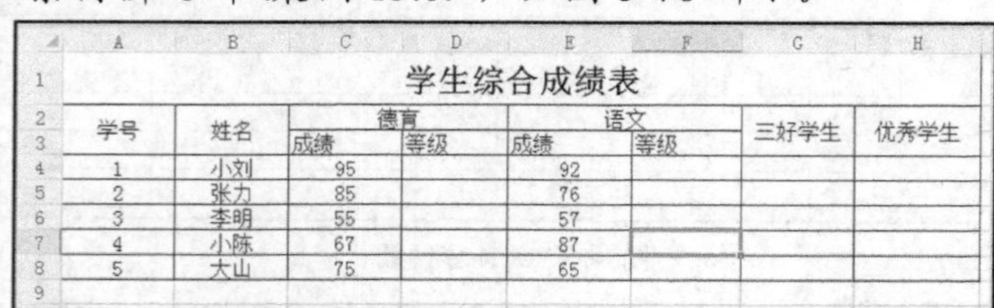

	A	B	C	D	E	F	G	H
1	学生综合成绩表							
2	学号	姓名	德育		语文		三好学生	优秀学生
3			成绩	等级	成绩	等级		
4	1	小刘	95		92			
5	2	张力	85		76			
6	3	李明	55		57			
7	4	小陈	67		87			
8	5	大山	75		65			
9								

图5-78 打开的成绩表

2. 选中 D4 单元格，然后输入公式：=IF(C4>60,"及格","不及格")，回车后计算结果如图 5-79 所示。

D4 =IF(C4>60,"及格","不及格")

	A	B	C	D	E	F	G	H
1	学生综合成绩表							
2	学号	姓名	德育		语文		三好学生	优秀学生
3			成绩	等级	成绩	等级		
4	1	小刘	95	及格	92			
5	2	张力	85		76			
6	3	李明	55		57			
7	4	小陈	67		87			
8	5	大山	75		65			
9								

图5-79 评判德育成绩等级

要点提示 公式“IF(C4>60,"及格","不及格")”的含义：如果单元格 C4 中的数值不小于 60，则返回“及格”，否则返回“不及格”。

3. 选中 F4 单元格，然后输入公式：

```
=IF((80<=E4)*AND(E4<=100),"优",IF((60<=E4)*AND(E4<80),"良","不及格"))
```

回车后计算结果如图 5-80 所示。

F4 =IF((80<=E4)*AND(E4<=100),"优",IF((60<=E4)*AND(E4<80),"良","不及格"))

学生综合成绩表

学号	姓名	德育		语文		三好学生	优秀学生
		成绩	等级	成绩	等级		
1	小刘	95	及格	92	优	是	
2	张力	85		76			
3	李明	55		57			
4	小陈	67		87			
5	大山	75		65			

图5-80　评判语文成绩等级

要点提示 公式“=IF((80<=E4)*AND(E4<=100),"优",IF((60<=E4)*AND(E4<80),"良","不及格"))”中，首先将成绩划分为两个等级，大于等于 80 分到 100 分的为优秀，小于 80 分的通过公式“IF((60<=E4)*AND(E4<80),"良","不及格"))”进一步划分为良和不及格两个等级。

4. 利用自动填充功能填写全部数据，结果如图 5-81 所示。

学生综合成绩表

学号	姓名	德育		语文		三好学生	优秀学生
		成绩	等级	成绩	等级		
1	小刘	95	及格	92	优		
2	张力	85	及格	76	良		
3	李明	55	不及格	57	不及格		
4	小陈	67	及格	87	优		
5	大山	75	及格	65	良		

图5-81　自动填充数据

5. 选中 G4 单元格，然后输入公式：=IF((D4="及格")*AND(F4="优"),"是",""),回车后计算结果如图 5-82 所示。

公式“=IF((D4="及格")*AND(F4="优"),"是","")”的含义：如果学生的德育成绩为及格，语文成绩为优，则在“三好学生”一栏中输入“是”，否则什么都不输出。

G4 =IF((D4="及格")*AND(F4="优"),"是","")

学生综合成绩表

学号	姓名	德育		语文		三好学生	优秀学生
		成绩	等级	成绩	等级		
1	小刘	95	及格	92	优	是	
2	张力	85	及格	76	良		
3	李明	55	不及格	57	不及格		
4	小陈	67	及格	87	优		
5	大山	75	及格	65	良		

图5-82　评判三好学生

6. 选中 H4 单元格，然后输入公式：=IF((D4="及格")*AND(F4="良"),"是",""),回车后计算结果如图 5-83 所示。

H4　=IF((D4="及格")*AND(F4="良"),"是","")

学生综合成绩表							
学号	姓名	德育		语文		三好学生	优秀学生
		成绩	等级	成绩	等级		
1	小刘	95	及格	92	优	是	
2	张力	85	及格	76	良		
3	李明	55	不及格	57	不及格		
4	小陈	67	及格	87	优		
5	大山	75	及格	65	良		

图5-83　评判优秀学生

公式“=IF((D4="及格")*AND(F5="良"),"是","")”的含义：如果学生的德育成绩为及格，语文成绩为良，则在“优秀学生”一栏中输入“是”，否则什么都不输出。

7.　利用自动填充功能填写全部数据，结果如图 5-84 所示。

H4　=IF((D4="及格")*AND(F4="良"),"是","")

学生综合成绩表							
学号	姓名	德育		语文		三好学生	优秀学生
		成绩	等级	成绩	等级		
1	小刘	95	及格	92	优	是	
2	张力	85	及格	76	良		是
3	李明	55	不及格	57	不及格		
4	小陈	67	及格	87	优	是	
5	大山	75	及格	65	良		是

图5-84　填写其他结果

5.2.4 错误信息提示

在默认情况下，WPS 表格会自动使用一些默认的规则来帮助用户检查公式中是否有错误，并且会根据不同的错误显示不同的提示符，从而提示用户对其进行检查是否输入有误，如表 5-11 所示。

表 5-11　　常见错误信息

错误信息	含义	排除方法
####	列宽不足或者日期和时间为负数	增加列的宽度
#NUM!	在需要数字参与的函数中使用了无法接受的参数，数值无法在 WPS 表格中表示	确定使用正确的数值为函数的参数
#NAME?	单元格引用错误，函数拼写错误，在公式中输入文本时没有使用双引号	确定该函数名确实存在
#VALUE	使用错误类型的参数或运算符	提供正确的运算符或参数，保证公式阴影的单元格中为有效值
#DIV/0	当一个数值除以 0	将除数改成除 0 外的其他值
#N/A	数值无法使用于函数或公式	以新值替代
#NULL!	制定了两个没有交集的区域	修改引用使其相交
#REF	公式引用的单元格被删或链接错误	更改公式或复制引用单元格内容

5.3 创建图表

为了直观显示工作表中的数据，WPS 表格提供了强大的图表功能。

5.3.1 图表的组成

图表是重要的数据分析工具之一，用于将工作簿中的单一数据表格转换成丰富多样的图形，可以让数据表达得更加清楚，更加容易理解。图 5-85 所示是一张常见的柱形图。

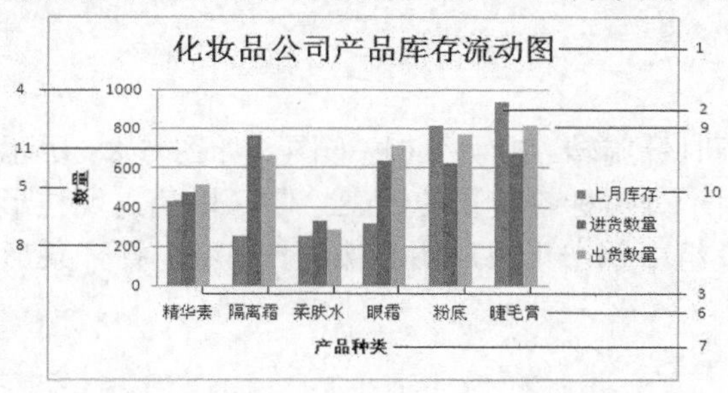

图5-85 柱形图

图形中各数字指示要素的含义如表 5-12 所示。

表 5-12 图表中各要素的含义

数字	代表	含义
1	图表标题	表示与图表相关的名称
2	数据柱	对应于类别数据的一个独立数值
3	数据系列	对应于类别的一组数值数据
4	y 坐标轴	用以度量数据点的大小（一般设置为垂直轴）
5	y 坐标轴标题	数据点的度量名称
6	x 坐标轴	用于分开显示数据系列类别
7	x 坐标轴标题	类别的总称
8	坐标刻度	用以细分数据点度量或类别集合
9	主要网格线	绘图区的分割线，以便于阅览数据
10	图例	数据系列或类别的代表颜色与名称
11	绘图区	绘制数据系列的区域

要点提示 将鼠标指针移到图表上任意一个元件时，会显示对该元件的说明。

5.3.2 图表的类型

WPS 表格提供了 10 多种标准类型和多个自定义类型的图表，如柱形图、条形图、折线图及饼图等。用户可根据不同的表格数据选择合适的图表类型，使要显示的信息更加突出。

在【插入】选项卡的【图表】工具组中可以看到这些图表类型，如图 5-86 所示。

一、 柱形图

柱形图用于显示一段时间内数据的变化，或者描绘各个项目之间数据的不同，是最常用的表格类型，如图 5-85 所示。在【图表】工具组中单击【柱形图】按钮，可以打开图 5-87 所示的柱形图子类型菜单，通过它可以创建各种柱形图。

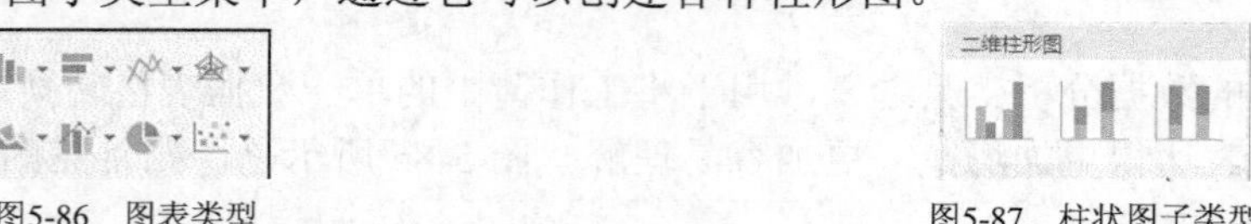

图5-86　图表类型　　图5-87　柱状图子类型

二、 条形图

条形图可以看作是顺时针旋转 90° 后的柱形图，如图 5-88 所示。它用于描绘各项目之间数据的差异情况，常用于分类标签较长的图表绘制，以免出现柱形图中对长分类标签省略的情况。在【图表】工具组中单击【条形图】按钮可以打开条形图子类型菜单，通过它可以创建各类条形图。

三、 折线图

折线图用于显示等时间间隔数据的变化趋势，它强调的是数据的时间性和变动率，如图 5-89 所示。使用折线图可以清晰地显示一组数据随时间的变化过程。在【图表】工具组中单击【折线图】按钮可以打开折线图子类型菜单，通过它可以创建折线图。

四、 饼图

饼图用于显示数据系列中各项目数据在总体数据中所占的比例。使用饼图可以清晰地反映出各分项数据在量上的对比关系，如图 5-90 所示。在【图表】工具组中单击【饼图】按钮可以根据需要创建各种饼图。

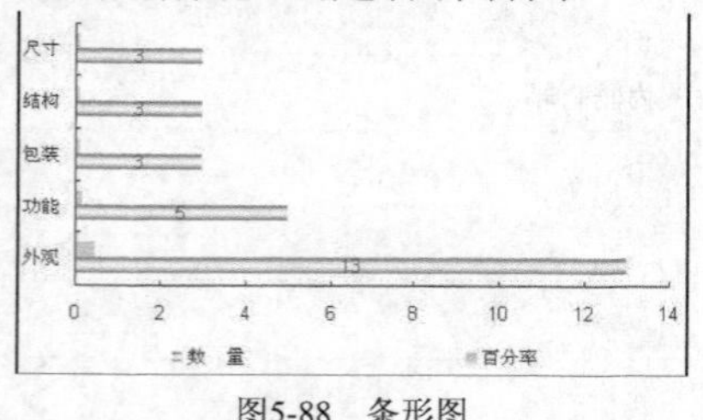

图5-88　条形图

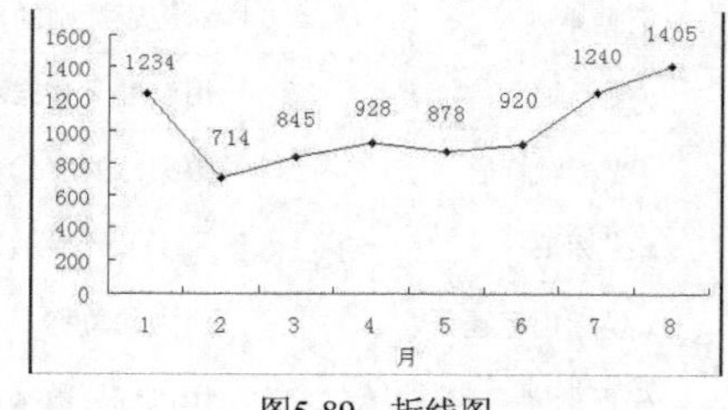

图5-89　折线图

五、 散点图

散点图类似于折线图，用于显示一组数据在某种时间间隔条件下的变化趋势，常用于比较成对的数据，如图 5-91 所示。在【图表】工具组中单击【饼图】按钮可以根据需要创建各种散点图。

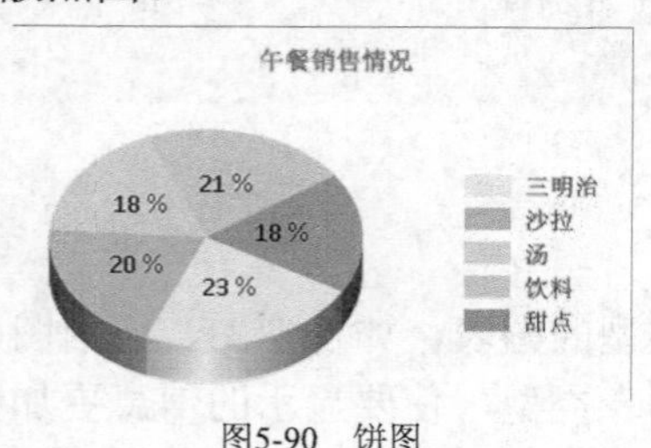

图5-90　饼图

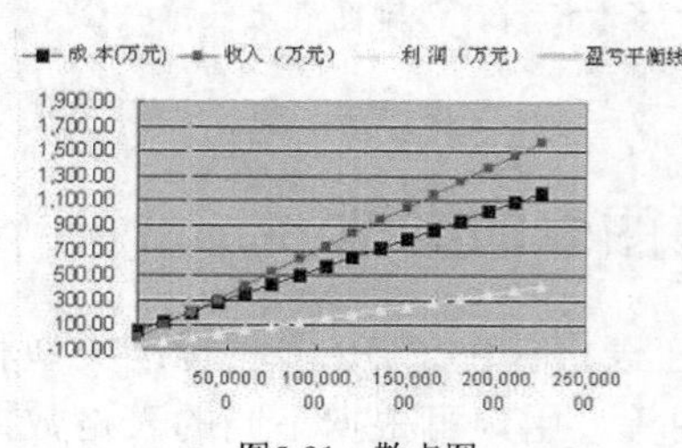

图5-91　散点图

要点提示 除了上述常用图表外，还可以创建面积图，用于显示每个数据的变化量，强调数据随着时间的变化幅度。股价图、雷达图等也常用于制作专业图表。

5.3.3 创建图表

WPS 表格放置图表的方式有两种：一种是直接显示在工作表上，称为嵌入图；另一种是专门显示图表对象的图表工作表。两种方式的操作方法相同。

在创建图表之前，首先要有一个需要创建图表的表格，如图 5-92 所示。

【操作要点】

1. 打开素材文件“素材\第 5 章\案例 14.et”。
2. 在表格中选中需要创建图表的数据，如图 5-93 所示，然后在【插入】选项卡的【图表】工具组中单击【柱形图】按钮。

学号	语文	数学	英语
A01	73	66	51
A02	82	91	74
A03	86	95	93
A04	86	91	63
A05	76	95	89
A06	92	92	78

图5-92 打开的工作表

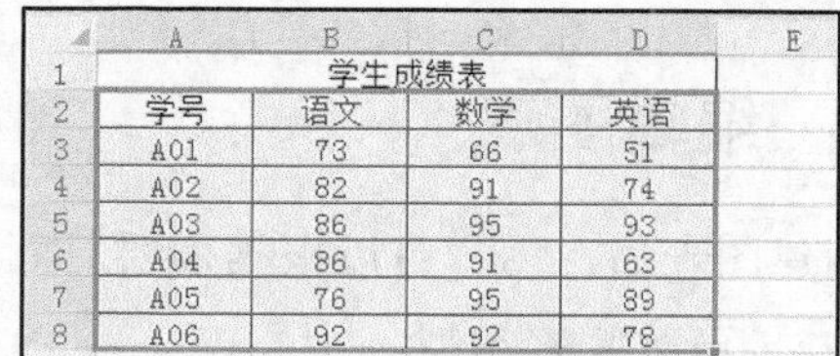

学号	语文	数学	英语
A01	73	66	51
A02	82	91	74
A03	86	95	93
A04	86	91	63
A05	76	95	89
A06	92	92	78

图5-93 选中数据

3. 在弹出的下拉列表中选择柱形图的子类型，这里选取【二维柱形图】类别中的【簇状柱形图】，如图 5-94 所示。

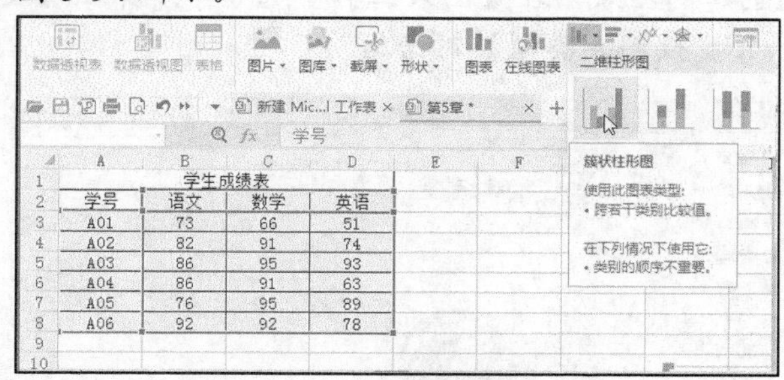

图5-94 选择柱形图样式

4. 选择好样式后，WPS 表格会根据当前的数据区域，创建出对应的柱形图，其中包含的各个组成要素如图 5-95 所示。

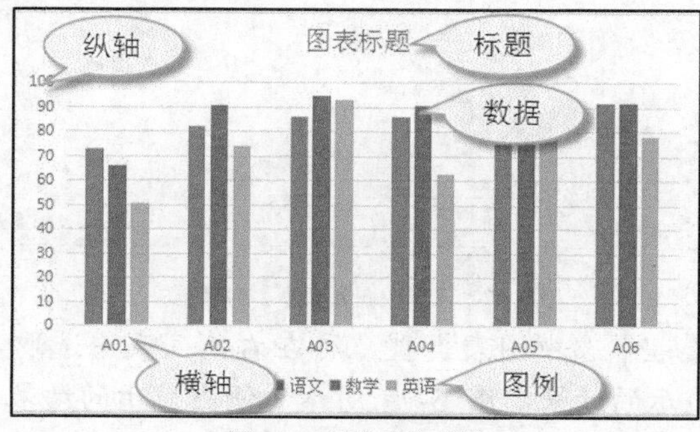

图5-95 创建的柱形图

要点提示　创建一个图表后，【绘图工具】【文本工具】和【图表工具】选项卡都将被激活，如图 5-96 所示。

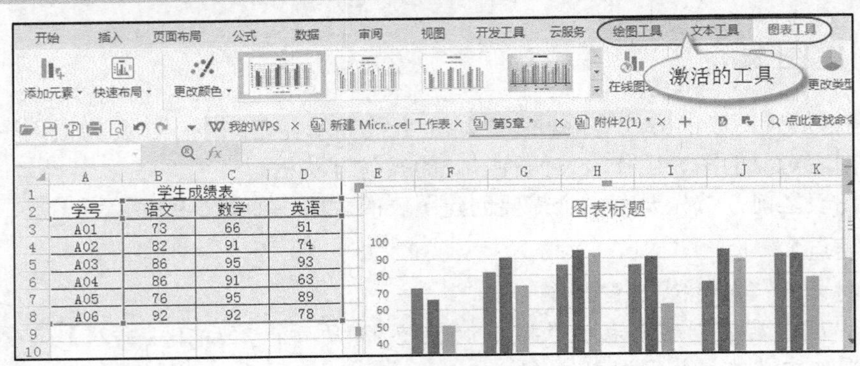

图5-96　激活的工具

5.3.4 编辑图表

创建图表后，用户可以根据需要对其进行编辑处理。

一、 更改图表类型

在创建图表时虽然选中了图表类型，但用户也可以通过编辑方法更改为其他类型。

【操作要点】

1. 接上例。选中前面创建的图表，在【图表工具】选项卡中单击【更改类型】按钮，打开图 5-97 所示的【更改图表类型】对话框。

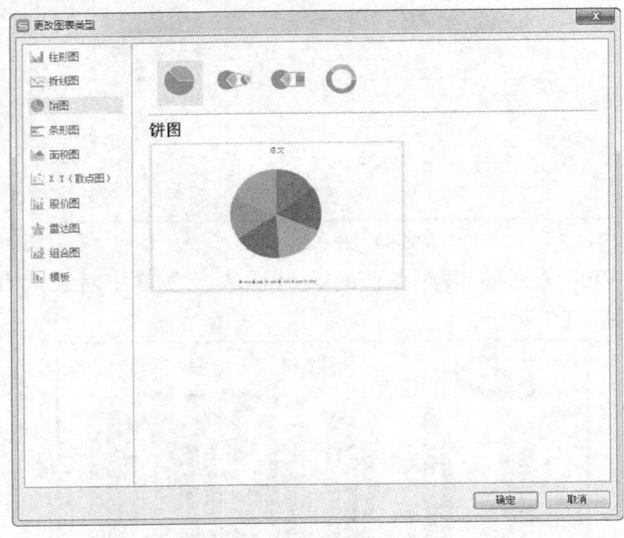

图5-97　【更改图表类型】对话框

2. 在对话框左侧的列表框中选中图表类型，再在右侧列表中选取具体的图表子类型。图 5-98 所示为折线图显示的结果，图 5-99 所示为饼图显示的结果，图 5-100 所示为条形图显示的结果。

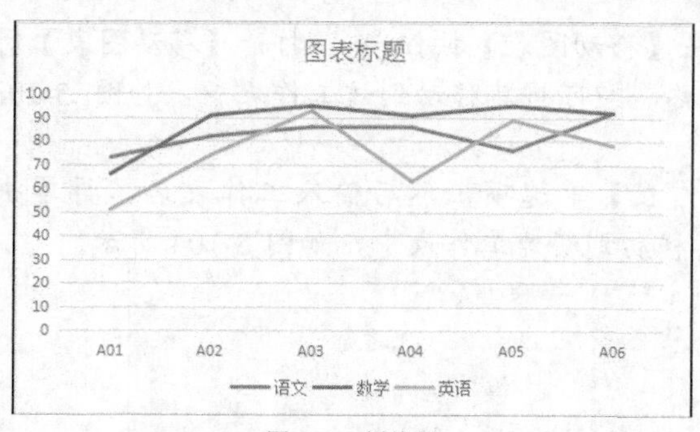

图5-98　折线图

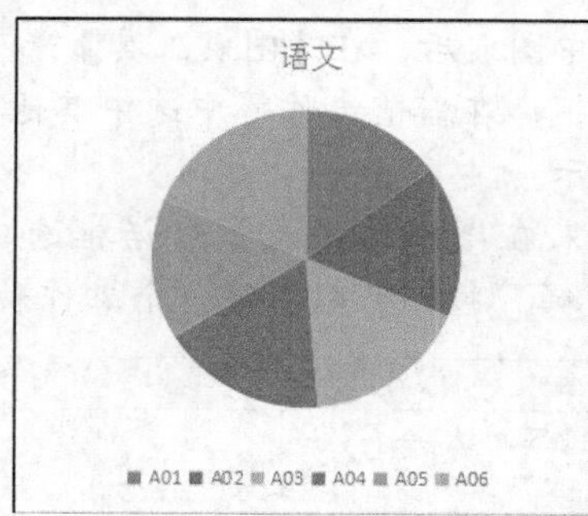

图5-99　饼图

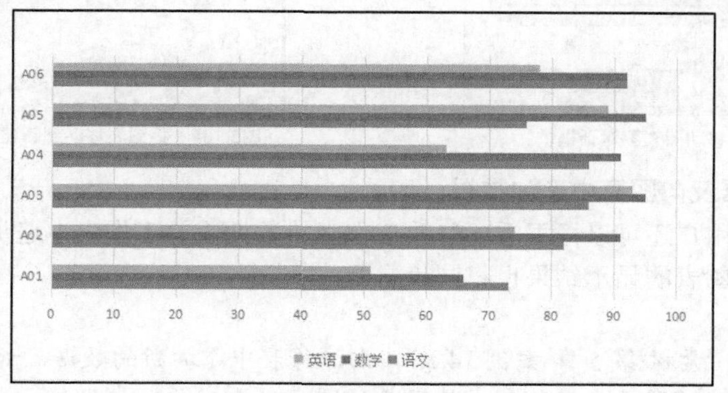

图5-100　条形图

3. 将图表恢复到【簇状柱形图】状态。

二、调整图表大小和位置

用户可以根据设计需要调整图表大小。默认的图表位置是在当前工作表的中间，用户可以根据设计需要将其放置在其他位置。

【操作要点】

1. 图表的边框上有 8 处大小调整标识，将鼠标指针移动到这些标识上，其形状将变为双向箭头，按住鼠标左键拖动图表至适当大小即可，如图 5-101 所示。

要点提示 选中图表，在【绘图工具】选项卡中输入图表宽度和高度值，如图 5-102 所示，可以精确地调整图表大小。将鼠标指针放在图表区 4 个角的任意一个控制点上，按住 Shift 键可以进行等比例缩放图表；放在 4 条边上时，可以水平或垂直缩放图表。

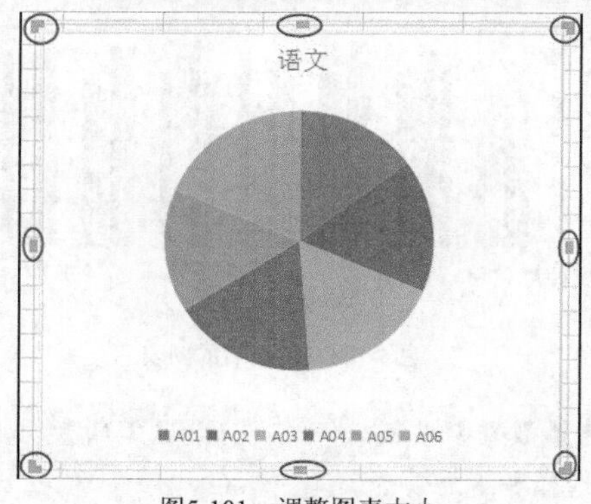

图5-101　调整图表大小

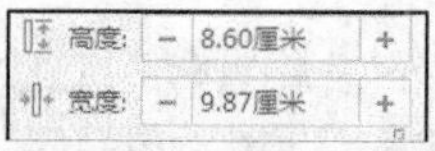

高度: 8.60厘米
宽度: 9.87厘米

图5-102　输入图表宽度和高度

2. 选中图表后，在【图表工具】选项卡中单击【移动图表】按钮，打开【移动图表】对话框，在当前工作簿中选中其他工作表名称，即可将其移动到该工作表中，如图 5-103 所示。
3. 如果在【移动图表】对话框选中【新工作表】单选项，然后输入工作表名，再单击确定按钮可以新建一个工作表，并将其移动到新建工作表中，如图 5-104 所示。

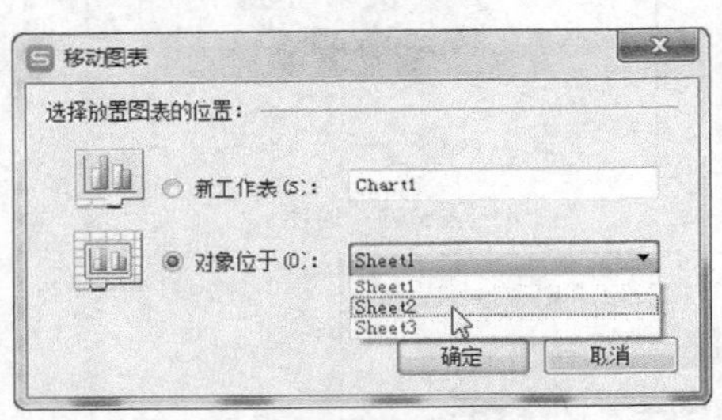

图5-103　【移动图表】对话框

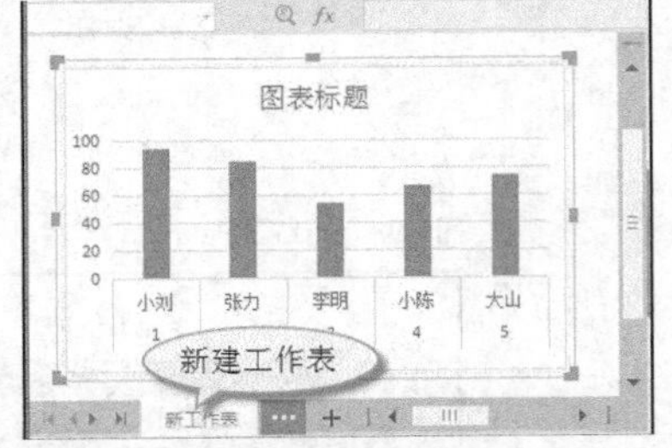

图5-104　将图表移动到新建工作表中

三、 修改数据及向图表中追加数据

创建图表后，用户还可以根据需要修改工作表的数据或向工作表中追加数据，一旦更新了工作表的数据，图表的显示结果也将同步更新。

【操作要点】

1. 打开素材文件“素材\第 5 章\案例 14.et”，向工作表中添加新的数据，如图 5-105 所示。
2. 选中前面刚创建的图表，工作表中将显示该图表对应的单元格区域，如图 5-106 所示。

	A	B	C	D	E
1			学生成绩表		
2	学号	语文	数学	英语	历史
3	A01	73	66	51	54
4	A02	82	91	74	76
5	A03	86	95	93	88
6	A04	86	91	63	90
7	A05	76	95	89	80
8	A06	92	92	78	78
9	A07	87	89	87	90
10					

图5-105　打开的工作表

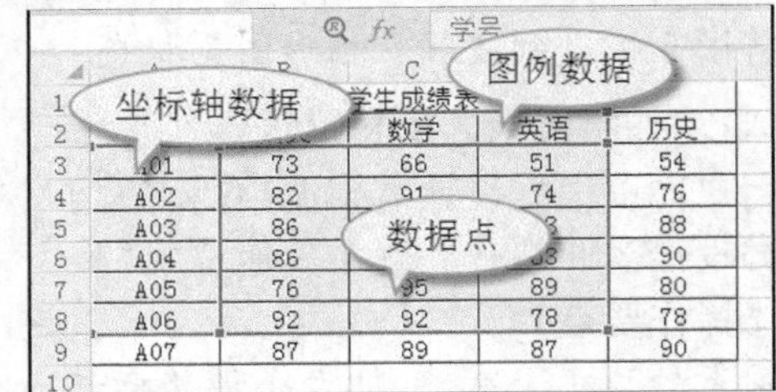

图5-106　显示图表对应的数据区域

3. 将鼠标指针移动到【数据点】数据右下角小方块标识上，指针变为双箭头后，拖动鼠标指针将其添加到数据图表单元格区域内，如图 5-107 所示。
4. 图表中的数据自动更新，结果如图 5-108 所示。

	A	B	C	D	E
1			学生成绩表		
2	学号	语文	数学	英语	历史
3	A01	73	66	51	54
4	A02	82	91	74	76
5	A03	86	95	93	88
6	A04	86	91	63	90
7	A05	76	95	89	80
8	A06	92	92	78	78
9	A07	87	89	87	90
10					

图5-107　向数据区域中添加数据

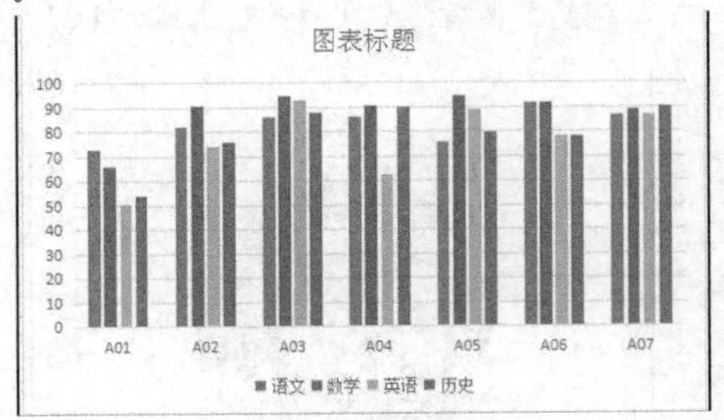

图5-108　更新后的图表

选中图表后，在【图表工具】选项卡中单击【选择数据】按钮，打开【编辑数据源】对话框，如图 5-109 所示，利用该对话框也可以选择和追加数据。

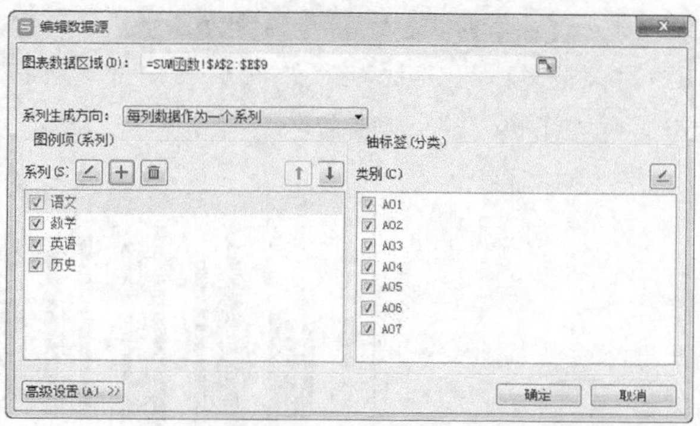

图5-109 【编辑数据源】对话框

修改图表中的数据操作比较简单，选中图表后，在工作表中激活对应的数据区域，修改选定的数据后，图表中的显示效果即时更新。对比图 5-110 和图 5-111，将 C4 单元格中的“249”修改为“356”，按Enter键后，图表中的数据立刻发生相应的变化。

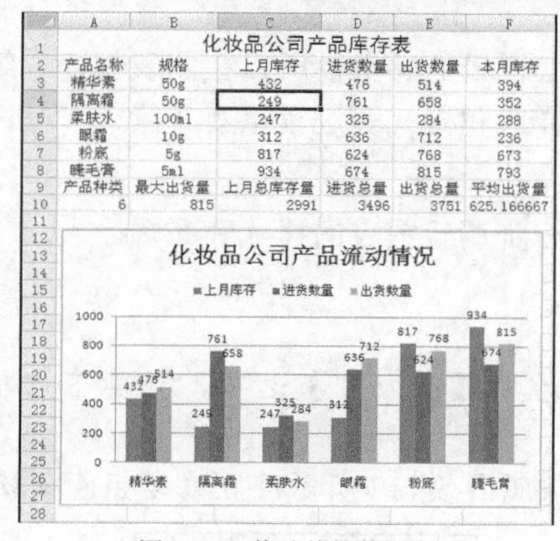

化妆品公司产品库存表

产品名称	规格	上月库存	进货数量	出货数量	本月库存
精华素	50g	432	476	514	394
隔离霜	50g	249	761	658	352
柔肤水	100ml	247	325	284	288
眼霜	10g	312	636	712	236
粉底	5g	817	624	768	673
睫毛膏	5ml	934	674	815	793
产品种类	最大出货量	上月总库存量	进货总量	出货总量	平均出货量
6	815	2991	3496	3751	625.166667

图5-110 修改前的数据表

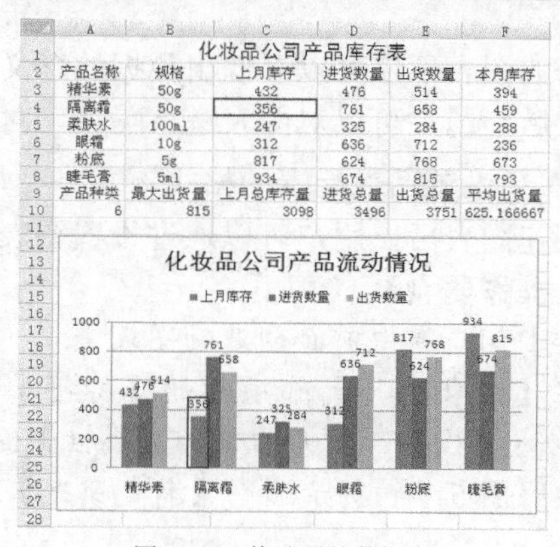

化妆品公司产品库存表

产品名称	规格	上月库存	进货数量	出货数量	本月库存
精华素	50g	432	476	514	394
隔离霜	50g	356	761	658	459
柔肤水	100ml	247	325	284	288
眼霜	10g	312	636	712	236
粉底	5g	817	624	768	673
睫毛膏	5ml	934	674	815	793
产品种类	最大出货量	上月总库存量	进货总量	出货总量	平均出货量
6	815	3098	3496	3751	625.166667

图5-111 修改后的数据表

四、 创建标题

图表中的标题包括图表标题、横向坐标轴标题和综合坐标轴标题等。

【操作要点】

1. 接上例。选中前面创建的图表。
2. 在【图表工具】选项卡的【标签】下拉列表中选取【图表标题】选项，如图 5-112 所示，图表标题文本框被激活。
3. 在【图表标题】文本框中输入标题名，结果如图 5-113 所示。

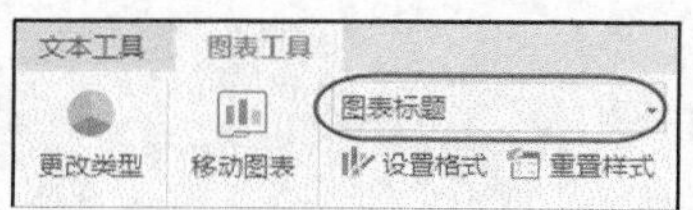

图5-112 选取工具

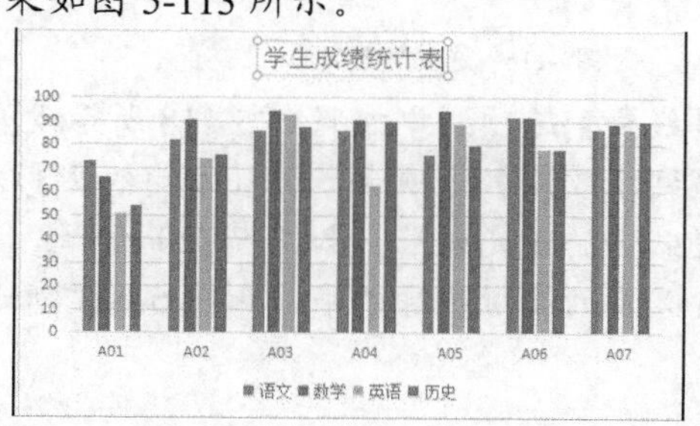

图5-113 添加标题域

在【图表工具】选项卡的【标签】下拉列表中选取其他选项，图表标题的相应区域被激活。例如，要删除图 5-113 中【语文】对应的柱状图，可在下拉列表中选取【系列“语文”】选项，如图 5-114 所示，然后按 Delete 键删除数据，结果如图 5-115 所示。

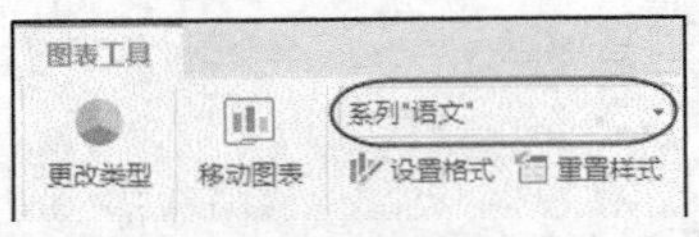

图5-114　选取工具

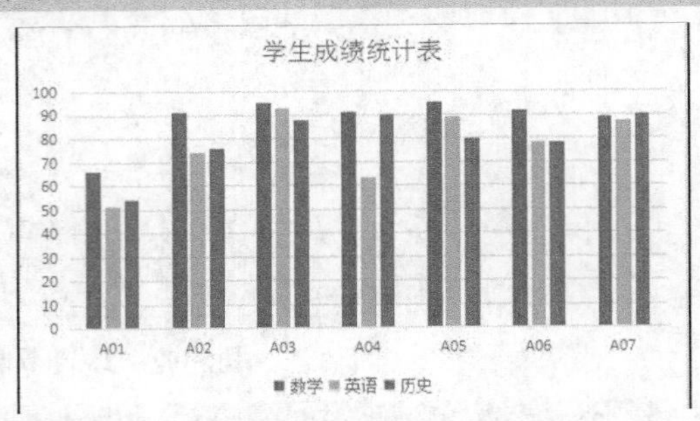

图5-115　删除数据后的图表

5.3.5　美化图表

好的图表不仅可以展现出数据的含义，还给人赏心悦目的感觉，所以在图表创建、编辑完成之后，用户可以对图表进行美化，对它的布局、样式和格式等进行重新布置。

一、　设置图表元素的格式

创建图表后，用户可以通过设置图表元素格式进一步调整图表的样式和布局。

【操作要点】

1. 接上例。选中前面创建的图表。
2. 在【图表工具】选项卡的【标签】下拉列表中选取【图表区】选项，在其下方单击 设置格式 按钮，打开右侧的【属性】面板。
3. 按照图 5-116 所示选中【渐变填充】单选项，再按照图 5-117 所示设置填充颜色参数。

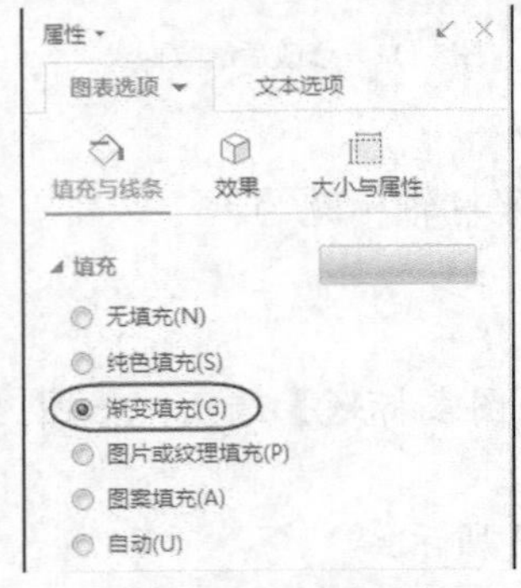

图5-116　选取渐变填充

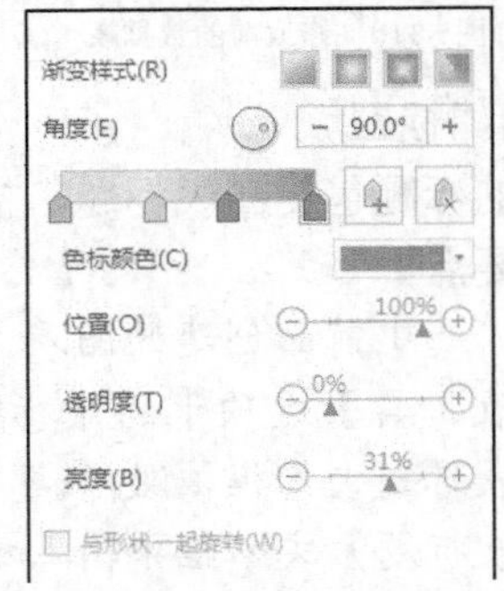

图5-117　设置填充参数

4. 在【线条】选项组中按照图 5-118 所示设置图表边框颜色。
5. 切换到【效果】选项卡，设置必要的阴影效果，如图 5-119 所示。
6. 设置必要的发光效果，如图 5-120 所示。
7. 设置必要的柔滑边缘效果，如图 5-121 所示。

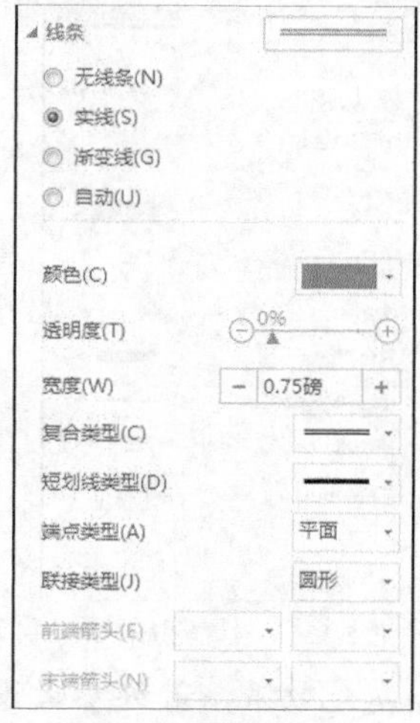

图5-118　设置边框颜色

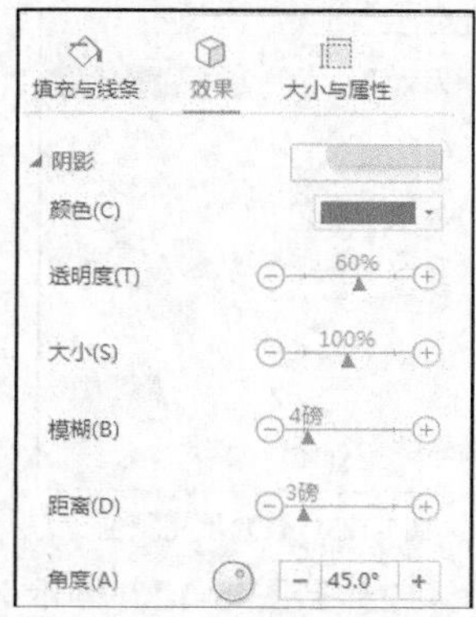

图5-119　设置阴影效果

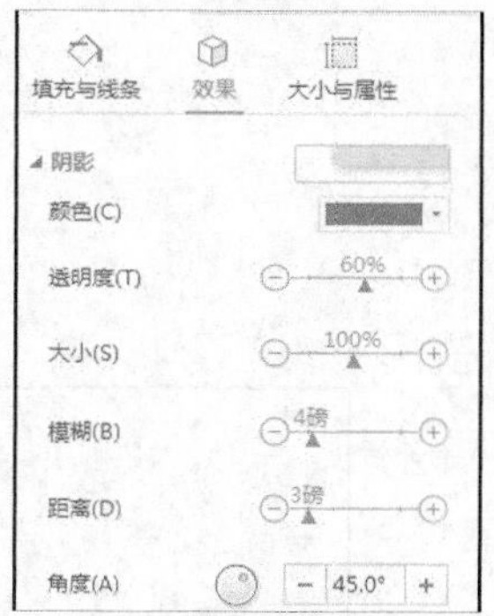

图5-120　设置发光效果

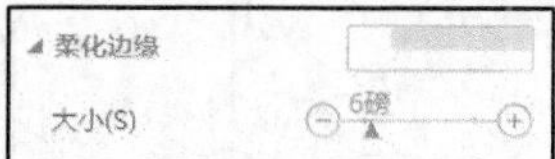

图5-121　设置柔滑边缘效果

完成以上设置的最终效果如图 5-122 所示。

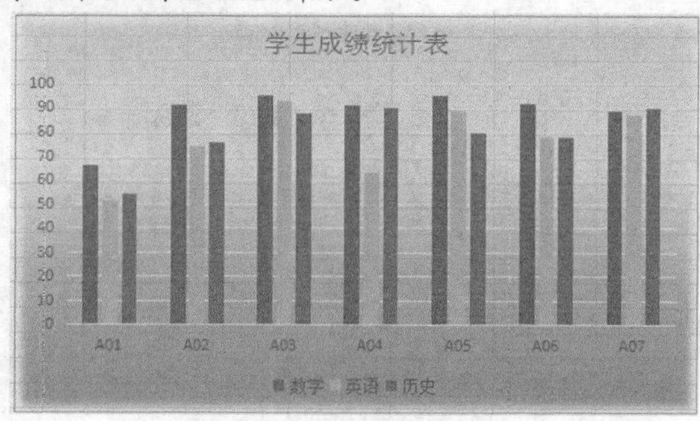

图5-122　设置效果后的图表

二、 设置文本格式

为了美化图表，用户还可以设置图表中文字的格式。

【操作要点】

1. 选中图表，单击 设置格式 按钮打开右侧的【属性】面板，选中【文本选项】选项卡，按照图 5-123 所示为文本设置填充颜色。
2. 按照图 5-124 所示为文本设置轮廓样式。

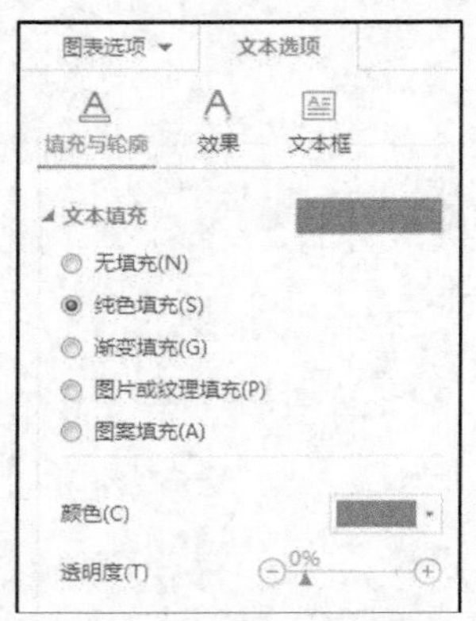

图5-123　设置填充颜色

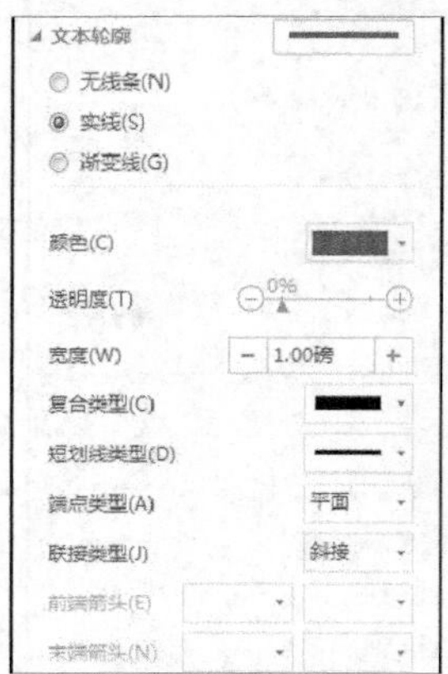

图5-124　设置轮廓样式

3.　按照图 5-125 至图 5-127 所示为文字设置阴影、倒影和发光效果，最终参考设计结果如图 5-128 所示。

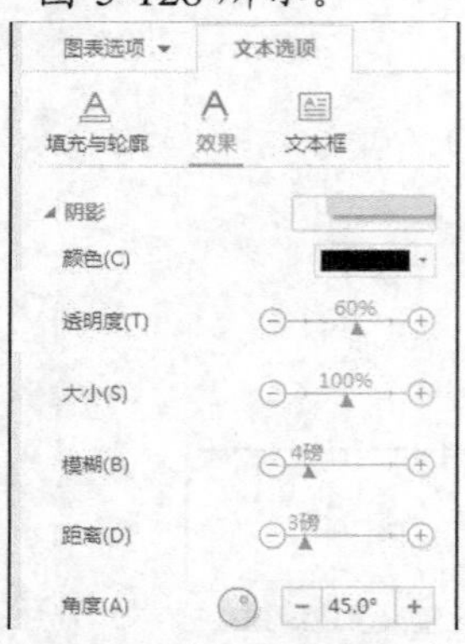

图5-125　设置阴影效果

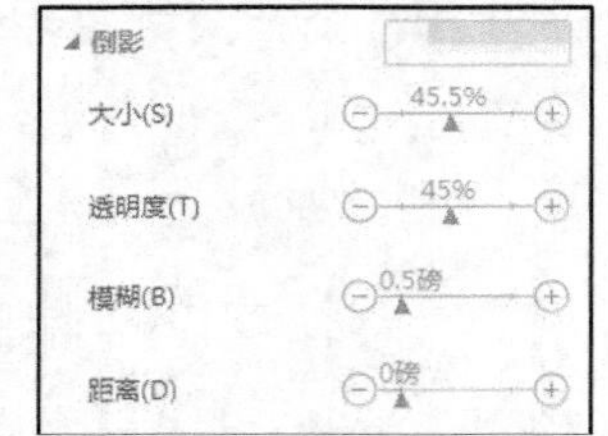

图5-126　设置倒影效果

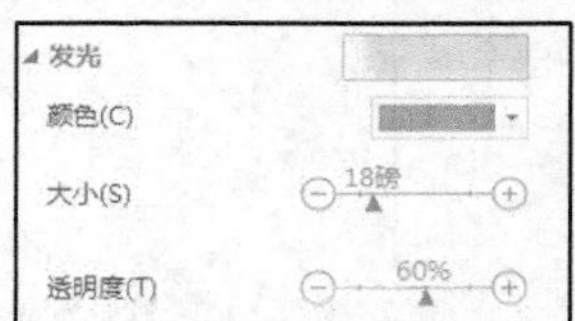

图5-127　设置发光效果

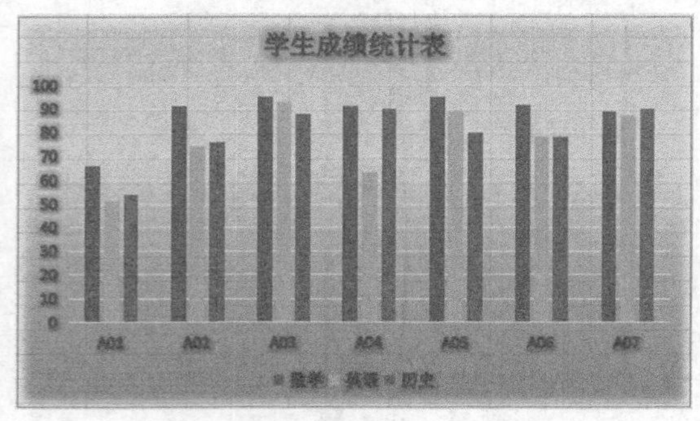

图5-128　最后设计结果

三、　添加元素

用户可以为创建的图表添加轴标题和趋势线等，趋势线主要用来显示某个数据系列的变化趋势，以帮助用户直观地了解数据变化的情况。

【操作要点】

1.　选中图表，在设计界面左上角单击　（添加元素）按钮，在弹出的下拉列表中选取【轴标题】/【主要横向坐标轴】选项，如图 5-129 所示。按照图 5-130 所示为横向坐标轴添加标题。

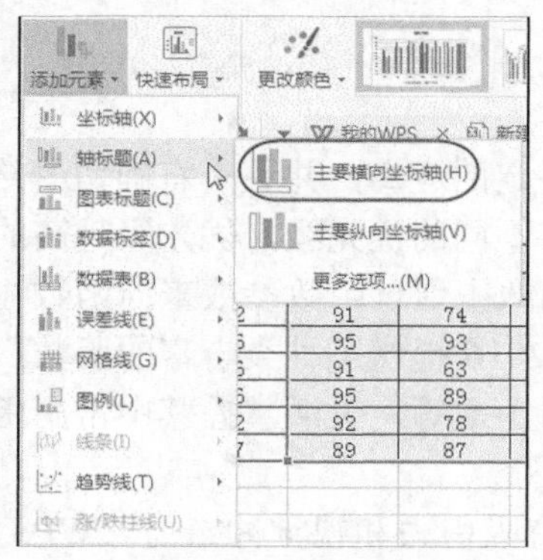

图5-129 添加元素

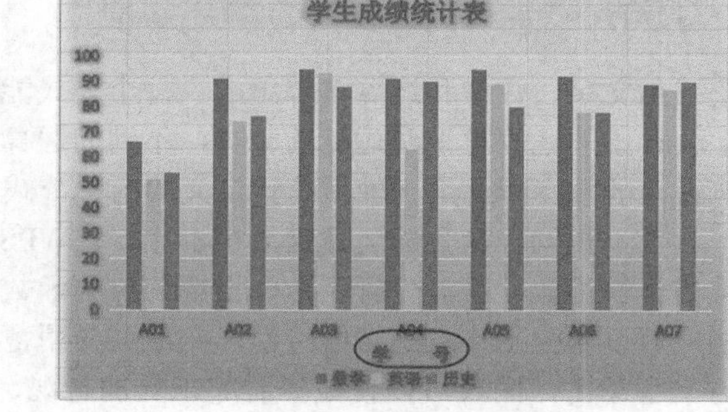

图5-130 添加横向标题

2. 选中图表，在设计界面左上角单击 （添加元素）按钮，在弹出的下拉列表中选取【轴标题】/【主要纵向坐标轴】选项，如图 5-131 所示，按照图 5-132 所示为纵向坐标轴添加标题。

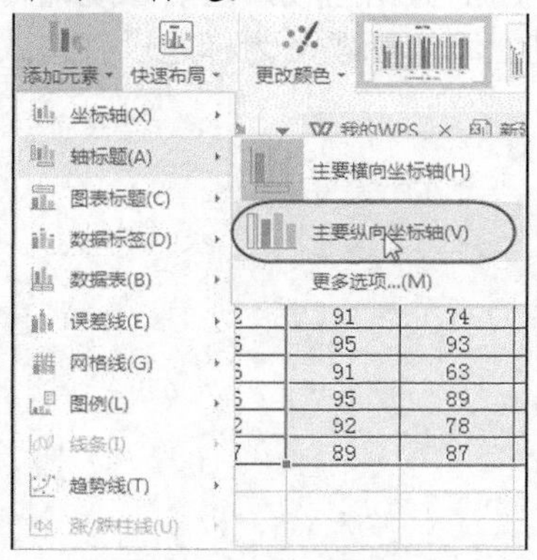

图5-131 选取参数

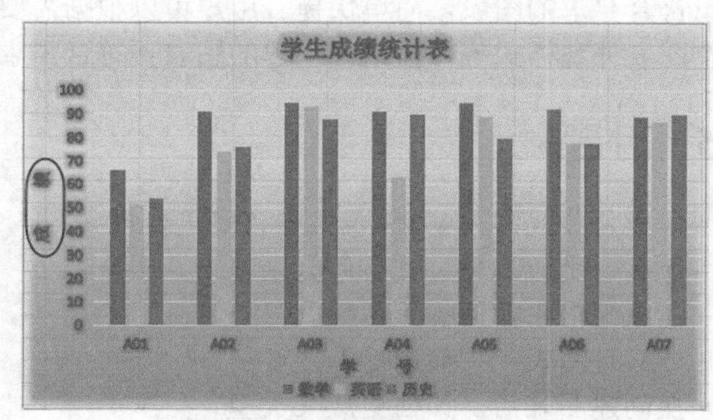

图5-132 添加纵向标题

3. 选中图表，在设计界面左上角单击 （添加元素）按钮，在弹出的下拉列表中选取【趋势线】/【线性】选项，在弹出的【添加趋势线】对话框中选取要创建变化趋势线的项目，如图 5-133 所示，最后创建的趋势线如图 5-134 所示。

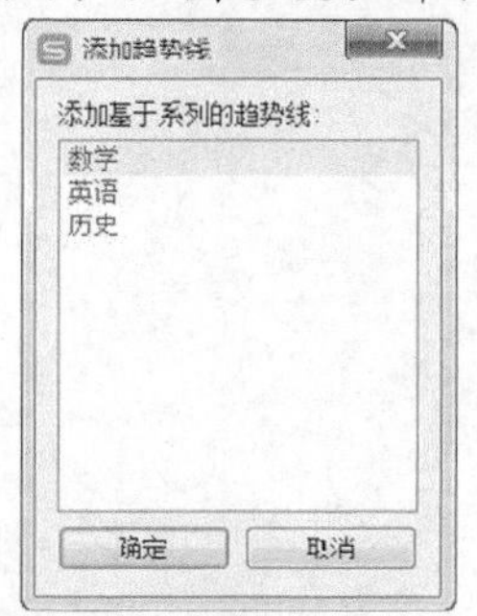

图5-133 【添加趋势线】对话框

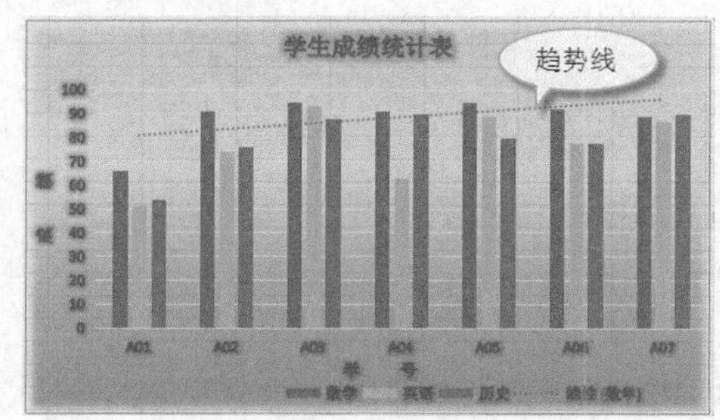

图5-134 添加趋势线

如果要删除趋势线，可以单击 （添加元素）按钮，在弹出的下拉列表中选取【趋势线】/【无】选项。

5.4 小结

公式由文字、数值和运算符等组成，每个公式能实现特定的运算，并且具有确切的结果数值。公式中的运算符说明运算的种类，不同的运算符具有不同的优先级，优先级越高的运算先执行。函数实际上是一种系统预定义的内置公式，在函数中通过函数参数来向函数输送数据，参数不相同，函数的运算结果也不相同。WPS 表格 2016 提供了种类丰富的函数，主要有数值计算函数、统计分析函数、日期与时间函数、逻辑函数等，灵活掌握其中常用函数的用法，可以增强工作表的智能特性，拓展其应用范围。

与文字相比，图表可以使数据看起来更加直观，更具有吸引力和视觉冲击力。WPS 表格 2016 可以建立具有专业外观的图表，通过图表可以清楚地显示数据的变化规律，并能对比数据在量上的区别，快速预测数据的变化趋势。WPS 表格提供了 10 余种标准类型和多个自定义类型的图表，如柱形图、条形图、折线图及饼图等，用户在设计时可以根据需要选择。在创建图表前，首先需要在数据表中选定创建图表所使用的数据区域，之后系统即可创建出符合要求的图表，简单快捷。用户可以根据需要在图表上添加标题、为标题设置格式、调整图表外观样式等，使最终创建的图表更符合需求。

5.5 习题

1. 什么是公式，在 WPS 表格中有何重要意义？
2. 什么是函数，与公式有何区别？
3. 在单元格中如何插入函数？
4. 什么是图表，有何用途？
5. 在创建图表后，如何更改其类型？

第6章 使用 WPS 表格 2016 创建图形和数据管理

【学习目标】

- 掌握在工作表中插入图形的方法和技巧。
- 掌握导入外部数据的方法和技巧。
- 掌握各种数据排序方法的使用技巧。
- 明确数据筛选的含义与用法。
- 明确数据汇总和分级显示的含义与用法。
- 掌握对给定数据按照要求创建和编辑数据透视表的方法。
- 掌握根据数据透视表创建数据透视图的方法。

WPS 表格 2016 具有强大的数据管理功能，它不但能处理简单的数据表格，还能处理复杂的数据库，可以对数据库中的数据进行排序、筛选、汇总及分析显示等操作。通过数据的分类汇总可以对数据进行归类和比较，这种方法对于大型数据库来说，执行效率非常低，而数据透视表可以满足对大量数据快速处理的需求。

6.1 创建图形

在工作表中除了能创建和编辑图表外，还可以绘制各种漂亮的图形，或者插入图形文件和艺术字，使工作表更加美观。

6.1.1 绘制线条

线条是组成图形的最基本要素，主要包括直线、带箭头的直线及曲线 3 种形式。

【操作要点】

1. 打开一个工作表。
2. 在【插入】选项卡的【插图】工具组中单击【形状】按钮，打开下拉列表，这里包含了能够插入到工作表中的各种图形，如图 6-1 所示。
3. 在【线条】区域选取需要的线条类型，此时鼠标指针变为十字形，在工作表中的适当位置单击鼠标左键即可插入线条，如图 6-2 所示。
4. 单击线条，当鼠标指针为图 6-3 所示的形状时，按住鼠标左键拖动鼠标指针可以移动线条的位置，按 Delete 键可以删除图形。

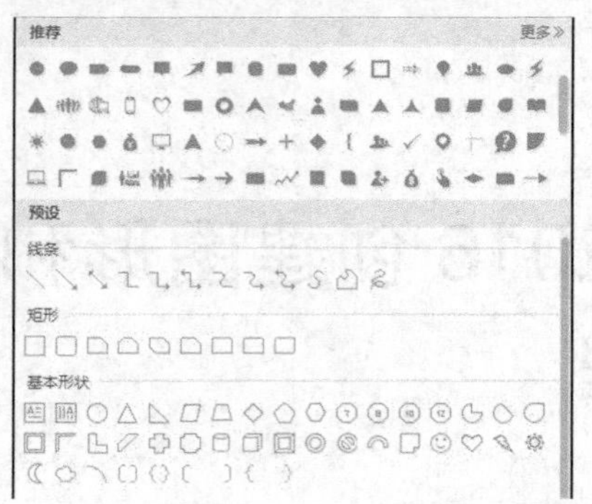

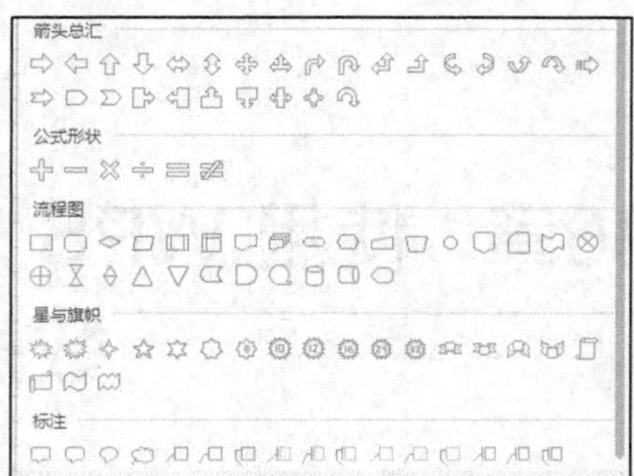

图6-1　插入工作表中的各种形状

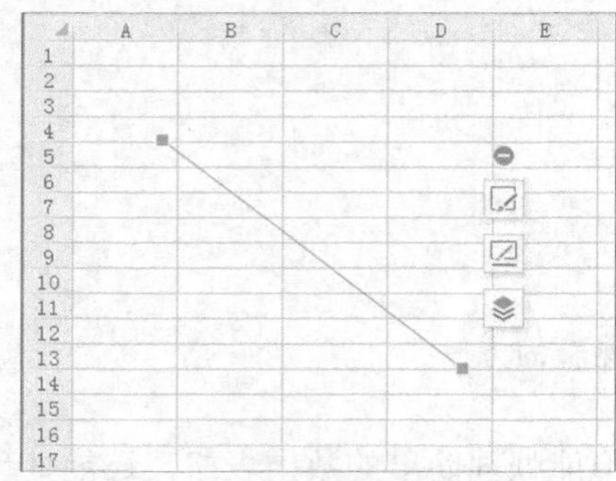

图6-2　绘制线条

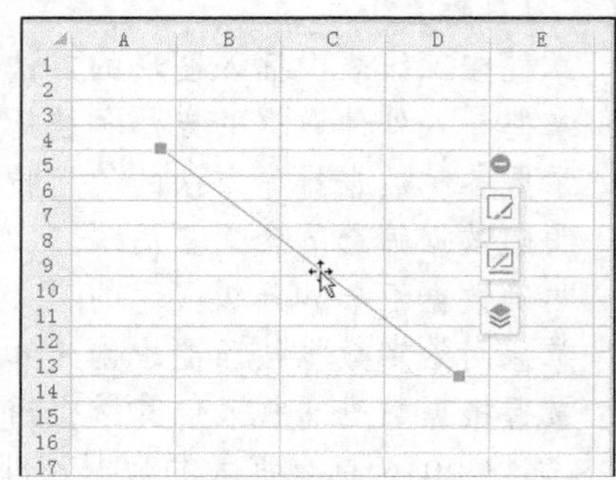

图6-3　移动线条位置

5. 将鼠标指针移动到两个端点处，待形状变为图 6-4 所示时，可以按住鼠标左键拖动鼠标指针调整线条的长度。
6. 使用【线条】区域中的其他线条工具可以绘制其他图形，如图 6-5 所示。

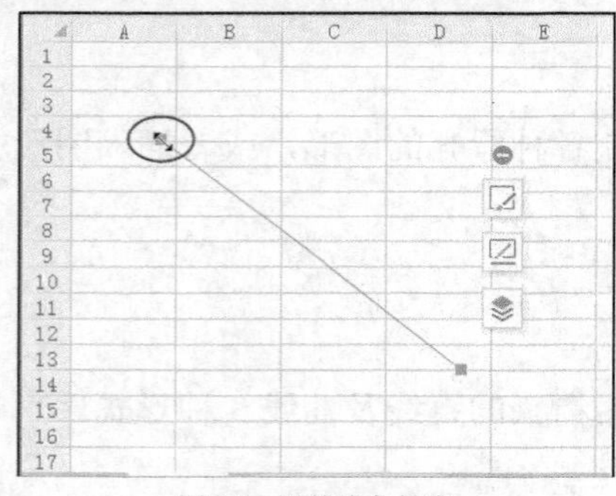

图6-4　调整线条长度

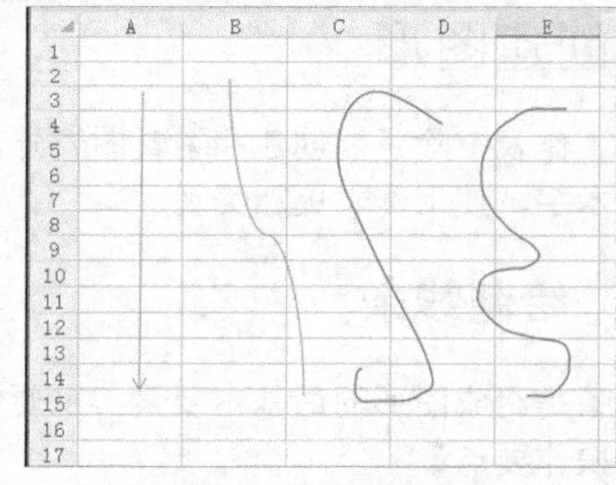

图6-5　绘制其他线条

图 6-5 中的最后一个为自由曲线，在【线条】区域选中工具后，单击鼠标左键确定曲线的起点，拖动鼠标指针完成曲线绘制。

6.1.2　绘制基本图形

在工作表中可以绘制椭圆、矩形及多边形等基本图形。

【操作要点】

1. 打开一个工作表。
2. 在【插入】选项卡的【插图】工具组中单击【形状】按钮，打开下拉列表。

3. 在【基本形状】区域选取需要的形状类型，此时鼠标指针变为十字形，在工作表中的适当位置单击鼠标左键即可插入选定的图形（以正六边形为例），如图 6-6 所示。
4. 图中的黄色圆圈为旋转中心，按住该圆圈拖动鼠标指针可旋转图形，如图 6-7 所示。

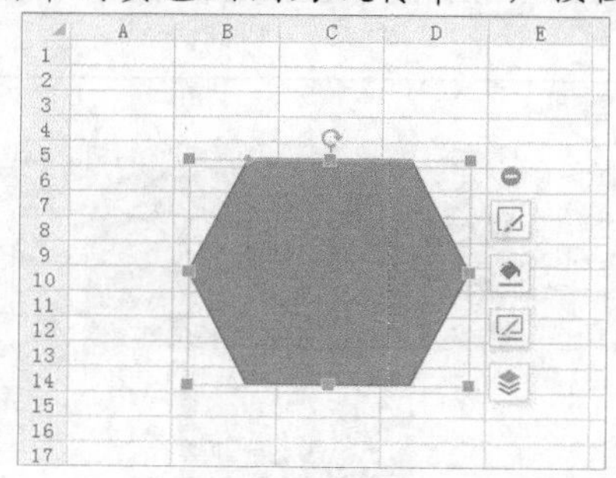

图6-6 绘制正六边形

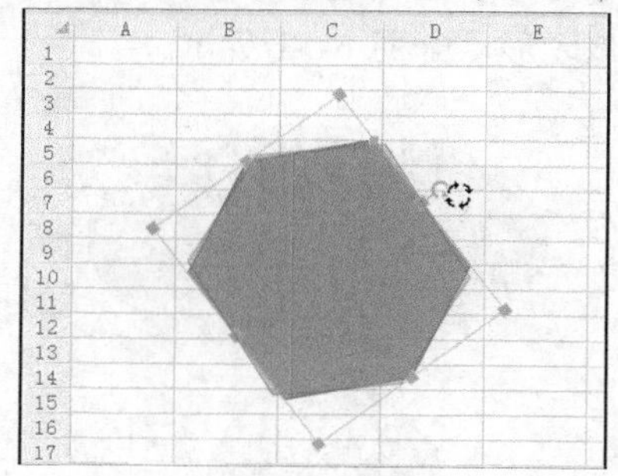

图6-7 旋转图形

5. 旋转图形后，其周围出现方形控制框，将鼠标指针移动到阴影区，当其变为图 6-8 所示的形状时，按住鼠标左键拖动鼠标指针可以移动线条的位置。
6. 将鼠标指针移动到图形外边框上的各控制点处，待其形状变为图 6-9 所示时，按住鼠标左键拖动鼠标指针可调整图形的大小。

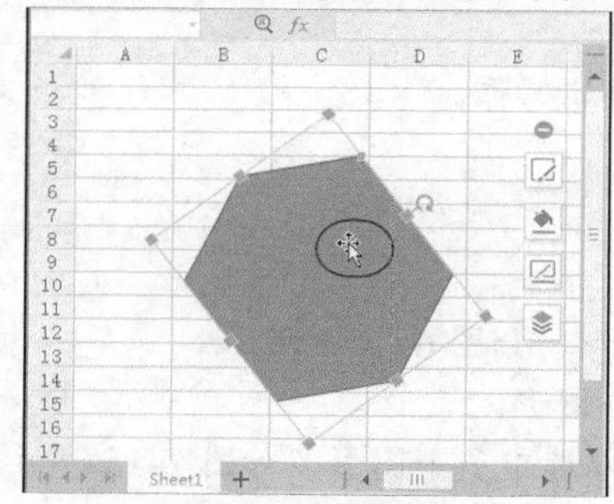

图6-8 移动图形位置

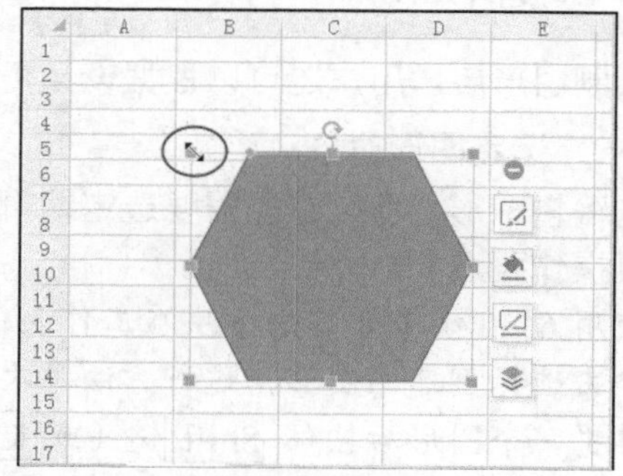

图6-9 调整图形大小

拖动控制框四角的控制点可以同时在长宽两个方向放大或缩小图形，而拖动控制框中部的控制点只能在长或宽一个方向上放大或缩小图形。

7. 将鼠标指针放在黄色控制点上，拖动鼠标指针，可以在控制框范围内缩放图形，最大能将六边形放大为一个矩形，如图 6-10 所示。
8. 在【基本形状】区域选取 绘制椭圆，如图 6-11 所示。

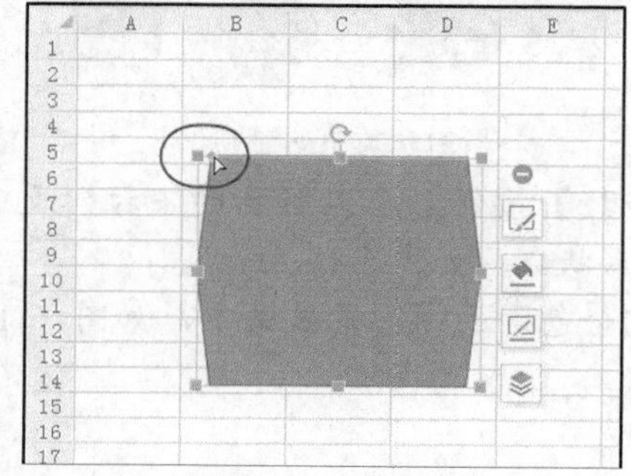

图6-10 调整图形形状

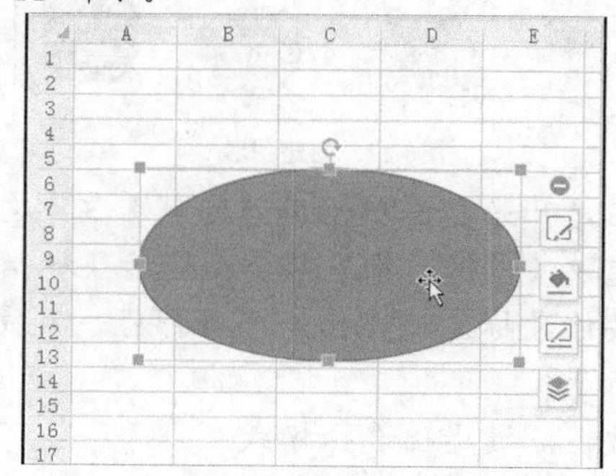

图6-11 绘制椭圆

9.　继续在【基本形状】区域选取形状，按住 Shift 键单击鼠标左键绘制圆，如图 6-12 所示。

10.　在【矩形】区域选取形状可以绘制各种矩形，按住 Shift 键单击鼠标左键可以绘制出正方形，如图 6-13 所示。

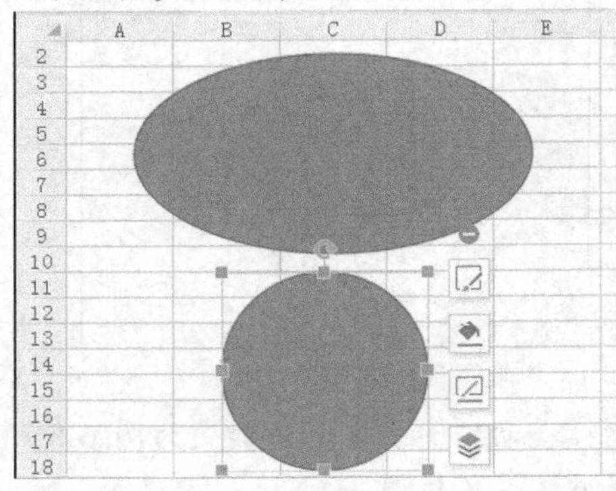

图6-12　绘制圆

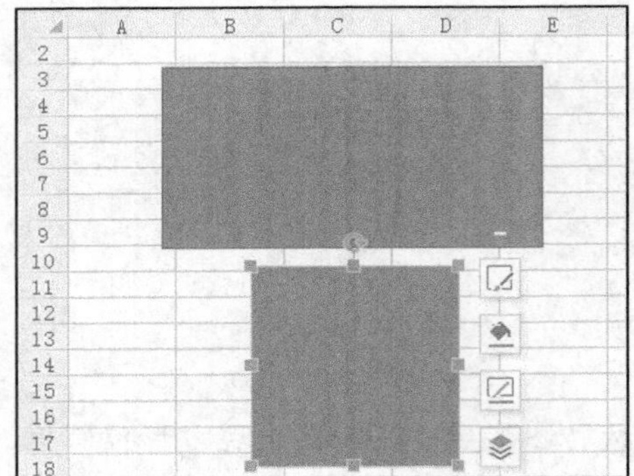

图6-13　绘制正方形

6.1.3　编辑图形

绘制图形后，用户还可以根据设计需要对其进行编辑操作。

一、　选定图形对象

在编辑图形之前，首先需要选定编辑的图形对象。

【操作要点】

1.　使用 6.1.2 小节介绍的方法在工作表中创建一组图形，如图 6-14 所示。
2.　单击选择创建的图形，这种方法每次只能选中一个图形。
3.　单击一个图形后按住 Shift 键（或 Ctrl 键），可以选中多个图形，如图 6-15 所示。在工作表的空白处单击鼠标左键，可取消选择。

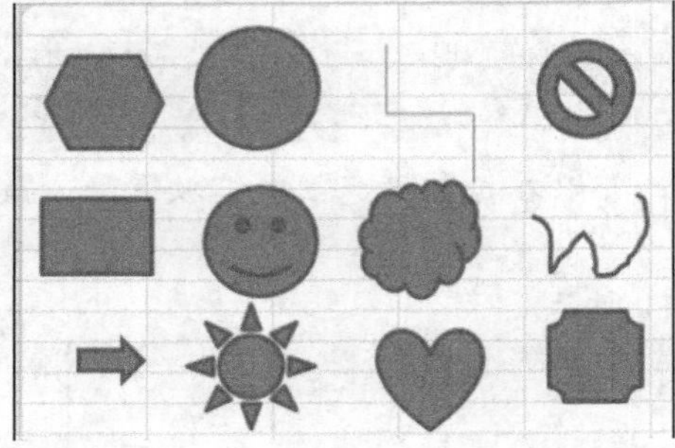

图6-14　创建图形

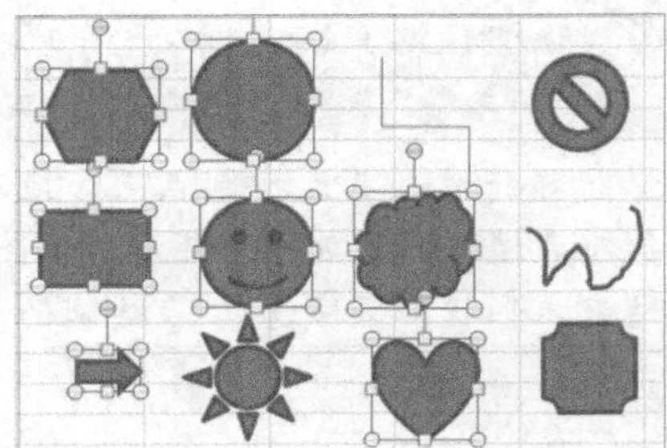

图6-15　选中多个图形

4.　在【开始】选项卡的【编辑】工具组中单击【查找】按钮，在弹出的下拉列表中选取【选择对象】命令，随后鼠标指针变为箭头形状，如图 6-16 所示。
5.　按住鼠标左键拖出一个矩形框，凡是被矩形框完全包围的图形均被选中，如图 6-17 所示。
6.　按 Esc 键退出选择模式。

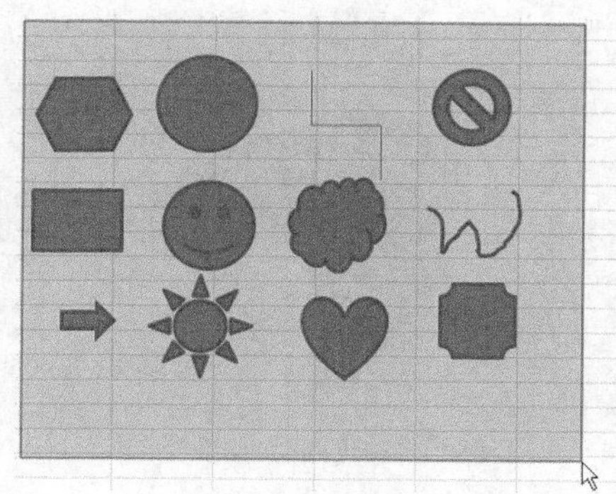
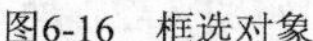

图6-16　框选对象

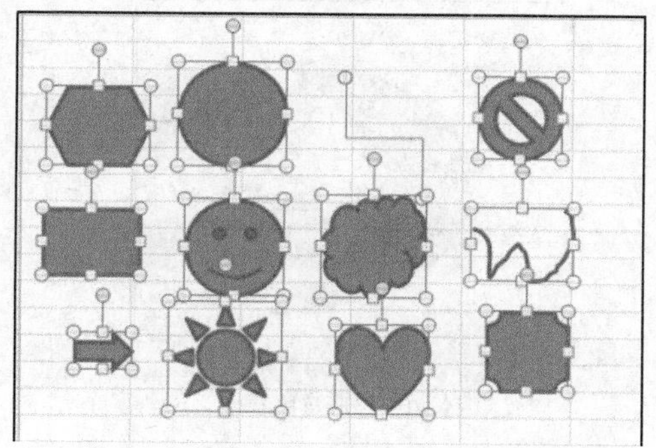

图6-17　选中多个图形

二、 复制和移动图形

图形对象与单元格中的内容一样，可以复制和移动。

【操作要点】

1. 使用 6.1.2 小节介绍的方法在工作表中创建一个圆形，并将其选定。
2. 在【开始】选项卡的【剪贴板】工具组中单击【复制】按钮。
3. 在工作表中选中要粘贴图形的位置，然后在【剪贴板】工具组中单击【粘贴】按钮粘贴图形，如图 6-18 所示。
4. 如果对粘贴位置不满意，可以按住鼠标左键拖动图形位置，或者利用键盘上的方向键移动图形，如图 6-19 所示。

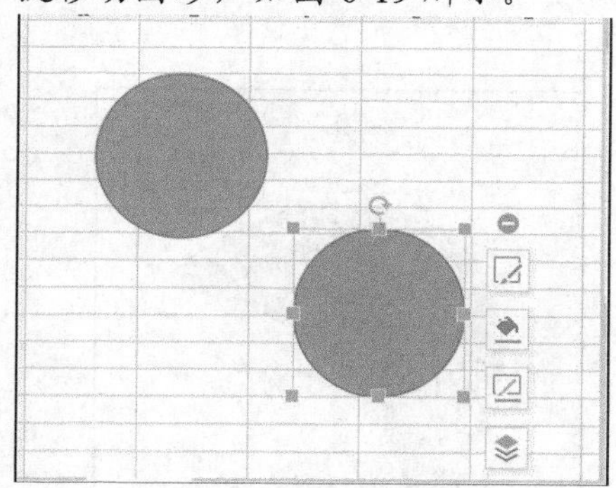

图6-18　复制图形

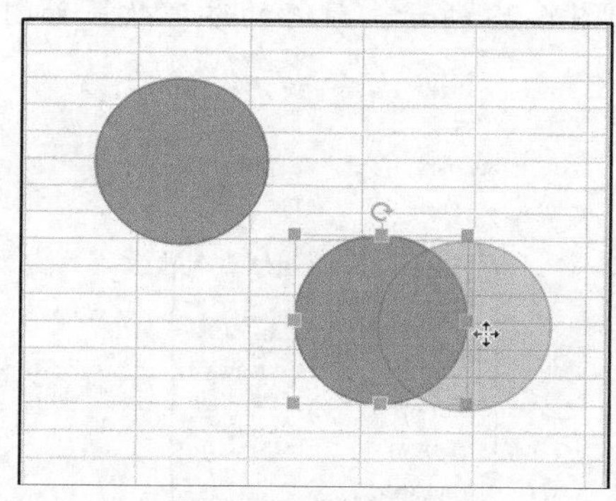

图6-19　移动图形位置

要点提示　选中复制的图形后，在其上单击鼠标右键，在弹出的快捷菜单中选取【复制】命令，选中图形的粘贴位置后，单击鼠标右键，在弹出的快捷菜单中选取【粘贴】命令即可快速完成图形的复制操作。

三、 旋转和缩放图形

前面介绍图形的创建方法时，已经简要介绍了使用鼠标对图形进行缩放和旋转的基本方法。除此之外，用户还可以使用属性设置来进行旋转和缩放操作。

【操作要点】

1. 使用 6.1.2 小节介绍的方法用【基本形状】工具组中的工具创建一个月牙图形，并将其选定。
2. 按照图 6-20 所示的控制点对图形进行旋转和缩放操作，结果如图 6-21 所示。

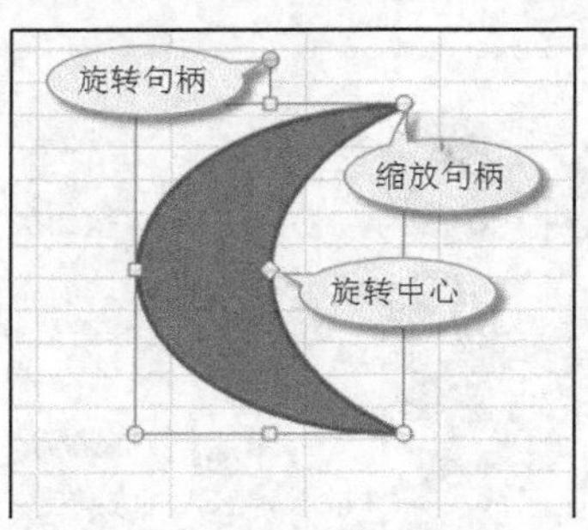

图6-20　图形及控制点

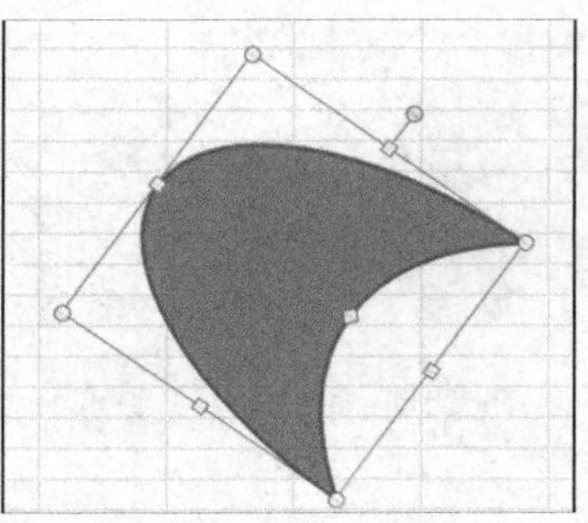

图6-21　旋转和缩放结果

3. 此时，【绘图工具】选项卡和【文本工具】选项卡被激活，如图 6-22 所示。

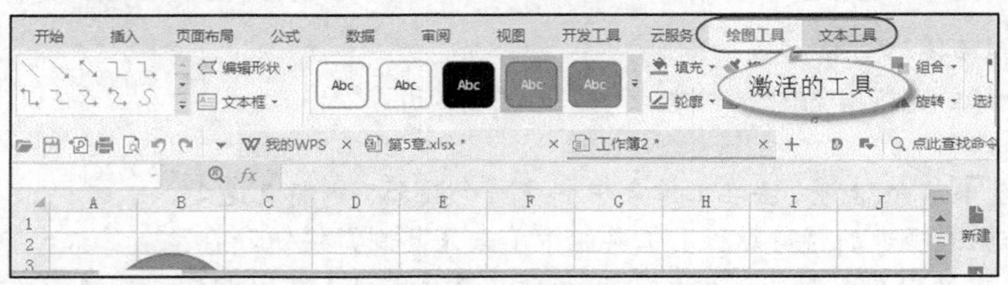

图6-22　选项卡被激活

4. 在【绘图工具】选项卡中单击【高度和宽度】工具组右下角的 按钮，在右侧打开【属性】面板，在此面板中可以设置图形大小、旋转角度，也可以设置缩放比例，如图 6-23 所示。最终的参考效果如图 6-24 所示。

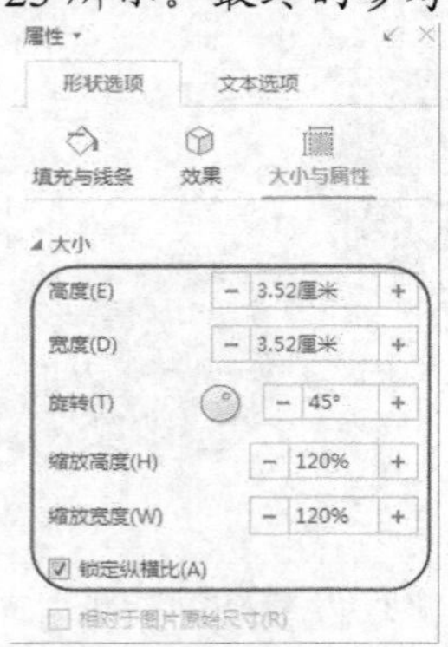

图6-23　【属性】面板

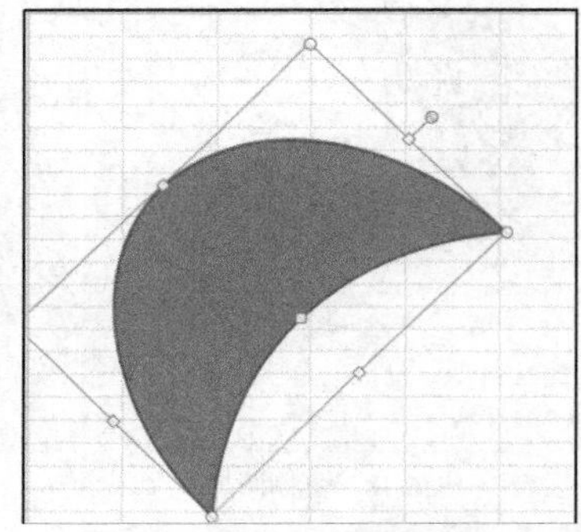

图6-24　修改属性后的结果

四、 设置图形的叠放顺序、对齐图形和组合图形

在工作表中如果多个图形重叠在一起，图形之间会彼此覆盖，用户可以根据需要设置这些图形的叠放顺序，以决定哪个图形放置在其他图形的上面。

将图形重叠在一起时，用户还可以设置图形的对齐方式。经过层叠和对齐的图形，可以通过组合方式将其组合为一个图形。

【操作要点】

1. 绘制相互重叠的 3 个图形：六边形最下，矩形居中，圆最上，如图 6-25 所示。
2. 选中圆，在【绘图工具】选项卡中单击 下移一层 按钮右侧的下拉按钮，在弹出的下拉列表中选取【置于底层】命令，将其置于最下层，如图 6-26 所示。

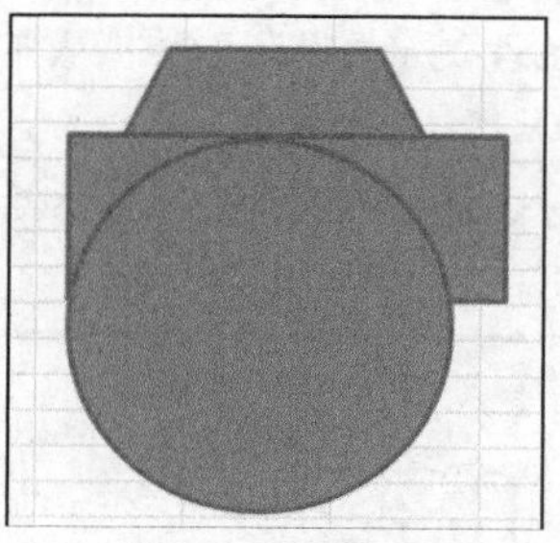

图6-25　创建图形

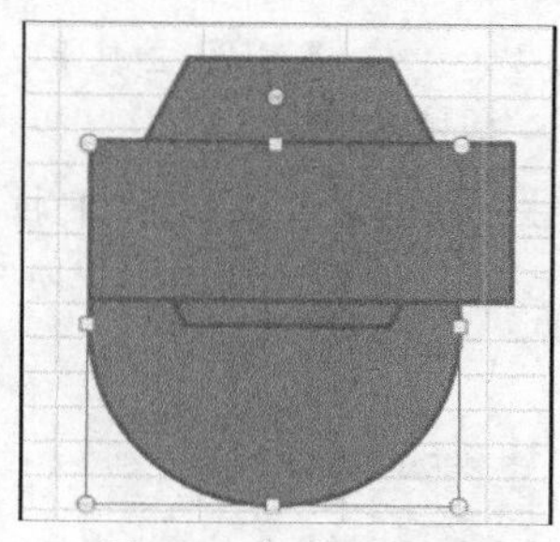

图6-26　将圆置于底层

3. 选中六边形，在【绘图工具】选项卡中单击 上移一层 按钮（注意不是下拉按钮），将其置于顶层，如图 6-27 所示。
4. 选中全部图形，在【绘图工具】选项卡中单击（对齐）按钮，打开下拉列表，选取【水平居中】命令，然后选取【垂直居中】命令，将 3 个图形在水平和垂直两个方向上均对齐，结果如图 6-28 所示。

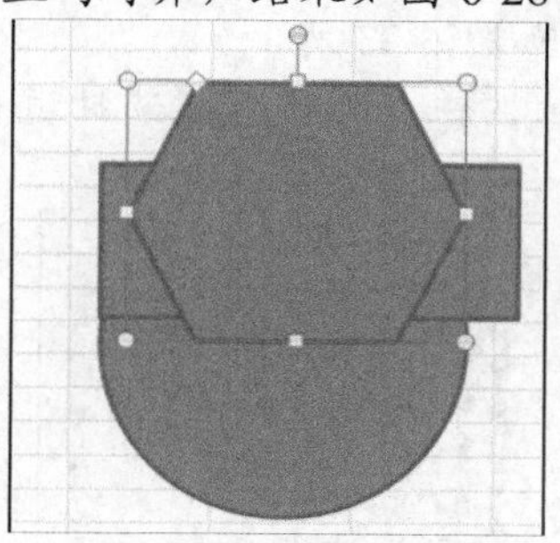

图6-27　将六边形上移一层

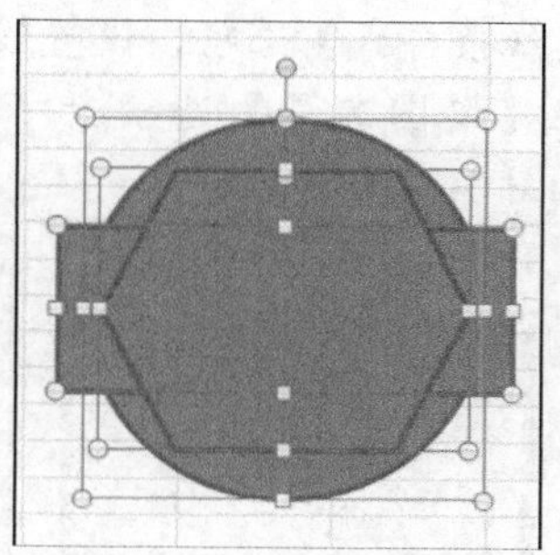

图6-28　对齐图形

5. 确保选中对齐后的 3 个图形，在【绘图工具】选项卡中单击 组合 按钮，在弹出的下拉列表中选取【组合】命令，实现组合操作，如图 6-29 所示。

   组合后的图形是一个整体，可以对其进行整体移动、旋转和缩放等操作，如图 6-30 所示。

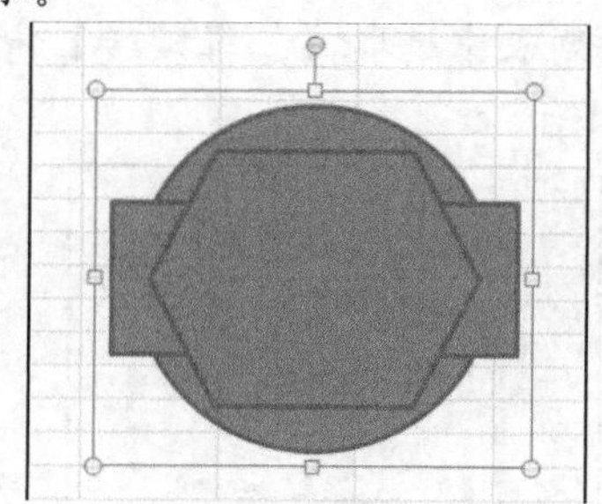

图6-29　组合图形

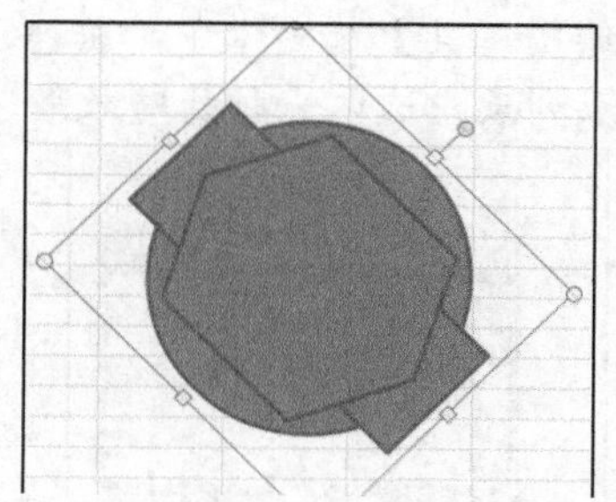

图6-30　对组合结果进行旋转

五、 设置图形效果

创建图形后，用户还可以对其设置填充颜色、修改边框、设置阴影及设置三维效果等操作，使图形更美观，更有视觉吸引力。

【操作要点】

1. 在【插入】选项卡中单击（形状）按钮，使用【星与旗帜】工具组中的工具创建一个横卷形图案，如图 6-31 所示。

2. 选中该图案，在【绘图工具】选项卡中单击 填充 按钮右侧的下拉按钮，从下拉列表中选择一种填充颜色。
3. 再次单击 填充 按钮右侧的下拉按钮，在下拉列表中选取【渐变】命令，然后选取一种渐变方式，效果如图 6-32 所示。

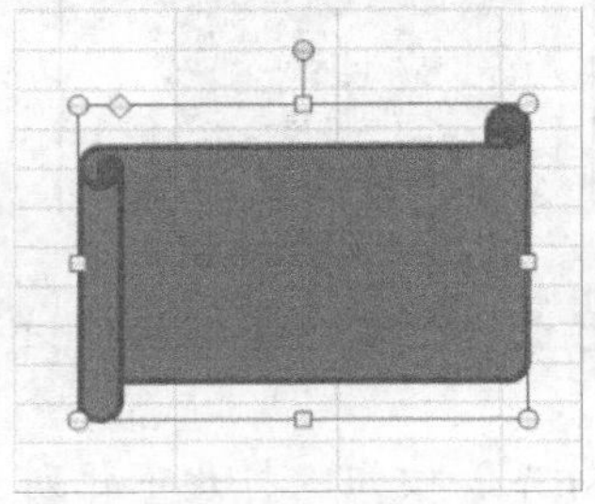

图6-31 创建横卷形

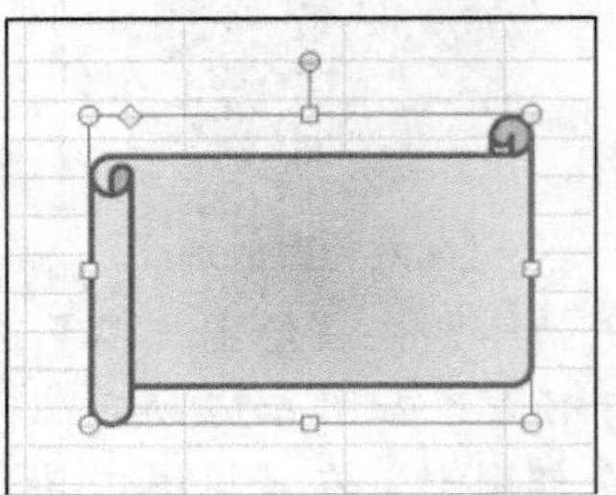

图6-32 图形填充效果

4. 确保选中图形，在【绘图工具】选项卡中单击 轮廓 右侧的下拉按钮，从下拉列表中选取【线条样式】选项，设置线的粗细为 3 磅，结果如图 6-33 所示。
5. 继续在【绘图工具】选项卡中单击 轮廓 右侧的下拉按钮，为边框线选择适当的颜色，如图 6-34 所示。

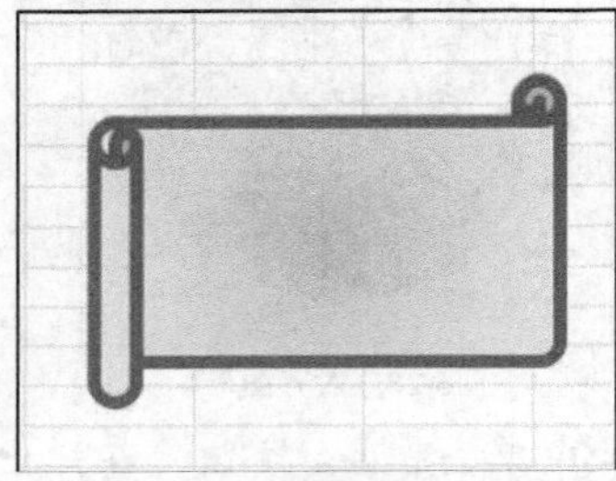

图6-33 修改边框线宽

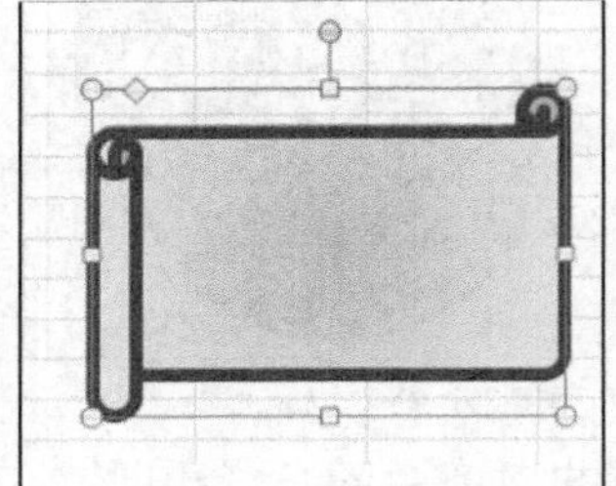

图6-34 设置边框颜色

6. 确保选中图形，在【绘图工具】选项卡中单击 形状效果 按钮，从下拉列表中选取【阴影】命令，然后选取一种阴影类型，结果如图 6-35 所示。
7. 在【绘图工具】选项卡中单击 形状效果 按钮，从下拉列表中选取【三维旋转】命令，从下层列表中选取一种旋转效果，结果如图 6-36 所示。

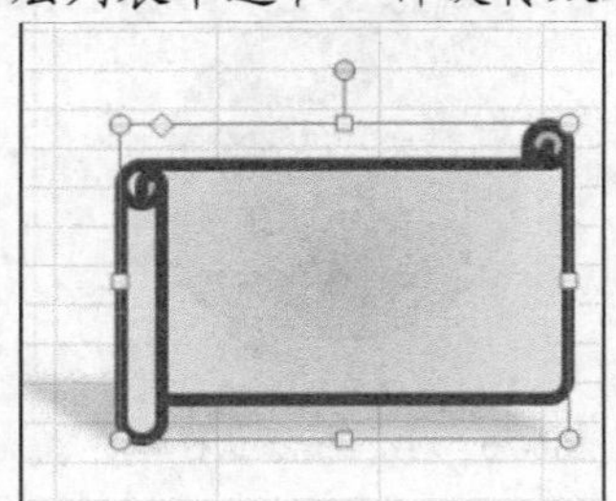

图6-35 创建阴影效果

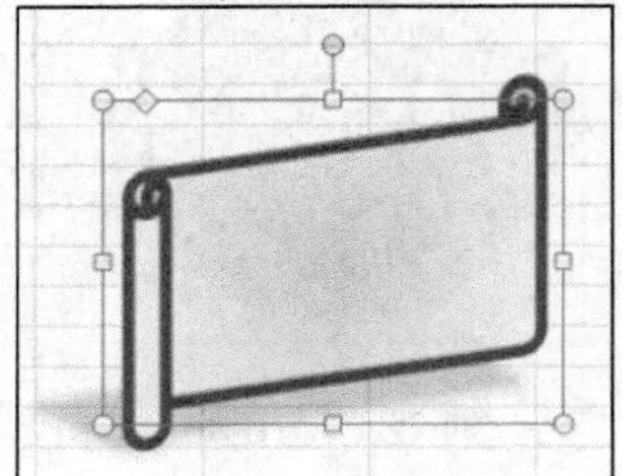

图6-36 创建三维旋转效果

6.1.4 在工作表中插入图形

在 WPS 表格 2016 中，除了可以插入图形对象外，还可以从其他应用程序或外部设备中插入剪贴画或图片等对象。

一、 在工作表中插入剪贴画

在工作表中可以根据需要插入剪贴画。

【操作要点】

1. 打开工作表。
2. 在【插入】选项卡中单击（图片）按钮，打开【插入图片】对话框。使用浏览方式打开要插入图片所在的位置，如图 6-37 所示。

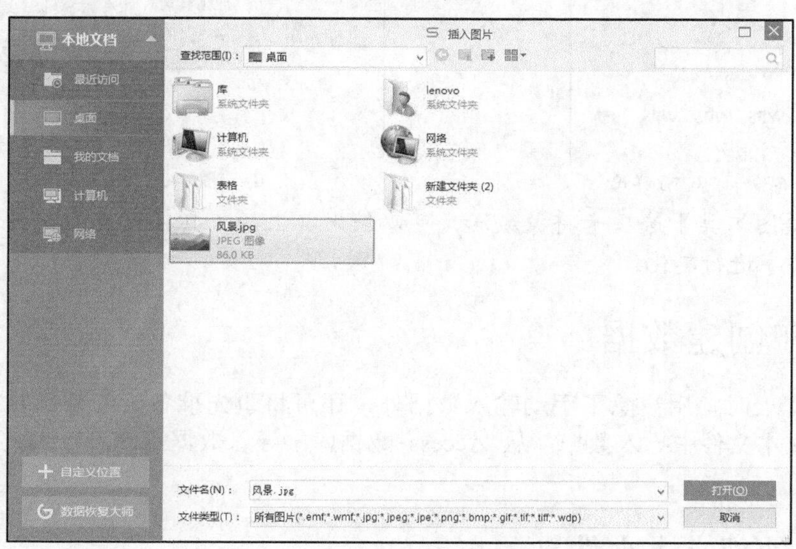

图6-37 【插入图片】对话框

3. 选中需要插入的图片后，单击 打开(O) 按钮将其插入工作表中，根据设计需要调整剪贴画的大小和位置，如图 6-38 所示。

图6-38 在工作表中插入剪贴画

二、 在工作表中插入艺术字

在工作表中可以根据需要插入艺术字。

【操作要点】

1. 打开工作表。

2. 在【插入】选项卡中单击【艺术字】按钮，在打开【艺术字库】下层列表中选择一种样式，如图 6-39 所示，然后根据提示在工作表的文本框中键入艺术字内容，如图 6-40 所示。

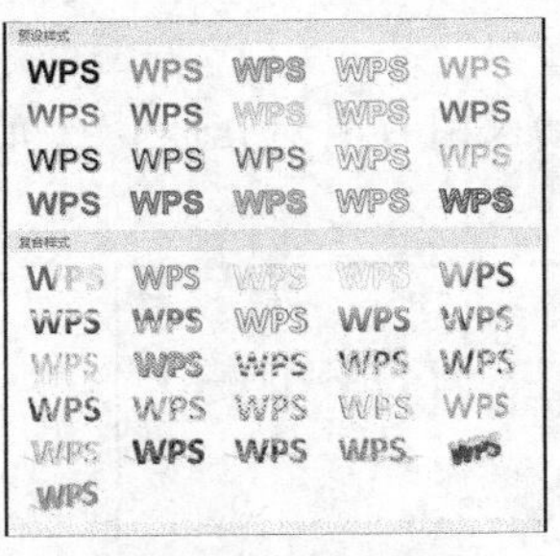
图6-39　选择文字样式

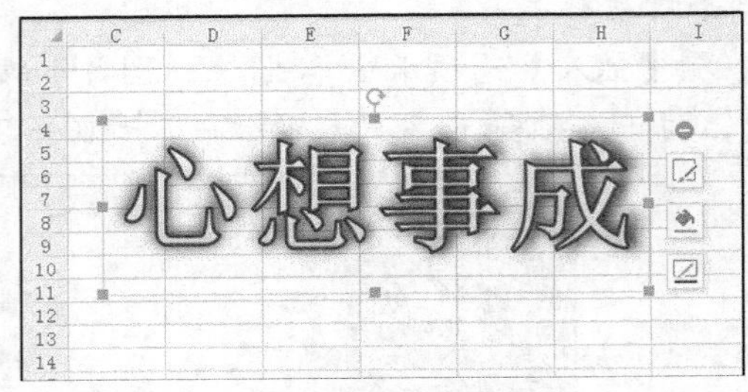

图6-40　插入文字

3. 此后，【绘图工具】选项卡将被激活，可以使用其上的工具按照前面相关章节介绍的方法对文字进行美化。

6.2 导入和创建数据

在创建工作表时，用户除了手动输入数据外，还可将事先准备好的外部数据导入其中，如可以从文本文件中导入数据，从 Access 数据库中导入数据等，可以大大提高工作效率。

6.2.1 导入外部文本文件

将要输入的数据放在文本文件中，然后将其导入工作表。

【操作要点】

1. 新建一个空白工作簿。
2. 在【数据】选项卡中单击【导入数据】按钮，打开【第一步：选择数据源】对话框，如图 6-41 所示，单击 选择数据源(S)... 按钮，打开【打开】对话框，导入素材文件“素材\第 6 章\成绩表.txt”，如图 6-42 所示。

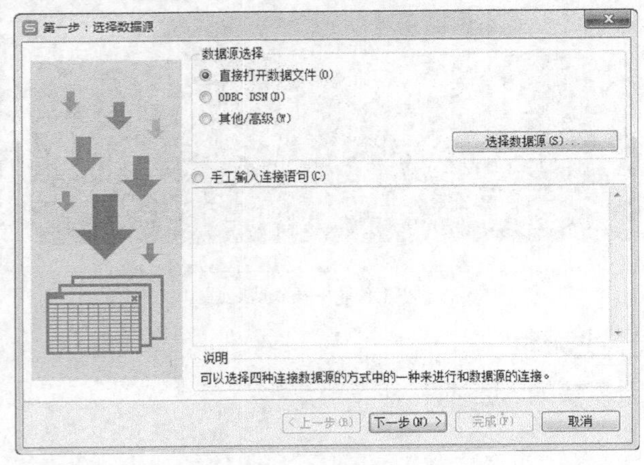

图6-41　【第一步：选择数据源】对话框

图6-42　【打开】对话框

3. 随后打开图 6-43 所示的【文件转换】对话框，利用该对话框可以预览导入的数据效果，接受默认设置，单击下一步(N)按钮。
4. 打开图 6-44 所示的【文本导入向导】对话框，设置导入数据格式，在【原始数据类型】分组框中选中【分隔符号】单选项，然后单击下一步(N)按钮。

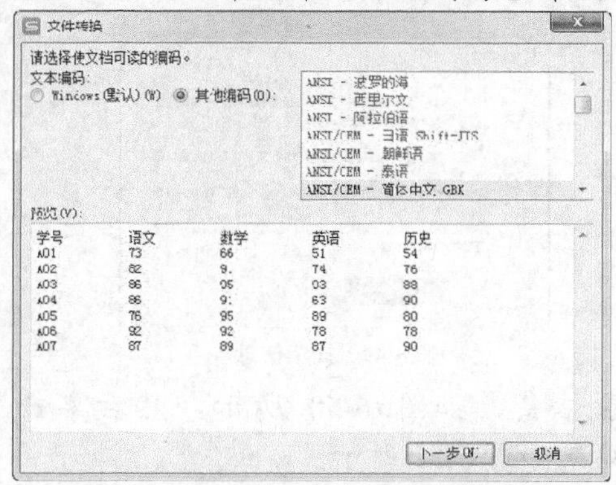

图6-43　【文件转换】对话框

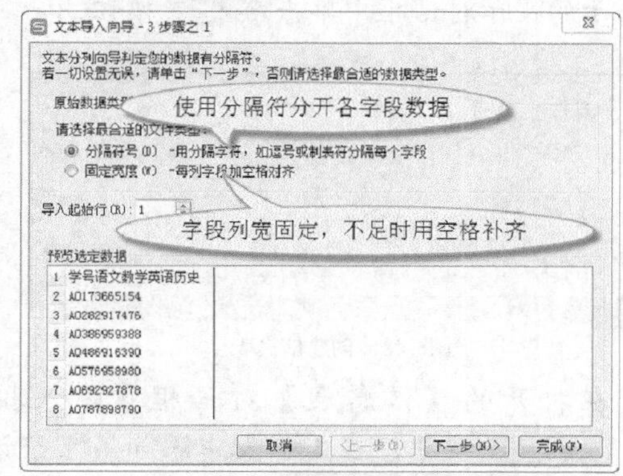

图6-44　设置原始数据类型

5. 打开图 6-45 所示的对话框，设置分隔符号的种类，选取时主要依据导入数据中分隔数据时所使用的分隔符号，然后单击下一步(N)>按钮。
6. 打开图 6-46 所示的对话框，设置创建的工作表中的数据类型，如常规数据、文本或日期格式数据等。在【数据预览】分组框中选中数据列，分别为其选择数据格式，选取【不导入此列(跳过)】单选项可以忽略该列数据。

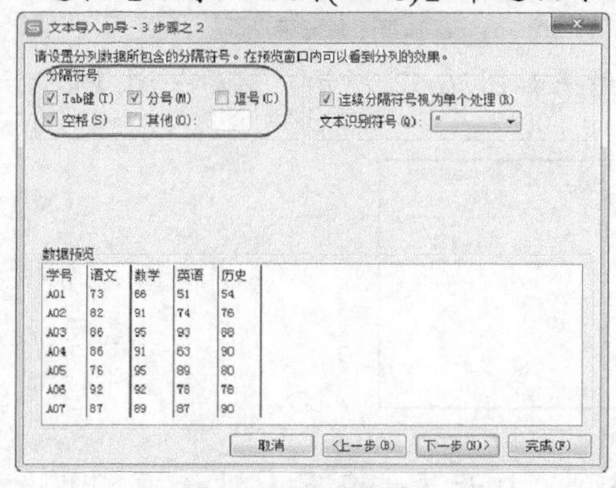

图6-45　设置分隔符号

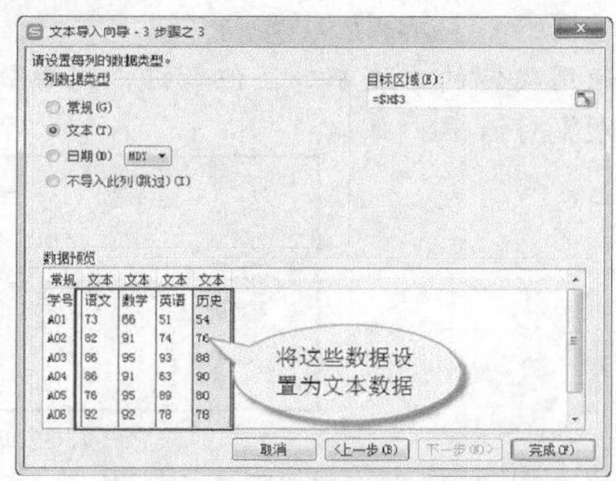

图6-46　设置数据类型

7. 单击完成(F)按钮完成数据导入，最后输入的数据如图 6-47 所示。

学号	语文	数学	英语	历史
A01	73	66	51	54
A02	82	91	74	76
A03	86	95	93	88
A04	86	91	63	90
A05	76	95	89	80
A06	92	92	78	78
A07	87	89	87	90

图6-47　导入的数据

6.2.2 使用记录单

使用记录单工具可以创建新的数据库，还可以在数据库中添加、修改和删除数据。

【操作要点】

1. 新建一个工作簿，将工作表“Sheet1”重名为“信息表”，然后在第 1 行输入数据字段，如图 6-48 所示。
2. 在工作表中任意选中一个单元格，在【数据】选项卡中单击 记录单 按钮，在图 6-49 所示的提示对话框中单击 确定 按钮。

图6-48　创建信息表

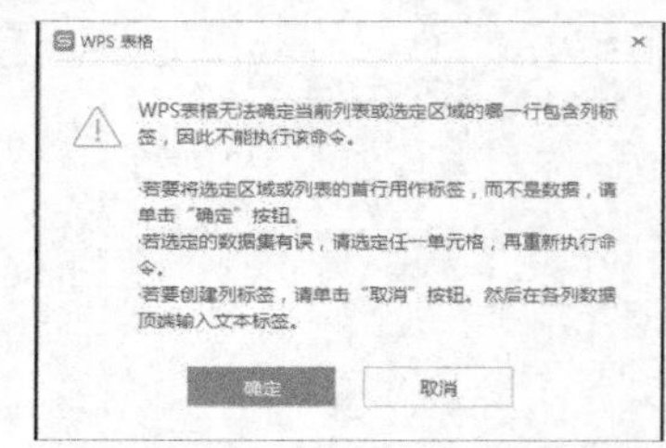

图6-49　提示信息

3. 在打开的【信息表】对话框中输入相关记录信息，如图 6-50 所示，然后单击 新建(W) 按钮，在工作表中添加第 1 条记录，结果如图 6-51 所示。

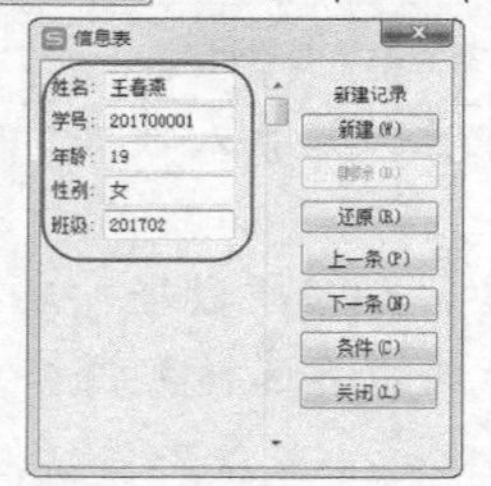

图6-50　【信息表】对话框

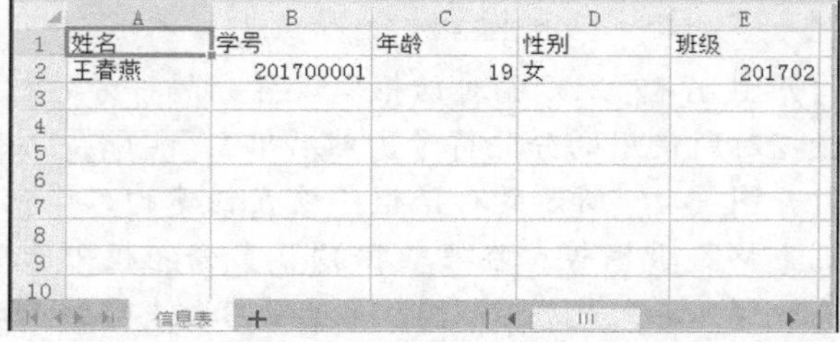

图6-51　添加第 1 条记录

4. 使用类似的方法添加其他数据，完善数据表，结果如图 6-52 所示，然后关闭【信息表】对话框。

姓名	学号	年龄	性别	班级
王春燕	20170001	19	女	201702
刘芳芬	20170002	19	女	201701
杨国庆	20170003	20	男	201705
舒明华	20170004	19	男	201703
廖美丽	20170005	18	女	201704

图6-52　添加其他记录

5. 任意选中一个单元格，再次单击 记录单 按钮，打开【信息表】对话框，单击 上一条(P) 或 下一条(N) 按钮浏览到第 2 条数据，如图 6-53 所示。将“刘芳芬”改为“刘芬芳”，然后单击 新建(W) 按钮完成修改，如图 6-54 所示。

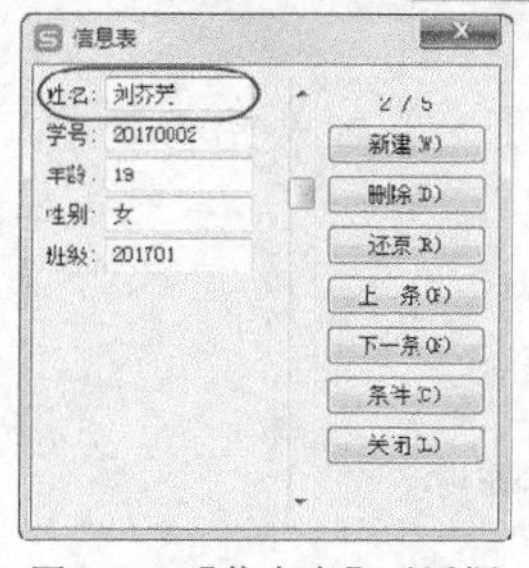

图6-53 【信息表】对话框

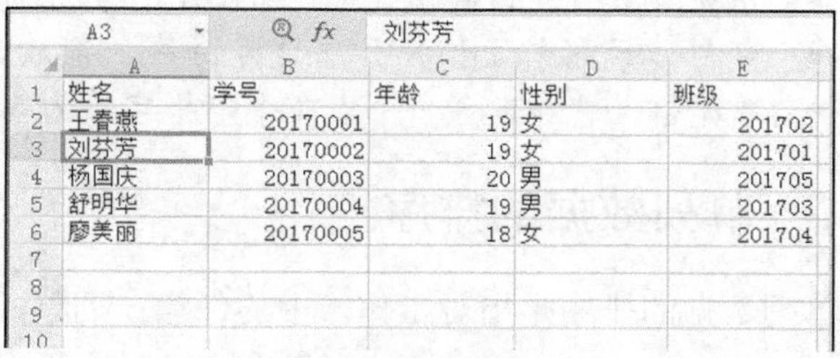

	A	B	C	D	E
1	姓名	学号	年龄	性别	班级
2	王春燕	20170001	19	女	201702
3	刘芬芳	20170002	19	女	201701
4	杨国庆	20170003	20	男	201705
5	舒明华	20170004	19	男	201703
6	廖美丽	20170005	18	女	201704
7					
8					
9					
10					

图6-54 修改记录的结果

6. 浏览到第 5 条数据，单击 删除(D) 按钮后确认系统提示信息，即可将其删除。
7. 单击 条件(C) 按钮打开【信息表】对话框，输入查询条件，如图 6-55 所示，回车后在对话框中显示满足条件的第 1 条记录，如图 6-56 所示。
8. 单击 下一条(N) 按钮可以查看符合搜索条件的下一条记录。

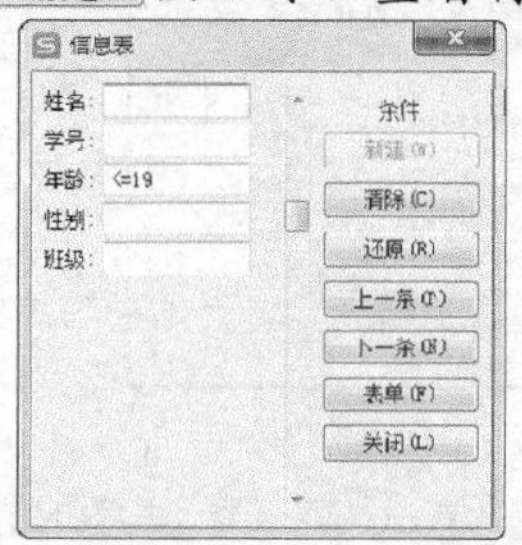

图6-55 输入查询条件

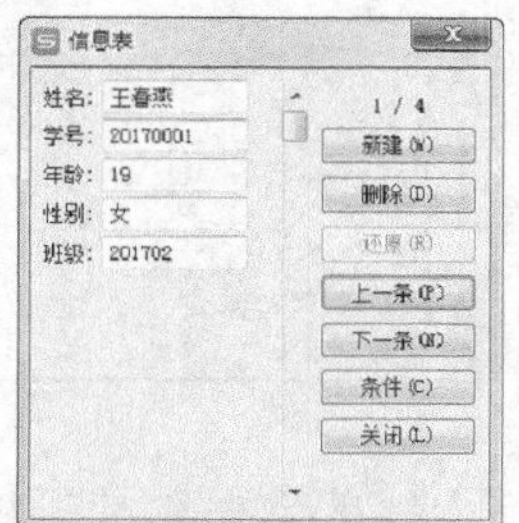

图6-56 显示查询结果

6.3 数据排序

对数据进行排序是数据分析不可缺少的组成部分，有助于快速直观地显示数据，更好地理解数据及组织并查找所需数据。

6.3.1 排序的定义和优先级

用户可以对一列或多列的数据按照文本、数字及日期和时间进行升序或降序排列，虽然大部分的数据是根据“列”排序，但是也可以根据“行”来排序。

当按照升序排序时，WPS 表格 2016 使用如下的排列次序；反之，如果按降序排序的时候，就使用相反的次序。

- 数字：按照从最小的负数到最大的正数进行排序。
- 日期：按照从最早的日期到最晚的日期进行排序。
- 文本：按照字母和数字从左到右的顺序进行排序，例如：A100，A1，A11 这 3 个单元格，其排列的顺序为 A1，A100，A11。

文本及包含存储为文本的数字的文本按以下顺序排序：
0 1 2 3 4 5 6 7 8 9 （空格）！” #$%&()*,./:;?@[\]^_ ‘{|}~+<=>ABCDEF GHIJKLMNOPQRSTUVWXYZ。

- 逻辑：FALSE 在 TRUE 之前。
- 错误：所有的错误值（如：#NUM!）的优先级一样。
- 空白单元格：无论是升序还是降序，都放在最后。注意：空白单元格是空单元格，它和包含一个或多个空格字符的单元格不一样。

6.3.2 单列数据的排序

单列数据的排序是指对工作簿中的任意一列单元格数据进行排序。

【操作要点】

1. 打开素材文件“素材\第 6 章\案例 1.et”。
2. 在工作簿中选中 A2:A11 单元格区域，如图 6-57 所示。在【数据】选项卡的【排序和筛选】工具组中单击【升序】按钮。

	A	B	C	D	E	F	G
1	编号	姓名	性别	出生日期	年龄	业绩	图形化业绩
2	XSB-04	· 遥	女	1977年1月29日	40	1,310,000	*************
3	XSB-05	黄国强	男	1985年3月17日	32	980,000	*********
4	XSB-01	徐娇	女	1988年8月9日	29	1,100,000	***********
5	XSB-02	张燚	男	1975年7月12日	42	1,150,000	***********
6	XSB-03	刘亚男	女	1978年3月23日	39	1,140,000	***********
7	XSB-09	路平	男	1988年9月10日	29	1,190,000	***********
8	XSB-10	刘海	女	1986年8月27日	31	1,320,000	*************
9	XSB-06	田晨	女	1979年6月24日	38	1,250,000	************
10	XSB-07	李扬	男	1980年6月8日	37	1,320,000	*************
11	XSB-08	赵强	男	1982年12月6日	34	960,000	*********

图6-57　选中排序列

3. 在打开的【排序警告】对话框中选中【扩展选定区域】单选项，在排序时除了调整选定列外，其余各列跟随调整。然后单击排序(S)按钮，如图 6-58 所示。

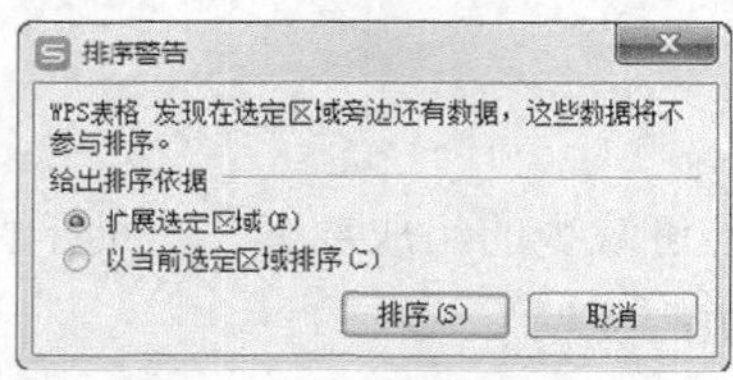

图6-58　【排序警告】对话框

4. 工作表的单元格区域数据按照编号从小到大进行排序，结果如图 6-59 所示。

	A	B	C	D	E	F	G
1	编号	姓名	性别	出生日期	年龄	业绩	图形化业绩
2	XSB-01	· 娇	女	1988年8月9日	29	1,100,000	***********
3	XSB-02	张燚	男	1975年7月12日	42	1,150,000	***********
4	XSB-03	刘亚男	女	1978年3月23日	39	1,140,000	***********
5	XSB-04	程遥	女	1977年1月29日	40	1,310,000	*************
6	XSB-05	黄国强	男	1985年3月17日	32	980,000	*********
7	XSB-06	田晨	女	1979年6月24日	38	1,250,000	************
8	XSB-07	李扬	男	1980年6月8日	37	1,320,000	*************
9	XSB-08	赵强	男	1982年12月6日	34	960,000	*********
10	XSB-09	路平	男	1988年9月10日	29	1,190,000	***********
11	XSB-10	刘海	女	1986年8月27日	31	1,320,000	*************

图6-59　完成排序表格

当被选中的单元格旁边还有别的数据，在排序时都会打开图 6-58 所示的【排序警告】对话框。若选择【以当前选定区域排序】单选项，则排序时只调整选定单元格区域的顺序；若选择【扩展选定区域】单选项，则排序时会交换整行的数据，而每一行的数据关系不变，如图 6-60 所示。

编号	名称
3	洗发水
1	香皂
2	牙刷
5	牙膏
4	毛巾

排序前

编号	名称
1	洗发水
2	香皂
3	牙刷
4	牙膏
5	毛巾

【以当前选定区域排序】

编号	名称
1	香皂
2	牙刷
3	洗发水
4	毛巾
5	牙膏

【扩展选定区域】

图6-60　两种排序方法的区别

6.3.3　多列数据的排序

对多列数据进行排序的时候，最重要的是要保持工作簿中数据的对应关系不可以被打乱。排序时，需要以某种数据的顺序进行排列，这列数据区域被称作关键字。

【操作要点】

1. 打开素材文件“素材\第 6 章\案例 2.et”。如图 6-61 所示。

A1　fx　编号

	A	B	C	D	E	F	G
1	编号	姓名	性别	出生日期	年龄	业绩	图形化业绩
2	XSB-09	路平	男	1988年9月10日	29	1,190,000	***********
3	XSB-01	徐娇	女	1988年8月9日	29	1,100,000	***********
4	XSB-05	黄国强	男	1988年3月17日	29	1,100,000	***********
5	XSB-10	刘海	女	1986年8月27日	31	1,320,000	*************
6	XSB-08	赵强	男	1982年12月6日	35	960,000	*********
7	XSB-03	刘亚男	女	1988年3月23日	29	1,190,000	***********
8	XSB-07	李扬	男	1980年6月8日	37	1,320,000	*************
9	XSB-06	田晨	女	1979年6月24日	38	1,250,000	************
10	XSB-04	程遥	女	1977年1月29日	40	1,310,000	*************
11	XSB-02	张燚	男	1975年7月12日	42	1,150,000	***********

图6-61　打开的数据表

2. 在数据表中任意选中一个非空单元格（注意不要选中整列数据），然后在【数据】选项卡的【排序和筛选】工具组中单击【排序】按钮，打开【排序】对话框，如图 6-62 所示。
3. 单击 选项(O)... 按钮，打开【排序选项】对话框，如图 6-63 所示，利用该对话框可以设置排序的方法和方向等参数。

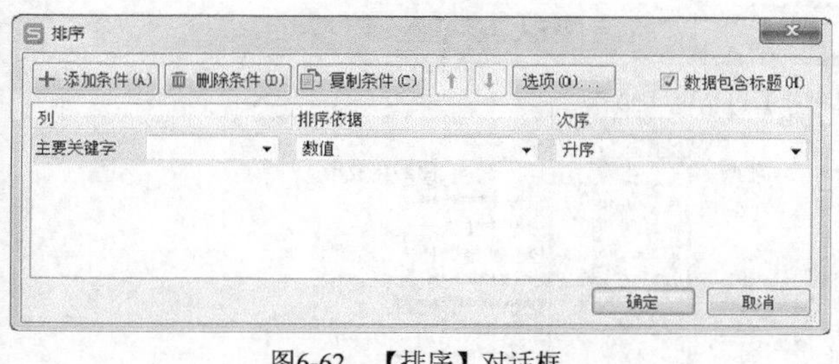

图6-62　【排序】对话框

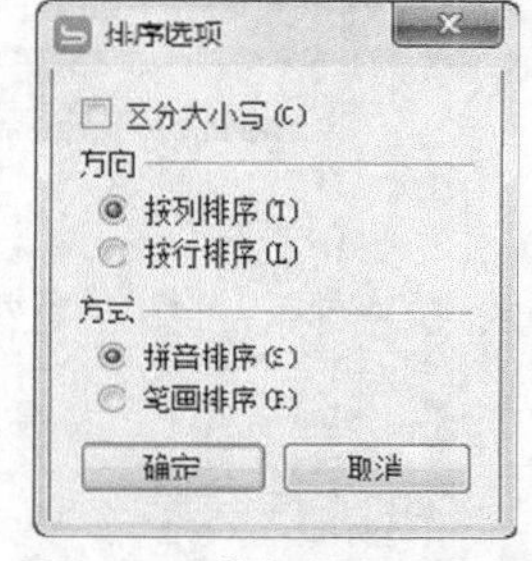

图6-63　【排序选项】对话框

4. 在【排序】对话框的【主要关键字】下拉列表中选取【年龄】，在【排序依据】下拉列表中选取【数值】，在【次序】下拉列表中选取【升序】，如图 6-64 所示。可以按照年龄从小到大的顺序排序，如图 6-65 所示。

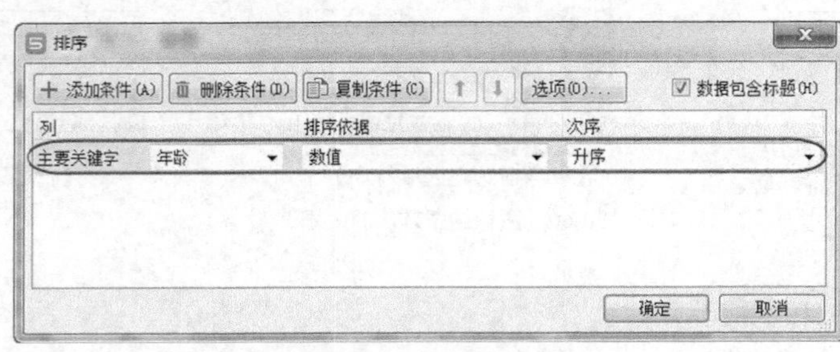

图6-64　【排序】对话框（1）

	A	B	C	D	E	F	G
1	编号	姓名	性别	出生日期	年龄	业绩	图形化业绩
2	XSB-09	路平	男	1988年9月10日	29	1,190,000	***********
3	XSB-01	徐娇	女	1988年8月9日	29	1,100,000	***********
4	XSB-05	黄国强	男	1988年3月17日	29	1,100,000	***********
5	XSB-03	刘亚男	女	1988年3月23日	29	1,190,000	***********
6	XSB-10	刘海	女	1986年8月27日	31	1,320,000	*************
7	XSB-08	赵强	男	1982年12月6日	35	960,000	*********
8	XSB-07	李扬	男	1980年6月8日	37	1,320,000	*************
9	XSB-06	田晨	女	1979年6月24日	38	1,250,000	************
10	XSB-04	程遥	女	1977年1月29日	40	1,310,000	*************
11	XSB-02	张燚	男	1975年7月12日	42	1,150,000	***********

图6-65　使用主要关键字排序

要点提示

从图 6-65 可以看出，按照年龄排序时，这里出现 4 个相同值（29），如果还要对相同数值进行排序，可以继续选择次要关键字作为排序依据。

5. 在【排序】对话框中单击【添加条件(A)】按钮，然后在【次要关键字】下拉列表中选取【业绩】，在【排序依据】下拉列表中选取【数值】，在【次序】下拉列表中选取【升序】，这样在年龄相同的条件下，再按照业绩排序，如图 6-66 所示。

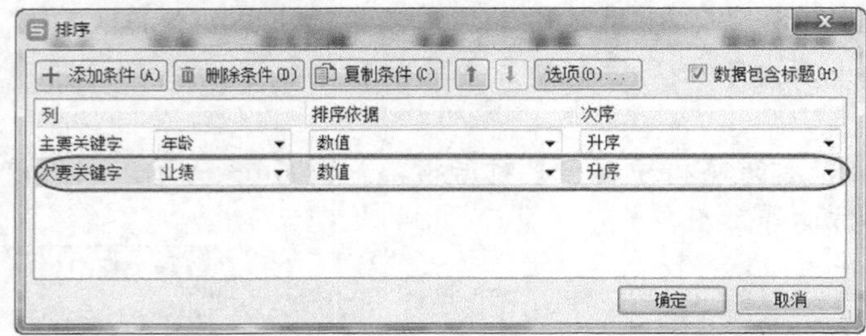

图6-66　【排序】对话框（2）

	A	B	C	D	E	F	G
1	编号	姓名	性别	出生日期	年龄	业绩	图形化业绩
2	XSB-01	徐娇	女	1988年8月9日	29	1,100,000	***********
3	XSB-05	黄国强	男	1988年3月17日	29	1,100,000	***********
4	XSB-09	路平	男	1988年9月10日	29	1,190,000	***********
5	XSB-03	刘亚男	女	1988年3月23日	29	1,190,000	***********
6	XSB-10	刘海	女	1986年8月27日	31	1,320,000	*************
7	XSB-08	赵强	男	1982年12月6日	35	960,000	*********
8	XSB-07	李扬	男	1980年6月8日	37	1,320,000	*************
9	XSB-06	田晨	女	1979年6月24日	38	1,250,000	************
10	XSB-04	程遥	女	1977年1月29日	40	1,310,000	*************
11	XSB-02	张燚	男	1975年7月12日	42	1,150,000	***********

图6-67　使用次要关键字 1 排序

6. 在图 6-67 中可以看出，在年龄相同的情况下，有两组两人的业绩依然相同，这时可以再增加【编号】为次要关键字，如图 6-68 所示，排序结果如图 6-69 所示。

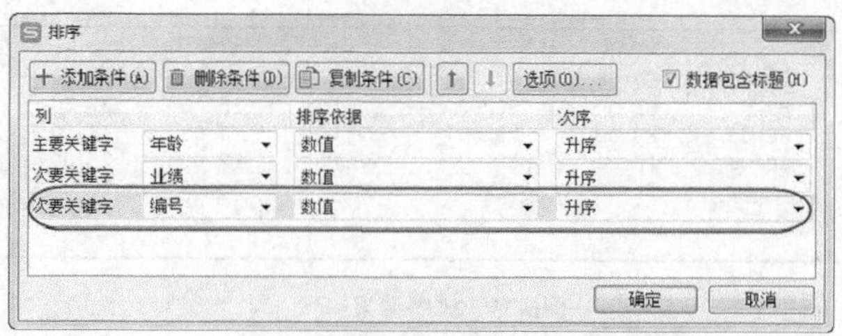

图6-68 【排序】对话框（3）

	A	B	C	D	E	F	G
1	编号	姓名	性别	出生日期	年龄	业绩	图形化业绩
2	XSB-01	徐娇	女	1988年8月9日	29	1,100,000	***********
3	XSB-05	黄国强	男	1988年3月17日	29	1,100,000	***********
4	XSB-03	刘亚男	女	1988年3月23日	29	1,190,000	***********
5	XSB-09	路平	男	1988年9月10日	29	1,190,000	***********
6	XSB-10	刘海	女	1986年8月27日	31	1,320,000	*************
7	XSB-08	赵强	男	1982年12月6日	35	960,000	*********
8	XSB-07	李扬	男	1980年6月8日	37	1,320,000	*************
9	XSB-06	田晨	女	1979年6月24日	38	1,250,000	************
10	XSB-04	程遥	女	1977年1月29日	40	1,310,000	*************
11	XSB-02	张淼	男	1975年7月12日	42	1,150,000	***********

图6-69 使用次要关键字 2 排序

6.3.4 按行排序

除了常用的按列排序外，也可以使用按行排序。

【操作要点】

1. 打开素材文件“素材\第 6 章\案例 3.et”。
2. 在工作表中任选一个单元格，如图 6-70 所示。

	A	B	C	D	E	F	G	H
1	78.00	86.00	71.00	88.00	83.00	80.00	90.00	
2	80.00	71.00	72.00	76.00	81.00	82.00	97.00	
3	68.00	71.00	71.00	78.00	86.00	88.00	76.00	
4	68.00	68.00	78.00	82.00	87.00	76.00	76.00	
5	72.00	81.00	73.00	60.00	82.00	74.00	78.00	
6								

图6-70 打开的数据表

3. 在【数据】选项卡的【排序和筛选】工具组中单击【排序】按钮，打开【排序】对话框，单击 选项(O)... 按钮，打开【排序选项】对话框，选中【按行排序】单选项，如图 6-71 所示，然后单击 确定 按钮。
4. 在【主要关键字】下拉列表中选择【行 1】，在【排序依据】下拉列表中选取【数值】，在【次序】下拉列表中选取【升序】，如图 6-72 所示。

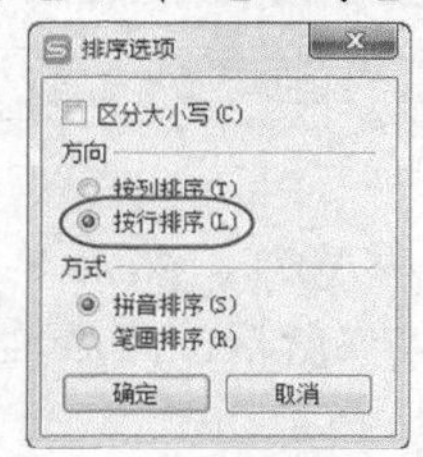

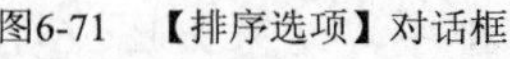

图6-71 【排序选项】对话框

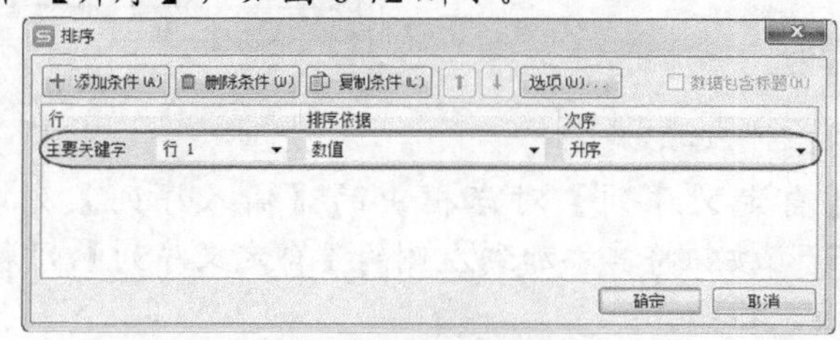

图6-72 【排序】对话框

5. 单击 确定 按钮，选取的数据就会按行排序，结果如图 6-73 所示。

	A	B	C	D	E	F	G	H
1	71.00	78.00	80.00	83.00	86.00	88.00	90.00	
2	72.00	80.00	82.00	81.00	71.00	76.00	97.00	
3	71.00	68.00	88.00	86.00	71.00	78.00	76.00	
4	78.00	68.00	76.00	87.00	68.00	82.00	76.00	
5	73.00	72.00	74.00	82.00	81.00	60.00	78.00	
6								
7								

图6-73　排序结果

6.3.5　自定义排序

在对数据进行排序时，经常会在排序结果中出现相同的数据，这时就可以使用 WPS 表格提供的自定义排序功能，也就是自行设置多个关键字的优先顺序对数据进行排序，这样就可以根据关键字的优先级对相同的数据进行排序了。

【操作要点】

1. 打开素材文件“素材\第 6 章\案例 4.et”。
2. 在工作表中任选一个单元格，如图 6-74 所示。

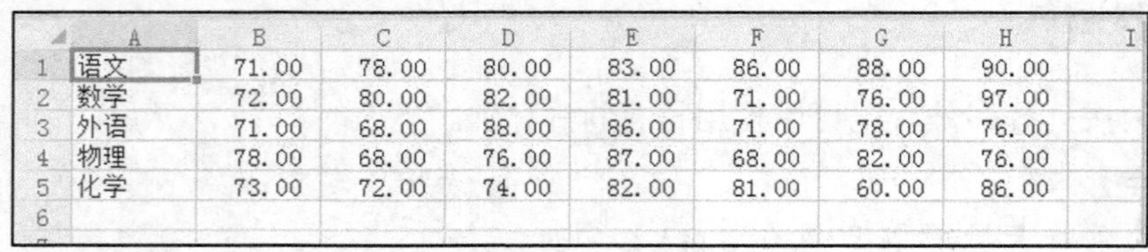

	A	B	C	D	E	F	G	H	I
1	语文	71.00	78.00	80.00	83.00	86.00	88.00	90.00	
2	数学	72.00	80.00	82.00	81.00	71.00	76.00	97.00	
3	外语	71.00	68.00	88.00	86.00	71.00	78.00	76.00	
4	物理	78.00	68.00	76.00	87.00	68.00	82.00	76.00	
5	化学	73.00	72.00	74.00	82.00	81.00	60.00	86.00	
6									

图6-74　打开的数据表

3. 在【数据】选项卡的【排序和筛选】工具组中单击【排序】按钮，打开【排序】对话框，单击 选项(O)... 按钮，打开【排序选项】对话框，选中【按列排序】单选项，如图 6-75 所示。
4. 在【主要关键字】下拉列表中选择【列 A】，在【排序依据】下拉列表中选取【数值】，在【次序】下拉列表中选取【自定义序列】，如图 6-76 所示。

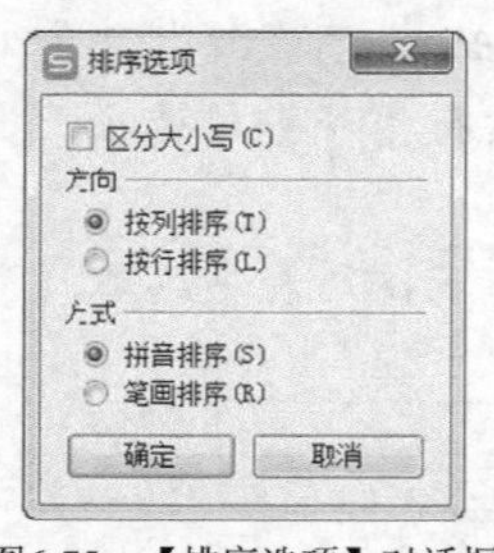

图6-75　【排序选项】对话框

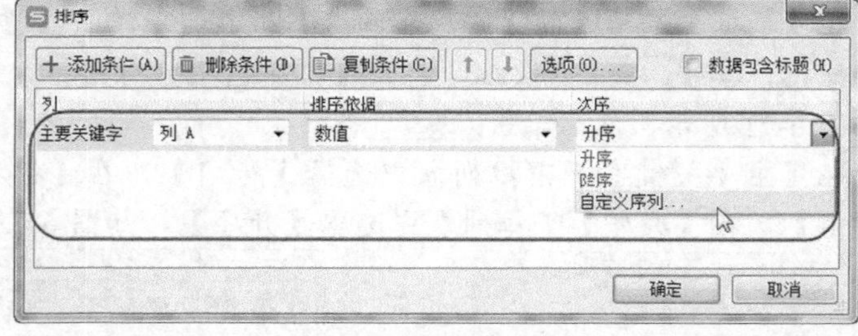

图6-76　【排序】对话框

5. 在【自定义序列】对话框中的【输入序列】列表框中输入排序序列，然后单击 添加(A) 按钮将其添加到左侧的【自定义序列】列表框中，如图 6-77 所示，然后单击 确定 按钮。
6. 在【排序】对话框中单击 确定 按钮，工作表按照设定的次序排序，结果如图 6-78 所示。

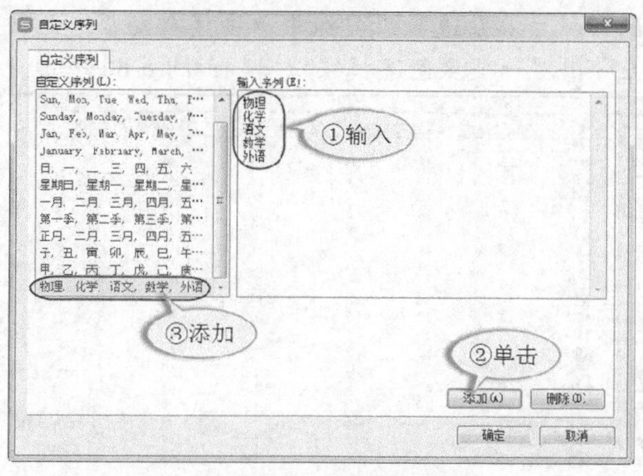

图6-77 【自定义序列】对话框

	A	B	C	D	E	F	G	H	I
1	物理	78.00	68.00	76.00	87.00	68.00	82.00	76.00	
2	化学	73.00	72.00	74.00	82.00	81.00	60.00	86.00	
3	语文	71.00	78.00	80.00	83.00	86.00	88.00	90.00	
4	数学	72.00	80.00	82.00	81.00	71.00	76.00	97.00	
5	外语	71.00	68.00	88.00	86.00	71.00	78.00	76.00	
6									

图6-78 自定义排序结果

6.4 数据筛选

通过数据筛选操作可以将用户要求的数据显示在工作簿中，将不需要的数据隐藏起来。筛选与排序不同，筛选并不重新排列清单，只是暂时隐藏数据，而且一次只能对一个工作簿的一个数据清单使用筛选命令。

6.4.1 自动筛选

自动筛选可以快速处理大型表格，使其合乎要求的显示，不合乎要求的隐藏。

【操作要点】

1. 打开素材文件“素材\第 6 章\案例 5.et”。
2. 在工作表中单击任意一个单元格，如 C2，如图 6-79 所示。

	A	B	C	D	E	F	G	H	I
1	学号	姓名	出勤(15)	能力(15)	作业(10)	课堂笔记(10)	考核成绩	期末成绩	
2	09102111	兰华松	10	10	9	6	35	60	
3	09102117	林鹏	13	10	10	10	43	60	
4	09102120	邵德嵩	10	10	9	7	36	60	
5	09102134	于晓宇	12	10	7	6	35	60	
6	09102107	高爽	10	10	5	5	30	61	
7	09102121	生达	10	10	9	7	36	62	
8	09102128	吴玉涛	13	10	10	7	40	63	
9	09102123	田苗苗	13	11	10	9	43	65	
10	09102124	王傲	14	11	9	9	43	65	
11	09102127	吴琦	15	10	8	7	40	65	
12	09102131	杨欢	14	13	9	9	45	65	
13	09102136	郑超	15	10	9	8	42	65	
14	09102116	栗自兴	15	11	7	7	40	70	
15	09102125	王博	12	10	10	8	40	70	
16	09102137	朱龙永	15	12	8	9	44	72	
17	09102113	李俊鹏	14	10	8	6	38	75	
18	09102115	李玉	13	10	6	7	36	75	
19	09102130	杨达毅	10	10	7	7	34	75	
20	09102118	罗宇	13	10	9	8	40	76	

图6-79 打开的工作表

3. 在【数据】选项卡的【排序和筛选】工具组中单击【自动筛选】按钮，此时所有表头的字段右侧各会出现一个黑色下拉按钮，如图 6-80 所示。

	A	B	C	D	E	F	G	H
1	学号	姓名	出勤(15)	能力(15	作业(10	课堂笔记(10	考核成绩	期末成绩
2	09102111	兰华松	10	10	9	6	35	60
3	09102117	林鹏	13	10	10	10	43	60
4	09102120	邵德嵩	10	10	9	7	36	60
5	09102134	于晓宇	12	10	7	6	35	60
6	09102107	高爽	10	10	5	5	30	61
7	09102121	生达	10	10	9	7	36	62
8	09102128	吴玉涛	13	10	10	7	40	63
9	09102123	田苗苗	13	11	10	9	43	65
10	09102124	王傲	14	11	9	9	43	65
11	09102127	吴琦	15	10	8	7	40	65
12	09102131	杨欢	14	13	9	9	45	65
13	09102136	郑超	15	10	9	8	42	65
14	09102116	栗自兴	15	11	7	7	40	70
15	09102125	王博	12	10	10	8	40	70
16	09102137	朱龙永	15	12	8	9	44	72
17	09102113	李俊鹏	14	10	8	6	38	75
18	09102115	李玉	13	10	6	7	36	75
19	09102130	杨达毅	10	10	7	7	34	75
20	09102118	罗宇	13	10	9	8	40	76

图6-80　启动筛选功能

4. 筛选出所有“作业”成绩是满分的同学。单击【作业】单元格右侧的下拉按钮，在弹出的下拉菜单中选择【10】复选项，如图 6-81 所示。

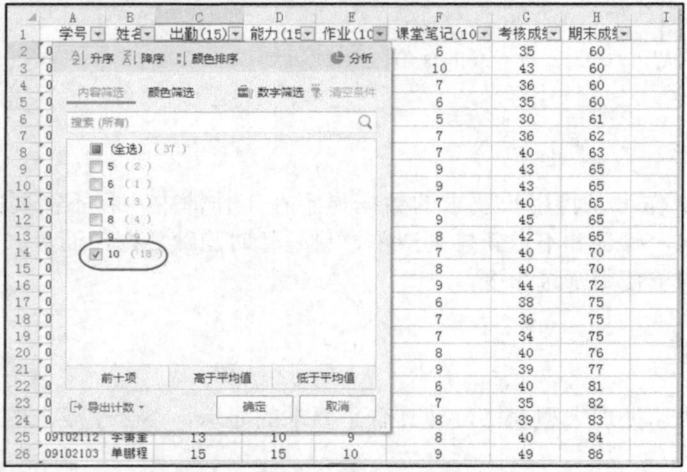

图6-81　设置筛选条件

5. 单击 确定 按钮后，数据表中仅显示“作业”为满分（10 分）对应的数据，而黑色下拉按钮也会变成筛选按钮，如图 6-82 所示。

	A	B	C	D	E	F	G	H
1	学号	姓名	出勤(15)	能力(15	作业(10	课堂笔记(10	考核成绩	期末成绩
3	09102117	林鹏	13	10	10	10	43	60
8	09102128	吴玉涛	13	10	10	7	40	63
9	09102123	田苗苗	13	11	10	9	43	65
15	09102125	王博	12	10	10	8	40	70
21	09102106	方友爱	10	10	10	9	39	77
22	09102133	杨洋	14	10	10	6	40	81
26	09102103	单鹏程	15	15	10	9	49	86
27	09102105	董旭冉	10	10	10	10	40	86
28	09102126	王照明	15	12	10	10	47	86
30	09102138	朱蔓莉	15	12	10	10	47	86
31	09102104	刁星翔	11	10	10	6	37	88
32	09102108	韩旭	12	10	10	6	38	90
33	09102110	金丽阁	12	10	10	9	41	91
34	09102132	杨维娜	15	15	10	10	50	93
35	09102114	李世楠	15	10	10	10	45	96
36	09102119	孟德亮	14	10	10	7	41	96
37	09102102	崔新冉	15	15	10	10	50	98
38	09102135	张璇	15	11	10	10	46	98

图6-82　筛选结果

6. 再次单击【课堂笔记】单元格右侧的下拉按钮，在弹出的下拉菜单中选择【8】和【10】两个复选项，如图 6-83 所示。

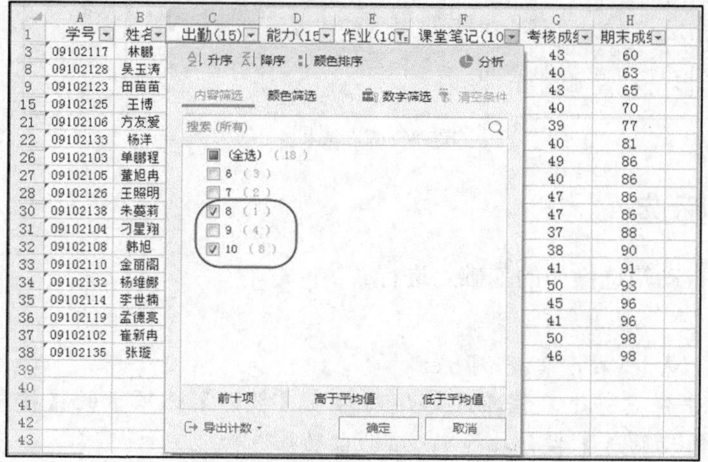

图6-83 设置筛选条件

7. 单击 确定 按钮后，数据表中将同时显示“课堂笔记”为“8”和“10”分的数据，如图 6-84 所示。

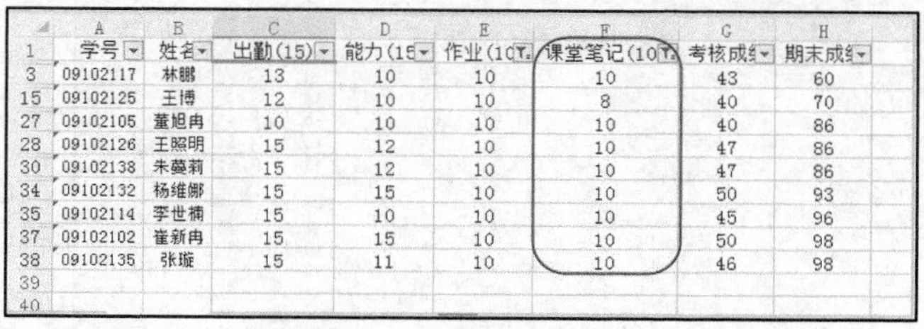

	A	B	C	D	E	F	G	H
1	学号	姓名	出勤(15)	能力(15	作业(10	课堂笔记(10	考核成绩	期末成绩
3	09102117	林鹏	13	10	10	10	43	60
15	09102125	王博	12	10	10	8	40	70
27	09102105	董旭冉	10	10	10	10	40	86
28	09102126	王照明	15	12	10	10	47	86
30	09102138	朱蔓莉	15	12	10	10	47	86
34	09102132	杨维娜	15	15	10	10	50	93
35	09102114	李世楠	15	10	10	10	45	96
37	09102102	崔新冉	15	15	10	10	50	98
38	09102135	张璇	15	11	10	10	46	98

图6-84 筛选结果

8. 在筛选结果中单击【期末成绩】单元格右侧的下拉按钮，按照图 6-85 所示设置条件，在上次筛选结果中进一步筛选出总成绩在 80 分以上的数据，结果如图 6-86 所示。

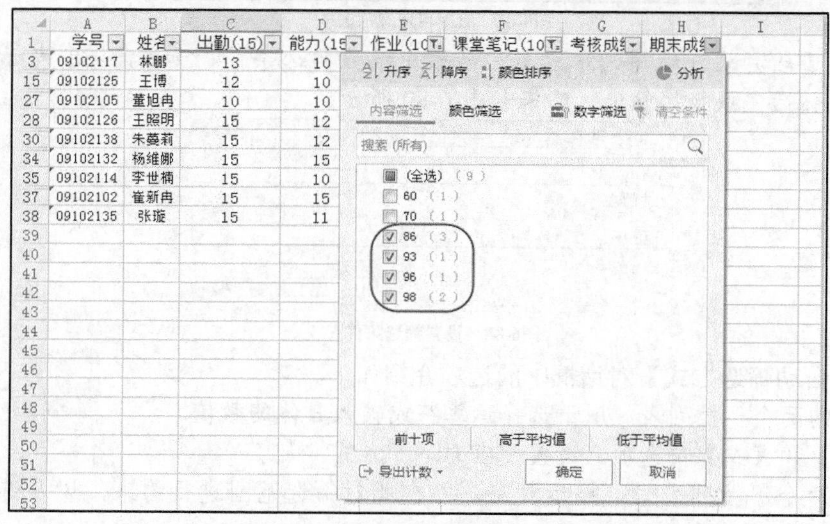

图6-85 设置筛选条件

	A	B	C	D	E	F	G	H
1	学号	姓名	出勤(15)	能力(15	作业(10	课堂笔记(10	考核成绩	期末成绩
27	09102105	董旭冉	10	10	10	10	40	86
28	09102126	王照明	15	12	10	10	47	86
30	09102138	朱蔓莉	15	12	10	10	47	86
34	09102132	杨维娜	15	15	10	10	50	93
35	09102114	李世楠	15	10	10	10	45	96
37	09102102	崔新冉	15	15	10	10	50	98
38	09102135	张璇	15	11	10	10	46	98
39								

图6-86　筛选结果

6.4.2　自定义筛选

自定义筛选在自动筛选操作的基础上进行。

【操作要点】

1. 打开素材文件“素材\第 6 章\案例 6.et”。
2. 在工作表中单击任意一个数据单元格，然后在【数据】选项卡的【排序和筛选】工具组中单击【自动筛选】按钮 ，启动自动筛选功能。
3. 在【作业】单元格右侧单击下拉按钮，单击 数字筛选按钮，在弹出的下拉列表中选择【自定义筛选】选项，如图 6-87 所示。

图6-87　启用自定义筛选

4. 在弹出的【自定义自动筛选方式】对话框中设置筛选条件，如图 6-88 所示，单击 确定 按钮后完成数据筛选，结果如图 6-89 所示。

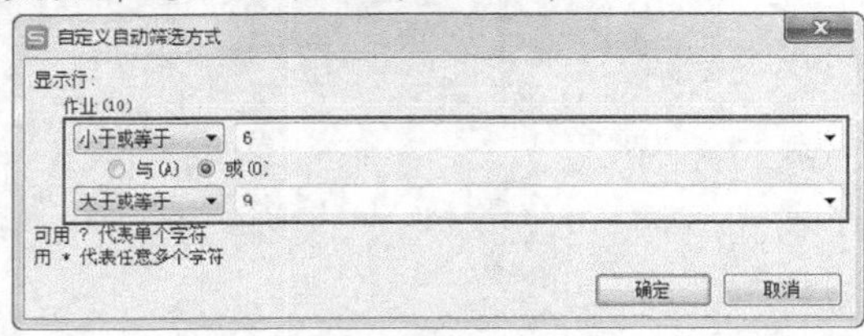

图6-88　设置筛选条件

【自定义自动筛选方式】对话框中的选项介绍如下。

- 上方的两个下拉列表：用于选择运算符或输入具体的数值。
- 【与】和【或】单选项：设置相应的运算方式。
- 下方两个下拉列表：选择运算符，并在此对筛选范围进行约束，以及选择或输入具体的数值。

	A	B	C	D	E	F	G	H
1	学号	姓名	出勤(15	能力(15	作业(10	课堂笔记(10	考核成绩	期末成绩
2	09102111	兰华松	10	10	9	6	35	60
3	09102117	林鹏	13	10	10	10	43	60
4	09102120	邵德嵩	10	10	9	7	36	60
6	09102107	高爽	10	10	5	5	30	61
7	09102121	生达	10	10	9	7	36	62
8	09102128	吴玉涛	13	10	10	7	40	63
9	09102123	田苗苗	13	11	10	9	43	65
10	09102124	王傲	14	11	9	9	43	65
12	09102131	杨欢	14	13	9	9	45	65
13	09102136	郑超	15	10	9	8	42	65
15	09102125	王博	12	10	10	8	40	70
18	09102115	李玉	13	10	6	7	36	75
20	09102118	罗宇	13	10	9	8	40	76
21	09102106	方友爱	10	10	10	9	39	77
22	09102133	杨洋	14	10	10	6	40	81
24	09102122	孙芃菲	12	10	9	8	39	83
25	09102112	李垂董	13	10	9	8	40	84

图6-89　筛选结果（1）

5. 单击【期末成绩】单元格右侧的下拉按钮，单击 数字筛选 按钮，在弹出的下拉列表中选择【介于】命令，如图 6-90 所示。在【自定义自动筛选方式】对话框，按照图 6-91 所示设置筛选条件，筛选出成绩为 70~90 的数据，结果如图 6-92 所示。

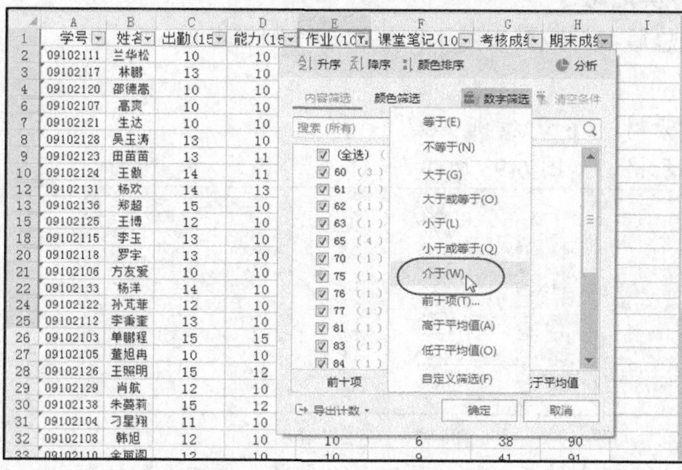

图6-90　设置筛选条件（1）

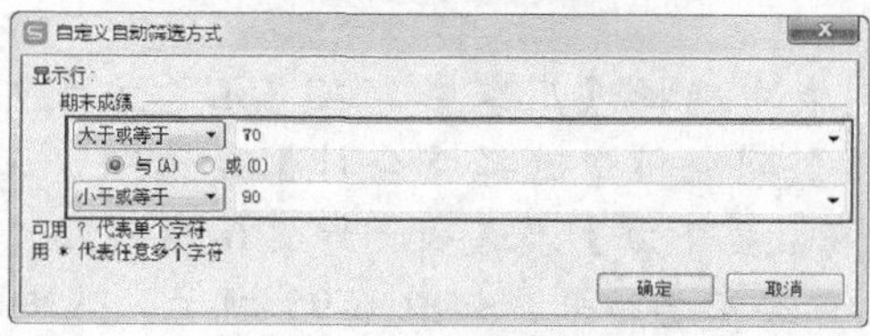

图6-91　自定义筛选条件（2）

	A	B	C	D	E	F	G	H
1	学号	姓名	出勤(15	能力(15	作业(10	课堂笔记(10	考核成绩	期末成绩
15	09102125	王博	12	10	10	8	40	70
18	09102115	李玉	13	10	6	7	36	75
20	09102118	罗宇	13	10	9	8	40	76
21	09102106	方友爱	10	10	10	9	39	77
22	09102133	杨洋	14	10	10	6	40	81
24	09102122	孙芃菲	12	10	9	8	39	83
25	09102112	李垂董	13	10	9	8	40	84
26	09102103	单鹏程	15	15	10	9	49	86
27	09102105	董旭冉	10	10	10	10	40	86
28	09102126	王照明	15	12	10	10	47	86
29	09102129	肖航	12	10	5	7	34	86
30	09102138	朱葵莉	15	12	10	10	47	86
31	09102104	刁星翔	11	10	10	6	37	88
32	09102108	韩旭	12	10	10	6	38	90
39								

图6-92　筛选结果（2）

6.5 数据分级显示

对于一份长文件的数据内容，使用组合及分级显示功能，能够将工作簿数据折叠或打开，以帮助用户有条理地显示数据内容，使数据更容易阅读和比较。

6.5.1 分类汇总

当表格中的记录越来越多而且出现相同类别的记录时，相同项目的记录被集合在一起，分门别类地进行汇总，这就被称作数据的分类汇总。

要点提示 在创建分类汇总之前，应该先对需分类汇总的数据进行排序，然后才能进行分类汇总的操作。

一、 创建一级分类汇总

创建一级分类汇总后，将数据按照不同层次进行归类汇总。

【操作要点】

1. 打开素材文件"素材\第 6 章\案例 7.et"。
2. 任意选择一个单元格，如图 6-93 所示。

	A	B	C	D	E	F	G
1	订货日期	厂家	商品名称	型号	单价	数量	合计
2	2017/3/1	胜利公司	华为	1型	¥2,450.00	10	¥24,500.00
3	2017/3/8	胜利公司	华为	2型	¥660.00	5	¥3,300.00
4	2017/4/9	胜利公司	三星	1型	¥1,600.00	10	¥16,000.00
5	2017/4/18	胜利公司	小米	1型	¥1,200.00	8	¥9,600.00
6	2017/9/10	凯威公司	华为	4型	¥800.00	15	¥12,000.00
7	2017/5/16	凯威公司	三星	4型	¥1,100.00	10	¥11,000.00
8	2017/6/20	凯威公司	小米	2型	¥1,600.00	8	¥12,800.00
9	2017/7/20	蓝星公司	三星	1型	¥600.00	8	¥4,800.00
10	2017/8/1	蓝星公司	三星	3型	¥1,300.00	10	¥13,000.00
11	2017/10/23	蓝星公司	华为	3型	¥3,500.00	15	¥52,500.00
12							

图6-93　打开的工作表

3. 在【数据】选项卡的【分级显示】工具组中单击【分类汇总】按钮，打开【分类汇总】对话框。
4. 在【分类字段】下拉列表中选择【厂家】，在【汇总方式】下拉列表中选择【求和】，在【选定汇总项】列表框中选择【合计】复选项，选中【替换当前分类汇总】和【汇总结果显示在数据下方】复选项，如图 6-94 所示。
5. 单击【确定】按钮后得到分类汇总结果，如图 6-95 所示。从图中可以看出，工作表中的数据按照厂家不同分为 3 个区域。

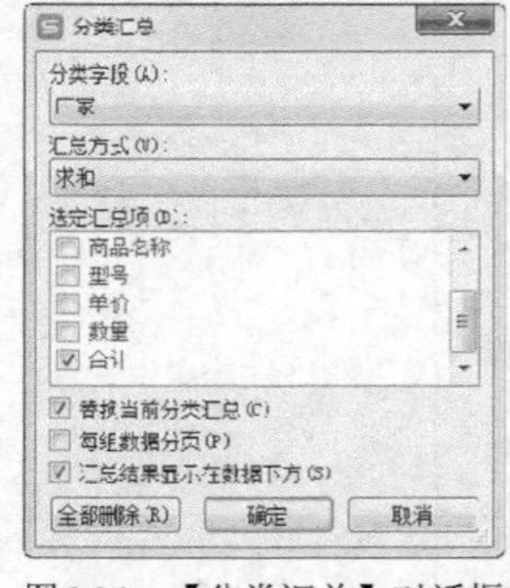

图6-94　【分类汇总】对话框

	A	B	C	D	E	F	G
1	订货日期	厂家	商品名称	型号	单价	数量	合计
2	2017/3/1	胜利公司	华为	1型	¥2,450.00	10	¥24,500.00
3	2017/3/8	胜利公司	华为	2型	¥660.00	5	¥3,300.00
4	2017/4/9	胜利公司	三星	1型	¥1,600.00	10	¥16,000.00
5	2017/4/18	胜利公司	小米	1型	¥1,200.00	8	¥9,600.00
6		胜利公司 汇总					¥53,400.00
7	2017/9/10	凯威公司	华为	4型	¥800.00	15	¥12,000.00
8	2017/5/16	凯威公司	三星	4型	¥1,100.00	10	¥11,000.00
9	2017/6/20	凯威公司	小米	2型	¥1,600.00	8	¥12,800.00
10		凯威公司 汇总					¥35,800.00
11	2017/7/20	蓝星公司	三星	1型	¥600.00	8	¥4,800.00
12	2017/8/1	蓝星公司	三星	3型	¥1,300.00	10	¥13,000.00
13	2017/10/23	蓝星公司	华为	3型	¥3,500.00	15	¥52,500.00
14		蓝星公司 汇总					¥70,300.00
15		总计					¥159,500.00
16							

图6-95　分类结果显示（1）

要点提示

单击图 6-95 左侧的 - 按钮可以折叠汇总结果，如图 6-96 所示，单击 + 按钮则可以展开显示结果。

	A	B	C	D	E	F	G
1	订货日期	厂家	商品名称	型号	单价	数量	合计
6		胜利公司 汇总					¥53,400.00
7	2017/9/10	凯威公司	华为	4型	¥800.00	15	¥12,000.00
8	2017/5/16	凯威公司	三星	4型	¥1,100.00	10	¥11,000.00
9	2017/6/20	凯威公司	小米	2型	¥1,600.00	8	¥12,800.00
10		凯威公司 汇总					¥35,800.00
14		蓝星公司 汇总					¥70,300.00
15		总计					¥159,500.00
16							

图6-96　分类结果显示（2）

二、 创建二级分类汇总

创建一级分类汇总后，在每一个汇总项目下，还可以继续创建汇总。

【操作要点】

1. 接上例。在【数据】选项卡的【分级显示】工具组中单击【分类汇总】按钮，打开【分类汇总】对话框。
2. 在【分类字段】下拉列表中选择【商品名称】，在【汇总方式】下拉列表中选择【求和】，在【选定汇总项】列表框中选择【合计】复选项，取消对【替换当前分类汇总】复选项的选择，如图 6-97 所示。
3. 单击 确定 按钮后得到分类汇总结果，如图 6-98 所示。从图中可以看出，在前一次汇总的基础上，工作表中的数据按照商品名称不同进行了二级汇总。

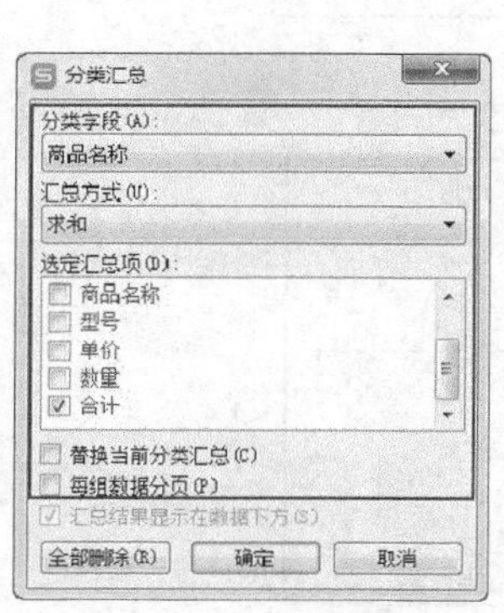

图6-97　设置分类条件

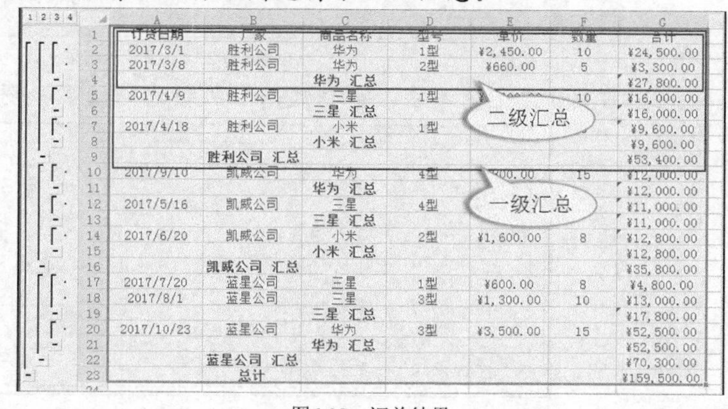

	A	B	C	D	E	F	G
1	订货日期	厂家	商品名称	型号	单价	数量	合计
2	2017/3/1	胜利公司	华为	1型	¥2,450.00	10	¥24,500.00
3	2017/3/8	胜利公司	华为	2型	¥660.00	5	¥3,300.00
4			华为 汇总				¥27,800.00
5	2017/4/9	胜利公司	三星	1型	[illegible]	10	¥16,000.00
6			三星 汇总				¥16,000.00
7	2017/4/18	胜利公司	小米	1型	[illegible]	[illegible]	¥9,600.00
8			小米 汇总				¥9,600.00
9		胜利公司 汇总					¥53,400.00
10	2017/9/10	凯威公司	华为	4型	¥800.00	15	¥12,000.00
11			华为 汇总				¥12,000.00
12	2017/5/16	凯威公司	三星	4型	[illegible]	[illegible]	¥11,000.00
13			三星 汇总				¥11,000.00
14	2017/6/20	凯威公司	小米	2型	¥1,600.00	8	¥12,800.00
15			小米 汇总				¥12,800.00
16		凯威公司 汇总					¥35,800.00
17	2017/7/20	蓝星公司	三星	1型	¥600.00	8	¥4,800.00
18	2017/8/1	蓝星公司	三星	3型	¥1,300.00	10	¥13,000.00
19			三星 汇总				¥17,800.00
20	2017/10/23	蓝星公司	华为	3型	¥3,500.00	15	¥52,500.00
21			华为 汇总				¥52,500.00
22		蓝星公司 汇总					¥70,300.00
23		总计					¥159,500.00

图6-98　汇总结果

如果想要取消分类汇总，就在【分类汇总】对话框中单击 全部删除(R) 按钮，这样所有的分类汇总就被删除了。

6.5.2 数据的分级显示

在建立了分类汇总的工作表中，数据是分级显示的。

【操作要点】

1. 打开素材文件“素材\第 6 章\案例 8.et”。
2. 选择【厂家】作为分类字段，按照图 6-99 所示设置参数，创建分类汇总，结果如图 6-100 所示。

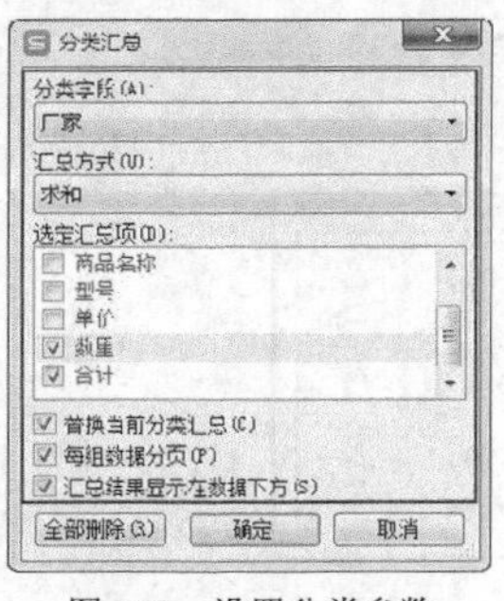

图6-99　设置分类参数

	A	B	C	D	E	F	G
1	订货日期	厂家	商品名称	型号	单价	数量	合计
2	2017/3/1	胜利公司	华为	1型	¥2,450.00	10	¥24,500.00
3	2017/3/8	胜利公司	华为	2型	¥660.00	5	¥3,300.00
4	2017/4/9	胜利公司	三星	1型	¥1,600.00	10	¥16,000.00
5	2017/4/18	胜利公司	小米	1型	¥1,200.00	8	¥9,600.00
6		胜利公司 汇总				33	¥53,400.00
7	2017/9/10	凯威公司	华为	4型	¥800.00	15	¥12,000.00
8	2017/5/16	凯威公司	三星	4型	¥1,100.00	10	¥11,000.00
9	2017/6/20	凯威公司	小米	2型	¥1,600.00	8	¥12,800.00
10		凯威公司 汇总				33	¥35,800.00
11	2017/7/20	蓝星公司	三星	1型	¥600.00	8	¥4,800.00
12	2017/8/1	蓝星公司	三星	3型	¥1,300.00	10	¥13,000.00
13	2017/10/23	蓝星公司	华为	3型	¥3,500.00	15	¥52,500.00
14		蓝星公司 汇总				33	¥70,300.00
15		总计				99	¥159,500.00
16							

图6-100　分类结果

3. 在图 6-100 左上角单击 1 按钮显示一级数据，结果如图 6-101 所示。

	A	B	C	D	E	F	G
1	订货日期	厂家	商品名称	型号	单价	数量	合计
15		总计				99	¥159,500.00
16							
17							
18							
19							
20							
21							

图6-101　一级显示结果

4. 在图 6-100 左上角单击 2 按钮显示二级数据，结果如图 6-102 所示。

	A	B	C	D	E	F	G
1	订货日期	厂家	商品名称	型号	单价	数量	合计
6		胜利公司 汇总				33	¥53,400.00
10		凯威公司 汇总				33	¥35,800.00
14		蓝星公司 汇总				33	¥70,300.00
15		总计				99	¥159,500.00
16							
17							
18							

图6-102　二级显示结果

5. 在图 6-100 左上角单击 3 按钮显示三级数据，结果如图 6-103 所示。

	A	B	C	D	E	F	G
1	订货日期	厂家	商品名称	型号	单价	数量	合计
2	2017/3/1	胜利公司	华为	1型	¥2,450.00	10	¥24,500.00
3	2017/3/8	胜利公司	华为	2型	¥660.00	5	¥3,300.00
4	2017/4/9	胜利公司	三星	1型	¥1,600.00	10	¥16,000.00
5	2017/4/18	胜利公司	小米	1型	¥1,200.00	8	¥9,600.00
6		胜利公司 汇总				33	¥53,400.00
7	2017/9/10	凯威公司	华为	4型	¥800.00	15	¥12,000.00
8	2017/5/16	凯威公司	三星	4型	¥1,100.00	10	¥11,000.00
9	2017/6/20	凯威公司	小米	2型	¥1,600.00	8	¥12,800.00
10		凯威公司 汇总				33	¥35,800.00
11	2017/7/20	蓝星公司	三星	1型	¥600.00	8	¥4,800.00
12	2017/8/1	蓝星公司	三星	3型	¥1,300.00	10	¥13,000.00
13	2017/10/23	蓝星公司	华为	3型	¥3,500.00	15	¥52,500.00
14		蓝星公司 汇总				33	¥70,300.00
15		总计				99	¥159,500.00

图6-103　三级显示结果

6.5.3 数据组合

将某个范围内的单元格关联起来便是组合，与分类汇总的区别在于：分类汇总是将相同项目的数据集合在一起进行汇总，组合只是将某个范围内的数据集合在一起，但不进行汇总。

【操作要点】

1. 打开素材文件"素材\第 6 章\案例 9.et"。
2. 选择需要组合的行或列，如图 6-104 所示。
3. 在【数据】选项卡的【分级显示】工具组中单击【创建组】按钮，打开【创建

组】对话框，选择【行】选项，如图 6-105 所示。

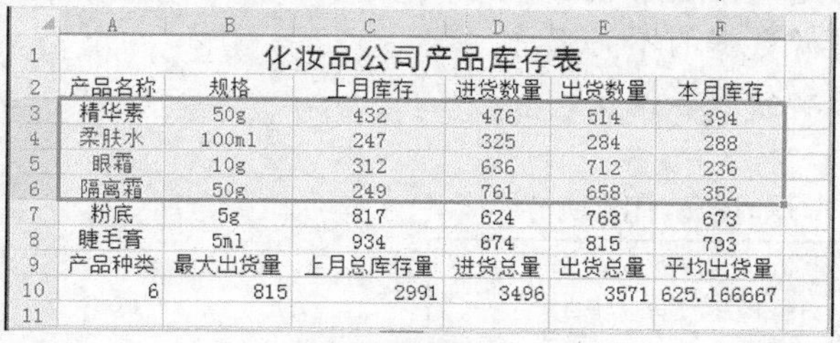

	A	B	C	D	E	F
1	化妆品公司产品库存表					
2	产品名称	规格	上月库存	进货数量	出货数量	本月库存
3	精华素	50g	432	476	514	394
4	柔肤水	100ml	247	325	284	288
5	眼霜	10g	312	636	712	236
6	隔离霜	50g	249	761	658	352
7	粉底	5g	817	624	768	673
8	睫毛膏	5ml	934	674	815	793
9	产品种类	最大出货量	上月总库存量	进货总量	出货总量	平均出货量
10	6	815	2991	3496	3571	625.166667
11						

图6-104 选取数据行

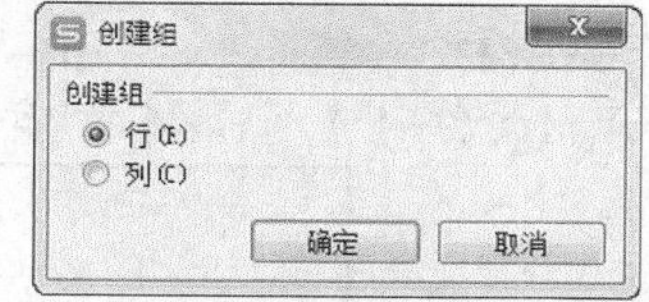

图6-105 【创建组】对话框

4. 单击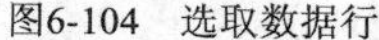按钮后，将选定的单元格区域作为一个组合，如图 6-106 所示。

	A	B	C	D	E	F
1	化妆品公司产品库存表					
2	产品名称	规格	上月库存	进货数量	出货数量	本月库存
3	精华素	50g	432	476	514	394
4	柔肤水	100ml	247	325	284	288
5	眼霜	10g	312	636	712	236
6	隔离霜	50g	249	761	658	352
7	粉底	5g	817	624	768	673
8	睫毛膏	5ml	934	674	815	793
9	产品种类	最大出货量	上月总库存量	进货总量	出货总量	平均出货量
10	6	815	2991	3496	3571	625.166667
11						

图6-106 组合结果

5. 单击-按钮可以折叠组，如图 6-107 所示。折叠后，单击+按钮，展开组合行。

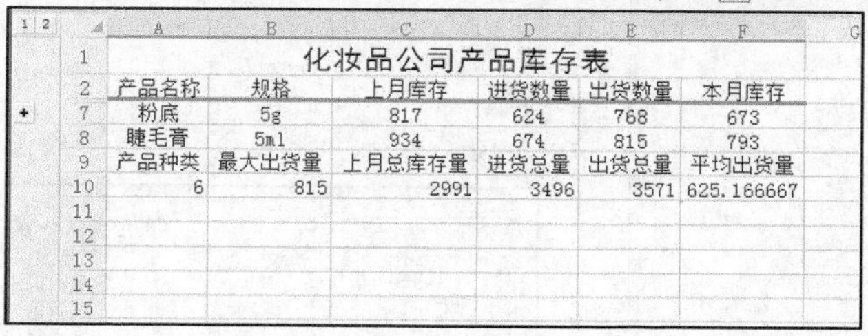

	A	B	C	D	E	F
1	化妆品公司产品库存表					
2	产品名称	规格	上月库存	进货数量	出货数量	本月库存
7	粉底	5g	817	624	768	673
8	睫毛膏	5ml	934	674	815	793
9	产品种类	最大出货量	上月总库存量	进货总量	出货总量	平均出货量
10	6	815	2991	3496	3571	625.166667
11						
12						
13						
14						
15						

图6-107 折叠组

选中已经创建组的行，在【数据】选项卡的【分级显示】工具组中单击【取消组合】按钮，在弹出的【取消组合】对话框中单击确定按钮后即可取消组。

6.6 创建数据透视表

数据透视表是对数据排序和数据分类汇总的综合运用，是对具有多个字段的一组数据进行多立体的分析汇总，用于对多种来源的数据进行汇总和分析，从而可以快速合并和比较大量的数据。数据规模越大，这样分析的意义显得越突出。

6.6.1 数据透视表的创建方法

数据透视表是一个经过重新组织的表格，它从外表看来与一般工作表没有两样，但是却不能够在单元格里面直接输入或修改数据。

数据透视表主要具有以下功能。

- 以多种方式查询大量数据。
- 对数据进行分类汇总和聚合，创建自定义计算或公式。

- 按照级别展开或折叠数据，查看感兴趣的数据区域。
- 将行移动到列或将列移动到行，查看源数据的不同汇总。
- 对最关注的数据子集进行筛选、排序和分组等操作。

【操作要点】

1. 打开素材文件“素材\第 6 章\案例 10.et”，如图 6-108 所示。

	A	B	C	D
1	第一季度电器销售情况			
2	月份	姓名	销售内容	销售额
3	一月	李英	电视机	34523
4	二月	李英	洗衣机	25345
5	三月	李英	电冰箱	34455
6	一月	刘敏敏	电冰箱	20238
7	二月	刘敏敏	电视机	23453
8	三月	刘敏敏	洗衣机	43445
9	一月	王正亚	洗衣机	32208
10	二月	王正亚	电冰箱	21203
11	三月	王正亚	电视机	28034
12				

图6-108　打开的数据表

2. 选中任意一个单元格，如单元格 A2，在【插入】选项卡的【表格】工具组中单击【数据透视表】按钮，弹出【创建数据透视表】对话框，选中【请选择单元格区域】单选项，如图 6-109 所示，系统自动选中当前数据区域，如图 6-110 所示。

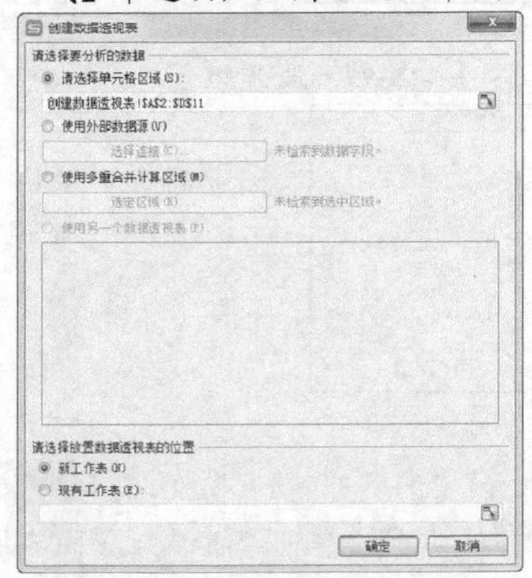

图6-109　【创建数据透视表】对话框

	A	B	C	D
1	第一季度电器销售情况			
2	月份	姓名	销售内容	销售额
3	一月	李英	电视机	34523
4	二月	李英	洗衣机	25345
5	三月	李英	电冰箱	34455
6	一月	刘敏敏	电冰箱	20238
7	二月	刘敏敏	电视机	23453
8	三月	刘敏敏	洗衣机	43445
9	一月	王正亚	洗衣机	32208
10	二月	王正亚	电冰箱	21203
11	三月	王正亚	电视机	28034
12				

图6-110　选中的数据区域

如果要修改数据区域的范围，可以在图 6-109 中单击按钮重新选择。

3. 在【请选择放置数据透视表的位置】栏中选择【新工作表】单选项，然后单击 确定 按钮。
4. 打开一个新建的工作表，这是一个空白的数据透视表，在没有添加字段之前，只有一些提示信息，如图 6-111 所示。
5. 按照预想表格显示内容，将【字段列表】列表框中的内容分别添加到【筛选器】【行】【列】和【值】列表框中。在本例中：
   - 将“姓名”和“月份”作为行，拖入【行】列表框中。
   - 将“销售内容”作为列，拖入【列】列表框中。
   - 将“销售额”作为值，拖入【值】列表框中，如图 6-112 所示。

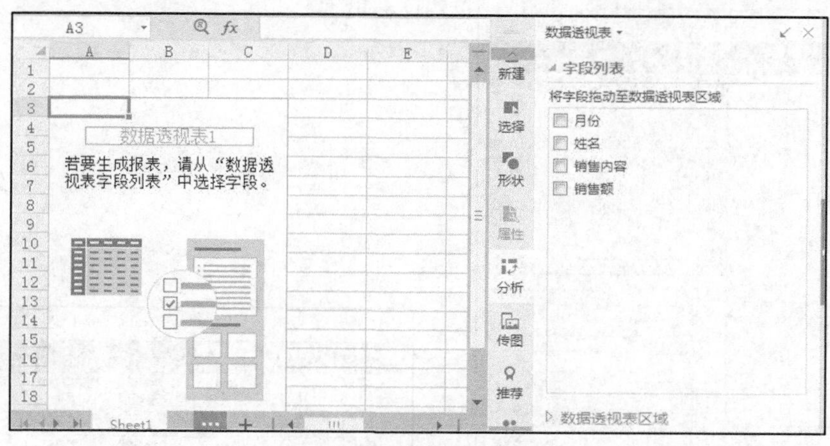

图6-111　空白数据透视表

6. 至此，数据透视表就完成了，该表展示了每位员工售出商品的情况，如图 6-113 所示。

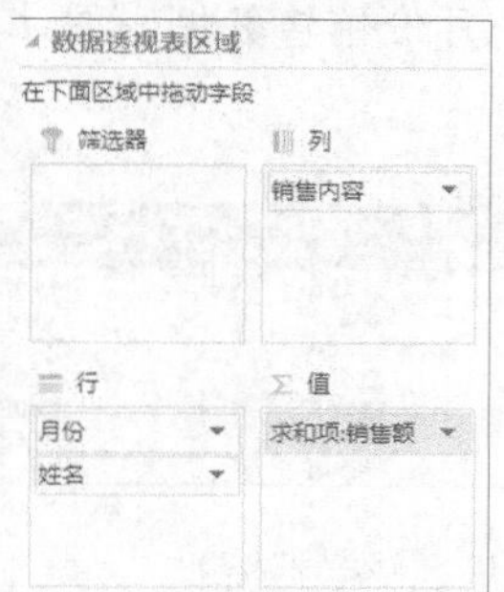

图6-112　数据透视表布局安排

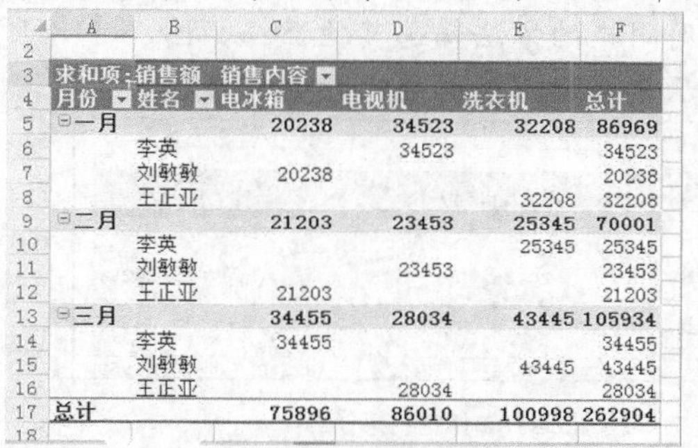

求和项:销售额	销售内容				
月份	姓名	电冰箱	电视机	洗衣机	总计
一月		20238	34523	32208	86969
	李英		34523		34523
	刘敏敏	20238			20238
	王正亚			32208	32208
二月		21203	23453	25345	70001
	李英			25345	25345
	刘敏敏		23453		23453
	王正亚	21203			21203
三月		34455	28034	43445	105934
	李英	34455			34455
	刘敏敏			43445	43445
	王正亚		28034		28034
总计		75896	86010	100998	262904

图6-113　最后创建的数据透视表

7. 在表格的月份上单击鼠标右键，在弹出的快捷菜单中选取【移动】/【将“月份”下移】命令，如图 6-114 所示，可以将“月份”下移一层级，修改后的数据透视表如图 6-115 所示。

8. 创建数据透视表后，可用各个标签筛选需要的数据，如单击【姓名】右侧的下拉按钮，打开下拉列表，选中【李英】，如图 6-116 所示，筛选结果如图 6-117 所示。

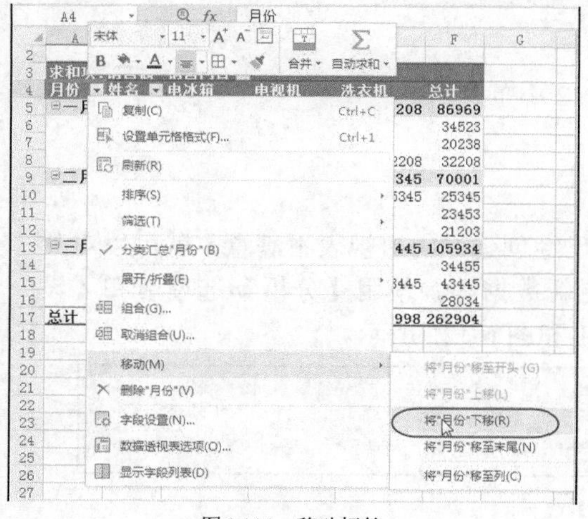

图6-114　移动标签

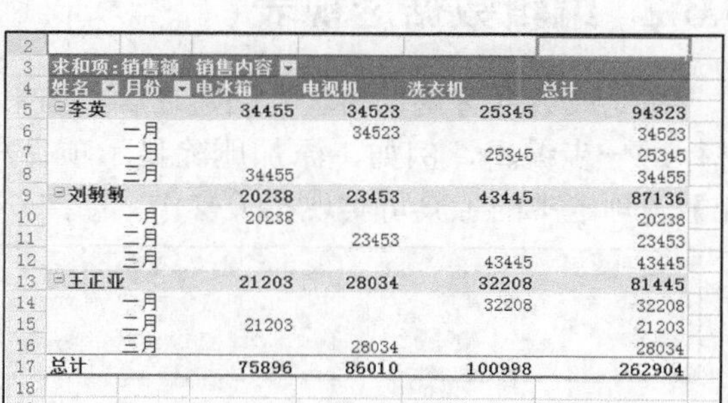

求和项:销售额	销售内容				
姓名	月份	电冰箱	电视机	洗衣机	总计
李英		34455	34523	25345	94323
	一月		34523		34523
	二月			25345	25345
	三月	34455			34455
刘敏敏		20238	23453	43445	87136
	一月	20238			20238
	二月		23453		23453
	三月			43445	43445
王正亚		21203	28034	32208	81445
	一月			32208	32208
	二月	21203			21203
	三月		28034		28034
总计		75896	86010	100998	262904

图6-115　修改后的数据透视表

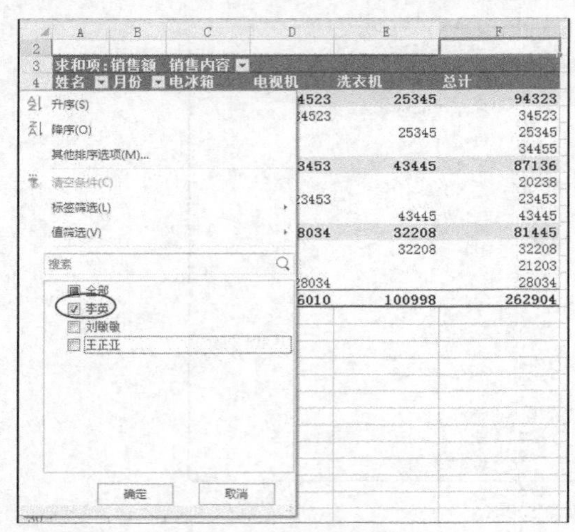

图6-116　设置筛选条件

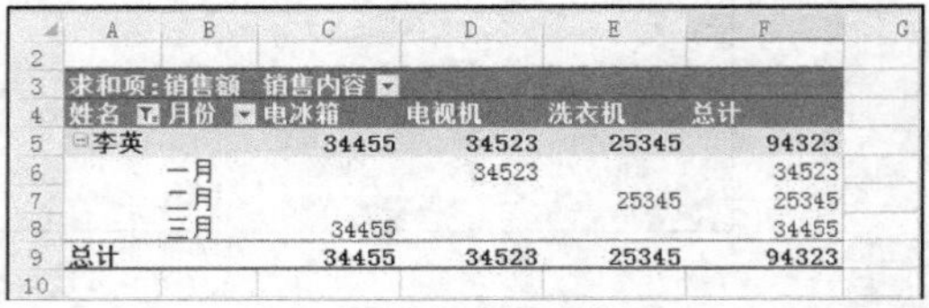

求和项:销售额		销售内容			
姓名	月份	电冰箱	电视机	洗衣机	总计
⊟李英		34455	34523	25345	94323
	一月		34523		34523
	二月			25345	25345
	三月	34455			34455
总计		34455	34523	25345	94323

图6-117　筛选结果（1）

9. 使用同样的方法筛选其他数据，图 6-118 所示是筛选出的一月份销售数据，图 6-119 所示是筛选出来的电冰箱销售数据。

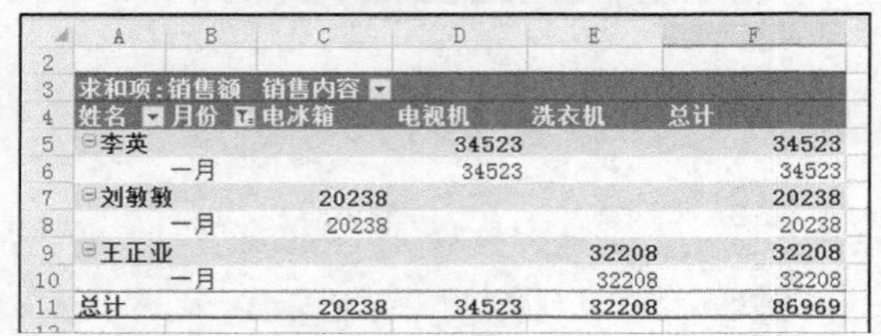

求和项:销售额		销售内容			
姓名	月份	电冰箱	电视机	洗衣机	总计
⊟李英			34523		34523
	一月		34523		34523
⊟刘敏敏		20238			20238
	一月	20238			20238
⊟王正亚				32208	32208
	一月			32208	32208
总计		20238	34523	32208	86969

图6-118　筛选结果（2）

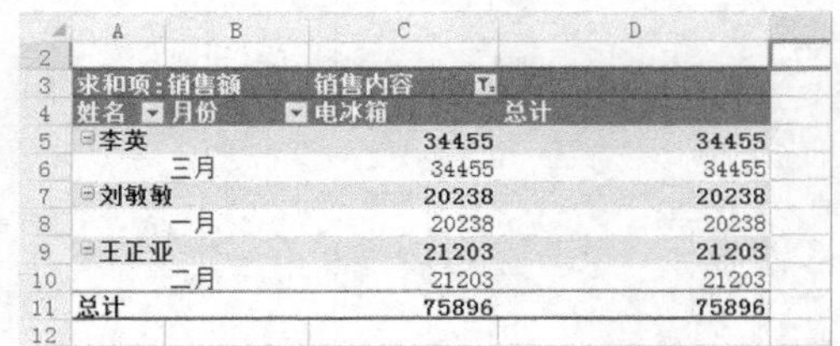

求和项:销售额		销售内容	
姓名	月份	电冰箱	总计
⊟李英		34455	34455
	三月	34455	34455
⊟刘敏敏		20238	20238
	一月	20238	20238
⊟王正亚		21203	21203
	二月	21203	21203
总计		75896	75896

图6-119　筛选结果（3）

单击【姓名】左侧的⊟按钮可以折叠数据，如图 6-120 所示，但不能修改数据透视表中的数据。如果试图修改这些数据，将给出“不能更改数据透视表这一部分”的警示信息。

求和项:销售额		销售内容			
姓名	月份	电冰箱	电视机	洗衣机	总计
⊞李英		34455	34523	25345	94323
⊞刘敏敏		20238	23453	43445	87136
⊞王正亚		21203	28034	32208	81445
总计		75896	86010	100998	262904

图6-120　折叠数据

10. 将数据透视表恢复到初始状态，保存，供 6.6.2 小节使用。

6.6.2 编辑数据透视表

在完成数据透视表的基本创建之后，如果对已经创建好的透视表不满意，就可以对其进行进一步编辑，例如，添加删除显示项目和更新数据等。使用【分析】选项卡和【设计】选项卡中的工具可实现相关操作，如图 6-121 和图 6-122 所示。

图6-121　【分析】选项卡

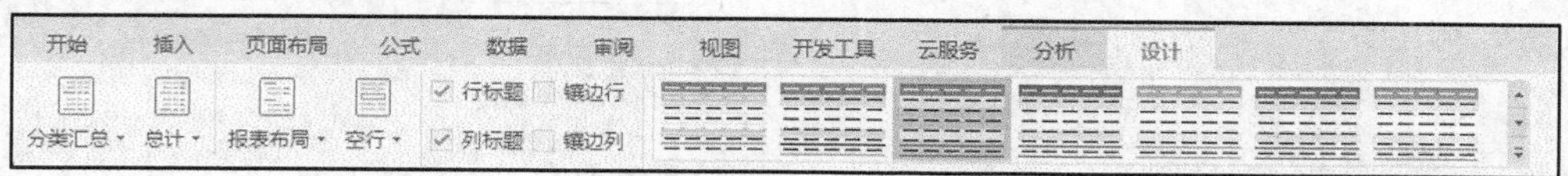

图6-122 【设计】选项卡

一、 添加或删除显示项目

如果数据源包含的列数较多，数据量较大，用户可以根据需要添加或删除数据透视表的显示项目。

【操作要点】

1. 打开 6.6.1 小节创建的数据透视表。
2. 在【分析】选项卡中单击 （字段列表）按钮，在界面右侧打开【数据透视表】面板，在任意字段上单击鼠标右键，弹出快捷菜单，如图 6-123 所示，使用对应命令可以将选定的字段添加到适当的标签中。
3. 在【数据透视表区域】面板的【筛选器】【行】【列】和【值】列表框中单击选定项目右侧的下拉按钮，弹出图 6-124 所示的下拉列表，利用此列表可以进行删除和移动操作等。

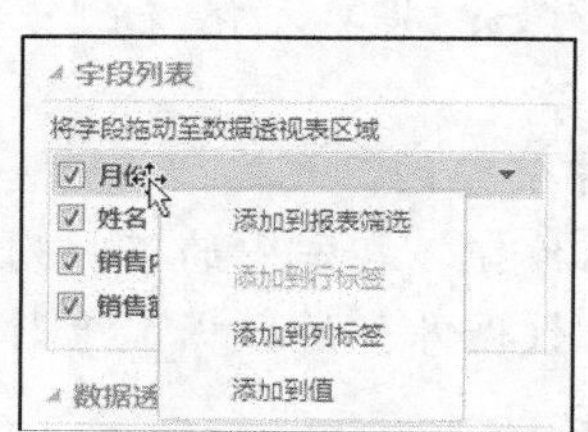

图6-123 快捷菜单

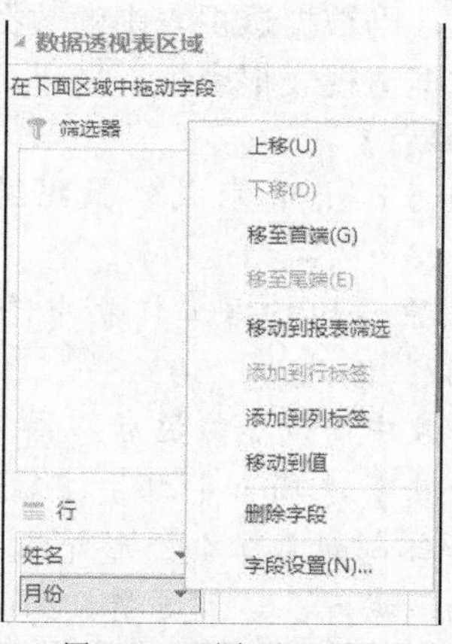

图6-124 删除/移动项目

二、 修改汇总方式

默认情况下，数据透视表使用的汇总方式为求和，但是有时候表格需要采用别的汇总方式，以便更好地分析表格。

【操作要点】

1. 接上例。选中需要修改字段的单元格，如单元格 F9，在【分析】选项卡中单击 （字段设置）按钮 ，打开【字段设置】对话框，如图 6-125 所示。
2. 在【字段设置】对话框中有很多种分类汇总的方式，可以选择任意一种符合要求的汇总方式，如【计数】，如图 6-125 所示。

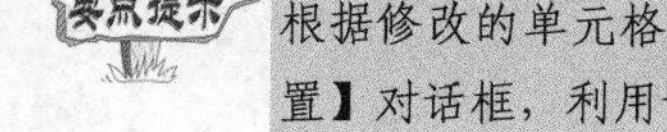

根据修改的单元格的内容不同，弹出的对话框的名称略有差异，图 6-126 所示是【值字段设置】对话框，利用该对话框中的【值显示方式】选项卡可以修改数字的格式。

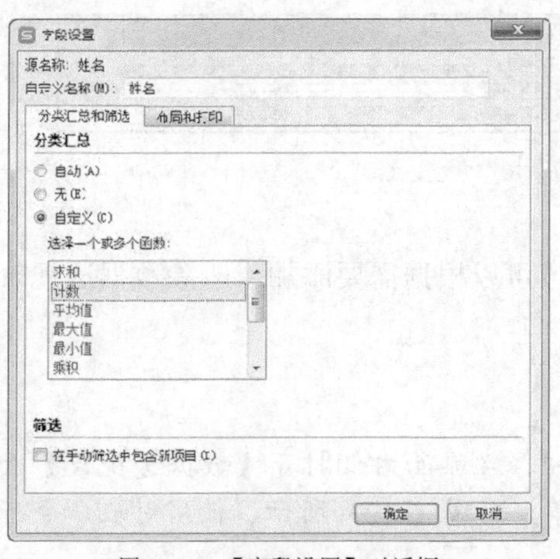

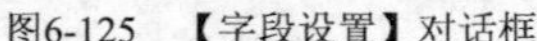
图6-125　【字段设置】对话框

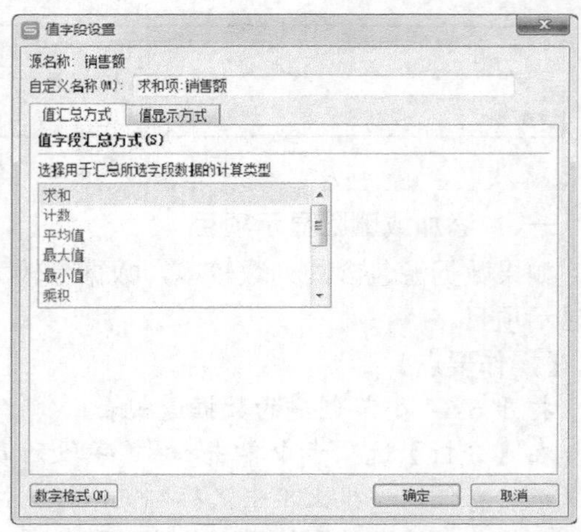

图6-126　【值字段设置】对话框

三、 更新数据

虽然数据透视表是根据数据源创建的，但是它在创建完成以后，如果数据源中的数据发生了变化，则数据透视表中的数据并不会随着数据源的改变而自动修改。但是重新创建一张新的数据透视表很麻烦，所以可以采取以下方法更新数据。

【操作要点】

1. 打开 6.6.1 小节完成的数据透视表，同时也打开素材文件“素材\第 6 章\案例 10.et”。
2. 任意在原始的数据工作表中修改一个或多个数据，例如：将单元格 D6 中的数据“20238”修改为“30238”。
3. 在工作表中修改了数据后，再次返回数据透视表，选中任意的单元格。
4. 在【分析】选项卡中单击【刷新】按钮下方的下拉按钮，在弹出的下拉列表中选取【全部刷新】命令。整个数据透视表就会重新读取数据源中的数据，重新导入更新后的数据源，达到更新数据的目的，如图 6-127 所示。

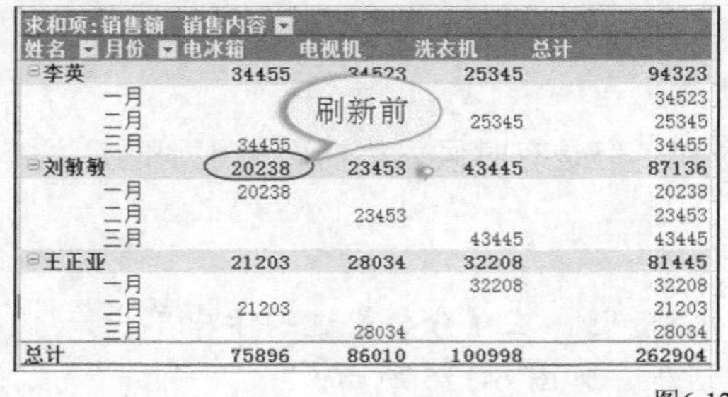

求和项:销售额		销售内容			
姓名	月份	电冰箱	电视机	洗衣机	总计
李英		34455	34523	25345	94323
	一月				34523
	二月			25345	25345
	三月	34455			34455
刘敏敏		20238	23453	43445	87136
	一月	20238			20238
	二月		23453		23453
	三月			43445	43445
王正亚		21203	28034	32208	81445
	一月			32208	32208
	二月	21203			21203
	三月		28034		28034
总计		75896	86010	100998	262904

求和项:销售额		销售内容			
姓名	月份	电冰箱	电视机	洗衣机	总计
李英		34455	34523	25345	94323
	一月				34523
	二月			25345	25345
	三月	34455			34455
刘敏敏		30238	23453	43445	97136
	一月	30238			30238
	二月		23453		23453
	三月			43445	43445
王正亚		21203	28034	32208	81445
	一月			32208	32208
	二月	21203			21203
	三月		28034		28034
总计		85896	86010	100998	272904

刷新后

图6-127　刷新对比

根据修改单元格的数量不同，在选择刷新的时候可以选中数据发生变化的单元格，然后在【分析】选项卡中单击【刷新】按钮，刷新当前选中的单元格。

四、 修改数字格式

对于财务人员，金额的显示有一定的格式要求，可按照以下操作进行修改。

【操作要点】

1. 接上例。选中单元格，如 C4，在【分析】选项卡中单击（字段设置）按钮，在弹出的【值字段设置】对话框中单击数字格式(N)按钮，如图 6-128 所示。
2. 弹出【单元格格式】对话框，在【分类】列表框中选择【货币】选项，其他保持默认设置，如图 6-129 所示。

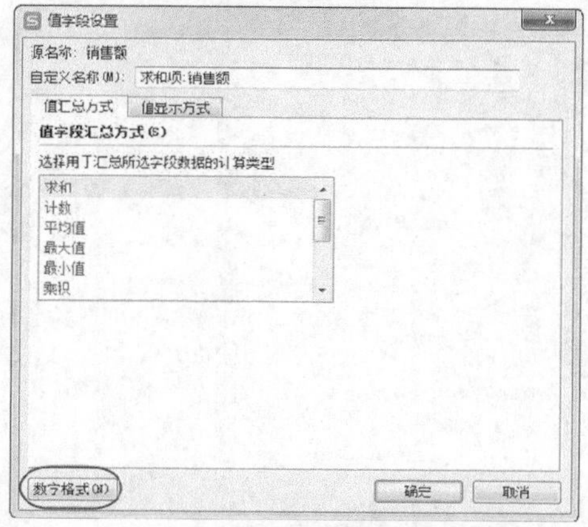

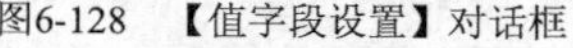

图6-128　【值字段设置】对话框

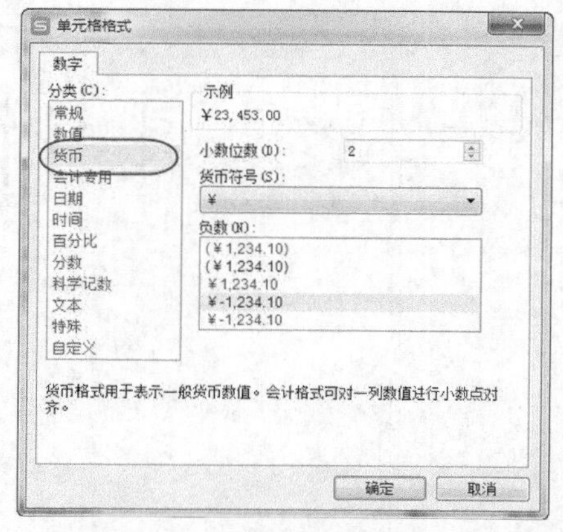

图6-129　【单元格格式】对话框

3. 单击确定按钮返回【值字段设置】对话框，再单击确定按钮返回工作表，完成设置后的工作表如图 6-130 所示。

求和项:销售额		销售内容			
姓名	月份	电冰箱	电视机	洗衣机	总计
⊟李英		¥34,455.00	¥34,523.00	¥25,345.00	¥94,323.00
	一月		¥34,523.00		¥34,523.00
	二月			¥25,345.00	¥25,345.00
	三月	¥34,455.00			¥34,455.00
⊟刘敏敏		¥30,238.00	¥23,453.00	¥43,445.00	¥97,136.00
	一月	¥30,238.00			¥30,238.00
	二月		¥23,453.00		¥23,453.00
	三月			¥43,445.00	¥43,445.00
⊟王正亚		¥21,203.00	¥28,034.00	¥32,208.00	¥81,445.00
	一月			¥32,208.00	¥32,208.00
	二月	¥21,203.00			¥21,203.00
	三月		¥28,034.00		¥28,034.00
总计		¥85,896.00	¥86,010.00	¥100,998.00	¥272,904.00

图6-130　修改数值格式效果

4. 保存数据透视表，稍后使用。

6.7 创建数据透视图

表格虽然有完整的数据，但是展示效果往往不如图表。针对数据透视表，WPS 表格也有数据透视图与之结合，得到报表的另一种输出方式。

6.7.1 数据透视图的创建方法

当已经创建好数据透视表时，可以将其直接转化为数据透视图。

【操作要点】

1. 接上例。打开 6.6.1 小节创建并保存的数据透视表。
2. 选中数据透视表，在【分析】选项卡中单击（数据透视图）按钮，打开【插入图表】对话框，选择合适的图表类型，如簇状柱形图，如图 6-131 所示，然后单击

确定 按钮。

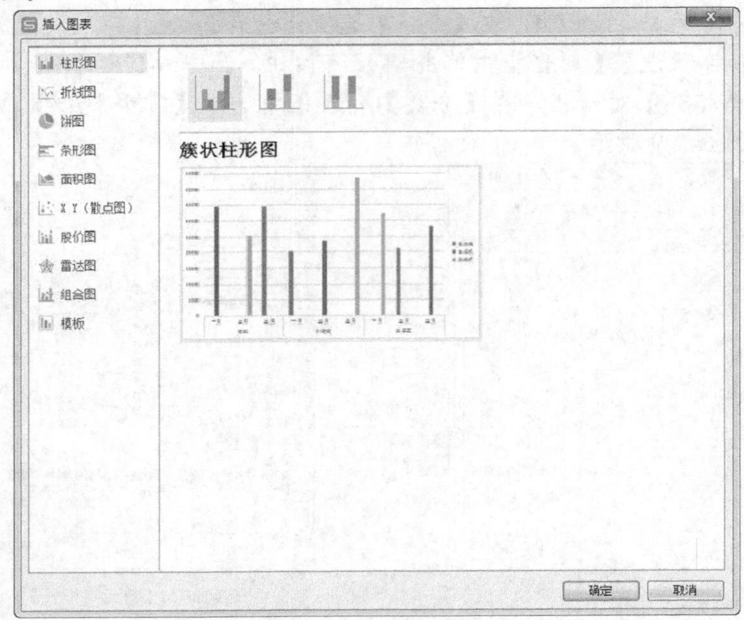

图6-131　【插入图表】对话框

3. 最后生成的数据透视图和新建的数据透视图一致，如图 6-132 所示。

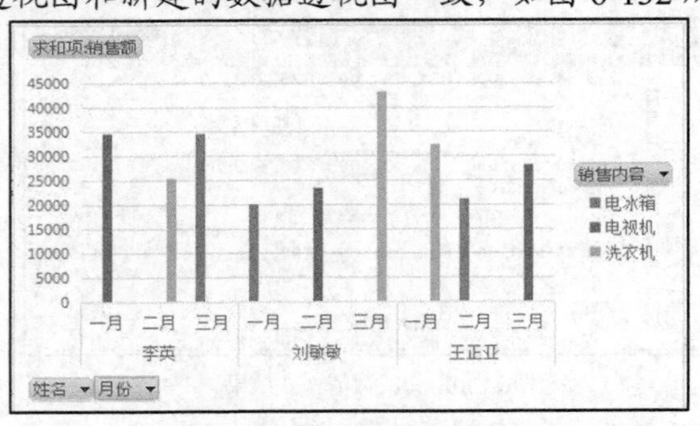

图6-132　最后创建的数据透视图

6.7.2 编辑数据透视图

当用户对数据透视图的样式不满意时，可以通过图 6-133 所示的编辑工具对透视图进行编辑修改。

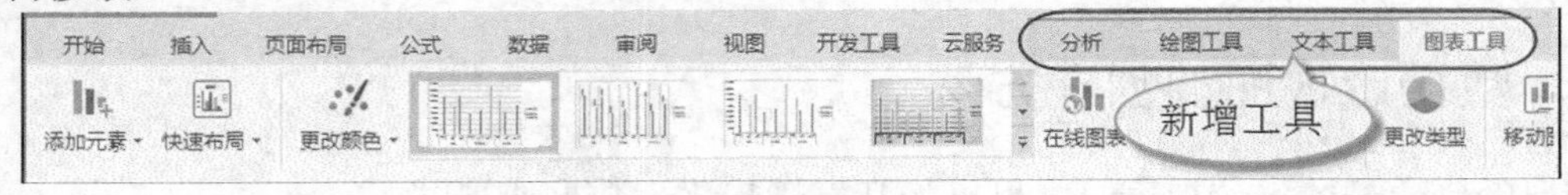

图6-133　编辑工具

一、 修改图表类型

【操作要点】

1. 接上例。选中前面创建的数据透视图。

2. 在【图表工具】选项卡的【类型】工具组中单击【更改类型】按钮，打开【更改图表类型】对话框，选择条形图，如图 6-134 所示，然后单击 确定 按钮。

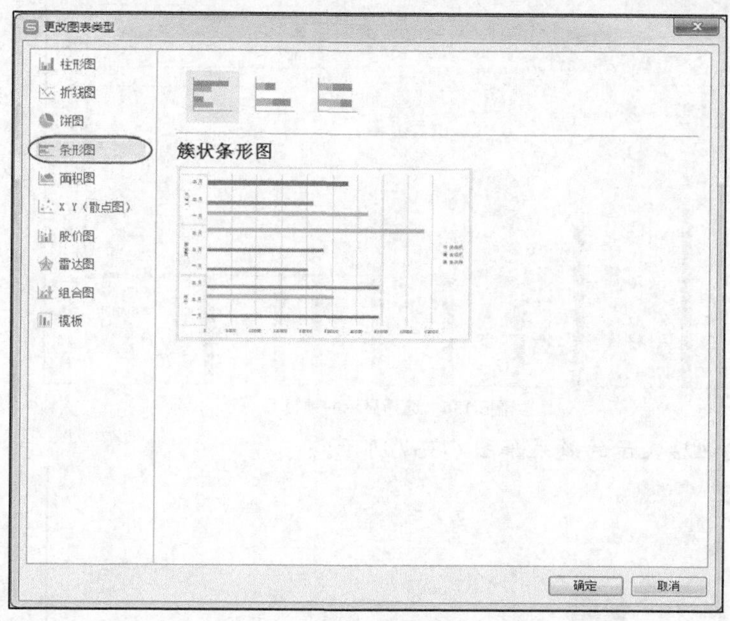

图6-134　更改图表类型

3. 更改类型后的条形图如图 6-135 所示。

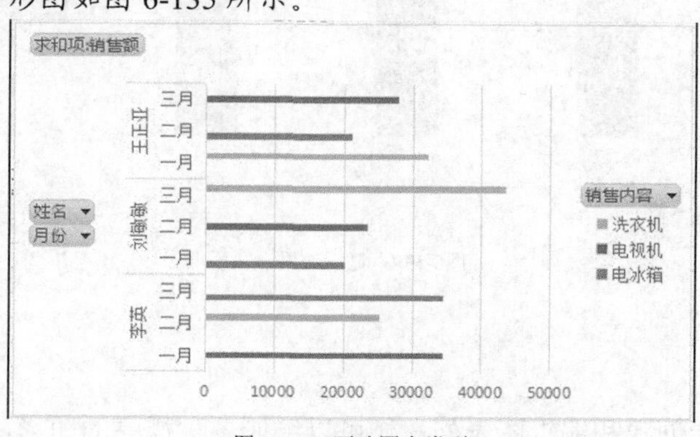

图6-135　更改图表类型

4. 恢复图表到最初状态，供后续设计使用。

二、 修改项目显示

当数据透视图的显示项目太多，需要看详细对比的时候，可以按照以下操作方法进行修改。

【操作要点】

1. 接上例。选中数据透视图，然后单击数据透视图上的下拉按钮，在弹出的下拉列表中进行数据筛选。例如，想看各个员工在第一季度销售电冰箱的情况，可以单击【销售内容】右侧的下拉按钮，在弹出的下拉列表中选择【电冰箱】，如图 6-136 所示。

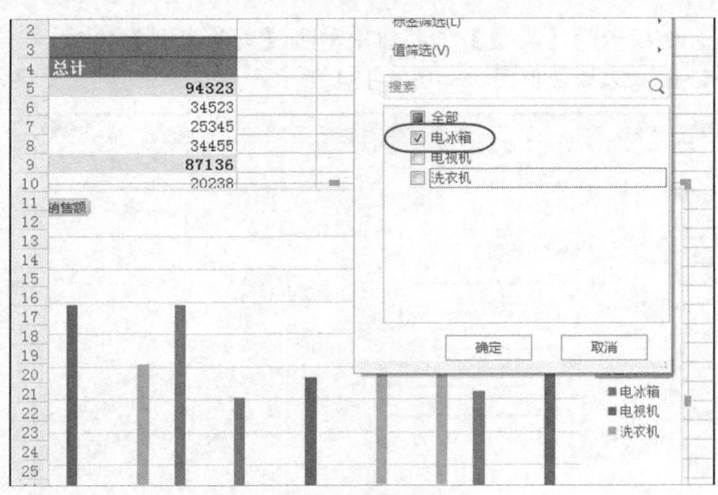

图6-136 选择显示的项目

2. 单击 确定 按钮后显示的效果如图 6-137 所示。

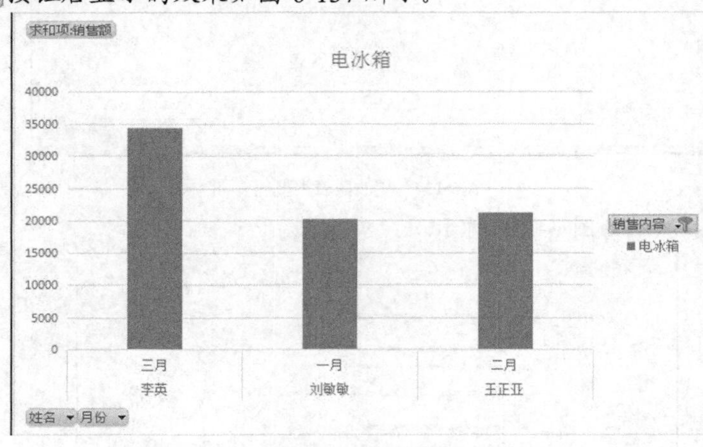

图6-137 显示效果

6.8 小结

在工作表中除了能创建和编辑图表外，还可以绘制各种漂亮的图形，或者插入图形文件和艺术字，使工作表更加美观。绘制图形后，用户还可以根据设计需要对其进行编辑操作，例如，对图形进行移动、缩放和旋转等。在创建工作表时，为了提高工作效率，用户可将事先准备好的外部数据导入其中，如可以从文本文件中导入数据，或者从 Access 数据库中批量导入数据等。

数据排序时，首先需要指定排序的依据，也就是指定排序的关键字，排序关键字有主要关键字和次要关键字之分。首先按照主要关键字排序，当两个数据对应的主关键字相同时，再依据次要关键字排序。通过数据筛选可以定义筛选条件，从大量数据中筛选出符合要求的数据。当工作表中的数据量很大时，通过分类汇总的方法可以将相同项目的记录集合在一起，分门别类地进行汇总，以方便查阅数据和总结数据。

数据透视是一种可以快速汇总大量数据的交互式方法，数据透视表是对具有多个字段的一组数据进行多立体的分析汇总，可以对多种来源的数据进行汇总和分析，能够快速合并和比较大量的数据。创建数据透视表后，用户如果对已经创建好的透视表不满意，还可以对其进行必要的编辑操作，例如：添加删除显示项目或更新数据等。数据透视图的展示效果更加直观，是处理大批量数据的强有力工具。

6.9 习题

1. 数据排序有何意义，在工作表中有哪些排序方法？
2. 分类汇总有何意义，如何创建分类汇总？
3. 数据筛选操作的目的是什么，主要有哪些步骤？
4. 数据透视表有何用途，怎样创建数据透视表？
5. 数据透视图主要有何用途？

第7章 WPS 表格 2016 实战综合应用

【学习目标】

- 掌握 WPS 表格 2016 的基本操作技能。
- 掌握 WPS 表格 2016 的主要数据管理方法。
- 掌握使用 WPS 表格 2016 进行数据分析和统计的一般步骤。

使用 WPS 表格可以方便地创建数据表和管理数据，同时还可以方便地对数据进行统计分析，为办公自动化提供了极大的方便。本章将通过一组综合实例介绍使用 WPS 表格 2016 创建电子表格并进行数据管理的一般方法和技巧。

7.1 制作电子图表——中国奥运之路

中国奥运之路

本例将根据学过的内容制作一个“中国奥运之路”的图表，用来直观显示中国近年来参加奥运会的成绩变化趋势。最终设计结果如图 7-1 所示。

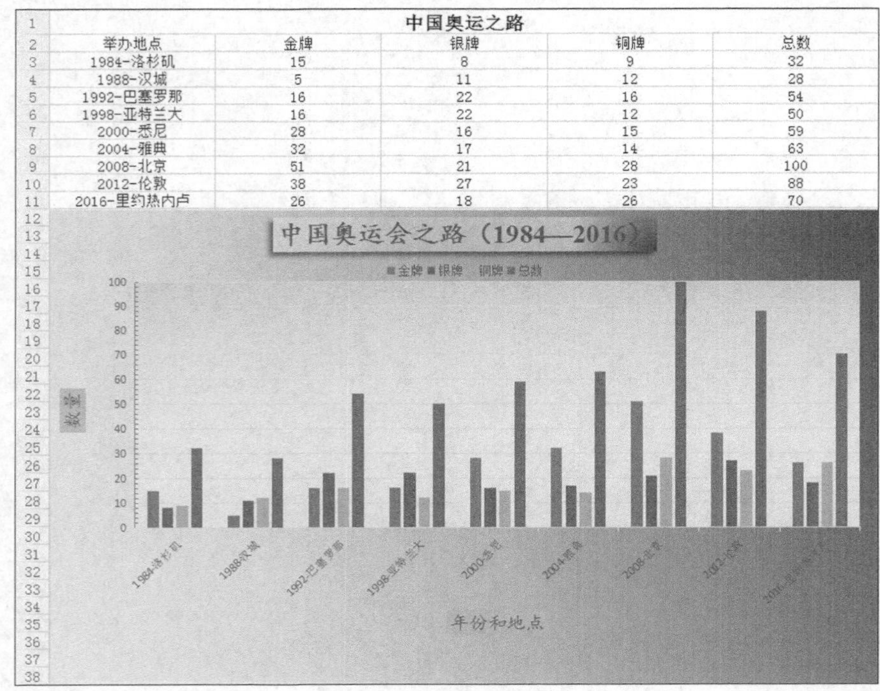

中国奥运之路				
举办地点	金牌	银牌	铜牌	总数
1984-洛杉矶	15	8	9	32
1988-汉城	5	11	12	28
1992-巴塞罗那	16	22	16	54
1998-亚特兰大	16	22	12	50
2000-悉尼	28	16	15	59
2004-雅典	32	17	14	63
2008-北京	51	21	28	100
2012-伦敦	38	27	23	88
2016-里约热内卢	26	18	26	70

图7-1 中国奥运之路图表

1. 打开素材文件“素材\第 7 章\案例 1.et”，如图 7-2 所示。

	A	B	C	D	E
1	中国奥运之路				
2	举办地点	金牌	银牌	铜牌	总数
3	1984-洛杉矶	15	8	9	32
4	1988-汉城	5	11	12	28
5	1992-巴塞罗那	16	22	16	54
6	1998-亚特兰大	16	22	12	50
7	2000-悉尼	28	16	15	59
8	2004-雅典	32	17	14	63
9	2008-北京	51	21	28	100
10	2012-伦敦	38	27	23	88
11	2016-里约热内卢	26	18	26	70

图7-2　打开的工作表

2. 按照图 7-3 所示选中要创建图表的单元格区域，然后在【插入】选项卡的【图表】工具组中选中【柱形图】中的【簇状柱形图】选项，如图 7-4 所示。

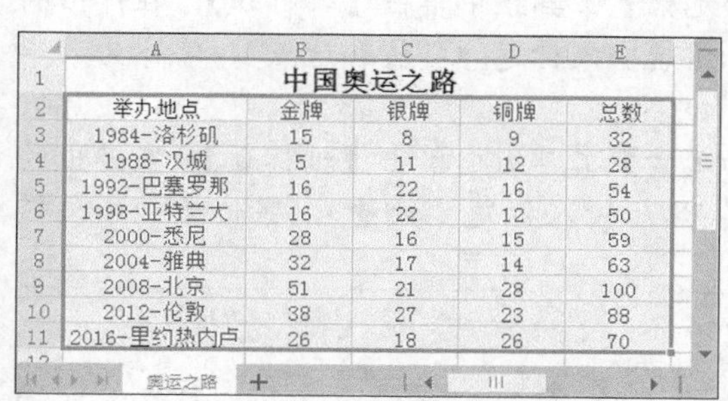

	A	B	C	D	E
1	中国奥运之路				
2	举办地点	金牌	银牌	铜牌	总数
3	1984-洛杉矶	15	8	9	32
4	1988-汉城	5	11	12	28
5	1992-巴塞罗那	16	22	16	54
6	1998-亚特兰大	16	22	12	50
7	2000-悉尼	28	16	15	59
8	2004-雅典	32	17	14	63
9	2008-北京	51	21	28	100
10	2012-伦敦	38	27	23	88
11	2016-里约热内卢	26	18	26	70

图7-3　选中数据区域

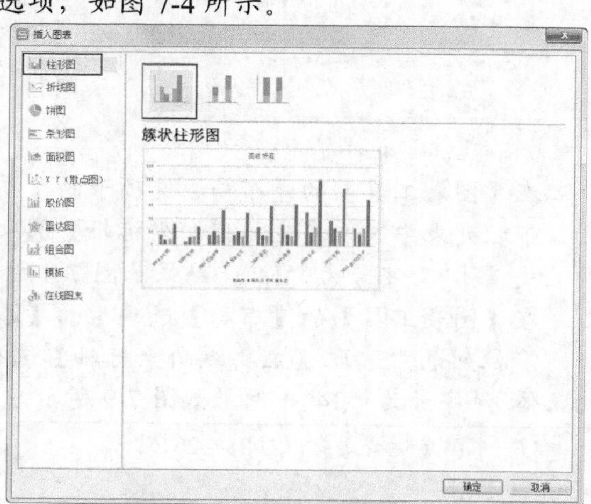

图7-4　选择图表类型

3. 随后系统根据选择的单元格区域，对应生成图表，如图 7-5 所示。

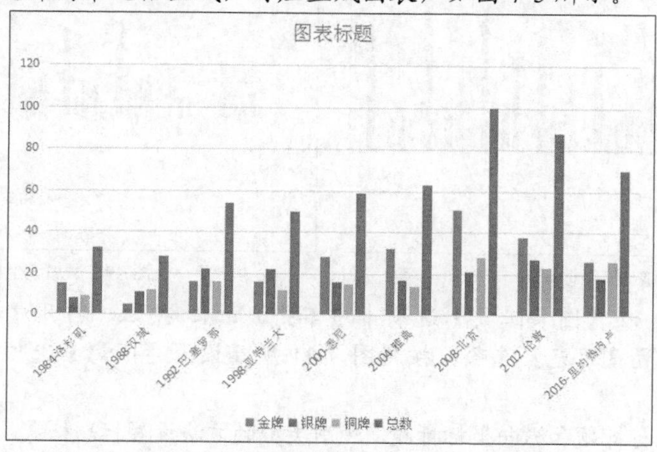

图7-5　簇状柱形图

4. 选中刚创建的图表，在【图表工具】的【布局】选项卡的【添加元素】工具组中单击【图表标题】，在弹出的下拉列表中选取【图表上方】选项，然后输入标题“中国奥运会之路（1984—2016）”。
5. 选中文字，在其上单击鼠标右键，在弹出的快捷菜单中选取【字体】命令，打开【字体】对话框，按照图 7-6 所示设置字体和字号，最后创建的标题如图 7-7 所示。

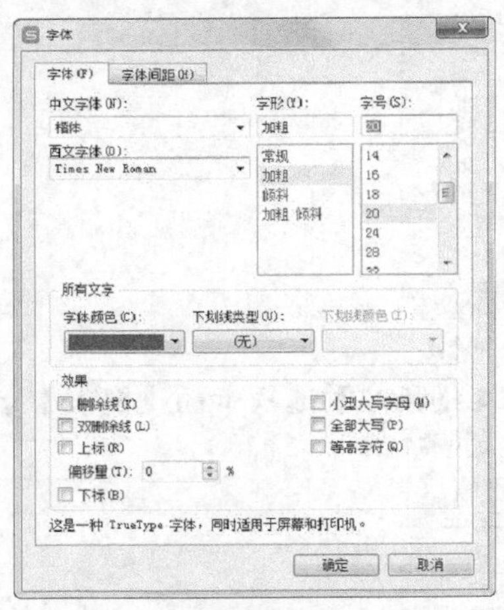

图7-6　设置字体

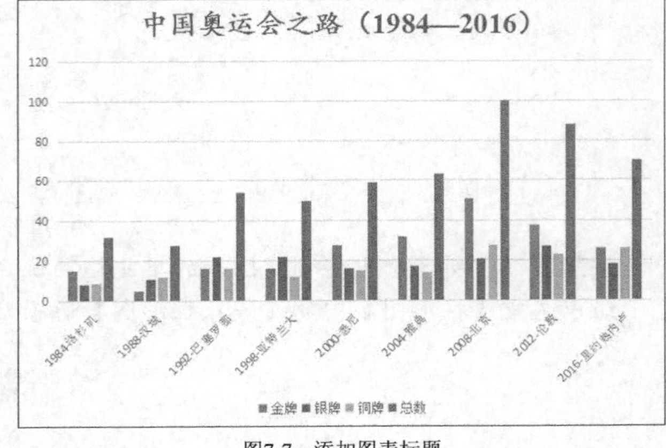

图7-7　添加图表标题

6. 在【图表工具】的【布局】选项卡的【添加元素】工具组中单击【轴标题】，在弹出的下拉列表中选取【主要横向坐标轴】选项，然后输入标题“年份和地点”，字体为“华文楷体”，字号为“14”，结果如图 7-8 所示。
7. 在【图表工具】的【布局】选项卡的【添加元素】工具组中单击【轴标题】，在弹出的下拉列表中选取【主要纵向坐标轴】选项，然后输入标题“数量”，字体为“华文楷体”，字号为“14”，结果如图 7-9 所示。

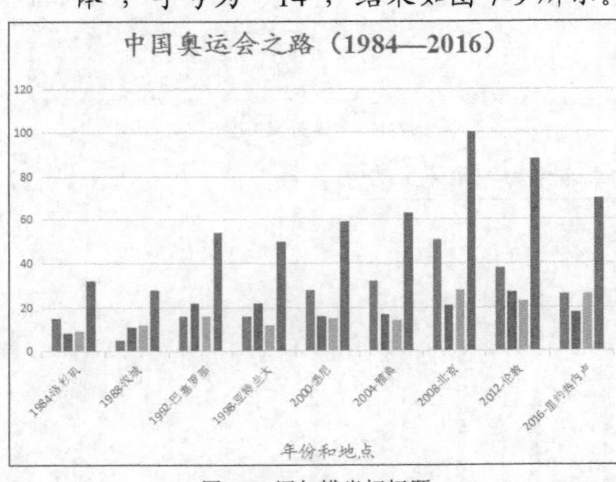

图7-8　添加横坐标标题

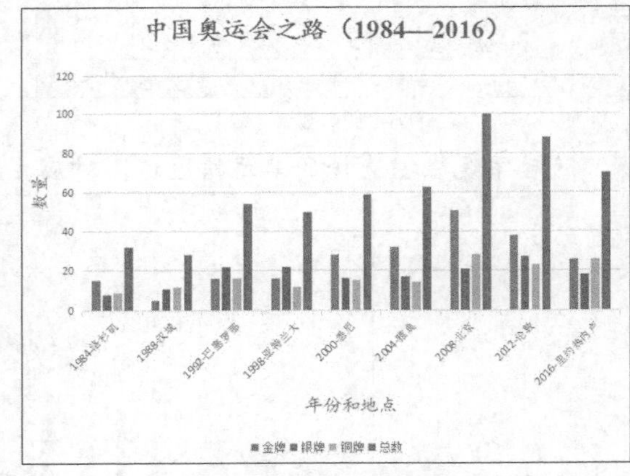

图7-9　添加纵坐标标题

8. 选中图表标题，在【图表工具】选项卡中单击 设置格式 按钮，打开【属性】面板，按照图 7-10 所示设置【填充】选项，按照图 7-11 所示设置【阴影】选项，最后创建的效果如图 7-12 所示。
9. 依次选中横向坐标标题和纵向坐标标题，使用类似的方法设置标题格式，参考效果如图 7-13 所示。
10. 在纵坐标上单击鼠标右键，在弹出的快捷菜单中选择【设置坐标轴格式】命令，打开【属性】面板，在【坐标轴选项】选项卡的【最小值】和【最大值】文本框中分别输入“0”和“100”，然后在【刻度线标记】栏的【次要类型】下拉列表中选择【内部】选项，如图 7-14 所示。

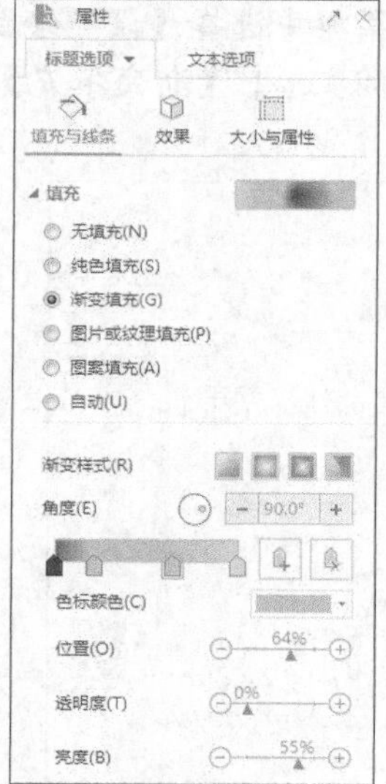

图7-10　设置标题格式（1）

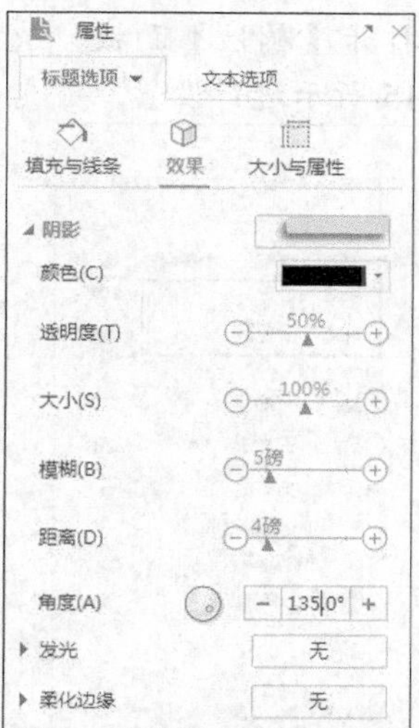

图7-11　设置标题格式（2）

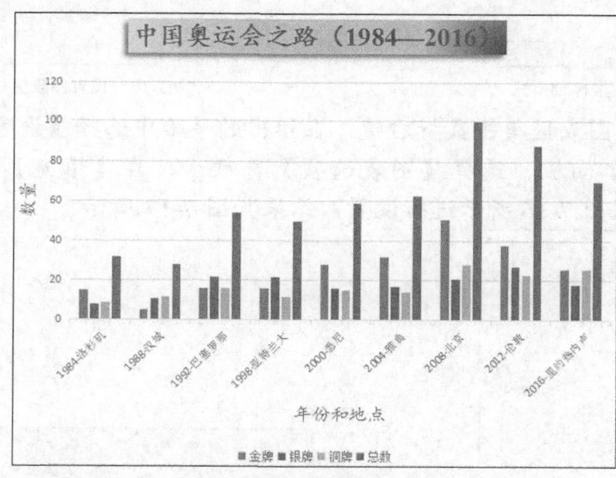

图7-12　设置标题格式的效果

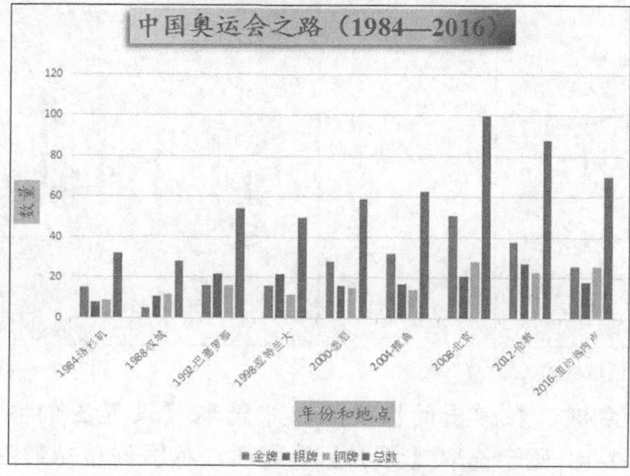

图7-13　设置其他标题格式的效果

11. 在图 7-13 所示的绘图区单击鼠标右键，在弹出的快捷菜单中选择【设置绘图区格式】命令，打开【属性】面板，选择【填充与线条】选项卡，选中【渐变填充】选项，按照图 7-15 所示进行设置。

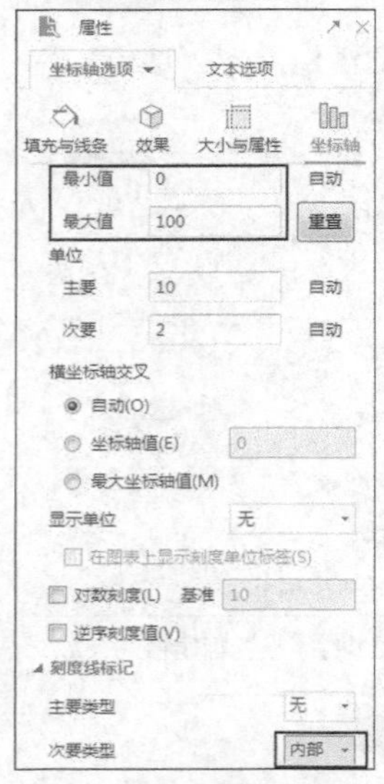

图7-14　设置坐标轴格式

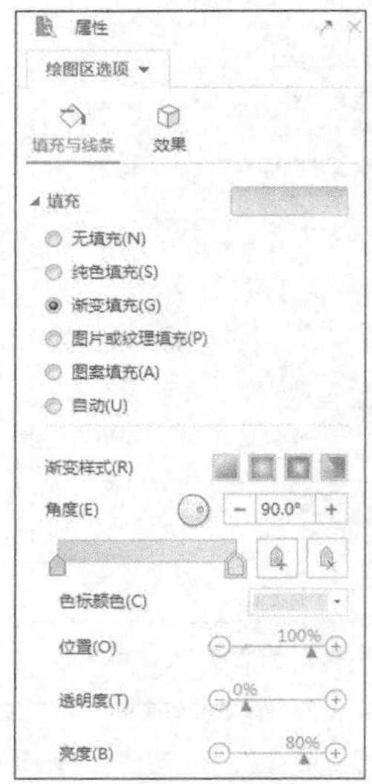

图7-15　设置图表区域格式（1）

12. 在图 7-13 所示的图表区单击鼠标右键，在弹出的菜单中选择【设置图表区域格式】命令，打开【属性】面板，选择【图表选项】选项卡，在【填充】栏中选中【渐变填充】单选项，按照图 7-16 所示进行设置，结果如图 7-17 所示。

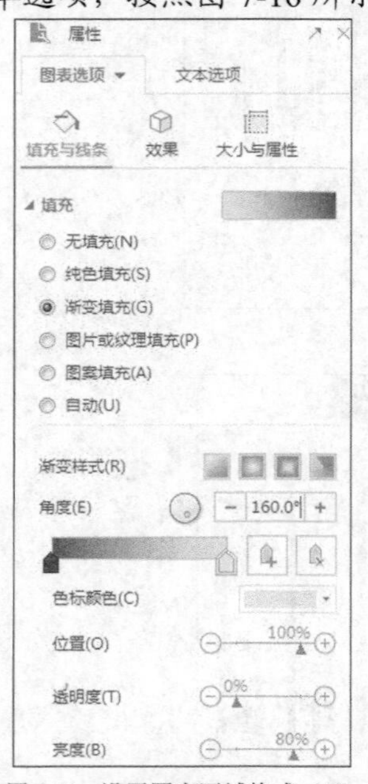

图7-16　设置图表区域格式（2）

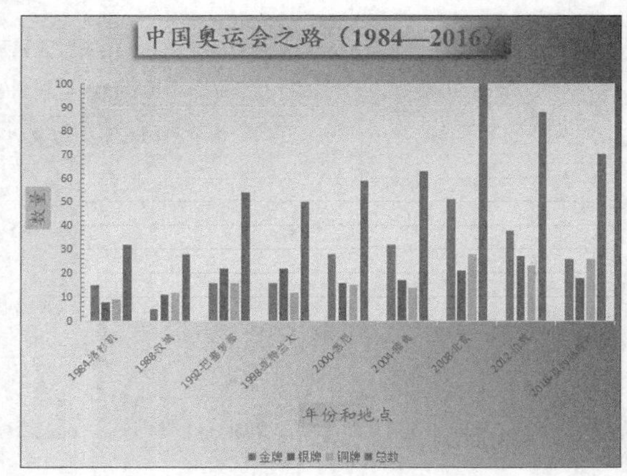

图7-17　效果显示

13. 在图例上单击鼠标右键，在弹出的快捷菜单中选取【设置图例格式】命令，打开【属性】面板，按照图 7-18 所示选取【靠上】单选项，将图例移动到图表标题下方，结果如图 7-19 所示。

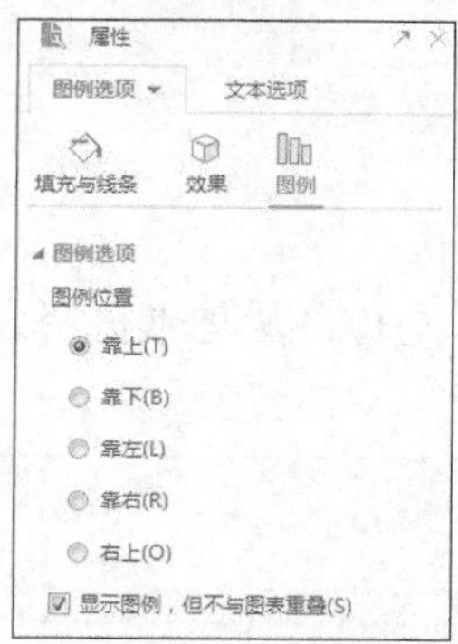

图7-18 【属性】面板

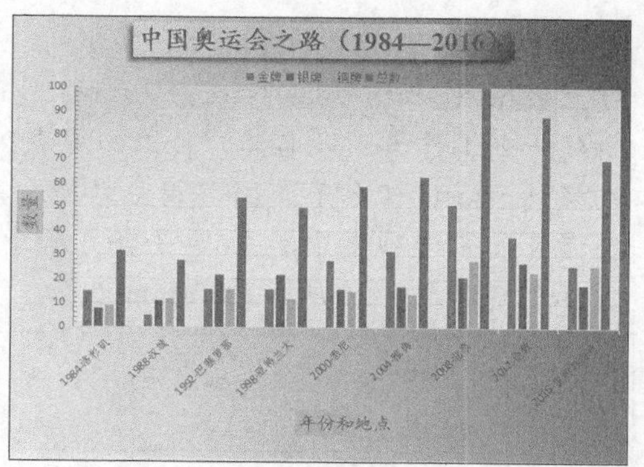

图7-19 调整图例位置后的结果

14. 在工作簿中将图表拖至数据区域下方，调整图表宽度，使文字横排显示，这样一个完整的图表就完成了，结果如图 7-20 所示。

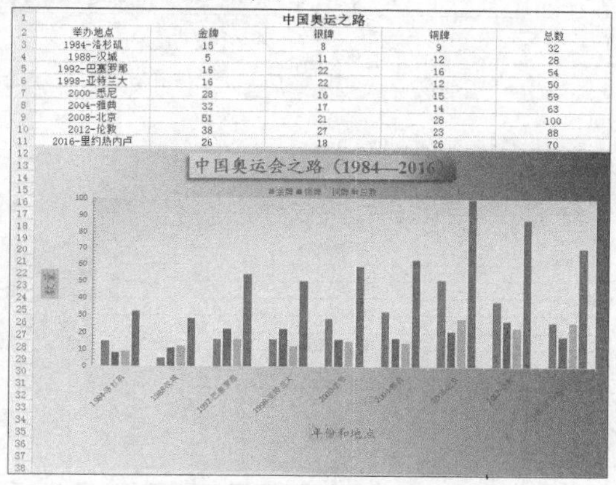

中国奥运之路				
举办地点	金牌	银牌	铜牌	总数
1984-洛杉矶	15	8	9	32
1988-汉城	5	11	12	28
1992-巴塞罗那	16	22	16	54
1998-亚特兰大	16	22	12	50
2000-悉尼	28	16	15	59
2004-雅典	32	17	14	63
2008-北京	51	21	28	100
2012-伦敦	38	27	23	88
2016-里约热内卢	26	18	26	70

图7-20 最终设计的图表效果

7.2 制作电子图表——员工薪资表

本案例将制作一个工资表，直观地统计公司每位职员的工资。通过本例进一步熟悉数据表的建立方法及使用函数进行数据处理的方法，最终设计结果如图 7-21 所示。

员工薪资表（1）

员工薪资表（2）

7月工资明细表																
编号	姓名	职位	应发工资						应扣工资						实发工资	签名
			基本工资	效益奖金	提成	交通补贴	通讯补贴	小计	迟到	旷工	事假	所得税	养老金	小计		
1	张三	销售经理	3500	700	1000	500	500	6200				565	350	915	￥5,285.00	
2	李四	销售经理	3500	700	1001	500	500	6201				565.15	350	915.15	￥5,285.85	
3	王五	销售经理	3500	700	1002	500	300	6002				535.3	350	885.3	￥5,116.70	
4	赵梦	业务人员	3000	450	1003	500	300	5253				422.95	300	722.95	￥4,530.05	
5	李云	业务人员	3000	450	1004	504	300	5258	100			423.7	300	823.7	￥4,434.30	
6	王猛	业务人员	3000	450	1005	505	300	5260			300	424	300	1024	￥4,236.00	
7	李柏	业务人员	3000	450	1006	506	300	5262				424.3	300	724.3	￥4,537.70	
8	王松	业务人员	3000	450	1007	507	200	5164				409.6	300	709.6	￥4,454.40	
9	王明	技术人员	2500	250	1008	508	200	4466		100		304.9	250	654.9	￥3,811.10	
10	李留	技术人员	2500	250	1009	509	200	4468				305.2	250	555.2	￥3,912.80	
11	钱工	技术人员	2500	250	1010	510	200	4470				305.5	250	555.5	￥3,914.50	
12	李达	技术人员	2500	250	1011	511	200	4472				305.8	250	555.8	￥3,916.20	
13	李大	技术人员	2500	250	1012	512	200	4474				306.1	250	556.1	￥3,917.90	
14	李二	技术人员	2500	250	1013	513	200	4476			200	306.4	250	756.4	￥3,719.60	
15	李明	技术人员	2500	250	1014	514	100	4378				291.7	250	541.7	￥3,836.30	
16	李铭	后勤人员	2000	100	1015	515	100	3730				194.5	200	394.5	￥3,335.50	
17	李冲	后勤人员	2000	100	1016	516	100	3732				194.8	200	394.8	￥3,337.20	
18	李横	后勤人员	2000	100	1017	517	100	3734				195.1	200	395.1	￥3,338.90	
19	李恒	后勤人员	2000	100	1018	518	100	3736				195.4	200	395.4	￥3,340.60	
20	李敏	后勤人员	2000	100	1019	519	100	3738				195.7	200	395.7	￥3,342.30	

图7-21 员工薪资表

【设计步骤】

1. 建立数据表。

(1) 新建一个工作簿，命名为“员工工资表”。

(2) 切换到 Sheet1 工作表，将其重命名为“7 月工资”。

(3) 在【开始】选项卡中单击 （合并居中）按钮，合并单元格，然后根据输入主标题和列标题创建图 7-22 所示的工作表表头。

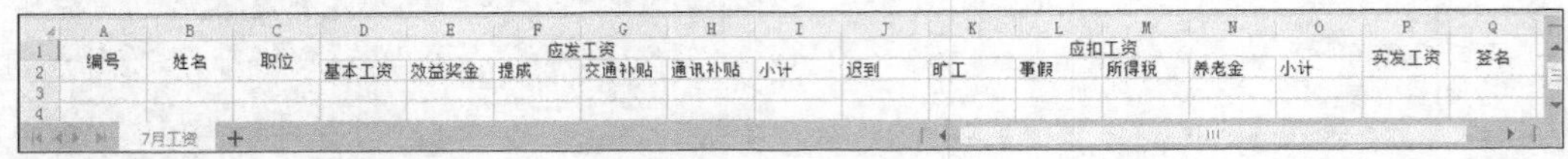

图7-22　创建表头

(4) 选中全部列的列标（从 A 列到 Q 列），在其上单击鼠标右键，在弹出的快捷菜单中选取【列宽】命令，如图 7-23 所示，在【列宽】对话框中设置【列宽】为“7”字符。

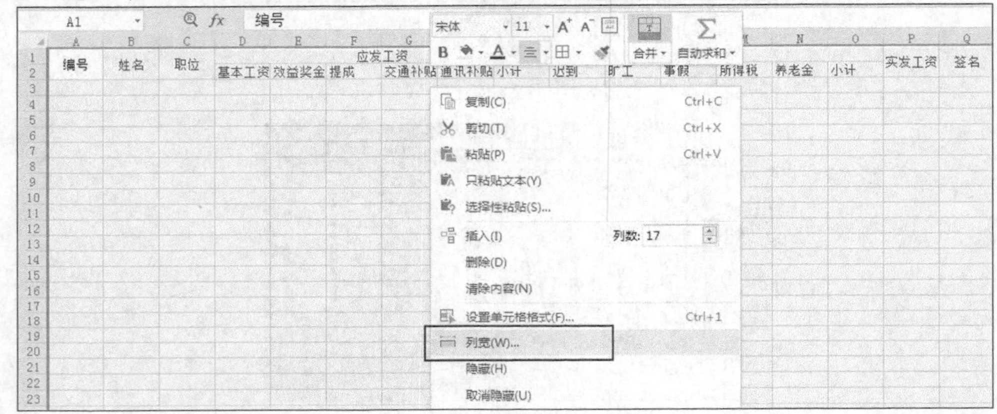

图7-23　设置列宽

(5) 选中 A1:Q2 单元格区域，在【开始】选项卡中单击 （垂直居中）和 （水平居中）按钮，将单元格中的内容在宽度和高度两个方向上都居中对齐，如图 7-24 所示。

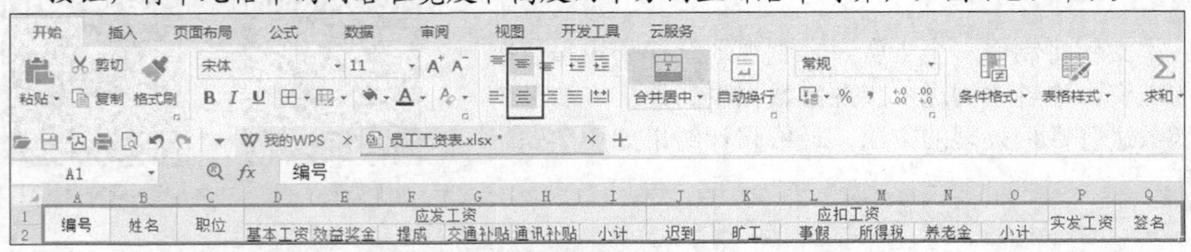

图7-24　居中对齐对象

(6) 选中 A1:Q2 单元格区域，在【开始】选项卡中单击 （边框线）按钮右侧的下拉按钮，在弹出下拉列表中选取【所有框线】选项，效果如图 7-25 所示。

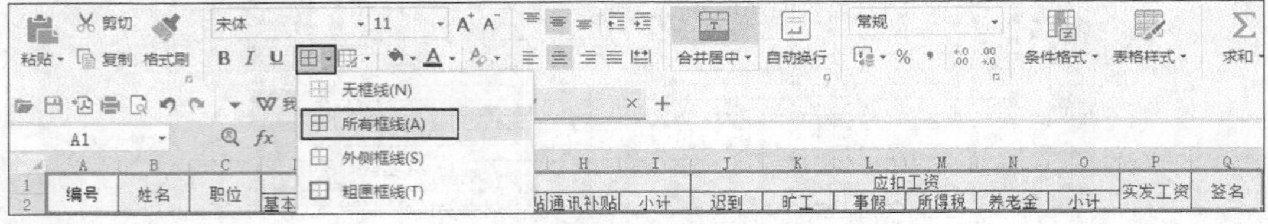

图7-25　绘制边框线

(7) 选中 A1:Q1 单元格区域，在【开始】选项卡的【对齐方式】工具组中单击（合并居中）按钮，然后在合并后的单元格中输入“7 月工资明细表”为表格标题。

(8) 在第 1 行行标“1”处单击鼠标右键，在弹出的快捷菜单中选择【插入】命令，插入新行。

(9) 将标题文本设置为黑体，适当调整第 1 行的行高，加大标题文本字号，然后为其添加边框，最后的效果如图 7-26 所示。

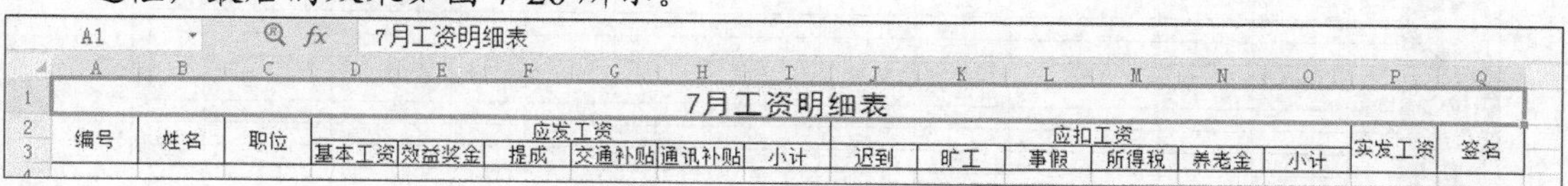

图7-26 创建表格标题

2. 编辑数据表。

(1) 选中 A2:Q3 单元格区域，在【开始】选项卡中单击（颜色填充）按钮右侧的下拉按钮，从打开的下拉列表中为单元格选择一种背景填充颜色，如图 7-27 所示。

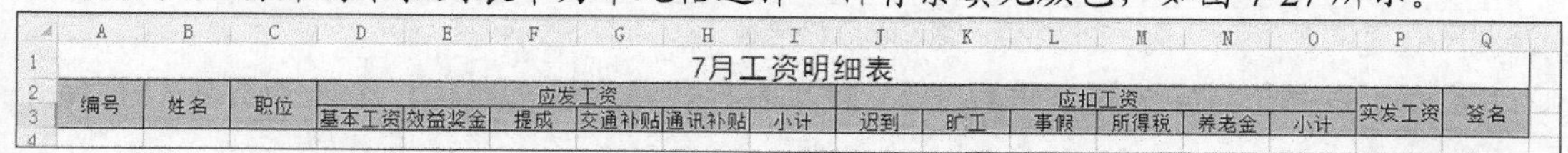

图7-27 填充颜色

(2) 使用类似的方法选择一种颜色填充标题栏，结果如图 7-28 所示。

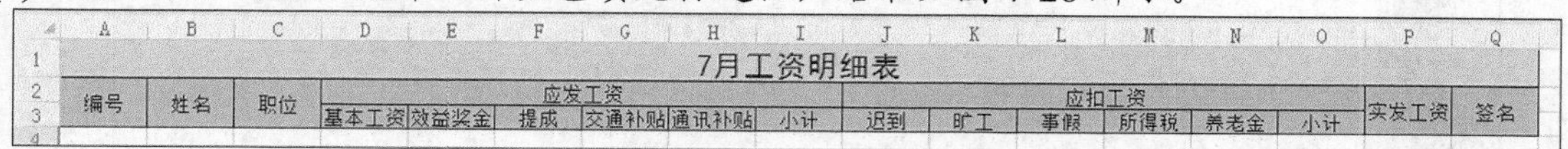

图7-28 填充标题栏

(3) 在 A4 单元格输入员工编号“1”，然后将鼠标光标移动到 A3 单元格的右下角，使用填充柄填充 20 个数据，结果如图 7-29 所示。

图7-29 填充数据（1）

(4) 单击填充表格右下角的（自动填充选项）按钮，在弹出的下拉列表中选择【以序列方式填充】选项，如图 7-30 所示。

图7-30　填充数据（2）

(5) 设置单元格中的数字为【居中对齐】，然后为标题添加填充颜色，结果如图 7-31 所示。

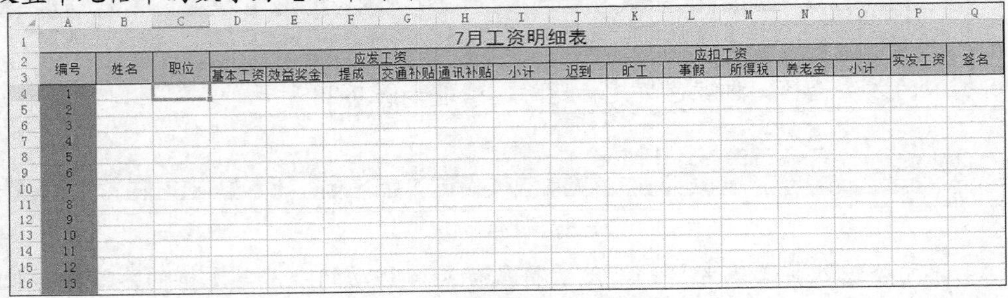

图7-31　编辑数据并填充颜色

(6) 选中【职位】对应的 C 列单元，在【数据】选项卡中单击（有效性）下拉按钮，打开下拉列表，选取【有效性】选项，打开【数据有效性】对话框。

(7) 按照图 7-32 所示设置【设置】选项卡和【出错警告】选项卡中的内容参数。

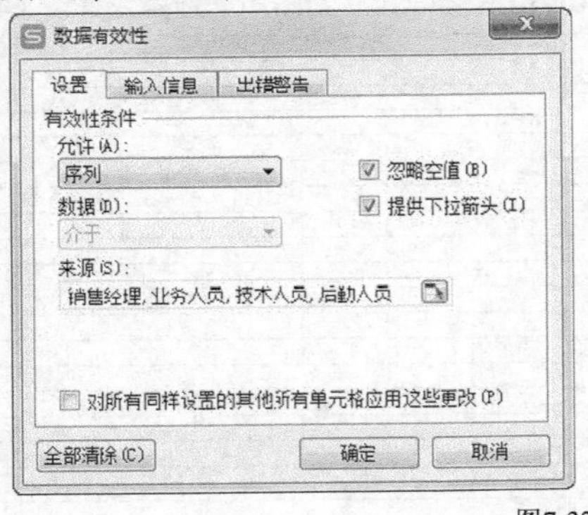

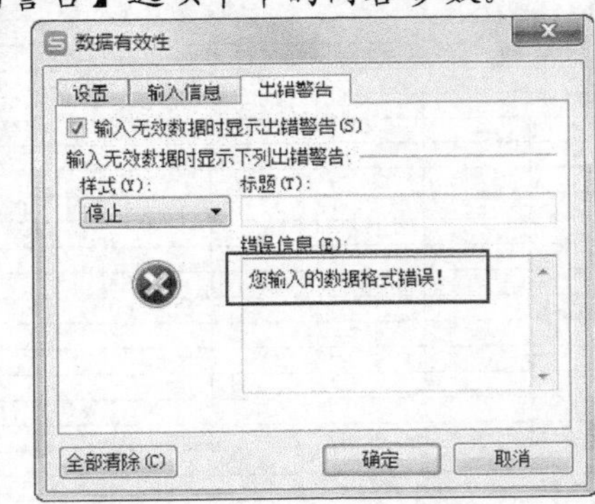

图7-32　设置数据有效性参数

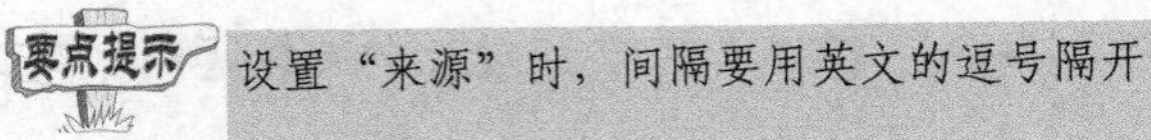

设置“来源”时，间隔要用英文的逗号隔开。

(8) 返回到工作表中时，将会看到职位列中均出现了输入下拉列表选项，如图 7-33 所示。

图7-33　创建下拉列表选项

(9) 接着填写员工姓名、职位信息，完成数据表的创建，为全部数据单元格添加边框，结果如图 7-34 所示。

(10) 选中所有单元格，单击【开始】选项卡中的 （行和列）按钮，在下拉列表中选择【最适合的行高】和【最适合的列宽】，如图 7-35 所示。

7月工资明细表																
编号	姓名	职位	应发工资						应扣工资						实发工资	签名
			基本工资	效益奖金	提成	交通补贴	通讯补贴	小计	迟到	旷工	事假	所得税	养老金	小计		
1	张三	销售经理														
2	李四	销售经理														
3	王五	销售经理														
4	赵梦	业务人员														
5	李云	业务人员														
6	王猛	业务人员														
7	李柏	业务人员														
8	王松	业务人员														
9	王明	技术人员														
10	李留	技术人员														
11	钱工	技术人员														
12	李达	技术人员														
13	李大	技术人员														
14	李二	技术人员														
15	李明	技术人员														
16	李铭	后勤人员														
17	李冲	后勤人员														
18	李横	后勤人员														
19	李恒	后勤人员														
20	李敏	后勤人员														

图7-34　添加人员信息

图7-35　调整行高和列宽

3. 统计数据。

(1) 输入基本工资。选中 D4 单元格，输入：=IF(C4="销售经理",3500,IF(C4="业务人员",3000,IF(C4="技术人员",2500,2000)))，根据职位的不同，对应的工资不同，如图 7-36 所示，然后使用自动填充的方法填充其余数据，结果如图 7-37 所示。

(2) 输入效益奖金。选中 E4 单元格，输入：=IF(C4="销售经理",D4*0.2,IF(C4="业务人员",D4*0.15,IF(C4="技术人员",D4*0.1,D4*0.05)))，效益奖金为基本工资乘以相应职位的系数，然后填充数据，结果如图 7-38 所示。

图7-36　计算基本工资

D4　=IF(C4="销售经理",3500,IF(C4="业务人员",3000,IF(C4="技术人员",2500,2000)))

7月工资明细表

编号	姓名	职位	应发工资						应扣工资						实发工资	签名
			基本工资	效益奖金	提成	交通补贴	通讯补贴	小计	迟到	旷工	事假	所得税	养老金	小计		
1	张三	销售经理	3500													
2	李四	销售经理	3500													
3	王五	销售经理	3500													
4	赵梦	业务人员	3000													
5	李云	业务人员	3000													
6	王猛	业务人员	3000													
7	李柏	业务人员	3000													
8	王松	业务人员	3000													
9	王明	技术人员	2500													
10	李留	技术人员	2500													
11	钱工	技术人员	2500													
12	李达	技术人员	2500													
13	李大	技术人员	2500													
14	李二	技术人员	2500													
15	李明	技术人员	2500													
16	李铭	后勤人员	2000													
17	李冲	后勤人员	2000													
18	李横	后勤人员	2000													
19	李恒	后勤人员	2000													
20	李敏	后勤人员	2000													

图7-37　数据填充后的结果

E4　=IF(C4="销售经理",D4*0.2,IF(C4="业务人员",D4*0.15,IF(C4="技术人员",D4*0.1,D4*0.05)))

7月工资明细表

编号	姓名	职位	应发工资						应扣工资						实发工资	签名
			基本工资	效益奖金	提成	交通补贴	通讯补贴	小计	迟到	旷工	事假	所得税	养老金	小计		
1	张三	销售经理	3500	700												
2	李四	销售经理	3500	700												
3	王五	销售经理	3500	700												
4	赵梦	业务人员	3000	450												
5	李云	业务人员	3000	450												
6	王猛	业务人员	3000	450												
7	李柏	业务人员	3000	450												
8	王松	业务人员	3000	450												
9	王明	技术人员	2500	250												
10	李留	技术人员	2500	250												
11	钱工	技术人员	2500	250												
12	李达	技术人员	2500	250												
13	李大	技术人员	2500	250												
14	李二	技术人员	2500	250												
15	李明	技术人员	2500	250												
16	李铭	后勤人员	2000	100												
17	李冲	后勤人员	2000	100												
18	李横	后勤人员	2000	100												
19	李恒	后勤人员	2000	100												
20	李敏	后勤人员	2000	100												

图7-38　计算效益奖金

(3)　输入通讯补贴。选中 H4 单元格，输入：=IF(C4="销售经理",500,IF(C4="业务人员",300,IF(C4="技术人员",200,100)))，职位不同，对应的通讯补贴不同，然后填充数据，结果如图 7-39 所示。

H4　=IF(C5="销售经理",500,IF(C5="业务人员",300,IF(C5="技术人员",200,100)))

7月工资明细表

编号	姓名	职位	应发工资						应扣工资						实发工资	签名
			基本工资	效益奖金	提成	交通补贴	通讯补贴	小计	迟到	旷工	事假	所得税	养老金	小计		
1	张三	销售经理	3500	700			500									
2	李四	销售经理	3500	700			500									
3	王五	销售经理	3500	700			300									
4	赵梦	业务人员	3000	450			300									
5	李云	业务人员	3000	450			300									
6	王猛	业务人员	3000	450			300									
7	李柏	业务人员	3000	450			300									
8	王松	业务人员	3000	450			200									
9	王明	技术人员	2500	250			200									
10	李留	技术人员	2500	250			200									
11	钱工	技术人员	2500	250			200									
12	李达	技术人员	2500	250			200									
13	李大	技术人员	2500	250			200									
14	李二	技术人员	2500	250			200									
15	李明	技术人员	2500	250			100									
16	李铭	后勤人员	2000	100			100									
17	李冲	后勤人员	2000	100			100									
18	李横	后勤人员	2000	100			100									
19	李恒	后勤人员	2000	100			100									
20	李敏	后勤人员	2000	100			100									

图7-39　计算通讯补贴

(4) 输入其余数据，结果如图 7-40 所示。

7月工资明细表																
编号	姓名	职位	应发工资						应扣工资						实发工资	签名
			基本工资	效益奖金	提成	交通补贴	通讯补贴	小计	迟到	旷工	事假	所得税	养老金	小计		
1	张三	销售经理	3500	700	1000	500	500									
2	李四	销售经理	3500	700	1001	501	500									
3	王五	销售经理	3500	700	1002	502	300									
4	赵梦	业务人员	3000	450	1003	503	300									
5	李云	业务人员	3000	450	1004	504	300									
6	王猛	业务人员	3000	450	1005	505	300									
7	李柏	业务人员	3000	450	1006	506	300									
8	王松	业务人员	3000	450	1007	507	200									
9	王明	技术人员	2500	250	1008	508	200									
10	李留	技术人员	2500	250	1009	509	200									
11	钱工	技术人员	2500	250	1010	510	200									
12	李达	技术人员	2500	250	1011	511	200									
13	李大	技术人员	2500	250	1012	512	200									
14	李二	技术人员	2500	250	1013	513	200									
15	李明	技术人员	2500	250	1014	514	100									
16	李铭	后勤人员	2000	100	1015	515	100									
17	李冲	后勤人员	2000	100	1016	516	100									
18	李横	后勤人员	2000	100	1017	517	100									
19	李恒	后勤人员	2000	100	1018	518	100									
20	李敏	后勤人员	2000	100	1019	519	100									

图7-40 输入其余数据

(5) 求和计算应发工资。选中 I4 单元格，输入：=SUM(D4:H4)，结果如图 7-41 所示。

I4 =SUM(D4:H4)

7月工资明细表																
编号	姓名	职位	应发工资						应扣工资						实发工资	签名
			基本工资	效益奖金	提成	交通补贴	通讯补贴	小计	迟到	旷工	事假	所得税	养老金	小计		
1	张三	销售经理	3500	700	1000	500	500	6200								
2	李四	销售经理	3500	700	1001	501	500	6202								
3	王五	销售经理	3500	700	1002	502	300	6004								
4	赵梦	业务人员	3000	450	1003	503	300	5256								
5	李云	业务人员	3000	450	1004	504	300	5258								
6	王猛	业务人员	3000	450	1005	505	300	5260								
7	李柏	业务人员	3000	450	1006	506	300	5262								
8	王松	业务人员	3000	450	1007	507	200	5164								
9	王明	技术人员	2500	250	1008	508	200	4466								
10	李留	技术人员	2500	250	1009	509	200	4468								
11	钱工	技术人员	2500	250	1010	510	200	4470								
12	李达	技术人员	2500	250	1011	511	200	4472								
13	李大	技术人员	2500	250	1012	512	200	4474								
14	李二	技术人员	2500	250	1013	513	200	4476								
15	李明	技术人员	2500	250	1014	514	100	4378								
16	李铭	后勤人员	2000	100	1015	515	100	3730								
17	李冲	后勤人员	2000	100	1016	516	100	3732								
18	李横	后勤人员	2000	100	1017	517	100	3734								
19	李恒	后勤人员	2000	100	1018	518	100	3736								
20	李敏	后勤人员	2000	100	1019	519	100	3738								

图7-41 计算应发工资

(6) 对于“迟到”“矿工”“事假”这 3 列按实际情况手工输入，结果如图 7-42 所示。

7月工资明细表																
编号	姓名	职位	应发工资						应扣工资						实发工资	签名
			基本工资	效益奖金	提成	交通补贴	通讯补贴	小计	迟到	旷工	事假	所得税	养老金	小计		
1	张三	销售经理	3500	700	1000	500	500	6200								
2	李四	销售经理	3500	700	1001	501	500	6202								
3	王五	销售经理	3500	700	1002	502	300	6004								
4	赵梦	业务人员	3000	450	1003	503	300	5256								
5	李云	业务人员	3000	450	1004	504	300	5258	100							
6	王猛	业务人员	3000	450	1005	505	300	5260			300					
7	李柏	业务人员	3000	450	1006	506	300	5262								
8	王松	业务人员	3000	450	1007	507	200	5164								
9	王明	技术人员	2500	250	1008	508	200	4466		100						
10	李留	技术人员	2500	250	1009	509	200	4468								
11	钱工	技术人员	2500	250	1010	510	200	4470								
12	李达	技术人员	2500	250	1011	511	200	4472								
13	李大	技术人员	2500	250	1012	512	200	4474								
14	李二	技术人员	2500	250	1013	513	200	4476			200					
15	李明	技术人员	2500	250	1014	514	100	4378								
16	李铭	后勤人员	2000	100	1015	515	100	3730								
17	李冲	后勤人员	2000	100	1016	516	100	3732								
18	李横	后勤人员	2000	100	1017	517	100	3734								
19	李恒	后勤人员	2000	100	1018	518	100	3736								
20	李敏	后勤人员	2000	100	1019	519	100	3738								

图7-42 输入应扣工资

(7) 计算所得税。选中 M4 单元格，输入：=IF(I4-1600<0,0,IF(I4-1600<500,0.05*(I4-1600),IF(I4-1600<2000,0.1*(I4-1600)-25,IF(I4-1600<5000,0.15*(I4-1600)-125,0.2*(I4-

1600)-375)))），例如，IF(I4-1600<500,0.05*(I4-1600),1600<应发工资<2100 时，个人所得税计算公式为 0.05*(应发工资-1600)，结果如图 7-43 所示。

M4　fx　=IF(I4-1600<0,0,IF(I4-1600<500,0.05*(I4-1600),IF(I4-1600<2000,0.1*(I4-1600)-25,IF(I4-1600<5000,0.15*(I4-1600)-125,0.2*(I4-1600)-375)))))

7月工资明细表																
编号	姓名	职位	应发工资						应扣工资						实发工资	签名
			基本工资	效益奖金	提成	交通补贴	通讯补贴	小计	迟到	旷工	事假	所得税	养老金	小计		
1	张三	销售经理	3500	700	1000	500	500	6200				565				
2	李四	销售经理	3500	700	1001	501	500	6202				565.3				
3	王五	销售经理	3500	700	1002	502	300	6004				535.6				
4	赵梦	业务人员	3000	450	1003	503	300	5256				423.4				
5	李云	业务人员	3000	450	1004	504	300	5258	100			423.7				
6	王猛	业务人员	3000	450	1005	505	300	5260			300	424				
7	李柏	业务人员	3000	450	1006	506	300	5262				424.3				
8	王松	业务人员	3000	450	1007	507	200	5164				409.6				
9	王明	技术人员	2500	250	1008	508	200	4466		100		304.9				
10	李留	技术人员	2500	250	1009	509	200	4468				305.2				
11	钱工	技术人员	2500	250	1010	510	200	4470				305.5				
12	李达	技术人员	2500	250	1011	511	200	4472				305.8				
13	李大	技术人员	2500	250	1012	512	200	4474				306.1				
14	李二	技术人员	2500	250	1013	513	200	4476			200	306.4				
15	李明	技术人员	2500	250	1014	514	100	4378				291.7				
16	李铭	后勤人员	2000	100	1015	515	100	3730				194.5				
17	李冲	后勤人员	2000	100	1016	516	100	3732				194.8				
18	李横	后勤人员	2000	100	1017	517	100	3734				195.1				
19	李恒	后勤人员	2000	100	1018	518	100	3736				195.4				
20	李敏	后勤人员	2000	100	1019	519	100	3738				195.7				

图7-43　计算所得税

(8)　输入养老金。选中 N4，输入公式：=D4*10%，结果如图 7-44 所示。

N4　fx　=D4*10%

7月工资明细表																
编号	姓名	职位	应发工资						应扣工资						实发工资	签名
			基本工资	效益奖金	提成	交通补贴	通讯补贴	小计	迟到	旷工	事假	所得税	养老金	小计		
1	张三	销售经理	3500	700	1000	500	500	6200				565	350			
2	李四	销售经理	3500	700	1001	501	500	6202				565.3	350			
3	王五	销售经理	3500	700	1002	502	300	6004				535.6	350			
4	赵梦	业务人员	3000	450	1003	503	300	5256				423.4	300			
5	李云	业务人员	3000	450	1004	504	300	5258	100			423.7	300			
6	王猛	业务人员	3000	450	1005	505	300	5260			300	424	300			
7	李柏	业务人员	3000	450	1006	506	300	5262				424.3	300			
8	王松	业务人员	3000	450	1007	507	200	5164				409.6	300			
9	王明	技术人员	2500	250	1008	508	200	4466		100		304.9	250			
10	李留	技术人员	2500	250	1009	509	200	4468				305.2	250			
11	钱工	技术人员	2500	250	1010	510	200	4470				305.5	250			
12	李达	技术人员	2500	250	1011	511	200	4472				305.8	250			
13	李大	技术人员	2500	250	1012	512	200	4474				306.1	250			
14	李二	技术人员	2500	250	1013	513	200	4476			200	306.4	250			
15	李明	技术人员	2500	250	1014	514	100	4378				291.7	250			
16	李铭	后勤人员	2000	100	1015	515	100	3730				194.5	200			
17	李冲	后勤人员	2000	100	1016	516	100	3732				194.8	200			
18	李横	后勤人员	2000	100	1017	517	100	3734				195.1	200			
19	李恒	后勤人员	2000	100	1018	518	100	3736				195.4	200			
20	李敏	后勤人员	2000	100	1019	519	100	3738				195.7	200			

图7-44　计算养老金

(9)　计算应扣工资。选中 O4 单元格，输入：=SUM(J4:N4)，结果如图 7-45 所示。

7月工资明细表																
编号	姓名	职位	应发工资						应扣工资						实发工资	签名
			基本工资	效益奖金	提成	交通补贴	通讯补贴	小计	迟到	旷工	事假	所得税	养老金	小计		
1	张三	销售经理	3500	700	1000	500	500	6200				565	350	915		
2	李四	销售经理	3500	700	1001	500	500	6201				565.15	350	915.15		
3	王五	销售经理	3500	700	1002	500	300	6002				535.3	350	885.3		
4	赵梦	业务人员	3000	450	1003	500	300	5253				422.95	300	722.95		
5	李云	业务人员	3000	450	1004	504	300	5258	100			423.7	300	823.7		
6	王猛	业务人员	3000	450	1005	505	300	5260			300	424	300	1024		
7	李柏	业务人员	3000	450	1006	506	300	5262				424.3	300	724.3		
8	王松	业务人员	3000	450	1007	507	200	5164				409.6	300	709.6		
9	王明	技术人员	2500	250	1008	508	200	4466		100		304.9	250	654.9		
10	李留	技术人员	2500	250	1009	509	200	4468				305.2	250	555.2		
11	钱工	技术人员	2500	250	1010	510	200	4470				305.5	250	555.5		
12	李达	技术人员	2500	250	1011	511	200	4472				305.8	250	555.8		
13	李大	技术人员	2500	250	1012	512	200	4474				306.1	250	556.1		
14	李二	技术人员	2500	250	1013	513	200	4476			200	306.4	250	756.4		
15	李明	技术人员	2500	250	1014	514	100	4378				291.7	250	541.7		
16	李铭	后勤人员	2000	100	1015	515	100	3730				194.5	200	394.5		
17	李冲	后勤人员	2000	100	1016	516	100	3732				194.8	200	394.8		
18	李横	后勤人员	2000	100	1017	517	100	3734				195.1	200	395.1		
19	李恒	后勤人员	2000	100	1018	518	100	3736				195.4	200	395.4		
20	李敏	后勤人员	2000	100	1019	519	100	3738				195.7	200	395.7		

图7-45　应扣工资

(10) 实发工资=应发工资–应扣工资。选中 P4 单元格，输入：=I4-O4，结果如图 7-46 所示。

7月工资明细表																
编号	姓名	职位	应发工资						应扣工资						实发工资	签名
			基本工资	效益奖金	提成	交通补贴	通讯补贴	小计	迟到	旷工	事假	所得税	养老金	小计		
1	张三	销售经理	3500	700	1000	500	500	6200				565	350	915	5285	
2	李四	销售经理	3500	700	1001	500	500	6201				565.15	350	915.15	5285.85	
3	王五	销售经理	3500	700	1002	500	300	6002				535.3	350	885.3	5116.7	
4	赵梦	业务人员	3000	450	1003	500	300	5253				422.95	300	722.95	4530.05	
5	李云	业务人员	3000	450	1004	504	300	5258	100			423.7	300	823.7	4434.3	
6	王猛	业务人员	3000	450	1005	505	300	5260			300	424	300	1024	4236	
7	李柏	业务人员	3000	450	1006	506	300	5262				424.3	300	724.3	4537.7	
8	王松	业务人员	3000	450	1007	507	200	5164				409.6	300	709.6	4454.4	
9	王明	技术人员	2500	250	1008	508	200	4466		100		304.9	250	654.9	3811.1	
10	李留	技术人员	2500	250	1009	509	200	4468				305.2	250	555.2	3912.8	
11	钱工	技术人员	2500	250	1010	510	200	4470				305.5	250	555.5	3914.5	
12	李达	技术人员	2500	250	1011	511	200	4472				305.8	250	555.8	3916.2	
13	李大	技术人员	2500	250	1012	512	200	4474				306.1	250	556.1	3917.9	
14	李二	技术人员	2500	250	1013	513	200	4476			200	306.4	250	756.4	3719.6	
15	李明	技术人员	2500	250	1014	514	100	4378				291.7	250	541.7	3836.3	
16	李铭	后勤人员	2000	100	1015	515	100	3730				194.5	200	394.5	3335.5	
17	李冲	后勤人员	2000	100	1016	516	100	3732				194.8	200	394.8	3337.2	
18	李横	后勤人员	2000	100	1017	517	100	3734				195.1	200	395.1	3338.9	
19	李恒	后勤人员	2000	100	1018	518	100	3736				195.4	200	395.4	3340.6	
20	李敏	后勤人员	2000	100	1019	519	100	3738				195.7	200	395.7	3342.3	

图7-46　计算实发工资

(11) 选中“实发工资”所在的第 P 列，在其上单击鼠标右键，在弹出的快捷菜单中选择【设置单元格格式】命令，弹出【单元格格式】对话框，按照图 7-47 所示设置数据格式。

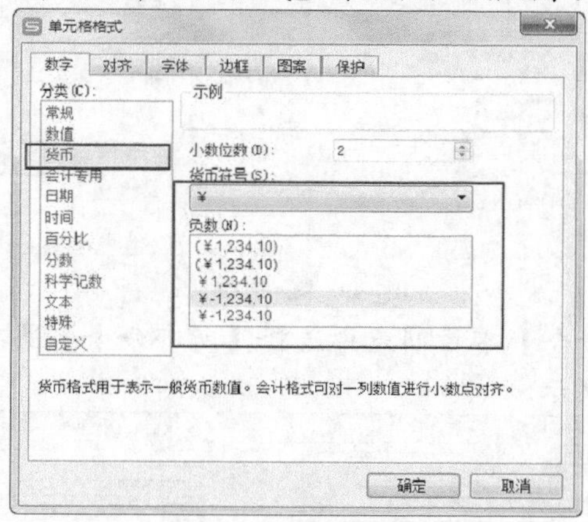

图7-47　设置数据格式

(12) 根据前面介绍的方法调整该列的列宽，最终结果如图 7-48 所示。

7月工资明细表																
编号	姓名	职位	应发工资						应扣工资						实发工资	签名
			基本工资	效益奖金	提成	交通补贴	通讯补贴	小计	迟到	旷工	事假	所得税	养老金	小计		
1	张三	销售经理	3500	700	1000	500	500	6200				565	350	915	¥5,285.00	
2	李四	销售经理	3500	700	1001	500	500	6201				565.15	350	915.15	¥5,285.85	
3	王五	销售经理	3500	700	1002	500	300	6002				535.3	350	885.3	¥5,116.70	
4	赵梦	业务人员	3000	450	1003	500	300	5253				422.95	300	722.95	¥4,530.05	
5	李云	业务人员	3000	450	1004	504	300	5258	100			423.7	300	823.7	¥4,434.30	
6	王猛	业务人员	3000	450	1005	505	300	5260			300	424	300	1024	¥4,236.00	
7	李柏	业务人员	3000	450	1006	506	300	5262				424.3	300	724.3	¥4,537.70	
8	王松	业务人员	3000	450	1007	507	200	5164				409.6	300	709.6	¥4,454.40	
9	王明	技术人员	2500	250	1008	508	200	4466		100		304.9	250	654.9	¥3,811.10	
10	李留	技术人员	2500	250	1009	509	200	4468				305.2	250	555.2	¥3,912.80	
11	钱工	技术人员	2500	250	1010	510	200	4470				305.5	250	555.5	¥3,914.50	
12	李达	技术人员	2500	250	1011	511	200	4472				305.8	250	555.8	¥3,916.20	
13	李大	技术人员	2500	250	1012	512	200	4474				306.1	250	556.1	¥3,917.90	
14	李二	技术人员	2500	250	1013	513	200	4476			200	306.4	250	756.4	¥3,719.60	
15	李明	技术人员	2500	250	1014	514	100	4378				291.7	250	541.7	¥3,836.30	
16	李铭	后勤人员	2000	100	1015	515	100	3730				194.5	200	394.5	¥3,335.50	
17	李冲	后勤人员	2000	100	1016	516	100	3732				194.8	200	394.8	¥3,337.20	
18	李横	后勤人员	2000	100	1017	517	100	3734				195.1	200	395.1	¥3,338.90	
19	李恒	后勤人员	2000	100	1018	518	100	3736				195.4	200	395.4	¥3,340.60	
20	李敏	后勤人员	2000	100	1019	519	100	3738				195.7	200	395.7	¥3,342.30	

图7-48　设计结果

4.　语音核对。

(1) 选择菜单命令【WPS 表格】/【选项】，打开【选项】对话框。

(2) 在左侧列表框中选择【自定义功能区】选项，在【主选项卡】列表框中选中【开始】复选项，然后单击 新建组(N) 按钮新建组，选中【新建组(自定义)】，单击 重命名(M)... 按钮，在弹出的【重命名】对话框中输入“语音朗读”，单击 确定 按钮，完成新建工具组的创建，如图 7-49 所示。

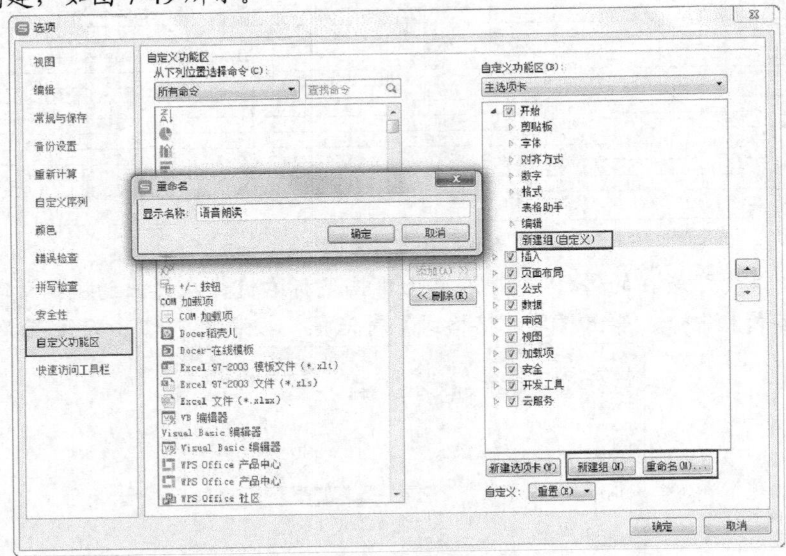

图7-49 输入名称

(3) 在【从下列位置选择命令】下拉列表中选择【所有命令】选项，在列表框中选中【朗读】选项，如图 7-50 所示。

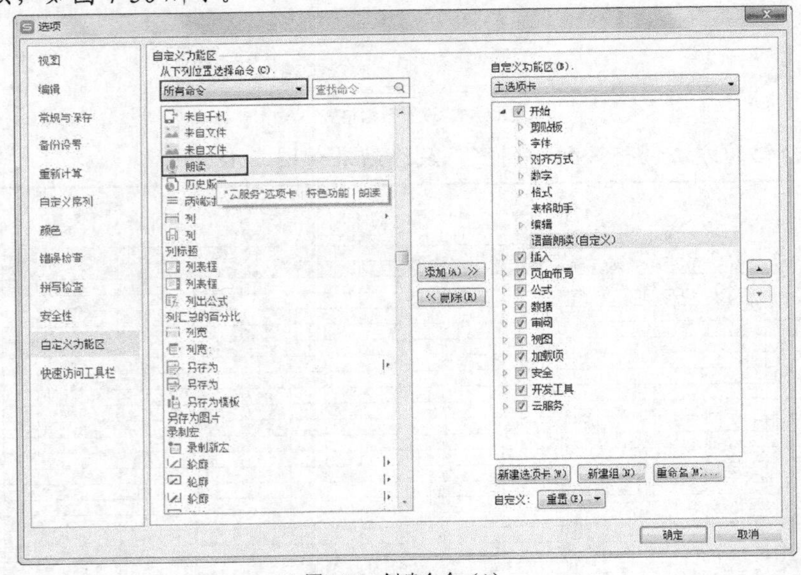

图7-50 创建命令（1）

(4) 单击 添加(A) >> 按钮，将【朗读】添加到【语音朗读(自定义)】工具组中，如图 7-51 所示。

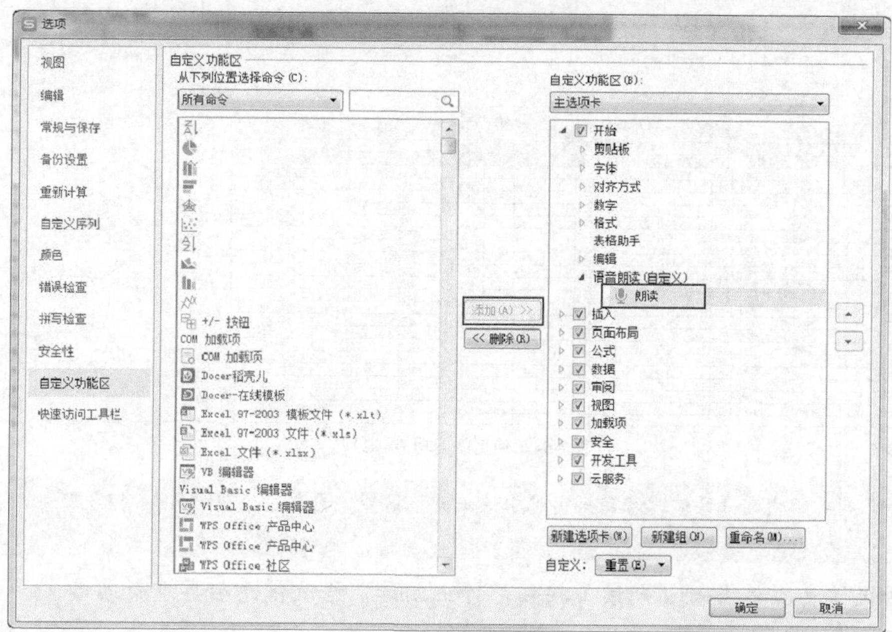

图7-51　创建命令（2）

(5) 单击 确定 按钮后在【开始】选项卡中出现【朗读】命令，如图 7-52 所示。

图7-52　创建的命令

(6) 返回工作表，单击（朗读）按钮下方的下拉按钮，在下拉列表中选择【全文朗读】，即可对全文进行朗读，如图 7-53 所示。

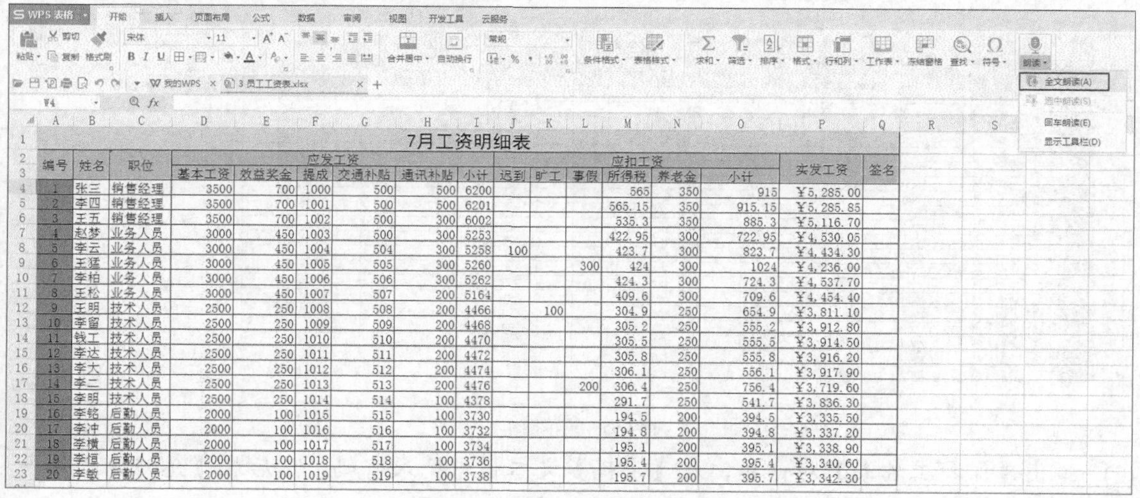

7月工资明细表

编号	姓名	职位	应发工资						应扣工资						实发工资	签名
			基本工资	效益奖金	提成	交通补贴	通讯补贴	小计	迟到	旷工	事假	所得税	养老金	小计		
1	张三	销售经理	3500	700	1000	500	500	6200				565	350	915	¥5,285.00	
2	李四	销售经理	3500	700	1001	500	500	6201				565.15	350	915.15	¥5,285.85	
3	王五	销售经理	3500	700	1002	500	300	6002				535.3	350	885.3	¥5,116.70	
4	赵梦	业务人员	3000	450	1003	500	300	5253				422.95	300	722.95	¥4,530.05	
5	李云	业务人员	3000	450	1004	504	300	5258	100			423.7	300	823.7	¥4,434.30	
6	王猛	业务人员	3000	450	1005	505	300	5260			300	424	300	1024	¥4,236.00	
7	李柏	业务人员	3000	450	1006	506	300	5262				424.3	300	724.3	¥4,537.70	
8	王松	业务人员	3000	450	1007	507	200	5164				409.6	300	709.6	¥4,454.40	
9	王明	技术人员	2500	250	1008	508	200	4466		100		304.9	250	654.9	¥3,811.10	
10	李留	技术人员	2500	250	1009	509	200	4468				305.2	250	555.2	¥3,912.80	
11	钱工	技术人员	2500	250	1010	510	200	4470				305.5	250	555.5	¥3,914.50	
12	李达	技术人员	2500	250	1011	511	200	4472				305.8	250	555.8	¥3,916.20	
13	李大	技术人员	2500	250	1012	512	200	4474				306.1	250	556.1	¥3,917.90	
14	李二	技术人员	2500	250	1013	513	200	4476			200	306.4	250	756.4	¥3,719.60	
15	李明	技术人员	2500	250	1014	514	100	4378				291.7	250	541.7	¥3,836.30	
16	李铭	后勤人员	2000	100	1015	515	100	3730				194.5	200	394.5	¥3,335.50	
17	李冲	后勤人员	2000	100	1016	516	100	3732				194.8	200	394.8	¥3,337.20	
18	李横	后勤人员	2000	100	1017	517	100	3734				195.1	200	395.1	¥3,338.90	
19	李恒	后勤人员	2000	100	1018	518	100	3736				195.4	200	395.4	¥3,340.60	
20	李敏	后勤人员	2000	100	1019	519	100	3738				195.7	200	395.7	¥3,342.30	

图7-53　使用朗读功能（1）

(7) 选中工作表中需要朗读的单元格，单击（朗读）按钮，开始朗读，如图 7-54 所示。

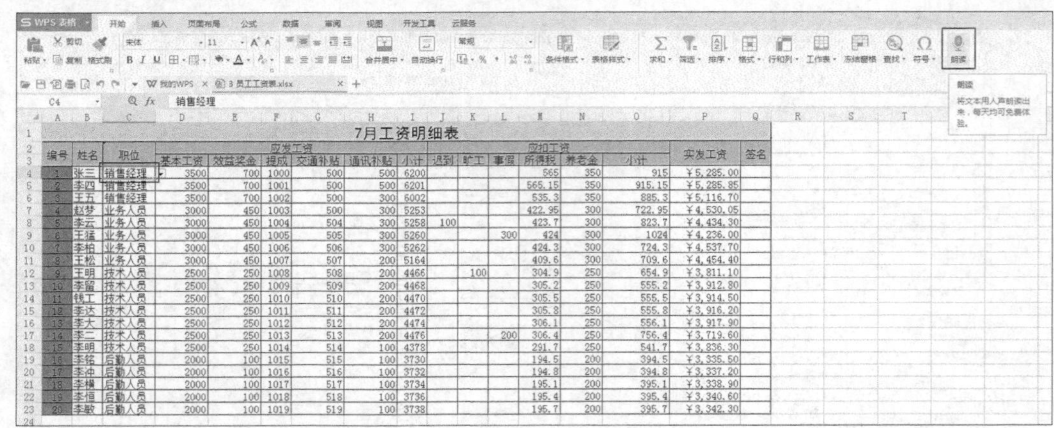

图7-54　使用朗读功能（2）

如果需要朗读某一区域内容，只需选中该单元格区域，再单击（朗读）按钮即可。

(8)　发现错误信息，单击（朗读）按钮，停止朗读，修改信息后再重新朗读。

5.　工作表加密。

为了防止他人修改工作表中的单元格、Excel 宏表、图表项及图表对象，用户可以对工作表进行加密，有以下两种方式加密工作表。

【方法一】

(1)　返回“7 月工资”工作表，在【开始】选项卡中单击（工作表）按钮，在弹出的下拉列表中选择【保护工作表】选项，如图 7-55 所示。

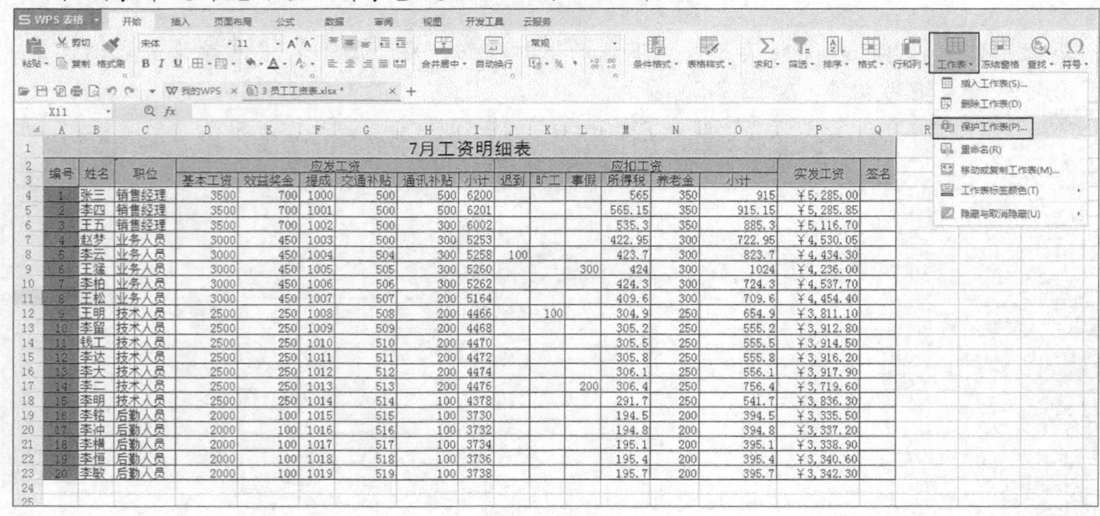

图7-55　菜单操作

(2)　弹出【保护工作表】对话框，在【密码】文本框中输入密码，然后在【允许此工作表的所有用户进行】列表框中选择允许进行的操作，如图 7-56 所示。

(3)　单击 确定 按钮，就完成了工作簿的加密工作。

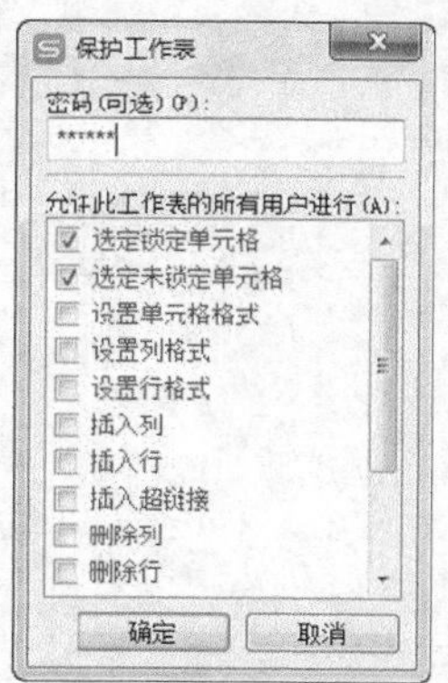

图7-56 【保护工作表】对话框

【方法二】

(1) 返回“7 月工资”工作表，在【审阅】选项卡中单击 （保护工作表）按钮，如图 7-57 所示。

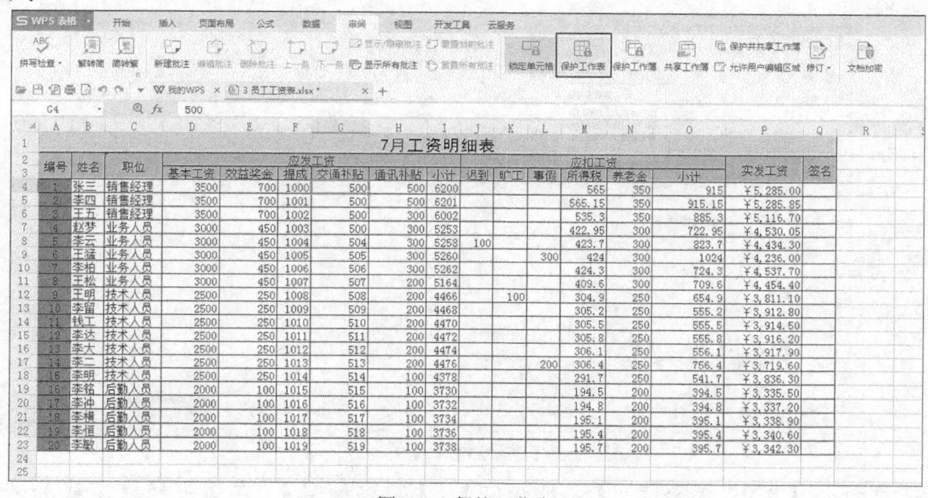

7月工资明细表

编号	姓名	职位	应发工资						应扣工资						实发工资	签名
			基本工资	效益奖金	提成	交通补贴	通讯补贴	小计	迟到	旷工	事假	所得税	养老金	小计		
1	张三	销售经理	3500	700	1000	500	500	6200				565	350	915	￥5,285.00	
2	李四	销售经理	3500	700	1001	500	500	6201				565.15	350	915.15	￥5,285.85	
3	王五	销售经理	3500	700	1002	500	300	6002				535.3	350	885.3	￥5,116.70	
4	赵梦	业务人员	3000	450	1003	500	300	5253				422.95	300	722.95	￥4,530.05	
5	李云	业务人员	3000	450	1004	504	300	5258	100			423.7	300	823.7	￥4,434.30	
6	王猛	业务人员	3000	450	1005	505	300	5260			300	424	300	1024	￥4,236.00	
7	李柏	业务人员	3000	450	1006	506	300	5262				424.3	300	724.3	￥4,537.70	
8	王松	业务人员	3000	450	1007	507	200	5164				409.6	300	709.6	￥4,454.40	
9	王明	技术人员	2500	250	1008	508	200	4466		100		304.9	250	654.9	￥3,811.10	
10	李留	技术人员	2500	250	1009	509	200	4468				305.2	250	555.2	￥3,912.80	
11	钱工	技术人员	2500	250	1010	510	200	4470				305.5	250	555.5	￥3,914.50	
12	李达	技术人员	2500	250	1011	511	200	4472				305.8	250	555.8	￥3,916.20	
13	李大	技术人员	2500	250	1012	512	200	4474				306.1	250	556.1	￥3,917.90	
14	李二	技术人员	2500	250	1013	513	200	4476			200	306.4	250	756.4	￥3,719.60	
15	李明	技术人员	2500	250	1014	514	100	4378				291.7	250	541.7	￥3,836.30	
16	李铭	后勤人员	2000	100	1015	515	100	3730				194.5	200	394.5	￥3,335.50	
17	李冲	后勤人员	2000	100	1016	516	100	3732				194.8	200	394.8	￥3,337.20	
18	李横	后勤人员	2000	100	1017	517	100	3734				195.1	200	395.1	￥3,338.90	
19	李恒	后勤人员	2000	100	1018	518	100	3736				195.4	200	395.4	￥3,340.60	
20	李敏	后勤人员	2000	100	1019	519	100	3738				195.7	200	395.7	￥3,342.30	

图7-57 保护工作表

(2) 弹出图 7-56 所示的【保护工作表】对话框，操作同【方法一】。

(3) 如果要对该工作表进行选定以外的操作，就会弹出图 7-58 所示的提示对话框。

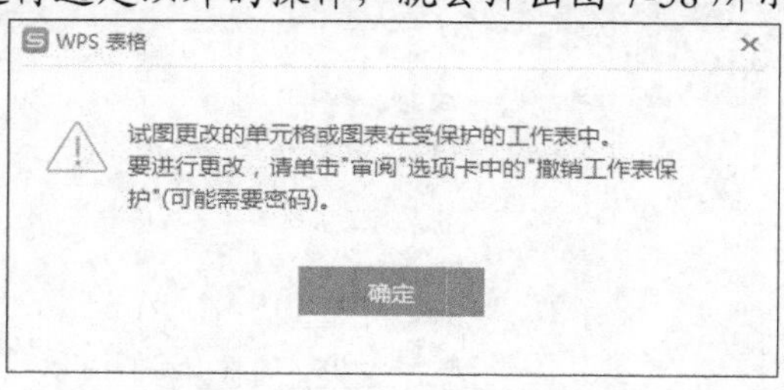

图7-58 提示信息

6. 文档加密。

为了防止他人修改文档内容，用户可对文档进行加密处理。

(1) 选取菜单命令【WPS 表格】/【文档加密】/【账号加密】，在弹出的【账号加密】面板中单击添加/删除账号按钮，如图 7-59 所示。

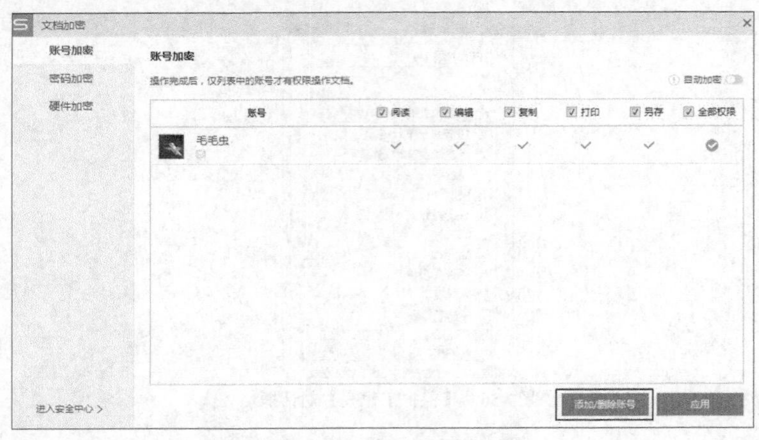

图7-59　【账号加密】面板（1）

(2) 如图 7-60 所示，进行账号的添加或删除，操作完成后，仅添加列表中的账号才有权限操作文档。

图7-60　【账号加密】面板（2）

(3) 选取菜单命令【WPS 表格】/【文档加密】/【密码加密】，在弹出的【密码加密】面板中设置【打开权限】和【编辑权限】的密码，然后单击 应用 按钮，如图 7-61 所示。这样就为文档加密了。

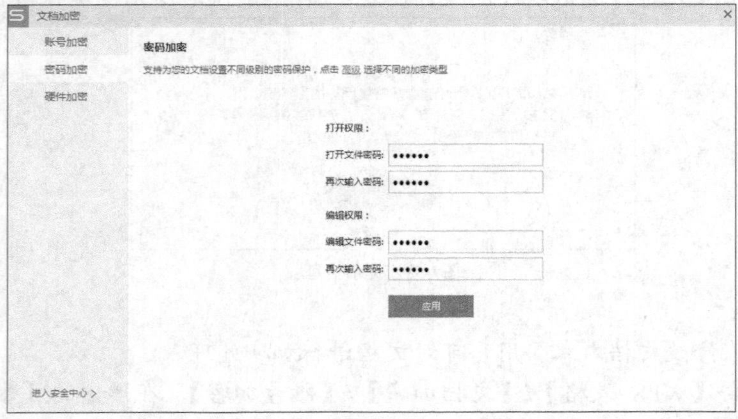

图7-61　【密码加密】面板

7.3 制作电子图表——图书销售情况统计表

图书销售情况统计表

为了方便对图书的销售情况进行统计，本例将介绍销售统计表及销售情况透视图的制作。设计前先制作图 7-62 所示的数据表，最后创建的透视图如图 7-63 所示。

12月份计算机图书销售情况统计表				
图书编号	书名	单价	销量	销售额
JSJ0001	Windows 7教程	￥ 17.00	50	850
JSJ0002	Windows XP教程	￥ 18.00	60	1080
JSJ0003	Word教程	￥ 19.00	55	1045
JSJ0004	Excel教程	￥ 19.00	56	1064
JSJ0005	PowerPoint教程	￥ 19.00	48	912
JSJ0006	办公与文秘教程	￥ 20.00	40	800
JSJ0007	Photoshop教程	￥ 22.00	66	1452
JSJ0008	Premiere教程	￥ 19.50	45	877.5
JSJ0009	FlJSJsh教程	￥ 21.00	60	1260
JSJ0010	Fireworks教程	￥ 17.00	50	850
JSJ0011	DreJSJmweJSJver教程	￥ 22.00	47	1034
JSJ0012	VisuJSJl BJSJsic教程	￥ 22.00	50	1100
JSJ0013	五笔字型教程	￥ 13.00	62	806

图7-62　最后创建的数据表

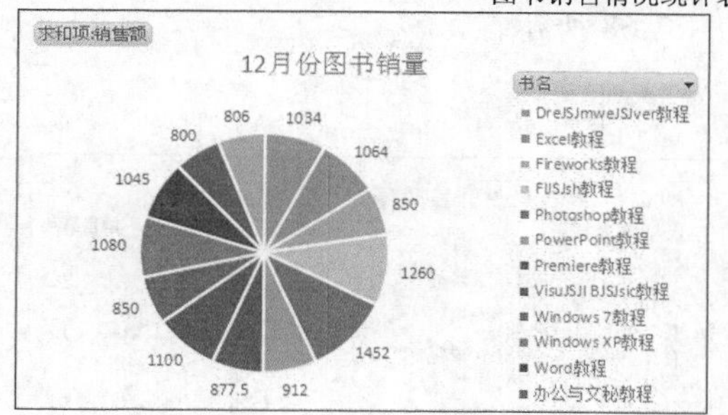

图7-63　最后创建的透视图

【设计步骤】

1. 建立销售统计表。

(1) 打开 WPS 表格 2016，按 Ctrl+N 组合键新建一个工作簿，命名为“销量统计”。

(2) 选中 A1:E1 单元格区域，在【开始】选项卡中单击（合并居中）按钮，合并单元格，然后输入主标题和列标题创建图 7-64 所示的工作表表头，其中主标题设置为【黑体】【14】【红色】，列标题设置为【宋体】【12】。

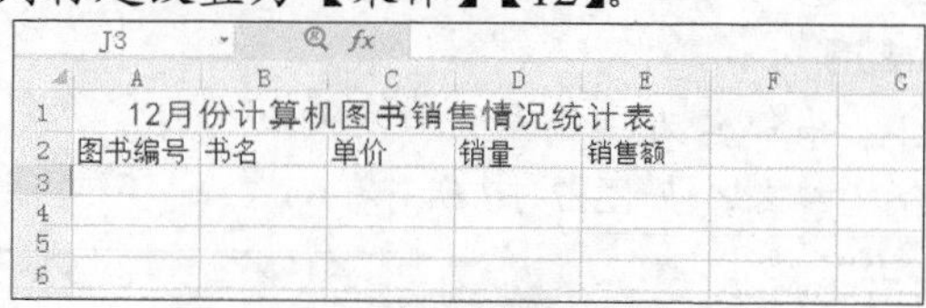

图7-64　输入标题和表头

(3) 单击 A3 单元格，输入图书编号“JSJ0001”，如图 7-65 所示。

(4) 拖动 A3 单元格右下角的填充柄，将 A3 单元格复制到该列的其他单元格中，拖动到目标位置后释放鼠标左键，然后单击【自动填充选项】，在弹出的下拉列表中选择【以序列方式填充】单选项填充数据，结果如图 7-66 所示。

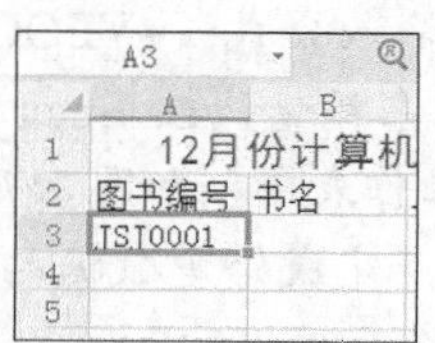

图7-65　输入图书编号

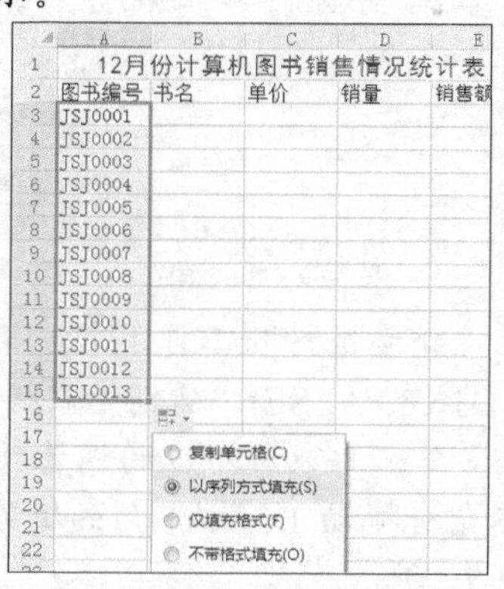

图7-66　自动填充

(5) 继续在工作簿中输入“书名”和“单价”，并根据填充内容调整单元格大小，如图 7-67 所示。

(6) 用鼠标右键单击 C3 单元格，在弹出的快捷菜单中选择【设置单元格格式】命令，打开【单元格格式】对话框，在【数字】选项卡中的【分类】列表框中选择【会计专用】选项，设置【货币符号】为【¥】，【小数位数】为【2】，然后单击 确定 按钮，如图 7-68 所示。

	A	B	C	D	E
1	12月份计算机图书销售情况统计表				
2	图书编号	书名	单价	销量	销售额
3	JSJ0001	Windows 7教程	17		
4	JSJ0002	Windows XP教程	18		
5	JSJ0003	Word教程	19		
6	JSJ0004	Excel教程	19		
7	JSJ0005	PowerPoint教程	19		
8	JSJ0006	办公与文秘教程	20		
9	JSJ0007	Photoshop教程	22		
10	JSJ0008	Premiere教程	19.5		
11	JSJ0009	FlJSJsh教程	21		
12	JSJ0010	Fireworks教程	17		
13	JSJ0011	DreJSJmweJSJver教程	22		
14	JSJ0012	VisuJSJl BJSJsic教程	22		
15	JSJ0013	五笔字型教程	13		
16					

图7-67　输入内容

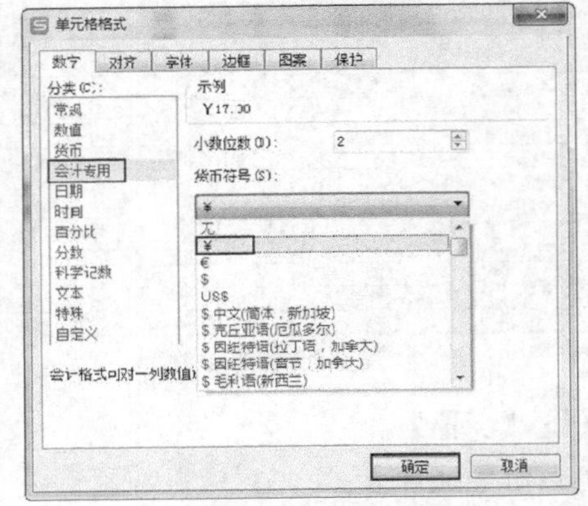

图7-68　设置单元格格式

(7) 拖动 C3 单元格右下角的填充柄，将 C3 单元格复制到该列的其他单元格中，拖动到目标位置后释放鼠标左键，然后单击【自动填充选项】，在弹出的下拉列表中选择【仅填充格式】单选项，如图 7-69 所示。

2. VLOOKUP()等函数的使用。

(1) 新建一个工作簿 Sheet2，并命名为“销量”。

(2) 在“销量”工作表中输入内容，如图 7-70 所示。

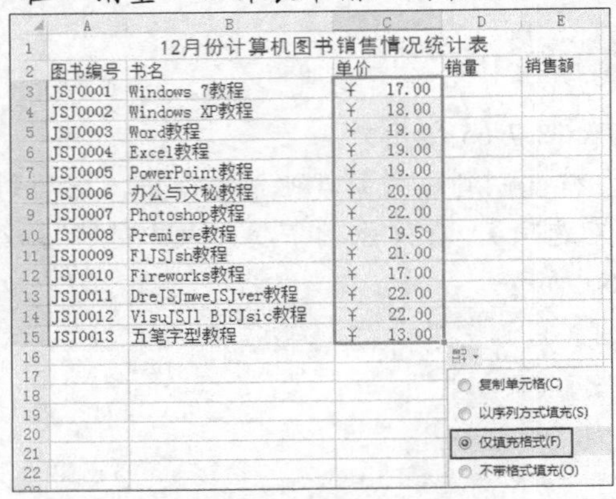

	A	B	C	D	E
1	12月份计算机图书销售情况统计表				
2	图书编号	书名	单价	销量	销售额
3	JSJ0001	Windows 7教程	¥ 17.00		
4	JSJ0002	Windows XP教程	¥ 18.00		
5	JSJ0003	Word教程	¥ 19.00		
6	JSJ0004	Excel教程	¥ 19.00		
7	JSJ0005	PowerPoint教程	¥ 19.00		
8	JSJ0006	办公与文秘教程	¥ 20.00		
9	JSJ0007	Photoshop教程	¥ 22.00		
10	JSJ0008	Premiere教程	¥ 19.50		
11	JSJ0009	FlJSJsh教程	¥ 21.00		
12	JSJ0010	Fireworks教程	¥ 17.00		
13	JSJ0011	DreJSJmweJSJver教程	¥ 22.00		
14	JSJ0012	VisuJSJl BJSJsic教程	¥ 22.00		
15	JSJ0013	五笔字型教程	¥ 13.00		

图7-69　格式填充

	A	B	C	D	E
1					
2					
3		图书编号	书名	销量	
4		JSJ0001	Windows 7教程	50	
5		JSJ0002	Windows XP教程	60	
6		JSJ0003	Word教程	55	
7		JSJ0004	Excel教程	56	
8		JSJ0005	PowerPoint教程	48	
9		JSJ0006	办公与文秘教程	40	
10		JSJ0007	Photoshop教程	66	
11		JSJ0008	Premiere教程	45	
12		JSJ0009	FlJSJsh教程	60	
13		JSJ0010	Fireworks教程	50	
14		JSJ0011	DreJSJmweJSJver教程	47	
15		JSJ0012	VisuJSJl BJSJsic教程	50	
16		JSJ0013	五笔字型教程	62	
17					
18					

图7-70　新建工作表

(3) 切换至“销量统计”工作表中，单击 D3 单元格，在其中输入公式：=VLOOKUP(A3,销量!B3:D16,3,FALSE)，从销量表格中查询对应图书编号的图书销量，按 Enter 键确认即可把“销量”工作表中对应的销量数据引入到“销售统计”工作表中，如图 7-71 所示。

(4) 用鼠标光标拖动 D3 右下角的填充柄直至最下一行数据处，完成销量数据的填充，结果如图 7-72 所示。

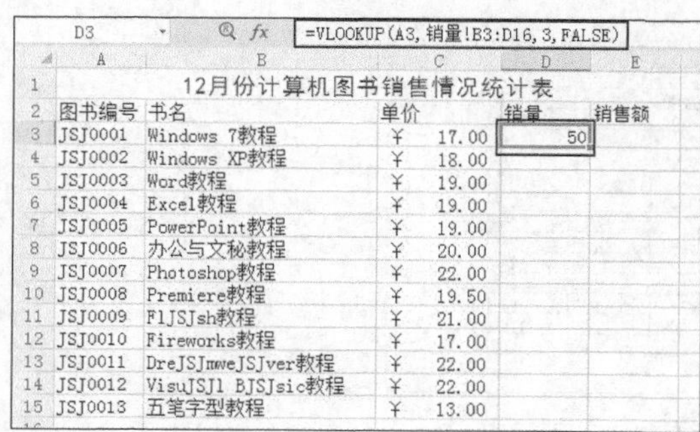
D3 =VLOOKUP(A3,销量!B3:D16,3,FALSE)

	A	B	C	D	E
1	12月份计算机图书销售情况统计表				
2	图书编号	书名	单价	销量	销售额
3	JSJ0001	Windows 7教程	￥ 17.00	50	
4	JSJ0002	Windows XP教程	￥ 18.00		
5	JSJ0003	Word教程	￥ 19.00		
6	JSJ0004	Excel教程	￥ 19.00		
7	JSJ0005	PowerPoint教程	￥ 19.00		
8	JSJ0006	办公与文秘教程	￥ 20.00		
9	JSJ0007	Photoshop教程	￥ 22.00		
10	JSJ0008	Premiere教程	￥ 19.50		
11	JSJ0009	FlJSJsh教程	￥ 21.00		
12	JSJ0010	Fireworks教程	￥ 17.00		
13	JSJ0011	DreJSJmweJSJver教程	￥ 22.00		
14	JSJ0012	VisuJSJl BJSJsic教程	￥ 22.00		
15	JSJ0013	五笔字型教程	￥ 13.00		

图7-71　插入函数

D3 =VLOOKUP(A3,销量!B3:D16,3,FALSE)

	A	B	C	D	E
1	12月份计算机图书销售情况统计表				
2	图书编号	书名	单价	销量	销售额
3	JSJ0001	Windows 7教程	￥ 17.00	50	
4	JSJ0002	Windows XP教程	￥ 18.00	60	
5	JSJ0003	Word教程	￥ 19.00	55	
6	JSJ0004	Excel教程	￥ 19.00	56	
7	JSJ0005	PowerPoint教程	￥ 19.00	48	
8	JSJ0006	办公与文秘教程	￥ 20.00	40	
9	JSJ0007	Photoshop教程	￥ 22.00	66	
10	JSJ0008	Premiere教程	￥ 19.50	45	
11	JSJ0009	FlJSJsh教程	￥ 21.00	60	
12	JSJ0010	Fireworks教程	￥ 17.00	50	
13	JSJ0011	DreJSJmweJSJver教程	￥ 22.00	47	
14	JSJ0012	VisuJSJl BJSJsic教程	￥ 22.00	50	
15	JSJ0013	五笔字型教程	￥ 13.00	62	

图7-72　自动填充

(5) 单击 E3 单元格，在其中输入公式：=C3*D3，可根据销量及单价计算出销售额，拖动 E3 右下角的填充柄直至最后一行数据，完成销售额的填充，结果如图 7-73 所示。

E3 =C3*D3

	A	B	C	D	E
1	12月份计算机图书销售情况统计表				
2	图书编号	书名	单价	销量	销售额
3	JSJ0001	Windows 7教程	￥ 17.00	50	850
4	JSJ0002	Windows XP教程	￥ 18.00	60	1080
5	JSJ0003	Word教程	￥ 19.00	55	1045
6	JSJ0004	Excel教程	￥ 19.00	56	1064
7	JSJ0005	PowerPoint教程	￥ 19.00	48	912
8	JSJ0006	办公与文秘教程	￥ 20.00	40	800
9	JSJ0007	Photoshop教程	￥ 22.00	66	1452
10	JSJ0008	Premiere教程	￥ 19.50	45	877.5
11	JSJ0009	FlJSJsh教程	￥ 21.00	60	1260
12	JSJ0010	Fireworks教程	￥ 17.00	50	850
13	JSJ0011	DreJSJmweJSJver教程	￥ 22.00	47	1034
14	JSJ0012	VisuJSJl BJSJsic教程	￥ 22.00	50	1100
15	JSJ0013	五笔字型教程	￥ 13.00	62	806

图7-73　计算销售额

(6) 选中 A1:E15 单元格区域，在【开始】选项卡中单击 ⊞ ·（边框线）按钮右侧的下拉按钮，在弹出下拉列表中选取【所有框线】选项，结果如图 7-74 所示。

(7) 选中 A1:E15 单元格区域，单击鼠标右键，在弹出的快捷菜单中选择【设置单元格格式】命令，弹出【单元格格式】对话框，在【图案】选项卡中选择图 7-75 所示的填充颜色。

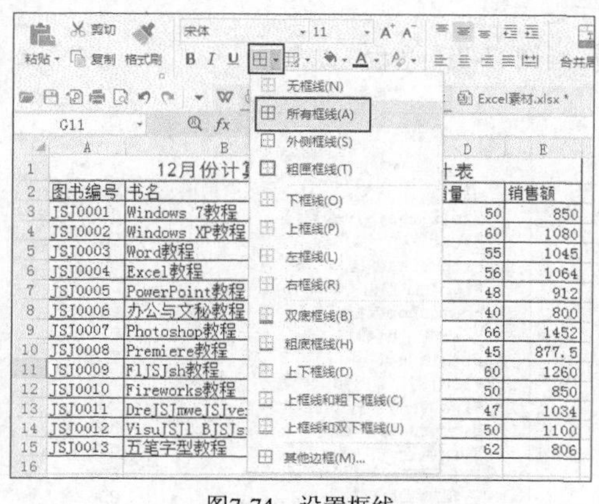

图7-74　设置框线

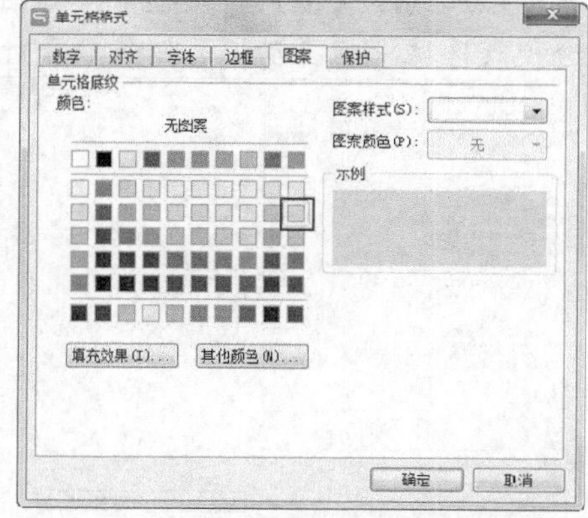

图7-75　设置背景填充

(8) 适当调整表格格式，最后完成后的“销售统计表”效果如图 7-76 所示。

	A	B	C	D	E
1	12月份计算机图书销售情况统计表				
2	图书编号	书名	单价	销量	销售额
3	JSJ0001	Windows 7教程	¥ 17.00	50	850
4	JSJ0002	Windows XP教程	¥ 18.00	60	1080
5	JSJ0003	Word教程	¥ 19.00	55	1045
6	JSJ0004	Excel教程	¥ 19.00	56	1064
7	JSJ0005	PowerPoint教程	¥ 19.00	48	912
8	JSJ0006	办公与文秘教程	¥ 20.00	40	800
9	JSJ0007	Photoshop教程	¥ 22.00	66	1452
10	JSJ0008	Premiere教程	¥ 19.50	45	877.5
11	JSJ0009	FlJSJsh教程	¥ 21.00	60	1260
12	JSJ0010	Fireworks教程	¥ 17.00	50	850
13	JSJ0011	DreJSJmweJSJver教程	¥ 22.00	47	1034
14	JSJ0012	VisuJSJl BJSJsic教程	¥ 22.00	50	1100
15	JSJ0013	五笔字型教程	¥ 13.00	62	806
16					
17					

图7-76　销售统计表

3.　建立数据透视图。

(1)　选中 A2:E15 单元格区域，单击【插入】选项卡中的（数据透视表）按钮，在弹出的【创建数据透视表】对话框中选择【新工作表】单选项，如图 7-77 所示，然后单击 确定 按钮。

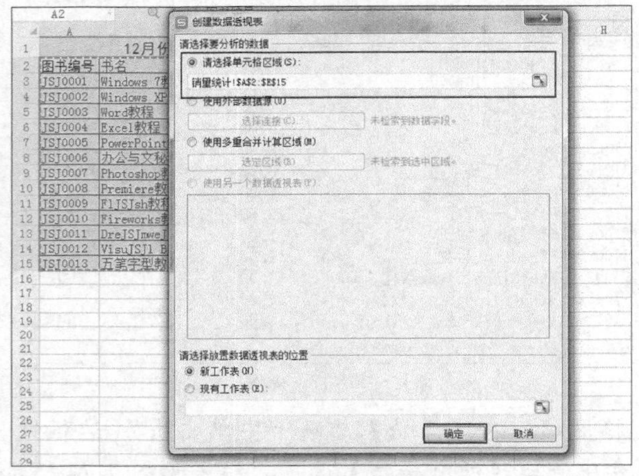

图7-77　插入数据透视表

(2)　在【数据透视图】面板的【将字段拖动至数据透视图区域】列表框中选择【书名】和【销售额】复选项，此时“书名”字段自动添加到了【行】列表框中，“销售额”字段自动添加到了【值】列表框中，如图 7-78 所示。

(3)　透视表区域中将自动汇总销售额合计值，结果如图 7-79 所示。

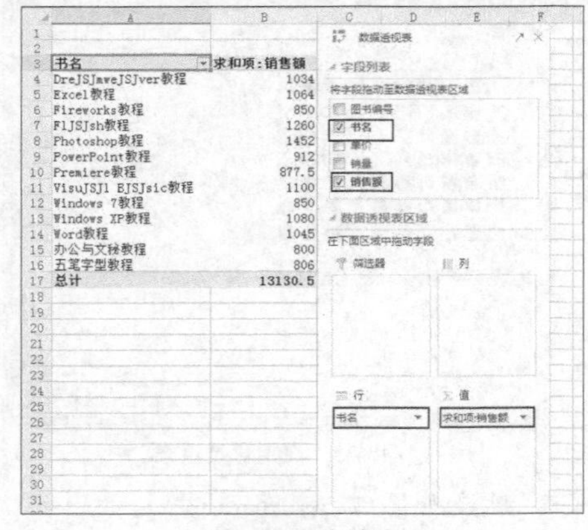

图7-78　添加字段

	A	B
1		
2		
3	书名	求和项:销售额
4	DreJSJmweJSJver教程	1034
5	Excel教程	1064
6	Fireworks教程	850
7	FlJSJsh教程	1260
8	Photoshop教程	1452
9	PowerPoint教程	912
10	Premiere教程	877.5
11	VisuJSJl BJSJsic教程	1100
12	Windows 7教程	850
13	Windows XP教程	1080
14	Word教程	1045
15	办公与文秘教程	800
16	五笔字型教程	806
17	总计	13130.5
18		

图7-79　数据透视表

(4) 选中数据透视表中的任意单元格，在【分析】选项卡中单击 （数据透视图）按钮，弹出【插入图表】对话框，选择【饼图】选项，如图 7-80 所示，最后创建的“饼图”透视图如图 7-81 所示。

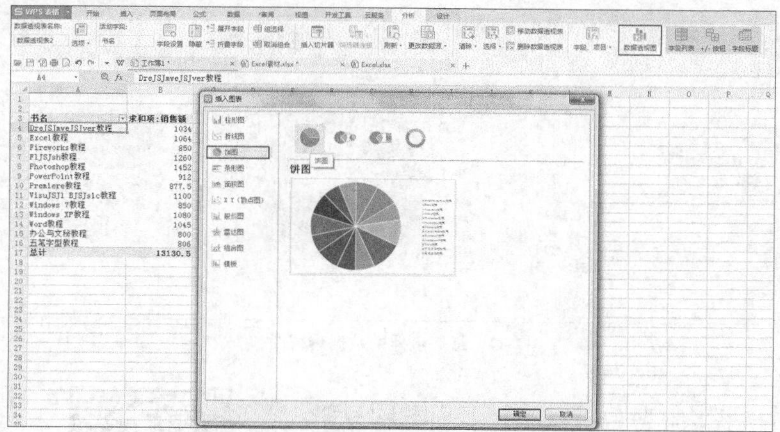

图7-80 插入饼状图

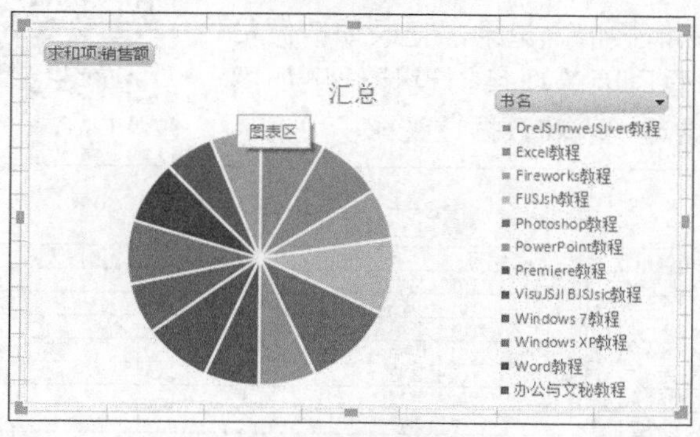

图7-81 饼状图效果

(5) 选中“数据透视图”，单击【图表工具】选项卡中的 （添加元素）按钮，在打开的下拉列表中选择【数据标签】/【数据标签外】选项，如图 7-82 所示。

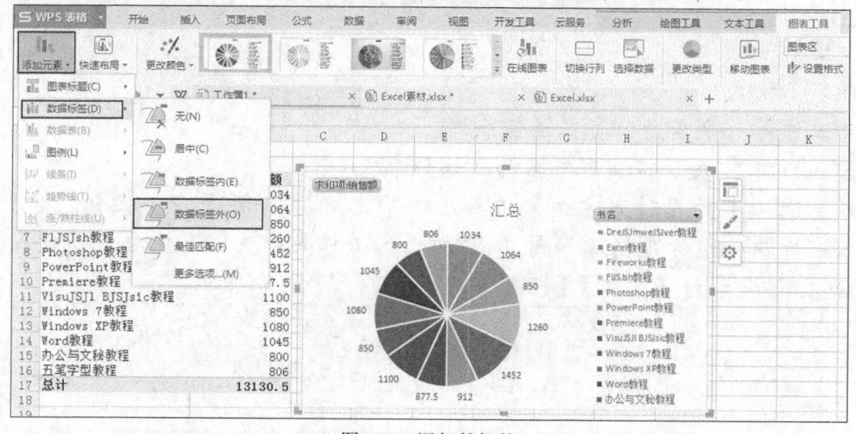

图7-82 添加外标签

(6) 选中图表标题，输入新的标题“12 月份图书销量”，最终创建的数据透视图如图 7-83

所示。

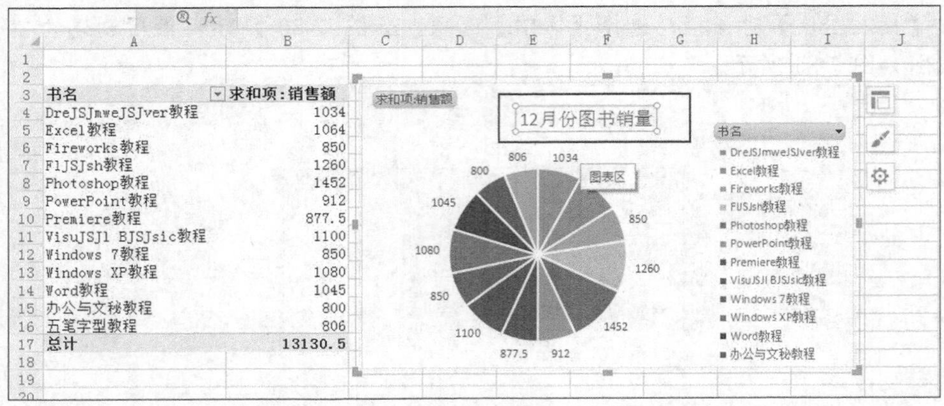

书名	求和项:销售额
DreJSJmweJSJver教程	1034
Excel教程	1064
Fireworks教程	850
FlJSJsh教程	1260
Photoshop教程	1452
PowerPoint教程	912
Premiere教程	877.5
VisuJSJl BJSJsic教程	1100
Windows 7教程	850
Windows XP教程	1080
Word教程	1045
办公与文秘教程	800
五笔字型教程	806
总计	13130.5

图7-83　最终创建的数据透视图

7.4　制作电子图表——员工请假表

员工请假表（1）

员工请假表（2）

本例将制作一个员工请假情况记录，记录如请假员工姓名、请假时间、请假原因等项目，设计结果如图 7-84 所示，然后创建数据透视表和数据透视图。

请假日期	员工编号	员工姓名	请假原因	请假天数
2017年9月9日	1011	龙小青	事假	1
2017年9月10日	1012	张丹	病假	2
2017年9月11日	1013	李丽	产假	5
2017年9月12日	1014	何平	事假	1
2017年9月13日	1015	陈贤	公假	1
2017年9月14日	1016	郭超	年假	3
2017年9月15日	1017	谢晓红	事假	3
2017年9月16日	1018	张燕	公假	3
2017年9月17日	1019	黄玲	事假	2
2017年9月18日	1020	李明	事假	2

图7-84　最后创建的图表

【设计步骤】

1. 设置日期显示格式。

(1) 新建一个工作簿，命名为“员工请假表”。

(2) 切换到 Sheet1 工作表，将其重命名为“请假表”。

(3) 在【开始】选项卡的【对齐方式】工具组中单击（合并居中）按钮，合并单元格，然后输入主标题和列标题创建如图 7-85 所示的工作表表头，其中主标题设置为【宋体】【24】，列标题设置为【宋体】【12】。

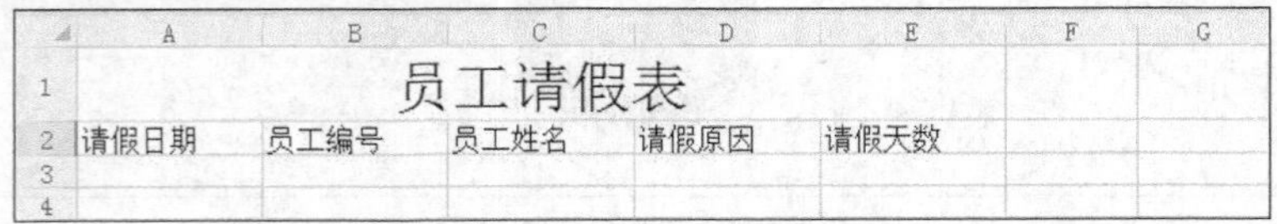

图7-85　输入标题和表头

(4) 选中全部列的列标（从 A 列到 E 列），在其上单击鼠标右键，在弹出的快捷菜单中选取

【列宽】命令，如图 7-86 所示，在打开的【列宽】对话框中设置【列宽】为“13”字符。

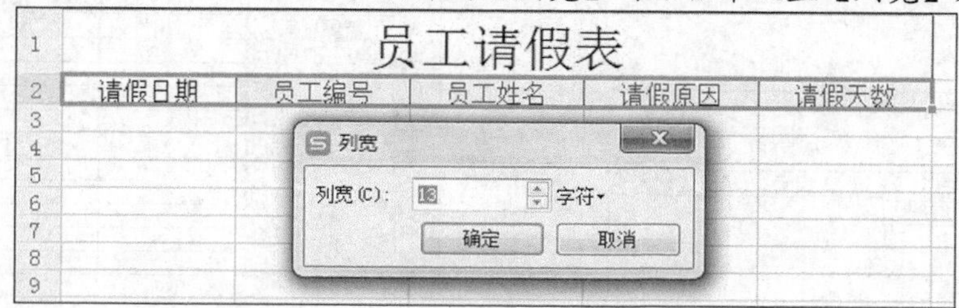

图7-86 设置列宽

(5) 选中 A1:E2 单元格区域，在【开始】选项卡中单击 （边框线）按钮右侧的下拉按钮，在弹出下拉列表中选取【所有框线】选项，效果如图 7-87 所示。

(6) 选中 A1:E2 单元格区域，在【开始】选项卡中单击 （垂直居中）和 （水平居中）按钮，将单元格中的内容在宽度和高度两个方向上都居中对齐，如图 7-88 所示。

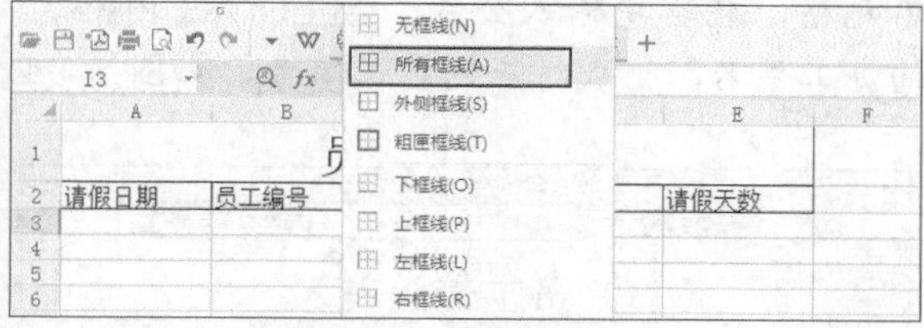

图7-87 添加边框

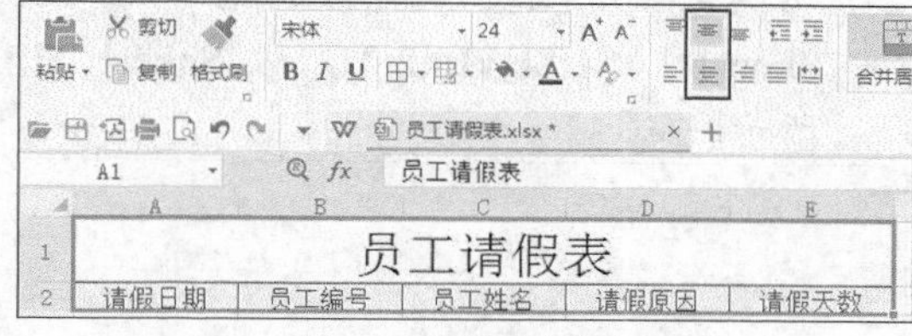

图7-88 调整对齐方式

(7) 单击 A3 单元格，输入请假日期“17-09-09”，如图 7-89 所示，然后按 Enter 键。

(8) 用鼠标右键单击 A3 单元格，在弹出的快捷菜单中选择【设置单元格格式】命令，弹出【单元格格式】对话框，在【数字】选项卡的【分类】列表框中选择【日期】，在【类型】列表框中选择【2001 年 3 月 7 日】，然后单击 确定 按钮，如图 7-90 所示。设置完成后的日期格式显示效果如图 7-91 所示。

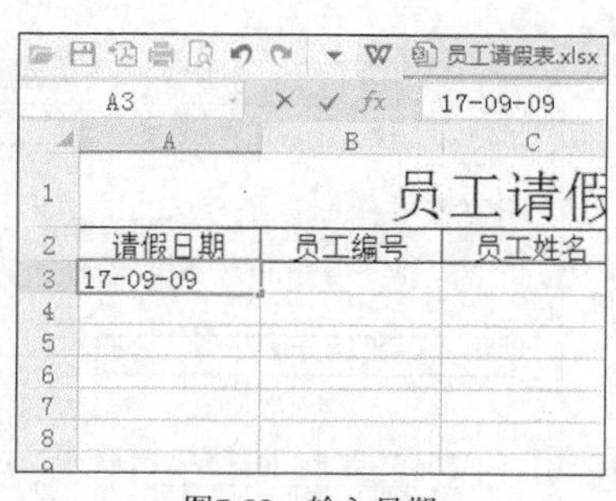

图7-89 输入日期

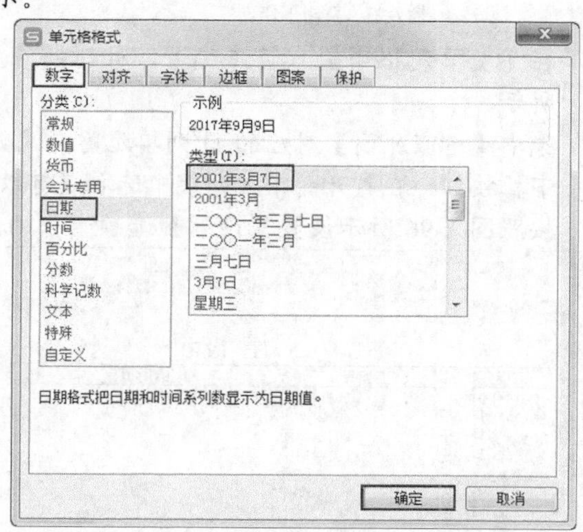

图7-90 调整日期格式

(9) 拖动 A3 单元格右下角的填充柄，将 A3 单元格复制到该列的其他单元格中，拖动到目标位置后释放鼠标左键，然后单击数据右下角的 按钮，在弹出的下拉列表中选择【以序列方式填充】单选项，如图 7-92 所示。

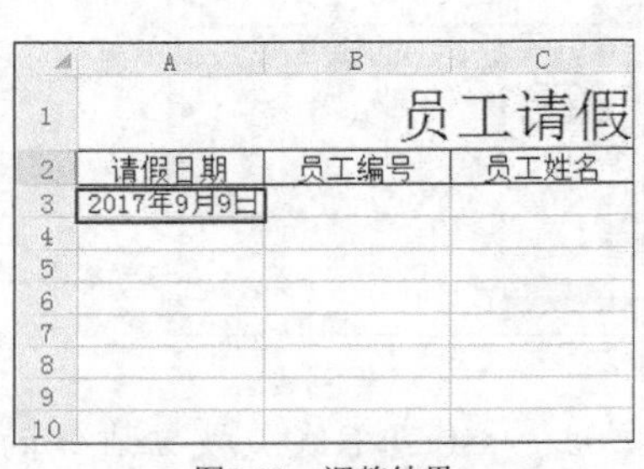

图7-91　调整结果

图7-92　填充数据式

2.　使用 VLOOKUP()函数。

(1)　新建一个工作表，在其中输入员工编号及对应的员工姓名，如图 7-93 所示。

(2)　切换至“请假表”工作表中，单击 C3 单元格，在其中输入公式：=VLOOKUP(B3, Sheet1!$A$1:$B$10,2,0)，从 Sheet1 中查询员工姓名，生成对应的员工编号，如图 7-94 所示。

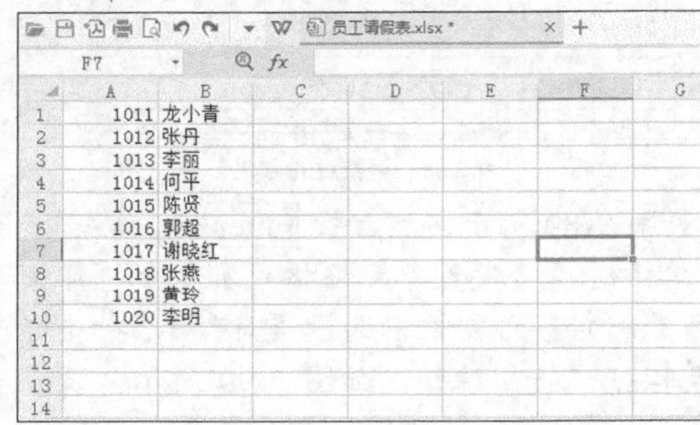

图7-93　新建工作表

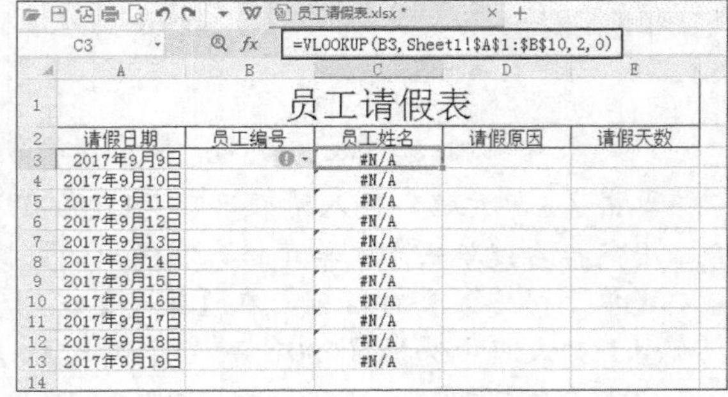

图7-94　输入函数

(3)　在 B3 单元格中输入员工编号，此时将在 C3 单元格中自动生成员工姓名，如图 7-95 所示。

(4)　选中【请假原因】对应的 D 列单元，在【数据】选项卡中单击 （有效性）按钮下方的下拉按钮，在打开的下拉列表中选取【有效性】选项，打开【数据有效性】对话框。

(5)　按照图 7-96 所示设置【设置】选项卡中的内容参数。

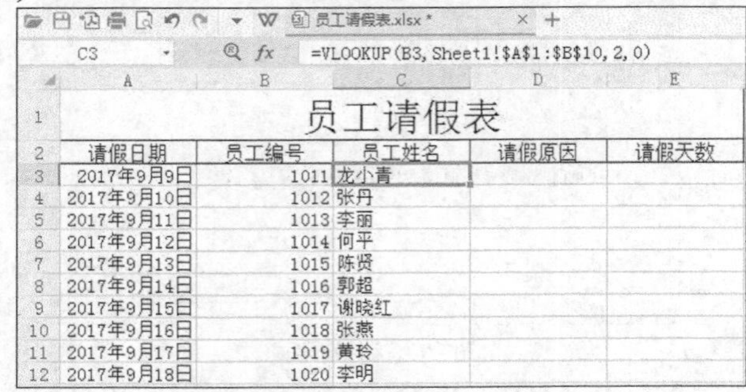

图7-95　自动生成姓名

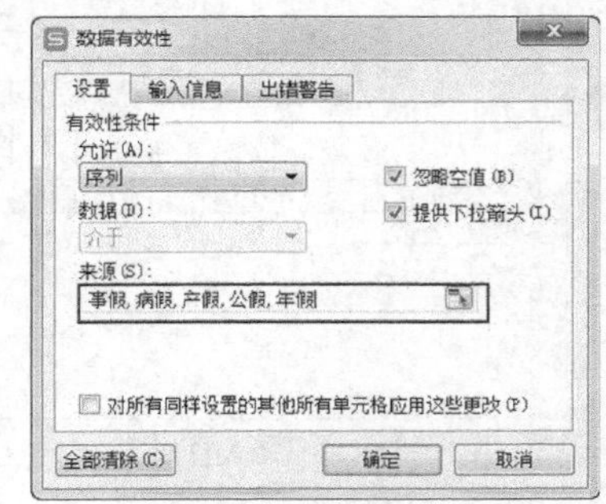

图7-96　设置数据有效性

(6)　单击 D3 单元格右侧的下拉按钮，在下拉列表中可选择请假原因，如图 7-97 所示。

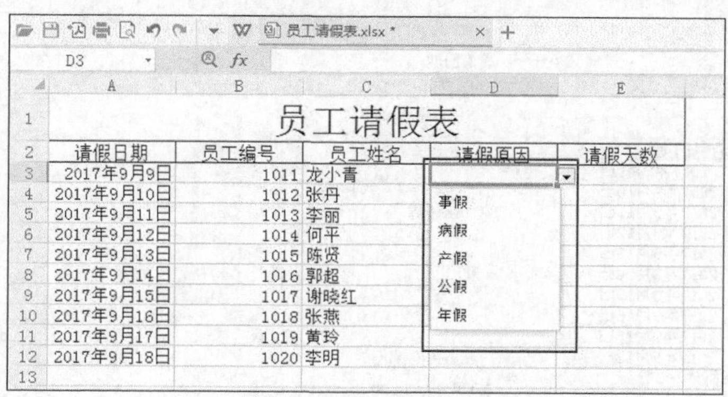

图7-97 选择请假原因

(7) 完成员工请假表的其他内容，结果如图 7-98 所示。

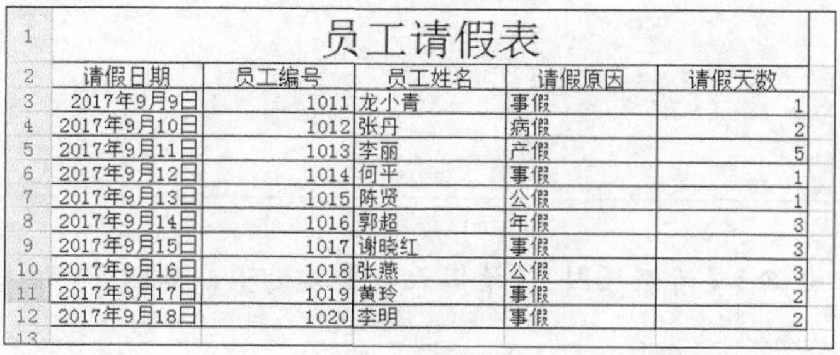

	员工请假表				
2	请假日期	员工编号	员工姓名	请假原因	请假天数
3	2017年9月9日	1011	龙小青	事假	1
4	2017年9月10日	1012	张丹	病假	2
5	2017年9月11日	1013	李丽	产假	5
6	2017年9月12日	1014	何平	事假	1
7	2017年9月13日	1015	陈贤	公假	1
8	2017年9月14日	1016	郭超	年假	3
9	2017年9月15日	1017	谢晓红	事假	3
10	2017年9月16日	1018	张燕	公假	3
11	2017年9月17日	1019	黄玲	事假	2
12	2017年9月18日	1020	李明	事假	2

图7-98 完成表格

3. 创建数据透视表。

(1) 选中 A2:E12 单元格区域，单击【插入】选项卡中的 （数据透视表）按钮，在弹出的【创建数据透视表】对话框中选择【新工作表】单选项，然后单击 确定 按钮，如图 7-99 所示。

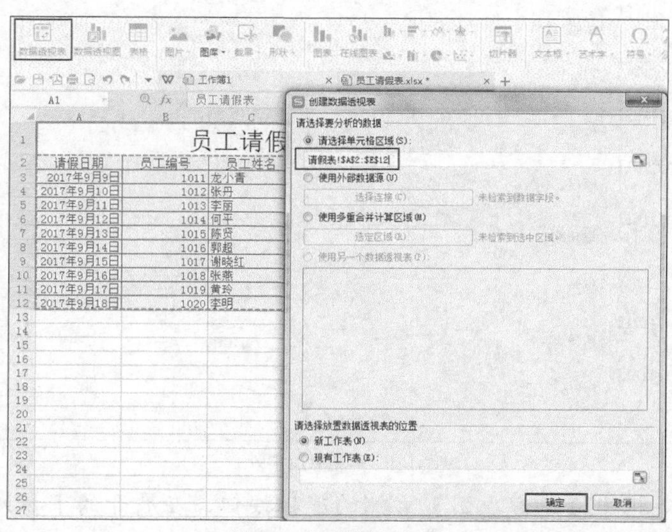

图7-99 创建数据透视表

(2) 在【数据透视表】面板的【将字段拖动至数据透视表区域】列表框中选择【请假日期】复选项，此时“请假日期”字段将自动添加到【行】列表框中，如图 7-100 所示。

图7-100　添加字段

(3) 继续选择【员工姓名】【请假原因】【请假天数】复选项，如图 7-101 所示。

图7-101　继续添加字段

(4) 单击【行】列表框中【请假原因】右侧的下拉按钮，在展开的下拉列表中选择【添加到列标签】选项，如图 7-102 所示。

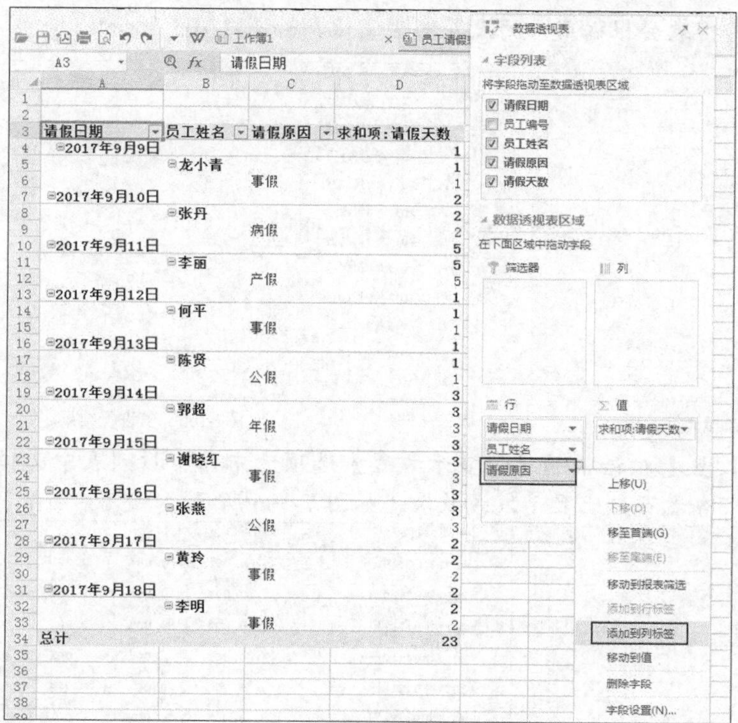

图7-102　添加列标签

(5) 单击【值】列表框中【求和项:请假天数】右侧的下拉按钮，在展开的下拉列表中选择【值字段设置】，如图 7-103 所示。

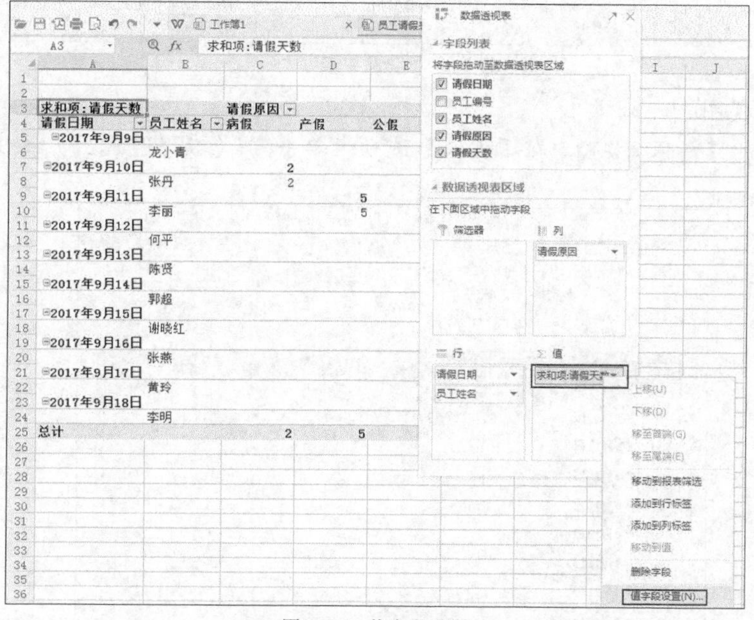

图7-103　值字段设置

(6) 在弹出的【值字段设置】对话框中选择计算类型为【计数】，如图 7-104 所示，然后单击 确定 按钮。

(7) 此时，数据透视表会根据用户的设置发生变化，如图 7-105 所示。

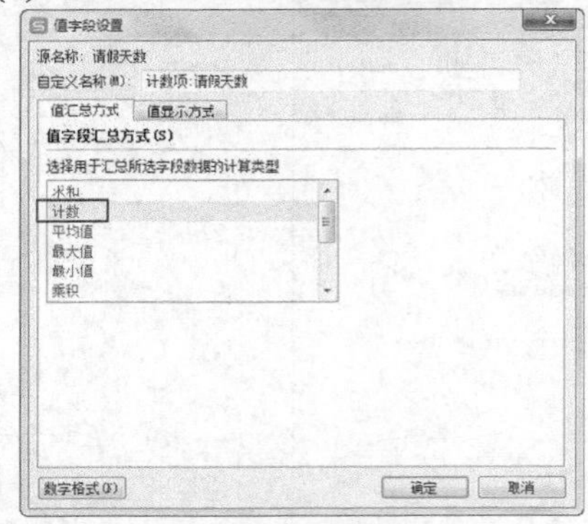

图7-104　选择计算类型

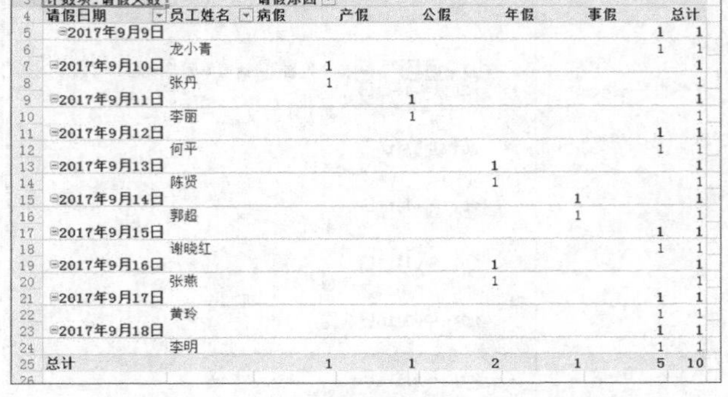

图7-105　值设置结果

(8) 在【值字段设置】对话框的【值显示方式】选项卡中的下拉列表中选择【总计的百分比】选项，可查看百分比显示方式效果，如图 7-106 所示。

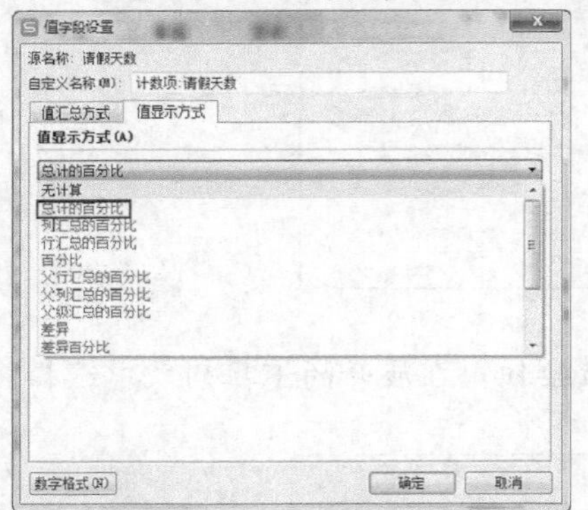

图7-106　更改值显示方式

4. 创建数据透视图。

(1) 单击表格中的【请假日期】，在【插入】选项卡单击（数据透视图）按钮，如图 7-107 所示。

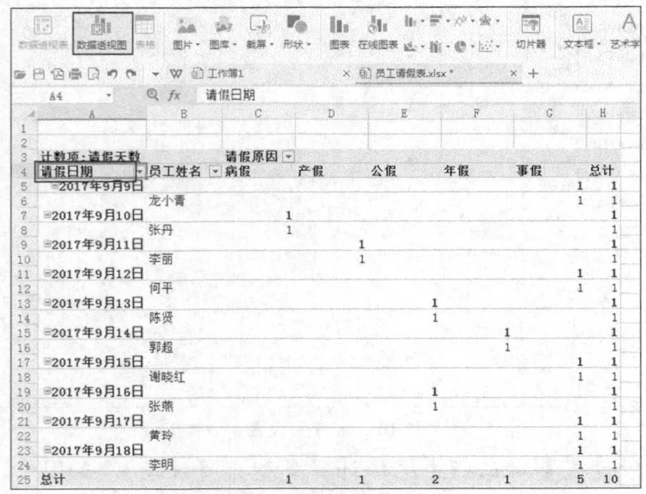

图7-107　创建数据透视图

(2) 在弹出的【插入图表】对话框中选择【簇状柱状图】，如图 7-108 所示，然后单击 确定 按钮，创建的数据透视图如图 7-109 所示。

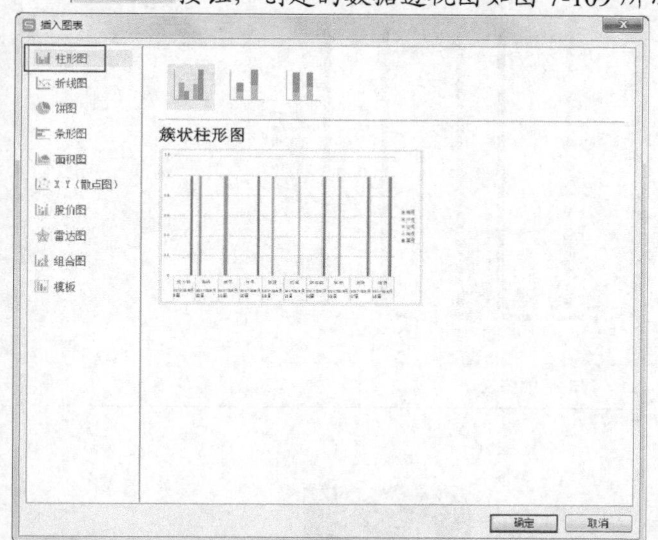

图7-108 添加柱状图

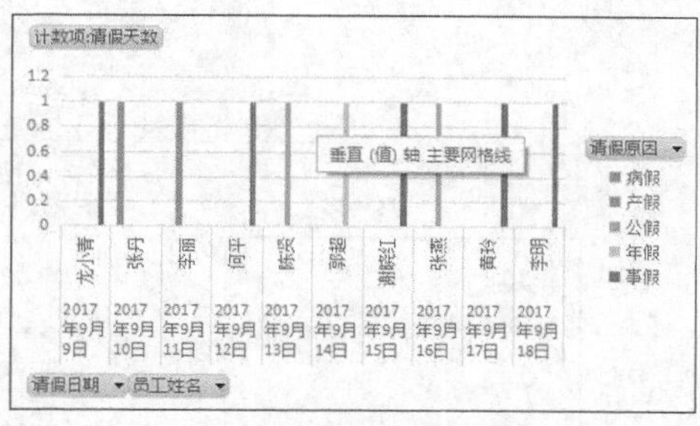

图7-109 数据透视图效果

(3) 选中数据透视图，在【图表工具】选项卡中单击 （移动图表）按钮，在弹出的【移动图表】对话框中选择【新工作表】，修改名称为“数据透视图”，如图 7-110 所示，然后单击 确定 按钮，最后生成的数据透视图如图 7-111 所示。

(4) 在左下角的【请假日期】下拉列表中选择【2017 年 9 月 9 日】，可单独显示该天的请假情况，如图 7-112 所示。

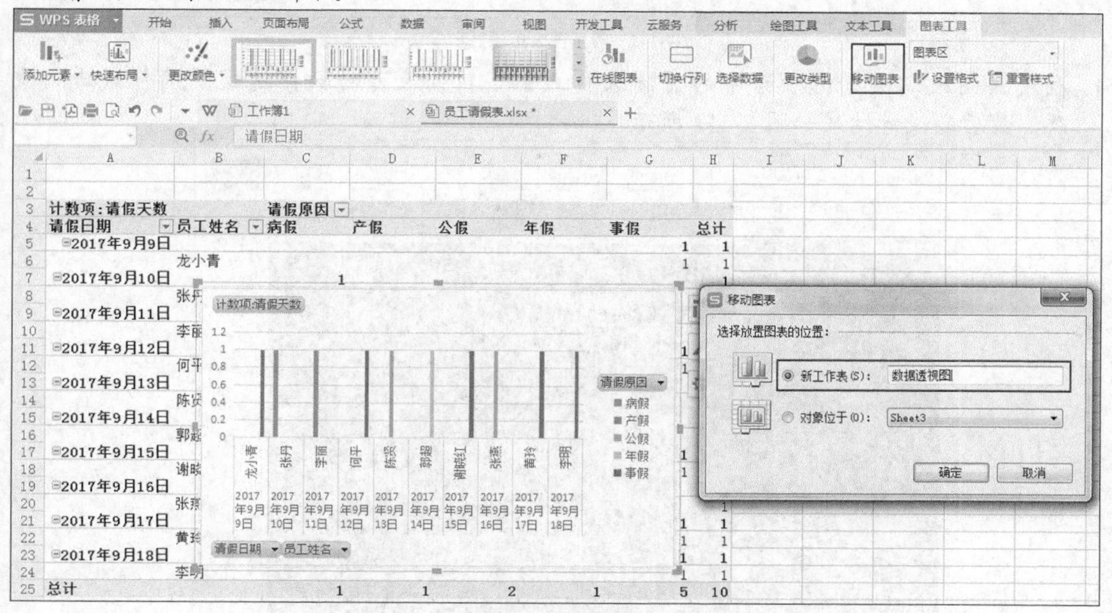

图7-110 移动图表

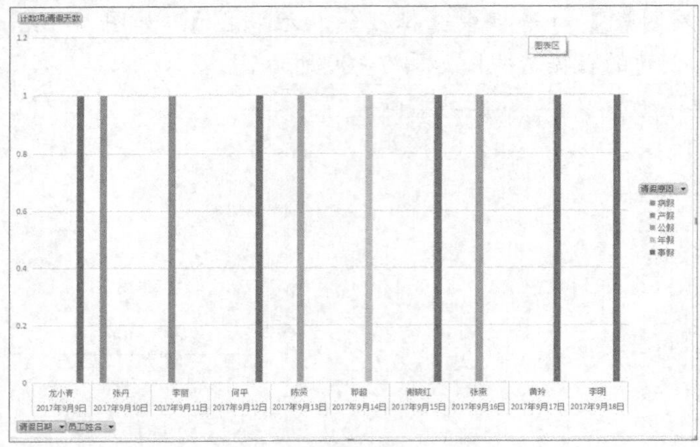

图7-111　移动后的图表

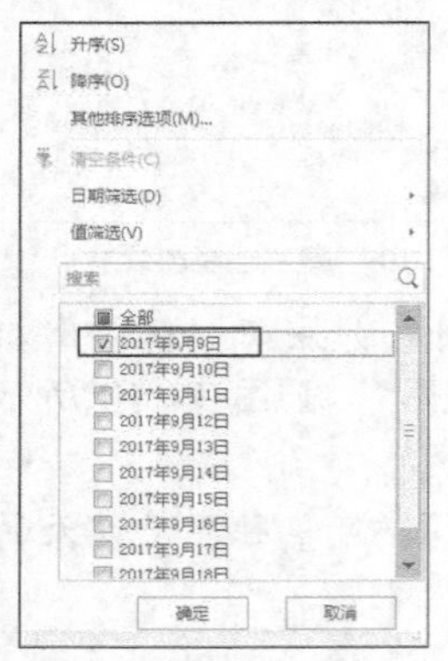

图7-112　设置图表单项显示

(5) 利用【图表工具】选项卡中的【图表样式】下拉列表可对数据透视图的样式进行更改，最后的设计结果如图 7-113 所示。

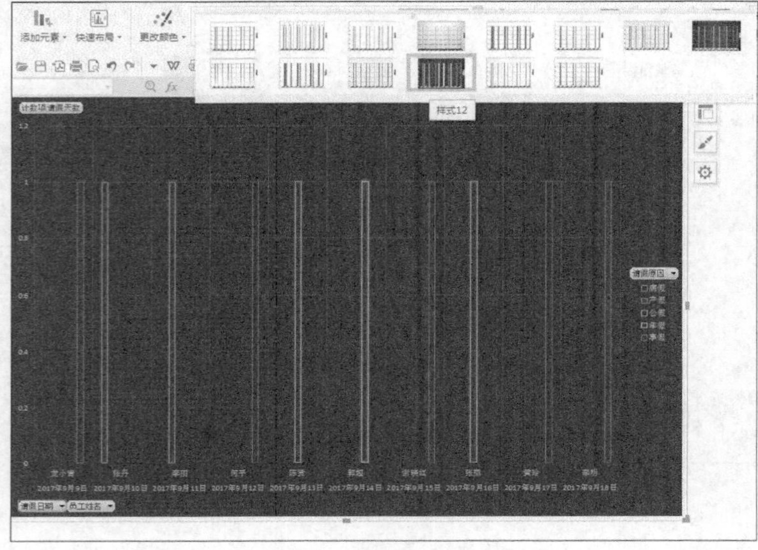

图7-113　更改样式结果

7.5 小结

WPS 表格 2016 是个人电脑普及以来用途最广泛的办公软件组件之一，它为用户提供了一个数据计算与分析的平台，集成了最优秀的数据计算与分析功能，让用户完全可以按照自己的思路来创建电子表格，并在 WPS 表格的协助下完成工作任务。在 WPS 表格 2016 中，函数和公式的功能也非常强大，其使用和学习既是重点又是难点，读者应该学习掌握一些常用的函数，这将给日常的数据处理带来很大的便利。WPS 表格 2016 在 WPS Office 的 3 个功能模块中学习难度最大，只有强化实践环节才能取到更大的进步。

7.6 习题

1. 使用 WPS 表格 2016 创建电子表格通常包括哪些步骤？
2. 总结电子表格中常用的函数的用途和使用技巧。
3. 在美化电子表格时，主要有哪些方法？
4. 动手模拟本章的实例，总结创建电子表格的基本经验和技巧。
5. 自选主题制作一个数据统计表。

第8章 使用 WPS 演示 2016 创建和编辑演示文稿

【学习目标】

- 了解 WPS 演示的基本用途。
- 掌握文本幻灯片的制作要领。
- 掌握图表幻灯片的制作要领。
- 掌握幻灯片的主要设计方法。

WPS 演示是金山软件公司设计的演示文稿软件。设计制作的演示文稿既可以在投影仪或者计算机上演示，还可以打印制作成胶片。WPS 演示文稿一般用于现场演示，还可以在互联网上召开面对面会议、远程会议或进行网络展示。

8.1 WPS 演示 2016 概述

WPS 演示主要用来制作演示文稿，是一种.dps 格式的文件。演示文稿中的每一页叫做一张幻灯片，每张幻灯片都是演示文稿中既相互独立又相互联系的内容。使用 WPS 演示可以创建外观生动的演示文稿，可以形象、直观地展示演讲者要讲述的内容。

8.1.1 WPS 演示 2016 的主要用途

使用 WPS 演示文稿可以在演示过程中插入图片、声音、视频及动画等，使会议内容更加直观、形象，更具有亲和力。

随着现代教育技术的发展，WPS 演示的应用领域越来越广泛，例如产品展示（见图 8-1）、毕业答辩（见图 8-2）、学术报告（见图 8-3）及多媒体教学（见图 8-4）。

图8-1 产品展示

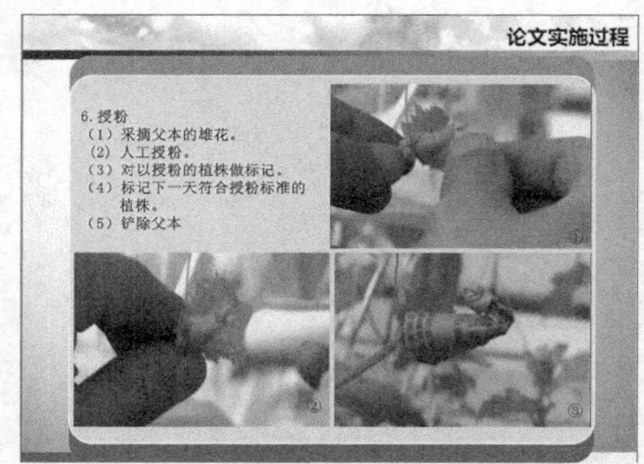

图8-2 毕业答辩

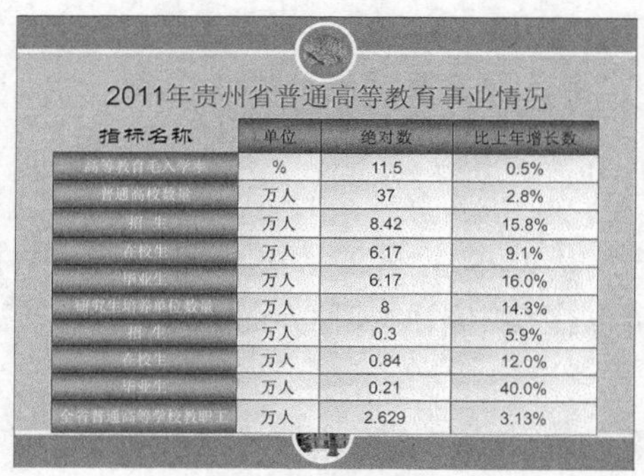

2011年贵州省普通高等教育事业情况

指标名称	单位	绝对数	比上年增长数
高等教育毛入学率	%	11.5	0.5%
普通高校数量	万人	37	2.8%
招生	万人	8.42	15.8%
在校生	万人	6.17	9.1%
毕业生	万人	6.17	16.0%
研究生培养单位数量	万人	8	14.3%
招生	万人	0.3	5.9%
在校生	万人	0.84	12.0%
毕业生	万人	0.21	40.0%
全省普通高等学校教职工	万人	2.629	3.13%

图8-3 学术报告

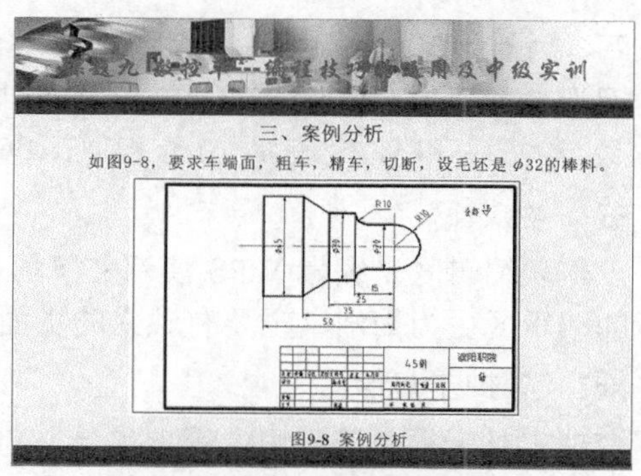

图8-4 多媒体教学

8.1.2 WPS 演示 2016 的工作界面

WPS 演示 2016 的工作界面与 WPS 文字 2016 和 WPS 表格 2016 相似，主要包括系统菜单、快速工具栏、标题栏、设计功能区、编辑区、导航窗口、视图控制区及状态栏等，如图 8-5 所示。

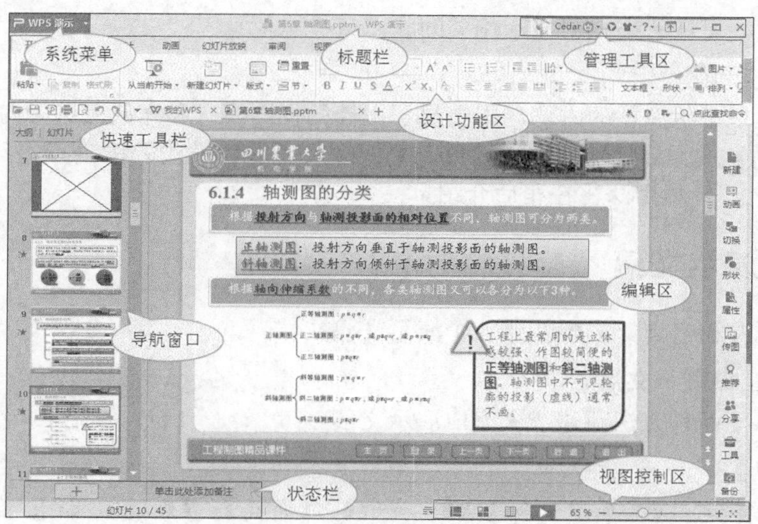

图8-5 WPS 演示 2016 的工作界面

一、 系统菜单

单击系统菜单可以获取当前文件的基本信息，还可以进行【新建】【打开】【保存】及【打印】等文件操作。

二、 快速工具栏

快速工具栏中集成了设计中使用频率最高的工具按钮，如（打开）、（保存）、（撤销）等，使用快速工具栏中的工具进行操作更加便捷。

三、 标题栏

标题栏中显示文件名，当同时打开多个演示文稿时，标题栏中显示当前激活（处于可编辑状态的）的演示文稿的名称，如图 8-5 所示。

四、 设计功能区

设计功能区是 WPS 表格 2016 的控制中心，它将各种重要功能分类集中在一起。与 WPS 文字 2016 和 WPS 表格 2016 相似，也由选项卡、工具组和工具按钮 3 部分组成。

五、 编辑区

工作表编辑区是编辑 WPS 演示文稿的主要场所。与 WPS 文字和 WPS 表格相比，WPS 演示的编辑区更为简洁，主要有独立的页面组成，可以在其中添加各种界面元素。

六、 管理工具区

管理工具区提供了常用的管理工具，包括用户登录 未登录 、更换软件界面外观、使用帮助、最小化窗口、还原窗口和关闭窗口等操作。

七、 导航窗口

导航窗口用于显示演示文稿的缩略图，可以快速浏览和定位演示文稿中的页面，方便对文档的编辑和预览。单击右上角的按钮可以将其最小化显示。

八、 状态栏

状态栏位于窗口底端的左侧，用于显示相关状态信息。在演示文稿中输入内容后或选择某个设计工具时，可在状态栏中显示相关的状态或提示信息。

九、 视图控制区

视图控制区位于状态栏的右侧，用于显示文档的视图模式和缩放比例等内容。其中包括【备注面板控制】按钮、【幻灯片浏览】按钮、【阅读模式】按钮及【播放模式】按钮等 5 种，其具体用法将在稍后介绍。

8.1.3 新建演示文稿

在制作演示文稿之前，需要新建一个演示文稿文件。

一、 新建空白演示文稿

可以使用以下两种方法新建一个空白演示文稿。

【操作要点】

1. 启动 WPS 演示，选择菜单命令【WPS 演示】/【新建】/【新建】，弹出【新建文档】面板，如图 8-6 所示，单击左上角的【新建空白演示】选项即可创建一个空白演示文稿。

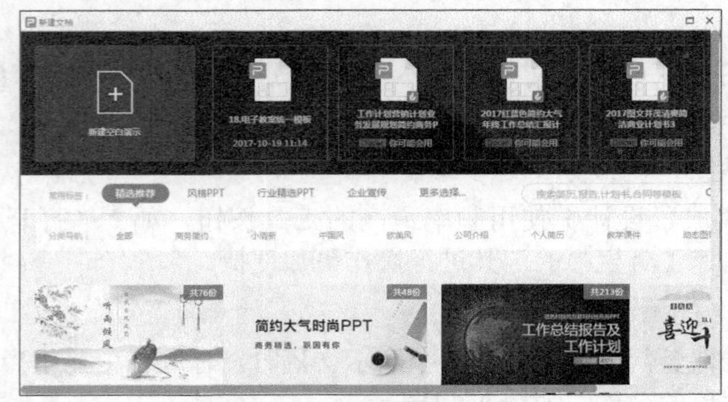

图8-6　【新建文档】面板

2. 按 Ctrl+N 组合键可以快速新建一个空白演示文稿。空白演示文稿的外观如图 8-7 所示，其中包括占位符和提示信息两项内容。

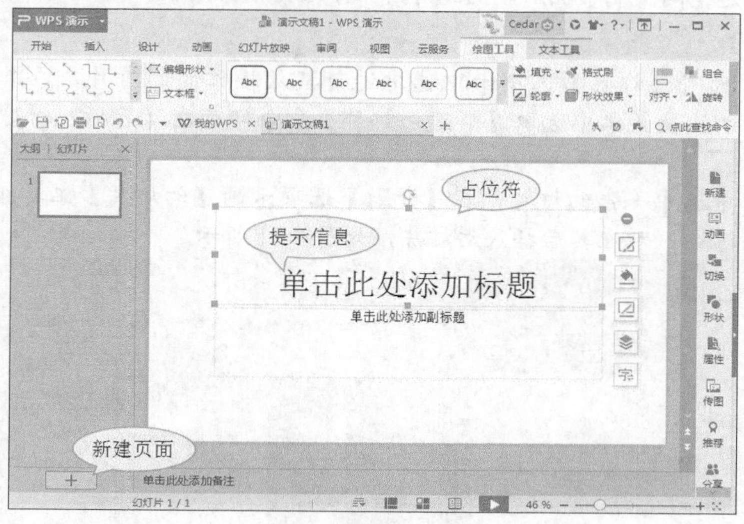

图8-7 新建空白文档

二、 使用模板创建新文稿

选择菜单命令【WPS 演示】/【新建】/【本机上的模板】，打开【模板】对话框，如图 8-8 所示。双击一种模板即可使用选定的模板创建文稿，如图 8-9 所示。

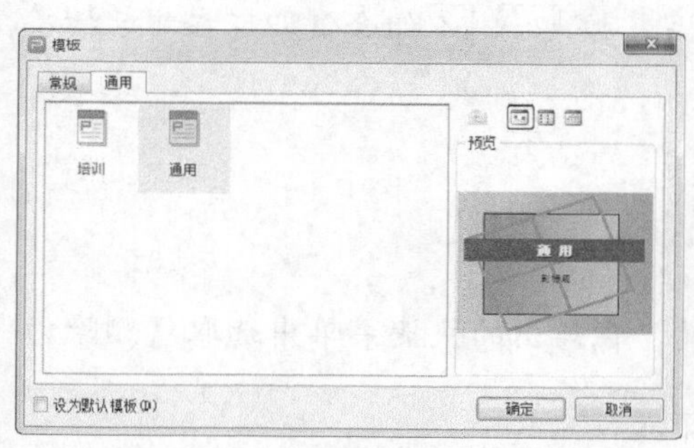

图8-8 【模板】对话框

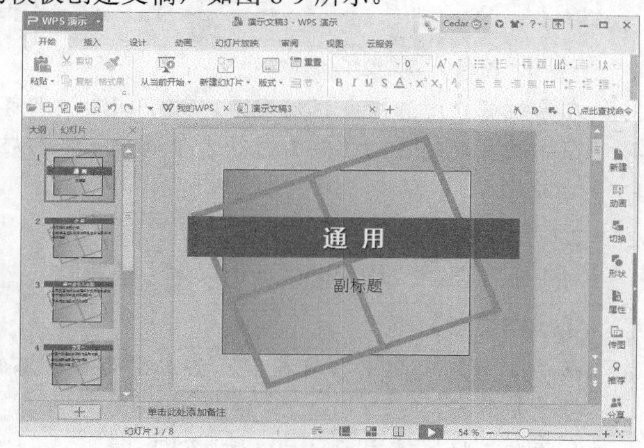

图8-9 使用模板建立演示文稿

三、 根据现有内容创建新文稿

选择菜单命令【WPS 演示】/【新建】，双击打开已有的演示文稿，用户可以基于该文稿提供的版式根据需要进行编辑和修改，以创建自己的文稿。

8.1.4 幻灯片的基本操作

演示文稿中的每一张幻灯片都是一张独立的文档资料，用户可以根据需要对其进行插入、移动和删除等常规操作。

一、插入幻灯片

插入幻灯片是指向文稿中加入新的幻灯片，主要方法如下。

【操作要点】

1. 在导航窗口的【幻灯片】选项卡中选中进行插入操作的幻灯片，在其上单击鼠标右键，在弹出的快捷菜单中选取【新建幻灯片】命令即可在其后插入幻灯片，如图 8-10 所示。
2. 在导航窗口中选中一张幻灯片，在【开始】选项卡的【幻灯片】工具组中单击【新建幻灯片】按钮，可在其后插入幻灯片，如图 8-11 所示。

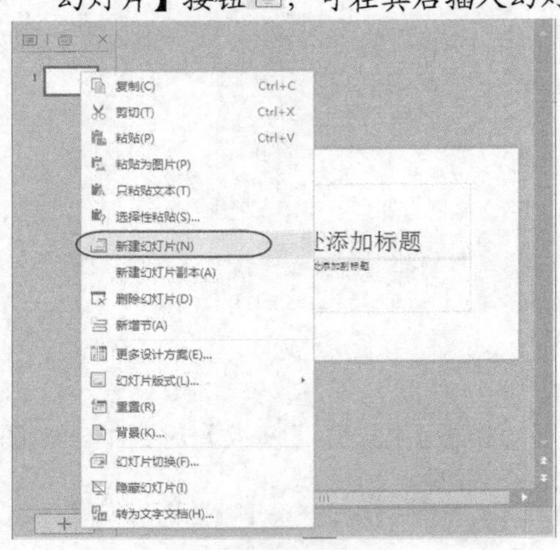

图8-10　新建幻灯片（1）

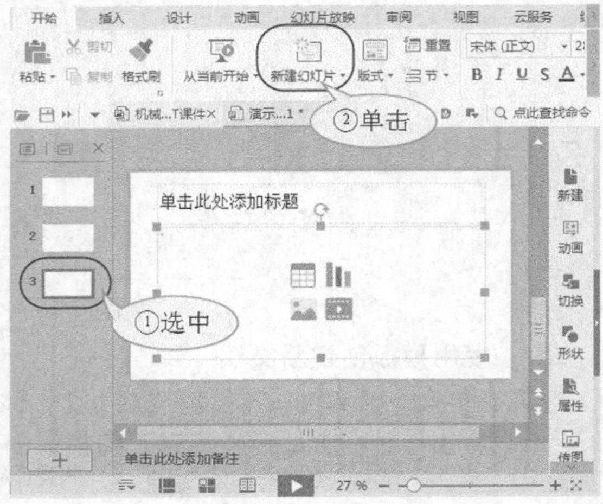

图8-11　新建幻灯片（2）

3. 在导航窗口中选中一张幻灯片，按下回车键即可在其后插入幻灯片。
4. 在导航窗口的【幻灯片】选项卡中选中一张幻灯片，按 Ctrl+M 组合键即可在其后插入幻灯片。

二、删除幻灯片

对于不需要的幻灯片可以使用以下方法删除。

【操作要点】

1. 在导航窗口中选中幻灯片，在其上单击鼠标右键，在弹出的快捷菜单中选取【删除幻灯片】命令。
2. 在导航窗口中选中幻灯片，按 Delete 键。

三、移动幻灯片

在演示文稿的排版中，用户可能需要重新调整幻灯片的顺序。在导航窗口中选中幻灯片，按下鼠标左键拖动其到合适的位置即可。

四、复制幻灯片

用户也可以将选定的幻灯片复制到别的文稿中。

【操作要点】

1. 选中幻灯片，在其上单击鼠标右键，在弹出的快捷菜单中选取【复制】命令，然后在合适的位置粘贴即可实现复制幻灯片。

2. 选中幻灯片，在【开始】选项卡的【剪贴板】工具组中依次单击 复制 按钮和【粘贴】按钮，也可实现复制操作。
3. 选中幻灯片，使用 Ctrl+C 组合键实现复制幻灯片，使用 Ctrl+V 组合键粘贴幻灯片。

五、 隐藏幻灯片

隐藏选定的幻灯片后，在放映时将不会显示出来。

【操作要点】

1. 选中幻灯片后，在其上单击鼠标右键，在弹出的快捷菜单中选取【隐藏幻灯片】命令。在导航窗口中，隐藏幻灯片的页码标记上将出现一条删除斜线标记。
2. 如果要取消隐藏，先选中要取消隐藏的幻灯片，在其上单击鼠标右键，然后在弹出的快捷菜单中选取【隐藏幻灯片】命令。

8.1.5 WPS 演示 2016 的视图方式

WPS 演示提供了以下 5 种视图方式。

一、 普通视图

普通视图又分为大纲视图和幻灯片视图两种类型。

- 幻灯片视图是使用最多的视图类型，所有幻灯片的编辑操作都在该视图模式下完成。
- 大纲视图主要用于更方便地组织文稿结果和编辑文本。

【操作要点】

1. 通常视图栏上的 （普通视图）按钮为按下状态，说明当前为普通视图模式。在导航窗口中，【幻灯片】选项卡被选中，表示当前为幻灯片视图，如图 8-12 所示。

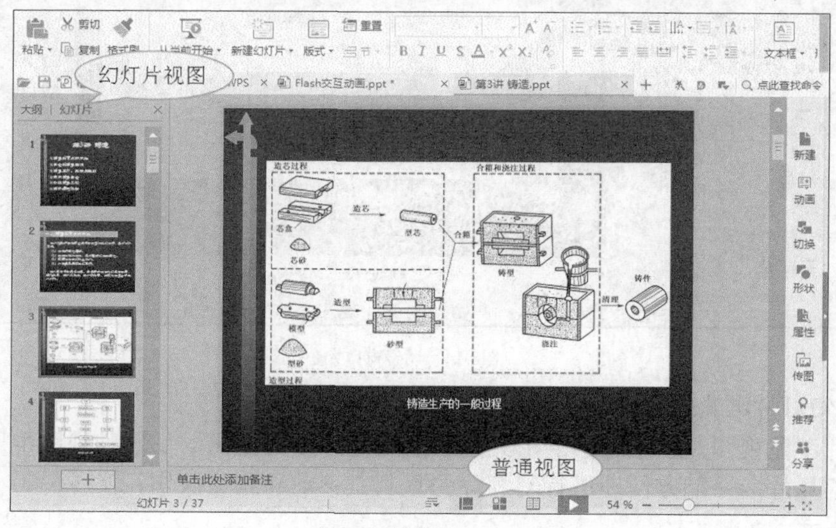

图8-12 普通视图

2. 在导航窗口中切换到大纲视图，此时窗口中仅显示文本，不再显示图片、动画等内容，如图 8-13 所示。

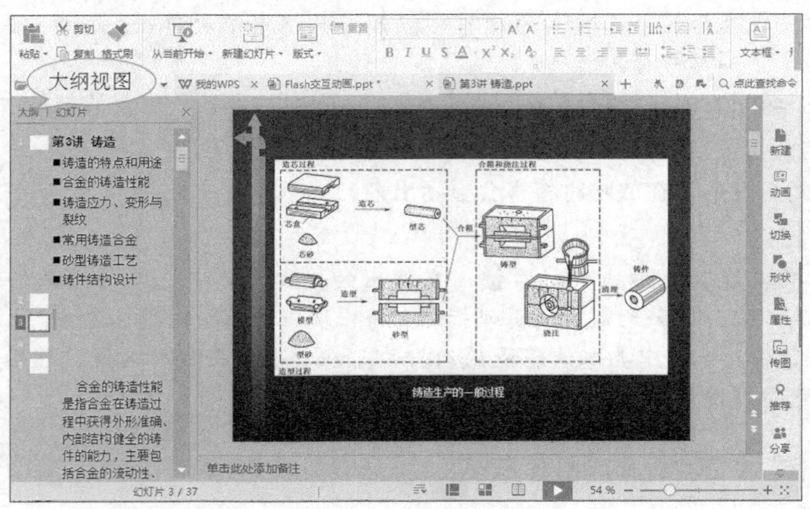

图8-13　大纲视图

3.　将鼠标光标移动到导航窗口的右边框，拖动鼠标光标即可调节窗口边框的大小，如图 8-14 所示。

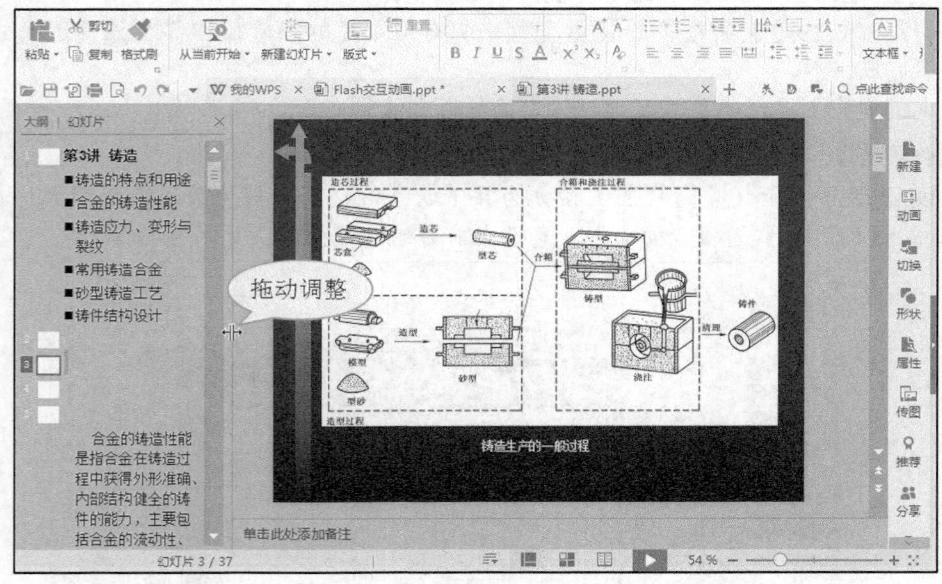

图8-14　调整窗口大小

二、　幻灯片浏览视图

幻灯片浏览视图是以缩略图的形式显示的幻灯片专用视图，从这种视图中用户可以整体浏览所有幻灯片，并能方便地进行幻灯片的复制、移动和删除操作。

【操作要点】

1.　在界面右下角的视图栏中单击 （幻灯片浏览）按钮，切换到幻灯片浏览视图方式。
2.　选定幻灯片，按下鼠标左键拖动其到合适的位置即可实现幻灯片的移动操作，如图 8-15 所示。

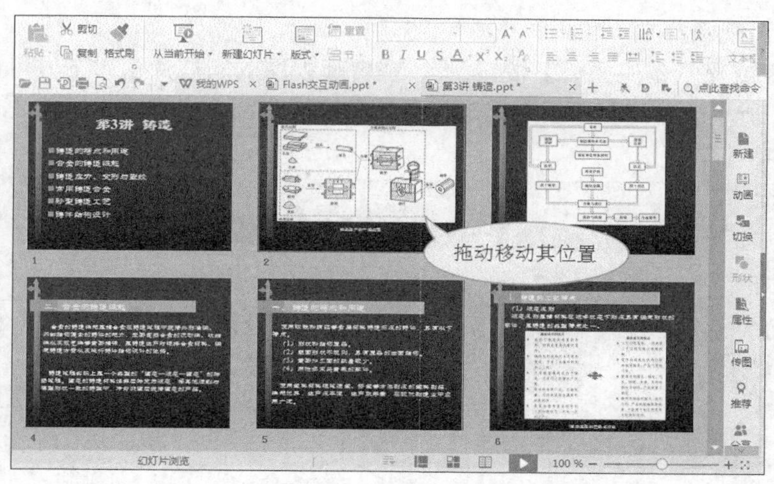

图8-15　幻灯片浏览视图

3. 双击选定的幻灯片可以转换到视图模式，在该模式下进行各种编辑操作。

三、 幻灯片放映视图

幻灯片放映视图是把演示文稿中的幻灯片以全屏的方式显示出来，利用该视图可以看到其中设置的动画、画面切换等效果。

【操作要点】

1. 在界面右下角的视图栏中单击▶（从当前幻灯片开始播放）按钮，切换到幻灯片放映视图方式。
2. 按 Page Down 键（或向下箭头键↓）放映下一张幻灯片，按 Page Up 键（或向上箭头键↑）回放上一张幻灯片，按 Esc 键可以退出幻灯片放映状态。

四、 阅读视图

阅读视图的播放效果与幻灯片放映视图相似，但阅读视图并非全屏显示。用户可以根据需要调整播放窗口的大小，然后仿照日常阅读图书的习惯翻页观看，如图 8-16 所示。

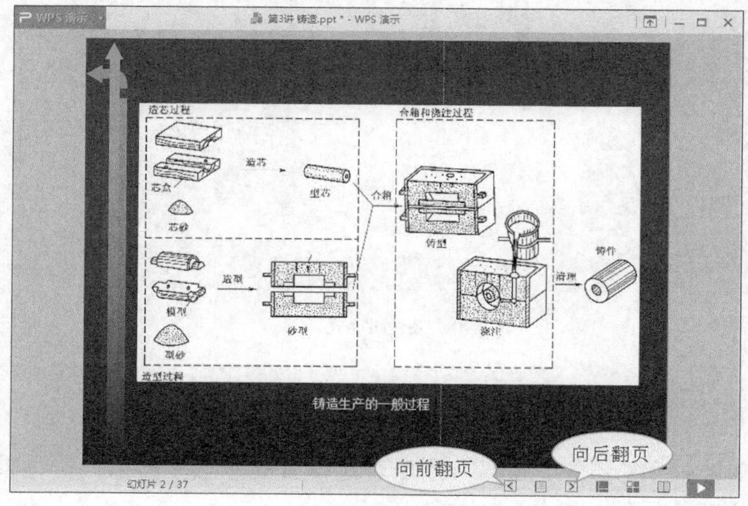

图8-16　阅读视图

五、　备注页视图

单击【隐藏或显示备注面板】按钮，在普通视图的幻灯片窗口下方可以看到备注窗口，如图 8-17 所示。备注窗口用来添加必要的备注，供演示者参考。再次单击该按钮，可以关闭备注面板。

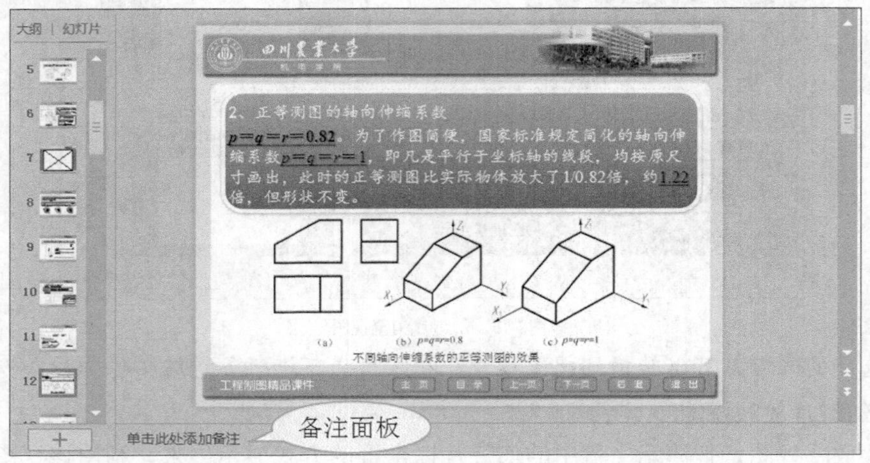

图8-17　备注面板

备注窗口中只能添加文本，如果需要添加图片等，就需要进入备注页面视图。将演示文稿切换到普通视图，单击【视图】选项卡中的（备注页）按钮，随后文稿切换到备注页视图模式，用户可在幻灯片下方的备注页框中添加文本、图片等各种备注，如图 8-18 所示。

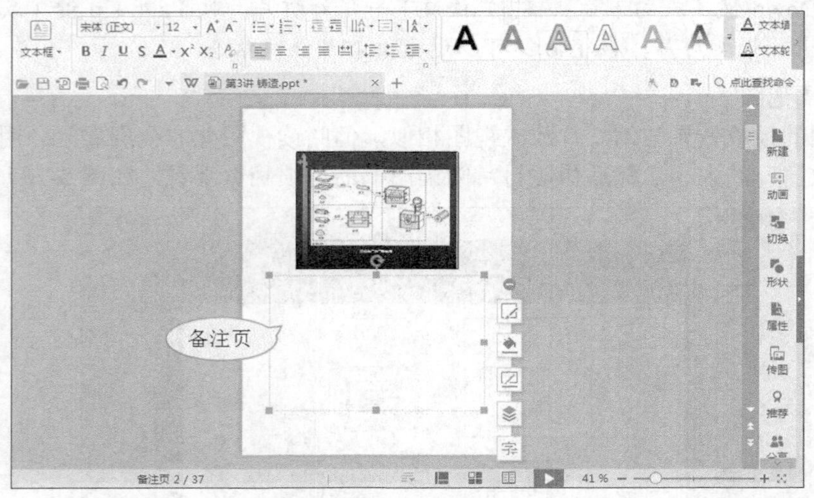

图8-18　备注页模式

8.2　制作文本幻灯片

WPS 演示文稿默认后缀名是“.dps”，用于表达作者的想法并向用户传达重要信息，文本幻灯片是其中应用最广泛的一种。

8.2.1 输入文本

在幻灯片中输入文本主要有以下两种方法。

一、 使用占位符

占位符是幻灯片中出现的一种带有虚线边框的边框，如图 8-7 所示。每个占位符中都有提示文字。在占位符中可以放置标题、正文、图形及表格等。

【操作要点】

1. 新建一个空白演示文稿，打开后的页面如图 8-19 所示，其中包含一个提示占位符。
2. 单击提示占位符，打开图 8-20 所示的页面，该页面带有两个占位符和有提示作用的提示文本。

图8-19　空白文档

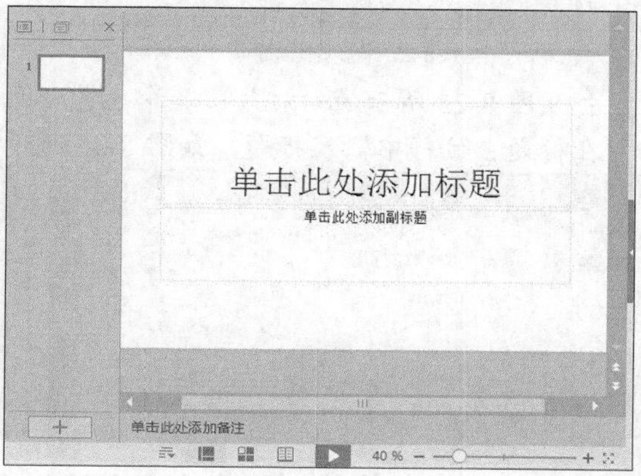

图8-20　打开新页面

3. 单击标题占位符，提示文本消失，占位符内出现闪烁的光标，并且占位符变为虚线边框，如图 8-21 所示。
4. 输入标题文本，在占位符之外的区域单击鼠标左键退出文本输入，结果如图 8-22 所示。

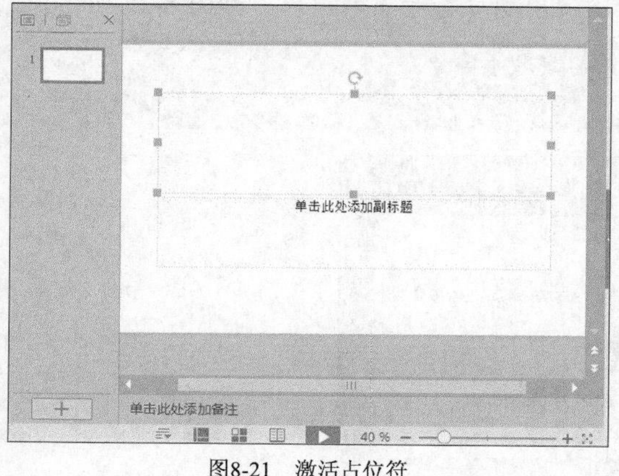

图8-21　激活占位符

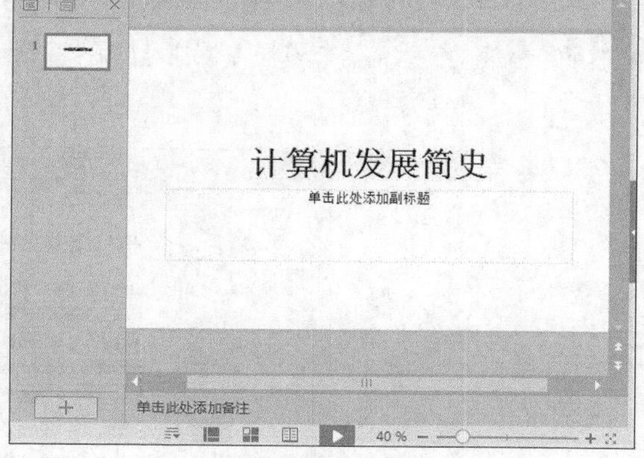

图8-22　输入主标题

5. 使用同样的方法输入副标题，如图 8-23 所示。
6. 新建一张幻灯片，单击【开始】选项卡中的（版式）按钮，在弹出的下拉列表中选取图 8-24 所示的母版版式（其用法稍后介绍）。

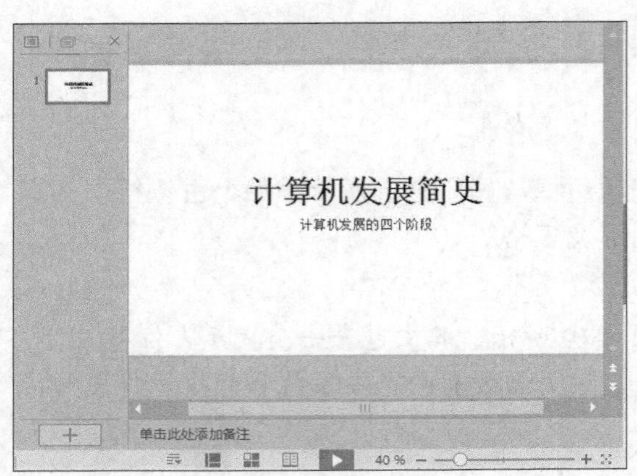

图8-23　输入副标题

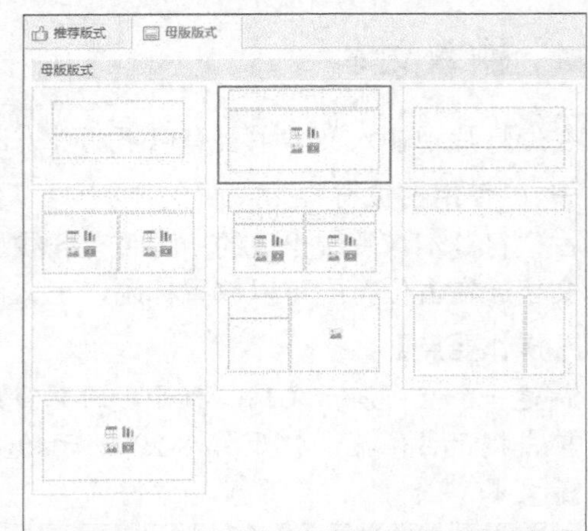

图8-24　选择母版版式

7.　打开图 8-25 所示的幻灯片，其中也包含两个占位符。

8.　在标题占位符中输入标题，如图 8-26 所示。

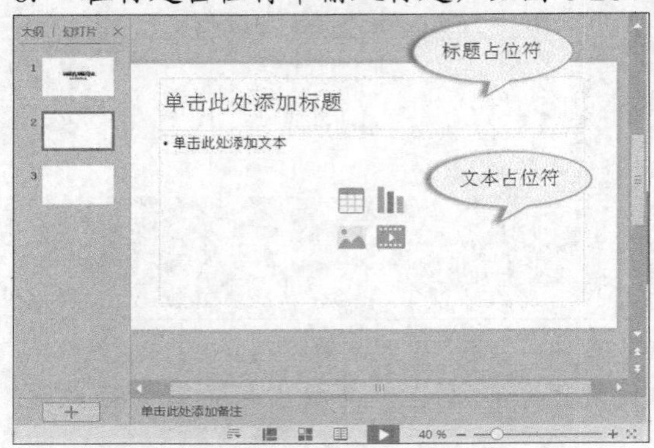

图8-25　打开新页面

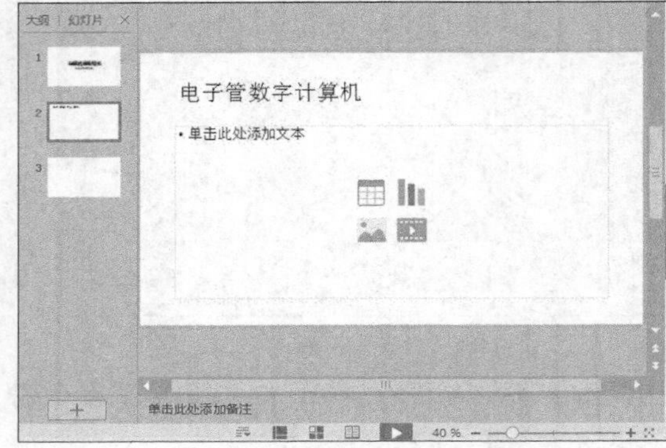

图8-26　输入标题

9.　在文本占位符中输入文本，输入的文本按照分段使用项目符号罗列出来，如图 8-27 所示。

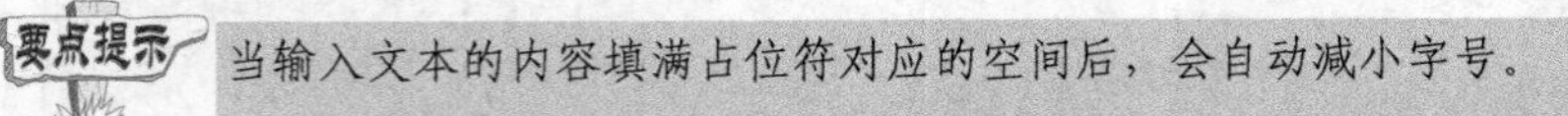

当输入文本的内容填满占位符对应的空间后，会自动减小字号。

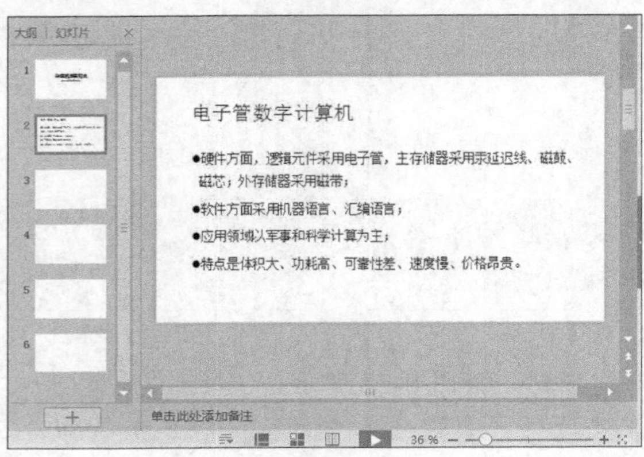

图8-27　输入正文

二、 使用文本框

使用文本框是另一种输入文本的方法，用户可以根据需要添加水平文本框或竖直文本框。

【操作要点】

1. 新建一个空白演示文稿。
2. 单击【开始】选项卡中的▤（版式）按钮，在弹出的下拉列表中选择图 8-28 所示的母版。
3. 按照前面介绍的方法输入标题，结果如图 8-29 所示。

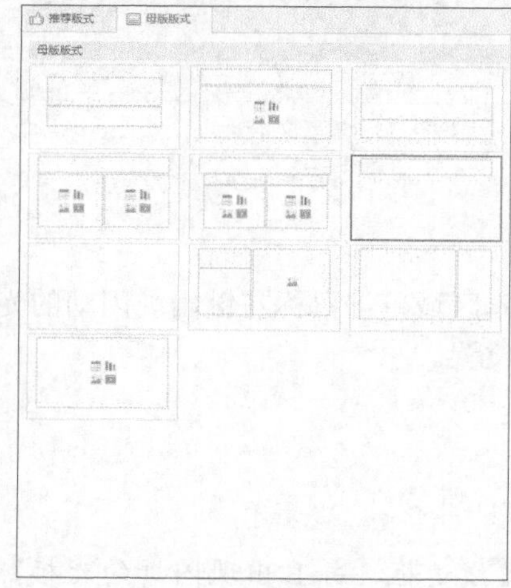

图8-28 选择母版

图8-29 输入标题

4. 单击【开始】选项卡中的▤（文本框）按钮，然后在标题下方区域拖动鼠标光标，绘制一个文本框，如图 8-30 所示。
5. 在文本框的任意位置单击鼠标左键，然后在其中输入文本，结果如图 8-31 所示。

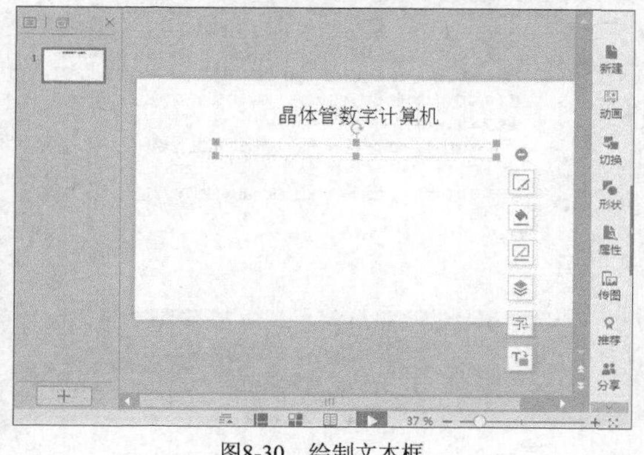

图8-30 绘制文本框

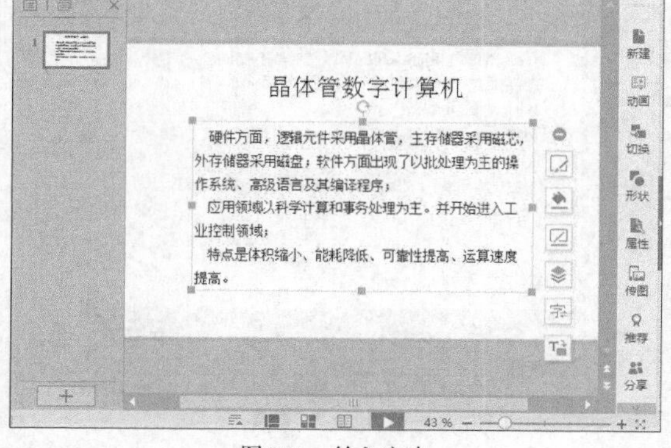

图8-31 输入文本

6. 单击【开始】选项卡中▤（新建幻灯片）按钮下方的下拉按钮，在弹出的幻灯片版式面板中选择一张空白的幻灯片。
7. 单击【开始】选项卡中▤（文本框）按钮下方的下拉按钮，选择【竖向文本框】，然后在标题的下方区域拖动鼠标光标，绘制一个垂直文本框，如图 8-32 所示。
8. 在文本框的任意位置单击鼠标左键，然后在其中输入文本，结果如图 8-33 所示。

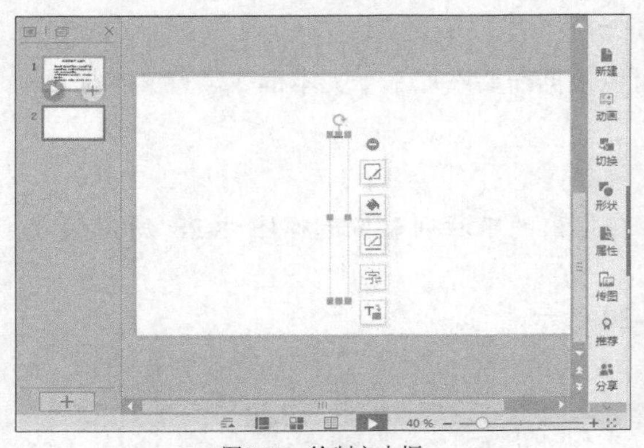

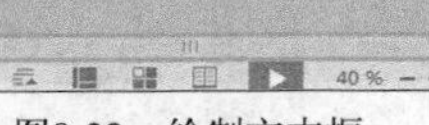

图8-32　绘制文本框

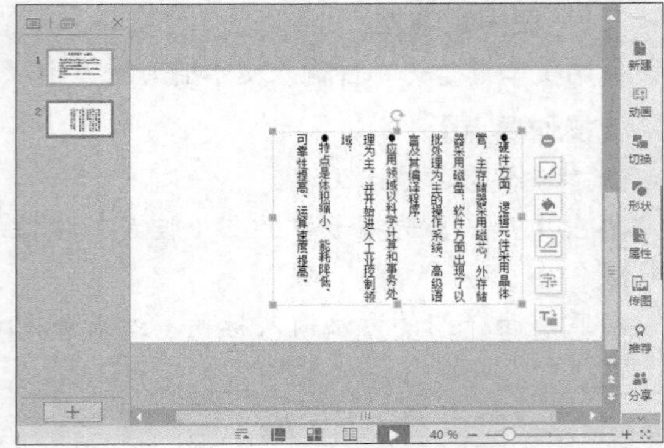

图8-33　输入文本

8.2.2　编辑文本

在幻灯片中输入文本后，还可以对其进行编辑。在文本区域单击鼠标左键出现闪动的光标后，使用键盘上的箭头键将光标定位到需要编辑的文本位置。

一、　选取文本

在编辑文本前，首先需要选取要编辑的文本对象。

【操作要点】

1. 在幻灯片中单击需要编辑的文本，文本边缘将出现虚线边框，并且出现闪烁的光标，如图 8-34 所示。
2. 单击虚线边框上的任意位置，虚线边框将变为实线边框，表示整个占位符被选中，如图 8-35 所示。在边框外单击鼠标左键可以取消选中操作。

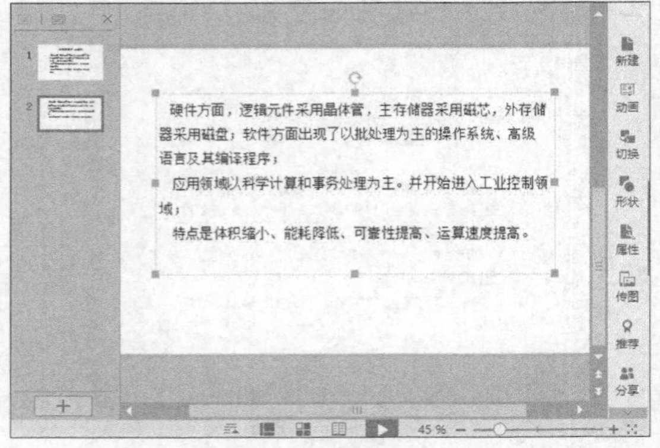

图8-34　编辑文本（1）

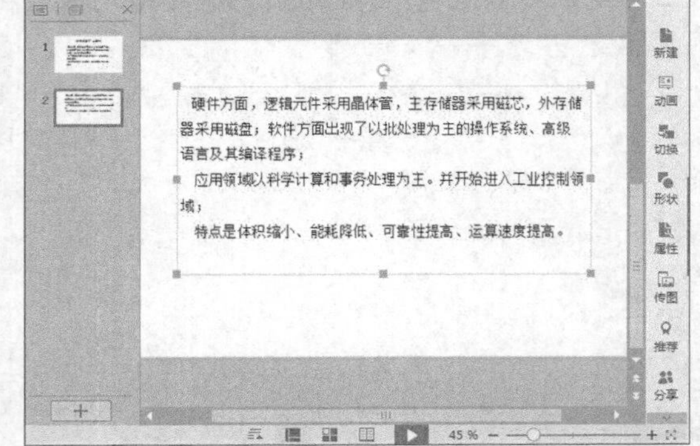

图8-35　编辑文本（2）

3. 在文本上双击鼠标左键，可以选中双击位置附近的一个词组，如图 8-36 所示。
4. 在选取文本开始位置单击鼠标左键后，拖动鼠标光标可以选取连续的部分文本，如图 8-37 所示。

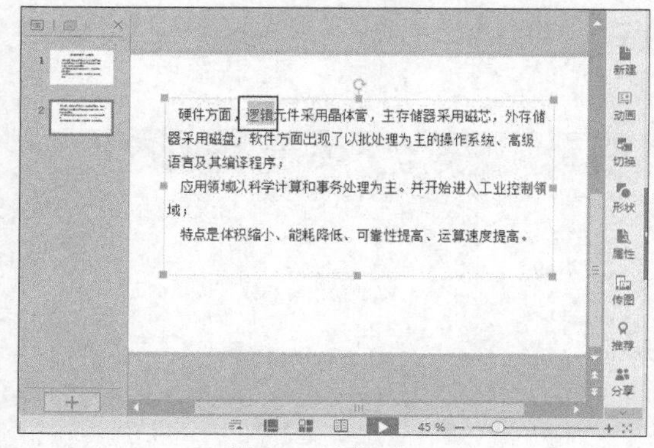

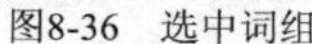
图8-36　选中词组

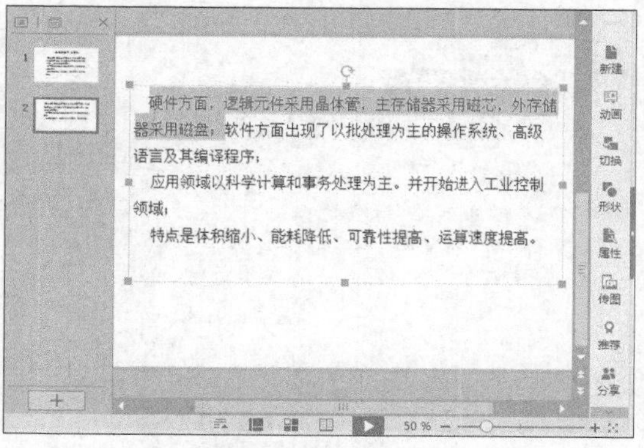

图8-37　选取后续文本

二、　移动文本

用户可以在演示文稿中移动文本的位置。

【操作要点】

在需要移动的文本上单击鼠标左键，然后将鼠标光标移动到占位符边框上，当其形状变为✥时按住鼠标左键并拖动鼠标光标，即可将占位符连同其中的内容移动到新位置，如图 8-38 所示。

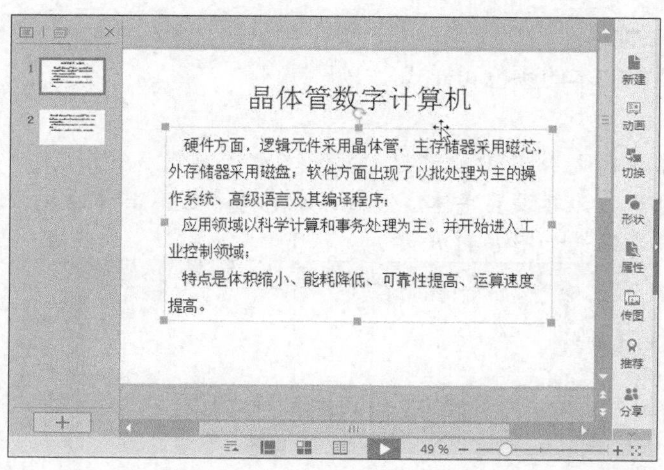

图8-38　移动文本

三、　复制文本

通过复制操作可以将现有文本复制到另一个位置。

【操作要点】

1. 选中需要复制的文本，在【开始】选项卡的【剪贴板】工具组中单击 复制 按钮，将所选内容复制到剪贴板上。
2. 单击【剪贴板】工具组中右下角的 （剪贴板）按钮，在导航窗口左侧打开【剪贴板】面板，所有复制过的内容都保存在这里，从中选择需要粘贴的内容，如图 8-39 所示。
3. 将光标定位到要粘贴文本的位置，然后在【剪贴板】面板中要贴入的文本上单击下拉按钮，在打开的下拉列表中选取【粘贴】命令即实现文本复制，如图 8-40 所示。

图8-39　剪贴板

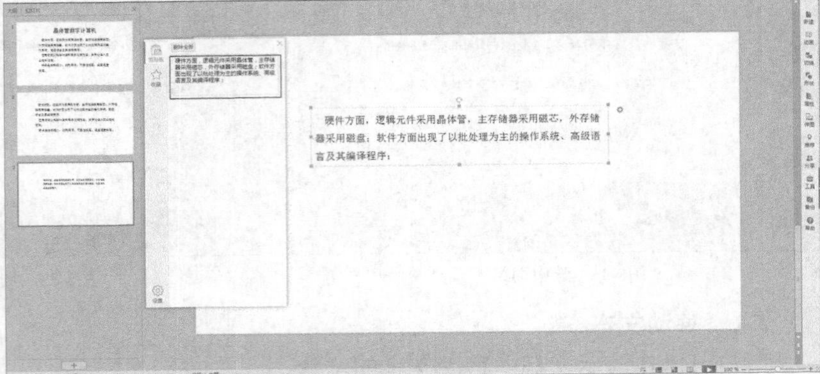

图8-40　复制文本

8.2.3　设置文本

创建文本后，还可以设置字体、颜色和段落格式等，使之更加美观。

一、　设置文本格式

文本的格式主要指文本的颜色和样式。

【操作要点】

1. 选中需要设置字体的文本。
2. 在【开始】选项卡中为其设置字体、字号、颜色等参数。具体设置方法与 WPS 文字中的设置相似，参考结果如图 8-41 所示。

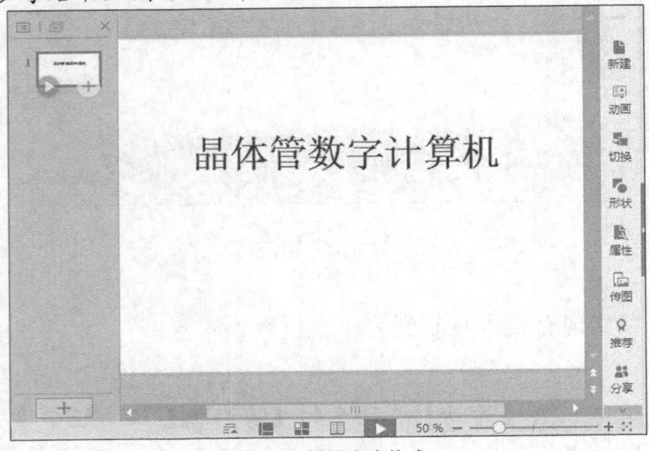

图8-41　设置文本格式

3. 如果要进行更为详细的设置，可单击【字体】工具组右下角的 ▫（字体设置）按钮，打开图 8-42 所示的【字体】对话框进行设置。
4. 在【字体】对话框中选择【字体间距】选项卡，利用该选项卡可对字符间距进行调节，如图 8-43 所示。

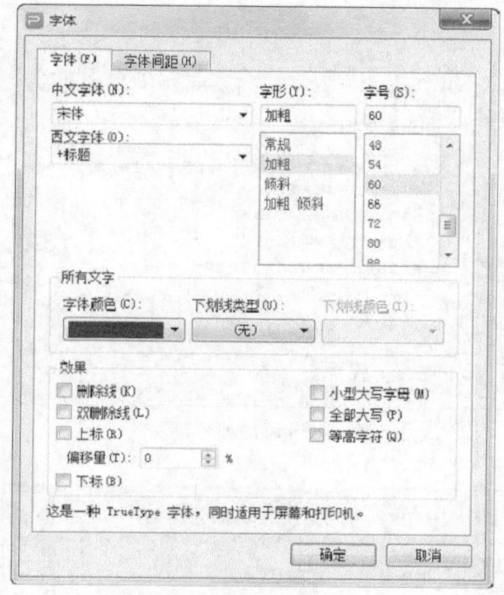

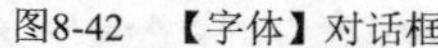
图8-42 【字体】对话框

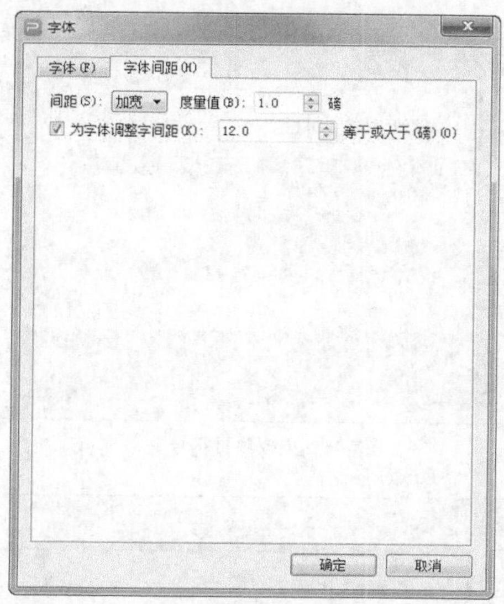

图8-43 【字体间距】选项卡

二、 设置段落格式

设置段落格式包括设置项目符号和编号、设置段落对齐与缩进、设置行间距与段落间距等内容。

【操作要点】

1. 选中准备更改项目符号的段落，如图 8-44 所示。
2. 在【开始】选项卡中单击项目符号按钮 （单击按钮左半部分），取消项目符号，结果如图 8-45 所示。单击右侧的下拉按钮，从弹出的下拉列表中可以更改项目符号的样式，如图 8-46 所示。

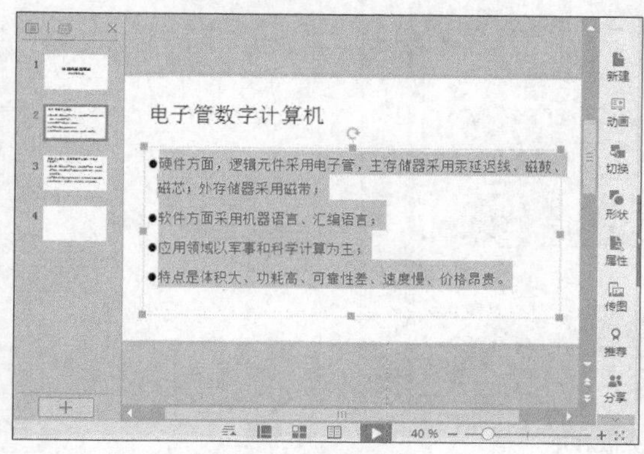

图8-44 选取文本

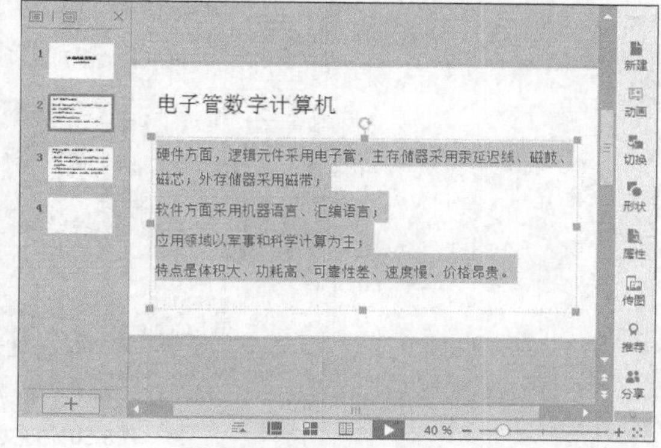

图8-45 取消项目符号

3. 在【开始】选项卡中单击编号按钮 （单击按钮左半部分），为选定文本添加编号（再次单击取消编号），结果如图 8-47 所示。单击右侧的下拉按钮，从弹出的下拉列表中可以更改编号的样式，如图 8-48 所示。
4. 在【段落】工具组中单击 按钮可以将文本居中对齐，结果如图 8-49 所示。

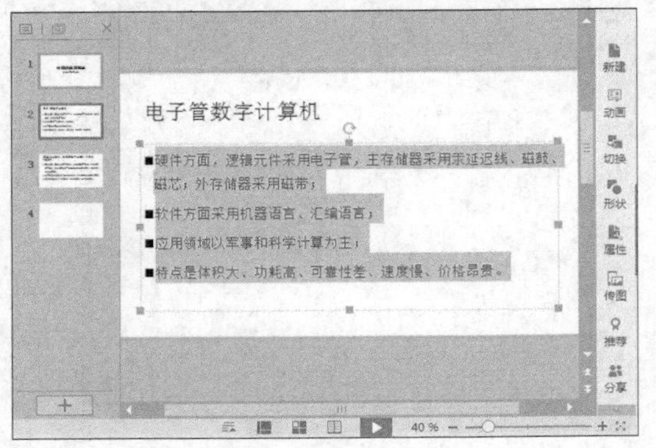

图8-46　更改项目符号

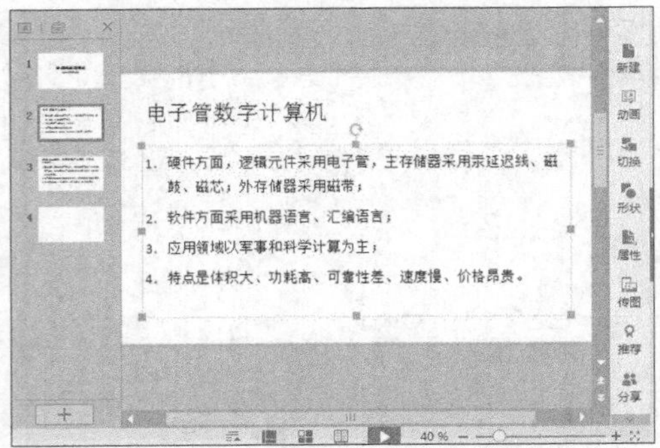

图8-47　添加编号

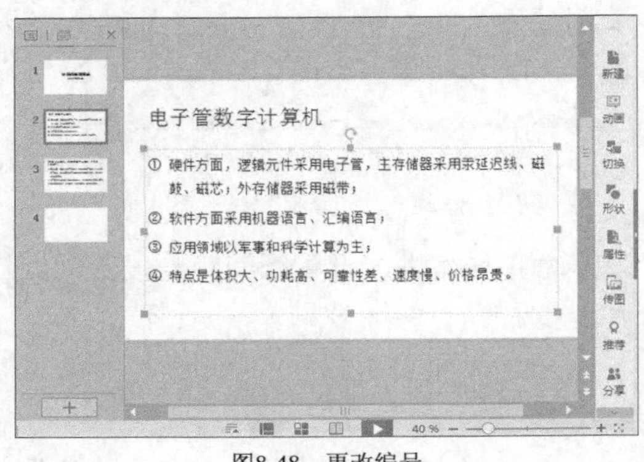

图8-48　更改编号

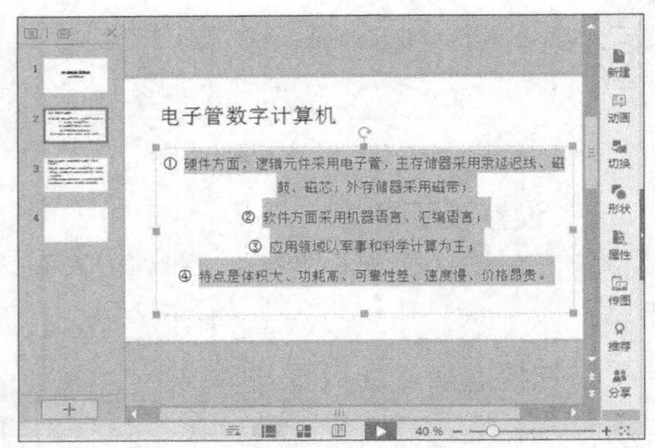

图8-49　对齐文本

5. 在【段落】工具组中单击按钮可以将文本分散对齐，结果如图 8-50 所示。

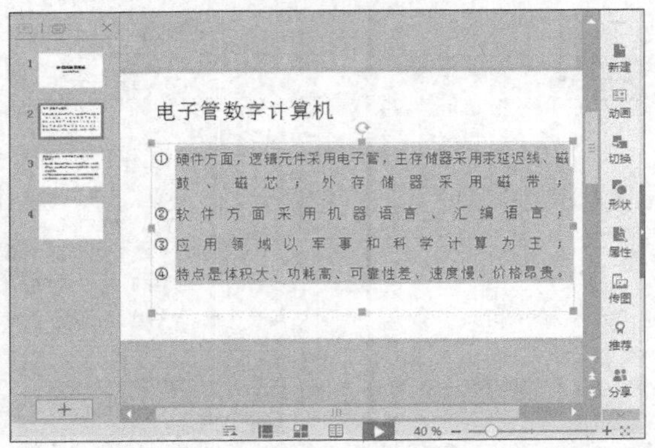

图8-50　将文本分散对齐

6. 在【视图】选项卡中选中【标尺】复选项，在文稿中显示标尺，如图 8-51 所示。
7. 选中需要首行缩进的段落，按照 WPS 文档中拖动缩进标记的方法设计首行缩进，效果如图 8-52 所示。
8. 选中需要修改行距的文本，在【开始】选项卡中单击行距按钮，在弹出的下拉列表中将行距修改为【1.5】，结果如图 8-53 所示。
9. 选中多个段落，在【开始】选项卡中单击（段落）按钮，在弹出的【段落】对话框中设置段落间距，如图 8-54 所示。

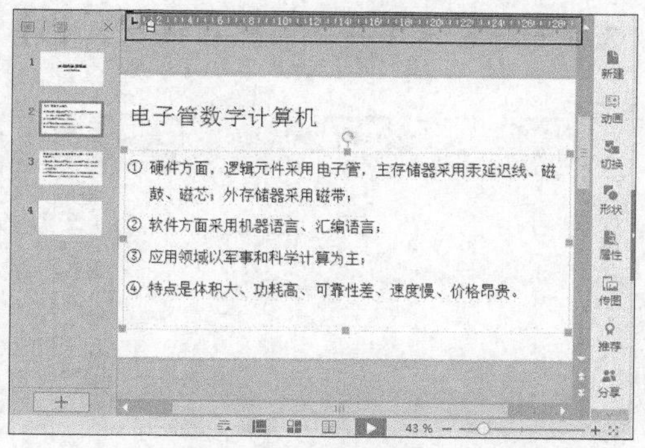

图8-51 显示标尺

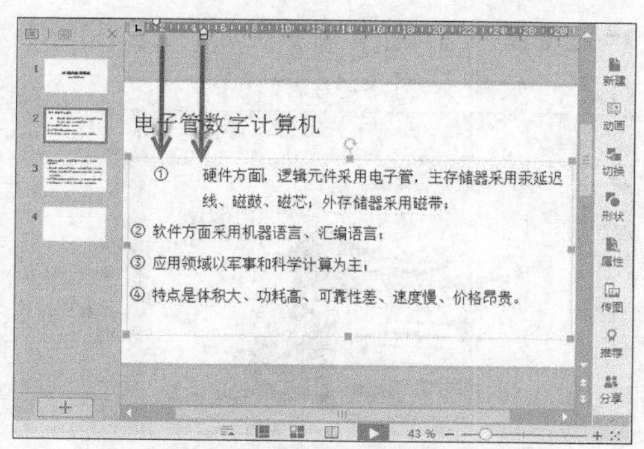

图8-52 首行缩进

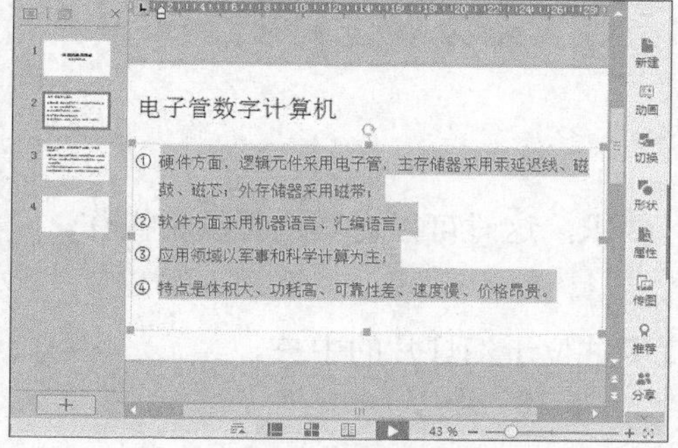

图8-53 修改行距

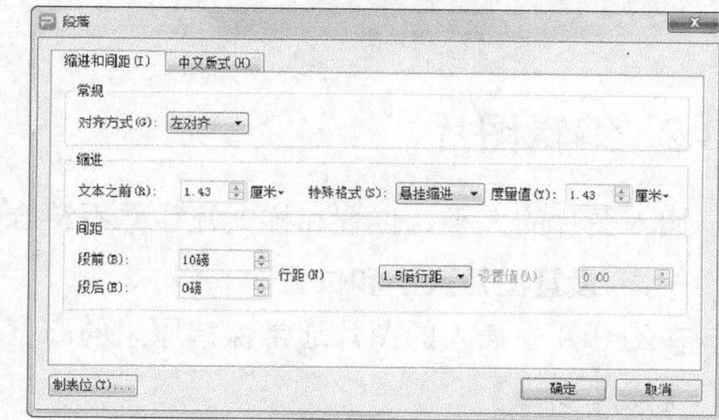

图8-54 【段落】对话框

8.3 制作图表幻灯片

与文本幻灯片相比，图表幻灯片更具吸引力，用户可以在幻灯片中插入图片、表格、艺术字及各种手绘图形来丰富幻灯片的视觉效果。

8.3.1 插入图片和艺术字

与 WPS 文字和 WPS 表格的用法相似，在 WPS 演示中也可以插入各种图片。

一、 插入计算机中的图片

在文稿中可以根据设计需要插入与文本内容相关的图片。

【操作要点】

1. 新建一个空白演示文稿。
2. 添加一张带有标题和内容的幻灯片。
3. 在【插入】选项卡的【图像】工具组中单击【图片】按钮，浏览选中计算机中的图片文件，在【插入图片】对话框中单击 打开(O) 按钮，效果如图 8-55 所示。

二、 插入艺术字

艺术字是使用特殊的格式和效果创建的文本对象，可使文字产生生动的效果。

【操作要点】

1. 添加一张空白幻灯片。

2. 单击【插入】选项卡中的 A（艺术字）按钮，选择一种艺术字样式，然后键入艺术字内容，效果如图 8-56 所示。

图8-55　插入图片

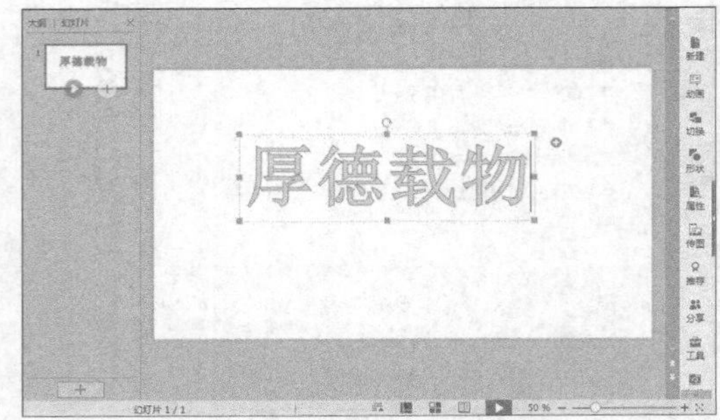

图8-56　插入艺术字

8.3.2　编辑图片

插入图片的大小、位置和样式往往并不符合设计要求，这时可以对其进行编辑操作。

一、　设置图片大小和位置

在幻灯片中插入的图片通常保持原来的高度和宽度并位于幻灯片的中央。

【操作要点】

1. 添加一张空白幻灯片并插入图片。
2. 插入图形周围通常具有 8 个控制点，将鼠标光标移动到图片四角任意一个控制点上，拖动鼠标光标即可放大或缩小图片，如图 8-57 所示。
3. 将鼠标光标移动到图片中部任意一个控制点上，拖动鼠标光标即可实现图片在宽度或高度方向上的放大与缩小。
4. 在【图片工具】选项卡中单击右下角的 按钮，在右侧打开【对象属性】面板，在【大小】栏中可以精确地设置图片高度、宽度及缩放比例等，如图 8-58 所示。

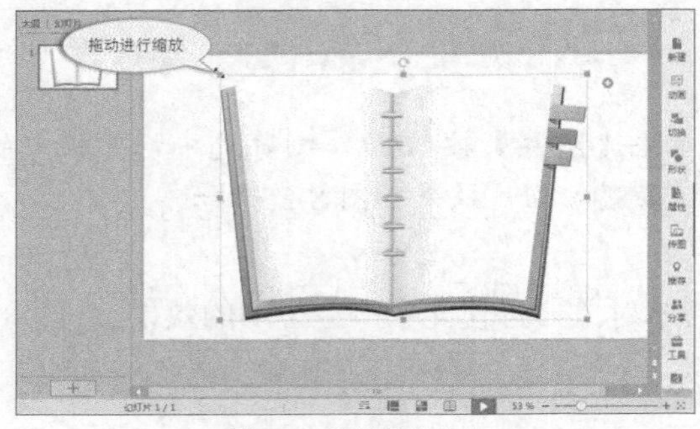

图8-57　调整图片大小

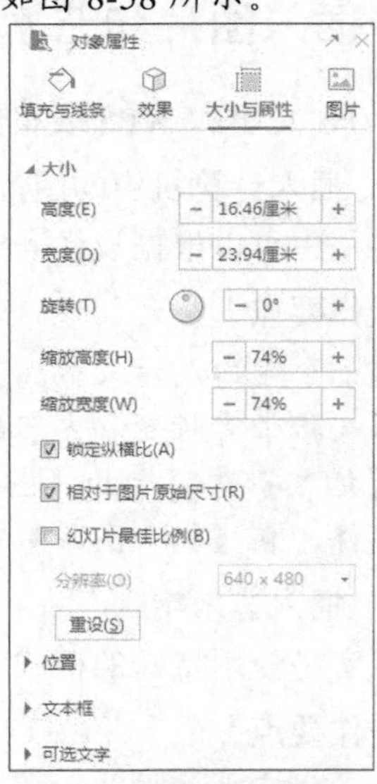

图8-58　【对象属性】面板

二、 裁剪图片

使用裁剪方法可以剪去图片上不需要的部分。

【操作要点】

1. 添加一张空白幻灯片并插入图片。
2. 在【图片工具】选项卡的【大小】工具组中单击【裁剪】按钮，图片周围出现裁剪控制点，如图 8-59 所示。
3. 按住鼠标左键并拖动裁剪控制点，裁剪图形，如图 8-60 所示。
4. 在图形外单击鼠标左键完成裁剪操作，效果如图 8-61 所示。

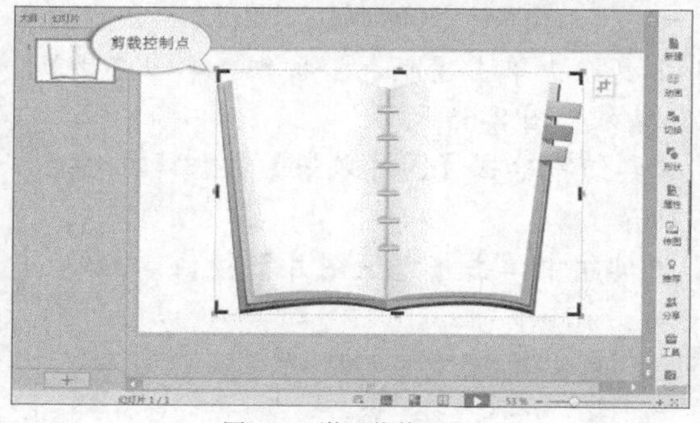

图8-59 激活裁剪工具

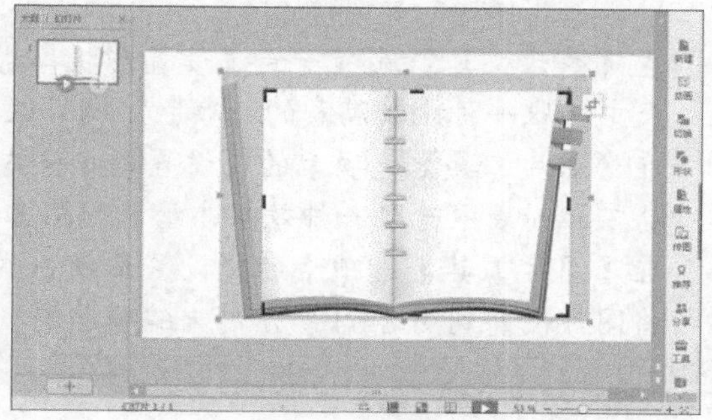
图8-60 裁剪图片

三、 旋转图形

用户可以根据需要将图形旋转一定角度。

【操作要点】

1. 添加一张空白幻灯片并插入图片。
2. 用鼠标左键按住按钮后即可转动鼠标光标旋转图形，如图 8-62 所示。

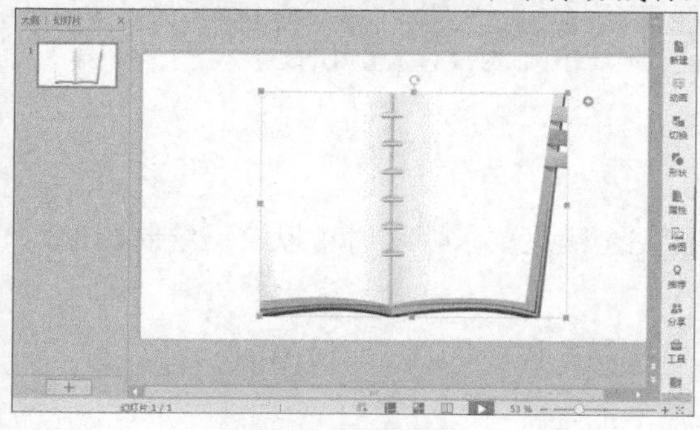
图8-61 裁剪结果

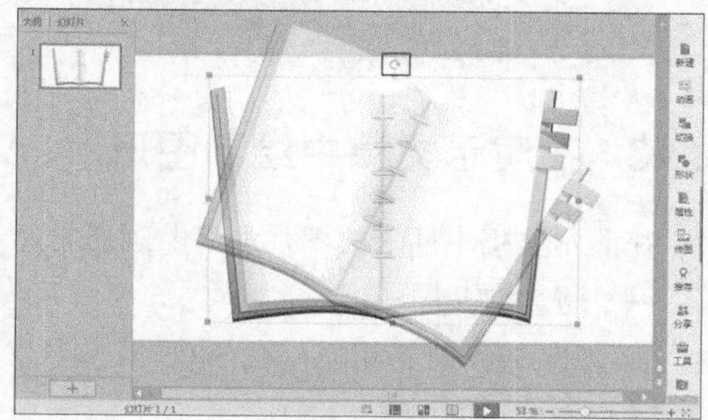
图8-62 旋转图形

四、 调整图片

插入的图片还可以根据需要调整其亮度、对比度等参数。

【操作要点】

1. 添加一张空白幻灯片并插入图片，如图 8-63 所示。
2. 在【图片工具】选项卡的【设置形状格式】工具组中选取一种满意的“亮度和对比度”调节效果，结果如图 8-64 所示。

图8-63　插入图片

图8-64　调整亮度和对比度

3. 在【图片工具】选项卡的【设置形状格式】工具组中单击【颜色】按钮，从下拉列表中选取一种比较满意的“颜色”调节效果，结果如图 8-65 所示。
4. 在【图片工具】选项卡的【设置形状格式】工具组中单击【图片效果】按钮 图片效果，从下拉列表中选取一种效果，结果如图 8-66 所示。
5. 在【图片工具】选项卡的【设置形状格式】工具组中单击【重设图片】按钮 重设图片，将图片恢复到图 8-63 所示的未编辑状态。

图8-65　设置颜色效果

图8-66　设置图片效果

8.3.3 在演示文稿中绘制图形

在演示文稿中插入的图片和剪贴画通常还不能完全满足要求，这时可以自己绘制图形。

一、　绘制形状

与使用 WPS 文字相似，在 WPS 演示中也可以绘制各种形状。

【操作要点】

1. 在【插入】选项卡中单击【形状】按钮，打开下拉列表，这里包含了能够插入到文档中的各种图形。
2. 使用【线条】区域中的线条工具可以绘制各种线条，拖动其上的控制点可以调整线条的形状和位置，如图 8-67 所示。
3. 在【基本形状】区域选取需要的形状类型，可以绘制各种基本图形，如图 8-68 所示。绘图时按住 Shift 键可以绘制长度和宽度相等的正图形。

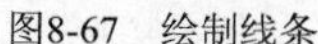

图8-67　绘制线条

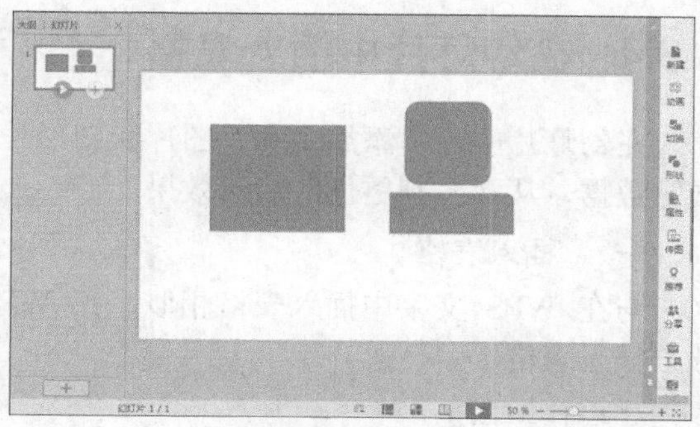

图8-68　绘制形状

二、 绘制 SmartArt 图形

SmartArt 图形包括图形列表、流程图及组织结构图等复杂图形。

【操作要点】

1. 在【插入】选项卡的【插图】工具组中单击【SmartArt】按钮 SmartArt，打开【选择 SmartArt 图形】面板。
2. 按照图 8-69 所示选择一种图形，然后单击 确定 按钮将其加入到文稿中，拖动图形四角调整其大小，结果如图 8-70 所示。

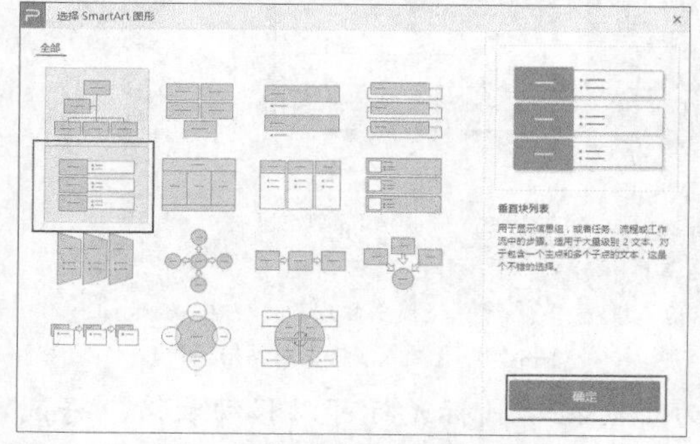

图8-69　【选择 SmartArt 图形】面板

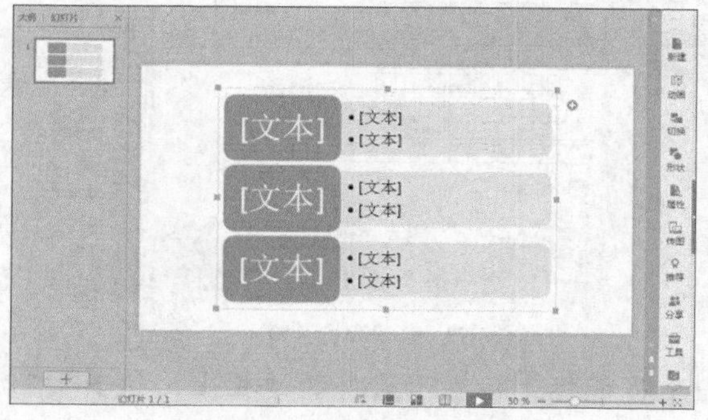

图8-70　绘制 SmartArt 图形

3. 按照图 8-71 所示输入文本。
4. 优化文本的字体和样式，结果如图 8-72 所示。

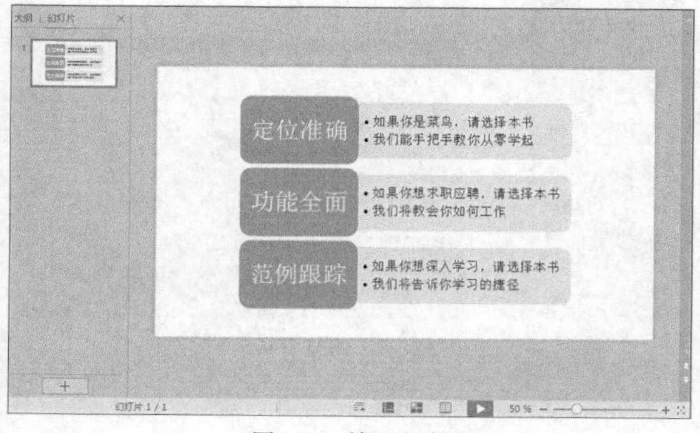

图8-71　输入文字

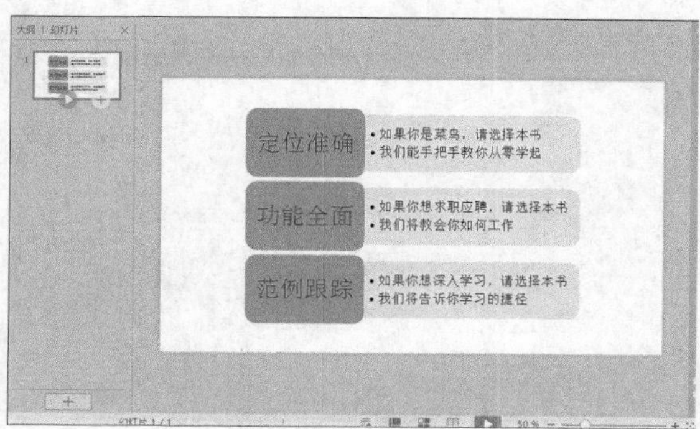

图8-72　编辑文字

8.3.4　在幻灯片中插入表格

在幻灯片中除了添加文本、图片和图形外，还可以插入表格。使用表格能清晰、条理地展示数据，从而达到更优的演示效果。

一、　插入表格

与在 WPS 文字中插入表格相似，在 WPS 演示中也可以快速插入表格和指定表格行列数来插入表格。

【操作要点】

1. 在【插入】选项卡中单击【表格】按钮，在弹出的下拉列表中将鼠标光标移动到表格框指定表格大小，如图 8-73 所示。
2. 在【插入】选项卡中单击【表格】按钮，在弹出的下拉列表中选中【插入表格】命令，设置表格的列数与行数，如图 8-74 所示，最后创建的表格如图 8-75 所示。

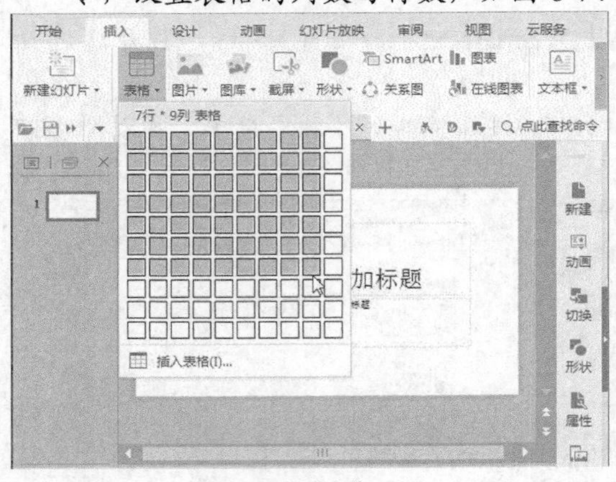

图8-73　创建表格（1）

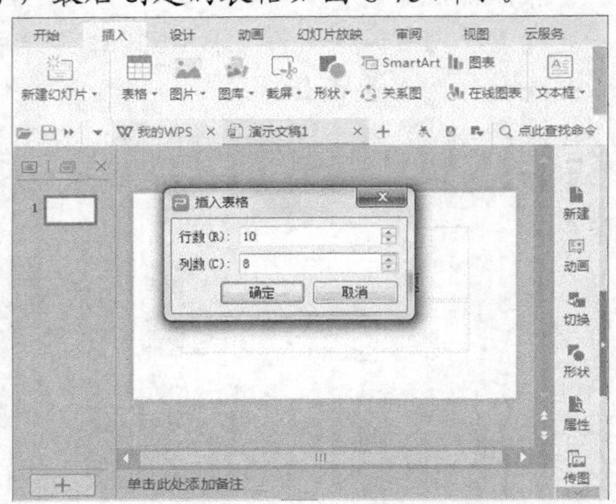

图8-74　【插入表格】对话框

3. 将鼠标光标置于表格的边框上，待其形状变为时拖动鼠标光标可以移动表格。将鼠标光标置于表格的四角及边框中部，待其形状变为↕或↔时可调整表格大小，如图 8-76 所示。

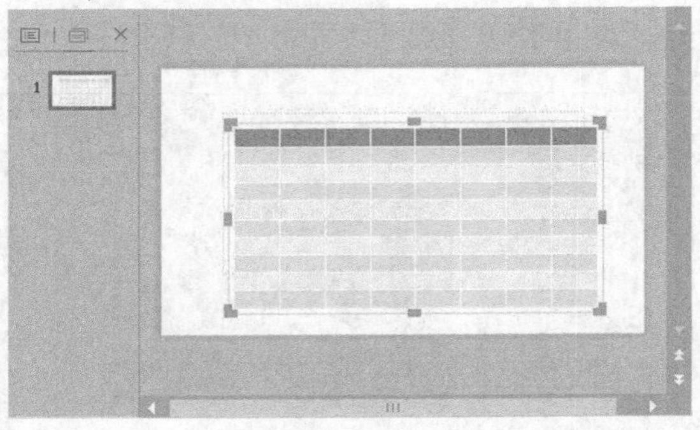

图8-75　创建表格（2）

图8-76　调整表格

二、　输入文本和设计表格样式

创建完表格后，需要在其中输入文本，然后设计表格样式。

【操作要点】

1. 在表格任意处单击进入编辑状态，在单元格中输入文本，根据设计需要修改字体大小和颜色。
2. 在【表格工具】选项卡中设置文字的对齐方式，如水平方向上的居中对齐，结果如图8-77所示。

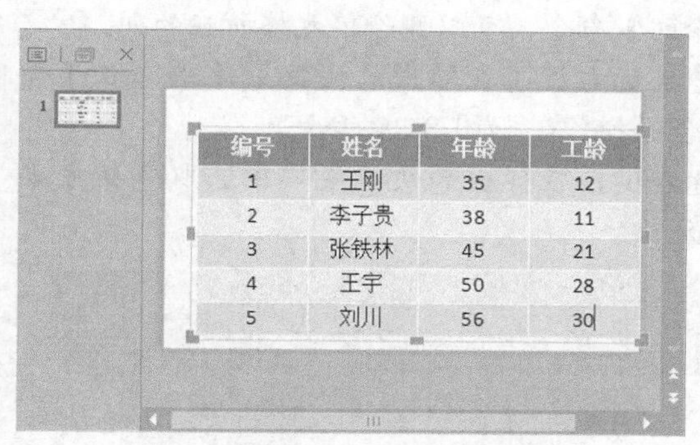

编号	姓名	年龄	工龄
1	王刚	35	12
2	李子贵	38	11
3	张铁林	45	21
4	王宇	50	28
5	刘川	56	30

图8-77　创建文本并设置文字对齐方式

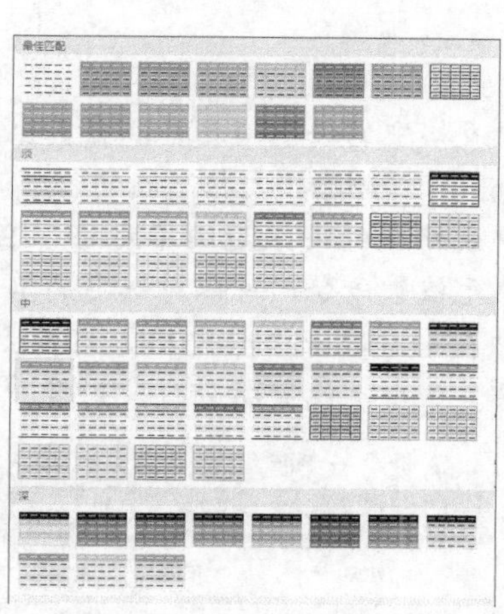

图8-78　表格样式下拉列表

3. 在【表格样式】选项卡中打开表格样式下拉列表，如图8-78所示，为表格选取一种样式，不同表格样式的效果如图8-79所示和图8-80所示。

编号	姓名	年龄	工龄
1	王刚	35	12
2	李子贵	38	11
3	张铁林	45	21
4	王宇	50	28
5	刘川	56	30

图8-79　表格样式（1）

编号	姓名	年龄	工龄
1	王刚	35	12
2	李子贵	38	11
3	张铁林	45	21
4	王宇	50	28
5	刘川	56	30

图8-80　表格样式（2）

4. 如果需要突出显示单元格，可以选中这些单元格，然后在【表格样式】选项卡中单击按钮为其添加颜色，结果如图8-81所示。也可以单击按钮下方的下拉按钮，从弹出的下拉列表中选取【图片或纹理】选项添加纹理，结果如图8-82所示。

编号	姓名	年龄	工龄
1	王刚	35	12
2	李子贵	38	11
3	张铁林	45	21
4	王宇	50	28
5	刘川	56	30

图8-81　设置表格样式

编号	姓名	年龄	工龄
1	王刚	35	12
2	李子贵	38	11
3	张铁林	45	21
4	王宇	50	28
5	刘川	56	30

图8-82　为单元格添加纹理

三、　调整表格布局

用户在设计时可以根据需要为表格添加行或列，也可以删除部分行列。

【操作要点】

1. 选中表格中的任意单元格，在其上单击鼠标右键，在弹出的快捷菜单中选取【插入】/【在下方插入行】命令，即可在该单元格所在行的下方插入新行，结果如图8-83所示。
2. 选中表格中的任意单元格，在其上单击鼠标右键，在弹出的快捷菜单中选取【插入】/

【在右侧插入列】命令，即可在该单元格所在列的右侧插入新列，结果如图 8-84 所示。

编号	姓名	年龄	工龄
1	王刚	35	12
2	李子贵	38	11
3	张铁林	45	21
4	王宇	50	28
5	刘川	56	30

图8-83　插入行

编号	姓名		年龄	工龄
1	王刚		35	12
2	李子贵		38	11
3	张铁林		45	21
4	王宇		50	28
5	刘川		56	30

图8-84　插入列

3. 选中表格中的任意单元格，在其上单击鼠标右键，在弹出的快捷菜单中选取【删除行】命令，可以删除单元格所在的行；选取【删除列】命令，可以删除单元格所在的列。
4. 选中表格中的一组连续单元格，在其上单击鼠标右键，在弹出的快捷菜单中选取【合并单元格】命令，可以对选定的单元格进行合并操作，如图 8-85 所示。
5. 选中表格中的一个单元格，在其上单击鼠标右键，在弹出的快捷菜单中选取【拆分单元格】命令，设置拆分行、列数即可拆分单元格。

如果要对一组连续单元格进行拆分，可以先将其合并后再拆分，如图 8-86 所示。

编号	姓名	年龄	工龄
1	王刚	35	12
2	李子贵	38	11
3	张铁林	45	21
4	王宇	50	28
5	刘川	56	30

图8-85　合并单元格

编号	姓名		年龄	工龄
1	王刚		35	12
2	李子贵		38	11
3	张铁林		45	21
4	王宇		50	28
5	刘川		56	30

图8-86　拆分单元格

拆分单元格时，新创建的单元格行高与已有单元格相同，系统将自动调整表格的总高度。选中整个表格，在【表格工具】选项中单击 平均分布各行 按钮即可在各单元格之间平均分配行高，单击 平均分布各列 按钮可在各单元格之间平均分配列宽。

8.4 设计幻灯片

在幻灯片中创建了文本和图形后，还需要继续设置画面色彩和背景图案等，以丰富幻灯片的视角效果，更好地吸引观众注意力。

8.4.1 使用模板

模板包含演示文稿的配色方案、幻灯片的自定义格式及母版（该概念将在稍后介绍）的格式等。使用幻灯片模板可以快速设置幻灯片的总体风格，设置后演示文稿中的所有幻灯片都具有相似的界面组成及色彩设置。

【操作要点】

1. 使用系统模板。

(1) 新建空白文稿后，切换到【设计】选项卡，使用功能区中的模板列表（见图 8-87）可以快速为文稿添加模板。

图8-87　模板列表

(2)　任意选取一种模板，即可将其应用到当前文稿中，如图 8-88 和图 8-89 所示。

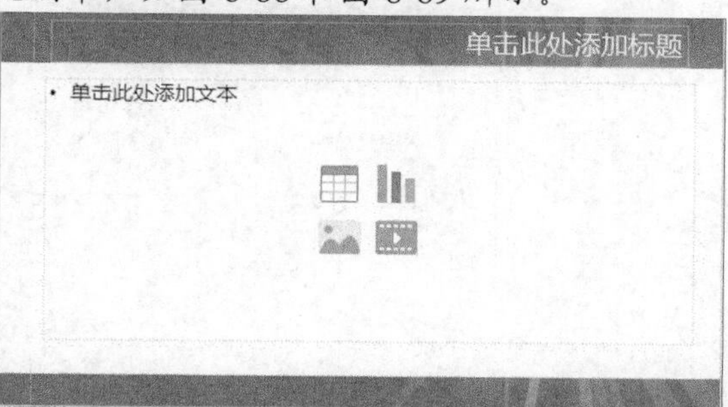

图8-88　应用模板（1）

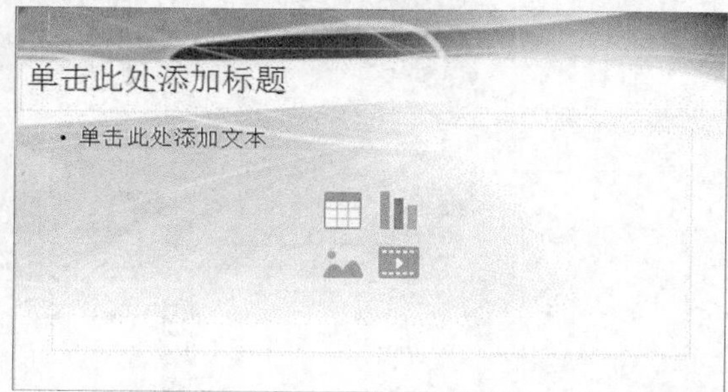

图8-89　应用模板（2）

要点提示　由于 WPS 是一个网聚智慧的网络互动平台，所以用户可随需随时分享网络上的共享资源，查询到海量的文档模板。图 8-87 所示是未连接上互联网时系统提供的模板，一旦连接上互联网，模板列表中的内容将更加丰富，如图 8-90 所示。

图8-90　模板列表

2.　使用在线模板。

(1)　打开素材文件“素材\第 8 章\案例 1.dps”。

(2)　任意选中一张幻灯片。

(3)　切换到【设计】选项卡，在功能区左侧的【设计方案】列表中选取一种模板，系统会设置弹出图 8-91 所示的窗口预览设计效果。如果效果理想，则单击 应用本模板风格 按钮将其应用到文稿中。

(4)　在视图控制区单击 按钮，使用阅读模式查看结果，如图 8-92 所示。

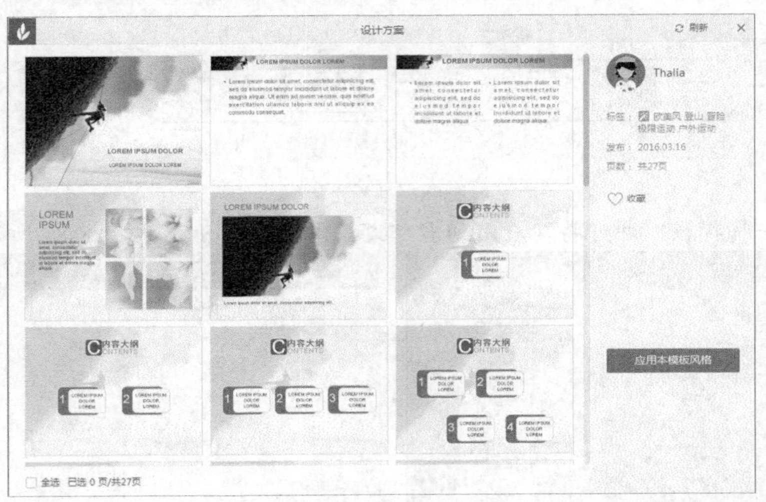

图8-91　模板列表

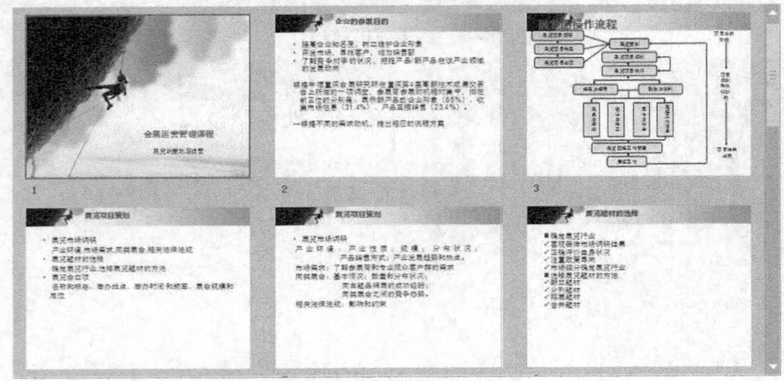

图8-92　预览设计结果

(5)　单击设计方案列表右侧的▦（更多设计）按钮，打开模板选择面板。其中【在线设计方案】面板中列出了可以使用的模板，用户可以在右侧列表中先选择模板的风格，然后再从左侧列表中选取具体项目，如图 8-93 所示，单击该模板即可将其应用到当前文稿中。

图8-93　【在线设计方案】面板

3. 使用模板文件。

(1) 打开素材文件“素材\第 8 章\案例 2.dps”。

(2) 任意选中一张幻灯片。

(3) 切换到【设计】选项卡，单击导入模板按钮，打开【应用设计模板】对话框，切换到系统自带的模板列表中，如图 8-94 所示。

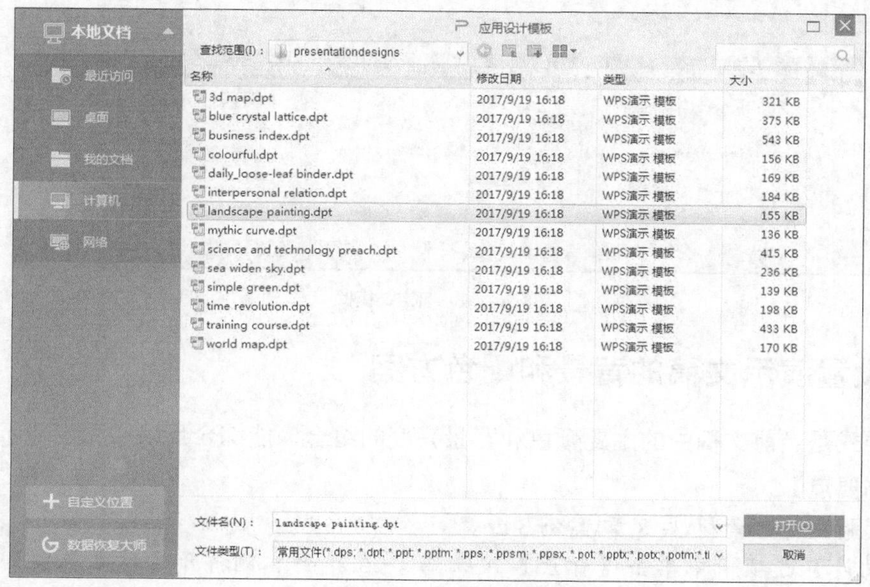

图8-94 【应用设计模板】对话框

(4) 选取一种模板，然后单击打开(O)按钮即可将该模板应用到文稿中，如图 8-95 所示。

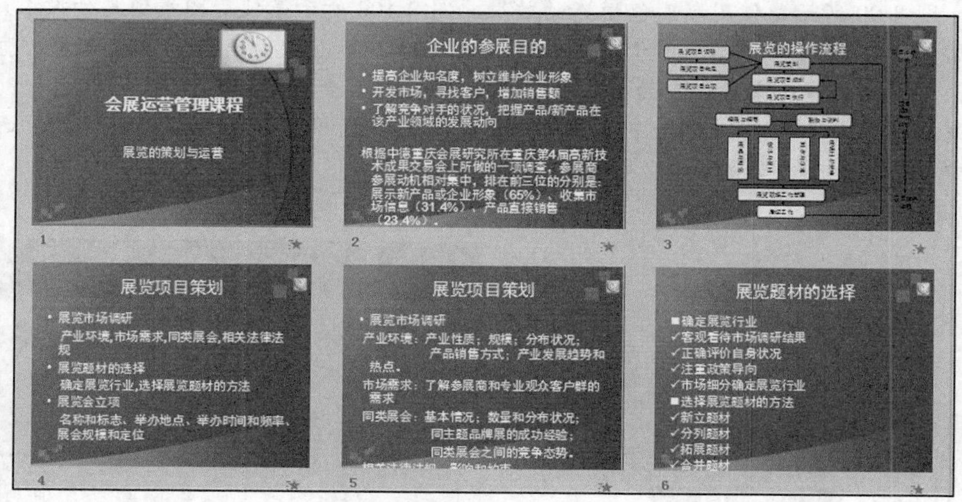

图8-95 应用设计模板

(5) 如果在本地计算机上保存有设计模板，可以在图 8-94 所示的【应用设计模板】对话框中浏览到模板所在位置，然后单击打开(O)按钮将其应用到文稿中，如图 8-96 所示。

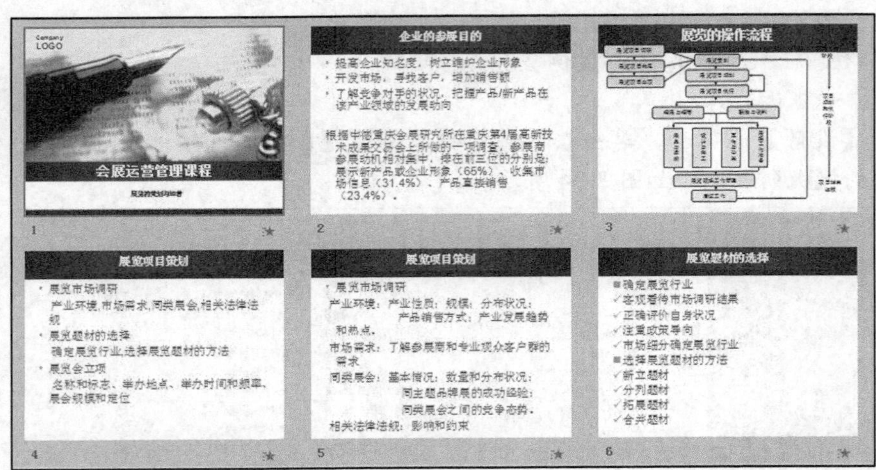

图8-96　使用自定义模板

8.4.2　设置演示文稿的背景和配色方案

背景样式是当前文稿中的主题颜色和背景亮度的组合，能综合反映文稿的显示效果。

【操作要点】

1. 打开素材文件“素材\第 8 章\案例 3.dps”。
2. 在【设计】选项卡中单击【背景】按钮，在界面右侧打开【对象属性】面板，在【填充】栏的右侧单击下拉列表，打开【颜色】面板，如图 8-97 所示。
3. 可以选择纯色、渐变色及图案等方式填充文稿背景，图 8-98 所示是使用纯色填充的效果，图 8-99 所示是使用渐变色填充的效果，图 8-100 所示是使用图案填充的效果。
4. 通常情况下所选背景将应用于当前选定的幻灯片，如果希望所选背景应用于所有幻灯片，可在右侧【对象属性】面板底部单击全部应用按钮，如图 8-101 所示。
5. 如果在【背景】工具组中选中【隐藏背景图形】复选项，则幻灯片中不会显示选定主题中包含的背景，如图 8-102 所示。

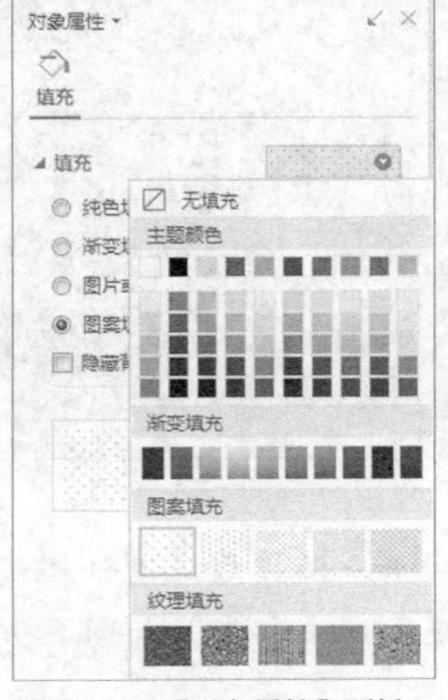

图8-97　【对象属性】面板

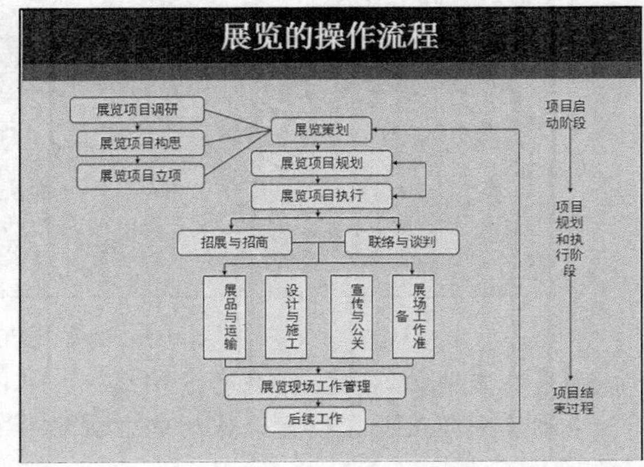

图8-98　使用纯色填充背景

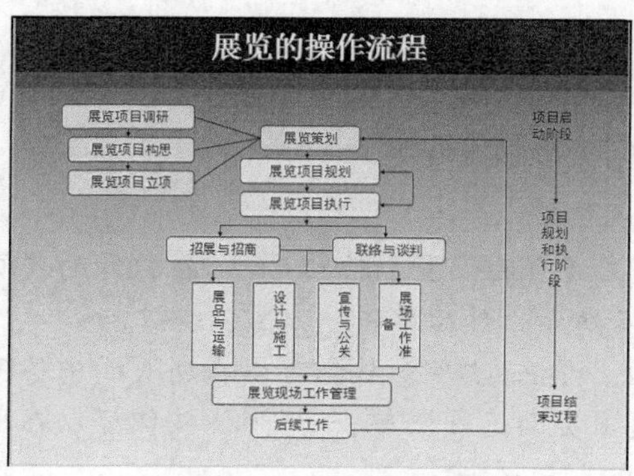

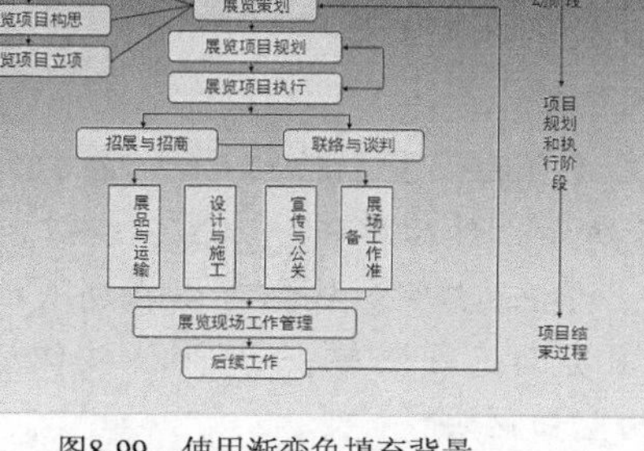

图8-99　使用渐变色填充背景

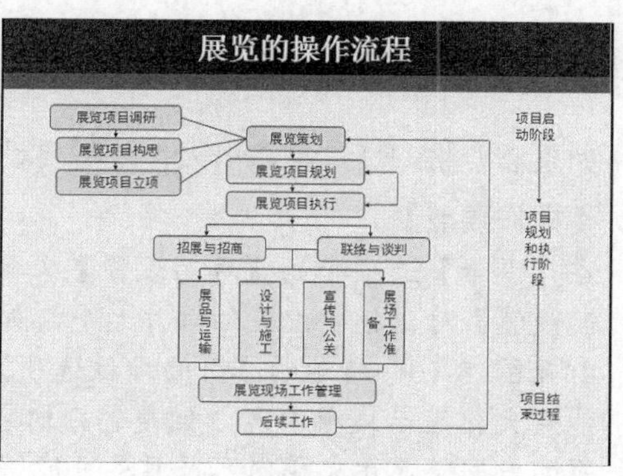

图8-100　使用图案填充背景

6. 通如果要去掉设置的背景，可在右侧【对象属性】面板底部单击 重置背景 按钮，如图 8-101 所示。

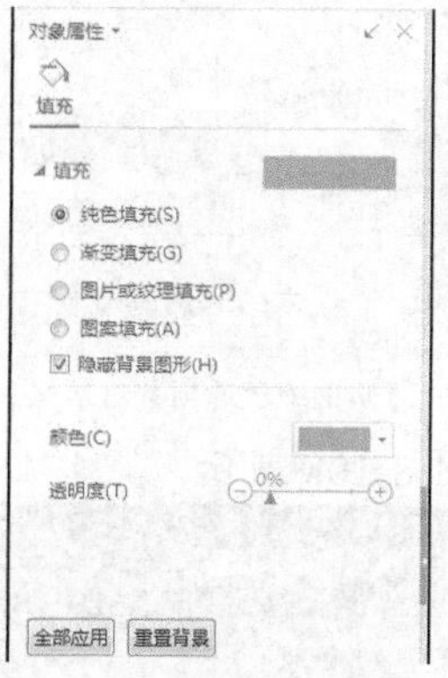

图8-101　【对象属性】面板

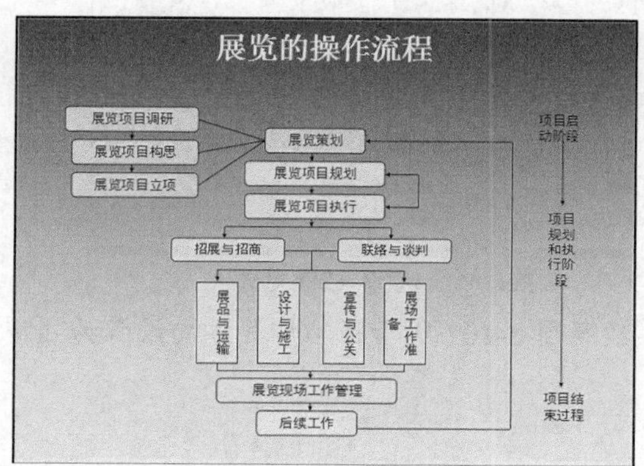

图8-102　隐藏背景图形

7. 在【设计】选项卡中单击【配色方案】按钮 ，弹出【配色方案】面板，如图 8-103 所示，为演示文稿选择一种理想的配色方案，效果如图 8-104 所示。

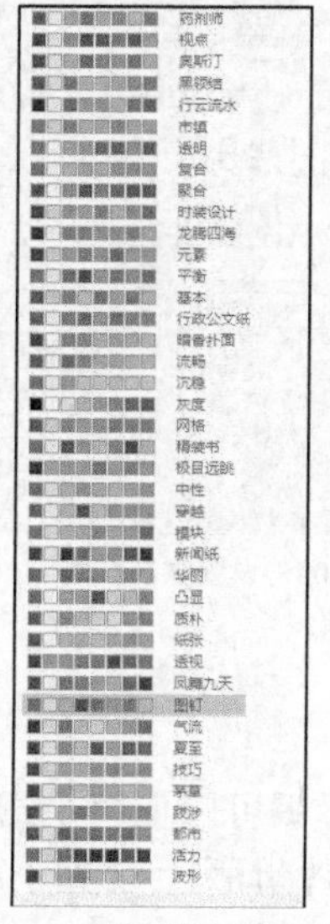

图8-103　【配色方案】面板

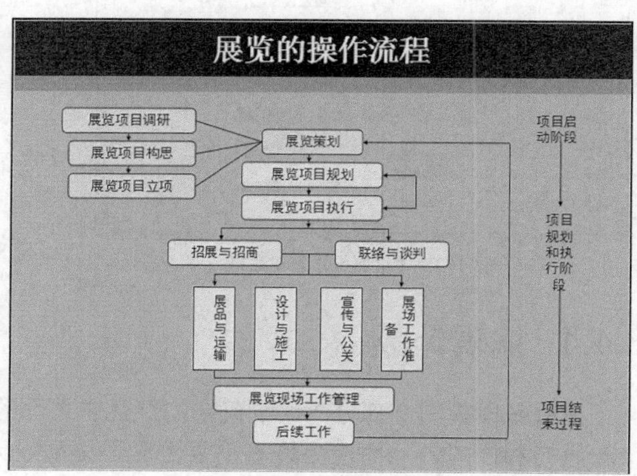

图8-104　设置配色方案

8.4.3 设置演示文稿的页面

如果需要将幻灯片打印出来，就需要设置其页面大小和方向等。

【操作要点】

1. 在【设计】选项卡的【页面设置】工具组中单击【页面设置】按钮，在打开的【页面设置】对话框中设置幻灯片大小，如图 8-105 所示，然后单击确定按钮。
2. 打开图 8-106 所示的【页面缩放选项】对话框，单击最大化(M)按钮可以在新页面中尽可能最大化显示文稿内容，但是部分内容可能超出页面范围；单击确保适合(E)按钮可以在新页面中完整显示文稿内容并且尽可能留下最少的空白区域。

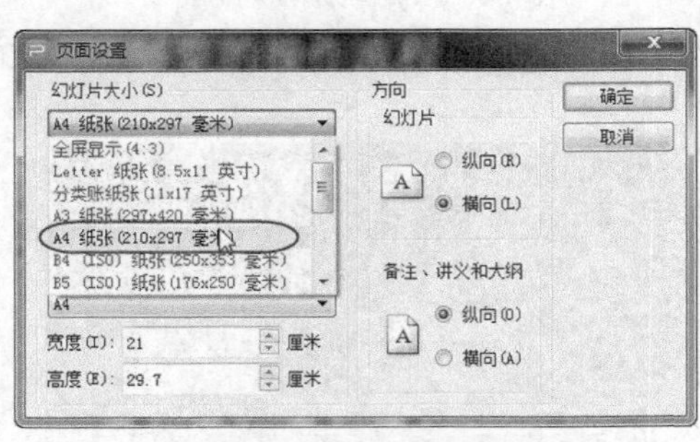

图8-105　【页面设置】对话框

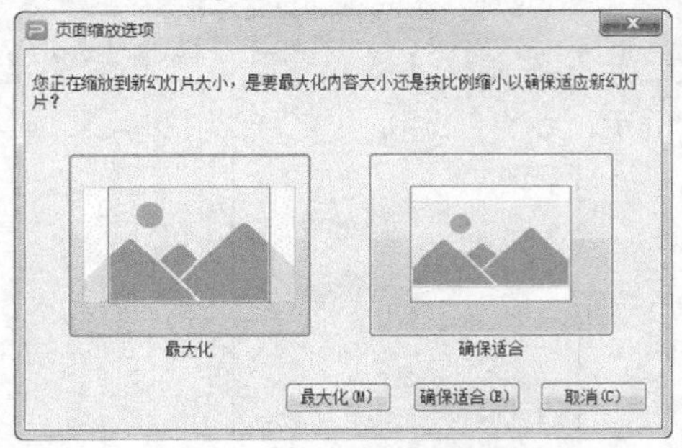

图8-106　【页面缩放选项】对话框

3. 按照图 8-107 所示将幻灯片方向设置为【纵向】，结果如图 8-108 所示。

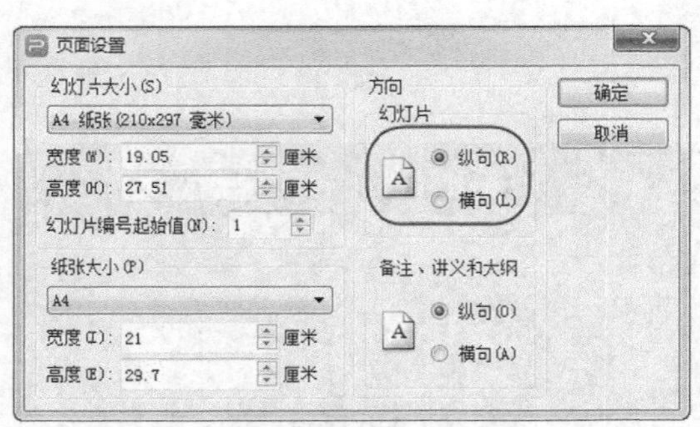

图8-107　【页面设置】对话框

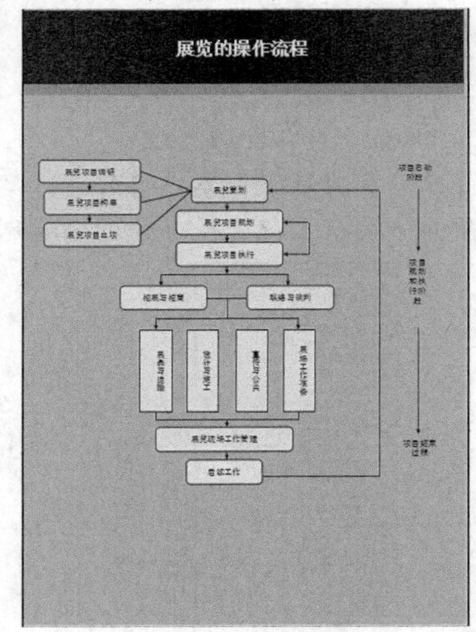

图8-108　设置纵向页面

8.4.4 编辑母版

母版是模板的一部分，用于确定幻灯片中页面的组成。编辑母版可以使整个幻灯片具有统一的风格和样式，从而避免许多重复劳动，提高设计效率。幻灯片母版上设置了字体、占位符大小、背景及配色等方案。

WPS 演示 2016 中提供了幻灯片母版、讲义母版和备注母版 3 类。下面重点讲述幻灯片母版的设置。

【操作要点】

1. 设置母版版式。

(1) 新建一个空白演示文稿。

(2) 在【设计】选项卡中单击版式按钮，打开【版式】列表，选取一种版式，如图 8-109 所示，将其应用到文稿中，结果如图 8-110 所示。

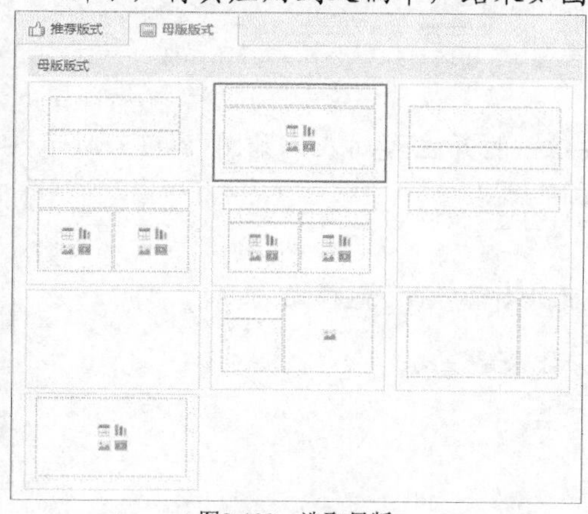

图8-109 选取母版

单击此处添加标题
• 单击此处添加文本

图8-110 应用母版

2. 编辑母版。

(1) 在【视图】选项卡中单击（幻灯片母版）按钮，进入幻灯片母版编辑模式，如图 8-111 所示。

(2) 在新增的【编辑母版】选项卡中单击【插入母版】按钮，打开新的幻灯片母版，其中包括图 8-112 所示的基本要素。

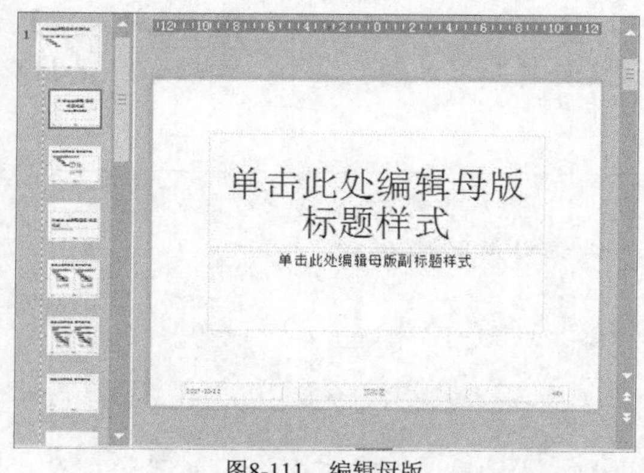

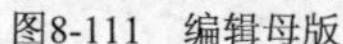

图8-111 编辑母版

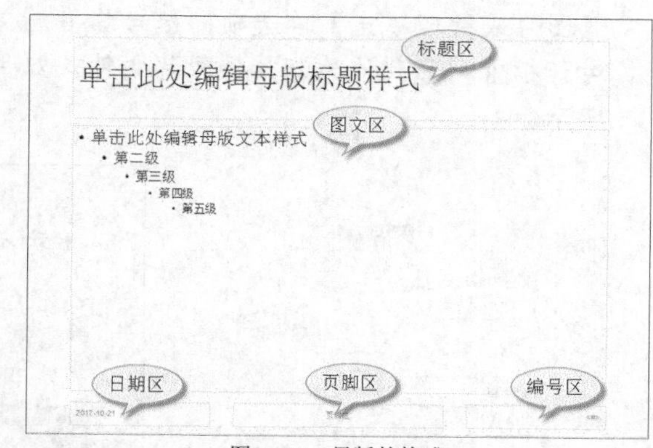

图8-112 母版的构成

(3) 在【编辑母版】选项卡中单击（删除）按钮可以删除当前的母版，单击（重命名）按钮可以重命名母版。

(4) 选中母版中的【标题】占位符，按Delete键将其删除，结果如图 8-113 所示。

要点提示 如果要恢【标题】占位符，可在【编辑母版】选项卡中单击（母版版式）按钮，打开【母版版式】对话框，选中【标题】复选项即可，如图 8-114 所示。

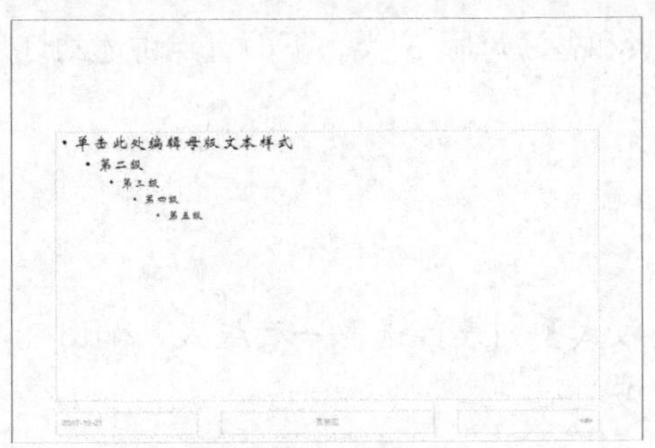

图8-113　删除占位符

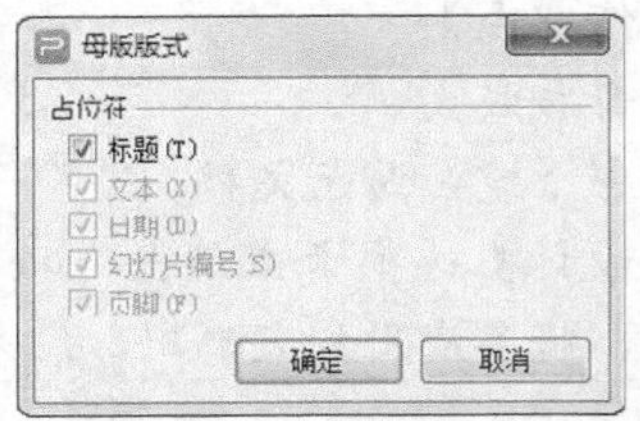

图8-114　【母版版式】对话框

3.　设置主题和背景。

(1)　在【幻灯片母版】选项卡中单击（主题）按钮，打开主题列表，如图 8-115 所示，为母版选取一种主题类型，效果如图 8-116 所示。

图8-115　主题列表

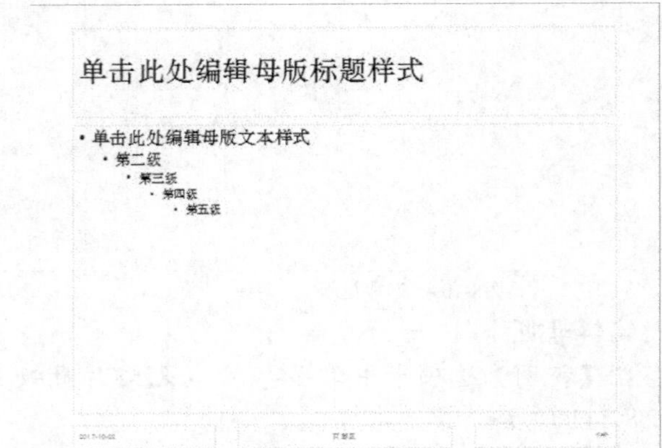

图8-116　应用主题

(2)　在【幻灯片母版】选项卡中单击【背景】按钮，在右侧的【对象属性】面板中选中【图片或纹理填充】单选项，然后单击本地文件按钮，如图 8-117 所示。在【选择纹理】对话框中浏览到作为背景的图片文件，双击该文件将其添加到背景中，效果如图 8-118 所示。

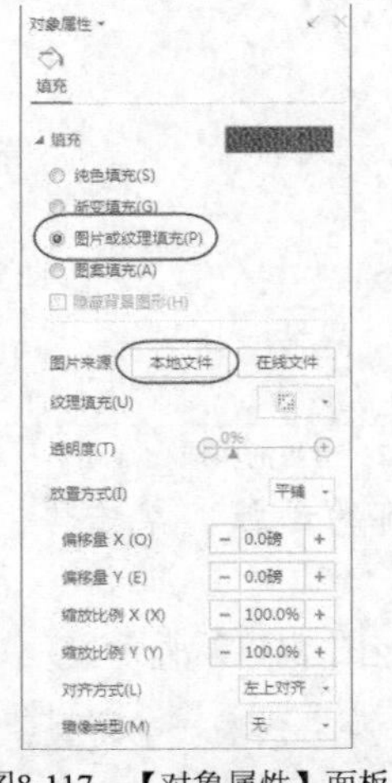

图8-117　【对象属性】面板

图8-118　添加背景

4. 设置页眉和页脚。

(1) 在【插入】选项卡中单击【页眉和页脚】按钮，打开【页眉和页脚】对话框，按照图 8-119 所示设置参数，然后单击 全部应用(Y) 按钮，效果如图 8-120 所示。

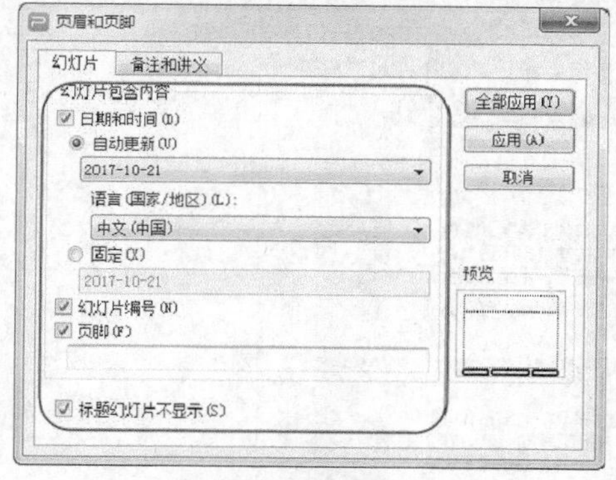

图8-119　设置页面参数

图8-120　设置效果

要点提示　选中【自动更新】单选项后，在播放演示文稿时，显示日期将自动与系统当前日期同步。

(2) 选择菜单命令【WPS 演示】/【另存为】/【WPS 演示模板文件】，打开【另存为】对话框，如图 8-121 所示，设置文件名和保存位置将其保存为模板文件。

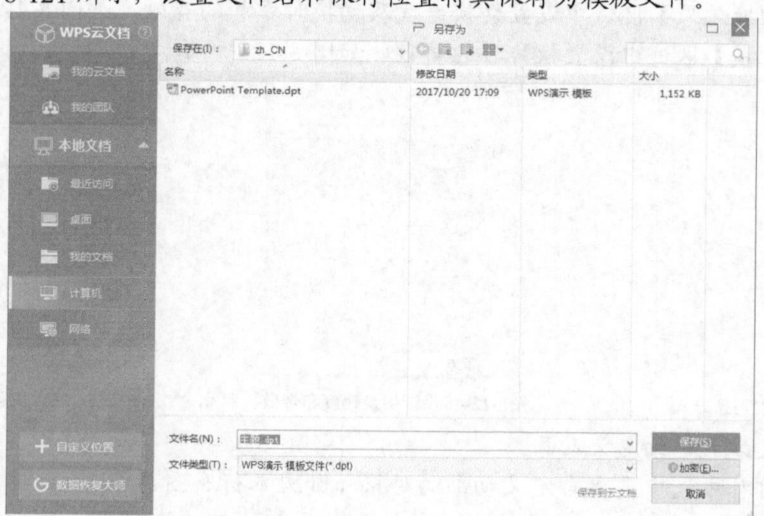

图8-121　【另存为】对话框

8.4.5 添加幻灯片动画

为了使幻灯片更加富有活力和吸引力，可以在播放幻灯片时为其添加动画效果。

【操作要点】

1. 为整张幻灯片设置切换效果。

(1) 在导航窗口中选中一张幻灯片，在【动画】选项卡的动画切换列表中为其选中一种切换效果，如图 8-122 所示。

(2) 继续选取其他幻灯片位置设置切换效果，然后单击视图控制区的（播放）按钮播放动画，查看最终效果。

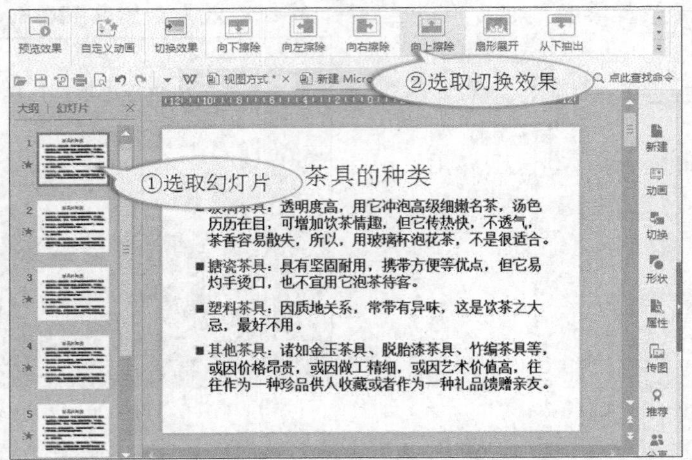

图8-122　设置切换效果

(3) 在【动画】选项卡中单击【切换效果】按钮，在界面右侧打开【幻灯片切换】面板，在【应用于所选幻灯片】列表框中选取切换效果，如图 8-123 所示。

(4) 在【修改切换效果】区域中设置切换速度及切换时添加的音效，如图 8-124 所示。

(5) 在【换片方式】区域中设置换片时的参数，如图 8-125 所示。

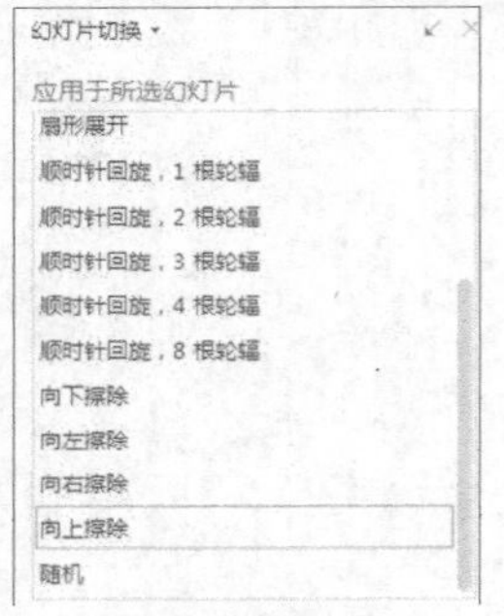

图8-123　设置切换方式

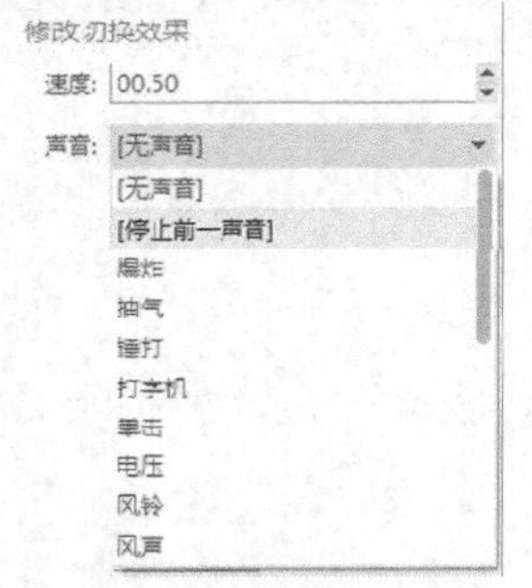

图8-124　设置切换速度和音效

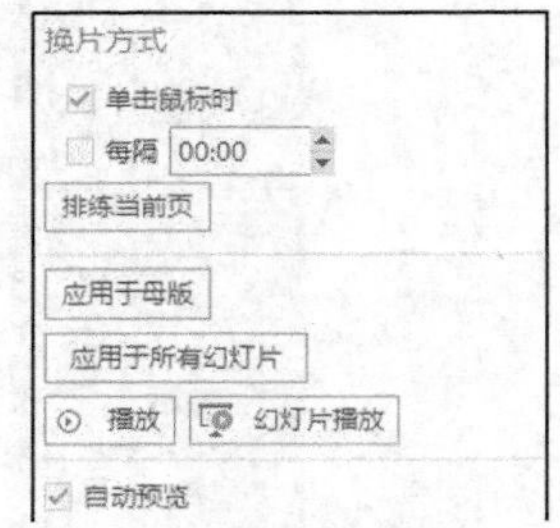

图8-125　设置换片方式

2. 使用自定义方式详细定义动画。

在一张幻灯片中选中需要自定义动画的对象（如文本行及图片等），如图 8-126 所示，然后在【动画】选项卡中单击（自定义动画）按钮，在界面右侧打开【自定义动画】面板，单击添加效果下拉列表为其添加动画效果，如图 8-127 所示。

- 【进入】：设置被选中对象进入场景时的动画，如“飞入”效果表示其从场景外飞进场景中。
- 【强调】：设置被选中对象进入场景后的动画，如可以改变字体及字号等，以突出显示对象，起到醒目的作用。
- 【退出】：设置被选中对象退出场景时的动画，如“飞出”效果表示其从场景中飞出场景外。
- 【动作路径】：设置对象发生动作的路径。如“向上”“向下”或“沿对角线”等。

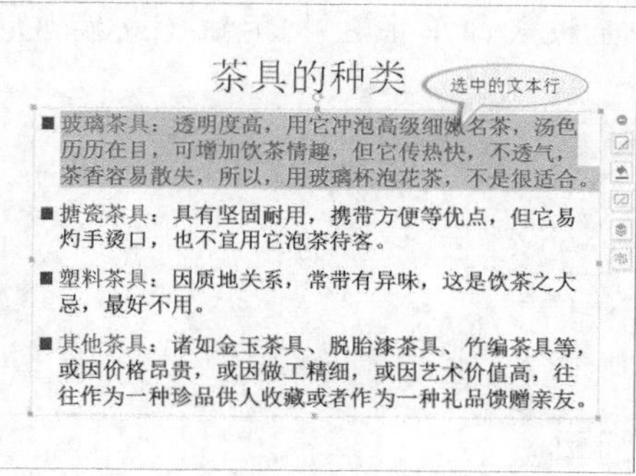

图8-126　选中对象

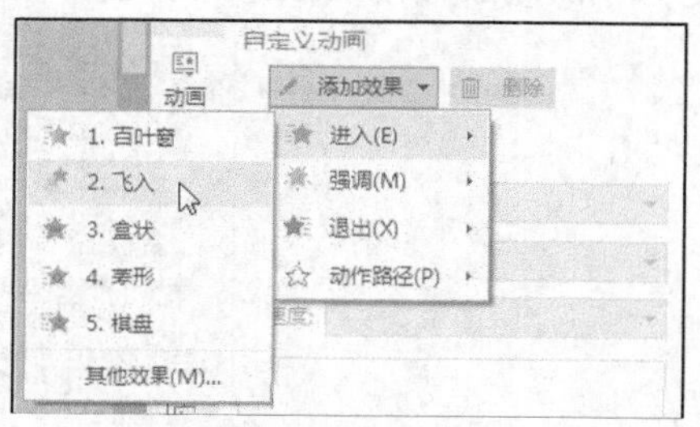

图8-127　设置效果

在为选定对象设置动画时，可以分别设置“进入”“强调”和“退出”时的动画效果，也可以只设置一项或两项。设置多个效果时，在滚动鼠标中键播放动画时，将按照设置的先后顺序依次呈现。

3. 设置好动画效果后，对象左上角有一个顺序标记，如图 8-128 所示。
4. 使用类似方法为其他文本行设置动画效果，如图 8-129 所示。

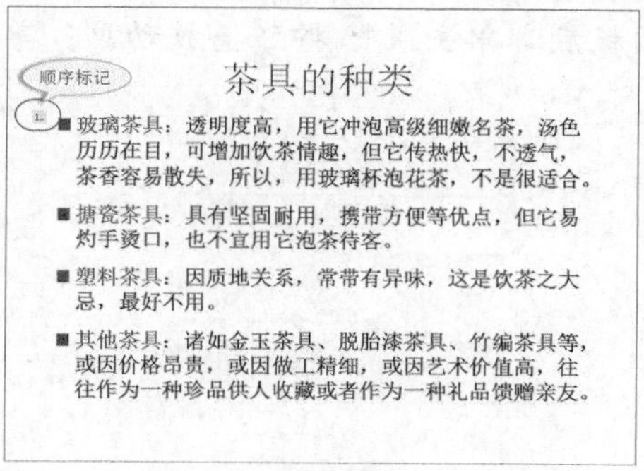

图8-128　显示标记

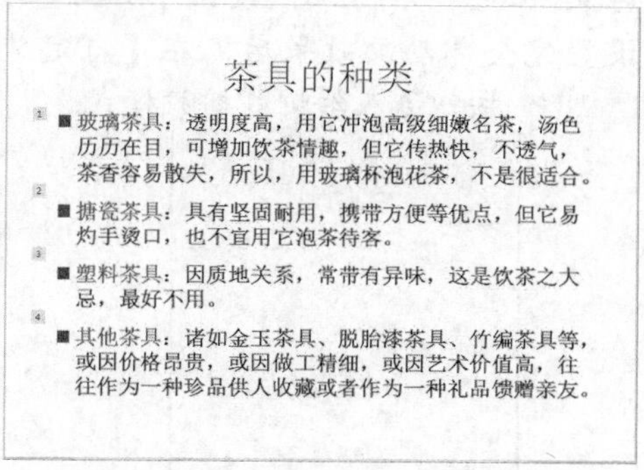

图8-129　为其他文本行设置动画效果

当为同一个对象设置了多个效果（例如同时设置了“进入”“强调”和“退出”）时，其左上角的编号也将连续编号并折叠在一起，如图 8-130 所示。

5. 选中编号标记，在界面右侧的【自定义动画】面板底部单击⬆按钮可以将其播放时间前移，对应的编号变小；单击⬇按钮可以将其播放时间后移，对应的编号变大，如图 8-131 所示。

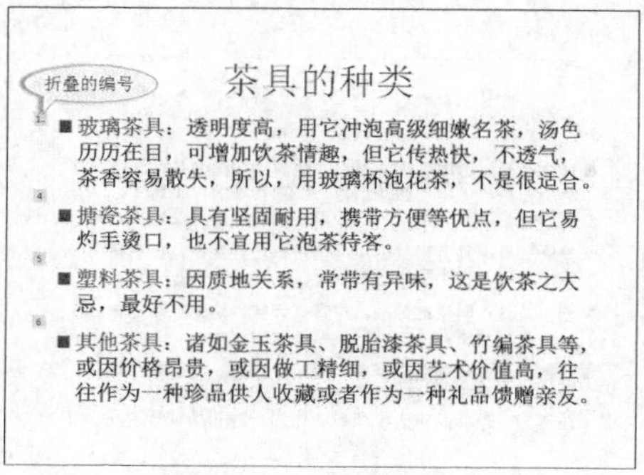

图8-130　折叠编号

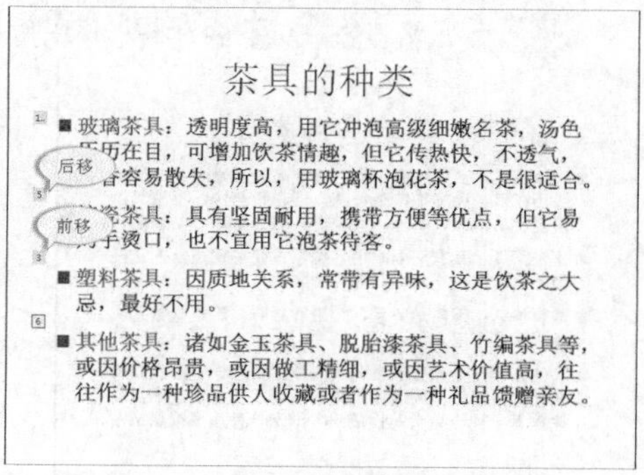

图8-131　移动编号

6. 选中编号标记，在界面右侧的【自定义动画】面板底部单击 删除 按钮（或按 Delete 键）可以删除该动画效果，如图 8-132 所示。

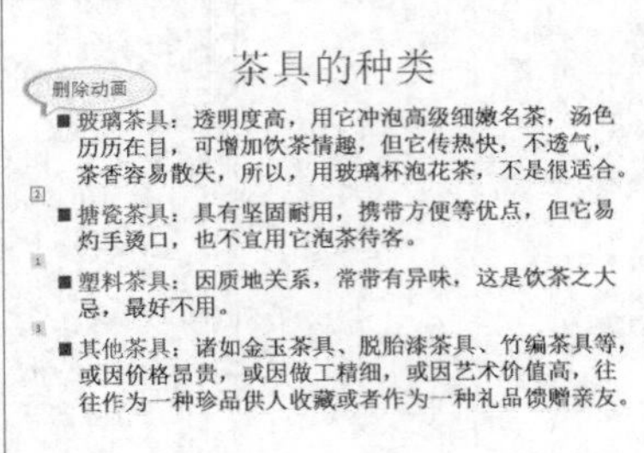

图8-132　删除动画效果

7. 如果在界面右侧的【自定义动画】面板底部选中【自动预览】复选框，则在设置完动画后将自动预览效果，如图 8-133 所示。
8. 如果在界面右侧的【自定义动画】面板顶部单击 选择窗格 按钮，在其左侧会打开【选择窗格】面板，如图 8-134 所示。在【文档中的对象】列表框中单击 按钮可以隐藏该对象。单击 按钮和 按钮可以调整对象播放顺序。
9. 设置完全部动画效果后，在【自定义动画】面板底部单击 播放 按钮播放动画。单击 幻灯片播放 按钮进入幻灯片播放模式。

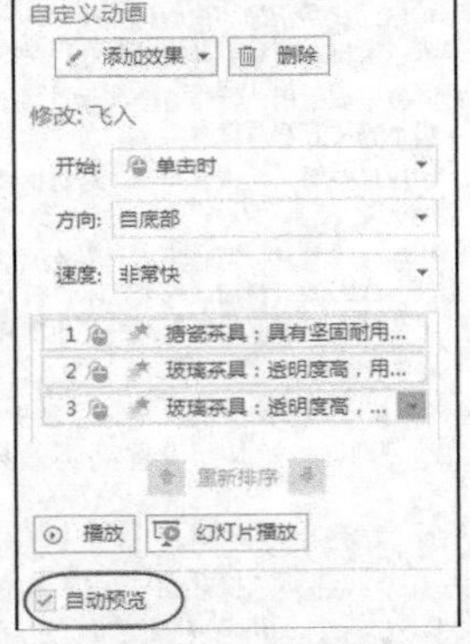

图8-133　【自定义动画】面板

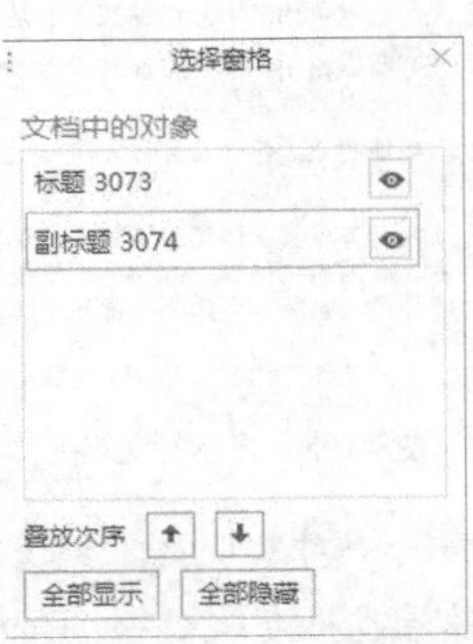

图8-134　【选择窗格】面板

设置对象时通常以独立段或独立对象（如图片）为单位，不能为单独的文本设置动画。另外，选中占位符后为其添加动画效果，系统会自动给占位符中的每一个罗列项按照位置顺序依次添加动画效果，如图 8-135 和图 8-136 所示。

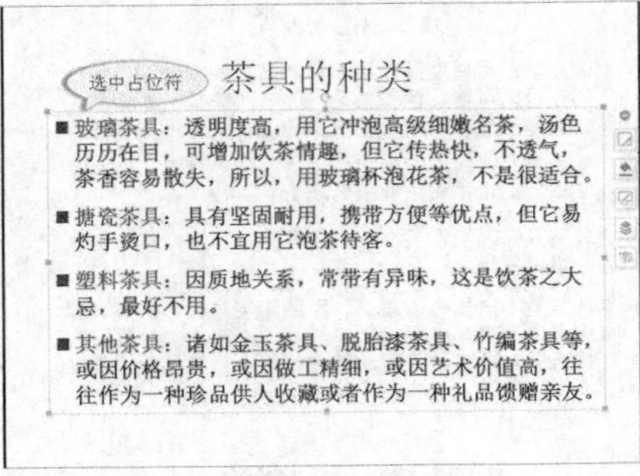

图8-135　选中占位符

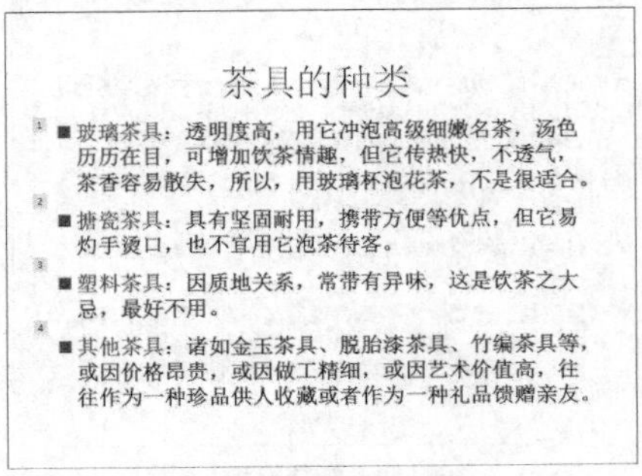

茶具的种类

1 ■ 玻璃茶具：透明度高，用它冲泡高级细嫩名茶，汤色历历在目，可增加饮茶情趣，但它传热快，不透气，茶香容易散失，所以，用玻璃杯泡花茶，不是很适合。

2 ■ 搪瓷茶具：具有坚固耐用，携带方便等优点，但它易灼手烫口，也不宜用它泡茶待客。

3 ■ 塑料茶具：因质地关系，常带有异味，这是饮茶之大忌，最好不用。

4 ■ 其他茶具：诸如金玉茶具、脱胎漆茶具、竹编茶具等，或因价格昂贵，或因做工精细，或因艺术价值高，往往作为一种珍品供人收藏或者作为一种礼品馈赠亲友。

图8-136　添加动画效果

8.5 在幻灯片中插入声音、视频和超链接

在幻灯片中插入声音、视频和超链接可以丰富幻灯片的视觉效果，提高其观赏性和视觉感染力，调动观众的积极性。

8.5.1 在幻灯片中插入声音

在幻灯片中插入声音剪辑或音频文件。

【操作要点】

1. 在【插入】选项卡中单击 （音频）按钮下方的下拉按钮，在弹出的下拉列表中选取【插入音频】选项，打开【插入音频】对话框，浏览到音频文件（.midi、.wav 等）所在的路径，单击 打开(O) 按钮将其插入到文稿中，如图 8-137 所示。
2. 插入音频后将出现音频图标，单击 按钮即可预览音频，如图 8-138 所示。

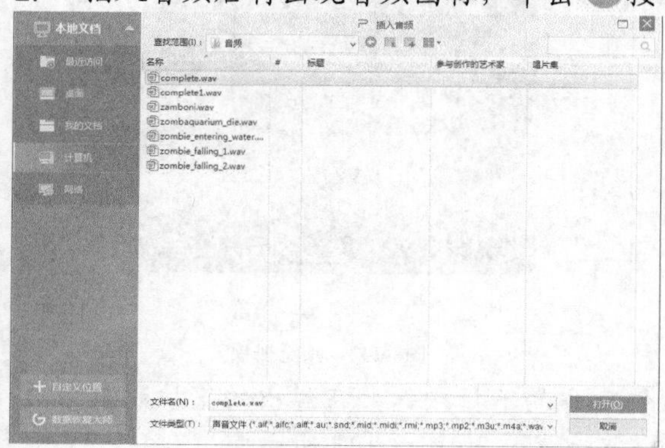

图8-137 【插入音频】对话框

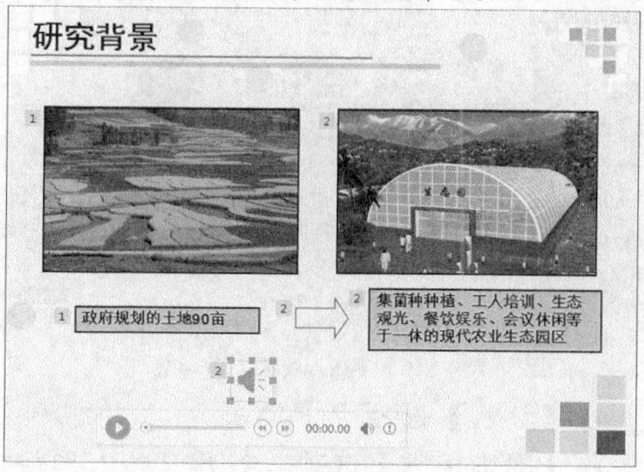

图8-138 添加音频效果

3. 在【插入】选项卡中单击 （音频）按钮下方的下拉按钮，在弹出的下拉列表中选取【插入背景音乐】选项，打开【从当前页插入背景音乐】对话框，浏览到背景音乐文件（.mp3 等）所在的路径，单击 打开(O) 按钮，如图 8-139 所示。
4. 随后弹出询问窗口"您是否从第一页开始插入背景音乐？"，如需要，则单击 是(Y) 按钮，如图 8-140 所示。
5. 与插入音频不同，插入背景音乐后，播放幻灯片时，将自动播放背景音乐。

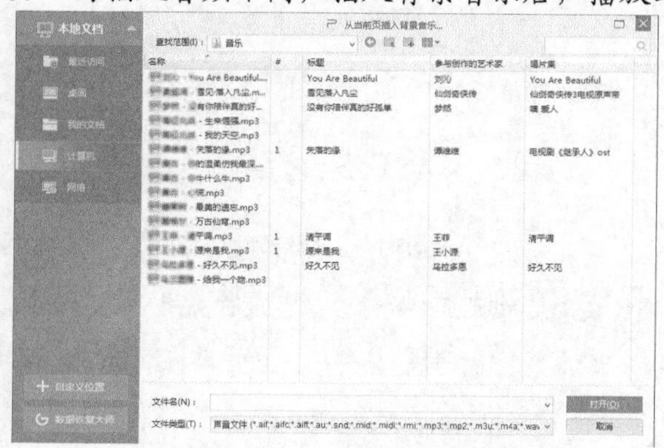

图8-139 【从当前页插入背景音乐】对话框

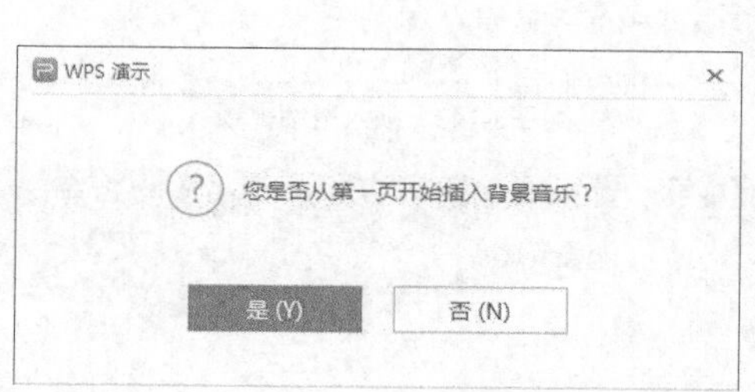

图8-140 提示对话框

8.5.2 在幻灯片中插入视频

用户可在幻灯片中插入视频剪辑或视频文件。

【操作要点】

1. 在【插入】选项卡中单击（视频）按钮下方的下拉按钮，在弹出的下拉列表中选取【本机上的视频】选项，打开【插入视频】对话框，浏览到视频文件（.avi、.mp4 等）所在的路径，单击 打开(O) 按钮将其插入到文稿中，如图 8-141 所示。
2. 插入视频后将出现视频播放界面，可以调整界面大小，单击按钮即预览视频，如图 8-142 所示。

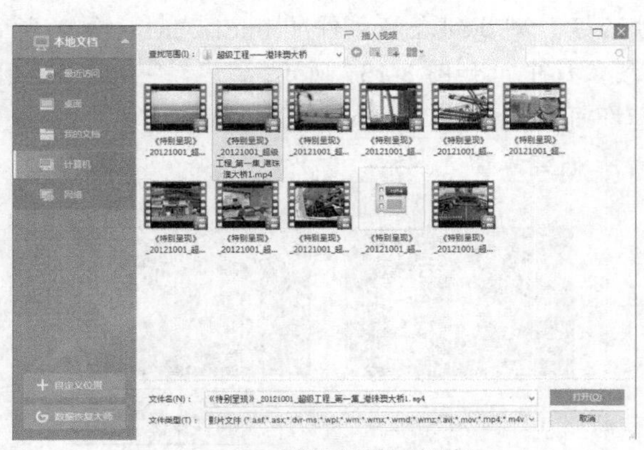

图8-141　【插入视频】对话框

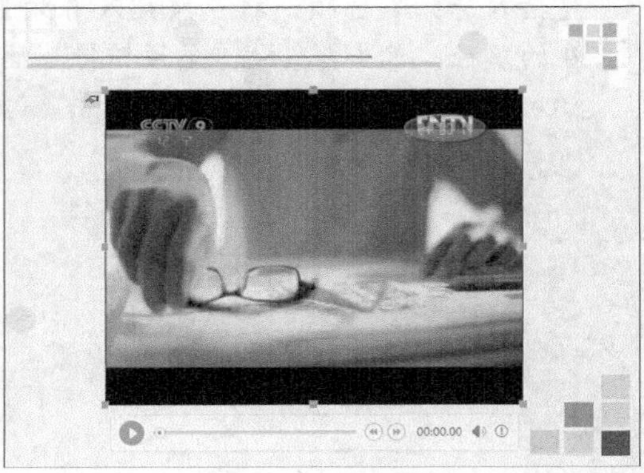

图8-142　预览视频

3. 在【插入】选项卡中单击（视频）按钮下方的下拉按钮，在弹出的下拉列表中选取【网络视频】选项，打开【插入网络视频】对话框，如图 8-143 所示。
4. 在地址栏中输入网络视频地址后单击 插入 按钮载入视频，如图 8-144 所示，单击按钮即可预览视频。

图8-143　插入网络视频

图8-144　播放视频

要删除在幻灯片中插入的音频或视频，只需要在幻灯片页面中删除该音频或视频对应的图标即可。

8.5.3 在幻灯片中插入超链接

使用超链接可以将文字、图形、动画或视频连接到幻灯片中，在演示文稿中可以为任意文本或对象创建超链接。

【操作要点】

1. 在幻灯片中选中需要设置超链接的文本或图片等其他对象，如图 8-145 所示。
2. 在【插入】选项卡的【链接】工具组中单击【超链接】按钮，打开【插入超链接】对话框，可以将另一个演示稿链接到该位置，如图 8-146 所示。

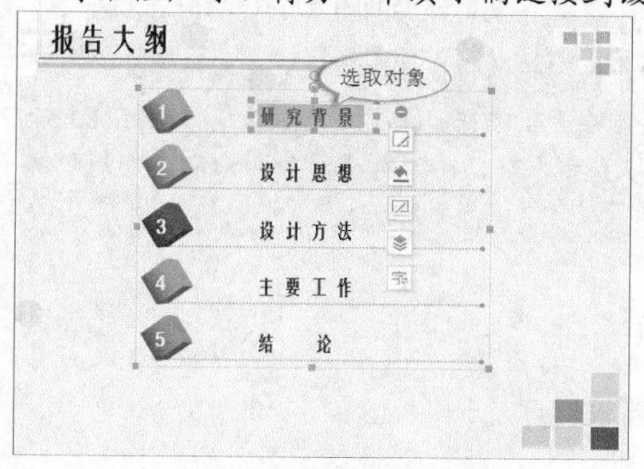

图8-145 选中对象

图8-146 【插入超链接】对话框（1）

3. 可以将本文稿中的一个页面链接到该位置，如图 8-147 所示。
4. 加入超链接后，文字字体变为蓝色，并且文字下方带有横线，如图 8-148 所示。播放幻灯片时，单击该链接即可打开相应文稿或跳转到指定页面。

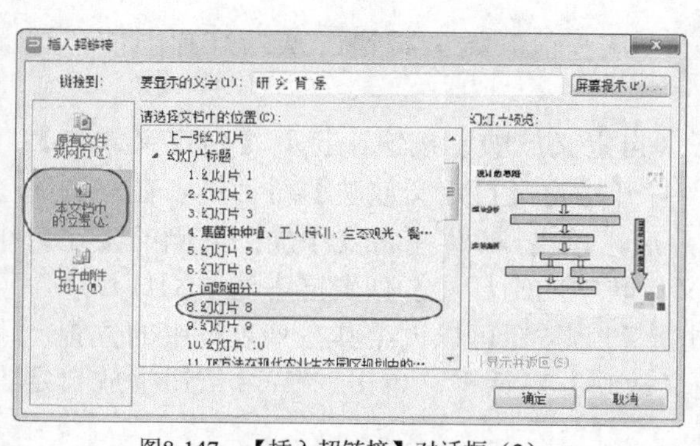

图8-147 【插入超链接】对话框（2）

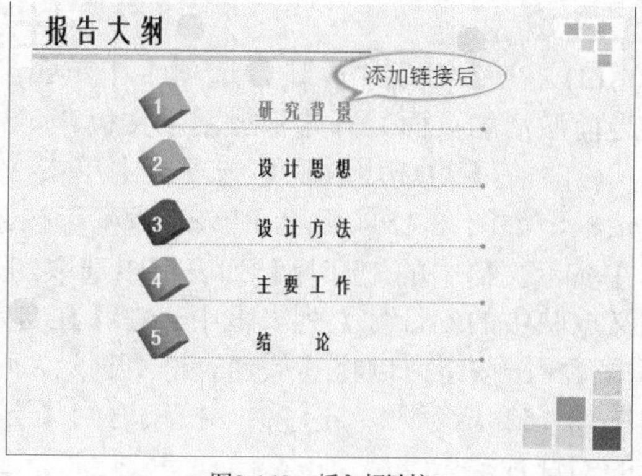

图8-148 插入超链接

5. 在图 8-149 所示的【插入超链接】对话框中输入电子邮件地址，可以将其作为超链接插入到幻灯片中。
6. 使用同样的方法可以将图片、音频和视频作为超链接加入到幻灯片中。
7. 在播放模式下单击超链接将打开相应的图片、网页、音频或视频文件，打开过的超链接其文本将改变颜色，如图 8-150 所示。

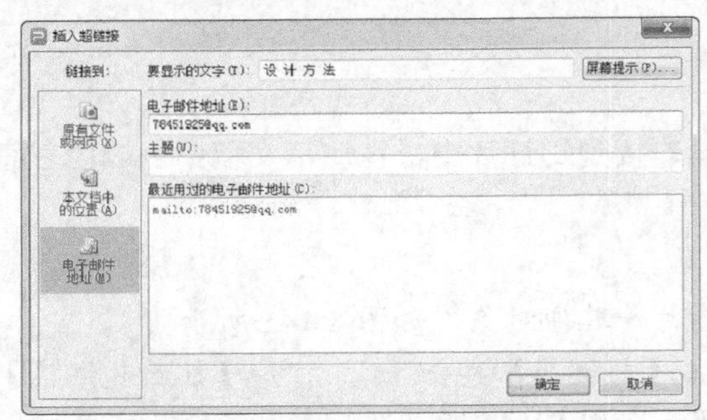

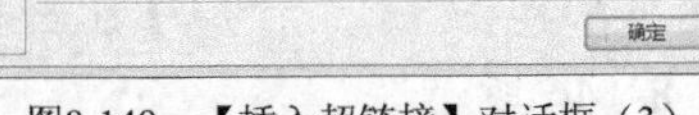

图8-149　【插入超链接】对话框（3）

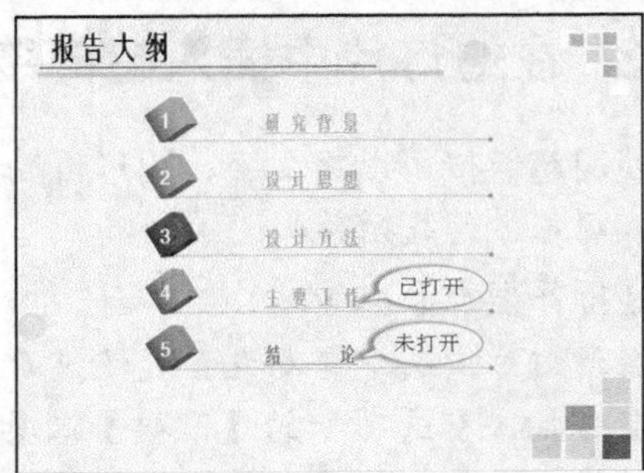

图8-150　打开后的超链接

要点提示　在幻灯片中选中文本后，在其上单击鼠标右键，在弹出的快捷菜单中选取【超链接】命令可以为其创建超链接。如果已经创建了超链接，则在弹出的快捷菜单中选取【编辑超链接】命令可以重新设置链接对象，选取【取消超链接】命令可以删除链接对象，选取【复制超链接】命令可以复制该超链接。

8.6 播放幻灯片

创建完演示文稿后，设置完以下内容，即可播放幻灯片。

8.6.1 定义播放方式

可以按照以下几种方式播放幻灯片。

(1) 在【幻灯片放映】选项卡中单击（从头开始）按钮，从幻灯片第 1 页开始播放演示文稿。

(2) 在【幻灯片放映】选项卡中单击（从当前开始）按钮，从幻灯片当前位置（当前激活的页面）开始播放演示文稿。

(3) 在【幻灯片放映】选项卡中单击（自定义放映）按钮，打开【自定义放映】对话框，如图 8-151 所示。单击新建(N)...按钮，打开【定义自定义放映】对话框。在左侧的【在演示文稿中的幻灯片】列表框中选取幻灯片后，单击添加(A) >>将其添加到右侧的【在自定义放映中的幻灯片】列表框中。在【在自定义放映中的幻灯片】列表框中选中幻灯片后，单击删除(R)按钮可以将其从列表框中删除，单击和按钮可以调整其在列表框中的位置，如图 8-152 所示。单击确定按钮返回【自定义放映】对话框，单击放映(S)按钮播放自定义的幻灯片。

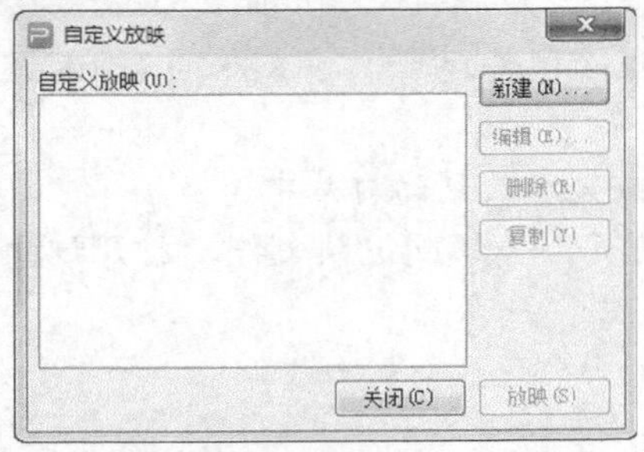

图8-151　【自定义放映】对话框

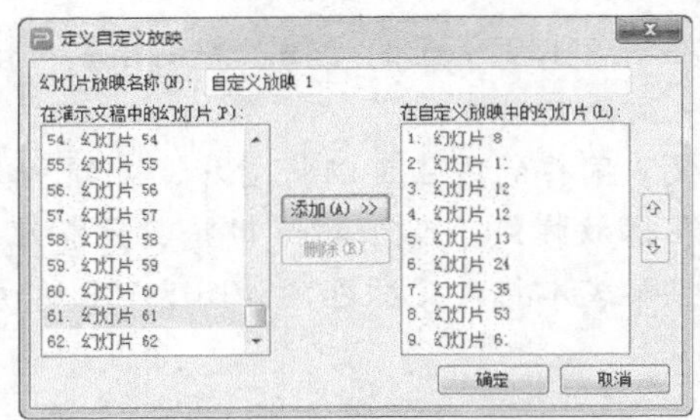

图8-152　【定义自定义放映】对话框

8.6.2 设置放映参数

在【幻灯片放映】选项卡中单击 （设置放映方式）按钮，打开【设置放映方式】对话框，如图 8-153 所示。

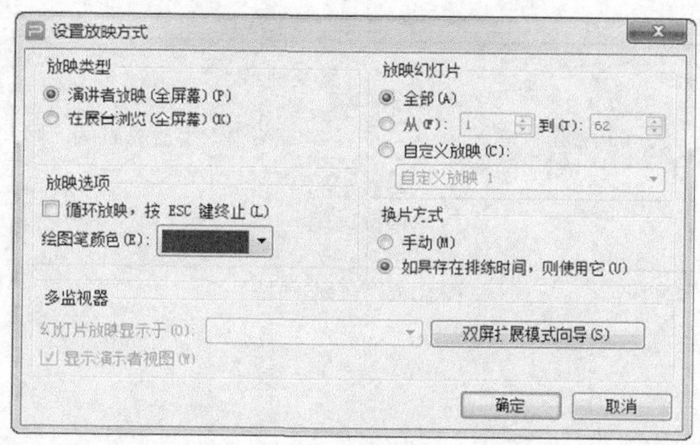

图8-153 【设置放映方式】对话框

- 【放映类型】：若选中【演讲者放映（全屏幕）】单选项，则由演讲者手动控制幻灯片的播放；若选中【在展台浏览（全屏幕）】单选项，则可按照设定的动画效果自动播放幻灯片。
- 【放映选项】：选中【循环放映】复选项时，当幻灯片播放到最后一张时可循环播放幻灯片，直到按 Esc 键退出循环模式。仅当选中【演讲者放映（全屏幕）】单选项时有效。在【绘图笔颜色】下拉列表中设置绘图笔颜色，当播放幻灯片时，在界面上单击鼠标右键，在弹出的快捷菜单中按照图 8-154 所示选取绘图笔时，可以用该颜色的绘图笔在页面上作出标注或标记，如图 8-155 所示。

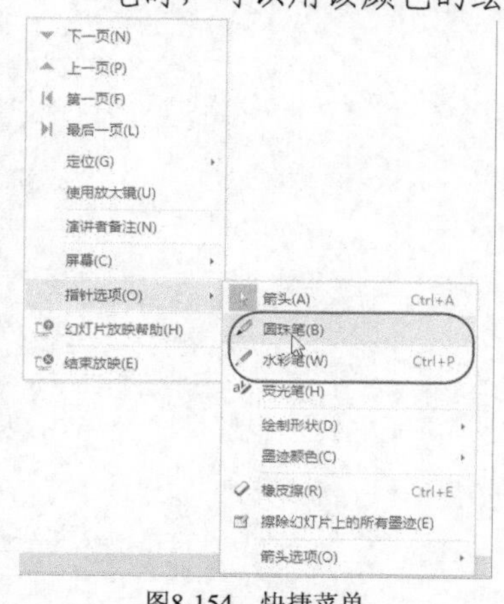

图8-154 快捷菜单

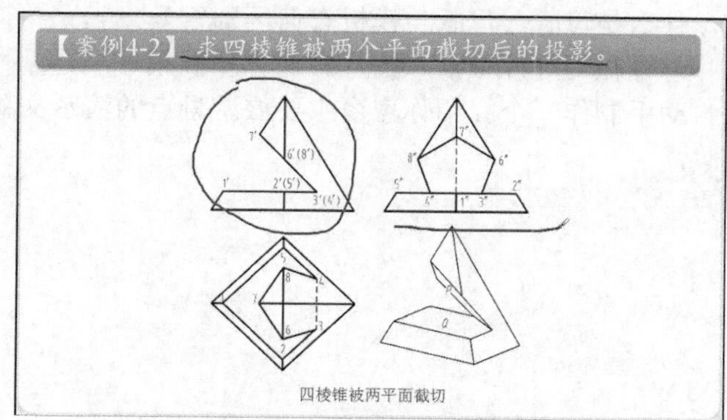

图8-155 在幻灯片上作标注

- 【放映幻灯片】：可以设置播放全部幻灯片，或者播放从第几页到第几页之间的连续幻灯片或使用前面介绍的【自定义放映】方式播放幻灯片。
- 【换片方式】：若选取【手动】单选项，则手动控制播放下一张幻灯片；若选中【如果存在排练时间，则使用它】单选项，则可以按照排练设置的时间自动播放。

8.6.3 排练计时

在【幻灯片放映】选项卡中单击（排练计时）按钮，开始播放幻灯片，此时界面左上角将显示计数参数，如图 8-156 所示。使用排练计时可以有效地控制演示时间，更好地掌控演示的进度和节奏。

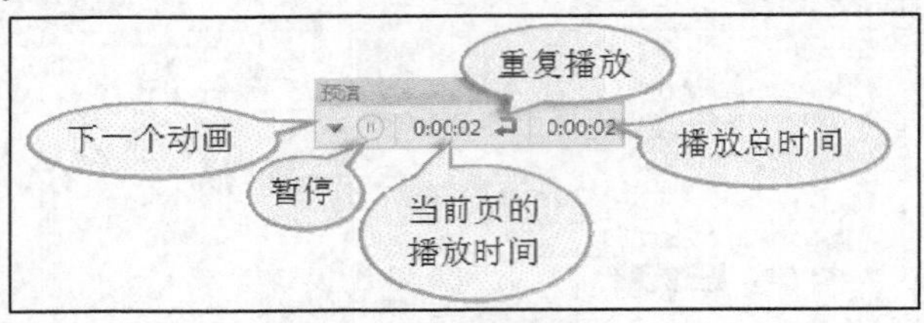

图8-156　排练计时

8.7 小结

演示文稿中的每一页叫作一张幻灯片，每张幻灯片都是演示文稿中既相互独立又相互联系的内容，可以形象直观地展示演讲者要讲述的内容。文本幻灯片是最基本的幻灯片类型，设计时需要依次创建标题和正文，然后根据需要对文本内容和版式等进行编辑。为了丰富演示文稿的内容，还可在幻灯片中插入图形、表格、声音和视频等，以创建出具有丰富多媒体素材的设计方案。完成内容设置后，可以通过为幻灯片设置主题、背景等来增强文稿的视觉效果，还可以设置播放时的动画方案。

8.8 习题

1. 演示文稿主要有哪些用途？
2. WPS 演示提供了哪几种视图类型，各有何特点？
3. 什么是母版，母版与模板有何区别？
4. 怎样在幻灯片中插入图片、声音和视频？
5. 动手制作一个介绍你家乡主要旅游景点的演示文稿。

第9章　WPS 演示 2016 综合应用

【学习目标】

- 掌握使用 WPS 演示 2016 制作演示文稿的基本步骤。
- 掌握使用 WPS 演示 2016 的基本技巧。
- 掌握美化演示文稿的一般方法。

使用 WPS 演示 2016 可以制作生动的演示文稿，WPS 演示 2016 是进行汇报、演讲和展示的理想助手。使用 WPS 演示 2016 制作演示文稿简单便捷，方便灵活。例如，系统提供的海量精美模板、在线图片素材、在线字体等资源，可以帮助用户轻松打造精美文稿。

9.1　制作演示文稿——项目策划方案

项目策划方案（1）

项目策划方案（2）

本案例将用幻灯片展示一项策划方案，直观展示项目的实施情况。我们将通过本案例将学习母版的设计、插入 SmartArt 图形及幻灯片放映设置方法等主要知识点。项目最终完成的效果如图 9-1 所示。

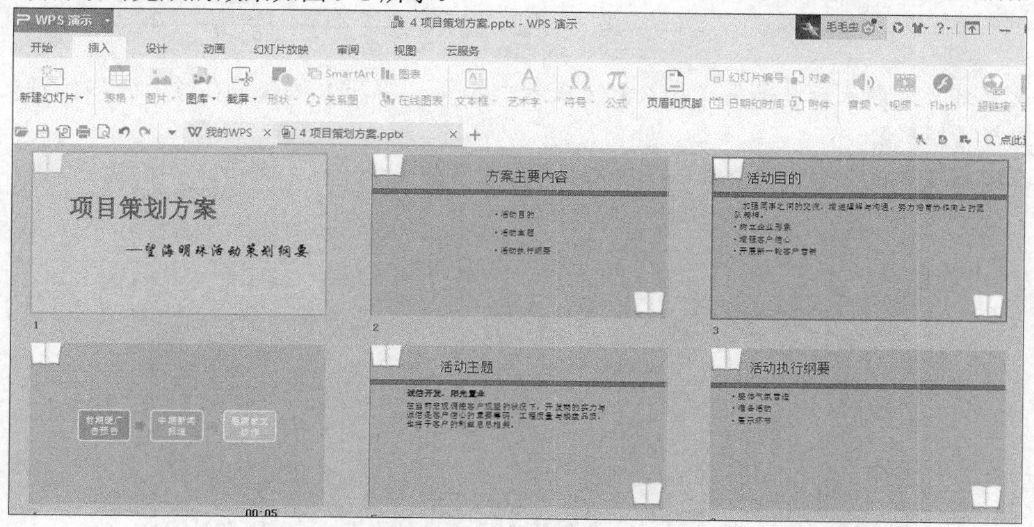

图9-1　项目效果展示

【设计步骤】

1. 设计母版。

(1) 新建一个演示文稿文档，将其另存为“项目策划方案”。

(2) 在【视图】选项卡中单击 （幻灯片母版）按钮，如图 9-2 所示，切换到幻灯片母版

视图。

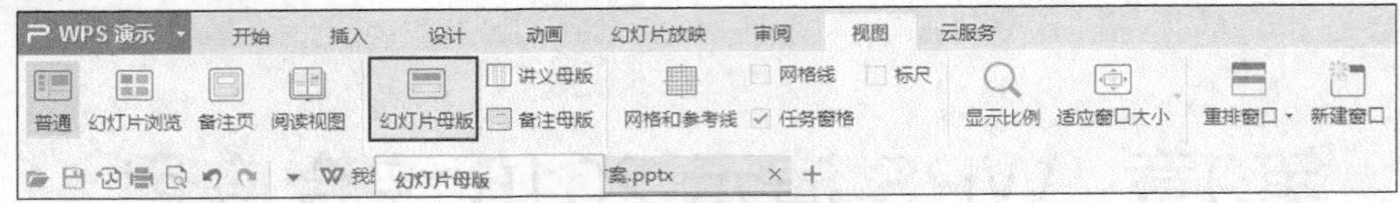

图9-2　选择幻灯片母版模式

(3)　选中幻灯片列表中的幻灯片母版（即列表中的第 1 张幻灯片）。

(4)　单击【幻灯片母版】选项卡中的 （背景）按钮，在界面右侧打开【对象属性】面板，在【填充】栏中选择【纯色填充】单选项，然后选择【矢车菊蓝，着色 1】，如图 9-3 所示。

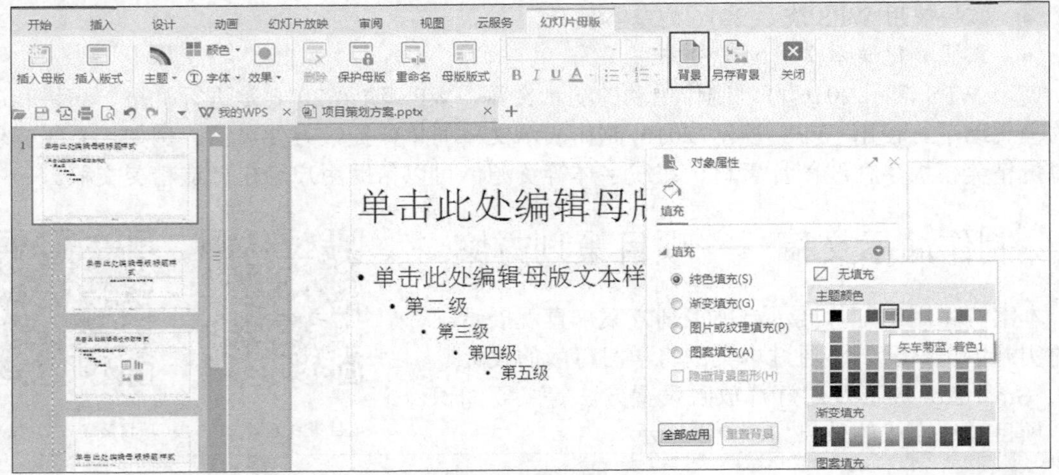

图9-3　设置背景颜色

(5)　设置好背景颜色后，单击【插入】选项卡中的 （形状）按钮，在弹出的下拉列表中选择【矩形】。

(6)　在幻灯片母版中绘制一个矩形，其大小与幻灯片的大小一致，如图 9-4 所示。

图9-4　插入矩形

(7)　选中绘制的矩形，在【绘图工具】选项卡单击【形状样式】下拉按钮，在弹出的下拉列表中选择【纯色填充-矢车菊蓝，强调颜色 1】，如图 9-5 所示。

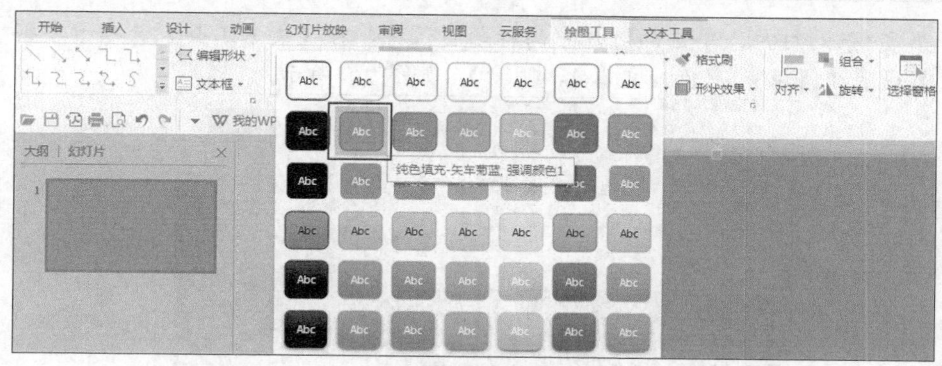

图9-5　设置矩形样式

(8) 选中矩形，在其上单击鼠标右键，在弹出的快捷菜单中选择【设置对象格式】命令。

(9) 在界面右侧打开【对象属性】面板，在【填充】栏中设置【纯色填充】为【亮天蓝色，着色 5，浅色 80%】，如图 9-6 所示。

(10) 在【效果】选项卡中设置【阴影】选项，如图 9-7 所示。

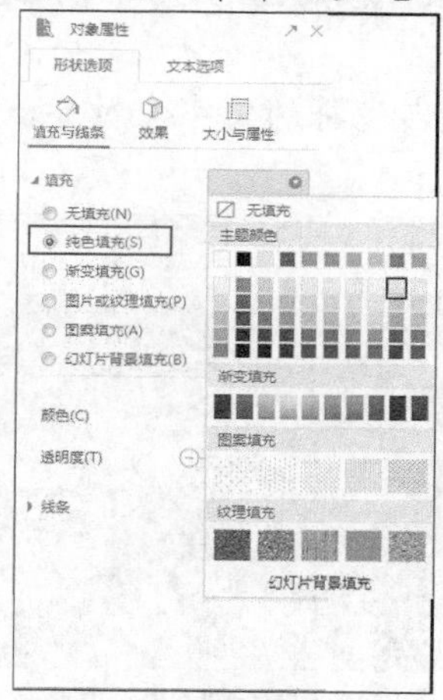

图9-6　设置矩形的填充颜色

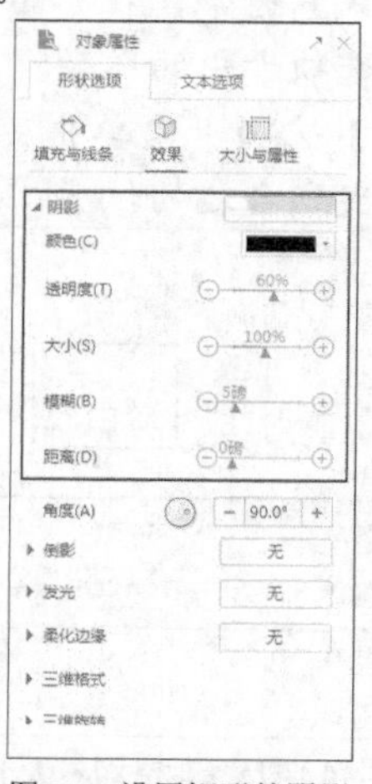

图9-7　设置矩形的阴影

(11) 在【插入】选项卡中单击 (图片) 按钮，导入素材文件“素材\第 9 章\图片 1.png”，如图 9-8 所示。

(12) 使用同样的方法在幻灯片的右下角插入一张“书本”的图片（素材\第 9 章\图片 1.png）。

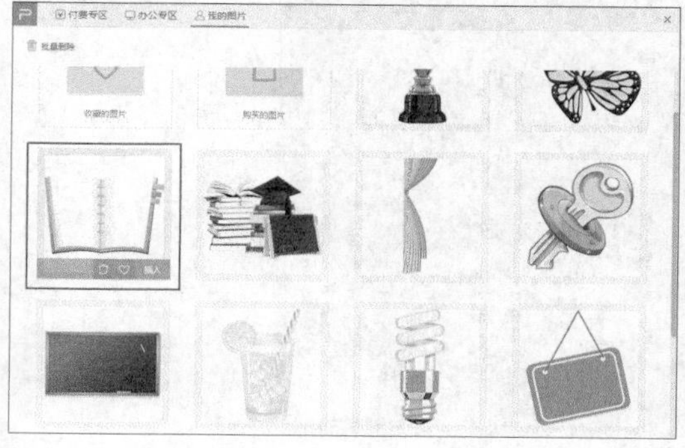

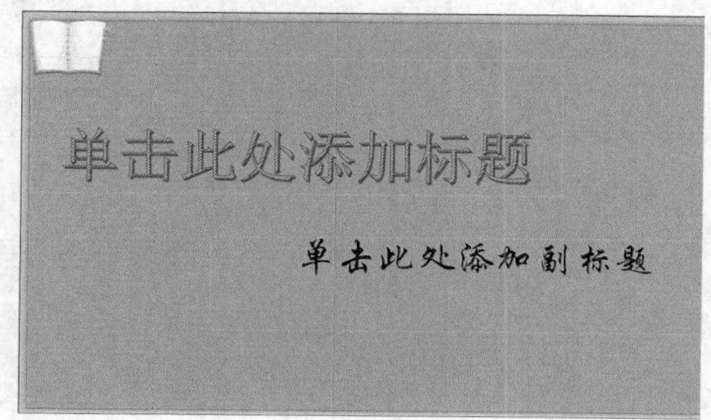

图9-8　插入图片

(13) 选择第 2 张幻灯片，单击幻灯片中的标题占位符，在【文本工具】选项卡中将【预设样式】设置为【填充-黑色，文本 1，阴影】，如图 9-9 所示。

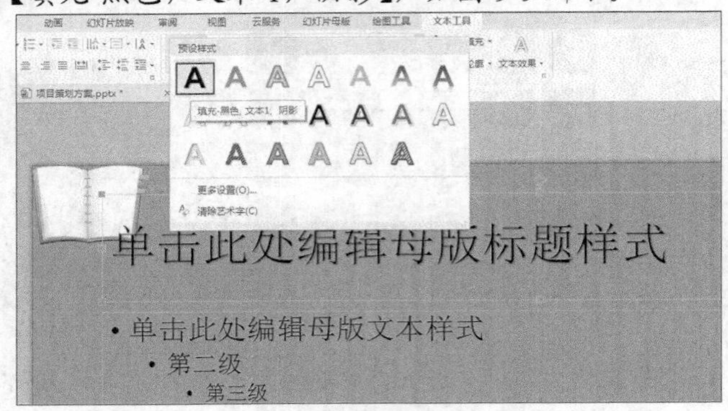

图9-9　设置标题占位符样式

(14) 选中标题占位符，在标题占位符边框上单击鼠标右键，在弹出的快捷菜单中选择【设置对象格式】命令，在界面右侧打开【对象属性】面板，按照图 9-10 所示设置【大小与属性】选项卡中的参数。

(15) 在【开始】选项卡中单击 （左对齐）按钮，将标题占位符的文字左对齐，再将标题占位符拖曳到合适的位置，结果如图 9-11 所示。

图9-10　设置标题占位符大小

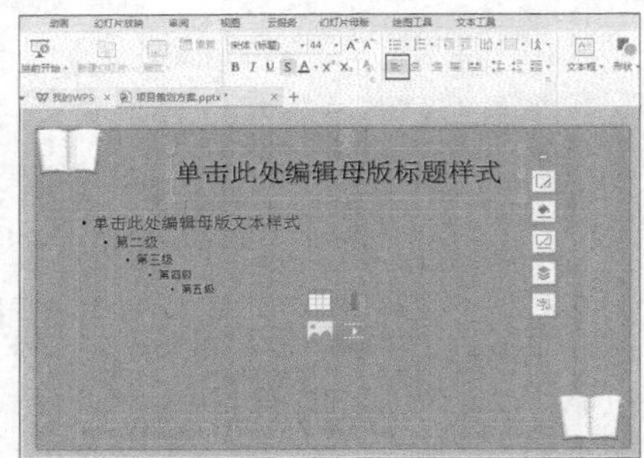

图9-11　调整标题占位符位置

(16) 选择第 3 张幻灯片，单击幻灯片版式中的文本占位符的边框，在【开始】选项卡的【字体】下拉列表中选择【宋体(正文)】。

(17) 相应调整各级的字体大小，经过调整设置后的效果如图 9-12 所示。

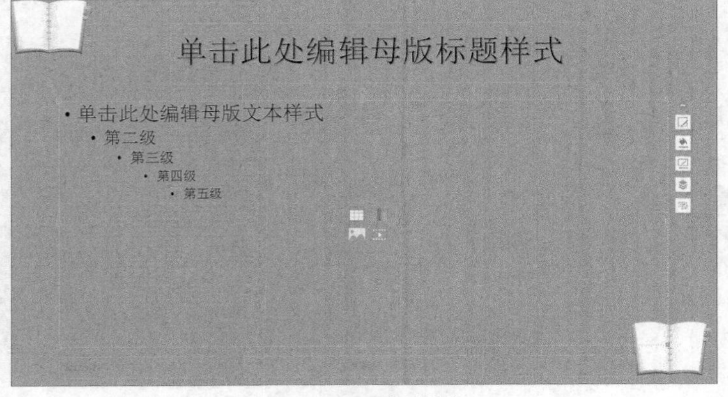

图9-12　设置字体样式

(18) 在【插入】选项卡中单击【形状】下拉按钮 ，在弹出的下拉列表中选择【矩形】，然后在标题占位符和内容占位符之间的合适位置处绘制一个水平的实心矩形。

(19) 选中实心矩形，再选中【绘图工具】选项卡，在【格式】选项卡的【形状样式】下拉列表中选择【纯色填充-钢蓝，强调颜色 5】，最终效果如图 9-13 所示。

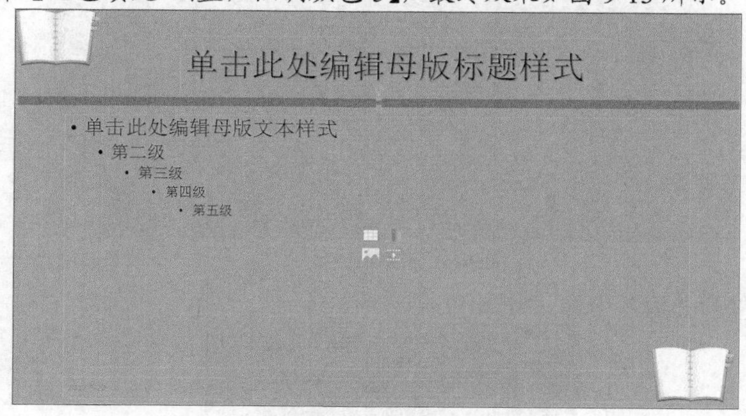

图9-13　填充矩形

(20) 完成设置后，单击 按钮退出幻灯片母版视图。

2. 编辑文稿。

(1) 在第 1 张幻灯片中输入内容，如图 9-14 所示。

(2) 在【开始】选项卡的【字体】工具组和【绘图工具】选项卡的【艺术字样式】工具组中设置主、副标题，效果如图 9-15 所示。

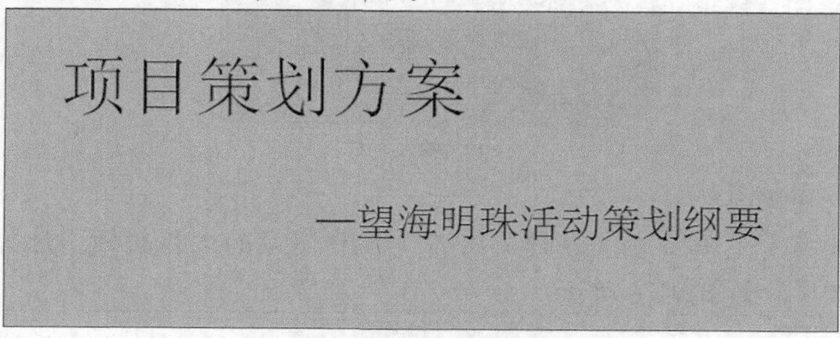

图9-14　输入并调整内容

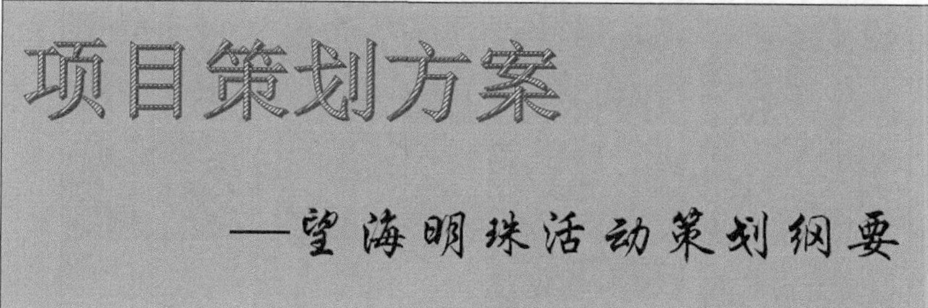

图9-15　修改字体

(3) 在【开始】选项卡中单击 （新建幻灯片）按钮，可以使用步骤 1 所设置的格式创建幻灯片，如图 9-16 所示。

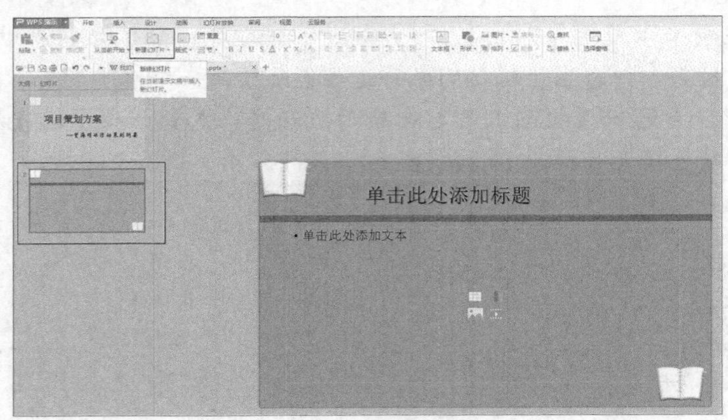

图9-16　添加新的幻灯片

(4)　建立多张幻灯片并输入内容，如图 9-17 所示。

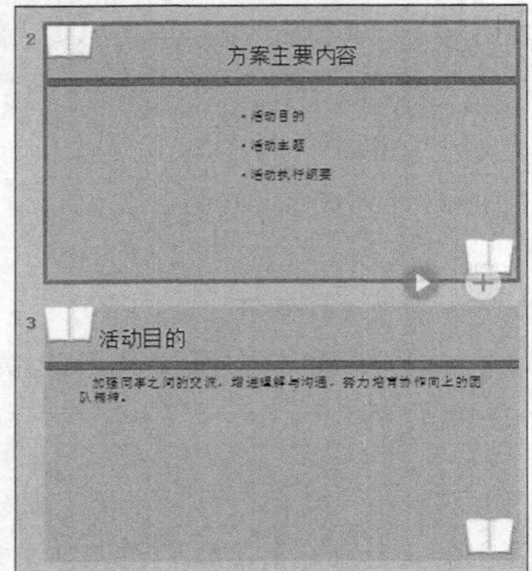

图9-17　输入文本

3.　插入 SmartArt 图形。

(1)　在【开始】选项卡中单击 （新建幻灯片）按钮下方的下拉按钮，选择【本机版式】中的空白幻灯片，如图 9-18 所示。

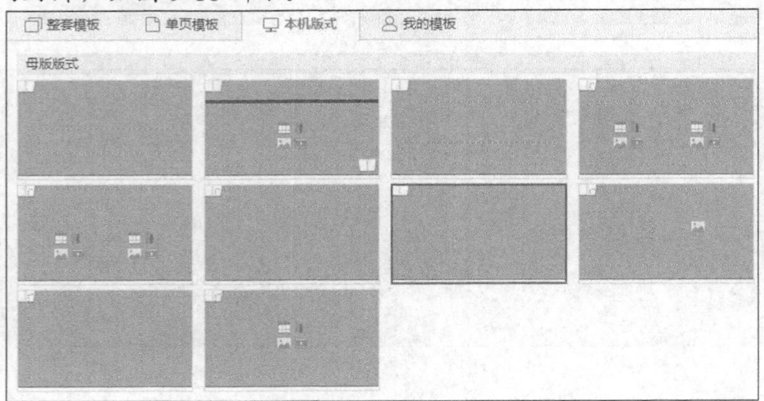

图9-18　创建空白文档

(2)　在【插入】选项卡中单击 SmartArt 按钮，如图 9-19 所示。

图9-19　选择 SmartArt

(3) 在弹出【选择 SmartArt 图形】面板中选择【基本流程】后，单击 确定 按钮，在幻灯片中插入 SmartArt 图形，如图 9-20 所示。

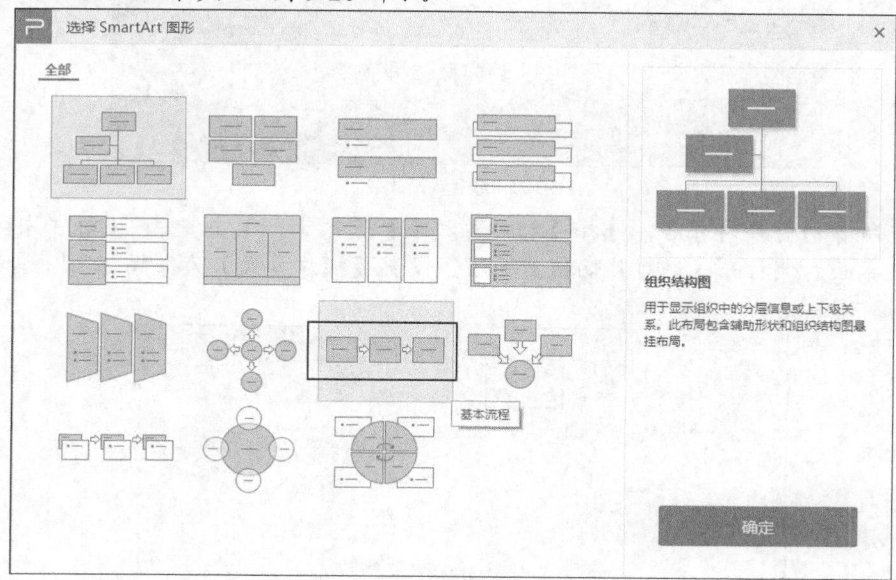

图9-20　添加 SmartArt 图形

(4) 在【设计】选项卡中单击 （更改颜色）按钮，选择图 9-21 所示的颜色。

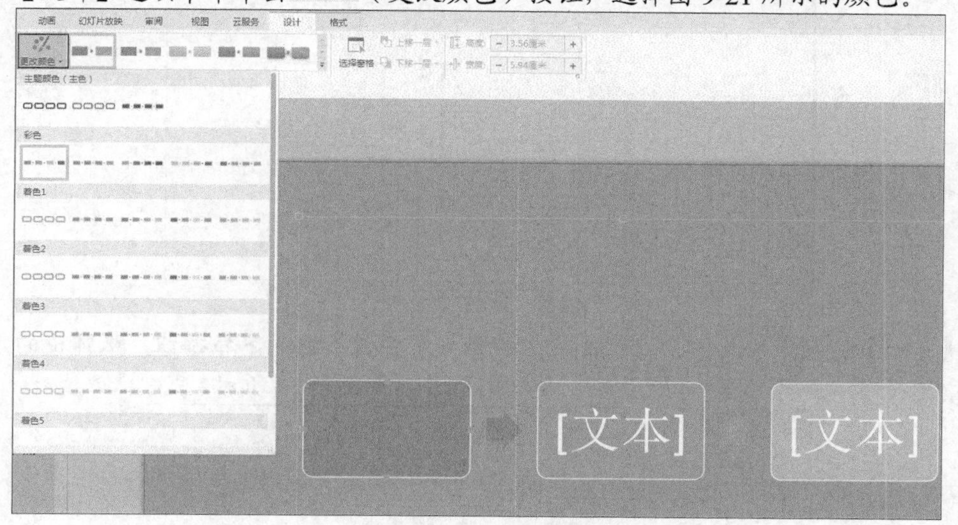

图9-21　更改图形颜色

4. 放映幻灯片。

(1) 选择【动画】选项卡，单击【切换效果】中的【溶解】，如图 9-22 所示。

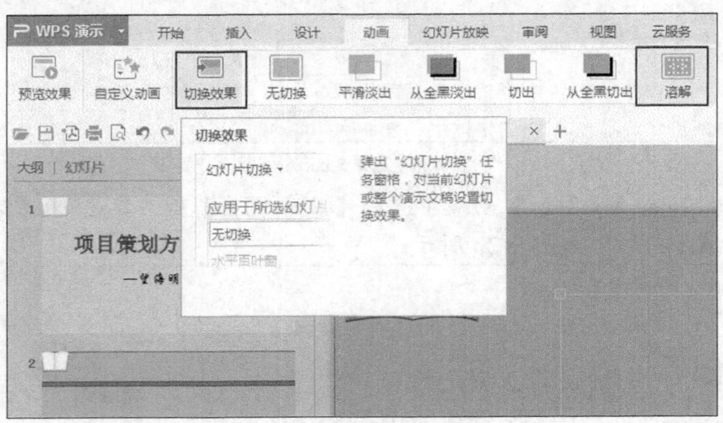

图9-22　设置动画效果

(2) 添加完所有幻灯片内容后，选择【幻灯片放映】选项卡，单击 （幻灯片切换）按钮，在界面右侧打开【幻灯片切换】面板，设置【换片方式】为每隔 5 秒，如图 9-23 所示。

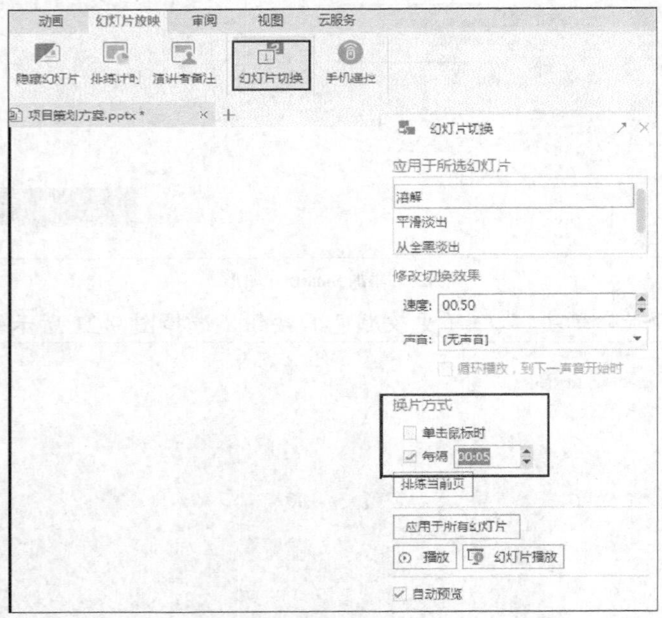

图9-23　设置换片方式

(3) 在【开始】选项卡中单击 （从当前开始）按钮下方的下拉按钮，从弹出的下拉列表中选择【从头开始】，即可放映制作的幻灯片，如图 9-24 所示。

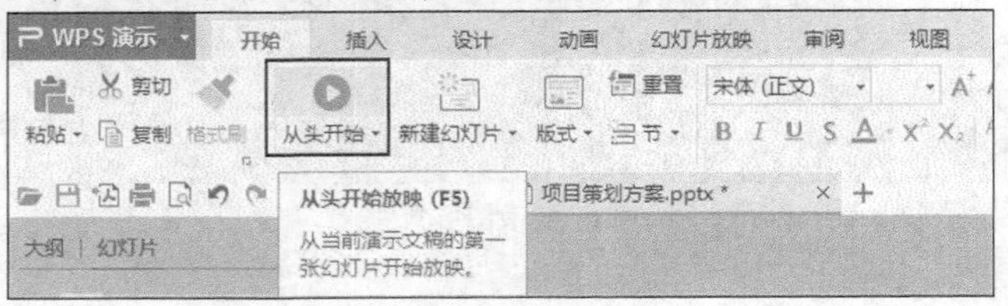

图9-24　幻灯片放映

9.2 制作演示文稿——企业文化培训

企业文化培训（1）

企业文化培训（2）

本案例将制作一个企业文化演示文稿，让企业员工在积极投入工作的同时领悟企业文化精神。设计中将学习使用幻灯片模板的方法，学习在文稿中插入关系图、文本和艺术字的方法，以及插入超链接、声音和视频的方法。最终设计结果如图 9-25 所示。

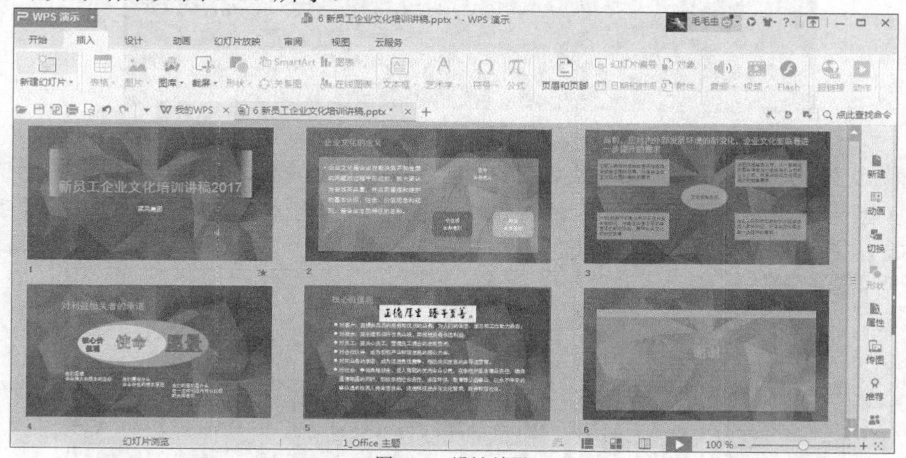

图9-25 设计结果

【设计步骤】

1. 使用模板制作幻灯片。

(1) 按 Ctrl+N 组合键新建一个空白演示文稿。

(2) 单击 （新建幻灯片）按钮下方的下拉按钮，选择【单页模板】选项卡，选择如图 9-26 所示的模板。

图9-26 选择幻灯片模板

(3) 将演示文稿命名为“新员工企业文化培训讲稿”并保存。

(4) 单击标题幻灯片中的标题占位符，删除原有的幻灯片标题，重新输入文本“新员工企业文化培训讲稿 2017”，如图 9-27 所示。

图9-27　输入文本

(5) 新建第 2 张幻灯片，将其标题更改为文本“企业文化的含义”。在【开始】选项卡中单击A·（字体颜色）按钮右侧的下拉按钮，设置字体颜色为【浅绿，着色 1】，【字体】为【黑体】，【字号】为【32】，如图 9-28 所示。

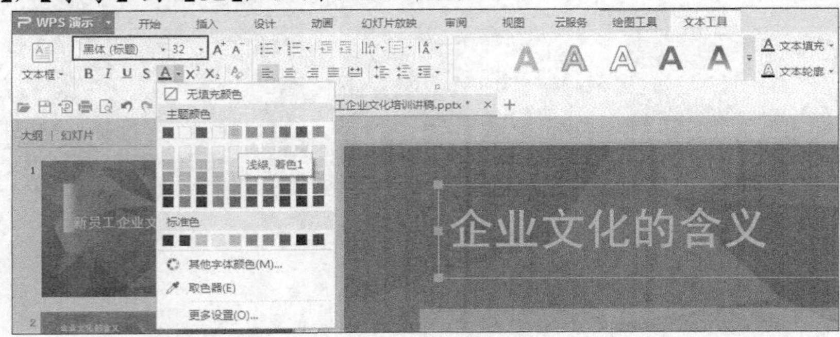

图9-28　设置文本

(6) 在幻灯片中插入文本，如图 9-29 所示，设置【字体】为【黑体】，【字号】为【24】，【颜色】为【白色】。

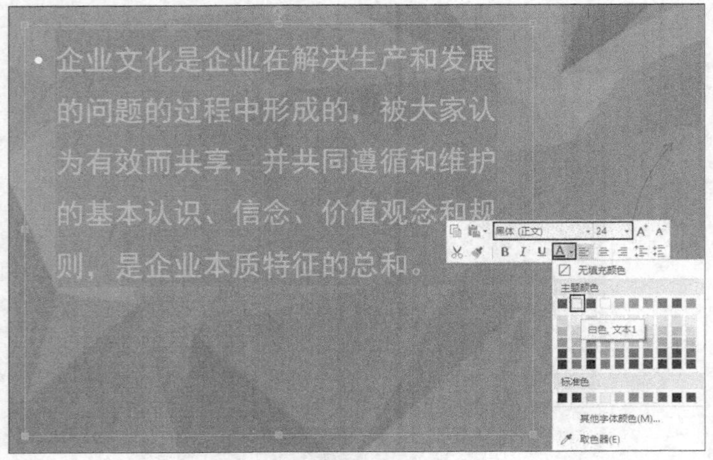

图9-29　插入文本

(7) 在【插入】选项卡中单击关系图按钮，在弹出面板的【分类】栏中选择【循环】，插入关系图，如图 9-30 所示。

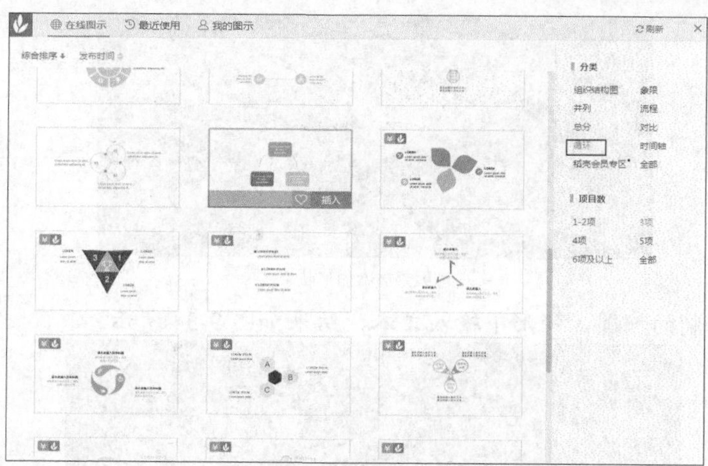

图9-30　插入关系图

(8)　在关系图中输入图 9-31 所示的文本，然后调整关系图的位置。

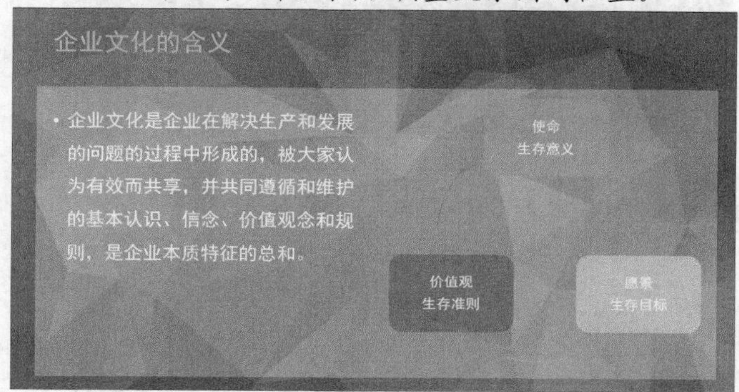

图9-31　输入文本

(9)　新建第 3 张幻灯片，在【插入】选项卡中单击 （形状）按钮，选择【椭圆】选项，然后绘制一个椭圆，如图 9-32 所示。

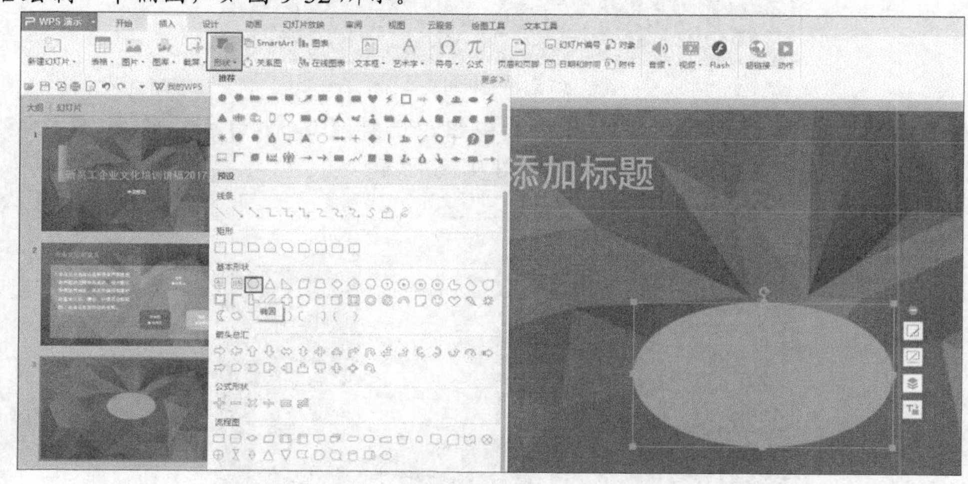

图9-32　添加形状

(10) 使用类似的方法插入矩形，结果如图 9-33 所示。

图9-33　添加形状

(11) 在标题框和绘制的椭圆、矩形中输入文本，结果如图 9-34 所示。

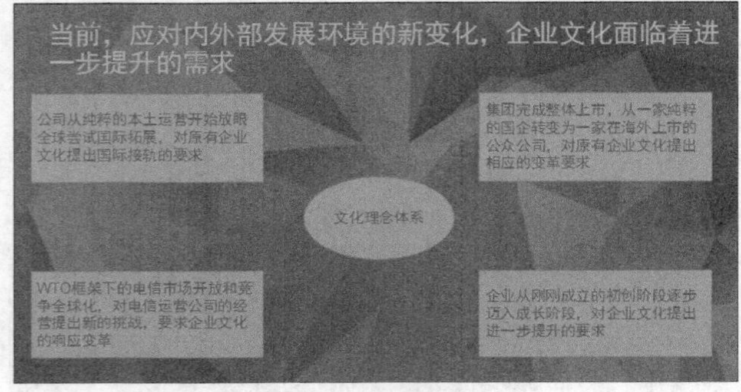

图9-34　输入文本

(12) 新建第 4 张幻灯片，添加基本形状和文本，结果如图 9-35 所示。

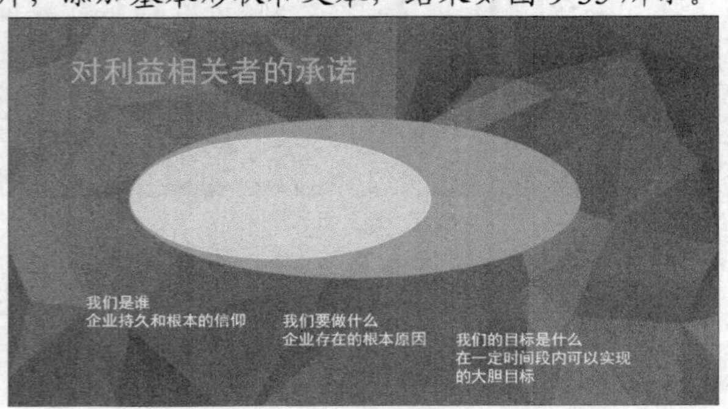

图9-35　添加形状和文本

(13) 单击【插入】选项卡中的 A（艺术字）按钮，选择【填充-白色，轮廓-着色 5，阴影】，输入文本并调整其位置和大小，如图 9-36 所示。

图9-36　插入艺术字

(14) 继续插入艺术字并调整格式，完成后的效果如图 9-37 所示。

图9-37　调整艺术字格式

(15) 单击【开始】选项卡中 （编号）按钮右侧的下拉按钮，在弹出的下拉列表中选择【其他编号】，打开【项目符号与编号】对话框，进入【项目编号】选项卡，选中图 9-38 所示的项目编号，然后单击 确定 按钮。

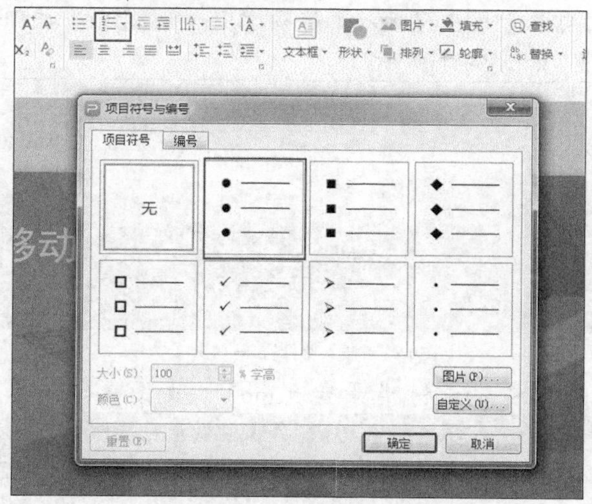

图9-38　项目编号

(16) 输入文本，项目符号更改后的效果如图 9-39 所示。

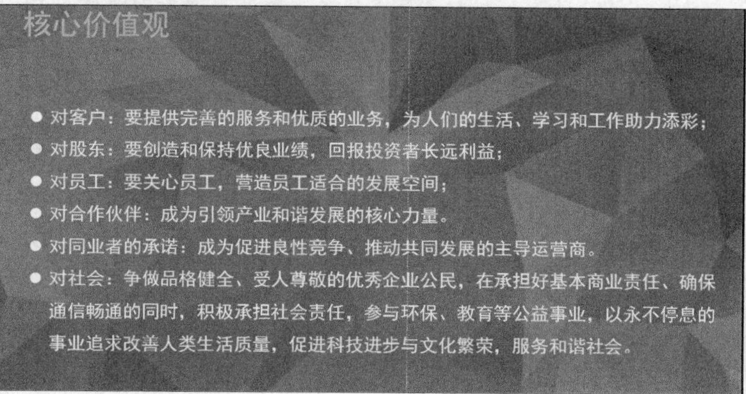

图9-39　输入文本

2.　在幻灯片中插入其他内容。

(1)　单击【插入】选项卡中的 图片（插入图片）按钮，导入素材文件“素材\第 9 章\图片 2.png”，如图 9-40 所示，然后调整图片的大小和位置。

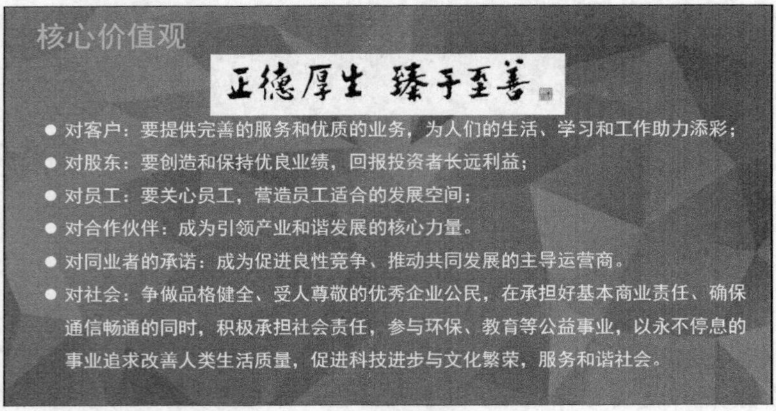

核心价值观
正德厚生 臻于至善
对客户：要提供完善的服务和优质的业务，为人们的生活、学习和工作助力添彩；
对股东：要创造和保持优良业绩，回报投资者长远利益；
对员工：要关心员工，营造员工适合的发展空间；
对合作伙伴：成为引领产业和谐发展的核心力量。
对同业者的承诺：成为促进良性竞争、推动共同发展的主导运营商。
对社会：争做品格健全、受人尊敬的优秀企业公民，在承担好基本商业责任、确保通信畅通的同时，积极承担社会责任，参与环保、教育等公益事业，以永不停息的事业追求改善人类生活质量，促进科技进步与文化繁荣，服务和谐社会。

图9-40　插入图片

(2) 单击选择第 1 张幻灯片，单击【插入】选项卡中（音频）按钮下方的下拉按钮，选择【插入背景音乐】，如图 9-41 所示。

WPS 演示
开始
插入
设计
动画
幻灯片放映
审阅
视图
云服务
新建幻灯片
表格
图片
图库
截屏
形状
SmartArt
图表
关系图
在线图表
文本框
艺术字
符号
公式
页眉和页脚
幻灯片编号
日期和时间
对象
附件
音频
视频
Flash
插入音频(S)
插入背景音乐(B)
我的WPS
6 新员工企业文化培训讲稿.pptx *
大纲
幻灯片
新员工企业文化培训讲稿2017

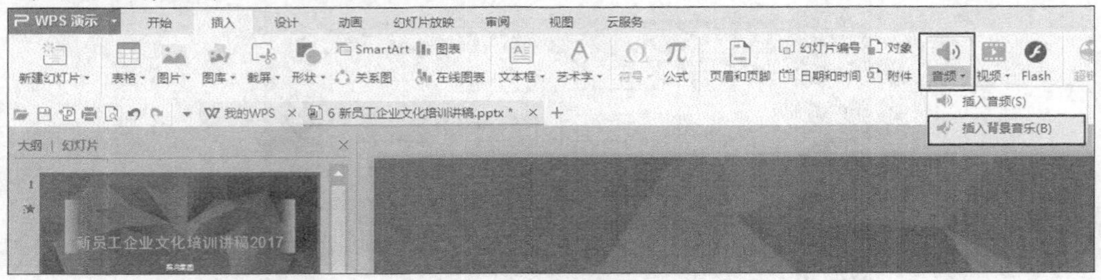

图9-41　插入背景音乐（1）

(3) 导入素材文件“素材\第 9 章\素材-背景音乐.mp3”，如图 9-42 所示。

本地文档
最近访问
桌面
我的文档
计算机
网络
从当前页插入背景音乐...
查找范围(I)：
新建文件夹
名称
标题
参与创作的艺术家
唱片集
65000001
素材-背景音乐
文件名(N)：
文件类型(T)：
打开(O)
取消
自定义位置
数据恢复大师
讲稿2017

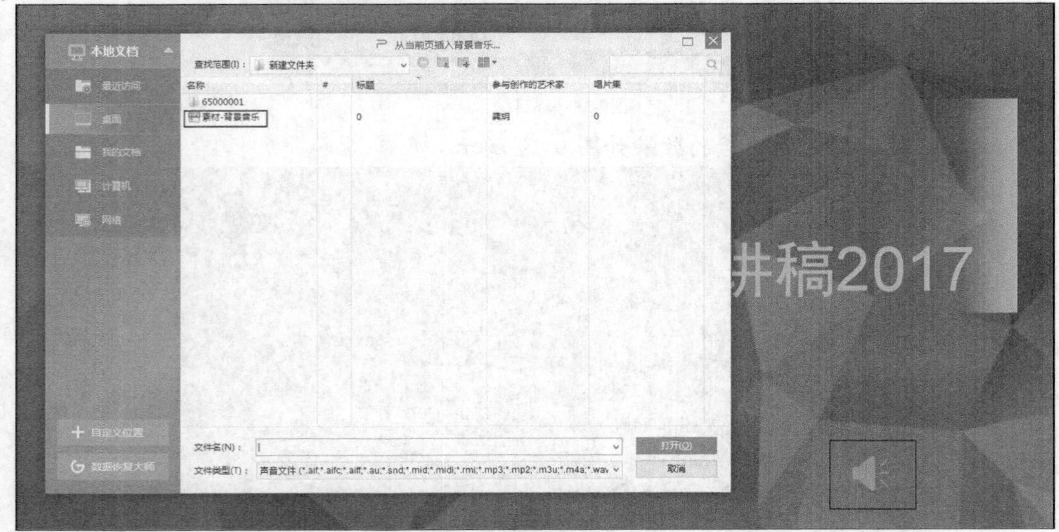

图9-42　插入背景音乐（2）

(4) 选择第 4 张幻灯片中的“愿景”文本，单击【插入】选项卡中的（超链接）按钮，打开【插入超链接】对话框，选择素材文件“素材\第 9 章\愿景”，单击 确定 按钮，插入超链接，如图 9-43 所示。

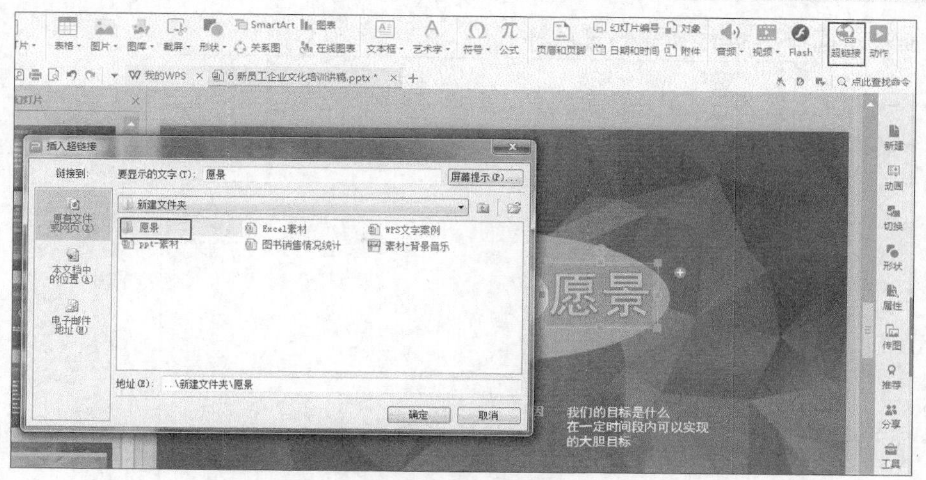

图9-43　添加超链接

9.3　制作演示文稿——旅游景点介绍

旅游景点介绍（1）

旅游景点介绍（2）

本案例将制作“北京主要旅游景点介绍”的演示文稿。通过声音和画面的结合来展示景点的魅力。案例中进一步学习使用幻灯片模板的方法，学习插入超链接、声音和动画的方法，以及设置页眉页脚的方法等知识。最终设计的效果如图 9-44 所示。

图9-44　最终设计效果

【设计步骤】

1.　使用模板、添加音频。

(1)　按Ctrl+N组合键新建空白演示文稿，将其另存为“北京主要旅游景点介绍”。

(2)　选中第 1 张幻灯片，单击【开始】选项卡中的 （版式）按钮，在弹出的【母版版

式】面板中选择图 9-45 所示的母版样式。

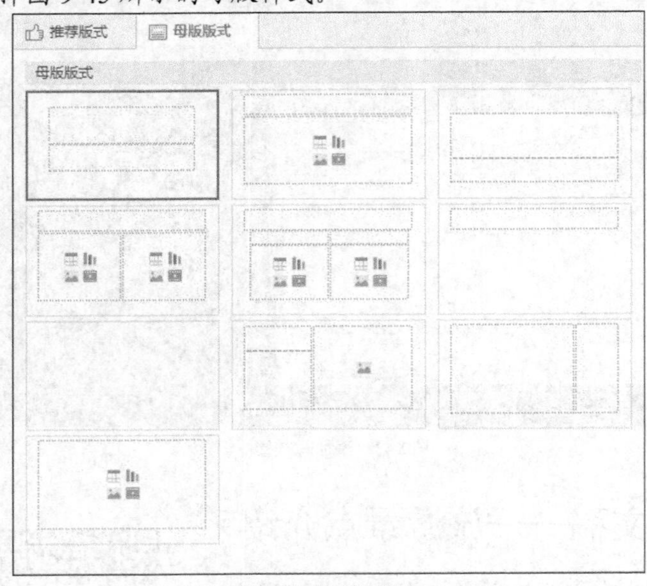

图9-45　幻灯片版式

(3) 依次输入主标题“北京主要旅游景点介绍”，副标题“历史与现代的完美融合”，如图 9-46 所示。

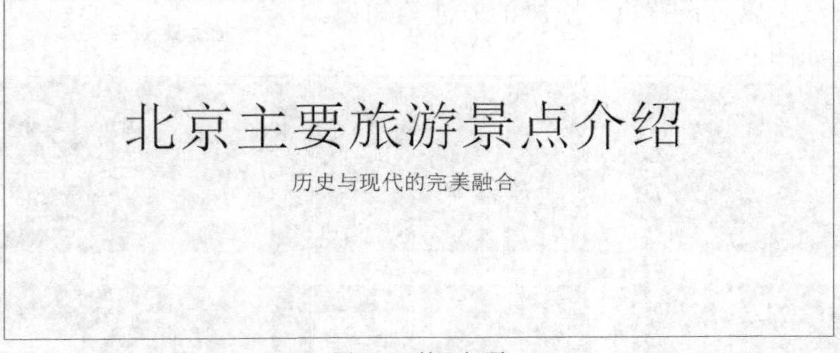

图9-46　输入标题

(4) 在【文本工具】选项卡中设置主标题文本效果为【填充-白色，轮廓-着色 2，清晰阴影-着色 2】，【字号】为【60】，【对齐方式】为【左对齐】，如图 9-47 所示。

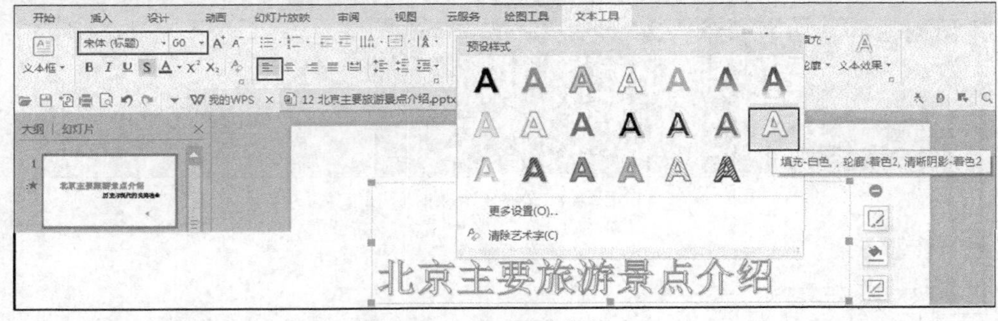

图9-47　设置文本格式

(5) 用同样的方法设置副标题，效果如图 9-48 所示。

(6) 单击【插入】选项卡中的 （音频）按钮，打开【插入音频】对话框，导入素材文件“素材\第 9 章\素材-音频.mp3”，如图 9-49 所示。

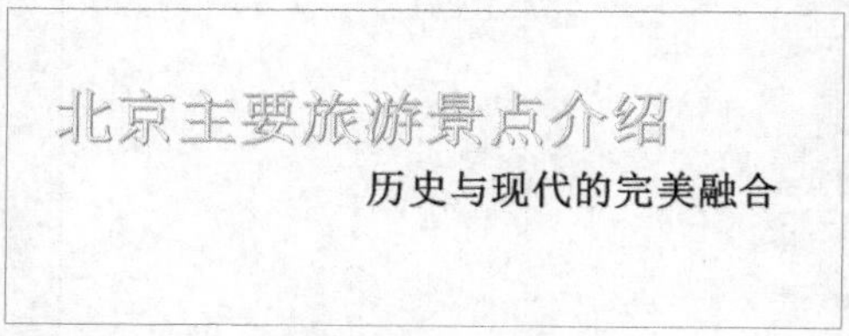

北京主要旅游景点介绍

历史与现代的完美融合

图9-48 效果展示

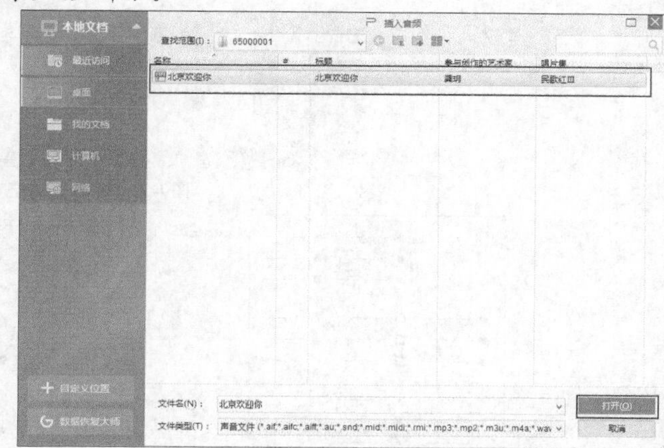

图9-49 添加音频

(7) 按照图 9-50 所示将音频设置为自动播放，并选择【放映时隐藏】复选项。

图9-50 音频设置

2. 输入幻灯片内容。

(1) 单击【开始】选项卡中的 （新建幻灯片）按钮下方的下拉按钮，在【本机版式】选项卡中选择“标题和内容”版式，如图 9-51 所示。

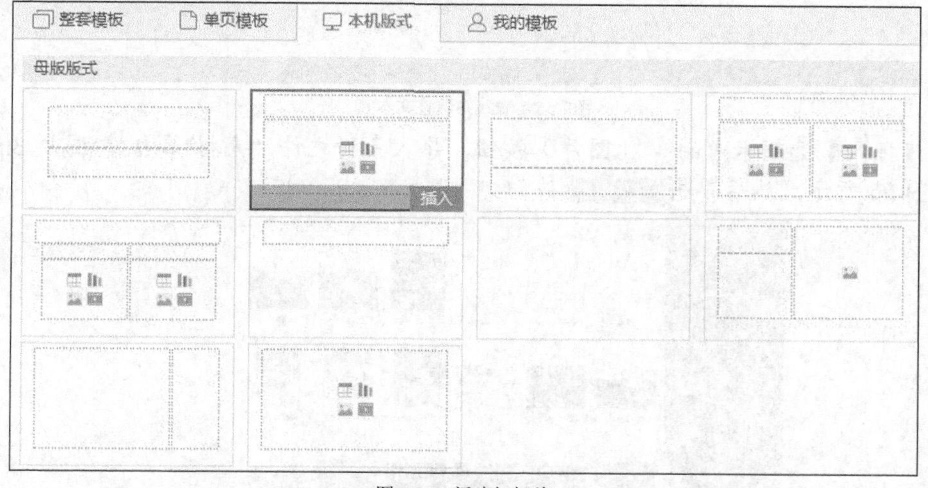

图9-51 新建幻灯片

(2) 在标题处输入北京主要景点，并调整文字样式，如图 9-52 所示。

(3) 选中内容文本，在【开始】选项卡单击 （项目符号）按钮右侧的下拉按钮，在弹出的【项目符号】面板中选择图 9-53 所示的项目符号，最终效果如图 9-54 所示。

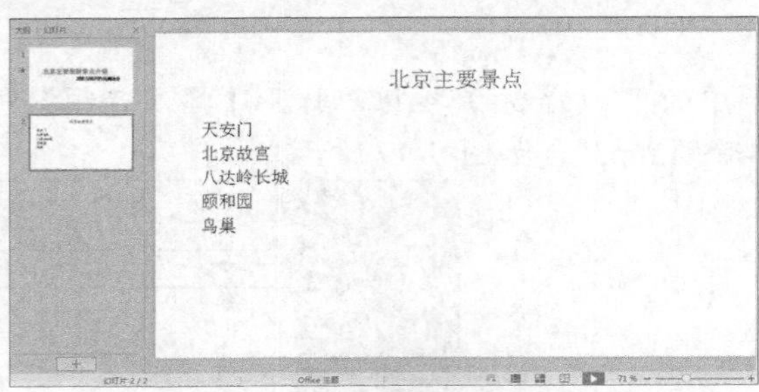

图9-52 输入并调整文本

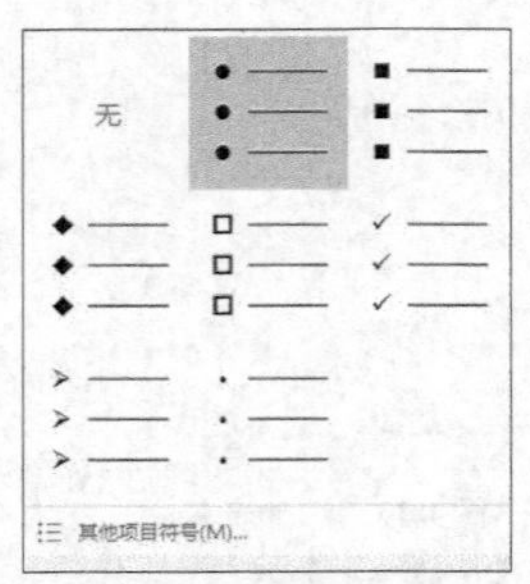

图9-53 设置项目符号

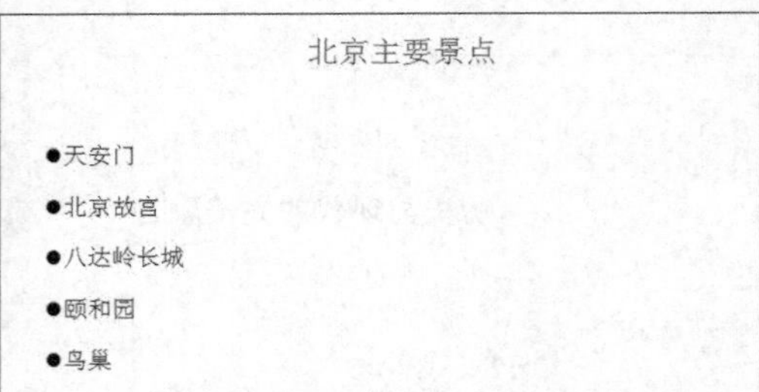

图9-54 结果展示

(4) 将鼠标光标定位在第 2 张幻灯片下方，按 Enter 键新建版式为“标题和内容”的幻灯片。

(5) 选中第 3 张幻灯片，对其进行复制并粘贴 5 次。

(6) 在第 3 张幻灯片中输入如图 9-55 所示的内容。

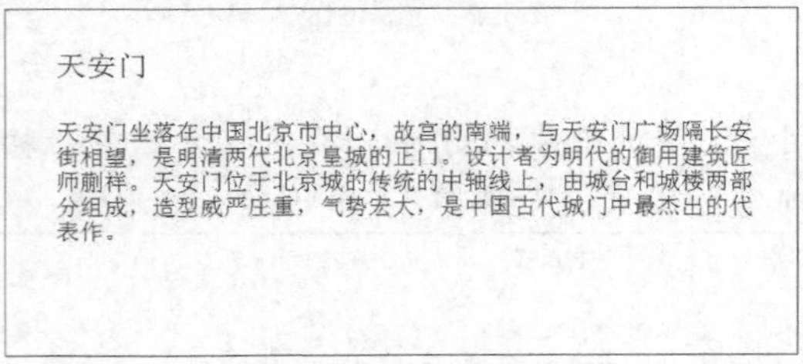

天安门

天安门坐落在中国北京市中心，故宫的南端，与天安门广场隔长安街相望，是明清两代北京皇城的正门。设计者为明代的御用建筑匠师蒯祥。天安门位于北京城的传统的中轴线上，由城台和城楼两部分组成，造型威严庄重，气势宏大，是中国古代城门中最杰出的代表作。

图9-55 输入并调整文本

(7) 单击【插入】选项卡中的 （图片）按钮，导入素材文件“素材\第 9 章\图片 3.png”，如图 9-56 所示，然后单击 打开(O) 按钮。

图9-56 插入图片

(8) 适当调整图片的大小和位置，如图 9-57 所示。

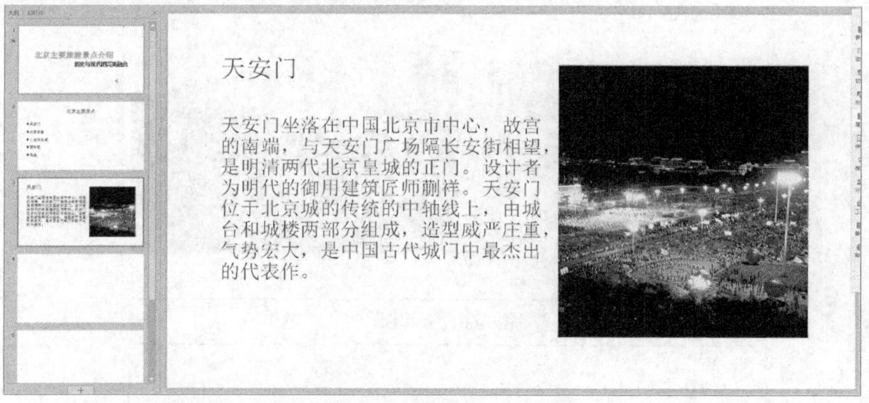

图9-57　天安门

(9) 使用同样的方法制作介绍“故宫（素材文件“素材\第 9 章\图片 4.png”）、八达岭长城（素材文件“素材\第 9 章\图片 5.png”）、颐和园（素材文件“素材\第 9 章\图片 6.png”）、鸟巢（素材文件“素材\第 9 章\图片 7.png”）”的幻灯片，最终结果如图 9-58 至图 9-61 所示。

北京故宫

北京故宫，旧称紫禁城，是中国明清两代24位皇帝的皇宫。是无与伦比的古代建筑杰作，也是世界现存最大、最完整的木质结构的古建筑群。

故宫宫殿建筑均是木结构、黄琉璃瓦顶、青白石底座，饰以金碧辉煌的彩画。被誉为世界五大宫之一（北京故宫、法国凡尔赛宫、英国白金汉宫、美国白宫、俄罗斯克里姆林宫）。

故宫的建筑沿着一条南北向中轴线排列并向两旁展开，南北取直，左右对称。依据其布局与功用分为“外朝”与“内廷”两大部分，以乾清门为界，乾清门以南为外朝，以北为内廷。外朝、内廷的建筑气氛迥然不同。

图9-58　故宫

八达岭长城

八达岭长城位于北京市延庆县军都山关沟古道北口。是明长城中保存最好、也最具代表性的地段。联合国“世界文化遗产”之一。

八达岭长城典型地表现了万里长城雄伟险峻的风貌。作为北京的屏障，这里山峦重叠，形势险要。气势极其磅礴的城墙南北盘旋延伸于群峦峻岭之中。依山势向两侧展开的长城雄峙危崖，陡壁悬崖上古人所书的"天险"二字，确切的概括了八达岭位置的军事重要性。

八达岭长城驰名中外，誉满全球。是万里长城向游人开放最早的地段。“不到长城非好汉”。迄今，先后有尼克松、里根、撒切尔、戈尔巴乔夫、伊丽莎白等372位外国首脑和众多的世界风云人物登上八达岭观光游览。

图9-59　长城

图9-60　颐和园

图9-61　鸟巢

(10) 选择第 8 张幻灯片，删除其中的文本框，单击【插入】选项卡中的 A （艺术字）按钮，在【预设样式】栏中选择【填充-沙棕色，着色 2，轮廓-着色 2】，如图 9-62 所示。

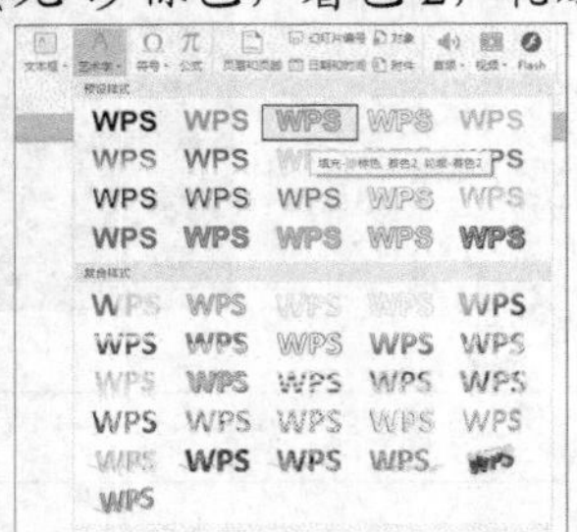

图9-62　艺术字样式

(11) 输入文字“谢谢”，并调整艺术字的位置，结果如图 9-63 所示。

图9-63　输入文字

3. 添加超链接。

(1) 选择第 2 张幻灯片，选择“天安门”字样，单击【插入】选项卡中的（超链接）按钮，打开【插入超链接】对话框，按照图 9-64 所示插入超链接。

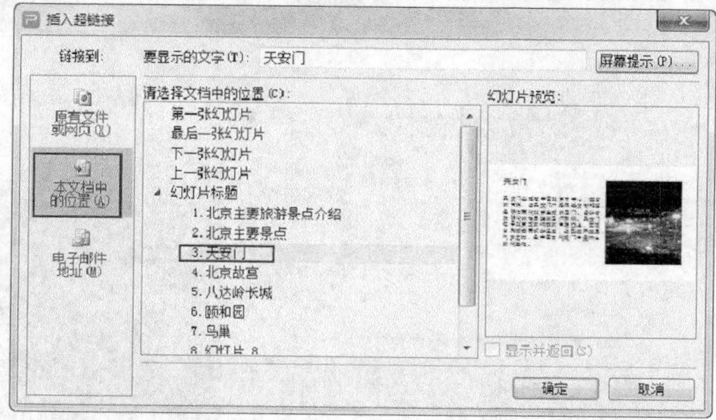

图9-64　创建超链接

(2) 使用同样的方法将第 2 张幻灯片中的其余内容分别超链接到对应的幻灯片上，结果如图 9-65 所示。

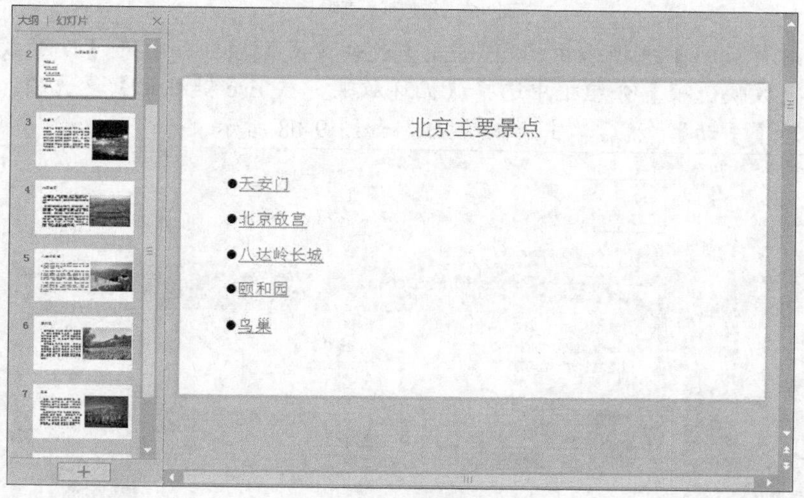

图9-65　超链接效果图

4. 幻灯片设置。

(1) 选中第 1 张幻灯片，进入【动画】选项卡，单击【切换效果】中的【溶解】，为幻灯片设置切换效果，如图 9-66 所示。

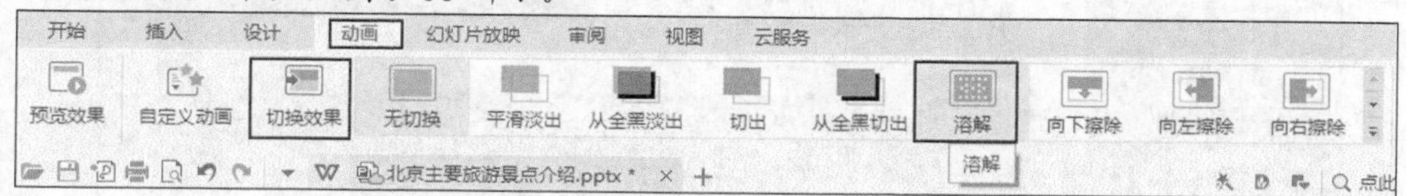

图9-66　设置切换效果

(2) 用同样的方法为其他幻灯片设置不同的切换效果。

(3) 单击【插入】选项卡中的（页眉和页脚）按钮，在弹出的【页眉和页脚】对话框中分别选择【日期和时间】【幻灯片编号】【标题幻灯片不显示】复选项，然后单击全部应用(Y)按钮，如图 9-67 所示。

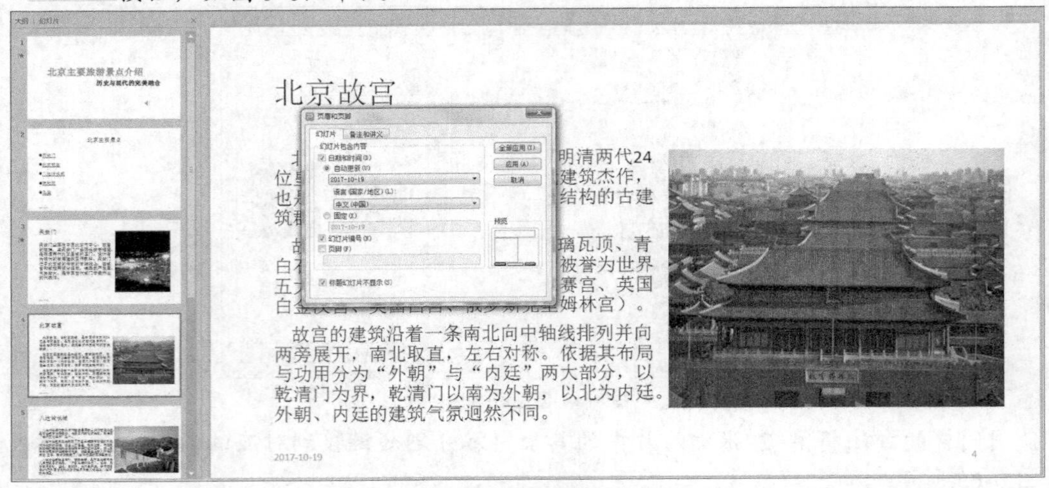

图9-67　添加页眉页脚

(4) 单击【幻灯片放映】选项卡中的（设置放映方式）按钮，打开【设置放映方式】对话框，在【放映选项】分组框中选择【循环放映，按 Esc 键终止】复选项，将【换片方式】设置为【手动】，然后单击确定按钮，如图 9-68 所示。

图9-68　设置放映方式

(5) 进入【设计】选项卡，单击（更多设计）按钮，在弹出的【设计方案】面板中选择图 9-69 所示的模板，最终效果如图 9-70 所示。

图9-69　选择模板

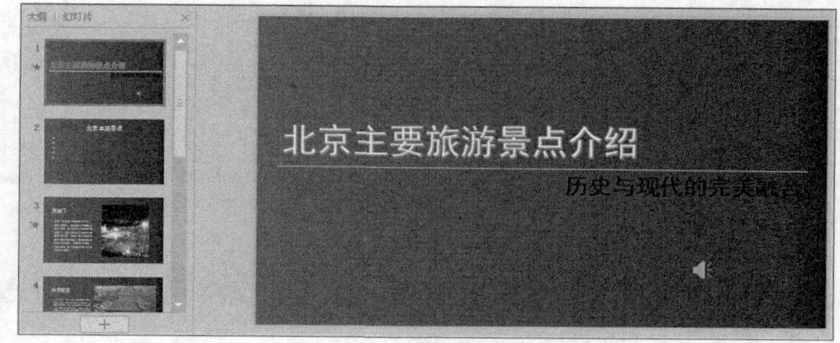

图9-70　效果展示

9.4　制作演示文稿——云计算简介

云计算简介（1）　　云计算简介（2）

本任务将介绍“云计算简介”演示文稿的制作，向读者推荐“云计算”这种新兴的科学理论。通过本案例将进一步熟悉使用模板、艺术字和 SmartArt 图形等的用法。设计的最终效果如图 9-71 所示。

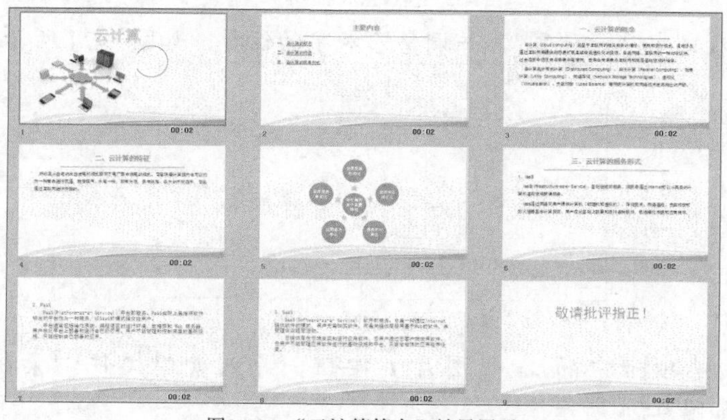

图9-71　“云计算简介”效果展示

【设计步骤】

1. 选择母版。

(1) 按Ctrl+N组合键新建空白演示文稿，并另存为“云计算介绍”。

(2) 选中第 1 张幻灯片，单击【开始】选项卡中的（版式）按钮，在弹出的【母版版式】面板中选择如图 9-72 所示的母版。

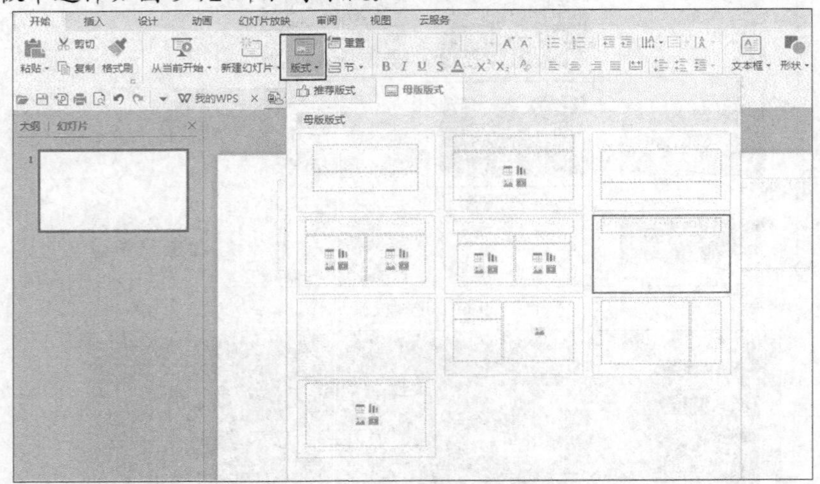

图9-72　选择母版

2. 输入内容。

(1) 单击【插入】选项卡中的（艺术字）按钮，在【预设样式】区域中选择【填充-沙棕色，着色 2，轮廓-着色 2】，如图 9-73 所示。

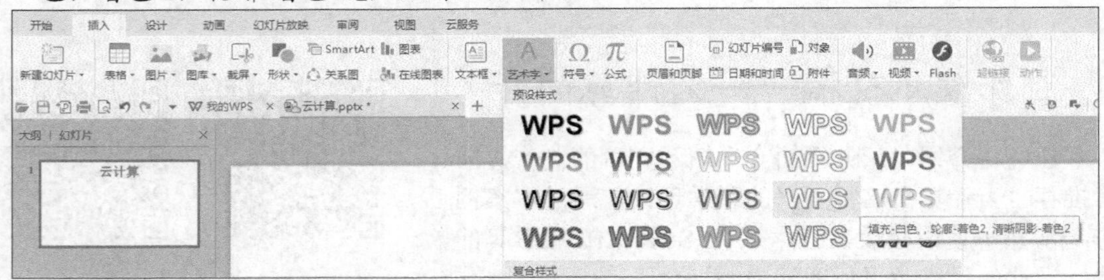

图9-73　插入艺术字（1）

(2) 在标题框中输入文字“云计算”，并调整艺术字的位置，如图 9-74 所示。

图9-74　插入艺术字（2）

(3) 单击【插入】选项卡中的（图片）按钮，导入素材文件“素材\第 9 章\图片 8.png”，结果如图 9-75 所示。

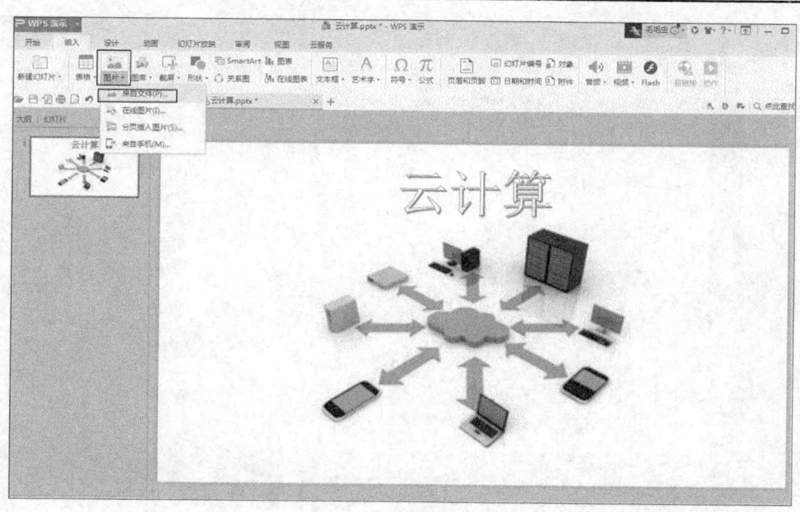

图9-75　插入图片

(4) 单击【开始】选项卡中的（新建幻灯片）按钮，在【母版版式】面板中选择【标题和内容】版式，如图 9-76 所示。

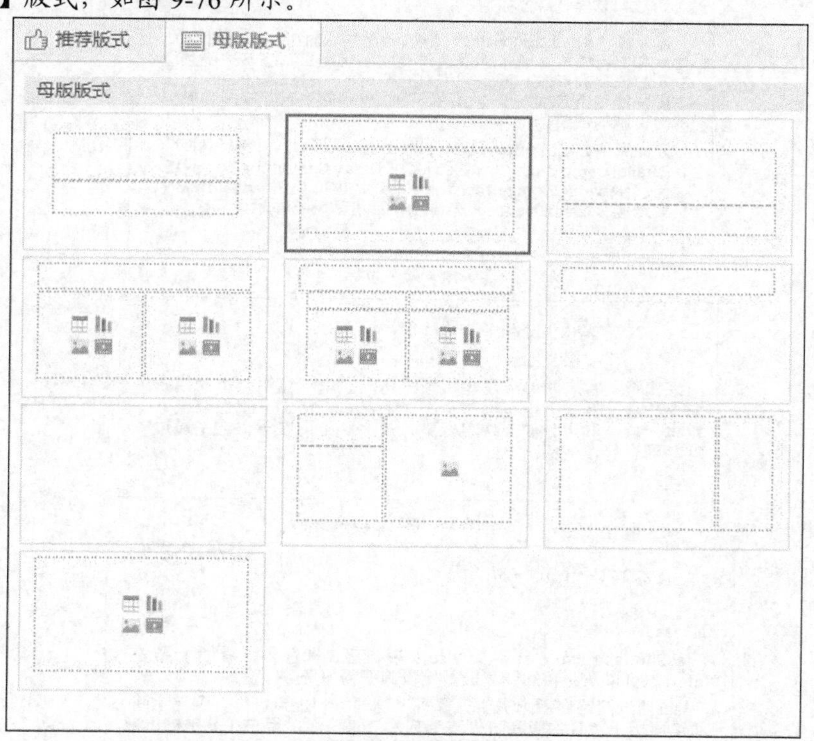

图9-76　更换母版

(5) 继续创建 5 张相同版式的空白幻灯片。

(6) 选中第 2 张幻灯片，分别在“标题”和“内容”框中输入内容，并调整文字的大小和位置，结果如图 9-77 所示。

大纲 | 幻灯片
云计算
主要内容
一、云计算的概念
二、云计算的特征
三、云计算的服务形式
幻灯片 2 / 2
Office 主题
61 %

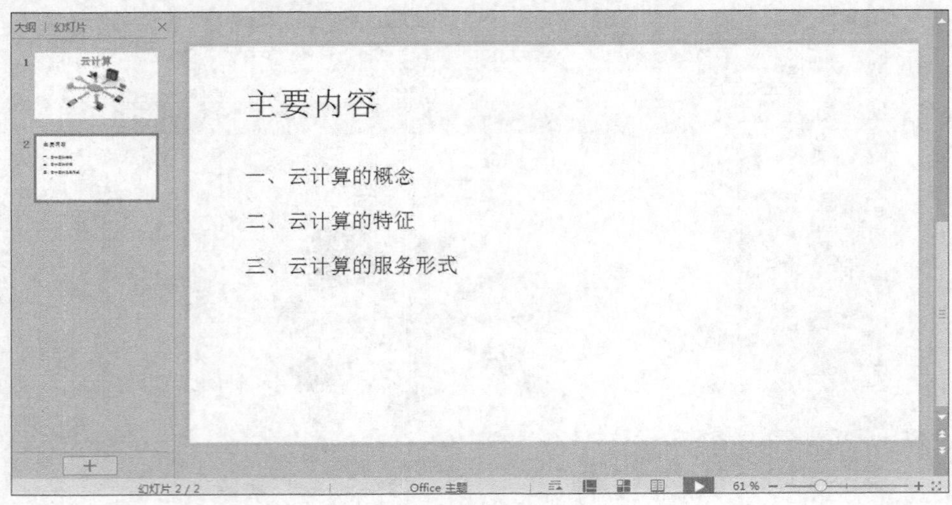

图9-77　输入文本

(7) 同样的方法制作第 3 张、第 4 张和第 6 张幻灯片，如图 9-78 至图 9-80 所示。

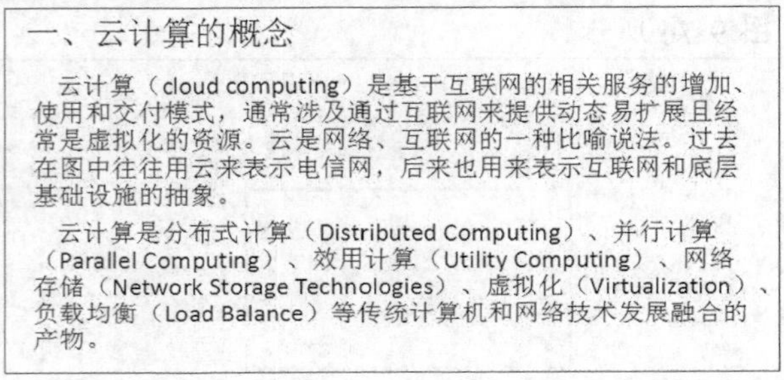

一、云计算的概念
云计算（cloud computing）是基于互联网的相关服务的增加、使用和交付模式，通常涉及通过互联网来提供动态易扩展且经常是虚拟化的资源。云是网络、互联网的一种比喻说法。过去在图中往往用云来表示电信网，后来也用来表示互联网和底层基础设施的抽象。
云计算是分布式计算（Distributed Computing）、并行计算（Parallel Computing）、效用计算（Utility Computing）、网络存储（Network Storage Technologies）、虚拟化（Virtualization）、负载均衡（Load Balance）等传统计算机和网络技术发展融合的产物。

图9-78　输入文本

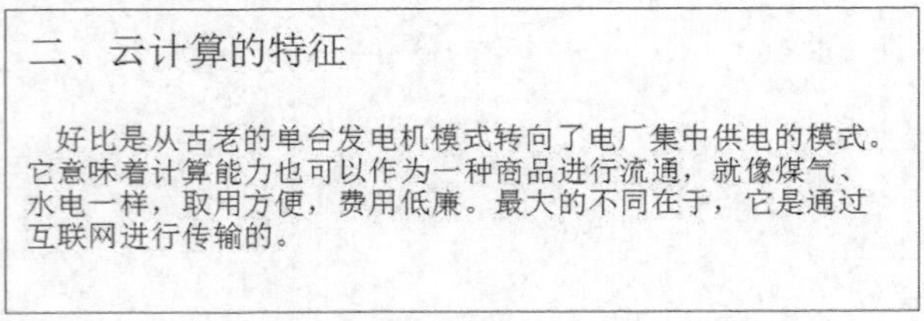

二、云计算的特征
好比是从古老的单台发电机模式转向了电厂集中供电的模式。它意味着计算能力也可以作为一种商品进行流通，就像煤气、水电一样，取用方便，费用低廉。最大的不同在于，它是通过互联网进行传输的。

图9-79　输入文本

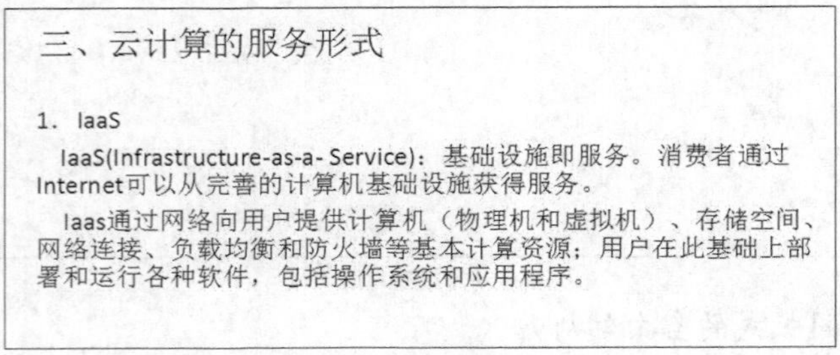

三、云计算的服务形式
1. IaaS
IaaS(Infrastructure-as-a- Service)：基础设施即服务。消费者通过Internet可以从完善的计算机基础设施获得服务。
Iaas通过网络向用户提供计算机（物理机和虚拟机）、存储空间、网络连接、负载均衡和防火墙等基本计算资源；用户在此基础上部署和运行各种软件，包括操作系统和应用程序。

图9-80　输入文本

(8) 选择第 5 张幻灯片，单击【开始】选项卡中的 （版式）按钮，在弹出的【母版版式】面板中选择母版版式为“空白”，如图 9-81 所示。

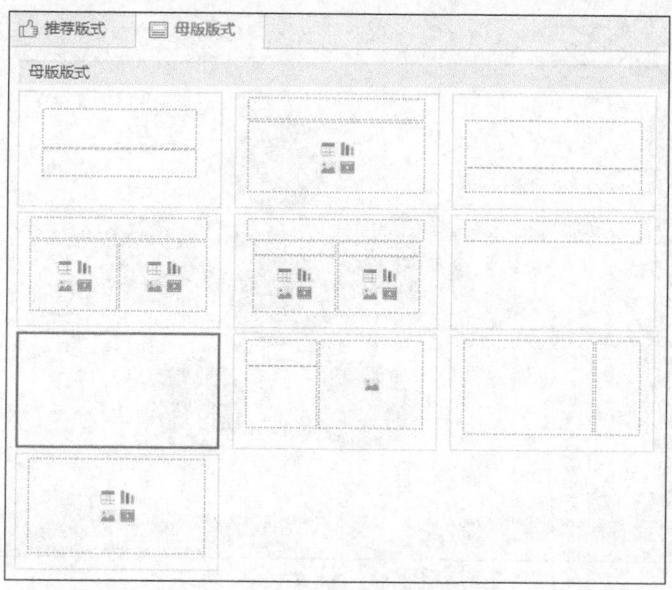

图9-81　选择母版版式

(9) 单击【插入】选项卡中的 SmartArt（SmartArt）按钮，插入图 9-82 所示的图形。

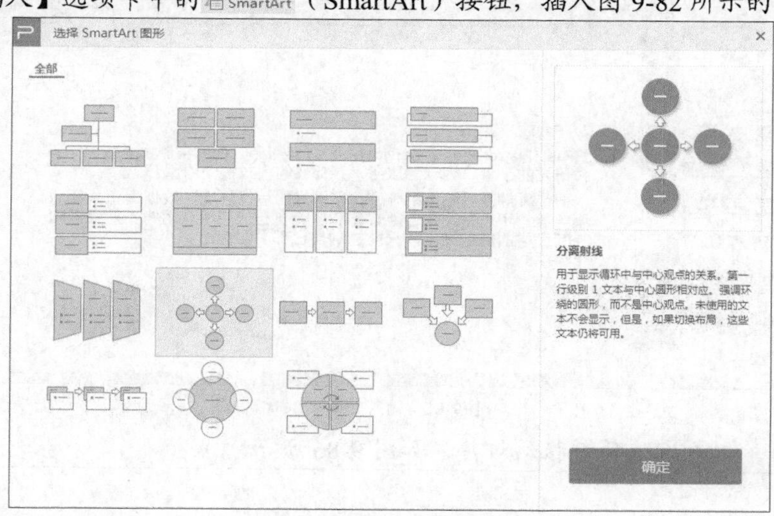

图9-82　插入 SmartArt 图形

(10) 选中 SmartArt 图形，在【设计】选项卡中单击 添加项目 下拉按钮，在弹出的下拉列表中选择【在后面添加项目】，如图 9-83 所示。

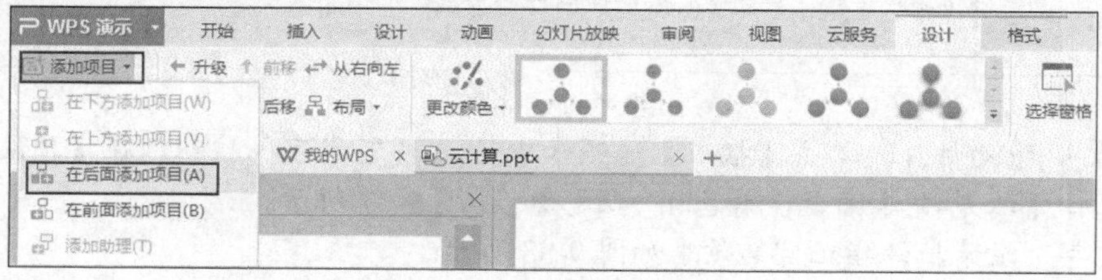

图9-83　添加项目

(11) 在 SmartArt 图形中输入图 9-84 所示的文本内容，并调整图形的位置。

大纲 | 幻灯片
资源配置
动态化
需求服务
自助化
云计算的
五个主要
特征
资源池化
透明化
以网络为
中心
服务可计
量化

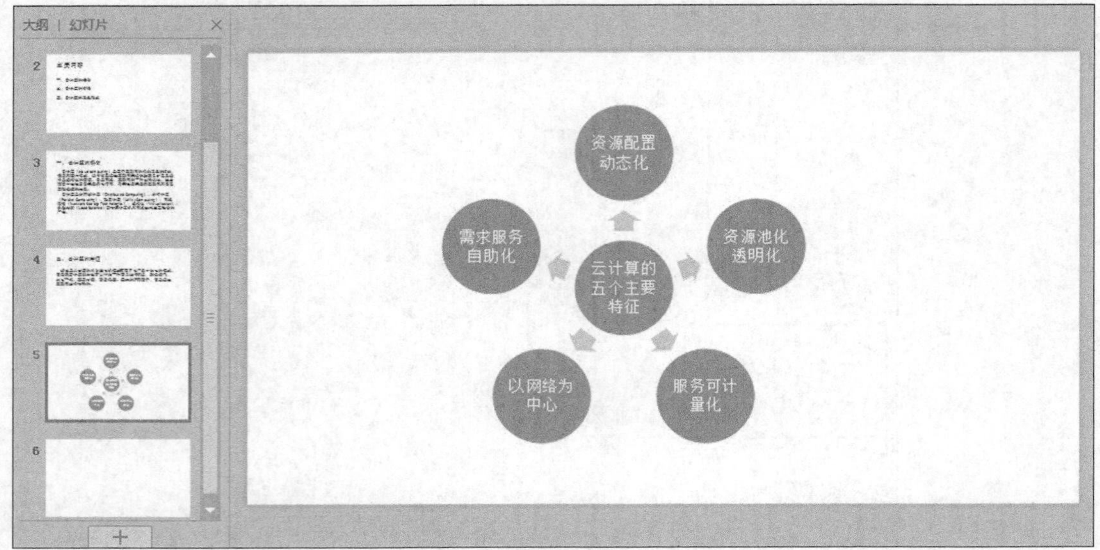

图9-84　输入文本

(12) 设置第 7 张幻灯片，【母版版式】设置为“内容”，输入内容如图 9-85 所示。

大纲 | 幻灯片
2．PaaS
PaaS(Platform-as-a- Service)：平台即服务。PaaS实际上是指将软件研发的平台作为一种服务，以SaaS的模式提交给用户。
平台通常包括操作系统、编程语言的运行环境、数据库和Web服务器，用户在此平台上部署和运行自己的应用。用户不能管理和控制底层的基础设施，只能控制自己部署的应用。

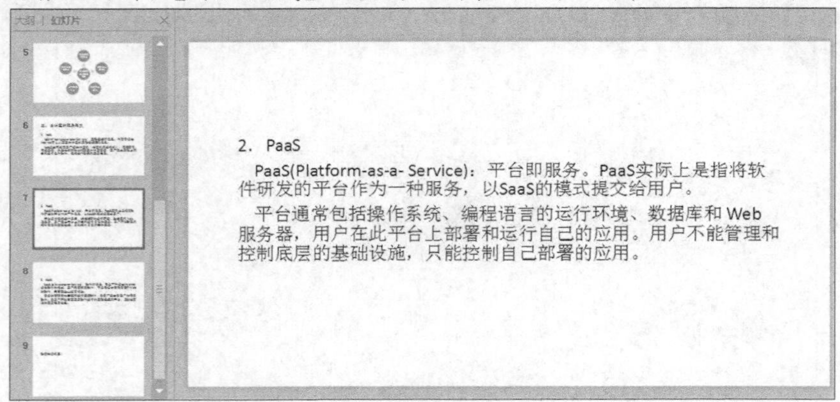

图9-85　输入文本

(13) 继续创建并输入内容在第 8 张幻灯片，如图 9-86 所示。

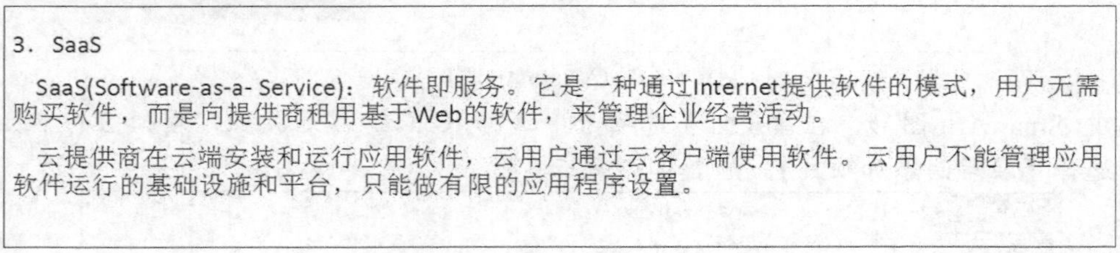

3．SaaS
SaaS(Software-as-a- Service)：软件即服务。它是一种通过Internet提供软件的模式，用户无需购买软件，而是向提供商租用基于Web的软件，来管理企业经营活动。
云提供商在云端安装和运行应用软件，云用户通过云客户端使用软件。云用户不能管理应用软件运行的基础设施和平台，只能做有限的应用程序设置。

图9-86　添加文本

(14) 选择第 9 张幻灯片，单击【插入】选项卡中的 A （艺术字）按钮，在【预设样式】区域中选择【填充-矢车菊蓝，着色 1，阴影】，如图 9-87 所示。

(15) 输入文字“敬请批评指正！”，效果如图 9-88 所示。

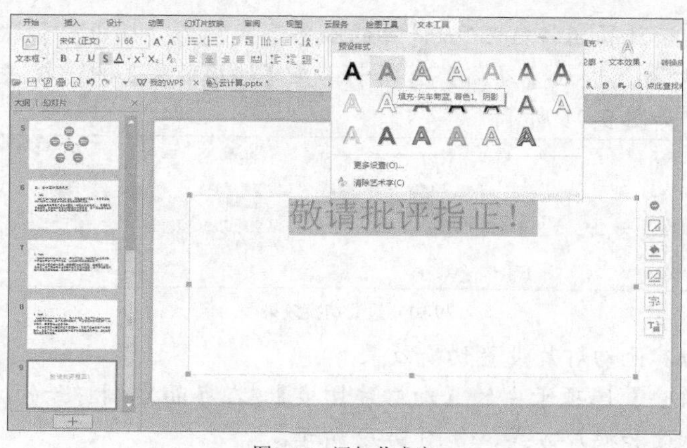

图9-87 添加艺术字

3. 创建超链接。

(1) 选择第 2 张幻灯片，选择“云计算的概念”字样，单击【插入】选项卡中的（超链接）按钮，打开【插入超链接】对话框，按照图 9-89 所示插入超链接。

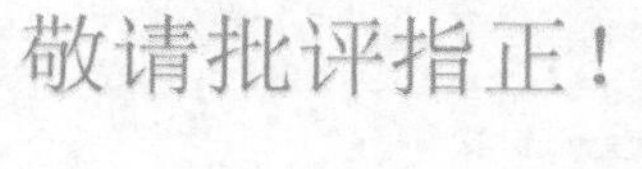

图9-88 添加艺术字

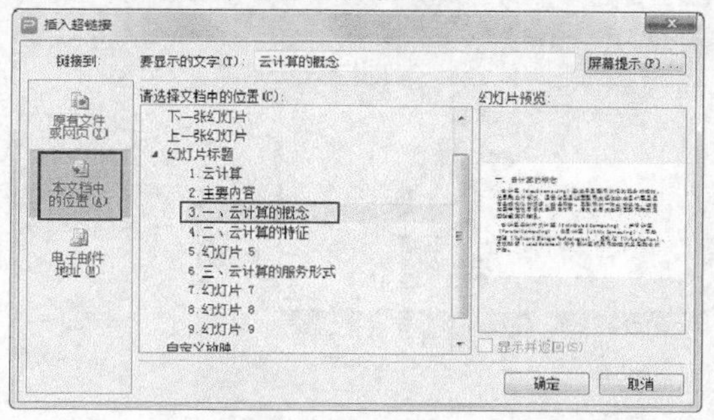

图9-89 添加超链接

(2) 用同样的方法为“云计算的特征”“云计算的服务形式”添加超链接。

4. 自定义动画。

(1) 选中第 2 张幻灯片中的文字“云计算的概念”，用鼠标右键单击，在弹出的快捷菜单中选择【自定义动画】命令，在界面右侧打开【自定义动画】面板，设置动画效果为【进入】/【飞入】，如图 9-90 所示。

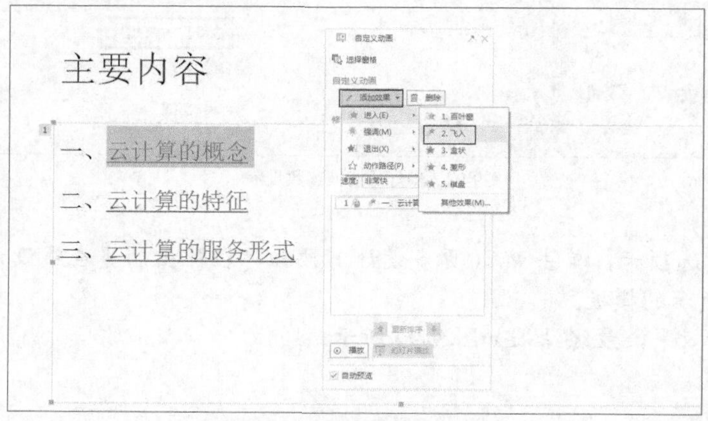

图9-90 设置自定义动画效果

(2) 同样分别设置“云计算的特征”“云计算的服务形式”为“切出”和“淡出”。

(3) 选中第 2 张幻灯片，进入【动画】选项卡，在【切换效果】中选择【溶解】，为幻灯片设置切换效果，如图 9-91 所示。

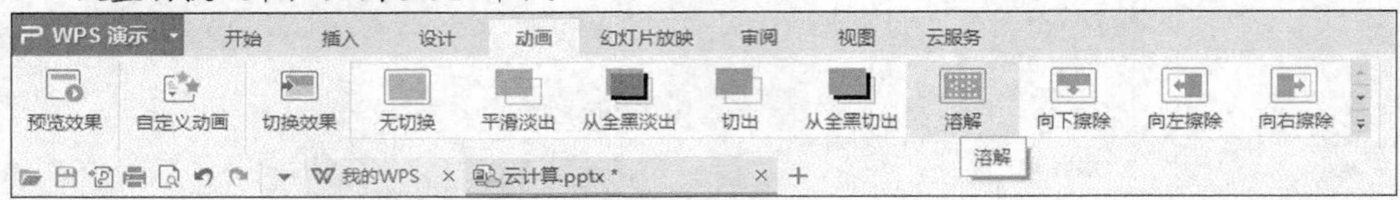

图9-91　设置切换效果

(4) 用同样的方法为其他幻灯片设置切换效果。

(5) 单击【幻灯片放映】选项卡中的【幻灯片切换】，在界面右侧打开的【幻灯片切换】面板中设置切换速度和换片方式，如图 9-92 所示。

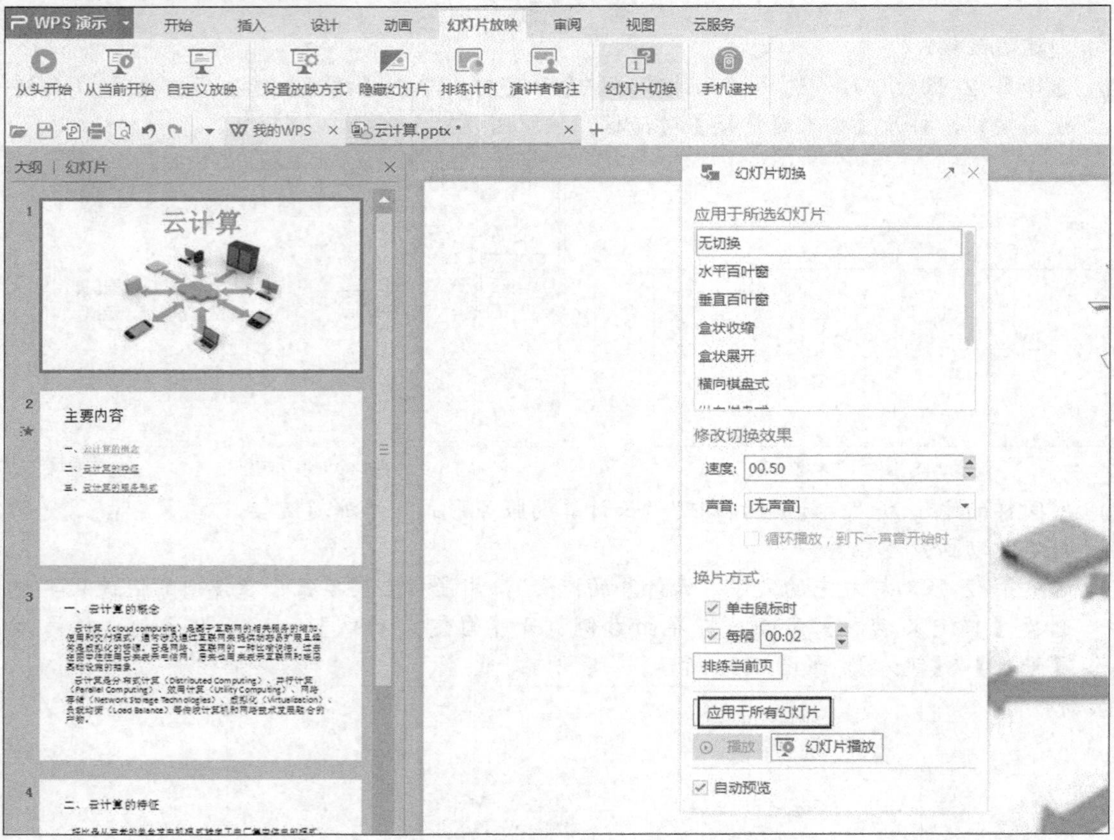

图9-92　幻灯片切换参数设置

5. 添加模板。

(1) 选择【设计】选项卡，单击 ▦ （更多设计）按钮，在弹出的【在线设计方案】面板中选择图 9-93 所示的模板。

(2) 适当调整设计效果，最终结果如图 9-94 所示。

图9-93 选择模板

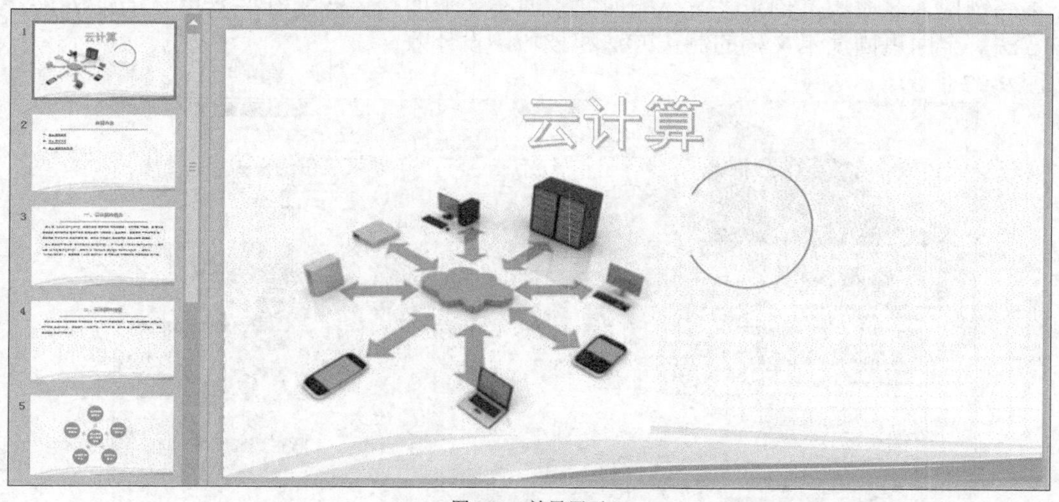

图9-94 效果展示

6. 幻灯片放映。

(1) 单击【幻灯片放映】选项卡中的（从头开始）按钮或（从当前开始）按钮，即可放映幻灯片，如图 9-95 所示。

图9-95 幻灯片放映

(2) 单击【视图区】中的（从当前开始播放）按钮，也可放映幻灯片，如图 9-96 所示。

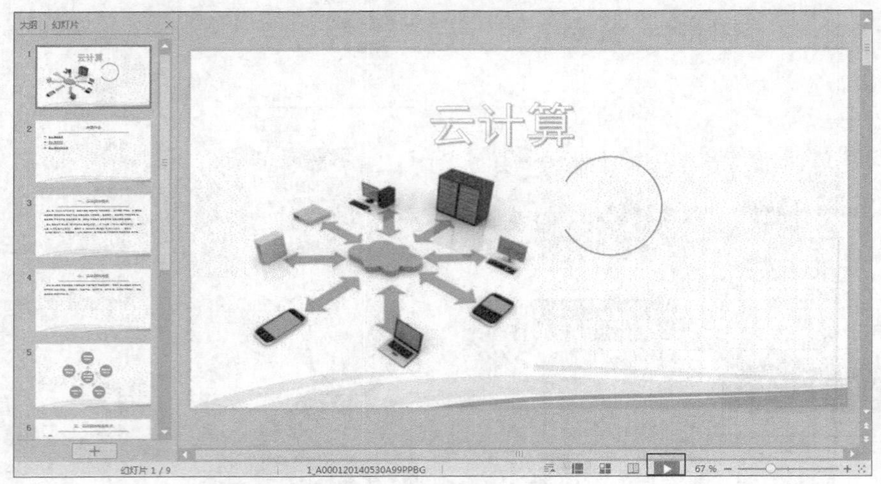

图9-96　从视图区放映幻灯片

9.5　制作演示文稿——福星一号飞船简介

福星一号飞船（1）

福星一号飞船（2）

本案例向大家展示“福星一号飞船简介”演示文稿的制作方法，全面巩固演示文稿的制作方法和技巧，设计效果如图 9-97 所示。

图9-97　“福星一号飞船简介”设计效果图

【设计步骤】

1.　选取模板。

(1)　按 Ctrl+N 组合键新建一个空白演示文稿，将其另存为“福星一号简介”。

(2)　选择第 1 张幻灯片，单击【开始】选项卡中的（版式）按钮，在【母版版式】面板中选择【标题】版式，如图 9-98 所示。

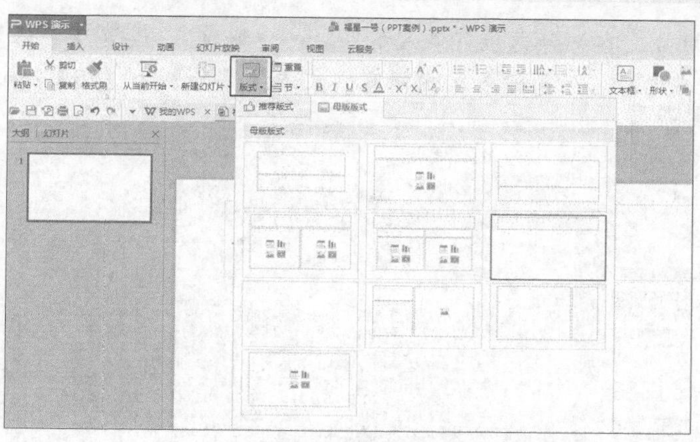

图9-98　选取母版样式

(3) 在标题占位符中输入如图 9-99 所示的文本，设置【字体】为【黑体】，【字号】为【54】，对齐方式为【居中对齐】。

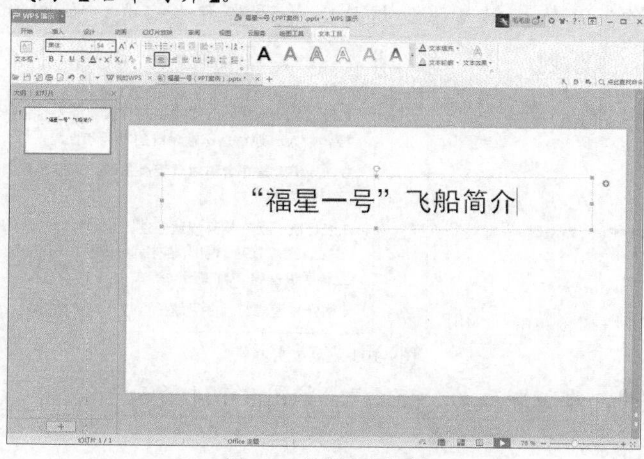

图9-99　设置文本格式

(4) 单击【插入】选项卡中的 （文本框）按钮，在第 1 张幻灯片中插入文本，如图 9-100 所示。

(5) 新建第 2~4 张幻灯片，设置母版版式为“标题和内容”，如图 9-101 所示。

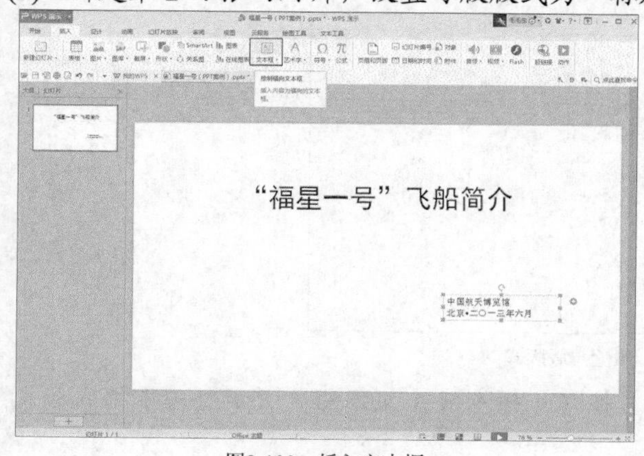

图9-100　插入文本框

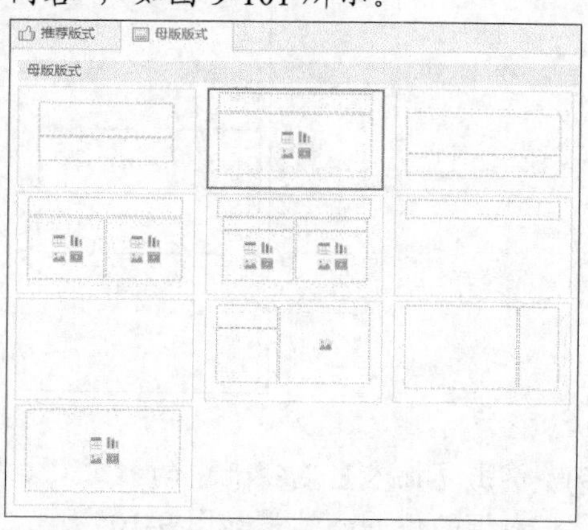

图9-101　选择模板

(6) 选择第 2 张幻灯片，在标题占位符输入标题“一、概况”，设置【字体】为【宋体】，【字号】为【36】，在内容占位符输入文本内容，文本【字号】为【28】，如图 9-102 所示。

一、概况
福星一号飞船是中国“福星”号系列飞船之一，它是中国第五艘搭载太空人的飞船。飞船由推进舱、返回舱、轨道舱和附加段组成。升空后再和目标飞行器银星一号对接，并对其进行短暂的有人照管试验。对接完成之后的任务将是打造太空实验室。任务将是对“福星”载人交会对接技术的“拾遗补缺”。福星一号在酒泉卫星发射中心“921工位”，于2013年6月11日17时38分02.666秒，由长征二号F改进型运载火箭（遥十）“神箭”成功发射。在轨飞行15天，并首次开展中国航天员太空授课活动。飞行乘组由男航天员张明涛、钱凯和女航天员尚金妮组成，张明涛担任指令长：6月26日，福星一号载人飞船返回舱返回地面。

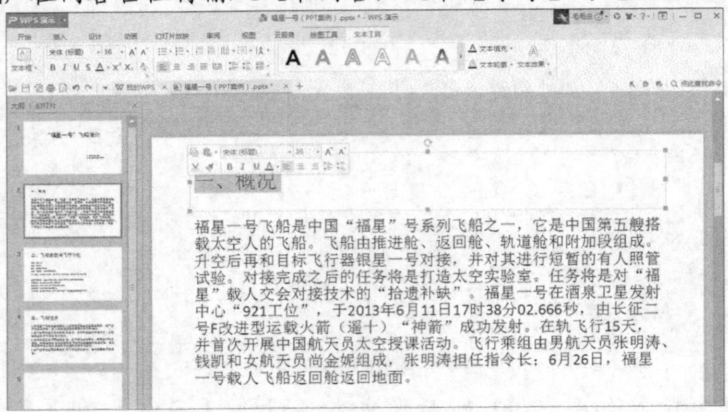

图9-102　输入文本

(7) 用同样的方法制作第 3 张、第 4 张幻灯片，并调整字体格式，如图 9-103 所示。

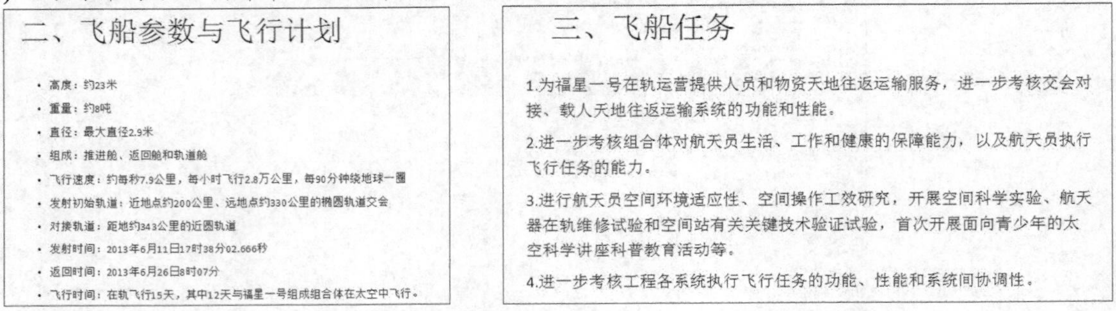

二、飞船参数与飞行计划
高度：约23米
重量：约8吨
直径：最大直径2.9米
组成：推进舱、返回舱和轨道舱
飞行速度：约每秒7.9公里，每小时飞行2.8万公里，每90分钟绕地球一圈
发射初始轨道：近地点约200公里、远地点约330公里的椭圆轨道交会
对接轨道：距地约343公里的近圆轨道
发射时间：2013年6月11日17时38分02.666秒
返回时间：2013年6月26日8时07分
飞行时间：在轨飞行15天，其中12天与福星一号组成组合体在太空中飞行。
三、飞船任务
1.为福星一号在轨运营提供人员和物资天地往返运输服务，进一步考核交会对接、载人天地往返运输系统的功能和性能。
2.进一步考核组合体对航天员生活、工作和健康的保障能力，以及航天员执行飞行任务的能力。
3.进行航天员空间环境适应性、空间操作工效研究，开展空间科学实验、航天器在轨维修试验和空间站有关关键技术验证试验，首次开展面向青少年的太空科学讲座科普教育活动等。
4.进一步考核工程各系统执行飞行任务的功能、性能和系统间协调性。

图9-103　插入文本

(8) 新建第 5 张幻灯片，母版版式为“空白”，如图 9-104 所示。

推荐版式
母版版式
母版版式

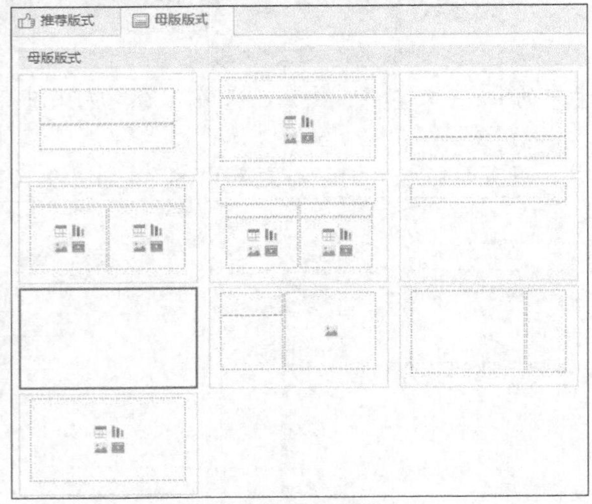

图9-104　设置母版版式

(9) 单击【插入】选项卡中的 （文本框）按钮，插入 4 个文本框，并调整文本格式和文本框的位置，结果如图 9-105 所示。

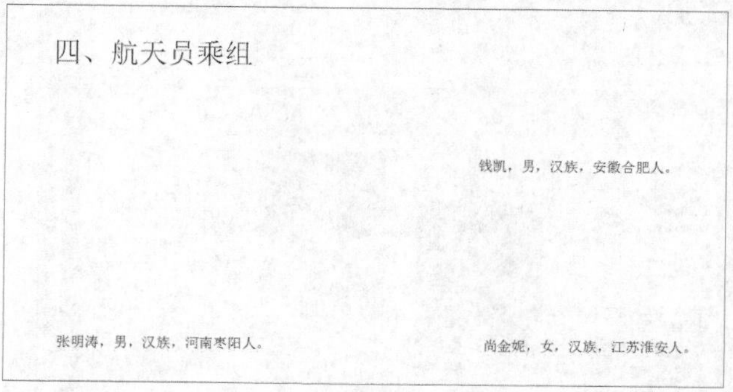

图9-105　插入文本框

2.　插入图片。

(1)　单击【插入】选项卡中的（图片）按钮，导入素材文件“素材\第 9 章\图片 9.png”，如图 9-106 所示。

图9-106　插入图片

(2)　依次添加另外两张图片（素材文件“素材\第 9 章\图片 10.png”“素材\第 9 章\图片 11.png”），然后调整图片的大小和位置，结果如图 9-107 所示。

图9-107　插入并调整图片

3.　设置动画、切换方式。

(1)　单击【动画】选项卡中的（自定义动画）按钮，在界面右侧打开的【自定义动画】面板中修改设置，为 3 张图片添加动画效果，如图 9-108 所示。

图9-108　设置图片自定义动画

(2)　选择图片下方的文字介绍，单击【动画】选项卡中的（自定义动画）按钮，在界面右侧打开的【自定义动画】面板中修改设置，为文字介绍添加动画效果，如图 9-109 所示。

图9-109　设置文字自定义动画

(3)　新建第 6 张幻灯片为“标题和内容”，在标题占位符处输入“精彩时刻”后调整字体格式，然后单击【插入】选项卡中的（图片）按钮，导入素材文件“素材\第 9 章\图片 12.png”“素材\第 9 章\图片 13.png”，如图 9-110 所示。

图9-110　插入图片（1）

(4)　调整图片的大小和位置并为图片添加说明文字，如图 9-111 所示。

图9-111　调整图片的大小和位置等

(5) 按照同样的方法依次制作第 7、8 张幻灯片，导入素材文件“素材\第 9 章\图片 14.png”“素材\第 9 章\图片 15.png”“素材\第 9 章\图片 16.png”和“素材\第 9 章\图片 17.png”，结果如图 9-112 和图 9-113 所示。

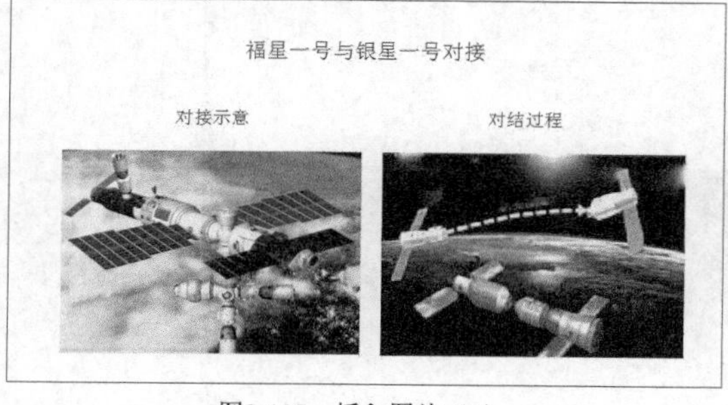

图9-112　插入图片（2）

图9-113　插入图片（3）

(6) 新建第 9 张幻灯片为“空白”版式，单击【插入】选项卡中的 A（艺术字）按钮，在【预设样式】区域中选择【填充-矢车菊蓝，着色 1，阴影】，如图 9-114 所示。

图9-114　插入艺术字

(7) 输入文字“感谢所有为祖国的航空事业做出伟大贡献的工作者!!!”，设置【字号】为【54】，效果如图 9-115 所示。

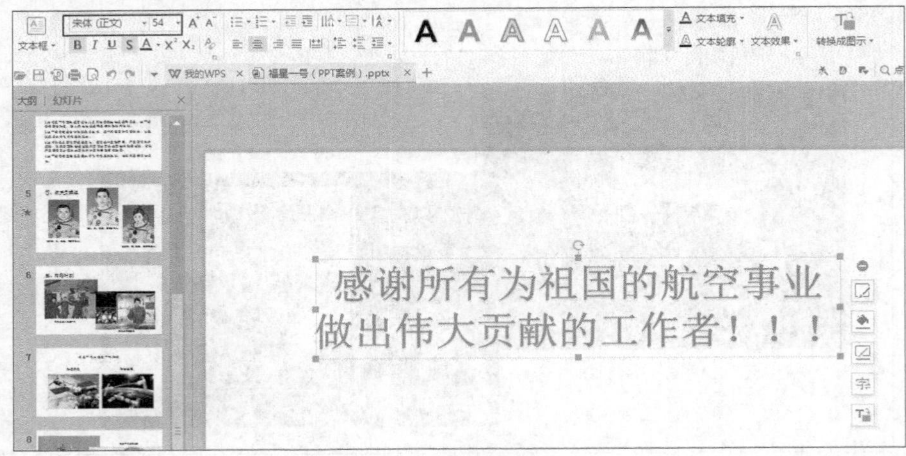

图9-115　插入艺术字

(8) 选中艺术字，单击【动画】选项卡中的（自定义动画）按钮，在界面右侧打开的【自定义动画】面板中修改设置，为艺术字介绍添加动画效果，如图 9-116 所示。

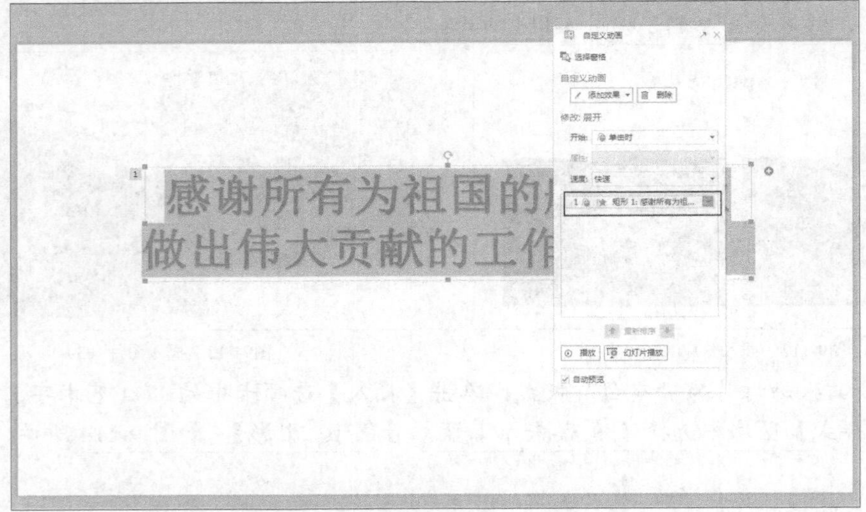

图9-116　设置艺术字动画

(9) 选中第 1 张幻灯片，进入【动画】选项卡，在【切换效果】中选择【切出】，为幻灯片设置切换效果，如图 9-117 所示。

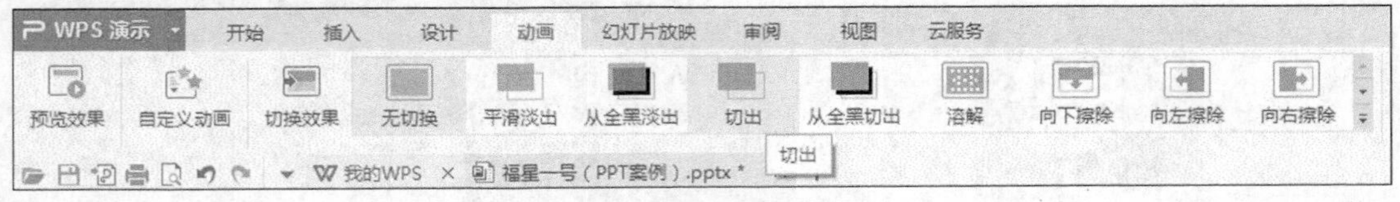

图9-117　设置幻灯片切换效果

(10) 用同样的方法为其他幻灯片设置不同的切换效果。

4. 为幻灯片添加模板。

(1) 选择【设计】选项卡，单击（更多设计）按钮，在弹出的【在线设计方案】面板中选择图 9-118 所示的模板。

图9-118　选择模板

(2) 适当调整设计内容，最终设计结果如图 9-119 所示。

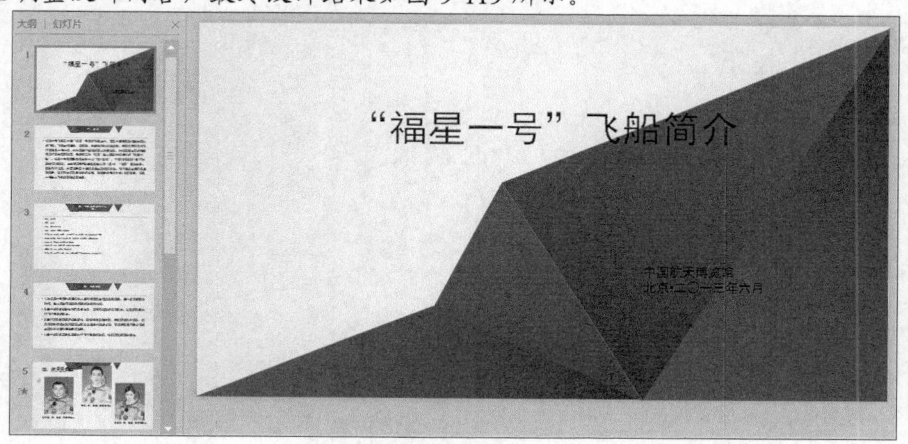

图9-119　最终效果展示

9.6 小结

演示文稿通常用于项目说明、课题研究及商业营销等方面，因此要从背景、图片及文字叙述等多方面来考虑素材的应用。演示文稿不同于普通文稿，在文字的叙述方面要有条理，忌出现大篇幅的文字赘述，尽量图文并茂地来说明主题，让读者更加直观地了解要表达的内容。使用图形时，图片内容与文字叙述一定要相关联。若要在图片上书写文字，尽量用与图片色差较大的文字颜色，以避免混淆。演示文稿的背景宜采用纯色，如时尚杂志等可使用浅灰色背景，而课件之类则宜使用白色，因为白底会更加突出文字图表部分。要制作好演示文稿，务必加强实践训练，逐步积累经验。

9.7 习题

1. 简要总结制作演示文稿的一般步骤。
2. 制作演示文稿时，怎样合理使用模板？
3. 在演示文稿中插入图片时，应注意哪些问题？
4. 在演示文稿中插入表格时，应注意哪些问题？
5. 动手模拟本章的实例，总结制作演示文稿的基本要领。